DIE WISSENSCHAFTLICHE UND ANGEWANDTE PHOTOGRAPHIE

ERNEUERUNG UND FORTFÜHRUNG
DES HAY- v. ROHRSCHEN HANDBUCHS DER
WISSENSCHAFTLICHEN UND ANGEWANDTEN PHOTOGRAPHIE
DURCH KURT MICHEL

WEITERGEFÜHRT VON

JOSEF STÜPER
STUTTGART

SECHSTER BAND

LAUFBILDPROJEKTION

1973
SPRINGER-VERLAG
WIEN · NEW YORK

LAUFBILDPROJEKTION

VON

HERBERT TÜMMEL
KIEL

Mit 475 Abbildungen

1973
SPRINGER-VERLAG
WIEN · NEW YORK

Softcover reprint of the hardcover 1st edition 1973

Library of Congress Catalog Card Number 73-75911

ISBN 978-3-7091-8312-0 ISBN 978-3-7091-8311-3 (eBook)
DOI 10.1007/978-3-7091-8311-3

Vorwort des Herausgebers

In den Jahren 1929 bis 1933 erschien das achtbändige „Handbuch der wissenschaftlichen und angewandten Photographie", herausgegeben von ALFRED HAY, nach dessen Tode (1931) weitergeführt von MORITZ VON ROHR. Das Ziel, das sich Verlag, Herausgeber und Verfasser gesetzt hatten, war damit zunächst erreicht: es lag eine zeitgemäße umfassende Darstellung des Standes der Photographie vor. Die stürmische Entwicklung der photographischen Technik in den folgenden Jahren führte jedoch bald zu dem Entschluß, Ergänzungsbände erscheinen zu lassen. Trotz der schwierigen Zeitverhältnisse konnte KURT MICHEL, der damals die weitere Betreuung des Werkes als Herausgeber übernommen hatte, 1943 den ersten Band des Ergänzungswerkes fertigstellen. Weitere Bände sind nicht mehr erschienen.

Es war dann wieder KURT MICHEL, der im Jahre 1953 in Zusammenarbeit mit dem Verlag den Plan einer Neuauflage des Gesamtwerkes aufgriff. Auf seinen Vorschlag hin entschloß man sich dazu, das Handbuch nicht in der alten Form wieder aufleben zu lassen, sondern es in eine Reihe von Einzeldarstellungen aufzulösen. Diese Form hat den Vorteil, daß jedes Thema unabhängig von den anderen bearbeitet werden kann, daß der Käufer nur das ihn Interessierende zu kaufen braucht und daß einzelne Bände schneller und leichter durch eine Neuauflage auf den jüngsten Stand gebracht werden können.

An die bisher erschienenen sechs Bände der Buchreihe fügt sich nun das vorliegende Werk aus der Feder von H. TÜMMEL an. Der Verfasser, ein weltweit anerkannter Fachmann auf dem Gebiet der Entwicklung und der Herstellung von Kinogeräten, hat sich die Aufgabe gestellt, den heutigen technischen Stand in Konstruktion, Herstellung und Bedienung von Laufbildwiedergabegeräten in einer in sich geschlossenen Form darzulegen. Nach einer Einführung über die medizinischen und physikalischen Grundlagen des Laufbildes werden die verschiedenen Filmformate vom Breitfilm mit 70 mm Breite über den 35-mm-Normalfilm bis zum 8-mm-Schmalfilm, also für Kinotheater bis zum weiten Feld des Amateurfilmens, beschrieben und erläutert. In der nachfolgenden Behandlung des Aufbaus der Projektoren kam es, dem Charakter der Buchreihe entsprechend, dem Autor darauf an, Konstruktionsformen und Ausführungsarten der verschiedenen Untergruppen: Filmführung und -transport, Beleuchtung und Optik, Handhabung und ihre Automatisierung, soweit sie sich in der Praxis bewährt haben, zu behandeln. Dabei wird bei den wichtigen Bauelementen meist unter Hinweis auf die Schutzrechte auch die geschichtliche Entwicklung gestreift. Aus gutem Grund wurde darauf verzichtet, einen Katalog von ausgeführten Geräten zu bringen, der vermutlich schon bei seinem Erscheinen veraltet gewesen wäre, zumal gerade beim Schmalfilm der Wechsel der Geräteform mehr der Mode als der Technik unterworfen ist. Dem Verfasser ist es gelungen, das zeitlich Beständige und Bleibende der technischen Entwicklung festzuhalten, womit der Inhalt des Buches über viele Jahre hinaus aktuell bleibt.

Stuttgart, im Frühjahr 1973 Prof. Dr. JOSEF STÜPER

Vorwort des Verfassers

Das Jahr 1895 gilt wegen der verschiedenen internen und öffentlichen Vorführungen als das Geburtsjahr der Kinematographie, deren Vorläufer nicht nur einige Jahre, sondern Jahrhunderte zurückreichen. Nach nunmehr über 75 Jahren hat die Anwendung der Kinematographie Höhen und Tiefen durchlebt. Zum Bild kamen die Farbe und der Ton, die Aufnahme- und Projektionssysteme wurden verbessert und in ihren Leistungen gesteigert. Das „Kino" erfreute sich als allgemeines Unterhaltungsmittel zunehmender Beliebtheit, bis dann durch das Fernsehen und andere Freizeitmedien nach 1950 zunächst in den USA, dann in Großbritannien und schließlich in der Bundesrepublik Deutschland der Kinobesuch derartig abnahm, daß Tausende von Lichtspielhäusern ihre Pforten schließen mußten. Das darf aber nicht darüber hinwegtäuschen, daß in vielen Ländern der Kinobesuch nicht nur konstant geblieben ist, sondern sogar zugenommen hat, und daß im Fernsehen der Film eine bedeutende Rolle spielt.

Neben den technischen und wissenschaftlichen Grundlagen der Kinematographie bzw. Projektionstechnik werden die einzelnen Filmformate und Verfahren vom 8-mm- bis zum 70-mm-Film behandelt. Besondere Beachtung finden hierbei die Schaltgetriebe mit ihren zahlreichen Varianten, wie sie in der Kinoprojektion und auch in der Fernsehtechnik anzutreffen sind.

Gerade in den letzten Jahren hat die Entwicklung der Projektoren und Lichtquellen große Fortschritte gemacht, auf die im vorliegenden Werk eingegangen wird. Hierzu gehören die automatische Filmvorführung, die Verwendung von Gasentladungslampen für Projektionszwecke, die neuen Filmverfahren, der Einsatz des Kinofilms im Fernsehen, die audio-visuellen Systeme und die bei Ausstellungen häufig anzutreffenden Sonderprojektionen.

Dem Konstrukteur, Laboringenieur und Anwender dürften die zahlreichen Hinweise auf die deutschen Normen und die Patentlage sowie die vielen Abbildungen in Form von Photos und Zeichnungen eine wertvolle Hilfe sein.

In diesem Buch wertet der Verfasser seine mehrere Jahrzehnte währende berufliche Tätigkeit und seine Erfahrungen im In- und Ausland, seine in dieser Zeit entstandenen Veröffentlichungen sowie seine Mitarbeit an verantwortlicher Stelle in der Deutschen Kinotechnischen Gesellschaft für Film und Fernsehen und im Fachnormenausschuß Kinotechnik für Film und Fernsehen aus. Herangezogen wurden selbstverständlich auch zahlreiche Buch- und Zeitschriften-Publikationen aus der ganzen Welt. Bei dieser Gelegenheit sei den vielen Firmen, Wissenschaftlern und Ingenieuren der Praxis gedankt, die diese Arbeit unterstützt haben. Besonderer Dank gilt dem Springer-Verlag in Wien für die sorgfältige Herstellung des Buches.

Kiel, im Januar 1973 Dipl.-Ing. H. Tümmel

Inhaltsverzeichnis

I. Die menschlichen Sinne

Was der Mensch an Erfahrungen und Kenntnissen erhält, geschieht zu etwa 83% durch das Sehen, zu etwa 11% durch das Hören, zu etwa 3,5% durch das Riechen, zu etwa 1,5% durch das Fühlen und zu etwa 1% durch das Schmecken. Bei Untersuchungen über den Wirkungsgrad von Vorträgen wurde festgestellt, daß von dem Gebotenen bei den Teilnehmern etwa 20% haften blieb, wenn nur gesprochen wurde. Dieser Satz stieg auf 50%, wenn das Auge beteiligt und der Vortrag durch Bilder bzw. Filme begleitet wurde [1][1].

Bei der kinematographischen Projektion wird das Auge, bei der Tonwiedergabe das Ohr angesprochen. Es hat auch schon gelegentlich Versuche gegeben, das Geruchsempfinden mit einzubeziehen, indem während des Filmablaufs und durch diesen gesteuert aus einer Anzahl Depots markante und charakteristische „Düfte" im Auditorium verbreitet und zur entsprechenden Zeit wieder abgesaugt wurden [2, 3]. Doch es blieb bei einigen wenigen Vorführungen und Demonstrationen, teils wegen der kostspieligen Einrichtungen, teils weil der „Geruchsfilm" kein breites Publikumsinteresse fand und mehr als Kuriosum betrachtet wurde. (1960 in USA mit *Smell-O-Vision* und *Aroma Rama.*) Die übrigen klassischen Sinne, Geschmack und Tastsinn, scheiden wohl in der Kombinatioh mit Filmvorführungen überhaupt aus, und es sind auch keine Versuche in dieser Richtung bekannt geworden. Die für die Vorführung von Farbtonfilmen wichtigsten Eigenschaften des Auges werden daher im folgenden beschrieben.

A. Das Sehen

Das Sehen beruht darauf, daß das Auge zunächst mit physikalischen Mitteln eine Abbildung des betrachteten Objektes auf der Netzhaut erzeugt (Abb. 1). Hierbei treten die Lichtstrahlen in den Augapfel *1*, durch den durchsichtigen Teil der Hornhaut *4*, die vordere Augenkammer *6* und die Linse *5*, der die verstellbare Blende *7* — die Iris — vorgelagert ist, in das Auge ein und werden nach Passieren des Glaskörpers *15* auf der Netzhaut *9* zu einem kopfstehenden Bild vereinigt. Die Iris kann das Licht im Verhältnis von etwa

[1] Die Zahlen in eckigen Klammern beziehen sich auf das Literaturverzeichnis am Ende des Buches.

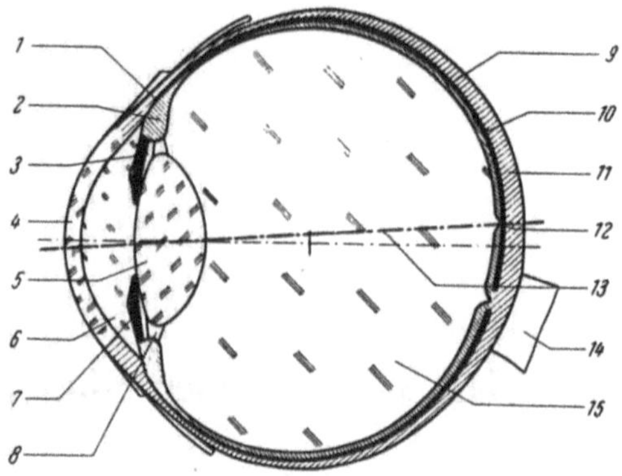

Abb. 1. Schnitt durch das menschliche Auge

1:25 dosieren. Nach dieser optischen Abbildung folgt nun die Umwandlung dieses Bildes durch lichtempfindliche Elemente der Netzhaut in elektrische Spannungen, die dem Gehirn über den Sehnerv *14* zugeleitet werden. Beide Funktionen zusammengefaßt, nämlich optische Abbildung und Umwandlung in für das Gehirn verwendbare Reize, bezeichnet man als den *Gesichtssinn* [4, 5]. Trotz des komplizierten Baues ist der lichttechnische Wirkungsgrad des Auges sehr hoch, denn nur 2,6% des anfallenden Lichtes gehen der Netzhaut verloren.

Die Lichtsinneszellen der menschlichen Netzhaut bestehen aus zwei verschiedenen Typen, den Zapfen, von denen das Auge etwa 6 bis 7 Millionen besitzt, und den etwa 100 bis 125 Millionen Stäbchen. Die Stäbchen treten beim Nachtsehen, etwa bei Leuchtdichten von 0,01 asb bis herunter zu 10^{-6} asb in Tätigkeit. Beim Tagessehen, d. h. von etwa 100 asb aufwärts, arbeiten die Zapfen. Dazwischen, von etwa 0,01 bis etwa 100 asb, befindet sich der Übergangsbereich vom Nacht- zum Tagessehen. Bei Leuchtdichten über 100 000 asb tritt Blendung ein (Abb. 2). Die Zapfen vermitteln Farbeindrücke, während die Stäbchen dies nicht tun, dafür aber eine größere Sehleistung in der Dämmerung bzw. Nacht ermöglichen. Mit abnehmender Beleuchtungsstärke geht daher das Farbempfinden zurück, und die Objekte erscheinen grau. („In der Nacht sind alle Katzen grau") [6.]

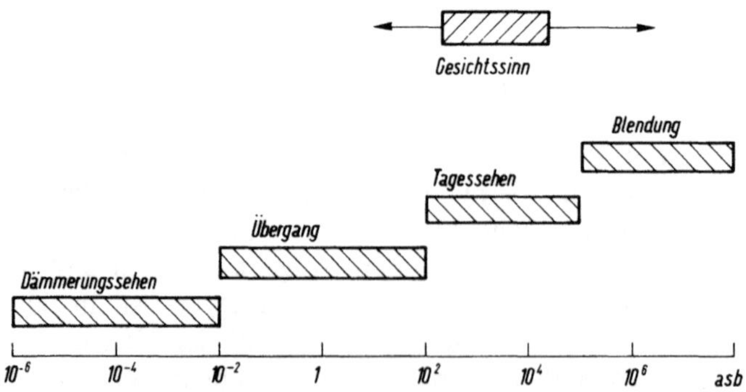

Abb. 2. Arbeitsbereiche des menschlichen Auges

Einen Überblick über die einzelnen Arbeitsbereiche des Auges gibt die folgende von RICHTER angegebene Aufstellung [7].

Tabelle 1

Leuchtdichte asb	Arbeitsbereich des menschlichen Auges
0,000 001	unterste Grenze der Orientierungsmöglichkeit
unter 0,01	reines Dämmerungssehen, kein Farbsehen
0,01 ... 100	Übergang vom Dämmerungs- zum Tagessehen Farbsehen für den stäbchenfreien Bezirk der Netzhaut (Netzhautgrube)
100 ... 100 000	Tagessehen, Helligkeitskonstanz der Farben
über 100 000	beginnende Blendung des hell adaptierten Auges

Die Umwandlung der Lichteindrücke erfolgt beim menschlichen Auge nur in einem Bereich von etwa 380 nm bis 780 nm, das entspricht etwa einer Oktave. Das Maximum der Empfindlichkeit liegt im mittleren Teil des Spektrums bei 555 nm, ist individuell verschieden und auch beim einzelnen Individuum noch Schwankungen unterworfen. Aus diesem Grunde wurde von der internationalen Beleuchtungskommission im Jahre 1924 die Abhängigkeit zwischen Empfindlichkeit und Wellenlänge willkürlich in dem Maße festgelegt, daß es etwa dem Mittelwert der physiologischen Abhängigkeit entspricht, also einer gedachten Idealperson. Man bezeichnet diese Abhängigkeit als spektralen Hellempfindungsgrad des menschlichen Auges und die Kurve dieser Abhängigkeit als V_λ-Kurve (Abb. 3). Sie ist in Deutschland genormt unter DIN 5031 Blatt 3 [8], das in feiner Abstufung den spektralen Hellempfindlichkeitsgrad für Tagessehen und Nachtsehen enthält. Für das Nachtsehen verschiebt sich das Maximum der Augenempfindlichkeit um etwa 50 nm zur kurz-

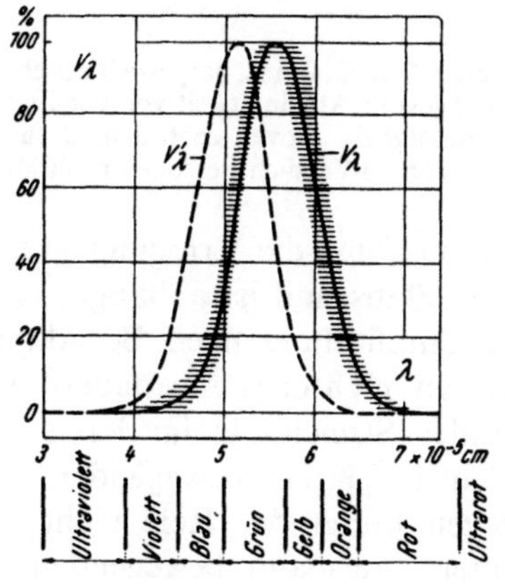

Abb. 3. Empfindlichkeit des menschlichen Auges in Abhängigkeit von der Wellenlänge λ. V_λ = Tagessehen (Zapfenkurve), international festgelegt. V'_λ Dämmerungssehen (Stäbchenkurve) nach BENDER

welligen Seite des Spektrums. Dieser Bereich wird allerdings infolge der Farbuntüchtigkeit der Stäbchen als grau empfunden. Diese Erscheinung, daß zwei verschiedenfarbige Flächen, die bei Tageslicht gleich hell erscheinen, z. B. rot und blau, beim Nachtsehen dann verschieden hell empfunden werden — blau heller als rot — bezeichnet man als das PURKINJE-Phänomen. Wenn schon bei der Projektion von Schwarz-Weiß-Dias und -Filmen eine ausreichende Leuchtdichte gefordert wird, so ist diese Forderung bei der Farb-Projektion noch wichtiger, will man Verfälschungen des Farbeindruckes vermeiden [9, 10].

Die Adaptation, die Anpassung des Gesichtssinnes von Hell auf Dunkel, geht zunächst schnell, dann langsam vor sich und kann bis zu einer Stunde dauern (Abb. 4). Die Anpassung von Dunkel auf Hell erfolgt in einigen

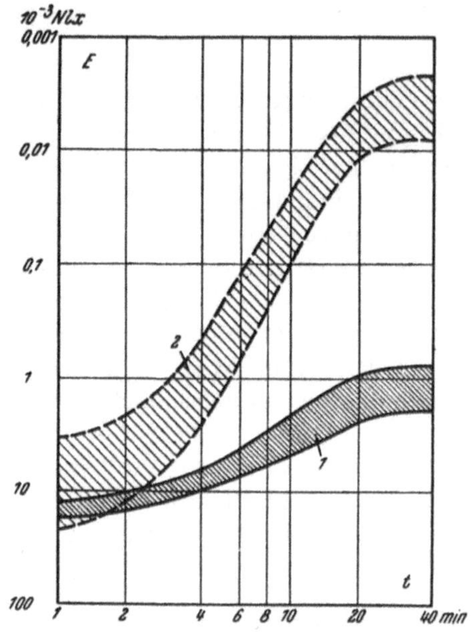

Abb. 4. Adaptation des menschlichen Gesichtssinns, dargestellt durch das Ansteigen der Empfindlichkeit (Beleuchtungsstärke *E* des Dinges) in Abhängigkeit von der Zeit *t* bei Anpassung von Hell auf Dunkel. Bereich *1* gilt für Netzhautgrube (fovea centralis), *2* für Außenbezirke der Netzhaut. Ergebnis von 10 Versuchspersonen nach HERTEL

Minuten. Unabhängig davon folgt die Erregung auf den Reiz hin mit einer Verzögerung von 150 bis 1000 ms und ist abhängig von der Größe des Reizes. Auch das Abklingen der Empfindung nach Beendigung des Reizes benötigt eine gewisse Zeit, die bis zu mehreren sec dauern kann. Bewegt man z. B. im Dunkeln ein glimmendes Streichholz im Kreis, so kann man bei langsamer Bewegung den sich im Kreis bewegenden hellen Punkt sehen. Bei schneller Bewegung dagegen klingt der Reiz nicht mehr ab und man sieht anstatt eines sich auf einer Kreisbahn bewegenden hellen Punktes einen in sich geschlossenen hellen Kreis. Diese „Nachbilder“ sind für die Kinematographie von großer Bedeutung, ja, sie ermöglichen sie erst, da die kinematographische Aufnahme und Wiedergabe Einzelbilder („Phasenbilder“; „Reihenbilder“) benutzt. Jedes dieser Einzelbilder kann für sich betrachtet oder bei langsamer Vorführgeschwindigkeit einzeln erkannt werden. Bei entsprechend hoher Vorführgeschwindigkeit jedoch können die Nachbilder nicht mehr abklingen, sie „verschmelzen“ ineinander zu einem fließenden, ununterbrochenen Vorgang [11 ... 17]. Diese „Verschmelzung“ ist von verschiedenen Faktoren abhängig.

Werden dem Auge eine Reihe kurz dauernder periodischer Reize dargeboten, so werden diese getrennt empfunden, solange die Frequenz dieser Folge klein bleibt. Mit steigender Frequenz geht die Empfindung zuerst in ein Flackern, dann in ein Flimmern über, bis schließlich bei genügend hoher Frequenz — der „Verschmelzungsfrequenz“ — eine einheitliche Lichtempfindung entsteht. Oberhalb der Flimmergrenze rufen rasch aufeinanderfolgende periodische Lichtreize die gleiche Empfindung wie ein Dauerreiz hervor, bei welchem die in den periodischen Reizen vorhandene Lichtmenge gleichmäßig über die ganze Zeit verteilt ist (TALBOT-PLATEAUscher Satz).

Die Flimmergrenze ist in starkem Maße abhängig von der mittleren Leuchtdichte. Sie liegt höher mit zunehmenden Leuchtdichten (Abb. 5).

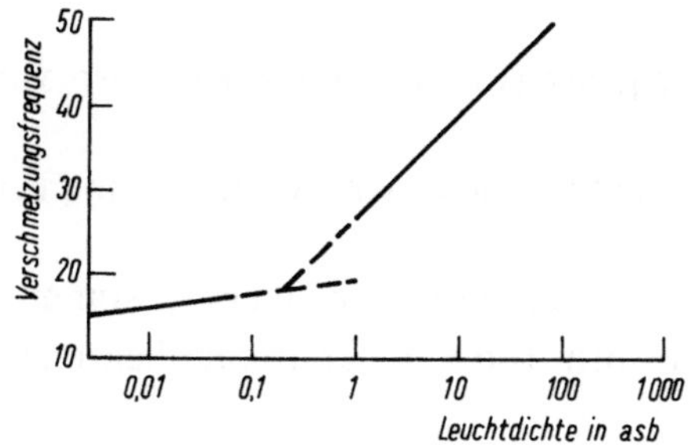

Abb. 5. Die Ferry-Portersche Gerade für die Verschmelzungsfrequenz

Die Verschmelzungsfrequenz ist für das Zapfensehen wesentlich höher als für das Stäbchensehen. Sie liegt für peripheres Sehen höher als für zentrales. Damit erklärt sich die Erscheinung, daß man das Flimmern von Entladungslampen bemerkt, wenn die Lichtquellen auf die peripheren Netzhautstellen abgebildet werden. Beim direkten Hinsehen verschwindet das Flimmern, um beim indirekten Sehen wieder aufzutreten. Bei sonst gleichen Bedingungen ist die Verschmelzungsfrequenz umso niedriger, je größer die relative Länge des Hellreizes ist (Abb. 6). Außerdem hängt die Verschmelzungsfrequenz vom Ansteigen und Abfallen der Reizintensität in der einzelnen Periode ab. Sie erreicht einen Minimalwert, wenn der Intensitätsverlauf sägezahnartig ist. Es spielt dabei keine entscheidende Rolle, ob die senkrechte Zahnkante auf der Anstiegs- oder Abfallseite liegt [18].

In der Laufbildprojektion werden in schneller Reihenfolge die einzelnen Phasenbilder dem Auge dargeboten. Der Filmtransport von Bildchen zu Bildchen erfolgt hierbei in der Regel intermittierend, wobei die Zeit des Filmzuges etwa $^1/_4$ bis $^1/_8$ der Bildperiode beträgt. Das Auge würde den Transport des Filmes

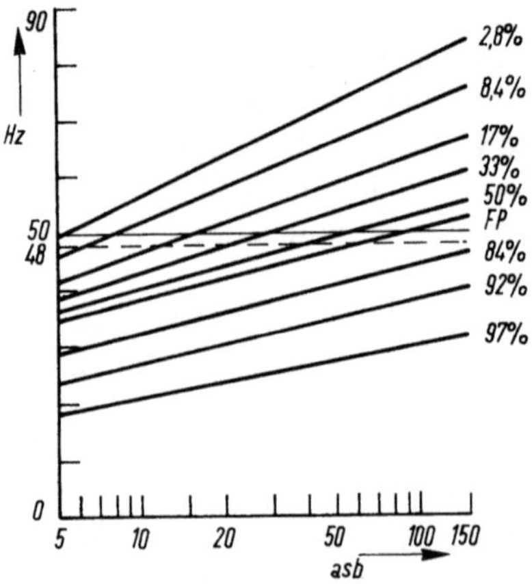

Abb. 6. Abhängigkeit der Verschmelzungsfrequenz bei periodisch auftretenden Lichtreizen vom Verhältnis zwischen Hell-Zeit und Dunkelpause nach ENGSTRÖM

von Bildchen zu Bildchen bemerken, was eine unerträgliche Bildstörung verursachen würde. Deswegen wird der Filmtransport durch geeignete Mittel — einen Umlaufverschluß (Blende) — unsichtbar gemacht. Dabei entsteht ein ständiger Hell-Dunkel-Wechsel, dessen Frequenz so hoch liegen soll, daß kein Flimmern entsteht [19].

Die Verschmelzungsfrequenz (Flimmergrenze) ist also von folgenden Faktoren abhängig:

a) Von der mittleren Lichtintensität der Gesamtreizung bei gleichbleibenden Einzelintensitäten.

b) Von der Frequenz der Einzelreize in einer bestimmten Zeiteinheit.

c) Von der Expositionsform (ob z. B. kontinuierlich oder diskontinuierlich dargeboten wird).

d) Von der Breite (Größe) der Reizfigur und ihrer peripheren Erstreckung.

e) Von dem Verhältnis des Hellreizes zum Dunkelreiz.

f) Von der Helligkeitsdifferenz der Einzelreize (je kleiner die Helligkeitsdifferenz zwischen dem Hell- und Dunkelreiz ist, desto schneller tritt Verschmelzung ein).

g) Von der Farbe des Lichtes (bei kürzeren Wellenlängen liegt die Verschmelzungsgrenze höher) [20, 21].

Weitere Folgerungen hieraus s. unter „Der Umlaufverschluß".

B. Lichttechnische Begriffe und Einheiten

Strahlung, die nach Eintritt in das Auge eine Gesichtsempfindung hervorzurufen vermag, wird als *Licht* bezeichnet. Die sichtbare Strahlung gehört dem Gesamtbereich der elektromagnetischen Wellen an, worüber folgende Tabelle eine Übersicht gibt. Für alle elektromagnetischen Wellen ist im leeren Raum das Produkt aus Wellenlänge und Frequenz gleich der Fortpflanzungsgeschwindigkeit des Lichts und beträgt rund 300 000 km pro Sekunde [22].

Tabelle 2. *Wellenlängen und Frequenzen der elektromagnetischen Wellen (Spektrum)*

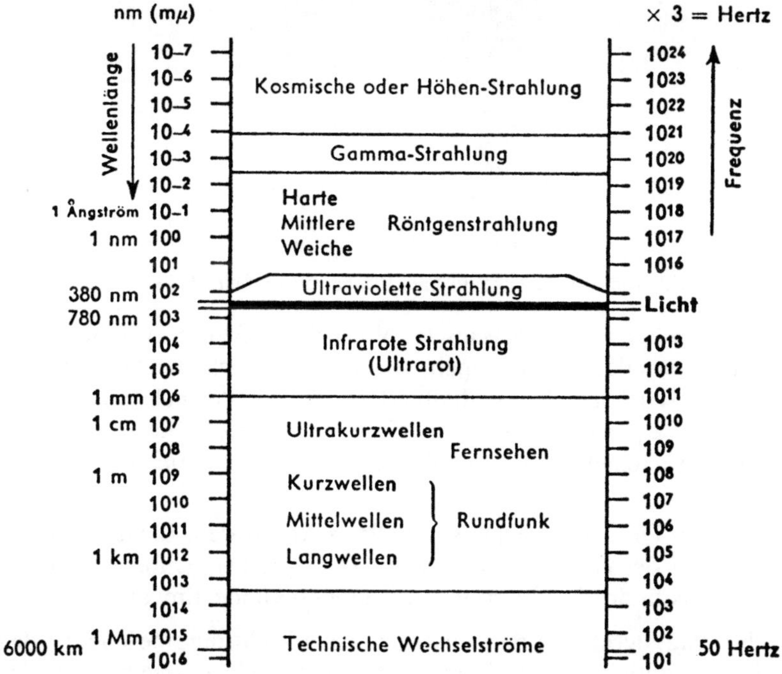

Einheit der *Wellenlänge*: 1 nm (Nanometer) $= 10^{-9}$ m (1 nm wurde früher mit 1 mμ — millimü — bezeichnet).

Einheit der *Frequenz* (Periode pro s): 1 Hertz (Hz).

Lichtstrom: Die gesamte von einer Lichtquelle abgegebene und vom Auge bewertete Strahlungsleistung heißt Lichtstrom (Φ). Er ist der V_λ-getreu bewertete Strahlungsfluß. Die Einheit des Lichtstroms ist 1 Lumen (lm).

Lichtstärke: Eine Lichtquelle strahlt im allgemeinen nach verschiedenen Richtungen verschieden stark. Die in einem bestimmten Raumwinkel gemessene sichtbare Stärke der Strahlung heißt Lichtstärke $\left(I = \frac{\Phi}{\Omega}\right)$. Die Einheit der Lichtstärke ist 1 Candela (cd). Strahlt eine Lichtquelle im Mittelpunkt einer Kugel vom Radius $r = 1$ m in alle Richtungen des Raumes mit der gleichen Lichtstärke 1 cd, so empfängt jeder Quadratmeter Oberfläche dieser Kugel den Lichtstrom 1 lm, die gesamte Kugelfläche also den Lichtstrom $4\pi r^2 = 12{,}57$ lm.

Beleuchtungsstärke: Fällt Licht auf eine Fläche F, so heißt das Verhältnis Lichtstrom : Fläche = Beleuchtungsstärke (E) bzw. $E = \frac{\Phi}{F}$. Die Einheit der Beleuchtungsstärke ist 1 Lux (lx). Für die Einheit lm/cm^2 wurde früher die Einheit Phot (ph) verwendet (Abb. 7).

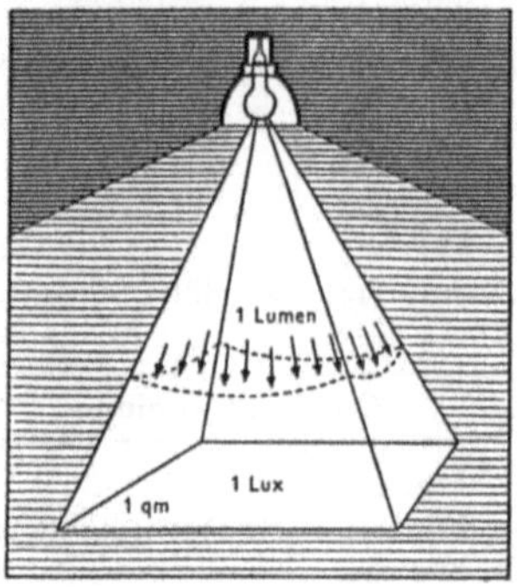

Abb. 7. Der Lichtstrom 1 lm erzeugt auf einer Fläche von 1 m^2 eine Beleuchtungsstärke von 1 lx

Photometrisches Entfernungsgesetz: Wird der Abstand zwischen Lichtquelle und beleuchteter Fläche verdoppelt, so verringert sich die Beleuchtungsstärke auf ein Viertel. Wird der Abstand halbiert, so wird die Beleuchtungsstärke viermal so groß. Dies gilt jedoch nur für punktförmige und nicht für ausgedehnte Lichtquellen (Leuchtflächen) und nicht für Räume mit reflektierenden Decken und Wänden.

Lichtmenge: Die Lichtmenge ist das Produkt aus dem Lichtstrom Φ und der Zeit t, während der er ausgestrahlt wird: $Q=\Phi . t$. Die Einheit der Lichtmenge ist die Lumenstunde (lm . h) bzw. die Lumensekunde (lm . s).

Leuchtdichte: Betrachtet man aus irgendeiner Richtung eine leuchtende Fläche, so ist die Leuchtdichte L die Lichtstärke dieser Fläche geteilt durch ihre vom Auge gesehene Größe (Abb. 8). Die Einheit der Leuchtdichte ist das Stilb (sb) $= \frac{1\ \text{cd}}{1\ \text{cm}^2}$. Die Untereinheit ist das Apostilb (asb) $= \frac{1}{\pi . 10\,000}$ sb $= 0{,}0000318$ sb. Oder 1 sb = 31 415 asb.

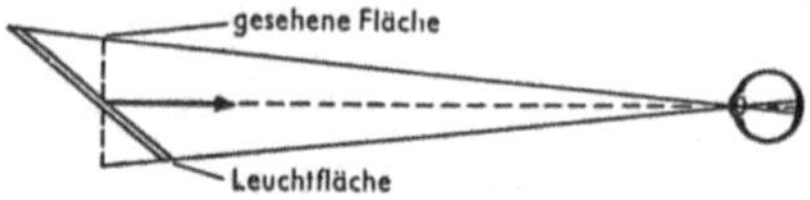

Abb. 8. Leuchtdichte ist die Lichtstärke einer Fläche durch ihre vom Auge gesehene Größe

Im Ausland findet man auch für die Einheit asb die Benennung Blondel und für cd/m^2 die Benennung Nit. Die Untereinheit asb wird vorzugsweise zur Angabe der Leuchtdichte reflektierender Flächen (Bildschirm) verwendet. 1 asb ist gleich derjenigen Leuchtdichte, die eine ideal diffus reflektierende weiße Fläche mit dem Reflexionsgrad $\rho = 1{,}0$ hat, wenn auf ihr die Beleuchtungsstärke 1 lx vorhanden ist. Für diffus reflektierende Flächen gilt demnach

$$\text{Leuchtdichte} = \text{Beleuchtungsstärke} \cdot \text{Reflexionsgrad}$$

$$\text{asb} = \text{lx} \cdot \rho$$

oder

$$\text{Beleuchtungsstärke} = \text{Leuchtdichte} : \text{Reflexionsgrad}$$

$$\text{lx} = \frac{\text{asb}}{\rho}$$

Lichtausbeute: Die Lichtausbeute einer Lichtquelle gibt deren Wirkungsgrad an und ist das Verhältnis des abgestrahlten Lichtstroms zu der aufgewendeten elektrischen Leistung $\eta = \frac{\Phi}{p}$ (lm/W).

Reflexion, *Absorption*, *Transmission* und *Streuung*: Auf Werkstoffe fallender Lichtstrom kann zurückgestrahlt (reflektiert), verschluckt (absorbiert) und durchgelassen (transmittiert) werden. Die Summe dieser drei Lichtanteile muß immer 1 bzw. 100% ergeben (Abb. 9). Ferner ist das Streuvermögen sowie die Art der Streuung von Wichtigkeit (Abb. 10).

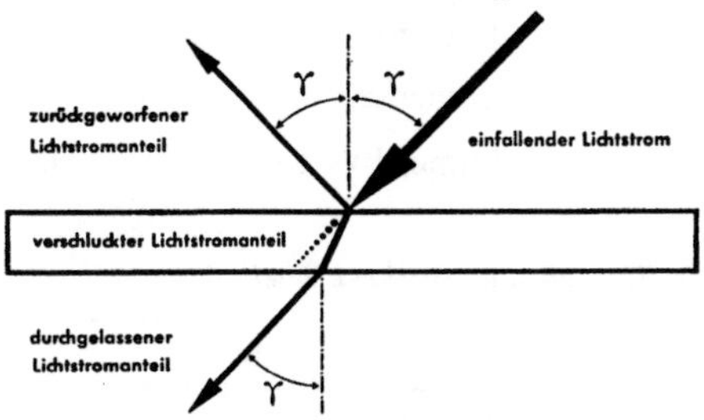

Abb. 9. Reflexion, Absorption und Transmission von Licht

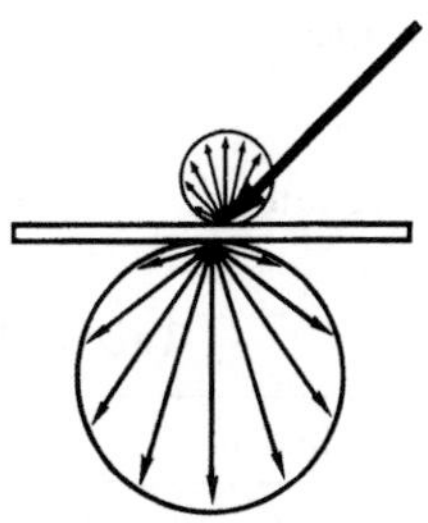

Abb. 10. Streuung von Licht

Der *Reflexionsgrad* ρ ist das Verhältnis des reflektierten Anteils zum einfallenden Lichtstrom.

Der *Absorptionsgrad* α ist das Verhältnis des absorbierten Anteils zum einfallenden Lichtstrom.

Der *Transmissionsgrad* τ ist das Verhältnis des transmittierten Anteils zum einfallenden Lichtstrom.

Das *Streuvermögen* σ ist das Verhältnis des Mittelwertes der Leuchtdichten unter 20° und 70° zur Leuchtdichte unter 5°.

Mechanisches Lichtäquivalent: Es wird mit M bezeichnet und ist der Umrechnungsfaktor zwischen der physikalisch und der lichttechnisch bewerteten gestrahlten Leistung. Besser wäre die Bezeichnung „energetisches Lichtäquivalent". Sein Kehrwert ist das photometrische Strahlungsäquivalent K. Auf den Maximalwert $\lambda = 555$ nm bezogen, ergibt sich $\frac{1}{M} = K_{max} = 680$ lm/W.

Solarkonstante: Die Strahlungsleistung der Sonnenstrahlung je cm^2 Auffangfläche senkrecht zur Strahlungsrichtung und je min, bezogen auf einen mittleren Sonnenabstand, beträgt oberhalb der Erdatmosphäre 0,14 W/cm^2.

Die folgenden Tabellen fassen die wichtigsten Beziehungen zusammen [23].

Tabelle 3. *Lichttechnische Größen und Einheiten*

Größe	Formelzeichen	Vereinfachte Beziehung	Einheit	Kurzzeichen	Zusammenhang
Lichtstärke	I	$I=\frac{\Phi}{\Omega}$	Cándela	cd	
Lichtstrom	Φ		Lumen	lm	
Beleuchtungsstärke	E	$E=\frac{\Phi}{F}$	Lux (Phot)	lx (ph)	lm/m^2 (lm/cm^2)
Leuchtdichte	L	$L=\frac{\Phi}{\cos\varepsilon . F . \Omega}$	(Nit)	(nt)	(cd/m^2)
			Stilb	sb	cd/cm^2
			Apostilb	asb	$cd/\pi . m^2$
Lichtmenge	Q	$Q=\Phi . t$	Lumenstd	lm.h	
			Lumensec	lm.s	
Lichtausbeute	η	$\eta=\frac{\Phi}{p}$	Lumen/Watt		lm/W

Tabelle 4. *Umrechnung für Beleuchtungsstärke-Einheiten*

Einheit	lx	fc	ph
1 Lux (lx) (lm/m^2)	1	0,0929	10^{-4}
1 Footcandle (fc) (lm/sq. ft.)	10,764	1	$1{,}076 . 10^{-3}$
1 Phot (ph) (lm/cm^2)	10^4	929	1

Tabelle 5. *Umrechnung für Lichtstärke-Einheiten*

Einheit	cd	H.K.	I.C.P.
1 Candela (cd)	1	1,162	0,981
1 Hefnerkerze (H.K.)	0,861	1	0,845
1 Intern. Candle power (I.C.P.)	1,019	1,184	1

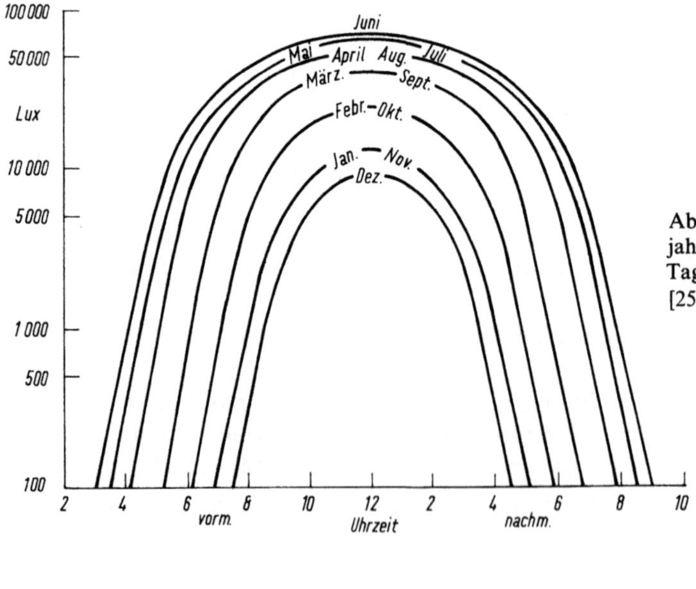

Abb. 11. Der tägliche und jahreszeitliche Verlauf der Tageslichtbeleuchtungsstärke [25]

Tabelle 6. *Umrechnung für Leuchtdichte-Einheiten*

Einheit	sb (cd/cm²)	asb (cd/π.m²)	nt (cd/m²)	L (lm/cm²)	fL lm/sq.ft.
1 Stilb (sb)	1	31 415	10^4	π	2919
1 Apostilb (asb)	$3{,}183 . 10^{-5}$	1	0,3183	10^{-4}	0,0929
1 Nit (nt)	10^{-4}	π	1	$\pi . 10^{-4}$	0,2919
1 Lambert (L)	0,3183	10^4	3183	1	929
1 Foot-Lambert (fL)	$3{,}426 . 10^{-4}$	10,764	3,426	$1{,}0764 . 10^{-3}$	1

Tabelle 7. *Umrechnung von Metern in Dioptrien*

m	dptr	m	dptr	m	dptr
0,01	100	0,080	12,5	0,300	3
0,02	50	0,100	10	0,400	2,5
0,025	40	0,125	8	0,500	2
0,033	30	0,143	7	0,670	1,5
0,04	25	0,167	6	1,000	1
0,05	20	0,200	5	2,000	0,5
0,067	15	0,250	4	4,000	0,25

Tabelle 8. *Beleuchtungsstärken auf einer horizontalen Ebene* [24]

Ort	lx
Sommersonne (12 Uhr)	100 000
Bedeckter Himmel im Sommer (12 Uhr)	18 000
Im Zimmer am Fenster	2 500
Im Zimmer in Raummitte	300
Vollmondnacht	0,25
Klare Neumondnacht (Sternenlicht)	0,01

Tabelle 9. *Mittlere Farbtemperatur des Tageslichtes für verschiedene Zeiten und für verschiedene Bewölkung (Licht, das auf eine horizontale Ebene fällt)* [26]

	April Mai °*K*	Juni Juli °*K*	September Oktober °*K*	Nov. Dez. Febr. °*K*
Direktes Sonnenlicht allein, 9 ... 15 h	5 800	5 800	5 450	5 500
Direktes Sonnenlicht vor 9 h und nach 15 h	5 400	5 600	4 900	5 000
Sonnenlicht und Licht vom klaren Himmel zwischen 9 und 15 h	6 500	6 500	6 100	6 200
detto, vor 9 und nach 15 h	6 100	6 200	5 900	5 700
Sonnenlicht und Licht von nebligem oder mit leichten Wolken bedecktem Himmel	5 900	5 800	5 900	5 700
Sonnenlicht und Licht vom Himmel der 25 ... ... 75% mit Wolken bedeckt ist	6 450	6 700	6 250	—
Vollständig wolkenbedeckter Himmel	6 700	6 950	6 750	—
Licht von nebligem oder rauchigem Himmel	7 500	8 510	8 400	7 700
Licht von klarem, blauen Himmel zwischen 9 und 15 h	26 000	14 000	12 000	12 000
detto, vor 9 und nach 15 h	27 000	—	—	12 000

Tabelle 10. *Mittlere Leuchtdichte verschiedener Lichtquellen* [27]

Lichtquelle	sb
Mittagssonne	bis 150 000
klarer Himmel	0,3 ... 0,5
bedeckter Himmel	0,03 ... 0,1
Mond	0,25
Kerzenflamme	0,7
Streichholz	0,75
Glühlampe, klar	100 ... 2 000
Glühlampe, innenmattiert	5 ... 50
Glühlampe, innenopalisiert	1 ... 5
Glimmlampe	0,02 ... 0,05
Leuchtstofflampe	0,3 ... 0,75
Projektionsglühlampen	bis 2 500
Reinkohlebogenlampen	18 000
H-I-Kohlebogenlampen	bis 100 000
Xenon-Kurzbogenlampen, 900 W	50 000
Xenon-Kurzbogenlampen, 6500 W	95 000

Tabelle 11. *Lichtstrom und Lichtausbeute verschiedener Lichtquellen* [28]

	lm	lm/W
Glühlampen		
15 W/220 V, luftleer, Einfachwendel	125	8,3
25 W/220 V, luftleer, Einfachwendel	230	9,2
40 W/220 V, gasgefüllt, Einfachwendel	320	8,0
40 W/220 V, gasgefüllt, Doppelwendel	430	10,7
60 W/220 V, gasgefüllt, Einfachwendel	610	10,2
60 W/220 V, gasgefüllt, Doppelwendel	730	12,2
100 W/220 V, gasgefüllt, Einfachwendel	1 250	12,5
100 W/220 V, gasgefüllt, Doppelwendel	1 380	13,8
2 000 W/220 V, gasgefüllt, Einfachwendel	40 000	20,0
Niederdruck-Leuchtstofflampen		
100 W (mit Drossel 122 W)	5 400	44
125 W (mit Drossel 147 W)	6 800	46
Projektions-Glühlampen		
375 W/5 A	9 000	24
500 W/220 V	11 400	22,8
1000 W/220 V	25 000	25
Xenon-Kurzbogenlampe		
900 W (ohne Gleichrichterverluste)	30 000	33,3
6500 W (ohne Gleichrichterverluste)	325 000	50

Tabelle 12. *Reflexionsgrad, Absorptionsgrad, Transmissionsgrad und Streuvermögen verschiedener Werkstoffe bei senkrechtem Lichteinfall* [29]

Werkstoff	Reflexionsgrad %	Absorptionsgrad %	Transmissionsgrad %	Streuvermögen %
Silber	88 ... 93	12 ... 7	—	
Aluminiumfolie	80 ... 85	20 ... 15	—	
Stuck, weiß, neu	80	20	—	
Stuck, weiß, alt	60	40	—	
Email, weiß	65 ... 75	35 ... 25	—	85 ... 90
Kacheln, weiß	60 ... 75	40 ... 25	—	80 ... 90
Porzellan, weiß	60 ... 80	40 ... 20	—	80 ... 90
Marmor, weiß	60 ... 65	40 ... 35	—	75 ... 90
Weißblech	69	31	—	
Messing, verchromt, poliert	61 ... 62	39 ... 38	—	
Ahorn und Birke	60	40	—	
Stahl, blank	55	45	—	
Aluminium, matt	55 ... 60	45 ... 40	—	
Nickel, poliert	53 ... 55	47 ... 45	—	
Holzfaserplatten, creme, neu	50 ... 60	50 ... 40	—	
Kupfer	48	52	—	
Eiche, hell lackiert	40	60	—	
Eiche, dunkel gebeizt	15 ... 20	85 ... 80	—	
Mörtel oder Stein, hell	40 ... 50	60 ... 50	—	
Beton, rauh, trocken bis naß	37 ... 23	63 ... 77	—	
Beton, alt	5 ... 15	95 ... 85	—	
Ziegel, gelb	35	65	—	
Ziegel, rot, neu	25	75	—	
Ziegel, rot, alt	5 ... 15	95 ... 85	—	
Webstoff, hell	30 ... 40	50 ... 30	15 ... 30	20 ... 60
Nußbaum	15 ... 20	85 ... 80	—	
Granit	10 ... 20	90 ... 80	—	
Asphalt-Straßendecke, trocken	10 ... 20	90 ... 80	—	
Asphalt-Straßendecke, naß	5 ... 10	95 ... 90	—	
Lehm, trocken bis naß	15 ... 8	85 ... 92	—	
Gras, grün	14 ... 9	86 ... 91	—	
Ackerboden, trocken bis naß	7 ... 5	93 ... 95	—	
Glas, klar, etwa 3 mm	6 ... 8	4 ... 2	90 ... 92	
Glas, mattiert, etwa 3 mm	6 ... 20	20 ... 3	65 ... 90	3 ... 6
Glas, trüb, etwa 3 mm (überfangen)	30 ... 75	20 ... 5	15 ... 60	70 ... 90

Tabelle 13. *Reflexionsgrad von Anstrichen und Tapeten* [30]

Farbanstrich	Reflexionsgrad %	Farbanstrich	Reflexionsgrad %
Ölfarbanstrich, weiß, neu	80 ... 85	Grau	17 ... 63
Ölfarbanstrich, weiß, alt	75 ... 85	Gelbbraun	30 ... 46
Elfenbein	73 ... 78	Olivgrün	25 ... 35
Hellgelb	61 ... 75	Orange	20 ... 25
Rötlichgelb	49 ... 66	Dunkelrot	12 ... 27
Hellgrün	48 ... 75	Dunkelgrün	11 ... 25
Rosa	36 ... 61	Dunkelblau	9 ... 15
Hellblau	34 ... 61	Schwarz	4

Tabelle 14. *Leuchtdichtekontraste* [31]

Schwarze Tusche auf weißem Zeichenpapier	1:18
Schwarzer Druck auf gewöhnlichem Zeitungspapier	1:14
Tinte auf weißem Schreibpapier	1:10
Schwarze Maschinenschrift auf Schreibmaschinenpapier	1: 8
Violette Maschinenschrift auf Schreibmaschinenpapier	1: 8
Bleistiftschrift Nr. 2 auf Zeichenpapier	1: 3
Bleistiftschrift Nr. 4 auf Zeichenpapier	1: 2
Maschinenschrift-Durchschlag, schwarz	1: 2
Maschinenschrift-Durchschlag, violett	1: 2

Tabelle 15. *Reflexionsvermögen von Spiegelreflektor-Materialien bei senkrechtem Lichteinfall in Abhängigkeit von der Wellenlänge in nm* [32]

Spiegelmaterial	violett 420	450	blau 500	grün 550	gelb 600	orange 650	rot 700	Mittelwert für die sichtbare Strahlung
Silber (Oberfläche)	86,6	90,5	91,3	92,7	92,6	93,5	94,6	93
Silber (hinter Glas)	84,2	88,1	88,9	90,3	90,2	91,1	92,2	90
Aluminium	88,0	88,5	89,0	89,5	90,0	—	—	89
Rhodium	75,0	77,1	78,3	97,1	78,8	80,5	81,0	79
Gold	29,3	33,1	47,0	74,0	84,4	88,9	92,3	70
Chrom	68	70	69	66	64	63	63	66
Nickel	56,6	59,4	60,8	62,6	64,9	65,9	68,8	64
Platin	51,8	54,7	58,4	61,6	64,2	66,5	69,0	62
Kupfer	32,7	37,0	43,7	47,7	71,8	80,0	83,1	60
Stahl	51,9	54,5	54,8	54,9	55,4	55,9	57,6	55
V2A-Stahl	62	64	—	66,6	—	—	—	—

Normblätter

DIN 5031 „Strahlungsphysik im optischen Bereich und Lichttechnik“
„Größen, Bezeichnungen und Einheiten“

Blatt 1 „Strahlungsphysikalische Größen“

Blatt 2 „Strahlungsbewertung durch verschiedene Empfänger“

Blatt 3 „Lichttechnische Größen und Einheiten“

Blatt 4 „Wirkungsgrade“

II. Sinn und Zweck der Kino-Projektoren

Der Kino-Projektor hat zwei Aufgaben: Das von der Kino-Kamera lichttechnisch aufgenommene und dann chemisch entwickelte Filmband wird bildmäßig auf einer Bildwand dargestellt. Durch diese Projektion wird die photographische Darstellung der aufgenommenen Personen und Gegenstände erreicht, wobei die *Bewegungsvorgänge* wichtig sind. Während die Laufbildkamera Phasenbilder von Bewegungsvorgängen aufzeichnet, d. h. eine Analyse vornimmt, hat der Laufbildprojektor wie auch das Laufbildbetrachtungsgerät die Aufgabe, die Phasenbilder wieder für das Auge zusammenzusetzen, d. h. eine Synthese durchzuführen. Zur Bild-Projektion kann eine Tonwiedergabe in sprachlicher und musikalischer Form beigefügt werden. Die im Projektor eingesetzte Lichtquelle und Beleuchtungseinrichtung projiziert die durchsichtigen Bilder des Filmbandes durch das Projektionsobjektiv auf die Bildwand. Dabei ergibt sich eine natürliche und günstige lichttechnische Darstellung für große Helligkeitsunterschiede der Aufnahmegegenstände in der Projektion, was wesentlich richtiger dargestellt wird als bei photographischen auf undurchsichtiges Papier kopierten Bildern. Die kinotechnische Wiedergabe zeigt gegenüber stillstehenden Bildern die Darstellung der wirklichen Bewegungen. Dafür müssen die richtigen technischen Einrichtungen der Kino-Projektoren erforscht, konstruiert, gefertigt und eingesetzt werden. Mit Hilfe der von der Kino-Kamera aufgenommenen Einzelbilder erscheinen dem menschlichen Gesichtssinn richtige „fließende" Bewegungen, die sich aus der Täuschung des menschlichen Gesichtssinnes ergeben: Werden z. B. zwei feststehende Striche dem Auge so dargestellt (Abb. 12), daß zuerst nur der linke und dann nur der rechte Strich zu sehen ist, erscheint der Bewegungsvorgang, in dem sich ein Strich von der linken zur rechten Seite bewegt hat. So werden die Einzelbilder des Filmbandes in richtiger Bewegung auf der Bildwand erkannt [33, 34, 35].

Eine weitere Aufgabe der Kino-Projektion liegt bei Sonderaufnahmen darin, sehr schnelle Bewegungsvorgänge langsamer und damit anschaulicher in *Zeitdehnung* auf der Bildwand darzustellen. Die Zeitdehnung kann auch

Abb. 12. Bewegungsvorgang

normale Bewegungen, z. B. aus der Arbeitstechnik und dem Sport langsamer, und damit deutlicher, darstellen. Sehr langsame, z. B. über Tage, Wochen oder Monate laufende Bewegungsvorgänge, z. B. das Wachsen der Pflanzen, können sehr viel schneller in Form der *Zeitraffung* vorgeführt werden. Damit ergibt sich auch eine sehr deutliche Anschauung und eine kurze Darstellung der Bewegungsvorgänge.

Die gleichzeitige Vorführung für sehr viele Zuschauer entsteht durch die Größe der vorgeführten Bilder auf der Bildwand, die von dem Kinoraum und der Zahl der Zuschauer abhängt. Zwei Gruppen von Filmgrößen, die Normal- und Schmalfilme werden verwendet. Als Normalfilm wird das 35-mm-Filmband bezeichnet, wobei später die 70-mm-Breitfilme hinzugekommen sind, und als Schmalfilm die 8 und 9,5 und 16 mm breiten Filmbänder. Für die Aufnahme und Wiedergabe ist das verwendete Filmformat wichtig, von dem die Länge des Filmbandes und die Größe und das Gewicht des Aufnahme- und Wiedergabegerätes abhängt, wobei auch die Bildwandgröße und Zuschauerzahl Einfluß hat. Die Normalfilm-Projektoren werden in großen und mittleren Kinos eingesetzt. Größere 16-mm-Schmalfilm-Projektoren werden in kleinen Kinos, in Vortragsräumen für Unterricht und künstlerische Vorführungen eingesetzt. Der 8-mm-Schmalfilm ist für Amateure sinnvoll, da die 8-mm-Projektoren und -Kameras sehr klein, leicht und damit gut transportierbar sind und auch für ihre Bedienung automatisiert werden können.

Die notwendigen Konstruktionen der Kino-Projektoren werden aufgrund der Physiologie und Technik, der Vorführräume und Bildwände behandelt. Da das menschliche Auge einen größeren wirksamen Bildwinkel als früher hergestellte photographische Objektive hat und sich infolge der mechanischen Bewegungen des Auges und des Kopfes noch größere Bildwinkel ergeben, wurde für die Kino-Technik auch das Breitwand-Verfahren sinnvoll eingeführt.

Bei dieser Betrachtung setzt sich der Mensch gedankenmäßig näher in den Raum dieser dargestellten Gegenstände ein und hat damit eine günstige Sicht. Als Sonderfall wurde ein Rundum-Verfahren geschaffen, bei dem die entsprechend aufgenommenen Bilder auf eine Bildwand projiziert werden, die der Innenseite eines sehr großen Zylinders entspricht. Die Tontechnik bei der Bildvorführung hat sich auch in die amateurmäßige Schmalfilm-Wiedergabe- und -Unterrichtstechnik eingeführt. Dazu können Magnetton-Geräte eingesetzt werden, womit eine einfache Aufnahme der Vertonung zeitrichtig zu der Bildvorführung möglich ist.

A. Grundsätzlicher Aufbau der Kino-Projektoren

Bei dem normalen Kino-Aufnahmeverfahren (außer bei Zeitdehnung oder Zeitraffung) werden in jeder Sekunde 16, 18, 24, 25 oder 30 einzelne photographische Bilder nacheinander auf das Filmband photographiert (Bildfrequenz f_B). Der Kino-Projektor führt diese einzelnen Bilder in der gleichen Bildfrequenz vor. Dadurch erscheint dem menschlichen Gesichtssinn ein richtiger „fließender" Bewegungsvorgang. Jedes Bild des Filmbandes *2* (Abb. 13) steht

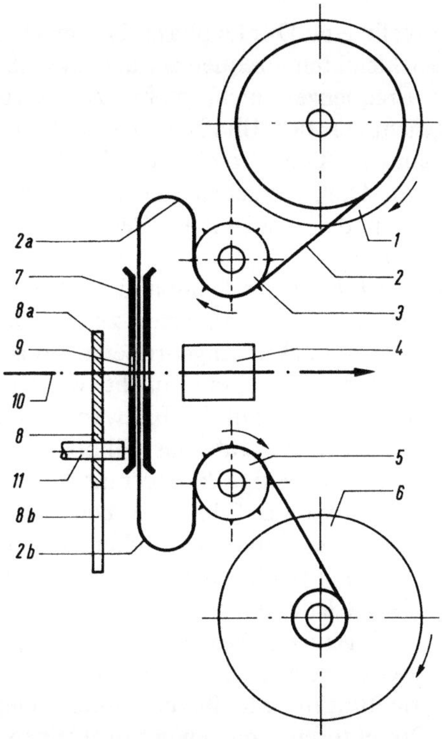

Abb. 13. Filmband-Führung (ohne Tonteil) im Kino-Projektor: *1* Abwickelspule, *2* Filmband, *2a* und *2b* obere und untere Filmschleife, *3* Vorwickel-Zahntrommel, *4* Projektions-Objektiv, *5* Nachwickel-Zahntrommel, *6* Aufwickelspule, *7* Filmbahn, *8* Umlaufverschluß (Blende), *8a* Dunkelteil, *8b* Hellteil, *9* Bildfenster, *10* Lichtrichtung (optische Achse), *11* Verschlußwelle (Filmschaltwerk nicht dargestellt)

für die Projektion kurzzeitig in dem Bildfenster *9* des Projektors still. Für die Vorführung der nächsten Bilder wird das Filmband um die Größe s_F des Schaltschrittes mit der Bildfrequenz f_B transportiert, wodurch jedes Bild im Bildfenster *9* steht. Diese Bewegung erzeugt das Schaltwerk, von dem das Filmband schrittweise bewegt wird. Diese Bewegung entsteht in dem Filmkanal *7*, in dem das Bildfenster *9* eingebaut ist, und kurz davor und dahinter. An den anderen Stellen wird das Filmband gleichförmig bewegt. Der Verschluß *8* deckt mit seinem Dunkelteil *8 a* den Lichtstrahl während der Bewegung jedes Bildes vor dem Bildfenster *9* ab. Das Hellteil *8b* des Verschlusses läßt die lichtmäßige Projektion zu. Von der Abwickelspule *1* über die Vorwickel-Zahntrommel *3* läuft das Filmband *2* gleichförmig bis zu der Filmbandschleife *2a*, ebenso von der Filmbandschleife *2b* über die Nachwickel-Zahntrommel *5* zur Aufwickelspule *6*.

Bei einem anderen System gibt die Lichtquelle nur während des Stillstandes des Filmbandes Licht ab und ist während der schrittweisen Filmband-Bewegung dunkel (Impulsbetrieb). Für den menschlichen Gesichtssinn entsteht ein Helligkeitswechsel, den man als Hell-Dunkel-Frequenz f_{HD} (Hz) bezeichnet: Auf der Bildwand entsteht durch die Bildprojektion ein helles Bild und während des Abdeckens des Bildfensters durch das Verschluß-Dunkelteil oder das Abschalten der Lichtquelle eine Dunkelphase. Dieser Hell-Dunkel-Wechsel wird dem Gesichtssinn bei kleineren Frequenzen als $f_{HD}=48$ Hz als Flimmern erkennbar, bei größeren Frequenzen nicht mehr. Auf Grund der größeren Hell-Dunkel-Frequenz gegenüber der Bildfrequenz und aus lichttechnischen Gründen muß das Filmband in Kino-Projektoren durch das Film-Schaltwerk schnell transportiert werden. Damit ergeben sich aus optisch-physiologischen Gründen die kinematischen und konstruktiven Bedingungen für den Aufbau der Kino-Projektor-Schaltwerke.

Bei dem *optischen Ausgleich* läuft das Filmband auch im Filmkanal gleichmäßig. Durch die mechanische Bewegung eines zusätzlichen zwischen dem Filmband und dem Projektions-Objektiv angeordneten optischen Systems, das eine schwingende oder umlaufende Bewegung macht, werden die Lichtstrahlen so bewegt, daß die Bewegungsvorgänge auf der Bildwand dargestellt werden.

Bei dem *lichttechnischen Ausgleich* läuft das Filmband in dem Filmkanal auch gleichmäßig. Durch eine kurzzeitige lichttechnische Projektion in Form von Blitzen wird jedes sich mit dem Filmband bewegende Bild kurzzeitig auf die Bildwand projiziert, wenn es durch das Bildfenster durchläuft.

Für die ausreichend hellen Projektionsbilder sind entsprechende lichttechnische Anordnungen des Beleuchtungssystems notwendig. Für Amateurgeräte und auch beruflich eingesetzte Projektoren sind speziell konstruierte Projektions-Glühlampen zweckmäßig. In Projektoren für große Vorführräume sind die Beleuchtungseinrichtungen mit Bogenlampen oder Gasentladungslampen ausgerüstet. Alle Projektoren, abgesehen von kleinen Spielzeuggeräten, werden von Elektromotoren angetrieben, damit der Handantrieb des Bedienenden zur Bewegung der Projektor-Getriebe nicht notwendig ist. Da bei den Lichtquellen je nach ihren Systemen große und kleinere Wärmeeinwirkungen entstehen, müssen in den Projektoren auch Kühl- und Wärmeschutzeinrichtungen eingebaut werden, damit das Filmband und auch der Bedienende nicht durch die Wärme belastet wird.

Der grundsätzliche Aufbau eines Kino-Projektors besteht aus dem mechanischen Teil (Abb. 14), dem chemischen Teil des Filmbandes, dem optischen Teil des Projektions-Objektivs, dem lichttechnischen Teil, der sich aus der Lichtquelle und dem Beleuchtungssystem zusammensetzt, und dem tontechnischen Teil. Im Projektor wird das Lichtton- oder Magnetton-System verwen-

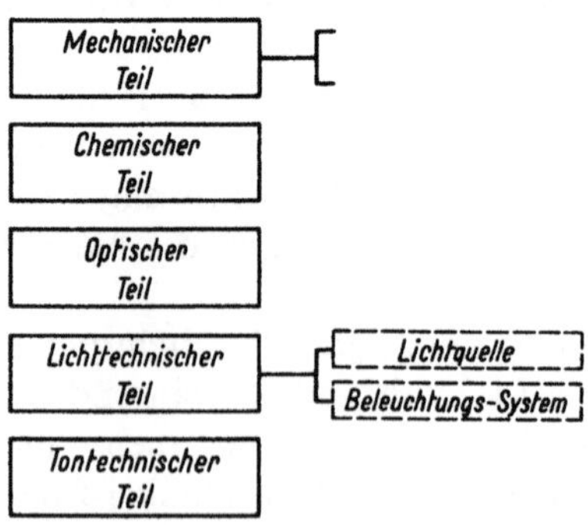

Abb. 14. Schema des Kino-Projektor-Aufbaues

det oder beide. Für die Projektoren ist eine mechanische Verbindung zwischen dem Bild- und Ton-Teil auf dem Filmband vielfach eingesetzt. Die Verbindung zwischen dem Bild-Projektor und einem für tontechnische Zwecke hergestellten Magnetbandgerät ist durch ein Koppelgerät möglich.

Der Aufbau des mechanischen Teiles des Projektors besteht aus der Kraftquelle (Abb. 15) in Form des Antriebsmotors, den Getrieben, welche die für das Filmschaltwerk notwendigen Drehzahlen erzeugen, den Zahntrommeln, der Aufwickelspule, dem Verschluß, dem Kühlgerät und, wenn vorhanden, dem Tongerät.

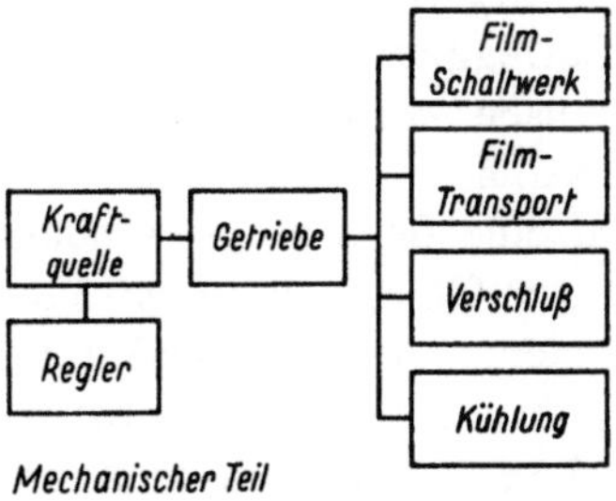

Abb. 15. Schema des Aufbaues des mechanischen Teiles (der Abb. 14)

Das Lichtton-Gerät des Projektors ist ein Wiedergabegerät, das durch den auf dem Filmband aufkopierten Tonstreifen mit Hilfe lichttechnischer Einrichtungen gesteuert wird. Damit wird das Licht in elektrische Ströme umgewandelt, die akustische Tonwiedergaben erzielen. Auf dem Filmband eingesetzte Magnetbänder erzeugen durch elektrische Einwirkungen die akustische Wiedergabe. Hier besteht der Vorteil, daß bei der ersten Bildprojektion durch ein Mikrophon oder Tongerät usw. die akustischen Einwirkungen von Sprache und Musik auf das Tonband zeitrichtig eingesetzt werden können.

B. Bewegung und Bildfrequenz

Wir nehmen *Bewegung* mit dem Gesichtssinn wahr, wenn sich das Objekt in unserem Wahrnehmungsfeld bewegt und dabei die Bedingungen erfüllt sind, daß die Bewegungsbahn nicht zu klein, die Bewegung selbst nicht zu langsam und nicht zu schnell ist. Bewegungen werden erkannt, wenn eine Mindestgeschwindigkeit des bewegten Gegenstandes von 1 bis 2 Winkelminuten je Sekunde erreicht oder überschritten wird, sofern ein Vergleich mit ruhenden Objekten in der Umgebung des bewegten Gegenstandes möglich ist. Fehlt diese Vergleichsmöglichkeit, wie z. B. bei der Beobachtung eines bewegten Lichtpunktes im Dunkeln, dann erhöht sich die Schwelle auf 15 bis 30 Winkelminuten je Sekunde. Unter sonst gleichen Bedingungen ist in peripheren Netzhautbereichen die Schwelle höher als in zentralen. Die Bewegung darf eine Höchstgeschwindigkeit, die sehr stark von der Leuchtdichte abhängt, nicht überschreiten, sonst wird das bewegte Objekt nicht mehr erkannt (fliegendes Geschoß!). Dieser Höchstwert beträgt etwa 1,5° bis 3,5° je 0,01 Sekunde.

Die Bewegungsbahn soll ein Ausmaß von mindestens 20 Winkelsekunden haben, sofern wiederum ein Vergleich mit ruhenden Gegenständen in der Umgebung des bewegten Objektes möglich ist. Die Schwelle erhöht sich auf ungefähr das Vierfache, wenn diese Vergleichsmöglichkeit fehlt.

Außer den beschriebenen, im Raum ablaufenden Bewegungen (physikalische Bewegungen) von Objekten werden auch Bewegungen wahrgenommen, wenn keine physikalische Bewegung von Objekten erfolgt. Es handelt sich hierbei um Bewegungstäuschungen, Scheinbewegungen usw. Man nimmt z. B. optische Bewegungen ebenso wahr, wenn mehrere Objekte nacheinander an verschiedenen Stellen in Ruhe dargeboten werden (stroboskopische Bewegung). Die Wahrnehmung solcher Bewegung ist abhängig von den Expositionszeiten der Objekte, den Zwischenpausen zwischen diesen Expositionen, vom räumlichen Abstand zwischen ihnen u. ä.

Das Staketenphänomen ist eine Bewegungserscheinung bei einer Bewegung des Beobachters zum unbewegten Objekt, in diesem Falle von zwei hintereinanderstehenden parallelen Staketenzäunen mit senkrechten Stäben, wenn diese Bewegung parallel zur Zaunrichtung verläuft. Es bewegen sich an den Zäunen dunkle Streifen, die mit hellen Zwischenräumen abwechseln, in Richtung der Bewegung des Beobachters. Die dunklen Streifen entstehen durch Zusammenfallen von Stäben des einen Zaunes mit Lücken des anderen Zaunes und umgekehrt. An diesen Stellen kann man durch die Zäune nicht oder nur ungenügend hindurchsehen. Helle Zwischenräume entstehen, wenn die Stäbe des einen Zaunes und die Stäbe des anderen Zaunes im Erscheinungsbild zusammenfallen. Durch die Lücken kann man in diesem Falle besser hindurchsehen, diese Stellen der Zäune erscheinen daher heller. Bei Bewegung des Beobachters kommt es daher immer zu neuen sich ändernden Überlagerungen, was eine Bewegung der Streifen vortäuscht.

Beobachtet man eine in ein und derselben Richtung verlaufende Bewegung längere Zeit und betrachtet dann ein ruhendes Feld oder hört diese Bewegung plötzlich auf, so sieht man eine Bewegung, die im allgemeinen der ursprüng-

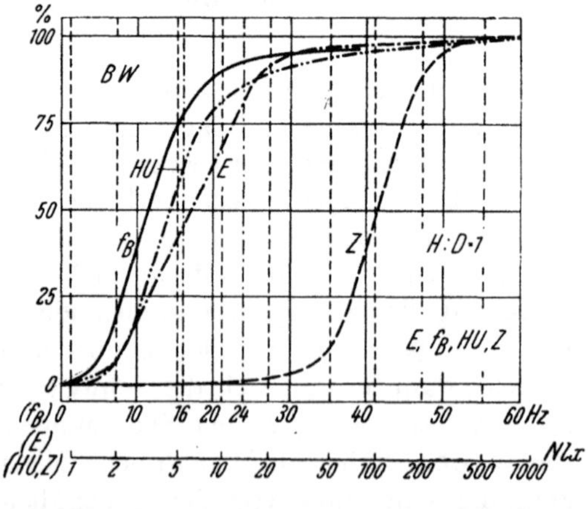

Abb. 16. Bildwirkung *BW* durch Kino-Projektion und Fernseh-Wiedergabe entstehender Bilder abhängig von der Bildfrequenz f_B, der Beleuchtungsstärke E des Bildes, seinem Helligkeitsumfang HU und der Zeilenzahl Z des Bildes bei einem Öffnungsverhältnis des Verschlusses $H:D=1$ (nach THUN)

lichen Bewegung entgegengerichtet ist, und zwar sowohl bei reeller wie auch bei stroboskopischer Bewegung [36, 37].

Aufnahmen, in denen keinerlei bewegte Objekte vorkommen, können mit der *Bildfrequenz* Null, d. h. mit einem einzigen Bild ohne Beeinträchtigung der Bildwirkung wiedergegeben werden (Projektion von Diapositiven). Bei sehr langsamen Bewegungen der Objekte reichen für die Projektion Bildfrequenzen $f_B = 5$ bis 8 Einzelbilder je Sekunde (Hz) aus. Bei normalen Bewegungen ist die Bildfrequenz $f_B = 16$ bis 24 Hz für gute Bildwirkung ausreichend (Abb. 16). Diese Kurvendarstellung gilt auch für die Fernsehtechnik [38, 39]. Die schnellsten vorkommenden und mit dem Gesichtssinn wahrnehmbaren Bewegungen werden bei Bildfrequenzen $f_B = 50$ bis 80 Hz in der Kinoprojektion richtig dargestellt.

Sind die Bewegungen des Objektes so schnell, daß sie mit dem Auge nicht mehr einwandfrei wahrgenommen werden können, so ist von einer naturgetreuen Wiedergabe durch ein Gerät auch kein besseres Ergebnis zu erwarten. In diesem Falle hilft die *Zeitdehnung*.

Auf Grund praktischer Erfahrungen wurde die Bildfrequenz bei den Schmalfilmgeräten, bei denen auch wirtschaftliche Fragen des Filmverbrauches eine Rolle spielen, der linear mit der Bildfrequenz anwächst, auf 16 Hz festgesetzt. Diese Zahl ist für viele Fälle bereits ausreichend. Im Bereich der professionellen Kinematographie wurde als Bildfrequenz 24 Hz genormt, mit der schon die Mehrzahl aller Bewegungsvorgänge gut dargestellt werden kann. Diese Normung machte sich bei Einführung des Tonfilms besonders erforderlich, da das Ohr für Transponierung (absolutes Gehör), besonders aber für Tonschwankungen empfindlich ist und weil für die Aufnahme und Wiedergabe von hohen Tönen eine gewisse Mindestgeschwindigkeit des Filmbandes erforderlich ist [40]. Für das Fernsehen ist eine Bildfrequenz $f_B = 25$ Hz (in den USA 30 Hz) genormt [41].

C. Kinematographische Bewegungstäuschungen

Bei der kinematographischen Projektion können Bewegungstäuschungen, besonders bei sich drehenden Objekten, auftreten. Macht ein Speichenrad (Abb. 17) Drehungen in dem angegebenen Drehsinn, so scheint sich das Rad bei der Projektion in einer langsameren Drehzahl oder der anderen Drehrichtung zu bewegen. Unter Umständen steht es auch scheinbar still oder

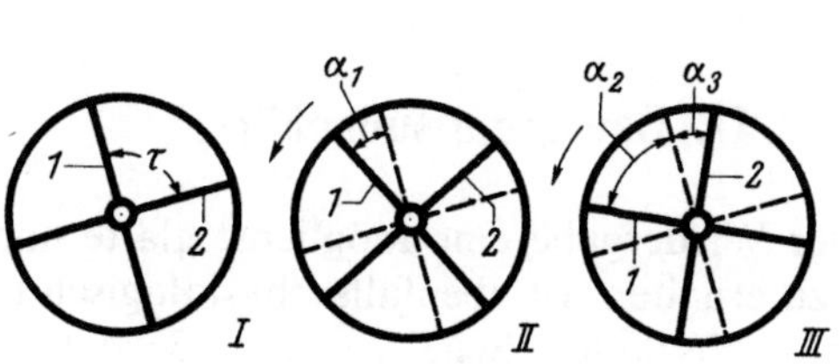

Abb. 17. Speichenrad in Darstellung des stroboskopischen Effektes. *1* und *2* Speichen, α Drehwinkel, τ Teilungswinkel der Speichen

führt undefinierte Bewegungen bald in der einen und bald in der anderen Richtung aus oder erscheint in anderen Speichenzahlen.

Die Ursache dieser Täuschungen liegt in der Tatsache, daß der menschliche Gesichtssinn bei einer periodischen Beleuchtung, kinematographischen Darbietung oder sonstigen Betonung einzelner Phasenlagen eines Bewegungsvorganges den kürzeren von zwei möglichen Wegen zwischen diesen Phasenlagen im Bewußtsein aufnimmt, auch wenn sich der Gegenstand tatsächlich auf dem längeren Weg bewegt hat. Der Täuschungseffekt hängt von der Drehzahl des Rades in einer bestimmten Zeit, der Zahl der Speichen und der Bildfrequenz der Kamera ab. Da in fast allen Fällen diese drei genannten Faktoren festliegen und keiner Änderung zugänglich sind, lassen sich die Täuschungen meist nicht abstellen. Denn die Drehzahl der Räder läßt sich bei der kinematographischen Aufnahme beispielsweise von Fahrzeugen ebensowenig ändern wie die Zahl der Speichen. Auch die Schaltfrequenz der Kamera liegt fest. Die Täuschungen sind auch deswegen unangenehm, weil sich im Laufe des Anfahrens oder Anhaltens eines Fahrzeuges in der Kinoprojektion die Verhältnisse ändern und damit bald vorwärts oder rückwärts rollende Räder in unserem Bewußtsein erscheinen.

Zu erklären ist dieser Effekt folgendermaßen. Das dargestellte Rad dreht sich in der angegebenen Richtung. Erfolgen die Phasenaufnahmen in der Stellung *I* und *III*, so ist der Drehwinkel α_2 zwischen den beiden Aufnahmen. Die Lage *III* kann aus der Lage *I* (gestrichelt dargestellt) aber auch durch eine Drehung um den Winkel α_3 in der Gegenrichtung entstanden sein. Da dieser Winkel kleiner als α_2 ist und das Auge den kürzeren möglichen Weg zu erkennen glaubt, erscheint unter den gegebenen Verhältnissen ein Rückwärtsdrehen stattzufinden. Die Drehgeschwindigkeit des Rades und die Bildfrequenz gehen in die Größe des Drehwinkels ein [42]. Die Grenze der sichtmäßigen Bewegungs-Umkehr ist bei dem Drehwinkel α und dem Winkel τ zwischen den zwei Speichen $\alpha \geqq 0{,}5\ \tau$. Maßgebend ist die Drehrichtungszahl D bei der Filmvorführung $D=\alpha/\tau$. Bei $D=0 \ldots 0{,}5$ dreht sich das Rad in der gleichen Richtung und wirklichen Geschwindigkeit. Bei $D=0{,}5$; 1,5; 2,5; 3,5 usw. steht das Rad still und zeigt die zweifache Speichenzahl. Bei $D=0{,}5 \ldots 1$ dreht sich das Rad umgekehrt mit anderer Geschwindigkeit. Bei $D=1$; 2; 3; 4 usw. steht das Rad still und zeigt die richtige Speichenzahl. Bei $D=1{,}5 \ldots 2$; $2{,}5 \ldots 3$; $3{,}5 \ldots 4$ usw. dreht sich das Rad umgekehrt mit anderer Geschwindigkeit. Ähnliche Erscheinungen wie bei *drehender* kommen auch bei *fortschreitender* Bewegung vor, wenn dabei eine Anzahl von gleichartigen Merkmalen einander folgen, z. B. bei Ketten.

D. Bewegungsunschärfe

Der Wunsch, in der Wiedergabe eine möglichst glatte und fließende, keine ruckartige Bewegung zu erhalten, ist ebenfalls physiologisch und psychologisch bedingt. Von dem abwechselnden Schalten und Belichten des Filmbandes wurde schon gesprochen, noch nicht aber von der Zeitdauer dieser beiden Abschnitte, deren Summe in Annäherung die Dauer einer Schaltperiode ergibt.

Setzt man, wie es in vielen Kameras der Fall ist, für jeden Zeitabschnitt etwa die halbe Periodendauer an, so wird der Kamera und damit bei der Wiedergabe auch dem Gesichtssinn nur jeweils die Hälfte von dem sich kontinuierlich abspielenden Bewegungsvorgang des Objektes dargeboten. Während der anderen Hälfte ist die optische Einrichtung durch den Abdeckflügel des Aufnahmeverschlusses außer Betrieb. In dieser Zeitspanne läuft die Bewegung des Objektes weiter.

Die Kamera sieht also nur Bewegungsausschnitte von beispielsweise der halben Zeitdauer mit einer ebenso großen Pause. Dadurch entsteht also eine Lücke, ein Phasensprung im gesehenen Bewegungsablauf. In vielen Fällen kann doch noch eine fließende Bewegung für den Gesichtssinn zustandekommen, dann natürlich besonders leicht, wenn die Wege des Objektes auf dem Bild während einer Phasenaufnahme nicht sehr groß sind. Im Grenzfalle findet die Verschmelzung bei der Kinoprojektion nicht mehr statt und es gibt dann die bekannten springenden Erscheinungen. Nach diesen Überlegungen ist es erwünscht, die Zeitdauer der photographischen Aufnahme möglichst lang und damit zwangsläufig die Schaltzeit entsprechend kurz zu bemessen.

Bei den Wiedergabegeräten tritt eine ähnliche Forderung auf Grund der lichttechnischen Verhältnisse auf, die ebenfalls ein möglichst kurzes Schalten und langes Stehenlassen des Filmbandes zur Projektion wünschenswert machen. Die Grenzen für ein sehr schnelles Schalten des Filmbandes liegen in den Beschleunigungen und den dadurch gegebenen Massenkräften.

Die bei den üblichen Konstruktionen von Kinokameras sich ergebenden Belichtungszeiten betragen für den eben genannten Fall etwa 0,03 sec und 0,02 sec für die Bildfrequenzen 16 Hz und 24 Hz. Damit sind durchaus Bewegungsunschärfen möglich, die aber im Gegensatz zu vielen Fällen der Standbildtechnik für die kinematographische Wiedergabe erwünscht sind. Denn Bewegungsunschärfen in Richtung der Objektbewegung erleichtern dem Gesichtssinn das Zustandekommen der Verschmelzung der einzelnen Phasenbilder. Ein typisches Beispiel dafür ist ein Vergleich eines Zeichenfilmes mit Aufnahmen aus einem natürlichen Bewegungsvorgang, der gegenüber den in dem Zeichen-

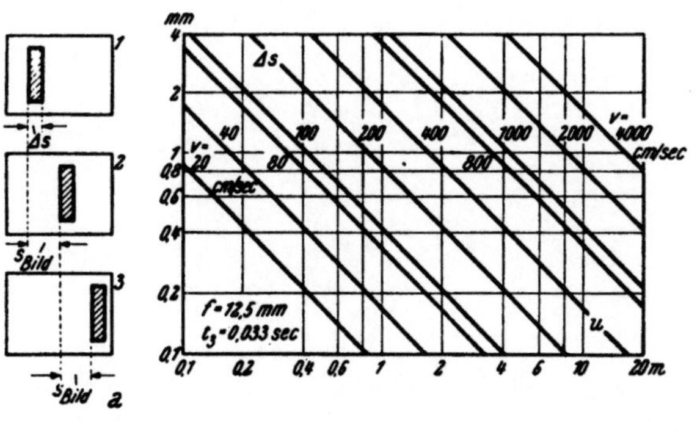

Abb. 18. Bewegungs-Unschärfe. Weg Δs der optischen Abbildung des Gegenstandes während der Belichtungszeit t. S_{Bild} Weg der optischen Abbildung des Gegenstandes während einer Schaltperiode T. f Objektiv-Brennweite, f_B Bildfrequenz. u Entfernung und v Geschwindigkeit des Gegenstandes senkrecht zur optischen Achse

film dargestellten Bewegungen viel glatter und fließender wirkt. Den Trickzeichnern ist dies wohlbekannt, sie verwischen deshalb auch die Konturen ihrer Zeichnungen in Bewegungsrichtung oder bewegen die Modelle während der Aufnahmen [43].

Als Bewegungsunschärfe Δs (Abb. 18) wird der Weg bezeichnet, der bei der Geschwindigkeit v des Gegenstandes bei der Kino-Aufnahme in der Belichtungszeit t bei der Brennweite f des Aufnahme-Objektivs und der Gegenstandsentfernung u entsteht $\Delta_s = (v \cdot t \cdot f) : u$.

III. Der Kinofilm

Die Pioniere der „Chronophotographie“ haben sich noch mühsam damit abgequält, Serien von photographischen Platten zum Studium von Bewegungsvorgängen nacheinander in möglichst kurzer Folge zu belichten. Sei es MUYBRIDGE, der bis zu 30 photographische Kameras parallel nebeneinander aufstellte, sei es DU MONT, der die photographischen Platten auf einem endlosen Band in einer photographischen Kamera bewegte, sei es DUCOS DU HAURON, der mit einer Anzahl von Objektiven (bis zu 32) der Reihe nach Teile einer photographischen Platte belichtete und viele andere. Erst als 1887 GOODWIN ein amerikanisches Patent auf photographischen Film anmeldete und auch EASTMAN später mit der Fabrikation von Kinofilmen beginnt, konnten die „lebenden Bilder“ oder „Laufbilder“ sinnvoll hergestellt werden, beginnt die eigentliche Kinematographie.

A. Das Filmmaterial

Der Film besteht aus zwei Schichten: Dem durchsichtigen Trägermaterial mit einer Dicke von 120 bis 150μ und der photographischen Schicht von etwa 10 μ.

Als Trägermaterial wurde vorwiegend *Nitrat-(Zelluloid-)Film* verwendet, obwohl dieser außerordentlich leicht entzündbar ist und explosiv abbrennt. Die Entzündungstemperatur beträgt bei neuen Filmen etwa 180° C, bei alten sogar bloß etwa 120° C. Die Abbrenngeschwindigkeit ist sehr hoch. Eine 600-m-Filmrolle benötigt zur Verbrennung 20 Sekunden bis 1 Minute, je nach sonstigen Bedingungen. Eine in der Filmtrommel des Projektors befindliche Filmrolle ist in etwa 5 Sekunden nach der Entzündung außer Kontrolle und verbrennt in 45 Sekunden, wenn sie 300 m Film enthält, und in 1 Minute bei 600 m. Bei der Verbrennung entstehen erhebliche Temperaturen — bis zu 2000° C — und große Mengen von Gasen. Unter harmlosen Verbrennungsprodukten, wie Kohlendioxyd entstehen auch giftige Gase, vorwiegend Stickstoffoxyde. Ein im Bildfenster des Projektors stehenbleibender Film brennt bei niedrigen Stromstärken bzw. Leistungen der Bogenlampe in $^1/_2$ bis $^1/_4$ Sekunde aus, bei stärkeren Bogenlampen in $^1/_8$ bis $^1/_{16}$ Sekunde. Diese Zahlen gelten für Verwendung ungefilterten Lichts — Warmlicht, also ohne Verwendung von Kaltlichtspiegel, Wärmereflexionsfiltern u. ä. Wenn man bedenkt, daß bei einer Vorführgeschwindigkeit von 24 Hz und Verwendung eines vierteiligen Malteserkreuzes mit $^1/_4$ Transport- und $^3/_4$ Standzeit der Film im Projektorfenster $^1/_{32}$ Sekunde dem Lichtstrahl ausgesetzt ist, so ist die Gefahr der Entzündung des Films sehr hoch [44]. Es hat genügend Unglücksfälle gegeben. Der erste Kinobrand in der Geschichte des Films ist wohl das Feuer am 16. August 1896, bei dem der Pavillon der Gewerbe-Ausstellung Berlin abbrannte, glücklicherweise aber keine Menschenleben zu beklagen waren. Weitaus schlimmer verlief der große Brand des Filmpavillons auf dem Wohltätigkeitsbasar im Mai 1897 in Paris, dem 124 Menschen zum Opfer fielen [45]. Es entstanden in der Folge strenge Sicherheitsvorschriften in den einzelnen Ländern zum Schutze des Publikums und des Personals.

Es hat daher auch nicht an Bestrebungen gefehlt, ein schwer oder nicht brennbares Material für diesen Zweck zu finden. Diese Eigenschaft besitzt *Zellulose-Acetat*, und bereits in der Anfangszeit der Kinematographie war Diacetatfilm bekannt und wurde damals bereits von PATHÉ Co. verwendet [46 ... 49]. Jedoch waren die mechanischen Eigenschaften nicht ausreichend, die Lebensdauer zu gering, um im professionellen Bereich Anwendung zu finden. Aber als KODAK 1923 den 16-mm-Schmalfilm einführte, wurde hierfür nur dieses Material genommen und seine Verwendung für 16-mm-Film wurde in fast allen Ländern gesetzlich vorgeschrieben. Damit war der Gefahr großer Unglücksfälle durch Filmbrände vorgebeugt, denn der 16-mm-Film wurde vorwiegend von Amateuren, Schulen usw. benutzt, wo die vorgeschriebenen Sicherheitsmaßnahmen nicht durchgeführt bzw. überwacht werden konnten. Erleichternd kam hinzu, daß die Zahl der Vorführungen bei diesen Benutzern im allgemeinen viel niedriger war als im Kino, so daß sich die geringere Lebensdauer nicht so störend bemerkbar machte.

Etwa 1946 brachte KODAK einen verbesserten Acetatfilm auf den Markt — *Triacetat* —, dessen mechanische Eigenschaften so gut waren, daß er auch für professionelle Zwecke, also im Kino, eingesetzt werden konnte und den gefährlichen Nitrofilm ablöste. In vielen Ländern wurden entsprechende Vorschriften für die Verwendung des Sicherheitsfilms (Nonflamfilm; Safetyfilm) erlassen, in der Bundesrepublik Deutschland das Sicherheitsfilmgesetz von 1957 (s. auch DIN 15551 „Sicherheits-Kinefilm", Mai 1962).

Daneben hat es auch noch anderes Trägermaterial gegeben. In den USA wurden bis etwa 1916 auch Filmkopien auf *Papier* hergestellt, vorzugsweise, um diese dem Copyright Office des Kongresses einzusenden [50].

In Deutschland wurde als Träger sogar *Aluminium* von etwa 0,15 mm Dicke versuchsweise angewendet. Wegen des niedrigen lichttechnischen Wirkungsgrades der episkopischen Projektion und der erforderlichen Umkonstruktion der Projektoren hat sich aber diese Idee nicht durchgesetzt [51].

Eine weitere interessante Entwicklung entstand in den 30er Jahren in Deutschland mit dem *Ozaphanfilm* der Firma KALLE. Als Unterlage dient das Cellophan und als lichtempfindliche Substanzen Diazo-Verbindungen, die zusammen mit anderen Körperklassen aus der organischen Chemie (Phenolen, Aminen) Farbstoffe bilden, wenn sie nicht vorher durch Licht zerstört werden. Der Film hat eine Dicke von 0,06 bis 0,07 mm und wurde besonders von Amateuren als Schmalfilm verwendet [52].

In der jüngsten Zeit gewinnt eine Unterlage aus *Polyester* an Bedeutung, mit der DU PONT 1957 auf den Markt kam. Dieses Material hat gegenüber dem Triacetatfilm ausgezeichnete mechanische Eigenschaften. Seine Maßhaltigkeit in den photographischen Bädern ist 10mal, seine Reißfestigkeit 3mal, seine Knickfestigkeit 500mal besser. Bei der Herstellung der Polyestermasse wird noch beidseitig eine kompliziert zusammengesetzte Kunststoffschicht aufgetragen. Da hierauf die photographische Emulsion nicht haftet, wird noch auf beiden Seiten eine hauchdünne Gelatineschicht aufgetragen. Dieses fertige Produkt hat den Handelsnamen „*Cronar*“ [53]. In der Kinematographie wird dieses Material noch nicht allgemein verwendet, mehr in der Tonbandtechnik. Doch auch für die Kinematographie besteht ein großer Vorteil darin, daß wegen der hohen Zerreißfestigkeit der Film dünner verwendet werden kann, als es jetzt bei dem Triacetatmaterial der Fall ist (etwa 60%), und daß damit das Fassungsvermögen der Filmspulen usw. erheblich steigt.

Einen silberfreien Film brachte im Jahre 1952 die Firma METRO-KALVAR in USA auf den Markt [54]. Die lichtabsorbierende Silberschicht des Films wird hier durch eine lichtstreuende, also die Lichtdurchlässigkeit durch Reflexion beeinträchtigende Kunststoffschicht ersetzt. Die Hell-Dunkel-Werte des photographischen Bildes werden dabei von Streuungszentren erzeugt. Als lichtempfindliche Schicht dient beim KALVAR-Film eine auf einer dünnen, durchsichtigen Polyesterfolie aufgebrachte, wenige Hundertstel mm dicke, wärmeempfindliche Kunststoffhaut, in die eine ultraviolett sensible Verbindung eingelagert ist. Werden deren Moleküle beim Kopierprozeß von den durch einen normalen Negativfilm fallenden UV-Strahlen einer Quecksilberdampflampe getroffen, dann zersetzen sie sich unter der Bildung gasförmiger Produkte, darunter Stickstoff und andere flüchtige Verbindungen. Unter dem Einfluß des durch die Gasentwicklung hervorgerufenen Druckes in der Kunststoffschicht, entsteht das latente Bild in Form von inneren Spannungen. Zum Entwickeln, das in derselben Apparatur unmittelbar nach dem Belichten erfolgt, wird der Film kurzfristig auf 115° C erhitzt. Um die winzigen Gasbläschen (Veszikel) herum kommt es infolge ihres Druckes beim Erwärmen des Materials zu einer Neuorientierung und teilweise geordneten Kristallisation des amorphen Kunststoffs. Der Brechungsindex dieser bilderzeugenden, etwa 0,5 bis 2μ großen Veszikel unterscheidet sich wesentlich von dem anderen Filmmaterial. Da das Gas gewissermaßen fest in den sehr beständigen Kristallen eingeschlossen ist, verfügt das Filmmaterial über ausgezeichnete mechanische Festigkeit und damit über ein recht stabiles Bild. Um die allmähliche Beeinträchtigung des entwickelten Bildes durch fremden UV-Anteil, dem eventuell das Filmmaterial ausgesetzt werden kann, zu verhindern, wird noch eine Fixierung dadurch vorgenommen, daß der Film erneut einer UV-Strahlung ausgesetzt wird. Den sich wiederum bildenden Gasmolekülen läßt man dann bei Temperaturen unter 70° C, bei denen es noch nicht zur Rekristallisation des Kunststoffs kommt, genügend Zeit zum Entweichen. Nach Beendigung der Gasdiffusion ist der Film, auf dem sich gleichzeitig auf demselben Wege auch Tonspuren unterbringen lassen, vorführbereit. Bei Betrachtung sehen die Bilder auf dem fertigen Film hellgrau aus und liefern bei der Projektion ein kontrastreiches Schwarzweiß-Bild, das infolge der winzigen Veszikel ein hohes Auflösungsvermögen besitzt und fast kornfrei ist.

Ersetzt man in einem xerographischen Apparat die Selenplatte durch eine plastische Schicht oberhalb einer leitenden Platte, so wird nach örtlicher Zerstreuung der elektrischen Ladung durch Licht die Schicht erwärmt. Sie zieht sich an den Stellen, wo sie die Ladung bewahrt, zusammen, so daß das Bild sofort erscheint. Die Schicht muß eine bestimmte Viskosität und Schmelztemperatur haben und eine photokonduktive Substanz, wie Phenazinderivat oder Karbazol oder Cadmiumsulfid aufweisen. Eine Variante dieses elektrothermoplastischen Verfahrens — Phot Plastic Recording — wurde von der General Electric für Verwendung mit Elektronenstrahlen entwickelt und im Jahre 1959 unter der Bezeichnung *Thermoplastic Recording* bekanntgegeben [55, 56, 57].

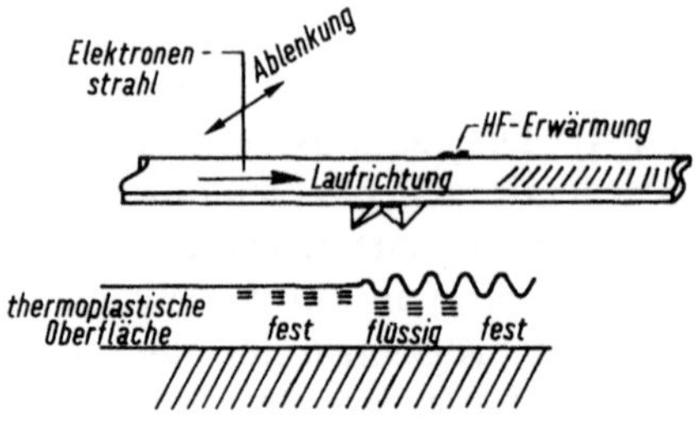

Abb. 19. Schema des thermoplastischen Aufzeichnungsverfahrens

Bei diesem Verfahren werden die Informationen durch den Elektronenstrahl auf einem mehrschichtigen Film (Abb. 19) aufgezeichnet. Dieser besteht aus einem schwer schmelzbaren Träger (Kunststoffolie), der mit einer transparenten, elektrisch leitenden Schicht überzogen ist, über der sich eine leicht schmelzbare, thermoplastische Schicht befindet. Der Elektronenstrahl erzeugt in Abhängigkeit von der Modulation auf der obersten Schicht ein Ladungsbild. Danach wird der Film bis zum Schmelzpunkt der obersten Schicht erwärmt, so daß diese gerade zum Fließen kommt. Die elektrostatischen Kräfte zwischen der Ladung auf dem Film und dem Trägermaterial verändern die Oberfläche, bis sich ein Gleichgewicht zwischen Oberflächenspannung der geschmolzenen obersten Schicht und den elektronischen Anziehungskräften eingestellt hat. Dann wird der Film abgekühlt, die Verformungen in der Oberfläche des Films sind dann „eingefroren". Das elektrische Ladungsbild auf dem Film bleibt mehrere Tage unverändert, so daß das Erwärmen nicht sofort erfolgen muß.

Die Ausbildung der Verformungen geschieht in einigen Millisekunden. Das Erwärmen der Verformungen in der obersten Schicht erfolgt im Vakuum von etwa 10^{-4} Torr. (Das Ladungsbild kann auch ohne Vakuum aufgezeichnet werden.) Sie kann dadurch erfolgen, daß in die transparenten, leitenden Schichten ein Hochfrequenz-Impuls von etwa 0,01 Sekunden induziert wird. Die dabei entstehende Wärme wird an die leicht schmelzbare Schicht abgegeben, so daß diese gerade aufweicht und die Verformungen sich ausbilden können. Die entstandene Wärme dringt gleichzeitig auch in das Trägermaterial ein, so daß sich der gesamte Film nach Verlassen des HF-Feldes wieder abgekühlt hat, die Oberfläche fest ist und damit die Informationen gespeichert sind.

Bei der Aufzeichnung schreibt der Elektronenstrahl wie beim Fernsehen Zeilen, und zwar horizontal. Die vertikale Verschiebung geschieht durch die Bewegung des Films (Abb. 20). Nach der Aufzeichnung wird der Film an den HF-Elektroden vorbeigeführt und erwärmt. Es bilden sich sogleich die Verformungen, anschließend kühlt der Film ab und wird aufgewickelt.

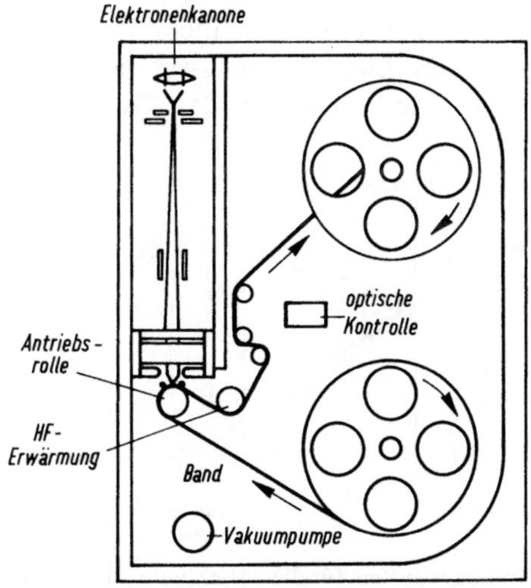

Abb. 20. Schema des Aufzeichnungsgerätes

Es können sowohl Schwarzweiß-Bilder wie auch Farbbilder aufgezeichnet werden. Die Wiedergabe kann durch Projektion oder durch elektrische Abtastung erfolgen. Die Aufzeichnungen können auch optisch auf Film kopiert werden.

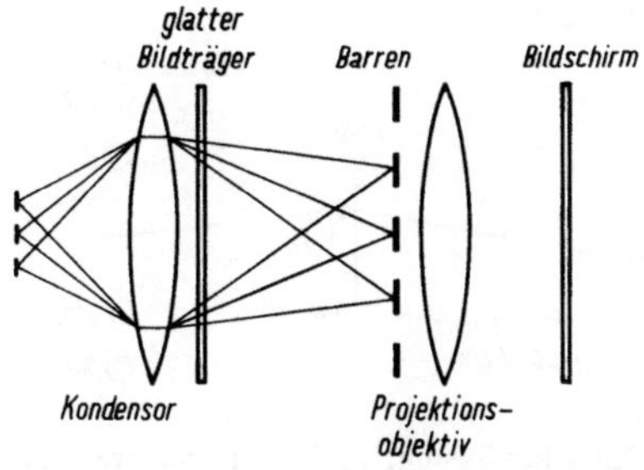

Abb. 21. Projektionssystem mit einem Bildträger ohne Aufzeichnungen

Bei der Projektion von Schwarzweiß-Bildern wird eine Art Schlierenverfahren angewendet (Abb. 21). Vor dem Objektiv befindet sich ein Raster aus undurchsichtigen Barren. Linienförmige Lichtquellen werden durch einen Kondensor auf den Barren abgebildet. Trägt der Film keine Aufzeichnungen (Verformungen), dann fällt das Licht auf die Barren und der Bildschirm bleibt dunkel. Enthält der Film Verformungen, so wird das Licht gebeugt und ein entsprechender Teil gelangt auf den Bildschirm.

Für Farbbilder werden die Verformungen auf der thermoplastischen Oberfläche in Form von Phasenbeugungsgittern eingeprägt. Bei der Projektion (Abb. 22) wird je nach der Spaltbreite des Gitters eine der Grundfarben des Spektrums auf dem Bildschirm sichtbar. Der Abstand der Gitterlinien bestimmt die Intensität des gebeugten Lichtes, die Spaltbreite des Gitters die Grundfarbe. Für die Wiedergabe sind mehrere Grundfarben erforderlich. Ein Farbton, der durch Addition von zwei oder mehr Grundfarben darstellbar ist, kann durch Überlagerung des Lichtes von zwei oder mehr Beugungsgittern erzeugt werden, wobei die Gitterkonstanten den Grundfarben zugeordnet sein müssen.

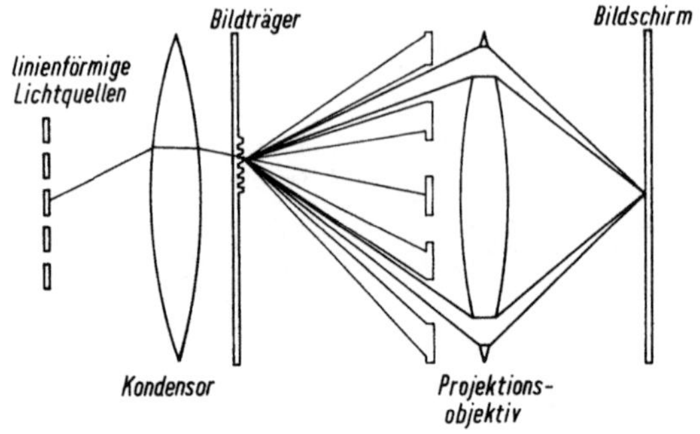

Abb. 22. Optisches System für die Projektion von Farb-Bildern

Die elektrische Abtastung des Films kann nach dem *Flying-Spot*-Verfahren geschehen (Abb. 23). Hierbei wird das Bild des einfarbigen, horizontal abgelenkten Leuchtpunktes durch ein Objektiv auf dem Film abgebildet. Das durch verschiedene Spaltbreiten gebeugte Licht wird durch einen Kondensor auf ein System von Photozellen, die in verschiedenen Winkellagen zum Strahl angeordnet sind, geworfen. Sind die Photozellen für verschiedene Farben sensibilisiert oder schaltet man den Photozellen Farbfilter vor, dann lassen sich die Signale auch in Farbkomponenten zerlegen.

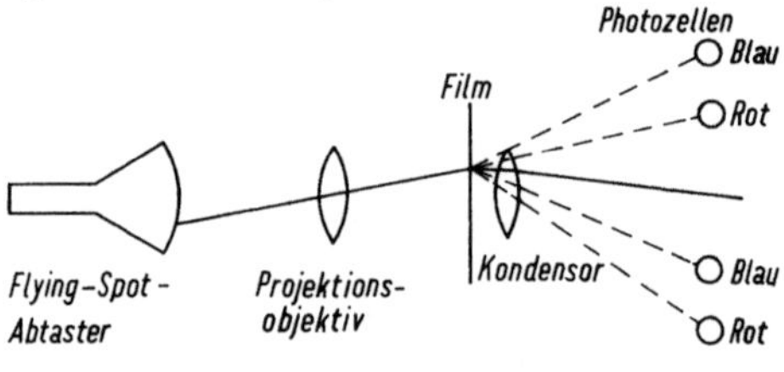

Abb. 23. Optisches System des Elektronenstrahl-Abtasters

Da sich mit einem Elektronenstrahl Wellenlängen, die kleiner als die des Lichtes sind, auflösen lassen, kann beim thermoplastischen Verfahren eine Aufzeichnungsdichte erreicht werden, die etwa 100mal größer als die der magnetischen Aufzeichnung ist. Dadurch besteht die Möglichkeit, schmale Filmbänder und niedrige Laufgeschwindigkeiten vorzusehen.

Mit der Beschreibung dieser neuen Filmmaterialien wird bereits stark das Gebiet der modernen audio-visuellen Verfahren berührt, über die in einem späteren Kapitel berichtet wird.

B. Breitfilm und Bildformate

In den Pionier- und Anfangszeiten der Kinematographie haben die Erfinder und Gerätebauer oftmals die Breite der Filme und die Größe der Bildfenster (und damit die Bildformate) wie auch Größe, Form und Anzahl der Perforationen nach eigenem Gutdünken festgelegt. Es schien gar nicht so selbstverständlich, daß sich der 1890 von EDISON festgelegte und ab 1893 in seinem Kinetoscope benutzte 35 mm breite Film sowie LUMIÈRES 35 mm breiter Film allgemein durchsetzen und später zur internationalen Normung führen würde. LUMIÈRE, der zunächst auf jeder Bildseite nur je ein Perforationsloch, und zwar ein rundes, verwendet hatte, übernahm sehr bald die vier rektangulären Perforationslöcher (auf jeder Bildseite) von EDISON. Aber zur Weltausstellung Paris 1900 kam LUMIÈRE wieder auf den Breitfilm zurück (75 mm), und der Italiener ALBERINI benutzte 1911 für seine Panorama-Aufnahmen 70 mm breiten Film. Einige der in den ersten beiden Jahrzehnten der Kinematographie verwendeten Breitfilmformate nebst dem 35-mm-Format zeigt die folgende Tabelle. Hierin ist auch die Anzahl der Perforationslöcher pro Bildhöhe angegeben. Es handelt sich in allen Fällen um doppelseitige Perforation; die Zahl 4 z. B. bedeutet, daß links und rechts vom Bildchen je 4 Perforationslöcher sind. Diese sind immer rechteckig oder quadratisch, mit Ausnahme von LUMIÈRE 1895 und 1900 sowie SKLADANOWSKY. In diesen drei Fällen handelt es sich um runde Perforationslöcher. Die Abmessungen sind meist in Zoll angegeben und wurden in Tab. 16 in Millimeter umgerechnet.

Tabelle 16

Jahr	Name	System (Gerät)	Filmbreite mm	Perfor.-Zahl	Bild mm	Lit.
1890	EDISON	*Kinetoskop* 1893	35	4	19 × 25	58, 59, 60
1895	LUMIÈRE	*Cinematograph*	35	1	18 × 25	61, 62
	LATHAM	*Eidoloscope*	50,8		19 × 38	63
1895	SKLADANOWSKY	*Bioskop I*	45	2	30 × 40	64, 65
1896	SKLADANOWSKY	*Bioskop II*	62,5	4	40 × 50	65
1895	MUTOSCOPE	*Biograph*	62	6	37 × 50	66
1895	MUTOSCOPE	*Biograph*	73			
1896	APPLETON		58		39 × 47	64
1896	DEMENY	*Bioscope*	60	4	36 × 45	63, 66
1896	ACRES	*Henly-Regatta*	70		53 × 70	67
1897	RECTOR	*Veriscope*	63	5	31 × 52	63, 66
1897	GRIMOIN	*Cinéorama*	70	5	50 × 55	68, 69
1899	PRESTWICH		60,3	4		63, 66
1900	LUMIÈRE	*Expo Paris*	75	8	45 × 60	70
1911	F. ALBERINI	*Panorama*	70	5	23 × 58	71, 72

Doch nach einigen Jahren begann man sich wieder mit dem Breitfilm zu beschäftigen, und zwar die großen Firmen in den USA [63, 73]. Etwa im Jahr 1928 brachte die PARAMOUNT den „*Magna*"-Film mit einer Breite von 56 mm, Bildgröße 19 × 41 mm, heraus, der aber etwa ein Jahr später in 65 mm

Breite, Bildgröße 23×46 mm, geändert wurde [71, 74, 75]. Die Fox hatte den „*Grandeur*"-Film von 70 mm Breite, Bildgröße 22,5×48 mm, und die RCA-Photophone den „*Natural-Vision*"-Film von 63,5 mm Breite, Bildgröße 28×52 mm. Kameras, Kopiermaschinen und Projektoren für Breitfilm lieferten Debrie (Paris) und Ernemann (Zeiss Ikon Dresden). Man war aber mit den verschiedenen Breitfilmformaten nicht zufrieden [76, 77, 78]. Andere Dimensionen wurden vorgeschlagen, z. B. „*Economic*" Breite 46 mm, Bildgröße 17,3 × 28,8 mm, ferner „*Spectacular*" mit 52 mm Breite, Bildgröße 21,3 × 35,5 mm, und „*Extreme*" mit 61,3 mm Breite, Bildgröße 26 × 43,3 mm [79]. Als durch die Weltwirtschaftskrise im Jahre 1930 und die zunehmende Einführung des Tonfilms diese Breitfilmwelle zu Ende ging, kam noch ein Vorschlag für einen 50 mm breiten Film, Bildgröße 18,4 × 33,1 mm [80]. Daneben wurden auch noch Vorschläge gemacht, den Breitfilm auf normal 35 mm zu kopieren, um dadurch ein feineres Korn zu erhalten [81, 82]. Dieses Reduktionsverfahren erlebte sein come-back (als *Vista-Vision* und *CinemaScope 55*) in den 50er Jahren, ebenfalls der Breitfilm (als 70-mm-Film Todd AO) [83]. Im folgenden wieder eine Tabelle der verschiedenen Breitfilme der Jahre 1928 bis 1931 und der 50er Jahre (vgl. Kapital „Stand der jetzigen Normen für Filmbreiten und Bildformate").

Tabelle 17

Jahr	Name	System (Gerät)	Filmbreite mm	Perfor.-Zahl	Bild mm	Lit.
~1928	Paramount	*Magna*	56	4	19×41	
		Magna	65	5	23×46	63, 71, 73, 74
~1928	Fox	*Grandeur*	70	4	22,5×48	63, 68, 69
~1928	RCA	*Natural Vision*	63,5	6	28×52	73
1930	MGM	*Realife*	65			75
1930	Warner Brother		65			75
1930	Howell	*Economic*	46	4	17,3×28,8	
	and	*Spectacular*	52	5	21,3×35,5	
	Dubray	*Extreme*	61,3	6	26×43,3	79
1931	SMPE	*Vorschlag*	50	4	18,4×33,1	80
1954	Todd-AO	*Todd-AO*	70	5	22×48,5	84, 85
1956	20th Century	*CinemaScope 55*	55,6	Neg. 8	36,4 × 46,4	86
	Fox		55,6	Pos. 6	34,5×27	

C. Schmalfilm und Bildformate

Was für den Breitfilm gesagt wurde, gilt auch für den Schmalfilm, nämlich, daß zu Beginn der Kinematographie die verschiedensten Filmbreiten und Bildformate existierten. Diese waren zunächst willkürlich entstanden. Bald ergab sich aber als Zielsetzung, für den Amateur ein kleineres Format zu schaffen, welches gegenüber dem nunmehr schon professionellen 35-mm-Normalformat billigeren Filmverbrauch und leichtere Geräte ergab. Hier hat sich dann der 16-mm-Film ab 1923 und dann nach 1945 der schon 1932 geschaffene 8-mm-Film durchgesetzt [93, 94]. Der 8-mm-Film wurde vorwiegend als „Doppelacht-Film“ verwendet, d. h. er wird wie 16-mm-Film geliefert, nur daß der Perforationsabstand die Hälfte beträgt. Beim Durchlauf durch die Kamera wird erst die eine 8-mm-Seite belichtet, dann die andere. Nach dem Entwickeln wird der Film in der Mitte zerschnitten, so daß dann zur Vorführung ein 8-mm-Film zur Verfügung steht. Dieser Doppelacht-Film ist aus dem 16-mm-Film entstanden und hat dadurch zu großen Verlust an Nutzfläche. Seine Bildabmessungen (Projektorfenster) betragen 4,5 × 3,3 mm. Durch Verkleinern der Perforation und bessere Ausnützung der Filmfläche entstand der im Jahre 1965 von KODAK herausgebrachte Film *„Super 8“*, später *„Film 8 S“* bezeichnet, dessen Bildfläche (Projektorfenster) 5,36 × 4,01 mm beträgt und damit etwa 46% größer als die des Doppelacht-Films ist. Und als Spezialentwicklung sei der im Jahre 1960 geschaffene 3 mm breite Film mit Mittenperforation erwähnt, den die USA-Astronauten auf ihrem Raumflug mitgenommen haben [66].

Wenn auch bei diesem „Astronauten-Film“ die Mittenperforation wieder angewendet wurde, da sie die beste Flächenausnutzung ergibt, so hat sich doch die Mittenperforation, wie sie schon 1903 ERNEMANN bei dem 17,5-mm-Film oder 1922 PATHÉ bei dem 9,5-mm-Film benutzt haben, nicht in großem Maße durchsetzen können, da bei mehrfachem Durchlauf des Films durch den Projektor immer einige Perforationsschäden entstehen, die dann bei Mittenperforation in der Projektion sichtbar werden, was bei Randperforation nicht der Fall ist (Abb. 24, 25).

Als Schmalfilm bezeichnet man Filme, deren Breite unter 34 mm liegt. In Deutschland ist dies festgelegt in DIN 15551 (Mai 1962) „Sicherheits-Kinefilm“. Bereits im Jahre 1928 wurde in London auf dem 7. internationalen Kongreß für wissenschaftliche Photographie zwischen Deutschland, England, Frankreich und USA vereinbart, daß Schmalfilm von geringerer Breite als

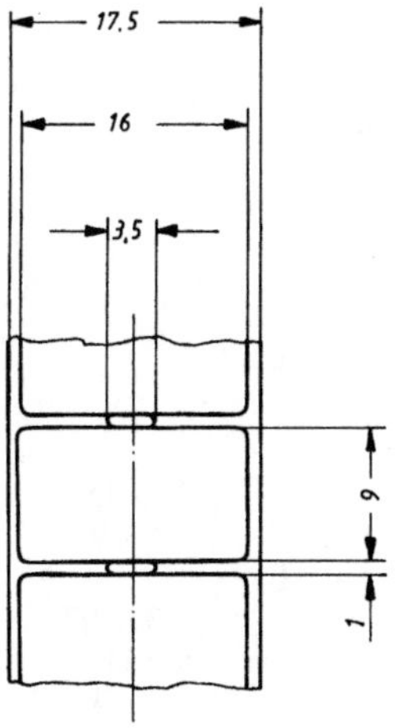

Abb. 24. Schmalfilm 17,5 mm mit Mittenperforation (ERNEMANN-Kino 1903)

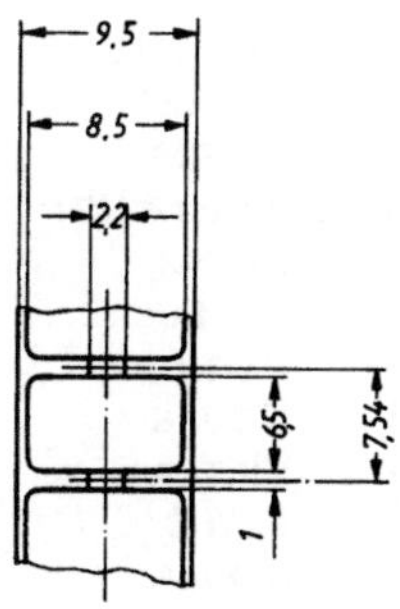

Abb. 25. Schmalfilm 9,5 mm mit Mittenperforation (PATHÉ 1922)

35 mm (auch als „Substandard“ bezeichnet) nur noch als Sicherheitsfilm hergestellt werden darf.

Die folgende Tabelle gibt eine Übersicht über die Entwicklung der verschiedenen Schmalfilme. Der Buchstabe Z bei der Spalte Perforation bedeutet Zentralperforation (Mittenperforation), und der Buchstabe E bedeutet einseitige Perforation. Ohne zusätzliche Buchstaben handelt es sich um zweiseitige Perforation (vgl. das Kapitel „Stand der jetzigen Normen für Filmbreiten und Bildformate“). Den 1923 geschaffenen 16-mm-Film gibt es jetzt sowohl mit einseitiger wie auch zweiseitiger Perforation (s. DIN 15601 „Film 16 mm, Rohfilm“ vom Juni 1967).

Tabelle 18

Jahr	Name	System (Gerät)	Filmbreite mm	Perfor.-Zahl	Bild mm	Lit.
1898	Acres	*Birtac*	17,5	2 E	9,5 × 12,7	67, 68
1899	Prestwich	*Junior*	12,7			63
1900?	Wrench	*Biokam*	17,5	1 Z		88
1900	Reulos	*Mirograph*	21			87, 88
1900	Hughes	*La Petite*	17,5	1 Z		88
1900	Gaumont	*Chrono de poche*	15	1 Z		87, 88
1902	Wardell	*Vitak*	17,5	1 Z		88
1903	Ernemann	*Kino*	17,5	1 Z		88, 91, 97
1905	Rector	*Ikonagraph*	17,5			88
1910	Dressler	*Picturescope*	35 (2 Bildreihen)			88
1912	Victor	*Duoscope*	17,5	2 Z		88
1912	Edison	*Home Kinetoscope*	22 (3 Bildreihen)	1		88
1912	Pathé	*Pathé-Kok*	28	3+1	15 × 20	87, 88, 91
1915	Sinemat	*Sinemat*	17,5			88
1915 1916		*Autograph*	17,5			88
1915 1916	Bradley	*Duplex*	11	2		88
1917	Armat	*Fireside Movies*	17,5			89
1917	Victor	*Safety Cinema*	28	3		88, 91
1917	Movette	*Movette*	17,5	2		88
1918	Wilart	*Actograph*	17,5			88
1920	Victor	*Home Cinema*	28			88
1920	(Österreich)	*Clou*	17,5	2		88
1921	Linhof	*Coco*	17,5			88
1922	Gallus	*Cinebloc*	22		11 × 15	91
1922	Pathé	*Pathé-Baby*	9,5	1 Z	6,5 × 9	88, 90, 91
1923	Kodak	*Cine-Kodak*	16	1+1 E		88, 90, 91
1923	Victor	*Victor*	16		7,3 × 9,7	88, 90
1927	Pathé	*Pathé-Rural*	17,5		9 × 11,5	91
1932	Kodak	*Doppel-8*	8	1 E	3,3 × 4,5	88, 92, 93
1965	Kodak	*Super-8*	8	1 E	4 × 5,36	94
1960	USA	*Astronaut*	3	1 Z		66
1963	USA	*Vorschlag*	4	1 Z	1,9 × 2,7	95

D. Der Normalfilm und Bildformate

Der von Edison geschaffene 35 mm breite Film ist der „Normalfilm" schlechthin. Die Vielzahl der Filmbreiten und Bildformate sowie die Unterschiede in Form, Anzahl und Lage der Perforationslöcher zu Beginn der Kinematographie erschwerten den Austausch der Filme und veranlaßte den Engländer H. Hopwood bereits 1899 in seinem Buch zu der Klage, „daß es an der Einheitlichkeit der Perforation und der Filme selbst fehle". Aber ab 1900 war der Edisonsche 35-mm-Film praktisch schon internationaler Standard [93]. Eine Einigung kam 1907 darüber zustande, daß der 35-mm-Film der Standard-Film für die lebenden Bilder werden sollte [66]. Die Amerikaner gründeten dann 1916/17 einen entsprechenden Normenausschuß, dem 1920 ein deutscher folgte.

Außer Filmbreite und Perforation sind auch die Bildformate genormt, wobei das Kamerafenster immer etwas größere Abmessungen als das Projektorfenster besitzt. In der Stummfilmzeit betrugen diese für das Kamerafenster 18 × 24 mm und für das Projektorfenster 17,5 × 23,5 mm. Das entspricht einem Verhältnis Bildhöhe zu Bildbreite = 1 : 1,34. Mit Einführung des Tonfilms mußte noch Platz für die Tonspur geschaffen werden. Um dieses vorhandene Bildformat nicht zu verändern, verwendete man zunächst einen breiteren Film, der den zusätzlichen Platz für die Tonspur brachte. Aber sehr schnell kehrte man zum 35-mm-Film zurück. Allerdings verringerte sich die Bildbreite um die Breite der Tonspur. Kamera- und Projektorfenster wurden kleiner, das Verhältnis Bildhöhe zu Bildbreite betrug nur noch 1 : 1,37.

Mit der Einführung von *CinemaScope* im Jahre 1953 begann eine neue Ära der Breitwandprojektionen. *CinemaScope* gab es anfangs für Magnetton, dann auch für Lichtton. Kamera- wie auch Projektorfenster für *CinemaScope* wurden vergrößert, die Perforation verkleinert, aber der 35 mm breite Film beibehalten. Das Verhältnis Bildbreite zu Bildhöhe für Magnetton beträgt 1 : 1,275 und bei Lichtton 1 : 1,175 und wird bei der Projektion durch den anamorphotischen Vorsatz mit dem Faktor 2 vergrößert auf 1 : 2,55 bzw. 1 : 2,35.

Durch das Erscheinen von *CinemaScope* veranlaßt, wurden Verfahren aktuell, mit denen normale (nicht anamorphotisch aufgenommene) Filme in Breitwand projiziert werden konnten. Dies geschieht durch Kaschieren des Projektorfenster in der Höhe. Wenn es auch unzweckmäßig war, dies bis zu dem bei *CinemaScope* üblichen Wert von 1 : 1,175 (1 : 2,35) zu treiben, da die verbleibende Höhe des Projektorfensters nur 9 mm gewesen wäre, so bildeten sich doch drei Formate heraus, nämlich 1 : 1,85 (Höhe des Projektorfensters 11,3 mm); 1 : 1,75 (Höhe 11,9 mm) und 1 : 1,66 (Höhe 12,6 mm). Davon wurde das Format 1 : 1,66 genormt.

E. Die Perforation

Vom Beginn der Kinematographie an besaßen die Filme regelmäßig angeordnete Löcher — die Perforation —, die sich meist an beiden Seiten des Films, manchmal auch nur in der Mitte, in einigen Fällen auch nur an einer Seite, befanden.

Mit der Perforation werden zwei Aufgaben erfüllt. Einmal wird der Transport des Filmes durch den Projektor (sowie auch die Kamera, die Kopiermaschine usw.) bewerkstelligt, indem Zähne oder Greiferspitzen o. ä. in die Perforation eingreifen und den Film weiterziehen. Nur wenige, sehr einfache Konstruktionen, die für professionelle Anwendungszwecke ausscheiden, benötigen die Perforation nicht zum Transport des Filmes. Zum zweiten dient die Perforation dazu, den Film immer genau an die gleiche Stelle des Bildfensters zu bringen. Das setzt natürlich voraus, daß der Abstand der Perforationslöcher — die Teilung — sehr genau eingehalten wird.

Obgleich Edison bereits 1893 zusammen mit dem 35-mm-Film auch die rektanguläre Perforation eingeführt hatte, wobei pro Bild beidseitig vier Perforationslöcher angeordnet waren, verwendeten die Gebrüder Lumière bei ihren ersten Filmen, die ab 1895 der Öffentlichkeit vorgeführt wurden, eine kreisrunde Perforation mit je einem Loch an jeder Seite des Bildes (Abb. 26) [98].

a

b

c

d

e

Abb. 26. Lumières Filme hatten zunächst je ein kreisrundes Perforationsloch zu beiden Seiten des Bildes. Obige Zusammenstellung enthält Szenen der ersten Filme: *a* Arbeiter beim Verlassen der Fabrik von Montplaisir, *b* der Gärtner, *c* Exkursion des Kongresses für Photographie nach Neuville-sur-Laone (vorn P. Janssen), *d* Ankunft des Zuges auf dem Bahnhof von La Ciotat, *e* Ausfahrt aus dem Hafen

Allerdings verwendeten sie dann auch bald die rektanguläre Vierloch-Perforation.

Edison hatte am 24. August 1891 ein amerikanisches Patent auf eine Aufnahmekamera und ein perforiertes Filmband eingereicht, welches ihm erst am 31. August 1897 unter der Nr. 589 168 erteilt wurde. Edison erhob auf Grund dieses Patentes Anspruch darauf, das alleinige Recht zur Benutzung perforierter kinematographischer Filmbänder zu haben. Das Patent wurde aber 1912 für nichtig erklärt [99, 100]. Die von Edison verwendeten Perforationslöcher waren kleiner als die später endgültig eingeführten [101].

Es ist verständlich, daß man sehr bald Wert auf Standardisierung auch der Perforation legte. Bewegte Klage darüber führt bereits 1899 Hopwood [102]. Wenn F. P. Liesegang 1919 schreibt, „daß die Form der Löcher durchweg eine einheitliche geworden ist" [103], so ist dies eine Folge der Einigung von 1907 [66] und der Ergebnisse des 1916/17 gegründeten amerikanischen Normenausschusses. Aber es ist keine internationale Norm im heutigen Sinne. Noch 1919 fordert Lasally „jedenfalls muß eine bestimmte Lage (der Perforation) zur Norm erhoben werden" [104]. Besondere Schwierigkeiten für die Normung bereitete auch die starke Schrumpfung des Nitrofilms [105].

Immer lebhafter wurden die Normungsbestrebungen. Im Mai 1924 wurden Filmabmessungen und Perforation für die USA genormt, allerdings ohne Fühlungnahme mit anderen Ländern [106, 107]. Endlich kam es zu einer internationalen Norm durch die Sektion „Kinotechnik" anläßlich des internationalen Photographischen Kongresses in Paris vom 29. Juni bis 6. Juli 1925, an dem Angehörige des 1920 gegründeten Deutschen Normen-Ausschusses teilnahmen. Mit diesem Kongreß war die Kinotechnik die erste Industrie, die begonnen hat, sich internationale Normen zu schaffen [108]. Hier wurden die bestehenden Lochformen und die starke Schrumpfung des Films berücksichtigt. Bei einer Normung der Perforation müssen folgende Dinge beachtet werden:

1. Lochabstand und Lage auf dem Film
2. Lochform, einschließlich Abrundungen
3. Schrumpfung des Films (Negativ- und Positiv-Film)

Während bisher der Abstand der Perforationslöcher in Längsrichtung (der Schritt; pitch) für Positiv- und Negativfilm unterschiedlich war (z. B. 4,76 mm für Positivfilm und 4,77 mm für Negativfilm), wurde er jetzt einheitlich auf 4,75 mm festgelegt. Dabei wurde nicht der Einzelschritt toleriert, sondern die Toleranz für 100 Lochungen mit 475 + 1 mm für Positivfilm und 475 + 2 mm für Negativfilm. Das bis dahin in Europa am meisten gebrauchte Perforationsloch von Pathé (Abb. 27) wurde zugunsten der neuen Pathé-Perforation (Abb. 28) und der rektangulären Kodak-Perforation (Abb. 29) verlassen

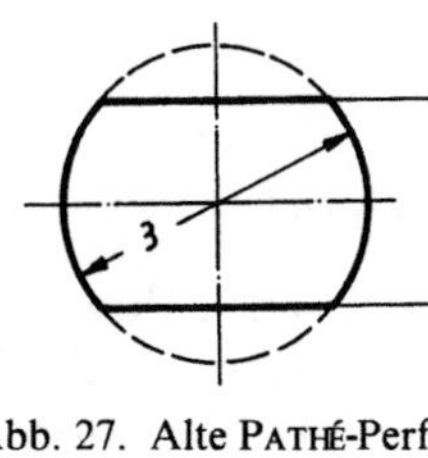

Abb. 27. Alte Pathé-Perforation

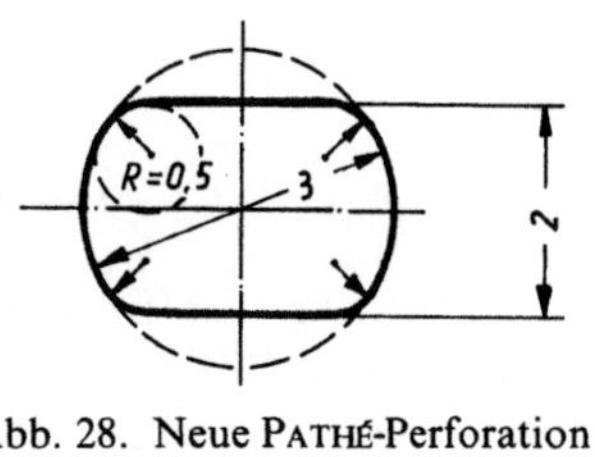

Abb. 28. Neue Pathé-Perforation

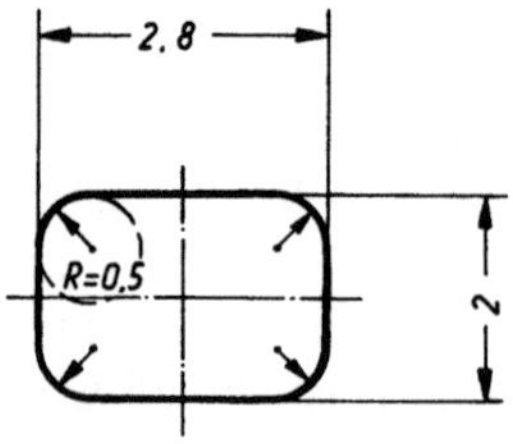

Abb. 29. Rektanguläre Kodak-Perforation

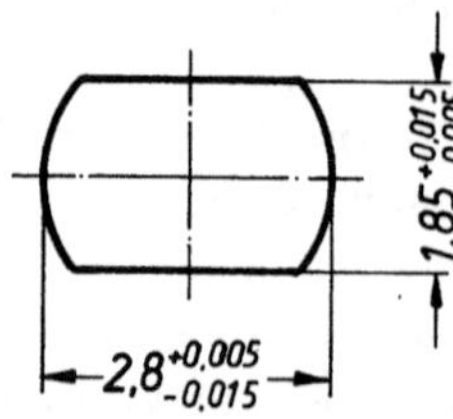

Abb. 30. Bell- und Howell-Perforation (DIN 15 501) (Negativfilm)

[109]. Die Bell- und Howell-Perforation (Abb. 30), welche auch heute noch genormt ist (s. DIN 15501; Jan. 1970), führt den Film in der Kamera sehr genau, auch wenn sich die seitlichen Dimensionen ändern. Diese Perforation wurde auch jahrelang für 35-mm-Theaterkopien bis in die Mitte der 20er Jahre verwendet. Heute benutzt man die BH-Perforation vorwiegend in Kameras und Kopiermaschinen, weil sie einen guten Bildstand ermöglicht. Später schlugen Dubray und Howell eine Perforation vor, die der Kodak-Perforation ähnelt (Abb. 31) und ebenfalls genormt ist. Sie wurde ab 1946 benutzt, um Kopien auf Eastman-*Duplitized-Print-Film* von zwei Negativ-Farbauszügen in einem abgewandelten Duplex-Kopierer zu machen [110]. Die DH-Perforation wird meist für Farbnegativ-, Zwischennegativ- und auch Farbpositivfilme verwendet. Die 1923 vorgeschlagene und von Kodak als Standard eingeführte Perforation ist mit geringfügigen Änderungen (Abb. 32) heute noch internationale Norm. Die KS-Perforation wird für Positivfilm verwendet, da sie am widerstandsfähigsten gegen Einreißen der Perforationsecken ist und damit dem Film eine längere Lebensdauer ermöglicht [111].

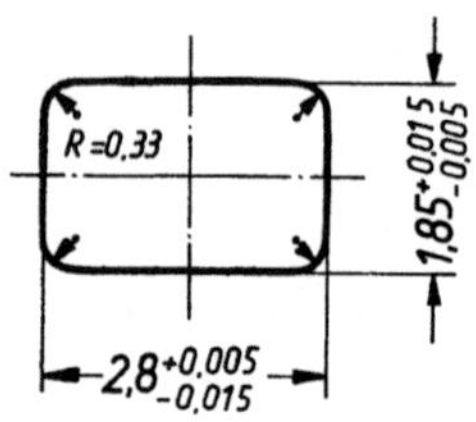

Abb. 31. Dubray-Howell-Perforation (DIN 15 501) (Negativ- und Positivfilm)

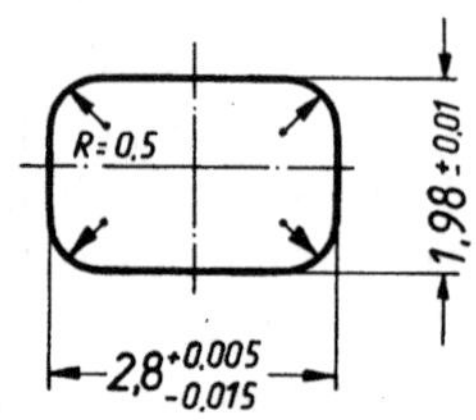

Abb. 32. Positiv-Perforation (DIN 15 501) (Kodak Standard)

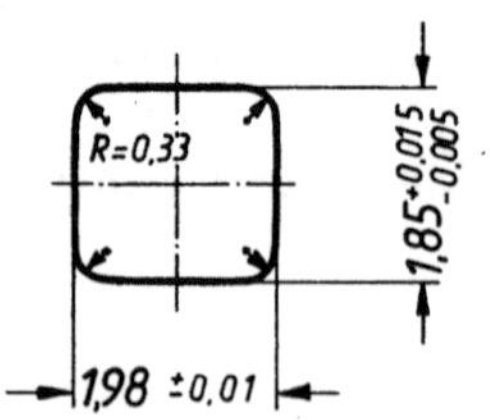

Abb. 33. Kleinloch-Perforation (DIN 15 501) (Positivfilm)

Mit der Einführung des CinemaScope-Magnettonfilmes im Jahre 1953 wurde das Bildfenster vergrößert und eine kleinere Perforation geschaffen (Abb. 33), die ebenfalls genormt ist (DIN 15501; Jan. 1970). Sie erfordert allerdings auch schmalere Zähne der Zahnrollen. Auch der Querabstand der CS-Perforation-Mittenlinien hat sich geändert. Er beträgt 28,63 mm gegenüber 28,17 mm bei der KS-Perforation. Der kleinere Zahn (DIN 15530; Sept. 1959) füllt natürlich die größere KS-Perforation viel weniger aus als der bis dahin übliche Zahn (DIN 15522 und 15523; Sept. 1951) (Abb. 34). Da auf den Kinoprojektoren sowohl CS-Filme mit kleiner Perforation wie auch Filme mit der breiteren KS-Perforation vorgeführt werden müssen und ein dauernder Wechsel der Zahnrollen in der Praxis zu Schwierigkeiten führt, beläßt man die Zahnrollen mit den kleinen Zähnen an den Projektoren, auch wenn Kopien mit der breiteren KS-Perforation vorgeführt werden müssen. Versuche haben nämlich ergeben, daß sich die Lebensdauer der KS-Perforation nicht verringert, wenn Zahnrollen mit schmalen Zähnen verwendet werden.

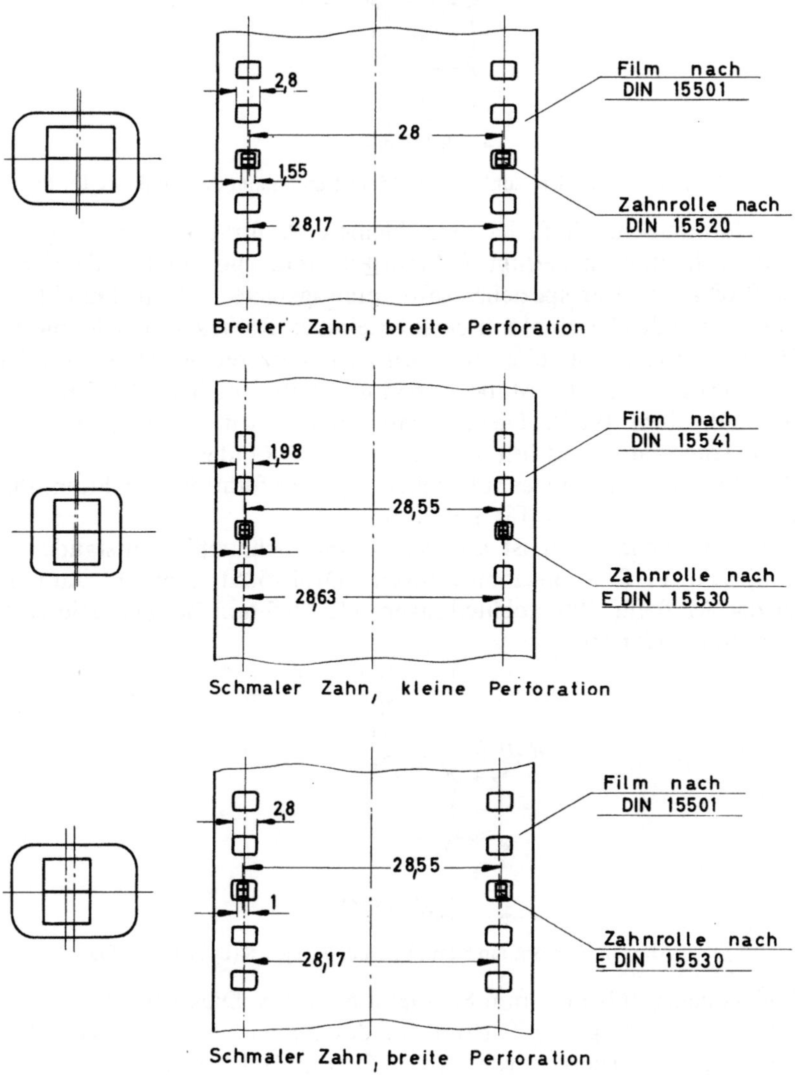

Abb. 34. KS- und CS-Perforation und Zahnbreiten

Der Abstand der Perforation in der Laufrichtung („pitch") beträgt jetzt bei allen Perforationsarten für den 35-mm-Film 4,75 mm (100 Lochteilungen 475 mm ± 0,5 mm). Eine Ausnahme besteht bei der BH-Perforation für Negativ mit „short-pitch" von 4,73 mm. Diese wird beim Kontaktkopieren von geschrumpften Nitronegativen für Duplikat-Negative verwendet, um Schlupf zu vermeiden.

Für den Breitfilm 65 mm und 70 mm wird dieselbe Perforation wie für Normalfilm 35 mm verwendet (DIN 15701; März 1964).

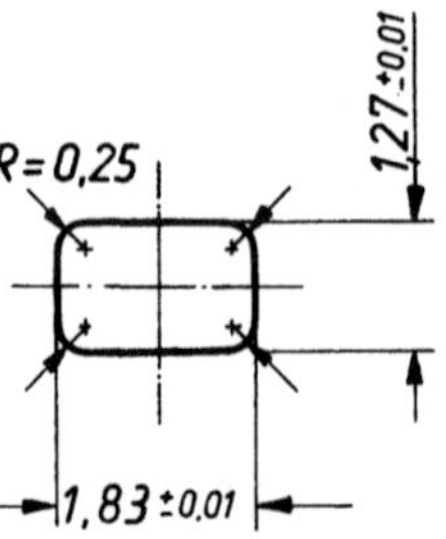

Abb. 35. Perforation 16 mm Schmalfilm (DIN 15 601) und 8 mm Schmalfilm (DIN 15 851 Blatt 1)

Der 16-mm-Schmalfilm hat eine kleinere Perforation (Abb. 35). Das Maß für 100 Lochteilungen beträgt 762 mm ± 0,8 mm und gilt für die Verwendung in der Projektion. Für spezielle Anwendungsgebiete, z. B. in Durchlaufkopiermaschinen, wo das Original auf einem kleineren Radius als der Kopierfilm über die Belichtungstransportrolle läuft, wird ein kürzerer Schritt verwendet (short pitch). Hierfür gelten die Maße 7,605 mm ± 0,01 mm bzw. 760,5 mm ± 0,8 mm (DIN 15601; Juni 1967). Dieser „short pitch" wird vorzugsweise für Bildnegativ-, Tonnegativ- und Internegativ-Filme verwendet.

Den 16-mm-Film gibt es mit beidseitiger Perforation (für Stummfilm) und mit einseitiger Perforation (für Tonfilm).

Der 8-mm-Schmalfilm ist aus dem 16-mm-Schmalfilm entstanden und hat daher dessen Perforationsabmessungen (DIN 15851 Blatt 1; Januar 1969), wobei das Maß für 100 Lochteilungen 381 ± 0,5 mm beträgt. Dieser Film ist nur einseitig perforiert.

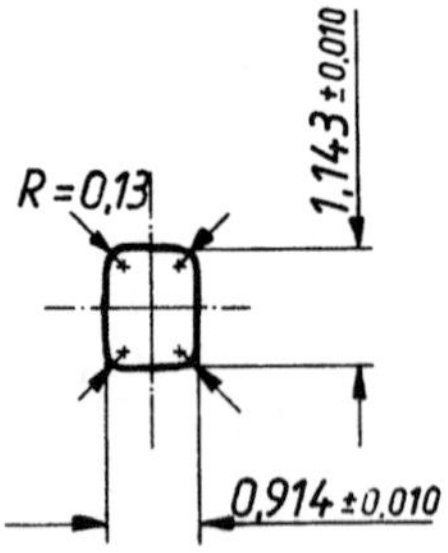

Abb. 36. Perforation 8 mm Schmalfilm Type S (DIN 15 851 Blatt 3)

Anders dagegen beim 8-mm-Schmalfilm Type S. Dieser beruht ja vorwiegend darauf, daß die zu große Perforation des „alten" 8-mm-Films auf ein vernünftiges Maß reduziert wurde (Abb. 36). Für 100 Lochteilungen gilt 423,4 ± 0,4 mm (DIN 15851 Blatt 3; Februar 1968).

F. Stand der jetzigen Normen für Filmbreiten und Bildformate

Genormt sind die Filme mit 8, 16, 35, 65 und 70 mm Breite wie folgt:

Tabelle 19

Film	Bezeichnung	Abb.	DIN
8 mm	Schmalfilm	37	15851/1
8 mm S	Schmalfilm	38	15851/3
8 mm S	Schmalfilm	39	15851/4
16 mm	Schmalfilm	40	15601
35 mm	Normalfilm	41	15501
65 mm	Breitfilm	42	15701
70 mm	Breitfilm	42	15701

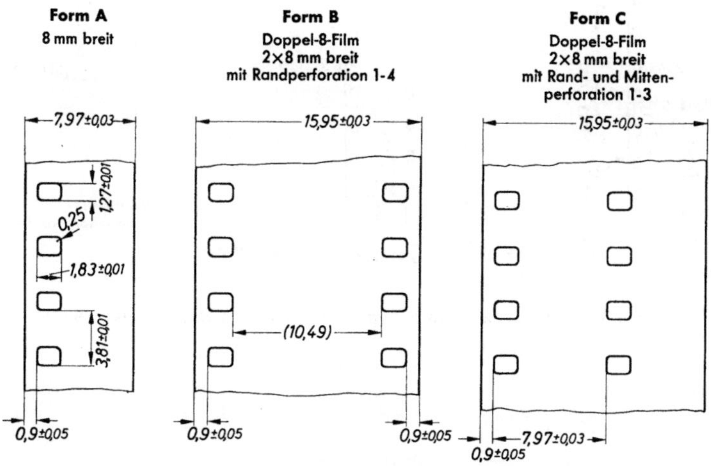

Abb. 37. Rohfilm 8 mm (DIN 15 851 Blatt 1; Jan. 1969)

Für die Schmalfilme und die Breitfilme gibt es jeweils nur ein bestimmtes Kamera- bzw. Projektorfenster; bei 16 mm zusätzlich noch ein spezielles Projektorfenster für Fernsehabtastung (TV). Der 65-mm-Film ist nur für Aufnahmezwecke vorgesehen. Bei der Aufnahme werden die Tonspuren noch nicht benötigt, so daß der 65-mm-Film genügt. Das Kopieren erfolgt dann auf 70-mm-Film. Beim 35-mm-Film gibt es mehrere Fensterformate. Zusätzlich zu dem bestehenden Normalformat (NF) wurde nach Einführung des *Cinema-Scope*-Verfahrens (CS) und der Breitwand-Systeme (BW) die Norm um diese Fenster erweitert. Außerdem wurde auch für 35-mm-Film ein Projektorfenster für Fernsehabtastung (TV) festgelegt.

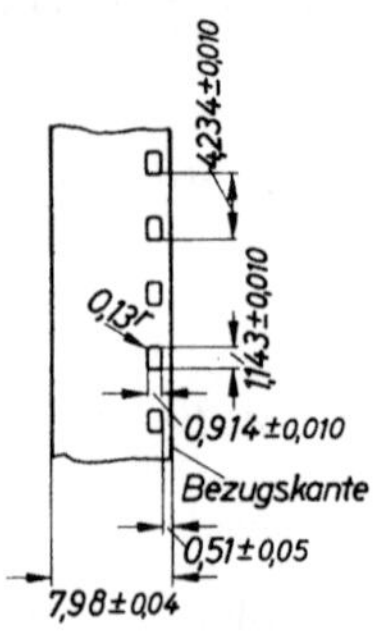

Abb. 38. Rohfilm 8 mm Type S (DIN 15 851 Blatt 3; Febr. 1968)

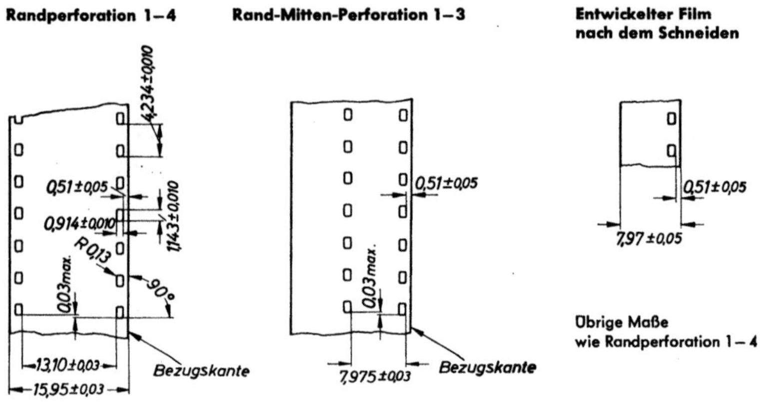

Abb. 39. Rohfilm 2 × 8 mm Type S (DIN 15 851 Blatt 4; Okt. 1970)

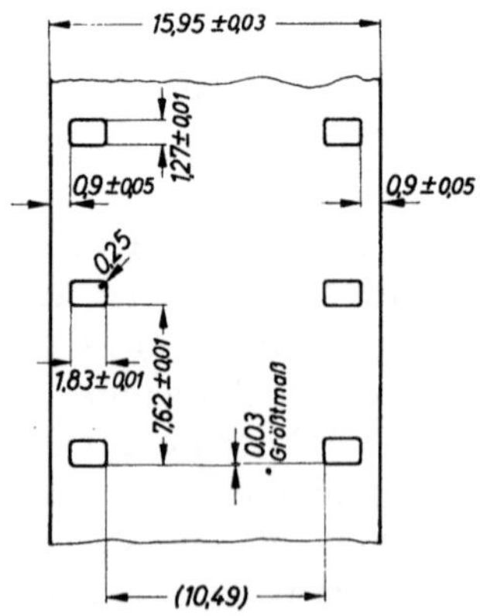

Abb. 40. Rohfilm 16 mm (DIN 15 601; Juni 1967)

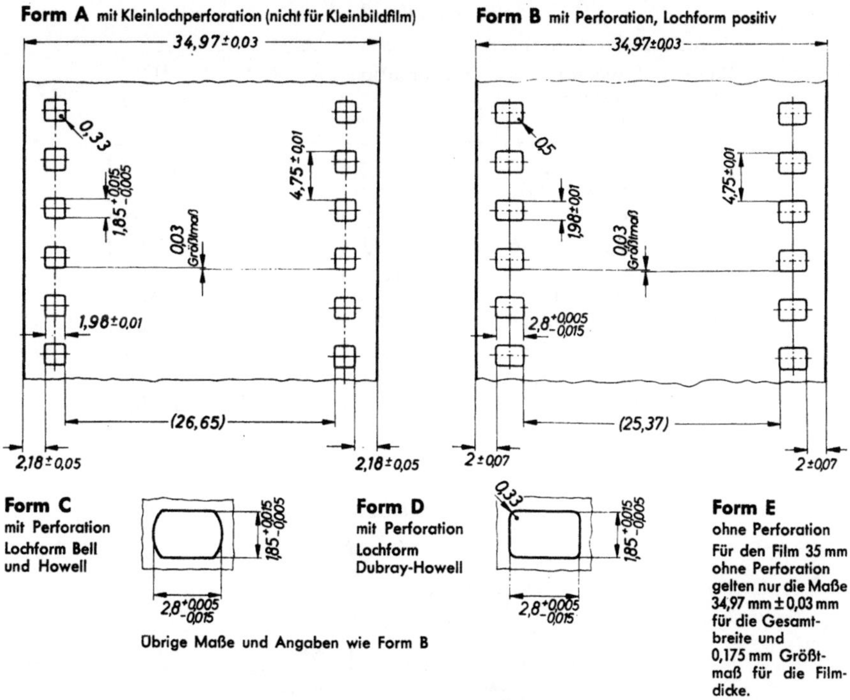

Abb. 41. Rohfilm 35 mm (DIN 15 501; Aug. 1965)

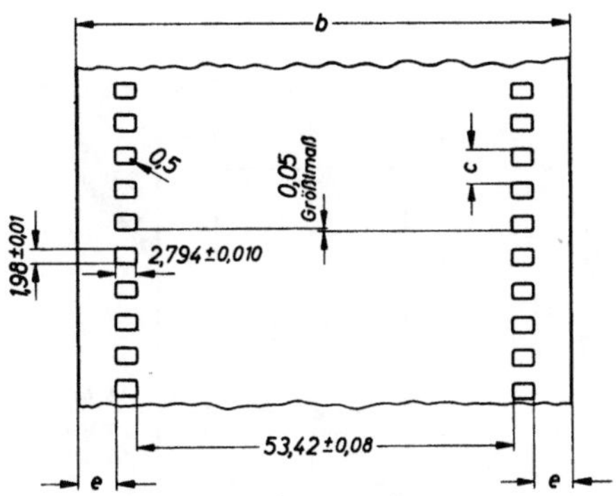

Film	b	Perforationsabstand		e
		c	100·c	
	± 0,05	± 0,01	± 0,4	± 0,08
65 mm	64,97	4,74	474	2,98
70 mm	69,95	4,75	475	5,47

Abb. 42. Rohfilm 65 mm und 70 mm (DIN 15 701; Sept. 1970)

Tabelle 20

Film mm	Projektor Fenster mm × mm	Proportion	Abb.	DIN
8	4,5 × 3,3	1,37:1	43	15852/1
8 S	5,36 × 4,01	1,33:1	44	15852/2
16	9,6 × 7	1,37:1	45	15602/1
16	9,5 × 7,16	TV 1,33:1	46	15602/1
35	20,9 × 15,2	NF 1,37:1	47	15502/1
35	20,3 × 15,2	TV 1,33:1	48	15502/1
35	20,15 × 15,1	TV 1,33:1	49	15502/2
35	20,9 × 12,6	BW 1,66:1	50	15545
35	21,3 × 18,2	CS 2,35:1	51	15546
70	48,5 × 22	2,2 :1	52	15702

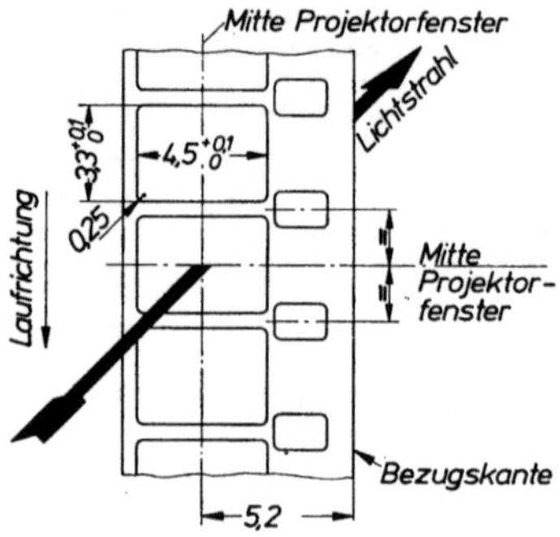

Abb. 43. Projektorfenster 8 mm (DIN 15 852 Blatt 1; Jan. 1969)

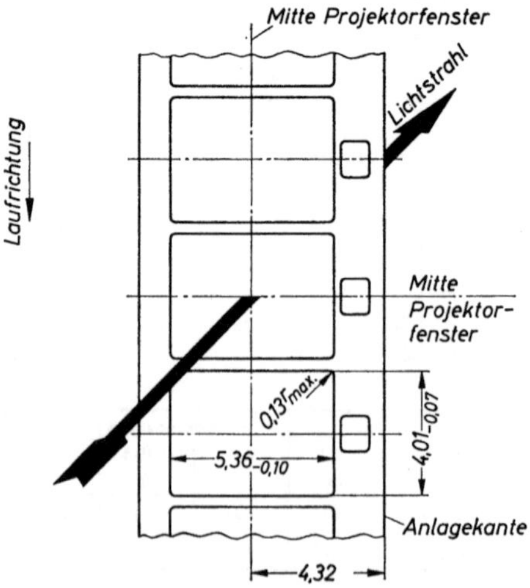

Abb. 44. Projektorfenster 8 mm Type S (DIN 15 852 Blatt 2; Jan. 1968)

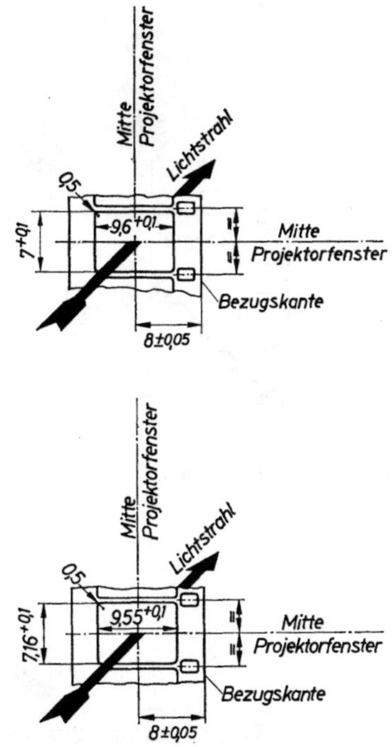

Abb. 45. Projektorfenster 16 mm (DIN 15 602 Blatt 1; Febr. 1968)

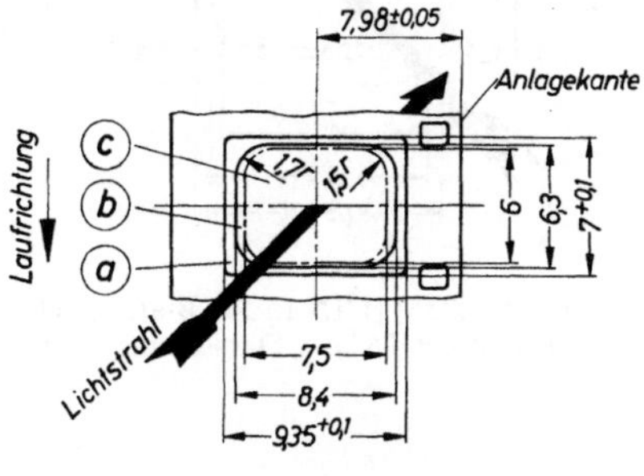

Abb. 46. Projektorfenster 16 mm TV (DIN 15 602 Blatt 2; Febr. 1968). *a* Übertragenes Bildfeld, *b* bildwichtiger Teil der Darstellung, *c* Titelfeld

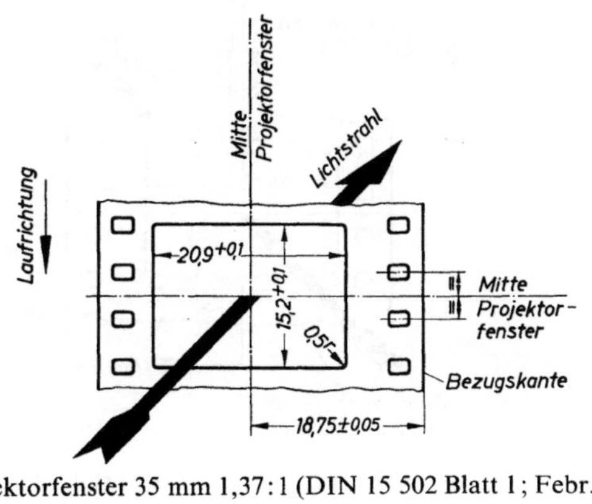

Abb. 47. Projektorfenster 35 mm 1,37:1 (DIN 15 502 Blatt 1; Febr. 1968)

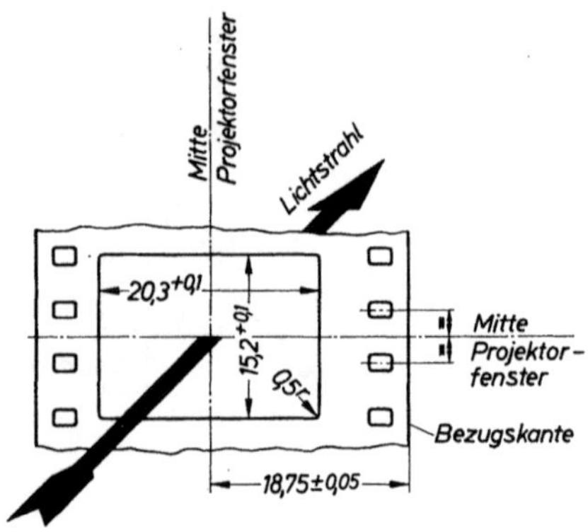

Abb. 48. Projektorfenster 35 mm TV 1,33:1 (DIN 15 502 Blatt 1; Febr. 1968)

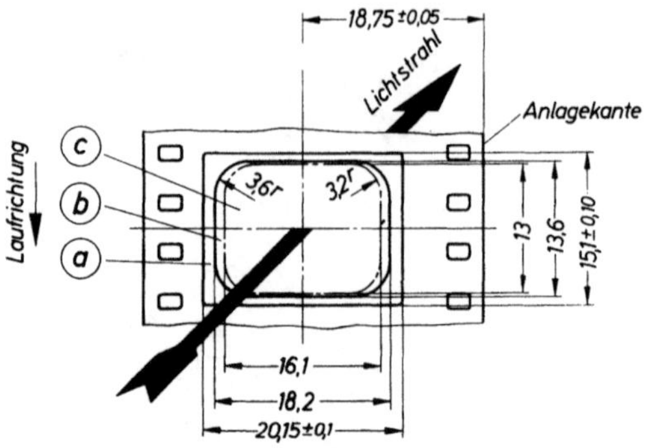

Abb. 49. Projektorfenster 35 mm TV 1,33:1 (DIN 15 502 Blatt 2; Febr. 1968). *a* Übertragenes Bildfeld, *b* bildwichtiger Teil der Darstellung, *c* Titelfeld

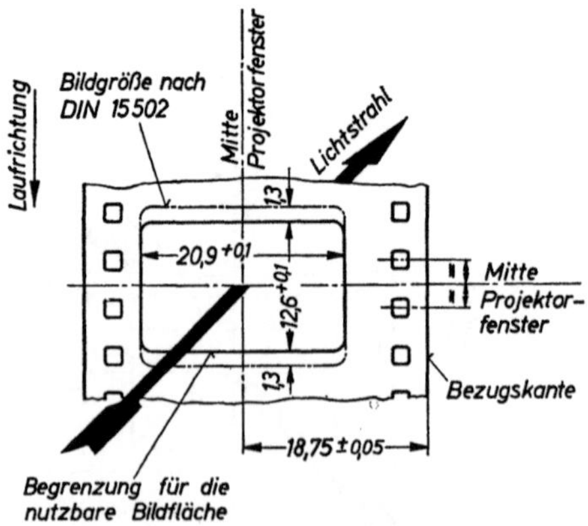

Abb. 50. Projektorfenster 35 mm BW 1,66:1 (DIN 15 545; Jan. 1968)

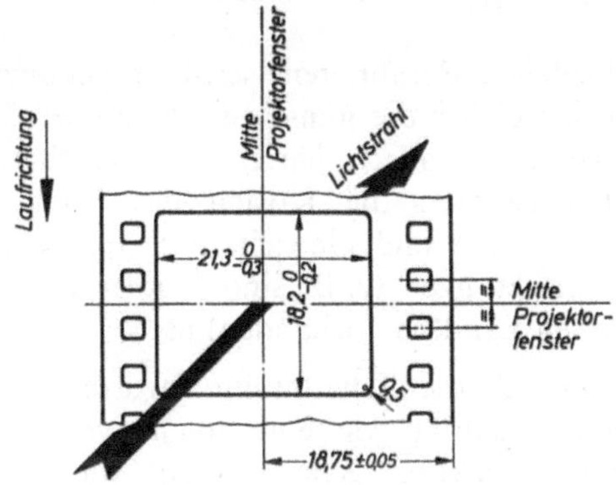

Abb. 51. Projektorfenster 35 mm CS 2,35:1 (DIN 15 546; Dez. 1968)

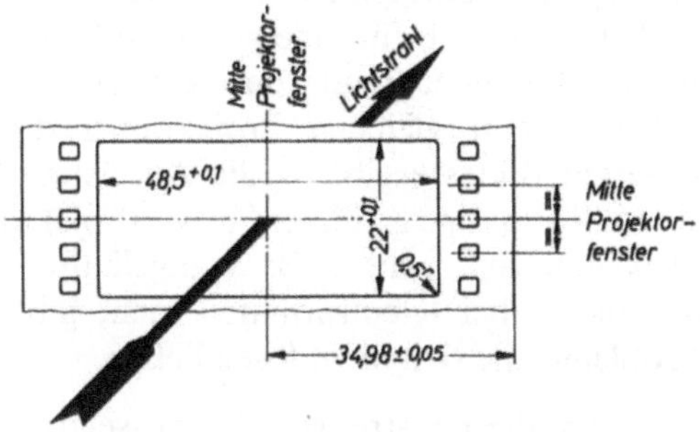

Abb. 52. Projektorfenster 70 mm (DIN 15 702; Okt. 1966)

Eine Gegenüberstellung im gleichen Maßstab (Abb. 53) der genormten Filmbreiten und wichtigsten Projektorenfenster zeigt die Vielzahl der möglichen Filmaufnahme- und Wiedergabeverfahren, zu denen noch die ungenormten kommen (s. Kapitel „Bewertung der verschiedenen Filmverfahren").

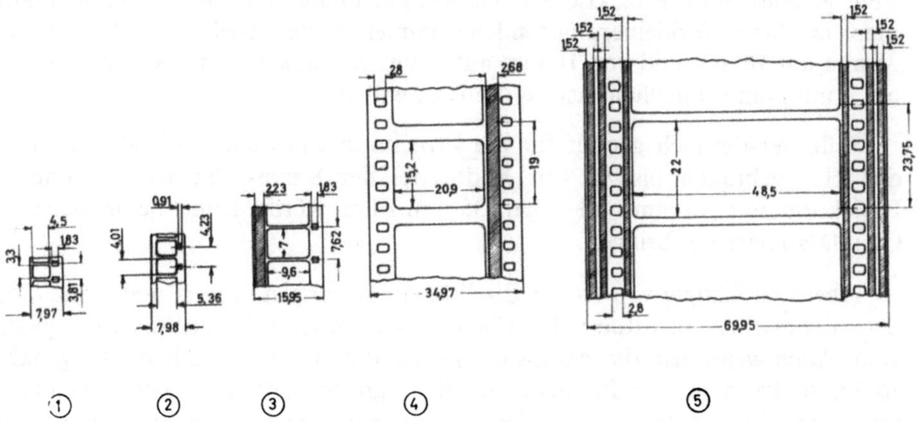

Abb. 53. Gegenüberstellung der genormten Filmbreiten und Projektorenfenster. *1* Schmalfilm 8 mm, *2* Schmalfilm 8 mm Type S, *3* Schmalfilm 16 mm, einseitig gelocht, *4* Normalfilm 35 mm breit, *5* Breitfilm 70 mm mit sechs Magnettonspuren

G. Bewertung der verschiedenen Filmverfahren

Schon die verschiedenen Filmbreiten, seien sie genormt oder nicht, lassen die Frage aufkommen, welches die günstigste davon sei. Diese Frage ist nicht eindeutig zu beantworten, sondern hängt von verschiedenen Faktoren ab. Zu deren wichtigsten gehören die Kosten des Films und die erzielbare Qualität, ferner noch Kosten und Gewicht der Apparaturen, Vorhandensein der erforderlichen Einrichtungen (z. B. sind Kopieranstalten für 70-mm-Film nicht in allen zivilisierten Ländern vorhanden) usw.

Wenn auch gelegentlich die Behauptung anzutreffen ist, daß eine 8-mm-Projektion die gleiche Qualität wie eine solche von 16 mm gehabt haben soll oder eine 16-mm-Projektion genau so gut wie eine 35-mm-Projektion gewesen sei, so mögen, wenn nicht etwa eine Selbsttäuschung vorliegt, besonders schlechte Projektionsbedingungen mit vorbildlichen verglichen worden sein, was natürlich kein Maßstab für eine generelle Beurteilung der Filmbreiten sein kann. Es ist wohl einleuchtend, daß ein größeres Format gegenüber einem kleineren, bei absolut gleichen Projektionsbedingungen, eine bessere Qualität des projizierten Bildes ergibt — die Auflösung (definition) ist besser. Gewiß treten bei großformatigen Filmen bzw. Projektorenfenstern noch zusätzliche Schwierigkeiten auf, wie z. B. mangelhafte Planlage und Durchbiegung des Films, die es bei Kleinformaten nicht gibt. Aber das sind keine grundsätzlichen Probleme, die sich nicht lösen ließen.

Geht man aber von diesen strengen Voraussetzungen ab und vergleicht man ein kleines Projektionsbild von Schmalfilm mit einem großen Bild von Normalfilm, so kann durchaus der subjektive Eindruck entstehen, daß das kleine Bild „genauso schön“ wie das große ist. Unbewußt hat nämlich der Beobachter sich auf das kleine Format eingestellt, auch gute Projektions- und Lichtbedingungen gehabt und war daher mit dem Bild zufrieden. Hinzu kommt noch, daß er das große Bild nur aus der Erinnerung beurteilte und es nicht gleichzeitig mit dem kleinen Bild betrachtete. Wenn der kleinere Film genauso gute Projektionsbilder wie ein breiterer Film ergäbe, so könnte man ja diese Verkleinerungstendenz immer weiter treiben, nicht nur von 35 mm auf 16 mm und von 16 mm auf 8 mm gehen, sondern nochmal halbieren auf 4 mm, um schließlich fast bei Null zu enden!

Selbstverständlich genügt für die Projektion eines kleinen Bildes, z. B. für den Hausgebrauch bis zu 1 m Bildbreite, der 8-mm-Film vollauf, und die Projektion mit 16-mm- oder gar 35-mm-Film würde keine bemerkenswerte Qualitätssteigerung bringen.

Aber unabhängig von diesen Qualitätsüberlegungen kommt noch hinzu, daß der thermischen Belastung des Filmes im Projektionsfenster Grenzen gesetzt sind. Auch wenn also die Auflösung in der Projektion keine Bedeutung haben sollte, so kann man z. B. nicht ein 20 m großes Bild genügender Helligkeit von einem 8-mm-Film erhalten. Der hierzu erforderliche Lichtstrom würde eine zu hohe spezifische Belastung des Films im Projektionsfenster und damit seine Beschädigung ergeben (s. Kapitel „Kühlung des Films“).

In der Praxis hat sich daher folgende Einteilung eingebürgert:

8-mm-Film	vorwiegend für Amateure;
8 mm S	detto, aber auch schon in geringem Maße für Unterricht und Werbung;
16-mm-Film	professionell für Unterricht, Information, Werbung, Aktualitäten im Fernsehen;
35-mm-Film	professionell für Kino, Fernsehen, Werbung;
70-mm-Film	professionell für Kino.

Der 35-mm-Film hat mehrere genormte und ungenormte Varianten für Kamera- und Projektorfenster. Neben dem konventionellen Tonfilmformat 1,37:1 mit dem Projektorfenster 15,2 × 20,9 mm und dem CinemaScope-Lichttonformat 2,35:1 mit dem Projektorfenster 21,3 × 18,2 mm entstanden in Anlehnung an *CinemaScope* die Breitwandverfahren [112, 113]. Durch einfaches Kaschieren des Projektorfensters will man einen modernen Bildeindruck erzielen. Dieses Kaschieren ergab die bevorzugten Formate 1,66:1 (Projektorfenster 20,9 × 12,6 mm) sowie 1,75:1 (20,9 × 11,9 mm) und 1,85:1 (20,9 × 11,3 mm), wobei jetzt 1,66:1 genormt ist.

Das Kaschieren des Bildfensters ist aber keineswegs erst durch die Breitwandverfahren der Nachkriegszeit bekannt geworden. Es wurde schon im Anschluß an die Breitfilmwelle der 30er Jahre vorgeschlagen [114].

Wenn bei der Aufnahme nicht schon auf das spätere Kaschieren Rücksicht genommen wurde, gab es bei der Projektion nicht selten abgeschnittene Köpfe und Füße, besonders bei dem extremen Format 1,85:1. Bei der Aufnahme achtete man daher auch sorgfältig darauf, daß bildwichtige Teile nicht in die betreffenden Randgebiete kamen, was sich durch Hilfslinien im Kamerasucher ermöglichen ließ.

Durch das Kaschieren wird natürlich ein Teil des Filmes in der Projektion nicht ausgenutzt. Im Extremfall 1,85:1 wird von der maximal möglichen Höhe des Projektorfensters, welche 18,2 mm beträgt, nur 11,3 mm zur Projektion herangezogen, das sind nur etwa 62%.

Hier kann eine Bewertung der Filmverfahren einsetzen, indem man die Fläche des Filmbildchens unterteilt in genutzten und ungenutzten Anteil [115]. Zum genutzten Anteil wird jener Teil des Filmbildchens gerechnet, der zur Bild- und Tonwiedergabe benutzt wird, nämlich

a) Fläche des zur Projektion herangezogenen Bildinhaltes (Projektorfenster),

b) Fläche der Tonspur (Abtastspalt).

In der folgenden Tabelle sind diese Werte für verschiedene Filme und Formate zusammengestellt. Hierin gibt Spalte II die gesamte Fläche des Filmes an, die bei jedem Schaltschritt benötigt wird, d. h. Perforation und Bildstrich einbegriffen. Der Schaltschritt ist bei 8- und 16-mm-Filmen ein Perforationsloch, bei 35-mm-Filmen vier Perforationslöcher und bei 70-mm-Film fünf Perforationslöcher.

Den Bildwirkungsgrad erhält man aus den Spalten II und III; er wird in Spalte IV gezeigt. Die Bild- und Tonspurflächen der Spalten III und V sind in Spalte VI zusammengefaßt und ergeben in Spalte VII den gesamten Nutzwirkungsgrad. Auch diese Angaben sind etwas problematisch, denn eine

Tabelle 21

I Bezeichnung	II Fläche Ges. mm^2	III Fläche Bild mm^2	IV Bild %	V Fläche Ton mm^2	VI Fläche B+T mm^2	VII B+T %
8 mm	7,97 × 3,81 = 30,3	4,5 × 3,3 = 14,8	49	3,81 × 0,6 = 2,3	17,1	56
8 mm S	7,98 × 4,23 = 33,6	5,36 × 4,01 = 21,4	64	4,23 × 0,6 = 2,5	23,9	71
16 mm Ton	15,95 × 7,62 = 122	9,6 × 7 = 67	55	7,62 × 1,8 = 14	81	66
35 mm 1,37:1 LT	34,97 × 19 = 662	20,9 × 15,2 = 317	48	19 × 2,13 = 40	357	54
35 mm 1,85:1 LT	34,97 × 19 = 662	20,9 × 11,3 = 236	36	19 × 2,13 = 40	276	42
35 mm CS LT	34,97 × 19 = 662	21,3 × 18,2 = 388	59	19 × 2,13 = 40	428	65
35 mm CS 4 MT	34,97 × 19 = 662	23,2 × 18,2 = 422	64	3 × 19 × 1,22 = 85 1 × 19 × 0,84	507	76
70 mm 6 MT	69,95 × 23,75 = 1660	48,5 × 22 = 1065	64	6 × 23,75 × 1,25 = 178	1243	75

6-Kanal-Tonspur bedeutet z. B. nicht eine sechsfach bessere Tonqualität gegenüber einer Einkanal-Tonspur. Aber zumindest ist damit gesagt, daß es sich um ausgenutzte Flächen und keine Verlustflächen handelt. Das geht z. B. eindeutig bei den 8-mm-Filmen hervor. Bei Type S ist er von 56% auf 71% gestiegen. Das ist vorwiegend auf die größere Bildfläche zurückzuführen, die bisher 14,8 mm² betrug und jetzt 6,6 mm² größer ist, was einer Steigerung der Bildfläche um etwa 45% gleichkommt. Man sieht aber auch, daß bei dem 35-mm-Film das Format 1,85:1 am schlechtesten abschneidet (42%), weil hier durch das Kaschieren des Bildfensters die Nutzfläche nur noch 236 mm² beträgt. Von dem gesamten Bildschritt von 19 mm werden nur 11,3 mm für das Bild benutzt. Auch wenn man noch für den Bildstrich etwa 1 mm berücksichtigt, so werden immer noch fast 7 mm pro Bildschritt verschenkt. Selbst bei dem genormten Format 1,66:1 werden nur 12,6 mm des Bildschritts von 19 mm ausgenutzt (Abb. 54).

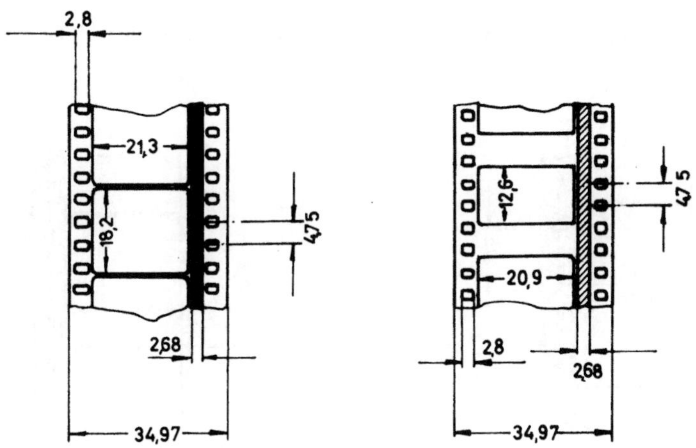

Abb. 54. Geringe Filmausnutzung bei kaschierten Formaten. (In diesem Beispiel 1,66:1)

Das sind bei einer Filmrolle oder bei einem kompletten Spielfilm ganz ansehnliche Filmmengen, die nutzlos hergestellt und von Kino zu Kino transportiert werden. Es ist daher nicht verwunderlich, daß man auch den Bildschritt verringern will [116, 117].

Von diesen Vorschlägen ist ein System, welches einen Schritt von zwei Perforationslöchern hat, etwas mehr bekannt geworden, nämlich „*TechniScope*“. In der Kamera beträgt der Schritt zwei Perforationslöcher (also nur halbe Höhe des normalen 35-mm-Bildes). Beim Kopieren wird die gepreßte Aufnahme entzerrt, und es entstehen normal hohe Kopien mit einem Schritt von vier Perforationslöchern. Ein anderes Verfahren, „*Ultra-Semi-Scope*“, sieht auch für die Kopie einen Schritt von zwei Perforationslöchern vor. Das Bildfenster hat die Abmessungen 9,4 × 22 mm (Abb. 55). Ein anderer Vorschlag, nur einseitige Perforationen bei einem Bildschritt von drei Perforationslöchern zu verwenden (Abb. 56), hat sich ebensowenig durchgesetzt, wie Splitfilm 17,5 mm mit neuartiger Zweiloch- (Abb. 57) oder Dreiloch-Perforation (Abb. 58).

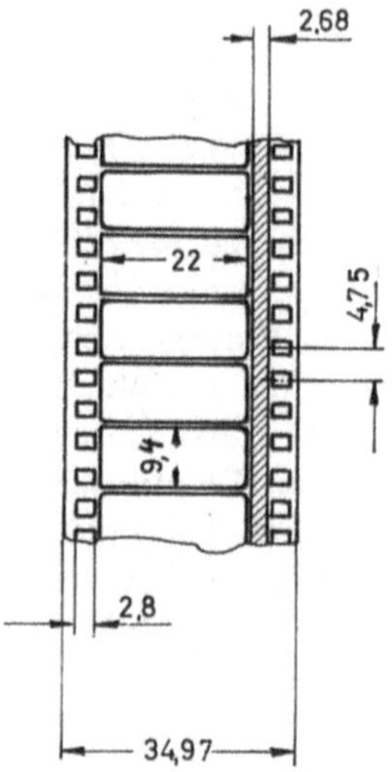

Abb. 55. 35-mm-Film, TechniScope

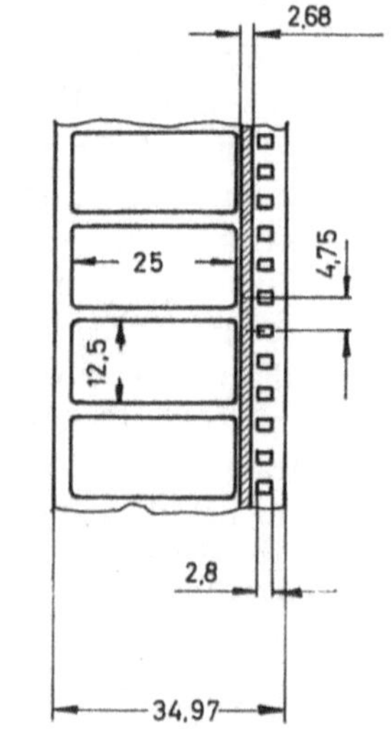

Abb. 56. 35-mm-Film mit Dreiloch-Bildschritt

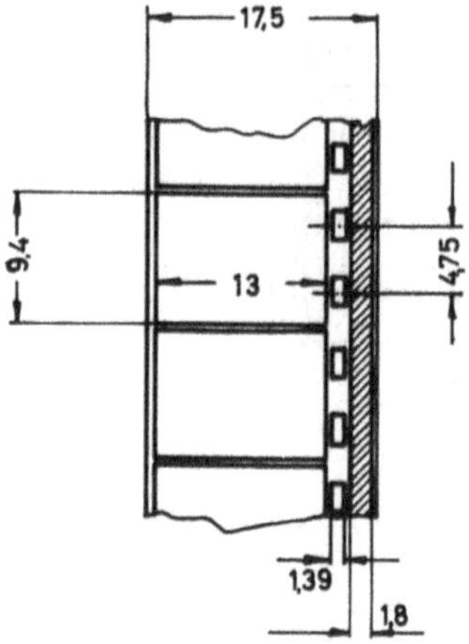

Abb. 57. Splitfilm 17,5 mm mit Zweiloch-Bildschritt

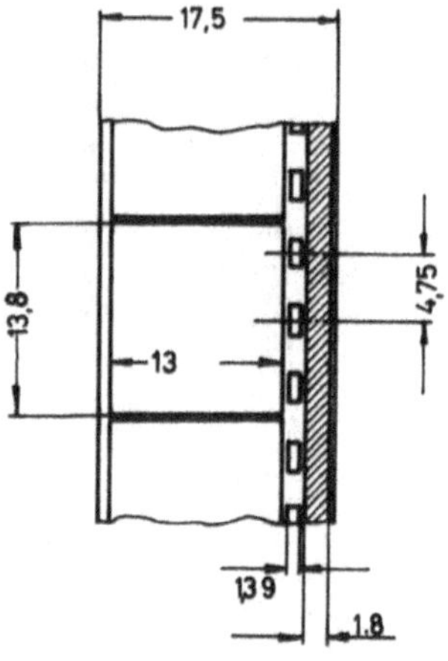

Abb. 58. Splitfilm 17,5 mm mit Dreiloch-Bildschritt

Diesem Verfahren blieb in erster Linie wohl deswegen der Erfolg versagt, weil sämtliche im Einsatz befindlichen Projektoren hätten geändert werden müssen (z. B. drei neue Zahntrommeln pro Projektor), obwohl die Einsparungen beachtlich sind. Für die Bundesrepublik Deutschland schätzt man z. B. bei dem 35-mm-Film mit Dreiloch-Bildschritt die Jahresersparnis an Film und Filmbearbeitungskosten auf 9 Mio DM und dazu noch eine Einsparung an Versandkosten in Höhe von 250 000,— DM [116].

Für den 35-mm-Film mit Zweiloch-Bildschritt existiert noch eine weitere Variante, nämlich *skip frame* (Abb. 59). Hier stehen die Bilder „Fuß an Fuß". Beim ersten Durchlauf der Filmrollen werden die Bilder 1, 3, 5, 7, 9... projiziert. Dann wird die Filmrolle, ohne diese — wie sonst üblich — umzuwickeln, wieder eingelegt und die Bilder 2, 4, 6, 8, 10... projiziert. Da nachweislich das nach jedem Durchlauf erforderliche Umrollen den Film stark bean-

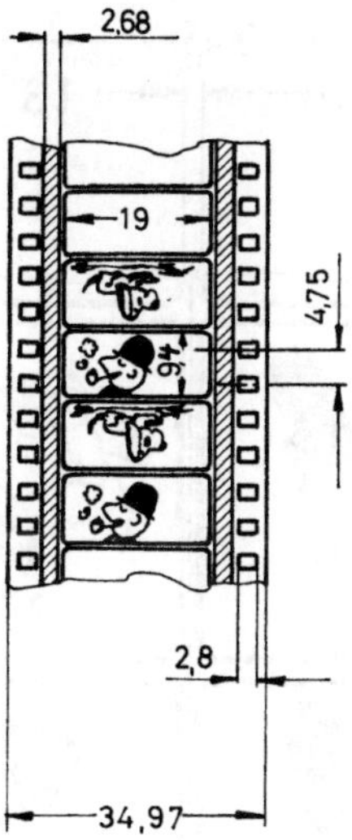

Abb. 59. 35-mm-Film mit Zweiloch-Bildschritt in „skip-frame" Ausführung

sprucht — weit mehr, als es beim Durchlauf durch den Projektor der Fall ist —, trägt dieses Verfahren sehr stark zur Filmschonung bei. Der Film hat zwei Tonstreifen, das Bildfenster die Abmessungen 9,4 × 19 mm. Dieses Verfahren wurde von dem in Turin lebenden Schweizer E. Zollinger erstmals erwähnt, der hierauf am 9. März 1910 das DRP 232848 Kl. 57a und am 9. Juli 1912 das USA-Patent 1032172 erhielt.

Den 35-mm-Film kann man, anstatt mechanisch zu teilen, optisch splitten und hat dann zwei Bildfolgen „Seite-an-Seite" (Abb. 60). Beim ersten Durchlauf wird eine Seite projiziert. Dann wird wieder die Filmrolle — ohne diese umzuwickeln — in den Projektor eingelegt. Auch dieses Verfahren hat Zollinger in seinen Patenten beschrieben. Diese zwei Verfahren bedingen natürlich auch Änderungen an den Projektoren, weswegen sie wohl auch keinen Eingang in die Praxis gefunden haben. Hinzu kommt noch in der neueren Zeit, daß eine automatische Filmvorführung kaum möglich ist, da die Filmrollen ja umgelegt werden müssen. Interessant ist ferner, daß Zollinger in seinen erwähnten Patenten einen Schutz auf die Anwendung der Anamorphote für die kinematographische Herstellung und Vorführung von Filmen beansprucht.

Weitere Varianten des 35-mm-Films sind das *VistaVision*- und das *Technirama*-Verfahren (Abb. 61), bei denen der Bildschritt acht Perforationslöcher beträgt. Zur Projektion wird ein Spezialprojektor mit horizontalem Projektorfenster und horizontal laufendem Film benötigt. Die Fläche des Projektorfensters beträgt bei *VistaVision* 18,3 × 36 mm = 659 mm^2 und bei *Technirama* 33,3 × 21,3 mm = 710 mm^2 und liegt damit in der Größe zwischen *CinemaScope* 35 mm (388 mm^2) und *Todd-AO* 70 mm (1070 mm^2).

Da die Verwendung von Spezialprojektoren für ein so großes Bildfenster in der Praxis auf erhebliche Schwierigkeiten stößt, werden die Negative dieser beiden Verfahren auf normales 35-mm-Format mit einem Schaltschritt von vier Perforationslöchern umkopiert.

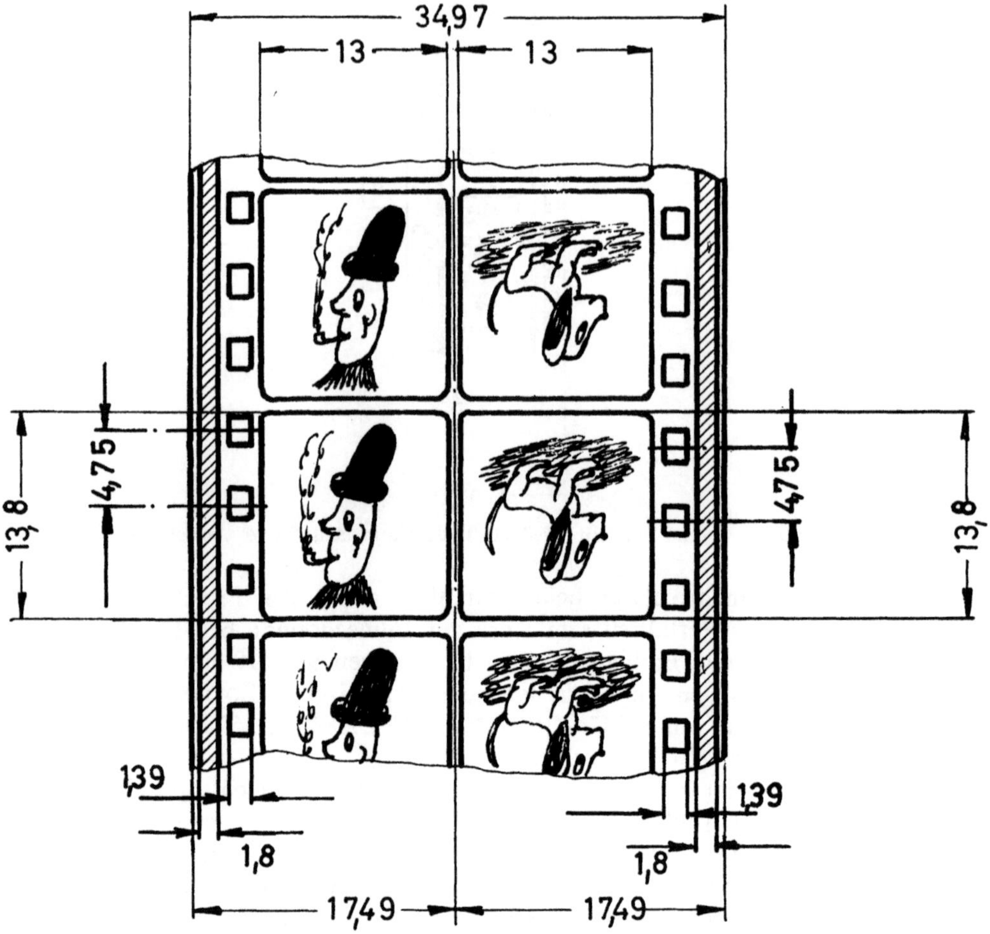

Abb. 60. 35-mm-Film in „Seite-an-Seite“ 17,5 mm Ausführung

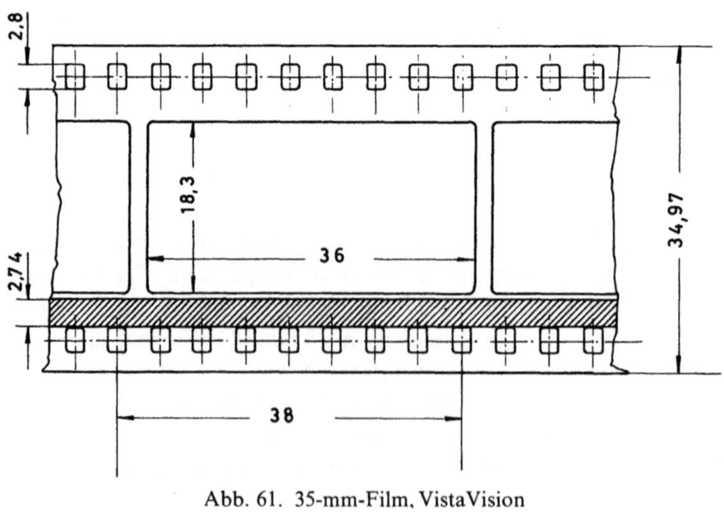

Abb. 61. 35-mm-Film, VistaVision

IV. Der Filmlauf

A. Kontinuierlicher und intermittierender Filmlauf

Die Bedingungen für die Laufbildprojektion sind grundsätzlich dieselben wie bei der Aufnahme, nämlich das Laufbild muß für das Auge (wie bei der Kamera auch) zum Stillstand gebracht werden. Dies kann sowohl durch einen tatsächlichen Stillstand im Projektorfenster (bzw. Kamerafenster) für eine kurze Zeit geschehen, wobei in dieser Stillstandsperiode die Projektion (bzw. die Aufnahme) erfolgt wie auch durch einen scheinbaren Stillstand, bei welchem der Film im Bildfenster nicht angehalten wird und seine Bewegung in der Laufrichtung durch optische Mittel für den Lichtstrahl oder durch Lichtblitze aufgehoben wird. Bei der ersten Art handelt es sich um *intermittierenden* Filmlauf, wobei die ruckweise Filmbewegung durch *Filmschaltgetriebe* erzeugt wird. Bei der zweiten Art haben wir es mit *kontinuierlichem* Filmlauf zu tun, wobei der Stillstand des Projektionsbildes (oder des Aufnahmebildes) durch einen *optischen* Ausgleich erfolgt.

B. Kontinuierlicher Filmlauf und optischer Ausgleich

Der kontinuierliche Filmlauf wäre gerade für die Projektion von großer Bedeutung, weil hierbei der Film sehr geschont wird. Die Lebensdauer der Filmkopien, die bei intermittierendem (ruckweisem) Filmlauf nur einige hundert Vorführungen beträgt, würde bei kontinuierlichem Filmlauf wesentlich höher sein. Bei der Kamera, in der der Film nur einmal durchläuft, ist die Frage der Lebensdauer des Films uninteressant; dafür sind bei der Filmaufnahme andere Aufgabenstellungen (z. B. hohe Aufnahmefrequenz) entscheidend für die Wahl des kontinuierlichen Filmlaufs bzw. des optischen Ausgleichs. Schon 1899 weist H. Hopwood auf verschiedene Arten des optischen Ausgleichs hin [118], und 1913 schrieb C. Forch: „Denn es ist wohl zweifellos, daß der Vorführungsapparat mit stetig laufendem Band und optischem Ausgleich der Bildwanderung dem erstrebten Ideal weit näher kommt, als der absatzweise arbeitende Kino mit seinen unvermeidlichen Dunkelpausen.“ [119].

Bei der Laufbildprojektion mit ununterbrochen laufendem Film muß das Bild auf dem Bildschirm stationär erscheinen. Durch optische Einrichtungen (oder durch Lichtblitze) muß erreicht werden, daß jeder Punkt des durchleuchteten Filmbildchens auf dem Bildschirm als feststehender Punkt wiedergegeben wird. Das ist mit feststehenden Optiken nicht zu erreichen, erforderlich sind vielmehr bewegte optische Einrichtungen, die die Bewegung des Filmbildchens in seiner Laufrichtung aufheben. In der Praxis bezeichnet man das Stehen des projizierten Bildes auf dem Bildschirm dann als einwandfrei, wenn die Schwankungen in der Höhe unter 0,2% liegen. Bei dem im Filmtheater am häufigsten verwendeten 35-mm-Film beträgt die Höhe des Filmbildchens maximal 18 mm. Die tatsächliche oder scheinbare Höhenschwankung des Filmbildchens darf dann nur maximal $^{3}/_{100}$ mm betragen. Man erkennt daraus, daß nicht nur an die Schaltgetriebe (bei intermittierendem Filmlauf), sondern noch mehr an den optischen Ausgleich hohe *Präzisionsforderungen* gestellt werden, besonders, wenn sich dieser aus vielen und schweren Elementen zusammensetzt.

Bei dem 35-mm-Film kommt noch ein Umstand dazu, auf den 1928 JOACHIM hinwies: Zum guten Bildstand trägt auch die *Perforation* bei, ungenaue Perforationsteilung gibt schlechten Bildstand. Der 35-mm-Film hat auf jeder Seite eines Filmbildchens vier Perforationslöcher. Beim intermittierenden Filmlauf wird jedesmal ein Filmbildchen mit vier Perforationslöchern weitergeschaltet. Für die genaue Position des Filmbildchens im Projektorfenster, also für den „Bildstand", kommt es dabei auf die Lage der Perforationslöcher untereinander nicht an, sondern nur, daß die Lage stets die gleiche ist, wenn man um vier Löcher weiterschaltet. Bei der Projektion mit optischem Ausgleich muß der Abstand der Perforationslöcher von Loch zu Loch konstant sein, da die Projektion während der ganzen Dauer des Filmlaufs geschieht. Eine weitere Schwierigkeit beim optischen Ausgleich besteht darin, daß die vorzuführenden Filme eine *Schrumpfung* aufweisen, d. h. der Abstand der Perforationslöcher hat sich verkleinert. Die Elemente des optischen Ausgleichs sind aber für einen bestimmten Perforationsschritt eingestellt. Verkleinert sich der Abstand, so sind unscharfe bzw. springende Bilder die Folge. Daher ist ein Schrumpfungsausgleich erforderlich [120].

Da der optische Ausgleich grundsätzlich keinen Umlaufverschluß (Blende) zum Unsichtbarmachen des Filmtransports benötigt, entfallen die bei intermittierendem Betrieb nötigen Dunkelpausen, und es könnte bei Projektoren mit optischem Ausgleich ein Lichtgewinn erzielt werden. Meist jedoch sind die Lichtverluste in den zahlreichen optischen Elementen sehr hoch, hinzu kommt oft noch durch die größeren Abstände eine Beschränkung der Beleuchtungs- und Abbildungs-Apertur, wodurch der zu erwartende Lichtgewinn reduziert wird. Bei unvollkommen wirkendem optischen Ausgleich ist ebenfalls ein Dunkelsektor erforderlich.

In der Projektionstechnik hat sich der kontinuierliche Filmlauf nicht durchsetzen können, weil der optische Ausgleich, gleichgültig, um welches der noch zu beschreibenden Verfahren es sich handelt, Nachteile aufweist, wie Unschärfen, Kontrastverminderung, Aperturbeschränkung und hoher technischer Aufwand. Nur der MECHAU-*Projektor* hatte für einige Jahre und in größeren Stückzahlen Eingang in die Filmtheater gefunden. Eine Domäne des optischen Ausgleichs sind aber Filmbetrachtungsgeräte und Filmschneidetische. Das zu betrachtende Projektionsbild ist bei diesen Geräten klein, und es werden nicht die hohen Ansprüche an die Bildqualität wie im Filmtheater gestellt. Oftmals begnügt man sich sogar mit recht einfachen Systemen des optischen Ausgleichs. Bei diesen, für Filmbearbeitungsbetriebe bestimmten Geräten ist die Filmschonung die wichtigste Forderung, besonders auch dann, wenn aus Gründen der Zeiteinsparung diese Geräte nicht mit der genormten Vorführgeschwindigkeit, sondern mit höherer Frequenz betrieben werden.

Der optische Ausgleich erfordert außer den eigentlichen optischen Ausgleichsteilen noch mechanische Getriebe, welche den optischen Elementen die erforderliche Bewegung erteilen. Für die optischen wie für die mechanischen Teile stehen folgende Elemente zur Verfügung:

Optische Elemente

1. Linsen. Diese sind prinzipiell mit chromatischen und sphärischen Fehlern behaftet, die sich aber durch Linsenkombinationen genügend kompensieren lassen.

2. Spiegel. Diese haben als Planspiegel weder chromatische noch sphärische Fehler, nur ganz geringe Lichtverluste, keine verschieden lange Lichtwege, keine Weichzeichnung, hohen Kontrast, keinen „Kanten"-Effekt (das Prisma rotiert, wodurch der Lichtstrahl an eine Kante kommt. Der Spiegel schwingt, also kommt der Lichtstrahl nicht an eine optisch undefinierte Kante). Werden sie in Form von Oberflächenspiegeln (statt hinterlegten Spiegeln) verwendet, so gibt es keine Doppelkonturen. Bei gekrümmten Spiegeln treffen diese Eigenschaften ebenfalls zu mit Ausnahme eventueller sphärischer Fehler.

3. Prismen. Chromatische Fehler lassen sich zwar beseitigen, der Lichtverlust durch Absorption in den verhältnismäßig langen Glas-(Kunststoff-)Wegen ist schon beachtlich. Ganz besonders nachteilig sind aber Bildfehler, die auftreten, wenn der Lichtstrahl eine große Apertur besitzt oder schief einfällt. Dieser Fehler ist umso stärker, je länger der Lichtweg im Glas ist.

Mechanische Elemente

a) Stetige Rotation. Diese ist die einfachste Bewegungsform und mit verhältnismäßig geringem Aufwand mit genügender Präzision darzustellen. Damit ist jedoch nie ein genauer Ausgleich möglich, sondern nur eine Annäherung. Das kommt daher, daß bei einer nur drehenden Bewegung der Ausgleichselemente die dem Bild optisch erteilte Bewegung immer proportional einer Winkelfunktion (Sinus, Tangens) ist, während die Bewegung des Films, bei gleichmäßiger Bewegung des Films und der Ausgleichselemente, immer proportional dem Drehwinkel selbst ist. Der verbleibende Fehler ist also abhängig von dem Verhältnis des Bogenmaßes zum Sinus oder Tangens dieses Winkels [121]. Je kleiner der Winkel gehalten wird, umso kleiner wird auch der Abbildungsfehler. Nach R. THUN (1929) erhält man folgende Werte:

Tabelle 22. *Fehler des optischen Ausgleiches bei reiner Drehbewegung*

Dreh-winkel in Grad	Abweichung sin/Bogen	tg/Bogen	Abweichung in v. H. bei sin/Bogen	tg/Bogen	1– cos
1	0,999 949	1,000 1037	0,0051	0,010 37	0,000 15
2	0,999 797	1,000 407	0,0203	0,0407	0,000 61
3	0,999 544	1,000 915	0,0456	0,0915	0,001 37
4	0,999 188	1,001 628	0,0812	0,1628	0,002 44
5	0,998 731	1,002 55	0,1269	0,255	0,003 81
10	0,994 931	1,010 28	0,5069	1,028	0,015 19
15	0,988 615	1,023 49	1,1385	2,349	0,034 07
20	0,979 81	1,042 70	2,019	4,270	0,060 31
25	0,968 57	1,068 70	3,143	6,870	0,093 69
30	0,956	1,103	4,4	10,3	0,133 97
40	0,921	1,200	7,8	20,0	0,233 96
50	0,878	1,365	12,2	36,5	0,357 21
60	0,827	1,655	17,3	65,5	0,500 00
70	0,769	2,248	23,1	124,8	0,657 98
80	0,715	4,06	28,5	306	0,826 35
90	0,636	∞	36,4	∞	1,000 00

b) Stetige Rotation mit Zusatzbewegung. Die bei einer nur gleichmäßigen Rotation entstehenden Fehler in der optischen Bildnachführung lassen sich durch eine zusätzliche ungleichförmige Bewegung kompensieren. Dies kann dadurch geschehen, daß dem rotierenden Element selbst die ungleichförmige Bewegung gegeben wird, was aber wegen der meist hohen Massenträgheit schwierig ist, oder daß dem gleichmäßig rotierenden Körper zusätzliche Elemente beigegeben werden, die ihrerseits die ungleichförmige Bewegung ausführen.

c) Hin- und hergehende Bewegung. Das optische Element folgt hierbei der Filmbewegung und springt dann in die Anfangslage zurück. Da der Rücksprung unsichtbar gemacht werden muß (z. B. durch eine Blende) und die Massenträgheit eine Rolle spielt, ist dieses Verfahren wenig geeignet. Das gilt auch für Pendel- und Oszillationsbewegungen.

Die zahlreichen Arten des optischen Ausgleichs hat R. RUHNAU 1927 wie folgt klassifiziert [122]:

1. Entsprechende Linsenwanderung;
2. Verschiebung oder Verdrehung von spiegelnden Flächen;
3. Drehung eines in den Strahlengang gebrachten Glaskörpers.

Der mechanische Teil wird durch die optischen Mittel bestimmt, wobei es folgende Bewegungsvorrichtungen gibt, die

a) stetig rotieren,

b) bei stetiger Rotation um eine Hauptachse den optischen Organen eine Sonderbewegung erteilen,

c) oszillieren oder pendeln.

Hinzu kommt noch die Möglichkeit, kurze Lichtimpulse (Lichtblitze) zu verwenden.

Dadurch entstehen neun Hauptgruppen nach folgendem Schema, bzw. zehn, wenn man die Lichtblitze berücksichtigt:

Tabelle 23. *Systematik der optischen Ausgleiche (nach Ruhnau)*

	Stetige Rotation	Stetige Rotation Zusatzbewegung eines optischen Organs	Oszillieren und Pendelbewegung
1. Linse	Linsenketten, Linsenscheiben, Linsentrommeln, Ringlinsen.	Kurvengesteuerte, in sich zurückkehrende Linsenwanderung.	Mitwandernde und ruckweise zurückgeführte Linse. Auf- und abpendelndes Zweilinsensystem.
2. Spiegel	Spiegeltrommel	Rotierender Spiegelkranz mit besonderer Steuerung jedes einzelnen Spiegels.	Oszillierender Spiegel
3. Glaskörper	Rotierendes Prisma von polygonalem Querschnitt	Rotierender Prismenkranz mit Steuerung jedes einzelnen Prismas.	System aus pendelartig bewegten Prismen oder Planparallelplatten.
4. Lichtblitze	—	—	—

Dann unterscheidet man diese optischen Systeme noch nach dem Ort, wo sie angebracht sind, nämlich
A. Zwischen Film und Objektiv,
B. Zwischen Objektiv und Bildschirm,
C. Gleichzeitige Anwendung von A und B.

Das Merkmal des optischen Ausgleichs ist also die mechanische Bewegung optischer Elemente in einer bestimmten Beziehung zum Filmtransport. Der dadurch mögliche kontinuierliche Filmtransport vereinfacht durch Wegfall der Schaltgetriebe zwar die Projektorenwerke, andererseits aber sind aufwendige Einrichtungen zur Bewegung der optischen Mittel erforderlich. Da sowohl an die optischen Mittel wie auch an die zu ihrer Bewegung erforderlichen kinematischen Einrichtungen hohe Genauigkeitsforderungen, besonders bei der Projektion gestellt werden, sind die Kosten von Projektoren mit optischem Ausgleich im allgemeinen schon erheblich höher als die von Projektoren mit diskontinuierlichem Filmlauf.

Für die Filmaufnahme gelten im allgemeinen dieselben Prinzipien des optischen Ausgleichs [123, 124, 125].

C. Intermittierender Filmlauf

Fast ausnahmslos arbeiten die Laufbildprojektoren mit *intermittierendem* (ruckweisem) Filmlauf [126]. Hierbei wird das zu projizierende Filmbild in sehr kurzer Zeit durch einen Schaltmechanismus in das Projektorfenster gezogen (mit einem Ruck), bleibt dort unbeweglich stehen und wird in dieser Stellung von dem Lichtstrahl durchleuchtet bzw. projiziert. Danach wird der Film wieder in sehr kurzer Zeit aus dem Projektorfenster gezogen und dadurch das nächste Filmbild in das Projektorfenster transportiert. Die Zeit einer Periode T besteht dann aus Schaltzeit t_1 und der Projektionszeit T_p, also $T = t_1 + T_p$. Als Schaltverhältnis S bezeichnet man das Verhältnis der Schaltzeit t_1 zur gesamten Periode T, also $S = t_1 : T$.

Die Filmschaltwerke der Kino-Projektoren haben im allgemeinen eine kürzere Schaltzeit als die Kino-Kameras. Ein noch schnelleres Schalten ist bei dem Zusammenarbeiten mit der Fernsehtechnik erforderlich.

Für den schrittweisen Antrieb existieren folgende zwei grundsätzliche Systeme (Abb. 62):

a) Das Getriebe-Element ist ständig mit dem Film im Eingriff.
b) Das Getriebe-Element ist nur zeitweise im Eingriff.

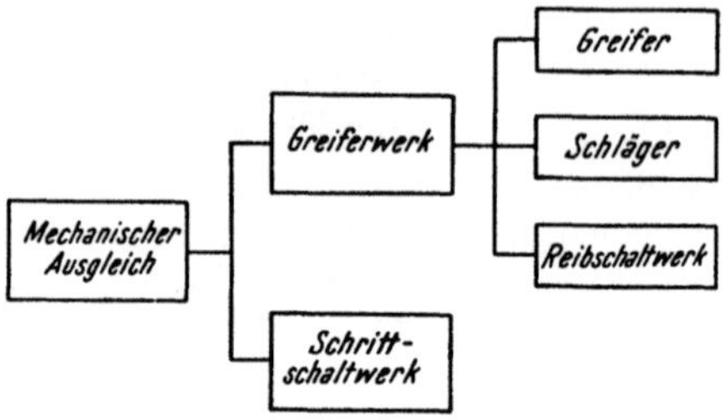

Abb. 62. Schema der Aufteilung der Filmschaltwerke mit mechanischem Ausgleich

Zur Gruppe a) gehören z. B. die Systeme, die eine intermittierend bewegte Zahnrolle zum Transport des Filmes benutzen. Diese Zahnrolle ist sowohl während des Transportes des Filmes wie auch während seines Stillstandes mit der Perforation des Filmes im Eingriff. Der intermittierende Antrieb wird vorzugsweise durch ein *Malteserkreuzgetriebe* hergestellt (Abb. 63).

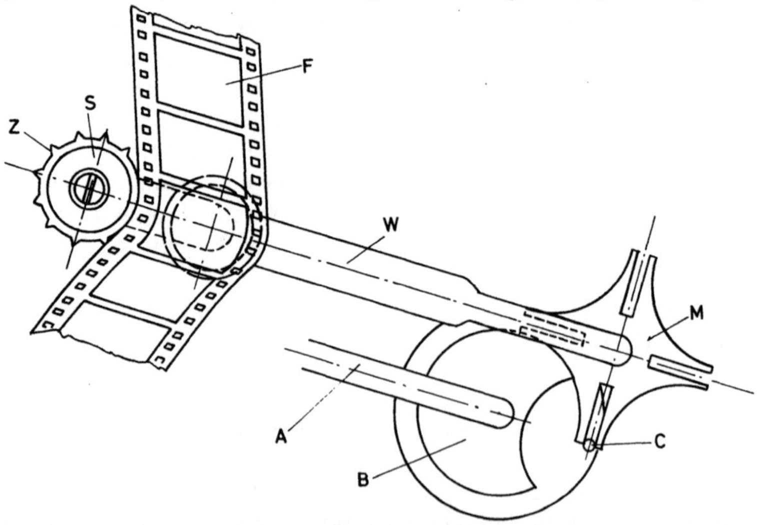

Abb. 63. Schema einer Malteserkreuzschaltung. *F* Filmband, *W* Malteserkreuzwelle, *C* Antriebsstift des Malteserkreuzes, *A* Antriebswelle, *S* Schalttrommel mit Zähnen (*Z*), *M* vierteiliges Malteserkreuz, *B* Stiftscheibe

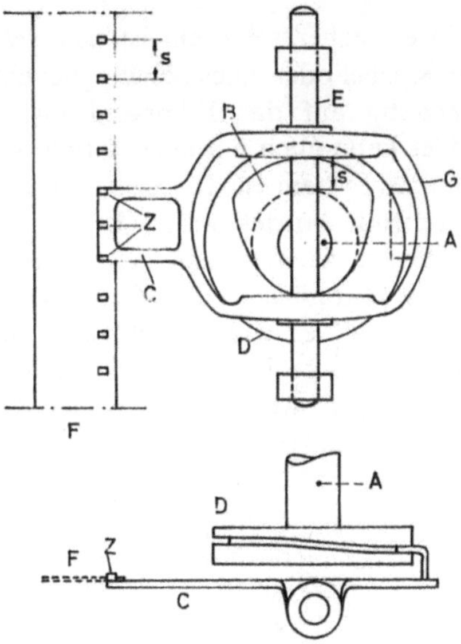

Abb. 64. Schema einer Greiferschaltung. *F* Filmband, *G* Schlitten, *A* Antriebswelle, *C* Greifer mit Zähnen (*Z*), *D* Rillenscheibe, *B* Herzscheibe, *s* Hub des Greifers

Zur Gruppe b) gehören mehrere in der Praxis bekannte Systeme. Das am meisten angewendete ist das *Greiferwerk* (Abb. 64). Es besteht nur zeitweise Kupplung zwischen der Greiferspitze und der Perforation des Filmbandes

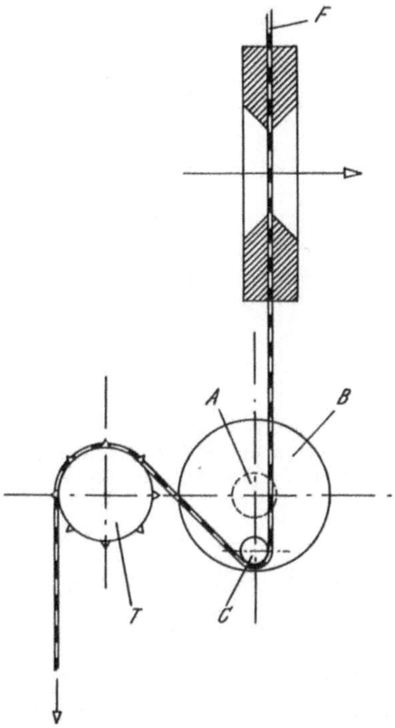

Abb. 65. Schema einer Schlägerschaltung. *F* Filmband, *T* Nachwickelzahntrommel, *A, B* Schlägerwelle, *C* Schlägerstift

für seinen Antrieb. Ein einfacheres System ist das *Schlägerwerk*, bei dem der Schläger in Form einer Kurbel oder eines Schwinghebels bewegt wird (Abb. 65). Dabei drückt er kurzzeitig auf das Filmband und bewegt es schrittweise (schlägt es). Der Schläger kann auch mit einer Greiferspitze verbunden werden. Ebenfalls ein sehr einfaches System ist das *Reibschaltwerk*, welches zwei gleichmäßig gegeneinander drehende Antriebswalzen besitzt, die sich bei dem schmalen Durchmesser der einen Walze zeitweise andrücken und das dazwischen liegende Filmband durch Reibung antreiben (Abb. 66). Das Anpreßteil C hat oft nur einen kleinen Winkel, so daß es wie ein Nocken ausgebildet ist, und man bezeichnet dieses Schaltwerk auch als *Nockenschaltung*.

In den folgenden Kapiteln werden die verschiedenen Systeme für den intermittierenden Filmlauf beschrieben.

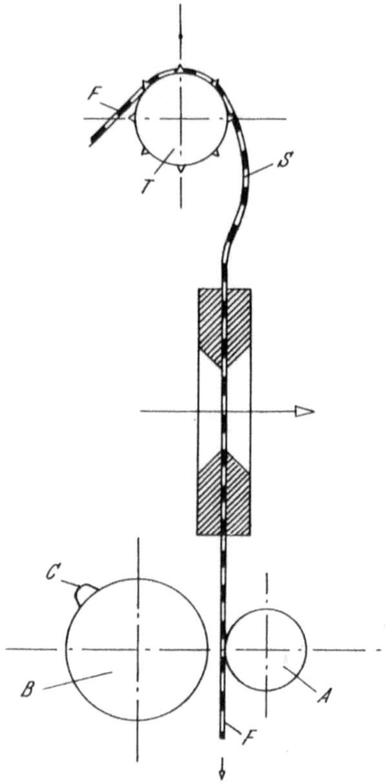

Abb. 66. Schema eines Reibschaltwerkes. *A* und *B* Antriebswalzen, *C* federnd gelagerter Reibbelag (Nocken), *F* Filmband, *T* Vorwickelzahntrommel, *S* Filmschleife

D. Schrittschaltwerke mit parallelen Achsen und gleichförmigem Antrieb

Der bekannteste Vertreter dieser Gattung ist das bereits erwähnte Malteserkreuz (Abb. 63). Es hat seinen Namen nach dem ähnlich aussehenden Ordensabzeichen der Malteserritter. Die Aufgabe, aus einer gleichmäßigen Rotation eine diskontinuierliche zu machen, bestand schon vor dem Zeitalter der

Kinematographie [126]. Hierzu eignet sich das *Einzahnrad*, das ist ein Einertrieb, bestehend aus einem Zahnrad mit nur einem Zahn. Dieser einzelne Zahn dreht das mit ihm im Eingriff stehende Zahnrad erst um einen Zahn weiter, wenn er selbst eine ganze Umdrehung vollendet hat. Das Einzahnrad wurde bereits 24 v. Chr. von VITRUVIUS angegeben [127]. Eine sehr zeitige industrielle Anwendung fand das sechsteilige Kreuz zur Herstellung von Knöpfen, wie es in einem britischen Patent vom Jahre 1829 beschrieben wurde [128, 129]. Eine ausführliche Beschreibung des Einzahnrades in Verbindung mit einem sechsteiligen Sternrad bringt REDTENBACHER im Jahre 1861 [130]. Die Bezeichnung „Malteserkreuz" scheint zum erstenmal von REULEAUX im Jahre 1875 angewendet worden zu sein [131]. Bis dahin wurde es oft als Genfer Gesperre oder Genfer Kreuz bezeichnet, weil es in den in Genf hergestellten Musikdosen verwendet wurde.

In der Kinematographie fand das Malteserkreuz bald und häufig Verwendung. So hat der Pariser Optiker MOLTENI im Jahre 1882 in seinem *„Choreutoscope"* ein sechsteiliges Malteserkreuz verwendet [132, 133, 134]. Der Berliner ANSCHÜTZ betrieb 1894 sein *„Tachyscope"* mit zwei zwölfteiligen Malteserkreuzen (Abb. 67). Die Amerikaner JENKINS und ARMAT ließen sich

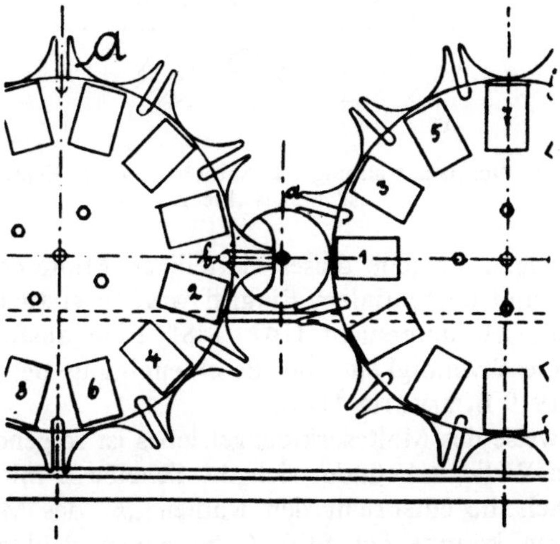

Abb. 67. Der Doppelprojektor mit periodisch fortbewegten Einzelbildern von OTTOMAR ANSCHÜTZ, 1894. Die beiden Bildscheiben *a* und *b* werden abwechselnd bewegt

1895 ihr *„Phantascope"* schützen, welches ein vierzehnteiliges Malteserkreuz enthielt [135]. Der Engländer PAUL ließ sich 1896 die Anwendung von zwei siebenteiligen Kreuzen (Abb. 68) schützen [136, 137]. Der Franzose CONTINSOUZA verwendete 1896 ein fünfteiliges Kreuz mit gekrümmten Schlitzen [138]. Der Holländer VAN HEEMSTEDE OBELT ließ sich 1897 ein siebenteiliges Kreuz mit zwei Stiften schützen [139]. Der Engländer BERNSTEIN erhielt 1897 ein Patent auf ein vierteiliges Kreuz mit zwei Stiften [140]. Der bereits erwähnte Engländer PAUL erhielt 1899 ein Patent auf ein dreiteiliges Kreuz [141]. Dagegen hat BROWN in seinem Projektions-Lebensrad von 1869 noch keinen Malteserkreuzantrieb verwendet [142].

Abb. 68. Zwei Siebensternräder von PAUL

Es entwickelte sich also eine Vielzahl von Formen des Malteserkreuzes, beginnend vom dreiteiligen bis zum vierzehnteiligen.

All diese Sonderformen haben aber keine große Anwendung gefunden. Am verbreitetsten in den Kinoprojektoren ist das vierteilige Kreuz mit radialen Schlitzen und tangentialem Eingriff (Abb. 69). Soweit sich feststellen läßt, ist diese Form fast zur gleichen Zeit in USA und Frankreich verwendet worden. So findet es sich 1896 in der Patentschrift des Amerikaners ARMAT, der sich sein *„Vitascope"* schützen ließ [143, 144], und 1896 in der Patentschrift der Franzosen BÜNZLI und CONTINSOUZA [145, 146].

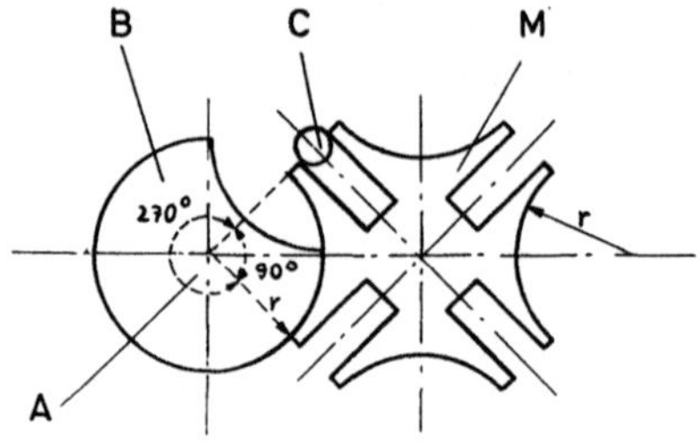

Abb. 69. Malteserkreuz, Normalausführung. *A* Antriebsachse, *B* Einzahnscheibe, *C* Einzahn, *M* Malteserkreuz

Die offensichtlichen Vorteile dieses vierteiligen Malteserkreuzgetriebes mit radialen Schlitzen und tangentialem Eingriff wurden erstmalig von FORCH im Jahre 1912 rechnerisch untersucht [147, 148]. Eine ausführliche graphische Darstellung der Geschwindigkeit und Beschleunigung des Films bei diesem Getriebe brachte 1919 BURMESTER [149].

Die Wirkungsweise des Malteserkreuzgetriebes ist folgende: Auf der gleichmäßig rotierenden Welle *A* befindet sich die Scheibe *B* mit dem Stift *C*. Der Radius *„r"* der Scheibe entspricht den Radien *„r"* des Malteserkreuzes. Im Laufe der Drehung kommt der Stift *C* zu einem Schlitz, greift in diesen hinein und dreht das Kreuz, bis er den Schlitz wieder verläßt. Die Scheibe *B* hat eine halbkreisförmige Aussparung, damit die Spitzen des Kreuzes vorbei können. Bei diesem vierteiligen Kreuz ergibt also eine volle Umdrehung der Welle *A* eine Viertelumdrehung der Malteserwelle und damit der auf ihr sitzenden Zahnrolle. Von 360° Umdrehung der Antriebswelle *A* werden nur 90° zur Umdrehung der Malteserwelle, d. h. zum Filmschalten benutzt, so daß der Film $270° = {}^3/_4$ der Zeit stillsteht. Während dieser Zeit erfolgt die Durchleuchtung mit dem Projektionslicht. Dieses Getriebe hat das Schaltverhältnis 1:4.

Bei der international genormten Vorführfrequenz des 35-mm-Films von 24 Bildern pro Sekunde bzw. 456 mm/sec (eine Bildhöhe = 19 mm), steht also für ein Filmbildchen ${}^1/_{24}$ sec zur Verfügung. Davon wird ${}^3/_{96}$ sec projiziert, und im Zeitraum von nur ${}^1/_{96}$ sec muß die Weiterschaltung vor sich gehen. Im

Fernsehbetrieb an 50-Hz-Netzen wird mit einer Vorführgeschwindigkeit von 25 B/sec gearbeitet, so daß hier für die Weiterschaltung des Films nur $^1/_{100}$ sec zur Verfügung steht. Die mittlere Schaltgeschwindigkeit ist dementsprechend viermal so groß wie die Vorführgeschwindigkeit und beträgt 1824 mm/sec bzw. beim Fernsehen 1900 mm/sec. Da die Geschwindigkeit beim Schalten mit Null beginnt und endet, ist die maximale Schaltgeschwindigkeit beträchtlich größer als die mittlere.

Sobald der Stift C in den Schlitz eingreift, beginnt sich das bisher stillstehende Kreuz zu drehen. Die *Geschwindigkeit* steigert sich, bis sie ein Maximum erreicht hat, wenn der Stift C die Verbindungslinie der Drehachsen der Scheibe B und des Kreuzes M erreicht hat. Die bisher positive *Beschleunigung* ist in dieser Stellung Null, um dann negativ zu werden, d. h. die *Geschwindigkeit* nimmt ab, um dann in dem Moment, wo der Stift C den Schlitz verläßt, Null zu sein. Diese allgemeinen Betrachtungen sollen im folgenden durch rechnerische Angaben ergänzt werden.

Bestimmung der Winkelgeschwindigkeit und Winkelbeschleunigung des Kreuzes

Zunächst interessiert die Abhängigkeit des Drehwinkels β des Kreuzes von dem sich linear mit der Zeit ändernden Drehwinkel α der Stiftscheibe (Abb. 70).

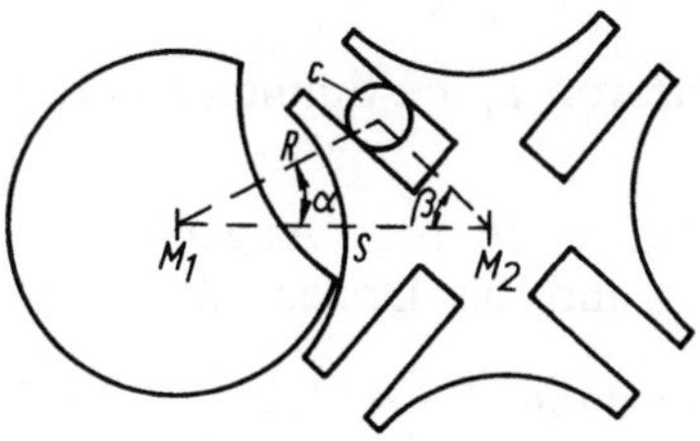

Abb. 70. Geometrische Verhältnisse des Malteserkreuzes

$$\operatorname{tg}\beta = \frac{R \cdot \sin\alpha}{S - R \cdot \cos\alpha} = \frac{\sin\alpha}{S/R - \cos\alpha}.$$

Da $S/R = \text{const.}$ für ein bestimmtes Getriebe, wird $\operatorname{tg}\beta = \frac{\sin\alpha}{K - \cos\alpha} = \Phi$, wobei $K = S/R$ und $\Phi = \frac{\sin\alpha}{K - \cos\alpha}$

$$\beta = \operatorname{arc\,tg}\Phi\cdot$$

Der Verlauf von β ist in Abb. 71 graphisch dargestellt. Man sieht, daß sich β den 45°-Linien tangential nähert und daß zwischen diesen Extremwerten der Anstieg sehr steil ist.

Durch Differentiation erhält man die Winkelgeschwindigkeit ω_β des Kreuzes in Abhängigkeit von der Winkelgeschwindigkeit ω_α der Stiftscheibe.

$\omega_\beta = \frac{d\beta}{dt} = \frac{d\,\operatorname{arc\,tg}\Phi}{dt} = \frac{1}{1+\Phi^2} \cdot \frac{d\Phi}{dt}$. Hierbei ist $\frac{d\Phi}{dt} = \frac{K\cos\alpha - 1}{(K - \cos\alpha)^2} \cdot \omega_\alpha$, wobei $\frac{d\alpha}{dt} = \omega_\alpha = \text{const.}$ vorausgesetzt wird, da eine Schwungmasse die Unterschiede im Drehmoment ausfiltert.

$$\omega_\beta = \frac{K \cos\alpha - 1}{K^2 - 2K\cos\alpha + 1} \cdot \omega_\alpha .$$

Durch weitere Differentiation erhält man die Winkelbeschleunigung

$$b_\beta = \frac{d\omega_\beta}{dt} = \frac{K \sin\alpha - K^3 \sin\alpha}{(K^2 - 2K\cos\alpha + 1)^2} \cdot \omega_\alpha^2 .$$

Durch Nullsetzen von b_β erhält man ein Maximum für ω_β, und zwar bei $\alpha = 0°$

$$\omega_{\beta\,\max} = \frac{1}{K-1} \cdot \omega_\alpha .$$

Um die Extremwerte der Beschleunigung zu finden, wird die erste Ableitung von b_β gebildet. Man erhält

$$\frac{db_\beta}{dt} = \frac{\cos\alpha\,(K - K^5) + (1 + \sin^2\alpha)(2K^4 - 2K^2)}{(K^2 - 2K\cos\alpha + 1)^3} \cdot \omega_\alpha^3 .$$

Durch Nullsetzen dieser Ableitung erhält man für α

$$\cos^2\alpha + \frac{(K^2+1)}{2K} \cos\alpha - 2 = 0,$$

womit man die Extremwerte von b_β bestimmen kann. An diesen Stellen hat ω_β Wendepunkte.

Bei tangentialem Eingriff ist in dem Augenblick, in dem dieser beginnt, der Winkel $M_1 C \cdot M_2 = 90°$ und das Dreieck $M_1 C \cdot M_2$ ein gleichschenkliges.

Für $S/R = K$ erhält man dann $S/R = 1/\cos \cdot 45° = \sqrt{2}$. Bei allen vierteiligen Kreuzen, die obiger Bedingung genügen (und das sind fast alle Kreuze), erhält man für die Konstante $K = S/R = \sqrt{2}$. Mit diesem Wert kann man bereits Geschwindigkeit und Beschleunigung ganz allgemein nach den vorhergehenden Ausdrücken berechnen.

Man erhält dann:

I $\quad \operatorname{tg}\beta = \dfrac{\sin\alpha}{\sqrt{2} - \cos\alpha}$

II $\quad \omega_\beta = \dfrac{d\beta}{dt} = \dfrac{\sqrt{2}\cos\alpha - 1}{3 - 2\sqrt{2}\cos\alpha} \cdot \omega_\alpha$

III $\quad b_\beta = \dfrac{d\omega_\beta}{dt} = \dfrac{d_2\beta}{dt^2} = \dfrac{-\sqrt{2}\sin\alpha}{(3 - 2\sqrt{2}\cos\alpha)^2} \cdot \omega_\alpha^2$

IV $\quad \dfrac{db_\beta}{dt} = \dfrac{d_2\omega_\beta}{dt^2} = \dfrac{d_3\beta}{dt^3} = \dfrac{4(1 + \sin^2\alpha) - 4\cos\alpha}{(2 - 2\sqrt{2}\cos\alpha + 1)^3} \cdot \omega_\alpha^3$

Bei $\alpha = 0°$ wird das Maximum der Winkelgeschwindigkeit

$$\omega_{\beta\max} = \frac{1}{\sqrt{2} - 1}\, \omega_\alpha = 2{,}42 \cdot \omega_\alpha .$$

Das Maximum der Beschleunigung erhält man aus

$$\cos^2\alpha + \frac{3}{2\sqrt{2}}\cos\alpha - 2 = 0 \text{ und hieraus } \alpha = 11{,}5°.$$

Das bedeutet, daß das Maximum der Beschleunigung erst kurz vor dem Nullpunkt erreicht wird (Abb. 71). Drei Viertel der Zeit wird zur Erhöhung der Beschleunigung und ein Viertel zur Verringerung verwendet.

Die Größe dieses Maximums beträgt:

$$b_{\beta\max} = \frac{-\sqrt{2}\sin 11{,}5°}{(3 - 2\sqrt{2}\cos 11{,}5°)^2} \cdot \omega_\alpha^2 = 5{,}39 \cdot \omega_\alpha^2.$$

Hieraus lassen sich noch die *wahren* Geschwindigkeiten und Beschleunigungen des Films bestimmen. Zunächst wird der Durchmesser d der auf der Kreuzwelle sitzenden Schalttrommel festgestellt. Jeder Teilung des Kreuzes entspricht auf dem Umfang der Trommel eine Bildhöhe von 19 mm.

Also $d \cdot \pi = 4 \cdot 19$ mm und damit $r = 12{,}1$ mm.

Bei 24 B/sec wird $W_\alpha = 24 \cdot 2\pi = 48\pi$.

Die maximale Filmgeschwindigkeit ist $v_{\max} = r \cdot W_{\beta\max} = \underline{4{,}4 \text{ m/sec}}$

Die maximale Filmbeschleunigung ist $b_{\max} = r \cdot b_{\beta\max} = \underline{1480 \text{ m/sec}^2}$

Für den 16-mm-Film erhält man für eine Frequenz von 16 B/sec folgende Werte für das vierteilige Kreuz:

maximale Filmgeschwindigkeit $v_{\max} = 1{,}17$ m/sec,

maximale Filmbeschleunigung $b_{\max} = 264$ m/sec^2

und für das achtteilige Kreuz

maximale Filmgeschwindigkeit $v_{\max} = 0{,}6$ m/sec,

maximale Filmbeschleunigung $b_{\max} = 68$ m/sec^2.

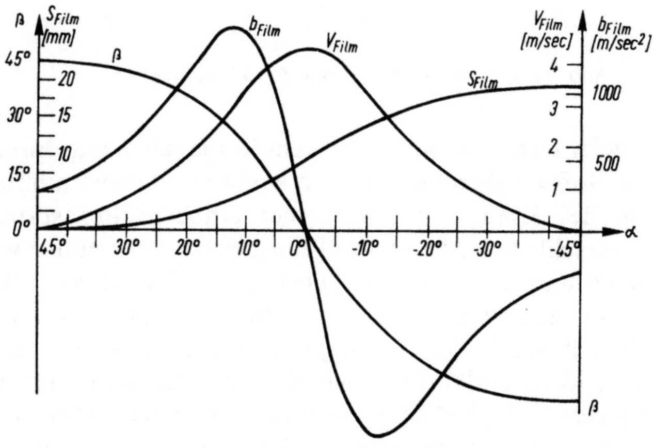

Abb. 71. Filmgeschwindigkeit v, Filmbeschleunigung b, Filmweg s und Drehwinkel β des vierteiligen Malteserkreuzes mit radialen Schlitzen und tangentialem Eingriff bei 24 B/sec in Abhängigkeit vom Drehwinkel α der Stiftscheibe

In der Abb. 71 sind für die einzelnen Stellungen des Getriebes Geschwindigkeit und Beschleunigung eingetragen. Ferner ist noch der Filmtransport, d. h. der Weg *s*, den der Film vermittels der Schalttrommel zurücklegt, enthalten. Man erhält ihn aus

$$s = \frac{d \cdot \pi \, (45° - \beta)}{360°} = 76 \left(\frac{45° - \beta}{360°} \right) \text{mm}.$$

Diese Werte gelten praktisch für jeden Normalfilm-Projektor, da wohl bei den einzelnen Typen die Dimensionen des Kreuzgetriebes verschieden sein können, nicht aber die Proportionen.

1. Andersteilige Kreuze mit tangentialem Eingriff und radialen Schlitzen

Beim vierteiligen Kreuz handelt es sich um ein 4:1-Schaltverhältnis. Das Verhältnis Stillstands- zu Bewegungsperiode ist abhängig von der Kreuzteilung.

Mit zunehmender Schlitzzahl *s* nehmen auch die Schaltwinkel $\alpha = 180°$ $(1 - 2/s)$ zu (Abb. 72), d. h. die Transportzeiten werden länger und die Stillstandszeiten kürzer [150].

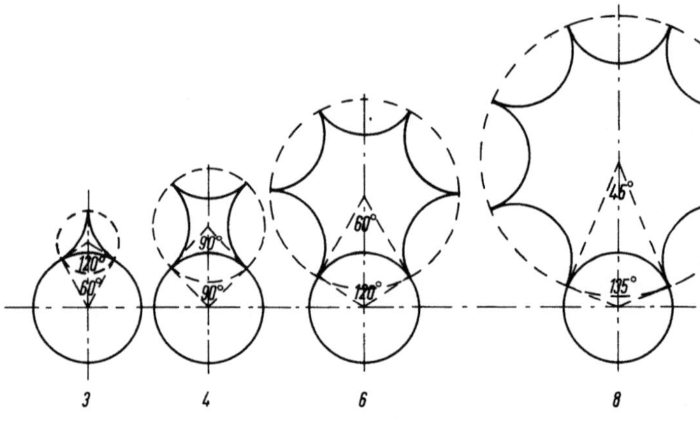

Abb. 72. Kreuze mit *3, 4, 6* und *8* Schlitzen (Schema)

Die Abb. 72 zeigt ferner, in welch starkem Maße der Kreuzdurchmesser bei gleichbleibendem Stiftscheibendurchmesser zunimmt. Damit nimmt auch das Trägheitsmoment des Kreuzes zu, was einer erhöhten Beanspruchung bzw. einem stärkeren Verschleiß der bewegten Teile gleichkommt. Einen weiteren Beitrag zum Trägheitsmoment liefert auch noch die auf der Kreuzachse sitzende Schalttrommel, und man ist bemüht, dieses durch entsprechende Formgebung (und gelegentlich auch durch Verwendung von Leichtmetall) niedriger zu halten.

In der Praxis wird man allerdings den Kreuzdurchmesser nicht noch weiter erhöhen, vielmehr den Stiftscheibendurchmesser verkleinern. Das günstigste Verhältnis, nämlich gleichen Durchmesser von Kreuz und Stiftscheibe, erhält man beim vierteiligen Kreuz. Die folgende Übersicht zeigt die Abhängigkeit des Schaltverhältnisses und Schaltwinkels von der Kreuzteilung:

Tabelle 24

Kreuzteilung	Schaltwinkel	Schaltverhältnis
3	60°	6:1
4	90°	4:1
5	108°	3.33:1
6	120°	3:1
8	135°	2.67:1
16	157,5°	2.285:1
∞	180°	2:1

Entsprechend ändern sich auch die Geschwindigkeiten und Beschleunigungen (Abb. 73).

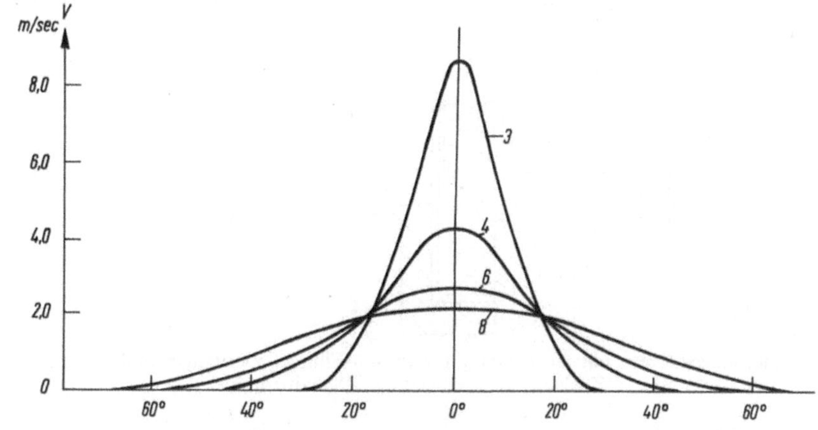

Abb. 73. Filmgeschwindigkeiten bei *3, 4, 6* und *8*teiligen Kreuzen mit tangentialem Eingriff und radialen Schlitzen

Hiervon ist das vierteilige Kreuz das heute übliche (Abb. 74). Das dreiteilige hat den Vorteil, daß die Stillstandsperiode länger ist. Da aber infolge der kürzeren Schaltperiode der maximale Wert der Winkelgeschwindigkeit

Abb. 74. Vierteiliges Kreuz mit Stift und Rolle der 35-mm-Projektoren ZEISS IKON ERNEMANN

2,67mal so groß ist wie die des vierteiligen Kreuzes, was einer erhöhten Filmbeanspruchung gleichkommt, das Kreuz außerdem noch Herstellungsschwierigkeiten aufweist (infolge der längeren Schlitze bleibt zuwenig Material stehen) und der Durchmesser der erforderlichen Schalttrommel von 12 Zähnen sehr klein und die Filmkrümmung dadurch sehr stark ist, hat es sich nicht einbürgern können.

Von einiger Bedeutung ist auch das achtteilige Kreuz geworden, da es für 16-mm-Schmalfilm Verwendung gefunden hat. Die Anwendung vierteiliger Kreuze mit koaxial befestigter Schalttrommel ist hier nicht möglich, da infolge der kleinen Bildhöhe von 7,62 mm der Radius der Schalttrommel mit $r = 4{,}86$ mm zu klein, und damit die Biegungsbeanspruchung des Filmes zu groß werden würde. Der Nachteil des zu großen Schaltwinkels wird durch andere Maßnahmen aufgehoben.

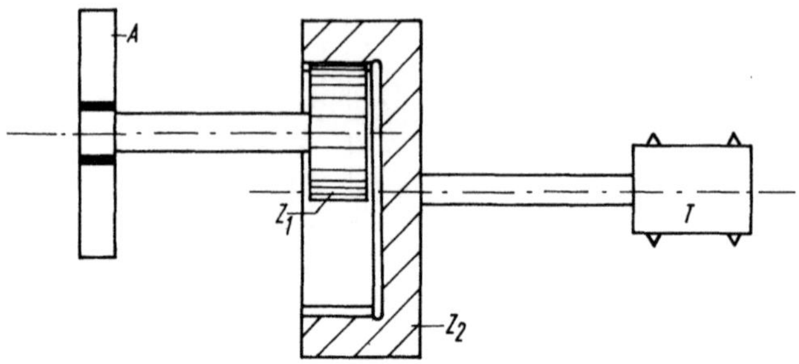

Abb. 75. Vierteiliges Kreuz mit Übersetzung für 16-mm-Film. *A* Vierteiliges Malteserkreuz, Z_1 und Z_2 Zahnrad-Übersetzung, *T* Schalttrommel

Durch Einfügen einer Übersetzung zwischen Kreuz und Schalttrommel läßt sich eine Verkürzung der Schaltzeiten dadurch erreichen, daß man z. B. an Stelle eines achtteiligen Kreuzes ein vierteiliges verwendet, ohne daß die Transporttrommel zu klein wird. Letztere kann vielmehr genauso groß wie die eines achtteiligen Kreuzes werden, so daß diese Anordnung bei 16-mm-Film verwendet wird (Abb. 75).

Hierin ist *A* das Kreuz, auf dessen Achse das Zahnrad Z_1 sitzt. Dieses greift in das Zahnrad Z_2 ein, welches wiederum mit der Schalttrommel *T* fest verbunden ist. Diese Methode hat den Nachteil, daß das Kreuz zwar

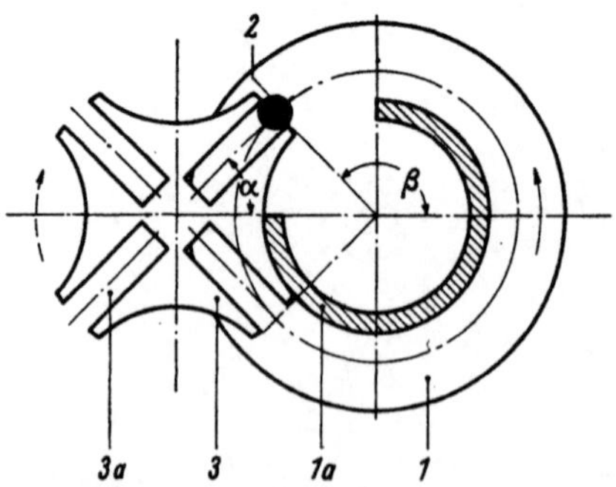

Abb. 76. Vierteiliges Kreuz des 16-mm-Projektors BAUER-Selecton. *1* antreibende Scheibe, *1a* Sperrbogen, *2* antreibende Kurbel, *3* Kreuz, *3a* Kreuzschlitz, α Drehwinkel des Kreuzes, β antreibender Winkel

durch den Blockierungsring der Stiftscheibe absolut festgehalten werden kann, daß aber durch die Zahnradübersetzung infolge der unvermeidlichen Teilungsfehler und Zahnluft die Trommel und damit das Bild nicht „steht". Dasselbe gilt auch, wenn das Rad Z_2 keine Innen-, sondern eine Außenverzahnung besitzt.

Für den 16-mm-Film werden sowohl vierteilige wie auch achtteilige Kreuze verwendet (Abb. 76, 77, 78).

Abb. 77. Vierteiliges Kreuz des 16-mm-Projektors BAUER-Selecton

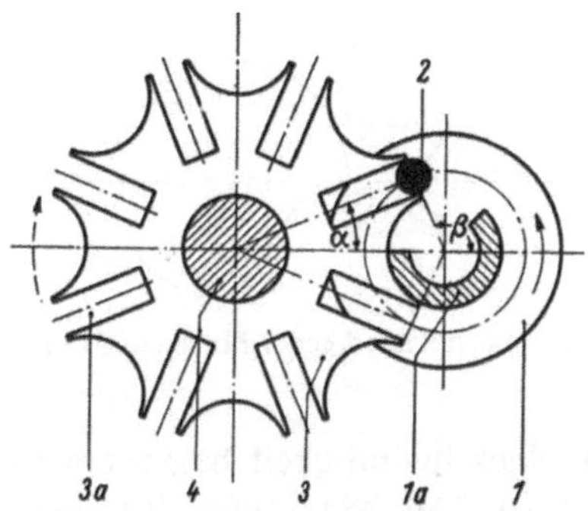

Abb. 78. Achtteiliges Kreuz des 16-mm-Projektors ZEISS IKON Kinox S (Bezeichnungen wie Abb. 76)

2. Vierteiliges Kreuz mit schrägem Eingriff und radialen Schlitzen

Durch Vergrößern des Stiftabstandes von der Drehachse kann der Schaltwinkel verkleinert werden. Allerdings ist hierbei der Eingriff des Stiftes nicht mehr tangential, vielmehr schlägt der Stift plötzlich an der Schlitzflanke an (Abb. 79).

Die Anfangsgeschwindigkeit des Kreuzes ist nicht Null, vielmehr beginnt und endet sie mit einem endlichen Wert. Dadurch ist die maximale Geschwindigkeit nicht wesentlich höher als beim normalen vierteiligen Kreuz mit tangentialem Eingriff. Nimmt man einen Winkel $\alpha = 60°$ an, so ist das Transportverhältnis dasselbe wie beim dreiteiligen Kreuz.

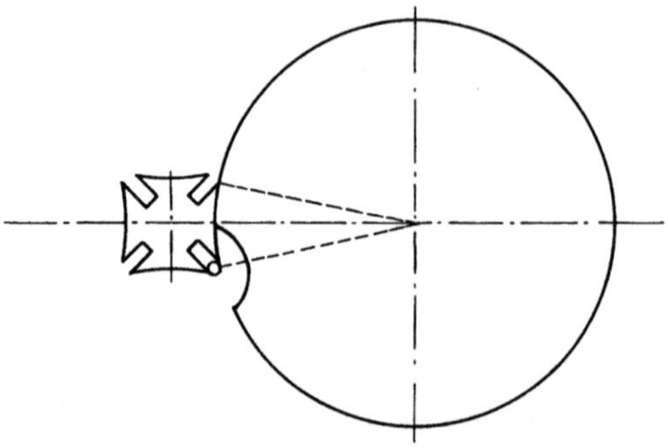

Abb. 79. Vierteiliges Kreuz mit schrägem Eingriff und radialen Schlitzen

Die Kollision beim Eintritt des Stiftes bedeutet aber nicht nur starke Geräusche, sondern auch verkürzte Lebensdauer des Getriebes und erhöhte Filmbeanspruchung.

3. Vierteiliges Kreuz mit schrägen Schlitzen und tangentialem Eingriff

Hier läßt sich das Transportverhältnis ebenfalls verringern, um kürzere Schaltzeit zu erzielen [151]. Der Eingriff ist noch tangential. Der Austritt aus dem Schlitz erfolgt jedoch unter einem bestimmten Winkel (Abb. 80).

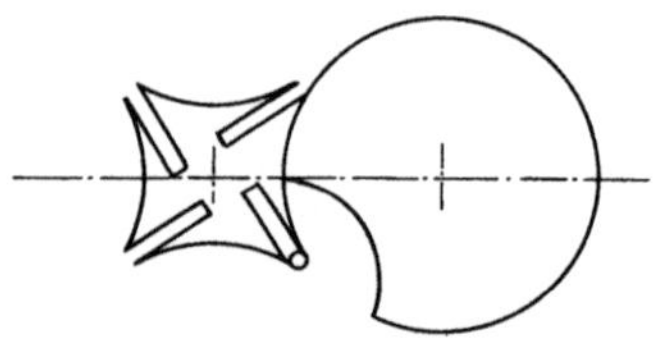

Abb. 80. Vierteiliges Kreuz mit schrägen Schlitzen und tangentialem Eingriff

Der Anstieg der Winkelgeschwindigkeit beginnt bei 0 und nimmt wie beim normalen Kreuz zunächst zu. Das Maximum der Geschwindigkeit wird nicht bereits in der Mitte der Eingriffszeit, sondern erst später erreicht. Der Abfall geht schneller vor sich und endet mit einem endlichen Wert. Dieser dadurch bedingte starke Endschlag bedeutet Beanspruchung des Getriebes und Filmes sowie geräuschvollen Gang.

4. Vierteiliges Kreuz mit gekrümmten Schlitzen

Eine längere Verweilung des Kreuzes in der Ruhestellung läßt sich durch gekrümmte Schlitze erzielen [152]. Die Krümmung entspricht dem Bahnradius der Einzahnrolle. Diese läuft also nach erfolgtem Eintritt im Schlitz ein Stück vorwärts, ohne ein Drehmoment auf das Kreuz auszuüben, d. h. die Schaltzeit wird verkürzt (Abb. 81).

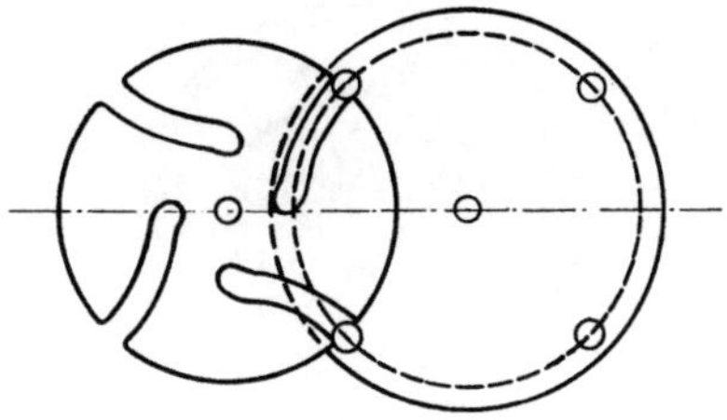

Abb. 81. Vierteiliges Kreuz mit gekrümmten Schlitzen

Bei der vorliegenden Anordnung, wo jeder Stift während der zweiten Hälfte seines Eingriffs die Sperrung bewirkt, fallen die Sperrflächen des Kreuzes und der Blockierungsring der Stiftscheibe weg. Der Nachteil der Anordnung ist die schwierige Herstellung gekrümmter Schlitze mit genügender Genauigkeit.

5. Stiftkreuzgetriebe

Das in dem 35-mm-Projektor der amerikanischen Firma Power verwendete Getriebe bildet im gewissen Sinn den Übergang vom Malteserkreuz zu anderen Schaltmechanismen. Es besteht aus einem sich gleichmäßig drehenden Einzahnrad und einem ruckweise bewegten vierzähnigen Triebstockrad (Abb. 82).

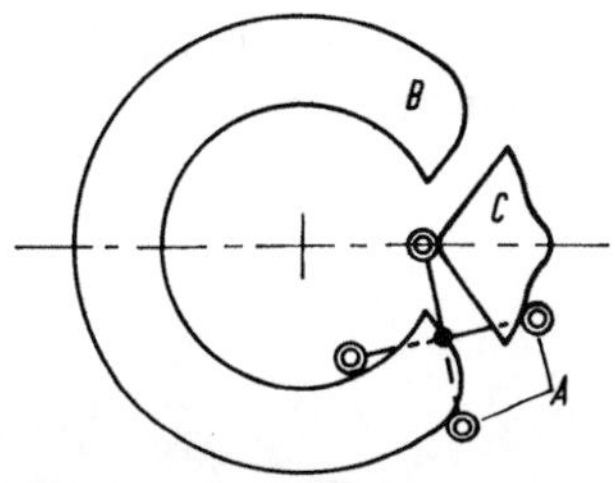

Abb. 82. Stiftkreuzgetriebe (Prinzip). *A* Triebstockrad, *B* Einzahnrad, *C* Einzahn

Das Einzahnrad besitzt einen Blockierungsring *B* und anstelle des Einzahnes eine Steuernocke *C*.

Das Triebstockrad oder Stiftkreuz *A* besitzt einen zylindrischen Triebstock und entspricht dem Malteserkreuz. Auf seiner Achse sitzt die Schalttrommel (Abb. 83).

Dieses Getriebe ist weder ein „Greifer-, Schläger-, Malteser-, Nocken- oder sonstiges bekanntes Getriebe" [153, 154, 155]. Sein Vorteil ist die gegenüber dem vierteiligen Malteserkreuz kürzere Schaltzeit. Durch die plötzlich einsetzende hohe Beschleunigung wird der Film stark beansprucht. Weiterhin kann der Stillstand nicht sicher genug arretiert werden. Auch für dieses Getriebe hat 1924 Burmester eine ausführliche, kinematische Untersuchung durchgeführt [156].

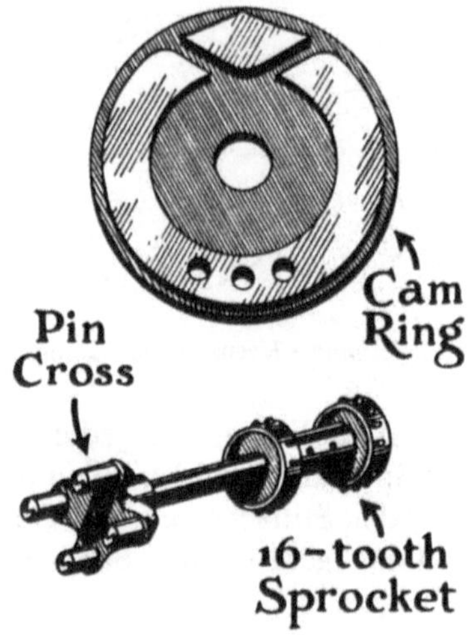

Abb. 83. Stiftkreuzgetriebe mit Zahnrolle (nach R. MITCHELL)

6. Die Schwungmasse des Malteserkreuzgetriebes

Da in weniger als $^1/_{100}$ sec die Massen des Malteserkreuzes, der Zahnrolle und des Films beschleunigt werden, würde die plötzliche Belastung möglicherweise die Drehzahl, wenn auch geringfügig, herabsetzen oder zumindest die Zahnräder und sonstige Getriebeteile des Projektors schlagartig beanspruchen. Aus diesem Grunde wird auf der Stiftscheibenwelle eine gut ausgewuchtete Schwungmasse angebracht (Abb. 84). In besondere Fällen, z. B. aus Raumgründen oder auch zur Erhöhung des Trägheitsmomentes, ist auch vorgesehen (Abb. 85), die Schwungmasse nicht direkt auf der Stiftscheibenwelle anzubringen, sondern über ein Zahnradgetriebe anzuschließen [157]. Infolge des unvermeidlichen Zahnspiels hat diese Anordnung den Nachteil, daß ein geräuschvoller Lauf des Malteserkreuzgetriebes entsteht und möglicherweise das Projektorgetriebe infolge ungenügender Filterung zu stark beansprucht wird.

Abb. 84. Malteserkreuzgetriebe mit Schwungmasse direkt auf der Stiftscheibe der 35-mm-Projektoren ZEISS IKON ERNEMANN

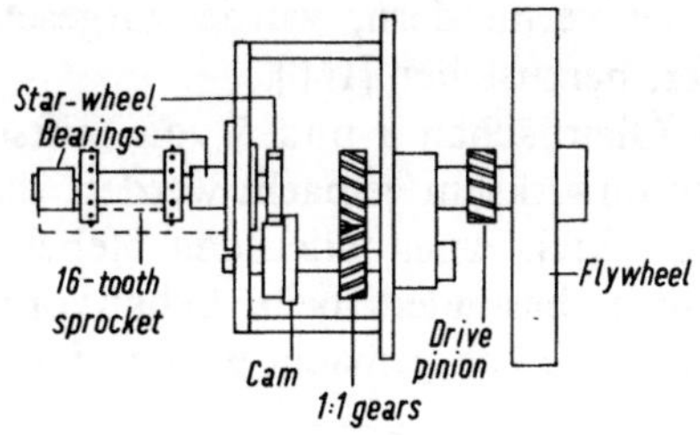

Abb. 85. Malteserkreuzgetriebe, dessen Schwungmasse über Zahnräder mit der Stiftscheibe verbunden ist bei amerikanischen 35-mm-Projektoren (nach R. MITCHELL)

7. Abnutzung des Malteserkreuzgetriebes

Da es sich an den Berührungsflächen der Stiftscheibe und des Malteserkreuzes um gleitende Reibung handelt, ist auch vorgeschlagen worden, diese durch Verwendung von Rollen *b* oder Kugeln (Abb. 86) zwischen Stiftscheibe *a* und Kreuz *g* zu vermeiden [158]. Die Reibung zwischen Stiftscheibe *a* und Kreuz *c* (Abb. 87) soll durch schräge Nuten *b*, die als Ölnuten auf der Stiftscheibe *b* wirken, herabgesetzt werden [159].

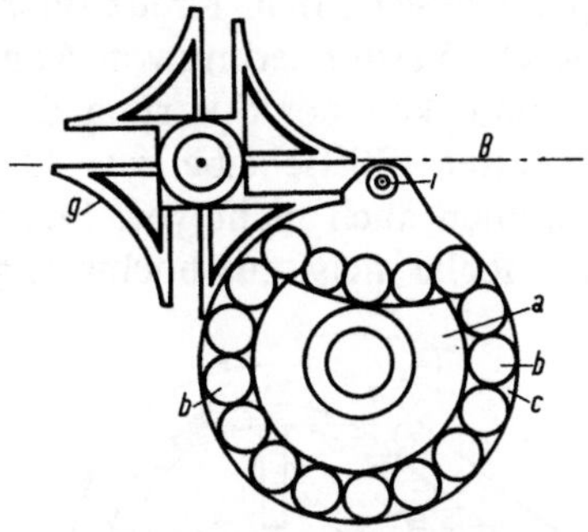

Abb. 86. Rollen bzw. Kugeln zwischen Kreuz und Stiftscheibe sollen Reibung vermindern. *a* Einzahnscheibe, *b* Kugeln, *c* Käfig, *g* Malteserkreuz, *i* Einzahn

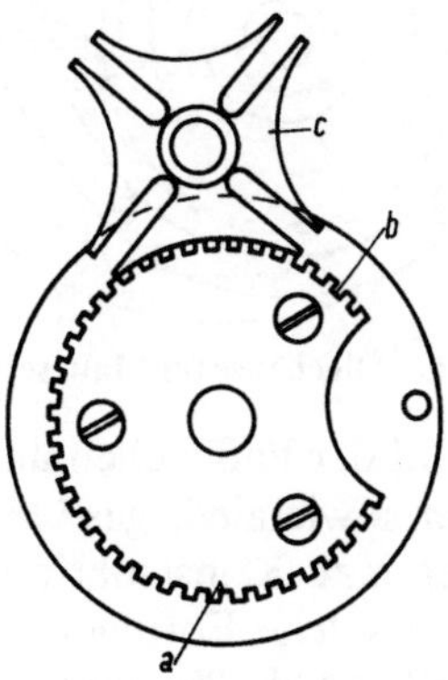

Abb. 87. Schräge Nuten auf der Stiftscheibe sollen bessere Schmierung bewirken. *a*, *b* Schmiernuten, *c* Malteserkreuz

Um das Geräusch zu vermindern, wurde vorgeschlagen, das Kreuz aus Kunststoffen, z. B. Fiber, herzustellen [160].

Die Abnutzung der Gleitflächen *3* und *5* von Stiftscheibe *12* und Kreuz *1* (Abb. 88) sollte dadurch unwirksam gemacht werden, daß die Stiftscheibe nicht fest, sondern beweglich mittels eines federnden Hebels *8* gelagert wird. Etwa entstehende Schwingungen, besonders beim Schaltvorgang, sollen durch eine Öldämpfung *13* bis *18* unschädlich gemacht werden [161].

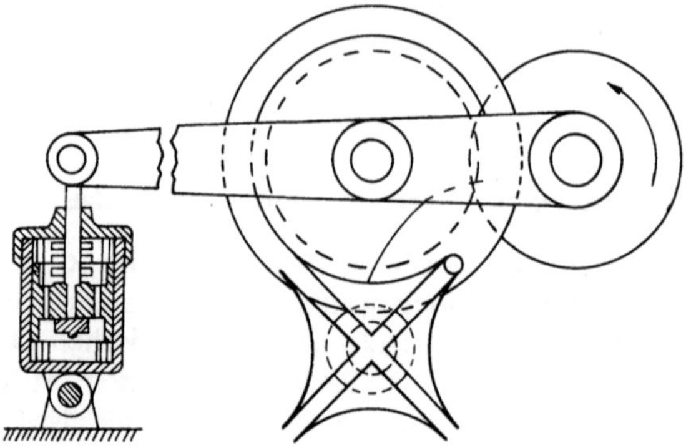

Abb. 88. Federnde Lagerung der Stiftscheibe soll Verschleiß kompensieren

Es ist jedoch nicht empfehlenswert, dem Kreuz oder der Stiftscheibe noch zusätzliche Eigenschaften zwecks Verminderung von Abnutzung oder Geräusch geben zu wollen, da die Genauigkeit der Sperrung des Kreuzes geringer als die von einer einfachen glatten Stiftscheibe ist. Der heutige Stand der Technik sieht solche Maßnahmen auch nicht vor. Durch geeignete Wahl der Materialien (Kreuz, Stift und Rolle meist aus hochwertigem Stahl, Stiftscheibe

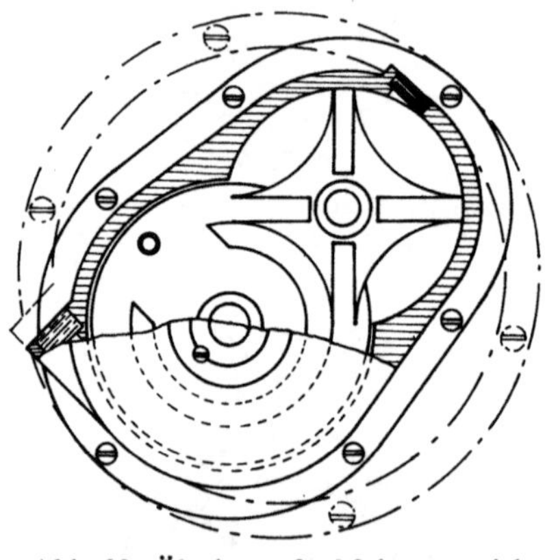

Abb. 89. Ölgehäuse für Maltesergetriebe

aus Gußeisen), Präzisionsschliff der Paßflächen und Laufen im Ölbad, wird hohe Genauigkeit und Lebensdauer sowie niedriges Geräusch erzielt.

Bereits 1919 wurde daher eine Konstruktion des Gehäuses vorgeschlagen [162], welches im Inneren eine solche Formgebung besaß, daß es die Getriebeteile möglichst eng umschließt (Abb. 89) und welches eine Gehäusewandung von ungleichförmiger Dicke besitzt, um Resonanzerscheinungen zu vermeiden.

Abb. 90. Verschleiß einer Malteserkreuz-Rolle

Der Verschleiß des Stiftes wird dadurch verlangsamt, daß dieser nicht selbst in den Schlitz des Malteserkreuzes eingreift, sondern daß er eine Rolle trägt, die außerdem gehärtet ist. Trotzdem nutzt sich die Rolle ab (Abb. 90); die Folge ist eine Erhöhung des Laufgeräusches. Diesen Verschleiß versucht man dadurch niedrig zu halten, daß man die Rolle in zwei gegenläufige Rollen teilt [163] und dadurch jede Gleitbewegung in den Schlitzen vermeidet (Abb. 91).

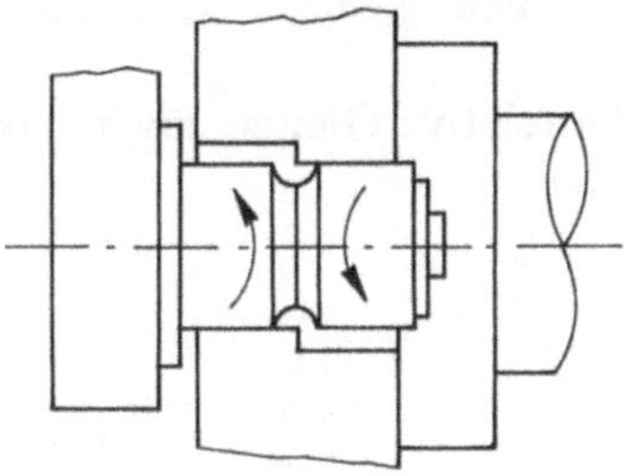

Abb. 91. Geteilte Rolle für Malteserkreuzgetriebe

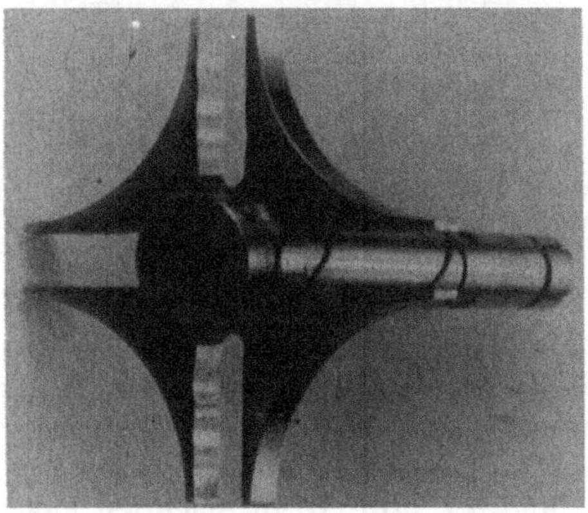

Abb. 92. Malteserkreuz mit ausgeschlagenen Schlitzflanken

Mit zunehmender Betriebsdauer treten aber auch Abnutzungserscheinungen am Malteserkreuz auf, und zwar sowohl an den Schlitzen als auch an den Sperrbögen. Infolge von Prellungen des Stiftes mit Rolle schlagen die Schlitze wellenförmig aus (Abb. 92). Die Sperrbögen nutzen sich am stärksten an den Spitzen ab (Abb. 93).

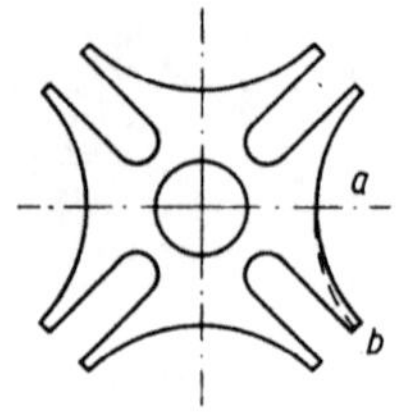

Abb. 93. Abnutzung der Malteserkreuze an den Sperrbögen. *a* ohne Abnutzung, *b* mit Abnutzung

Die Verschleißcharakteristiken des Stiftes sind untersucht worden [164], wobei folgende Bezeichnungen gelten:

R_B = Biegebeanspruchung des Stiftes
P = die auf den Stift wirkende Kraft
q = spez. Druck an den Kontaktstellen zwischen Stift und Schlitz
ς = Reibungsarbeit an den gleichen Kontaktstellen je Sekunde (spez. Reibungsarbeit)
$\varsigma\ v_0$ = detto, wenn v_0 die relative Gleitgeschwindigkeit des Stiftes im Schlitz ist.

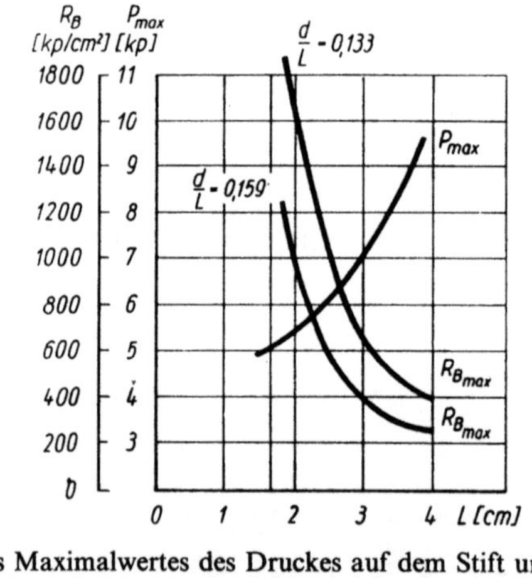

Abb. 94. Abhängigkeit des Maximalwertes des Druckes auf dem Stift und der Biegebeanspruchung des Stiftes vom Abstand zwischen den Mittelpunkten von Kreuz und Stiftscheibe

Setzt man diese Daten in Abhängigkeit der Größe des Getriebes, so erhält man einige Diagramme: Aus dem ersten (Abb. 94) geht hervor, daß der Druck P mit der Größe des Getriebes, also dem Abstand zwischen Stiftscheiben- und Kreuzachse, wächst, während die Biegebeanspruchung abnimmt, wenn für den Stift die Abmessungsverhältnisse Durchmesser zu Länge festgelegt sind (z. B. $d/L = 0{,}133$ und $d/L = 0{,}159$). Im nächsten Diagramm (Abb. 95) ist wieder der Abstand zwischen Kreuz- und Stiftscheibenachse als Bezugsgröße

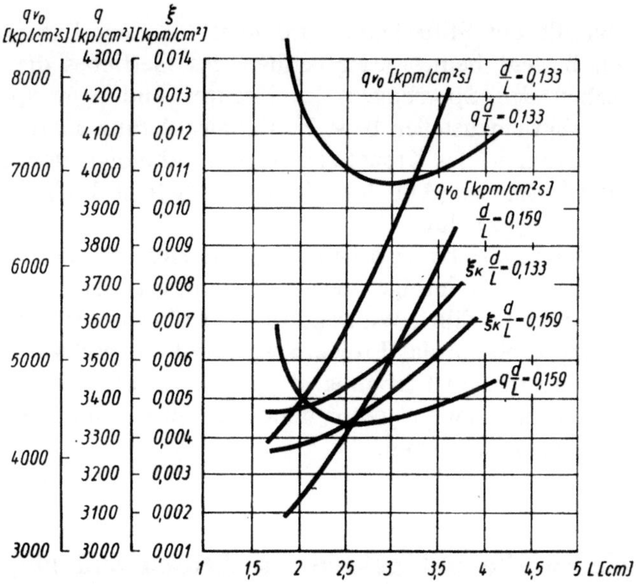

Abb. 95. Abhängigkeit der Maximalwerte des spez. Druckes, der spez. Reibungsarbeit und der sekundlichen Reibungsarbeit an den Berührungsflächen des Stiftes und des Schlitzes vom Abstand zwischen den Mittelpunkten von Kreuz und Stiftscheibe

angegeben und für zwei Verhältnisse d/L die Werte errechnet worden. Dabei ist festzustellen, daß bei dem geringeren Verhältnis d/L auch die Verschleißfestigkeit geringer wird, weil die einzelnen Beanspruchungen ungünstigere Werte annehmen. Anhand dieser Kurven kann man die günstigsten Daten für die Gestaltung von Malteserkreuzgetrieben ermitteln. In erster Linie hängt die Lebensdauer eines Maltesergetriebes von der Verschleißfestigkeit des Stiftes bzw. der Rolle ab, da hier die Beanspruchung am größten ist. Ein abgenutzter Stift bzw. Rolle kann nicht einfach ausgewechselt werden, da die einzelnen Teile des Getriebes genau aufeinander abgestimmt sind. Das Spiel zwischen Stift und Schlitz kann im Neuzustand 0,005 ... 0,01 mm betragen; eine Abnutzung ist nur bis 0,05 mm zulässig.

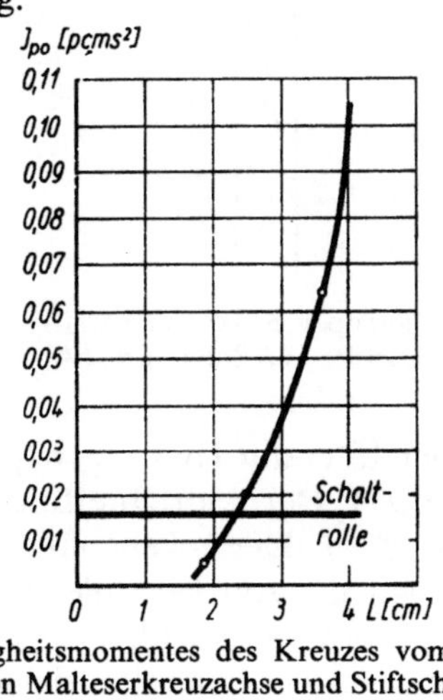

Abb. 96. Abhängigkeit des Trägheitsmomentes des Kreuzes vom Abstand zwischen den Mittelpunkten von Malteserkreuzachse und Stiftscheibenachse

Die Antriebsrolle der Stiftscheibe wird meist in einer Exzenterbuchse gelagert. Dadurch besteht beim Zusammenbau des Getriebes die Möglichkeit, das Spiel zwischen den Sperrbögen des Kreuzes und dem Sperrbogen der Stiftscheibe ganz fein einzustellen bzw. Fertigungstoleranz auszugleichen.

Das Trägheitsmoment des Kreuzes ist ebenfalls abhängig vom Abstand zwischen Kreuz- und Stiftachse (Abb. 96). Zum Vergleich ist das Trägheitsmoment der Schaltrolle mit eingezeichnet.

Das Malteserkreuzgetriebe wird häufig als das Herz des Projektors bezeichnet. Es ist das Teil, das infolge seiner intermittierenden Betriebsweise die stärkste Beanspruchung erfährt. Während in der Frühzeit der Kinematographie das Malteserkreuzgetriebe in das Projektorwerk fest eingeschlossen war, wurde es später in der industriellen Fertigung als geschlossener Block gebaut, der im Bedarfsfalle schnell aus dem Projektor herausgenommen und gegen einen einwandfreien getauscht werden kann.

E. Schrittschaltwerke mit gekreuzten Achsen und gleichförmigem Antrieb

Auch diese Gruppe zur Erzeugung des diskontinuierlichen Filmlaufs wurde schon zu Beginn der Kinematographie eingesetzt und findet auch in modernen Projektoren noch Anwendung.

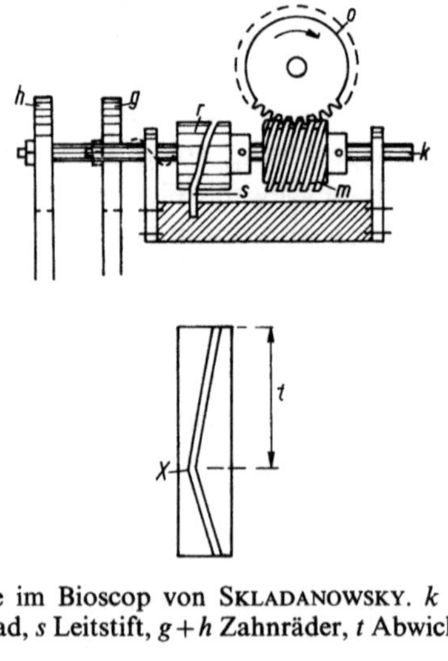

Abb. 97. Schneckengetriebe im Bioscop von SKLADANOWSKY. *k* antreibende Achse, *m* Schnecke, *o* Schneckenrad, *r* Spurrad, *s* Leitstift, *g*+*h* Zahnräder, *t* Abwicklung der Nut mit Endpunkt *x*

Hierzu gehört das in der Literatur [165 ... 169] häufig aufgeführte Getriebe von SKLADANOWSKY (Abb. 97). Der Antrieb erfolgt von der Triebachse *k*, auf der die Schnecke *m* befestigt ist. Diese steht im Eingriff mit dem Schneckenrad *o*, auf dessen Achse sich die Antriebsrolle für den Filmstreifen befindet. Die Achse *k* ist in ihren Lagern verschiebbar angeordnet und wird durch das Spurrad *r* geführt, in dessen Nut der Leitstift *s* eingreift. Die Abwicklung dieser

Nut (untere Abb.) hat auf der Strecke *t* dieselbe Steigung wie die Schnecke *m*, und das Schraubenrad *o* bewegt sich nicht. Erst nach Erreichen des Endpunktes *x* der Steigung (etwa bei $^{6}/_{10}$ des Umfangs) schiebt der Leitstift *s* die Achse samt Schnecke zurück, so daß das Schneckenrad der Schneckenbewegung folgen muß. Von Edison ist aus dem Jahre 1891 ein malteserkreuzähnliches Getriebe (Abb. 98) bekannt [170].

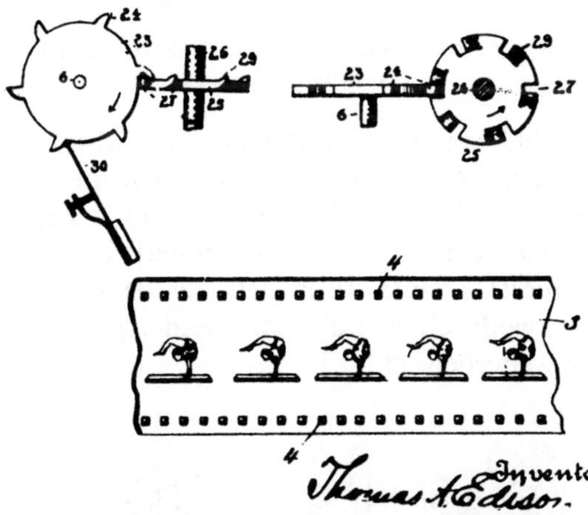

Abb. 98. Malteserkreuzähnliches Filmschaltgetriebe von Edison. *3* Film, *4* Perforation, *23* Nasenscheibe mit Nasen *24*, *25* Nutscheibe mit Nuten *27* und Rasten *29*, *30* Feder, *6* + *26* Wellen

Von dem Franzosen Ademor Petit stammt aus dem Jahre 1896 ein Sternkreuzgetriebe (Abb. 99) und von den Franzosen Perret und Lacroix ein Kreuzgetriebe mit vier Armen (Abb. 100); beide Systeme haben aber keine große Anwendung gefunden [171, 172].

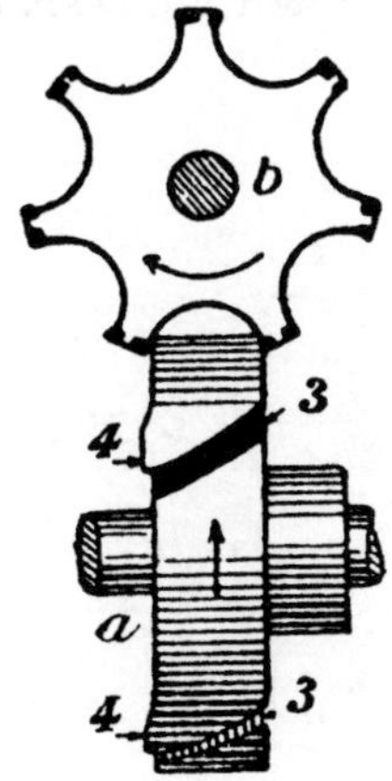

Abb. 99. Sternkreuzgetriebe von Petit. *a* antreibende Welle mit Nuten *3* und Nocken *4*, *b* Sternkreuzwelle

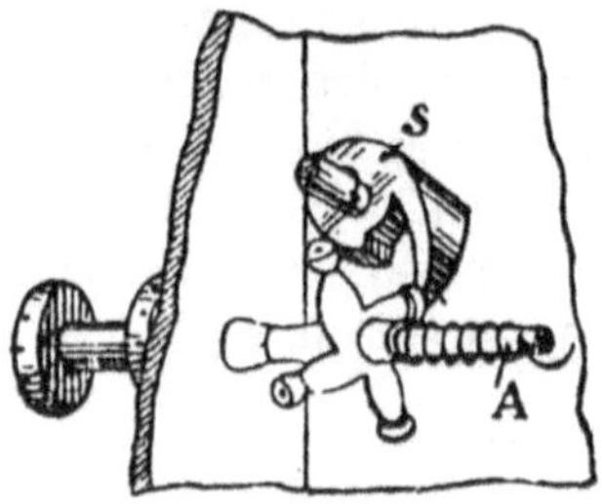

Abb. 100. Kreuzgetriebe mit vier Armen von PERRET und LACROIX. *A* angetriebene Sternkreuzwelle, *S* Schalthebel

Aus dem Jahre 1897 stammt ein Patent (Nr. 94146), welches folgendes Prinzip unter Schutz stellt (Abb. 101). Hierbei erfolgt die Filmschaltung durch eine abwechselnd gehemmte und wieder freigegebene Schalttrommel, die unter der Wirkung einer Feder steht. Durch die kontinuierliche Drehung der Welle *55* werden die beiden Stössel *47* und *48* mittels der beiden Daumen *53* und *54* abwechselnd gehoben, wodurch sich die unter Federspannung stehende Schalttrommel *19* ruckartig weiterbewegt [173].

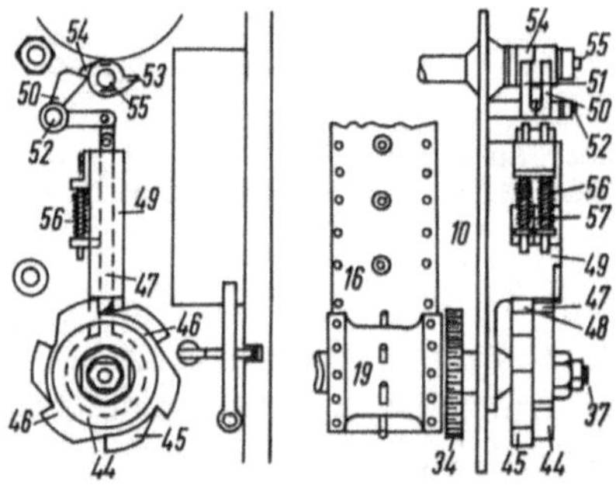

Abb. 101. Schrittschaltwerk nach DRP 94 146. *55* antreibende Welle, *53+54* Nocken, *47+48* Stößel, *56+57* Federn, *44+45* Sperräder, *19* Schalttrommel, *16* Film

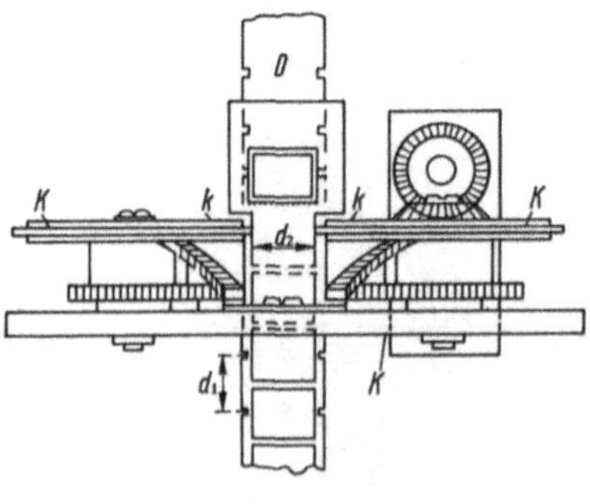

Abb. 102. Schrittschaltwerk mit Eingriff in den Film. *K* Trommelscheiben mit Schaltsegmenten *k*, *D* Film mit Perforationshöhe d_1 und Abstand d_2

Bei einem aus dem Jahr 1899 stammenden Patent (Nr. 106 135) wird der Film dadurch in das Schaltgetriebe einbezogen, daß er seitliche Einschnitte aufweist (Abb. 102). Beiderseitig des Films befinden sich zwei senkrecht angeordnete, gegenläufig angetriebene Trommelscheiben *k*. Diese besitzen an ihrem Umfang Schaltsegmente k_1, die den ruckweisen Transport des Films bewirken [173].

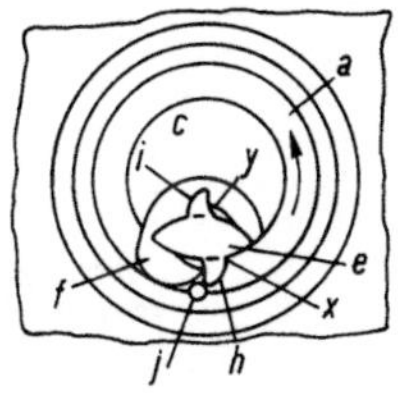

Abb. 103. Schrittschaltwerk von STEVENS und BELL. *a* antreibende ringförmige Scheibe mit Auskerbung *f* und Anschlag *j*, *e* mit der Filmwelle *c* verbundenes Schaltglied mit kreisförmigen Seiten *x* und *y* und Armen *h* und *i*

Die Amerikaner STEVENS und BELL erhielten einen Schutz (DRP Nr. 118 752 vom 20. Juni 1899) auf eine Vorrichtung zum schrittweisen Fortschalten des Bildbandes an Serienapparaten (Abb. 103). Hierbei ist mit der Filmwelle ein schiffchenartiges, mit kreisförmigen Seiten *x*, *y* und Armen *h*, *i* versehenes Antriebsglied *e* fest verbunden. Dieses befindet sich im Innern einer in schneller Umdrehung versetzten ringförmigen Scheibe *a*. An derselben ist ein Anschlag *j* und eine Auskerbung *f* vorgesehen, die bei jeder Umdrehung mit einem der Arme *h*, *i* bzw. einer der kreisförmigen Seiten *x*, *y* des Gliedes *e* in Eingriff kommen, wodurch das letztere und somit auch die Filmwelle jedesmal um 180° weitergedreht werden [174].

Ein absatzweise gedrehtes Stiftrad stammt von dem Amerikaner C. E. WRIGHT (Abb. 104) aus dem Jahre 1915. Die Amerikaner bezeichnen dies als „drunk cam“ [175].

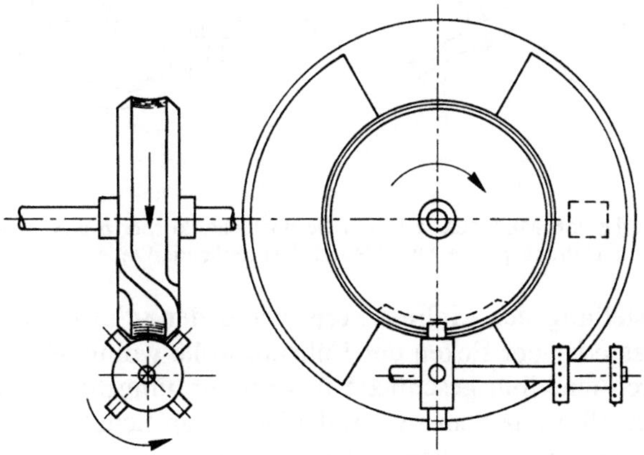

Abb. 104. Stiftrad-Schaltwerk von WRIGHT

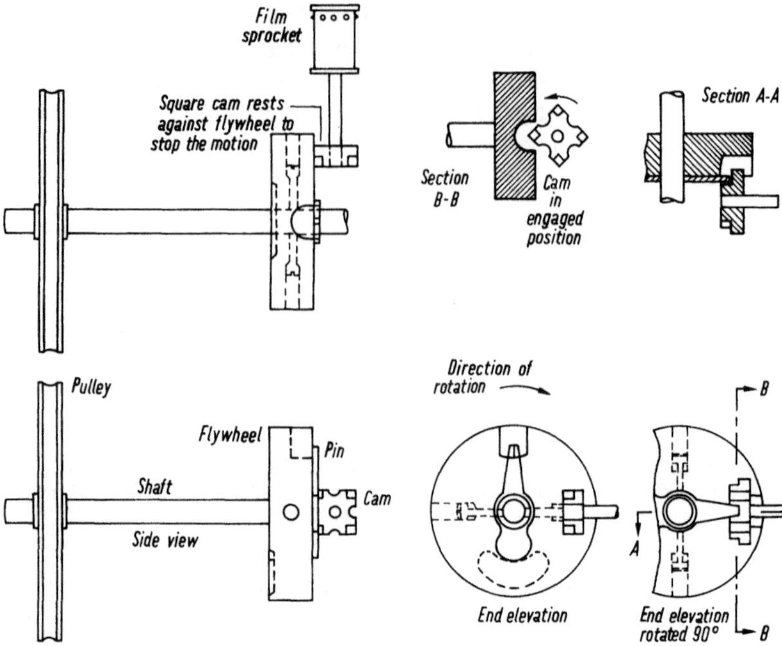

Abb. 105. Sternkreuzgetriebe von ARMAT

In seinem Projektor für 17,5-mm-Film verwendete der Amerikaner THOMAS ARMAT im Jahre 1916/17 ein Sternkreuzgetriebe (Abb. 105). Hierbei greift ein Stift (pin), der sich auf einem Schwungrad (flywheel) befindet, in das vierteilige Sternkreuz (cam) ein. Bei jeder Umdrehung des Schwungrades wird das Sternkreuz um 90° weitergedreht, damit auch die auf seiner Welle befestigte Filmtrommel [176].

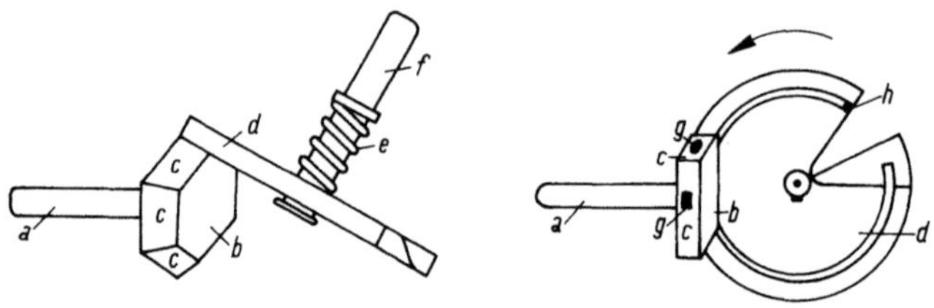

Abb. 106. Filmschaltwerke von MECHLER. *a* Filmwelle mit Schaltkörper *b* und Anschlagflächen *c*, *d* Haltekörper, *e* Druckfeder, *f* antreibende Welle

Die teure Herstellung der Malteserkreuze und der schnelle Verschleiß der Spitzen des Kreuzes oder der Ecken der Führungsrolle wollte MECHLER, Berlin, im Jahre 1920 durch eine ihm geschützte Anordnung umgehen (DRP 348 246). Diese besteht (Abb. 106) aus dem pyramidenähnlichen Schaltkörper *b* mit den Flächen *c*. Gegen eine der Flächen *c* des Schaltkörpers legt sich ein Schaltkörper *d* mit seiner ebenen Fläche so, daß unter dem Druck der Feder *e* der Haltekörper *d* gegen die Fläche *c* gedrückt wird. Der Haltekörper *d* besitzt an entsprechender Stelle eine Aussparung, in die eine der Kanten von *e* eingreifen kann, wobei der Schaltkörper *b* gedreht wird, bis wieder eine der Flächen *c* fest am Haltekörper *d* anliegt. Das sichere Eingreifen der Kanten des Schaltkörpers in die Aussparung des Haltekörpers wird dadurch erreicht, daß die Fläche des Haltekörpers *d* einseitig gegen den Schaltkörper drückt und dadurch dessen Drehung veranlaßt. In einer anderen Ausführung besitzt der Schaltkörper vier Seitenflächen, aus denen je ein kleiner Zahn *g* hervorragt. Einer der Zähne ragt in eine umlaufende Nut des Schaltkörpers *d*, in der sich unmittelbar vor der Aussparung ein Anschlag *h* befindet. Der Schaltvorgang tritt dann ein, wenn bei der Drehung des Haltekörpers *d* der Anschlag *h* auf den Zahn *g* trifft. Die freie Kante des Schaltkörpers *b* tritt in die Aussparung, und die die Aussparung beendete Schräge vollendet die Fortschaltung der Welle *a*, bis die Fläche *c* wieder am Haltekörper anliegt [173].

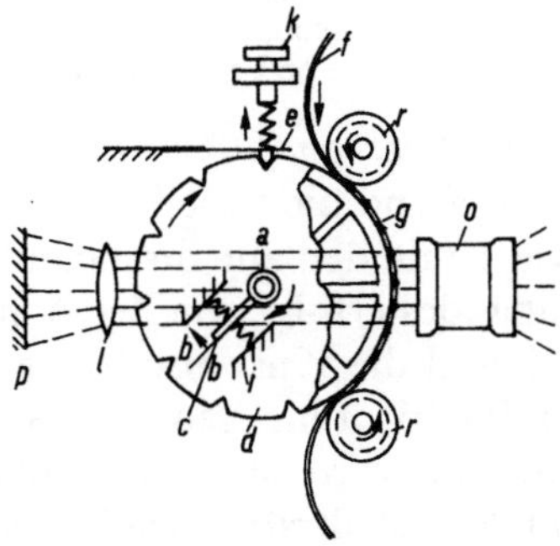

Abb. 107. Schaltwerk von TRIERGON. *a* antreibende Welle, *b* Federsystem, *c* Hebel, *d* Rastscheibe, *e* Rast, *f* Film, *g* Zahnrolle, *i* Federbefestigung, *k* Regulierschraube

Die Erfindergemeinschaft „Triergon", JO ENGL, JOSEPH MASOLLE und HANS VOGT ließen sich im Jahre 1923 zwei Filmschaltwerke schützen. In beiden Fällen wird ein elastisches Zwischenglied verwendet. Bei dem einen Werk (DRP 376320) läuft der Film zwischen Zu- und Abführungsrollen über ein Stück der Schaltrolle *g* (Abb. 107). Diese erhält ihren Antrieb über eine mit ihr verbundene Scheibe *d* durch eine hohle, hier nicht dargestellte Achse, die auf der Welle *a* läuft. Auf dieser Welle sitzt fest ein Hebel *c*. Dieser spannt ein mit der Scheibe *d* bei i_1 und i_2 fest verbundenes Federsystem b_1 und b_2. Eine Rast *e*, die durch die Schraube *k* reguliert werden kann, greift in die Rastnuten ein, die am Umfang der Scheibe in einer den Bildabständen entsprechenden Entfernung angebracht sind, wodurch eine genaue Einstellung der Filmtrommel gewährleistet ist. Beim Betrieb wird die Welle *a* und mit ihr der Hebel *c* kontinuierlich in Pfeilrichtung gedreht. Da die Scheibe *d* zunächst durch die Rast *e* festgehalten wird, wird durch die Bewegung des Hebels *c* die Feder b_1 gespannt und die Feder b_2 entspannt. Die Federn üben ein zunächst noch latentes, in der Richtung des Pfeils wirkendes Drehmoment auf die Scheibe *d* aus, das wegen der stetigen Weiterbewegung des Hebels *c* solange zunimmt, bis es die hemmenden Kräfte der Rast *e* überwindet. Die Scheibe *d* setzt sich dann in Bewegung, wobei sich die Rast herausdrückt. Einmal ausgelöst, erfolgt die Drehung der Scheibe *d* mit einer Geschwindigkeit, die sich aus der Federspannung und den zu überwindenden Widerständen ergibt. Da die runde Schaltrolle eine starke Filmbiegung ergibt, die zu Unschärfen bei der Projektion führt, wurde diese durch ein rotierendes Vieleck ersetzt.

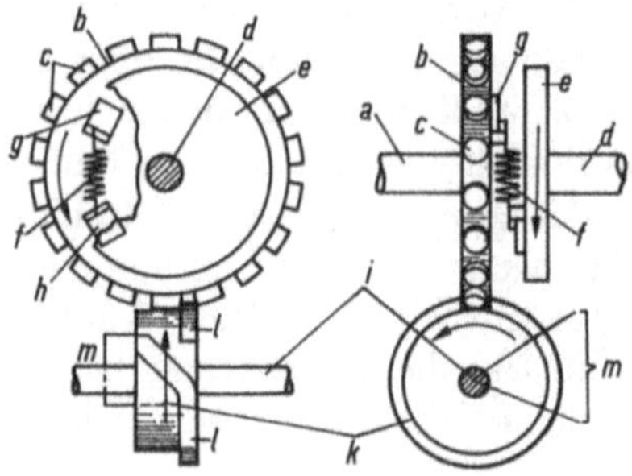

Abb. 108. Schaltwerk von TRIERGON. *a* Filmwelle, *b* Schaltrad, *c* Rollen, *d* antreibende Welle mit Scheibe *e*, *f* Feder, *g* und *h* Federaufhängung, *i* kontinuierlichlaufende Welle mit Kurvenrolle *k* und Scheibe *l*, *m* Schaltstelle

Die andere Anordnung von *Triergon* (DRP 376 321) verwendet ein ähnliches Prinzip (Abb. 108). Die Achse *d* und die Scheibe *e* werden kontinuierlich angetrieben. Ebenfalls die Achse *i* mit der auf ihr befindlichen Kurvenrolle. Der ruckartige Antrieb des Filmbandes erfolgt von der Achse *a* aus und wird durch die Feder *f*, das Schaltrad *b* und die Kurvenrolle *k* ermöglicht. Das geschieht dadurch, daß durch die in Pfeilrichtung gedrehte Scheibe *e*, die über *h* mit ihr verbundene Feder *f* gespannt wird und damit über *g* ein sich allmählich steigerndes Drehmoment auf das Schaltrad *b* ausübt. Das Schaltrad kann diesem Drehmoment erst dann nachgeben, wenn die auf der sich ebenfalls drehenden Kurvenrolle *k* befindliche Kurve oder Weiterschaltstelle *m* die betreffende, an den Rand *l* angedrückte Rolle *c* freigibt, wodurch das Schaltrad bzw. die mit ihm gekuppelten Filmschaltelemente um eine Bildbreite weiterspringen [173].

Abb. 109. Innenansicht des Getriebes des 16-mm-Projektors LYTAX Super 55

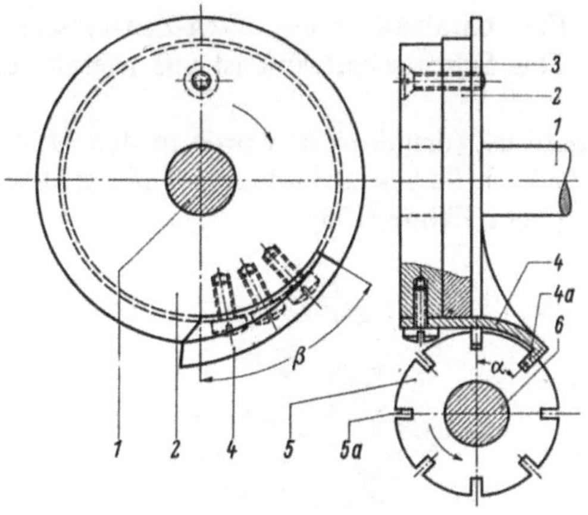

Abb. 110. LYTAX-Schaltgetriebe, Schema. *1* Antriebswelle, *2* gerader Teil der Schaltkurve (Verriegelung), *3* Schaltwalzenkörper, *4* Schaltkurve, *5* Schlitzrad, *6* Schlitzradwelle, Schaltverhältnis $S = 1:6$

Recht bekannt geworden ist das Schaltwerk der Fa. LYTAX aus dem Jahre 1933 (Abb. 109 und 110). Das Schrittschaltwerk des 16-mm-LYTAX-Projektors mit gekreuzt (90°) gegeneinanderliegenden Achsen erreicht den Antrieb durch eine Raumkurve, von deren Bauform das Schaltverhältnis abhängig ist. Die Raumkurve erzeugt ein unterschiedliches Übersetzungsverhältnis. Von der Antriebswelle *1* wird die Raumkurve *4a* gleichförmig gedreht und treibt das Schlitzrad *5* schrittweise an mit dem Schaltwinkel $\beta = 60°$. Die unterschiedliche Bewegung der Wellen *1* und *6* ergibt sich aus der Raumkurve, die für das Schaltverhältnis frei konstruiert werden kann. Der Stillstand des Schlitzrades *5* wird durch den geraden Teil *2* der Schaltkurve *4* erreicht. Die Grenze für das schnellste Schalten kann von den Reibungen des Getriebes und der zulässigen Filmbandbeschleunigung abhängig sein. Die Bauform ergibt eine etwa sinusförmige Weg-Zeit-Kurve (Abb. 111) und die davon ermittelten Geschwindigkeits- und Beschleunigungszeitkurven mit den Maximalwerten $v_{max} = 1{,}14$ m/sec und

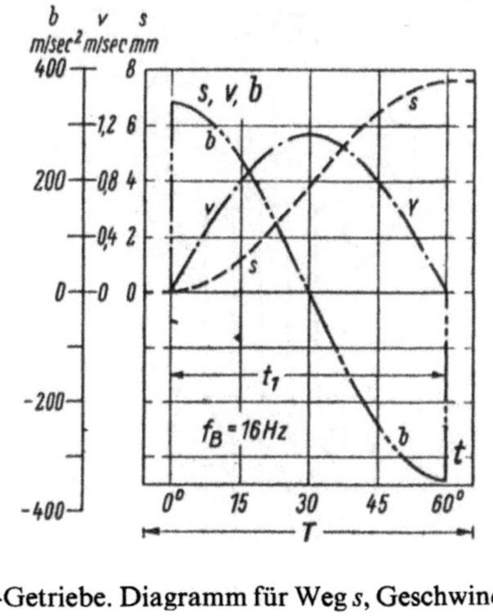

Abb. 111. LYTAX-Getriebe. Diagramm für Weg *s*, Geschwindigkeit *v* und Beschleunigung *b*

$b_{max} = 342{,}9\ \mathrm{m/sec}^2$. Ein parabelförmiges Weg-Zeit-Gesetz ergibt den 22% kleineren b_{max}-Wert. Das Schrittschaltwerk ist aus Metall aufgebaut und läuft im Ölraum [177].

Das Stiftrad-Schaltwerk (drunk cam) wurde in den USA auch für 16-mm-Film verwendet (Abb. 112). Es besitzt in diesem Falle acht Stifte und die dazugehörende Schaltrolle acht Zähne [178].

Abb. 112. Amerikanisches Stiftrad-Schaltwerk für 16-mm-Film

Bei dem 16-mm-PHILIPS-Projektor EL 5000 wird ebenfalls eine Raumkurve verwendet. Die Schaltrolle sitzt auf einer Seite einer Welle, auf der anderen Seite befindet sich eine Scheibe mit regelmäßig über den Umfang verteilten, einseitig vorstehenden Stiften. Diese Stifte greifen in die Rillen einer auf der Hauptwelle montierten Rillenscheibe ein, die gleichförmig, und zwar mit einer der Bildfrequenz entsprechenden Drehzahl rotiert. Das Schema (Abb. 113) zeigt die Abwicklung der Rillen in einer Ebene. Die Schaltzeit entspricht dem Winkel δ, über den die Stifte mittels der Rillenscheibe um jeweils einen Stiftabstand weitergeschoben werden. Hierbei wird die Schaltrolle zwangsläufig weitergedreht und der Film um einen Bildabstand weitertransportiert. Die auf-

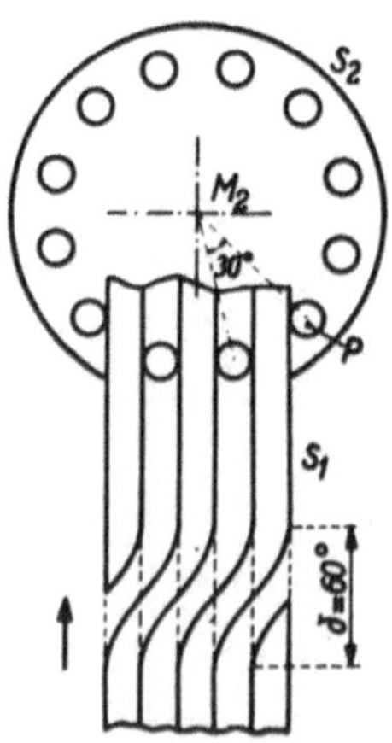

Abb. 113. PHILIPS-Schaltgetriebe, Schema

tretenden Beschleunigungen, die verhindern, den Winkel δ beliebig klein und damit die Schaltzeit beliebig kurz zu wählen, werden durch den Verlauf der Rillen über den Schaltwinkel δ bestimmt. Durch richtige Wahl dieses Rillenverlaufs wird erreicht, daß die Belastung von Film und Mechanismus bei einem Schaltwinkel δ von 60° innerhalb sicherer Grenzen bleibt. Ein weiterer Vorteil des Rillenscheibenmechanismus besteht darin, daß man die Zähnezahl der Schaltrolle frei wählen kann. Nimmt man die Anzahl der nach vorn herausstehenden Stifte mit n an, so wird die Schaltrolle per Umdrehung der Rillenscheibe über einen Winkel von 360° n gedreht. Dieser Winkel muß am Umfang der Schaltwelle der Filmlänge pro Bild entsprechen, d. h. der Umfang der Schaltrolle muß das n-fache dieser Filmlänge sein. Da der 16-mm-Film nur ein Perforationsloch besitzt, enthält die Schaltrolle daher n Zähne. Es wurde $n = 12$ gewählt, wo von den 12 Zähnen ständig etwa 6 im Eingriff mit der Perforation sind. Die Rillenscheibe besteht aus Nylon, das Getriebe läuft durch ein mit Öl gefülltes Gehäuse. Durch ein besonderes Herstellungsverfahren wird eine hohe Genauigkeit der Teilung der Stifte erreicht [179]. Die vom Motor angetriebene Hauptwelle betreibt nicht nur dieses Schaltgetriebe, sondern mittels einer Schnecke die Vorwickelrolle und über ein Zahnrad andere Teile des Projektors.

F. Schrittschaltwerke mit verkürzter Schaltzeit

Schon bei den früher betriebenen, gleichförmig angetriebenen Malteserkreuzgetrieben gab es Ausführungen, die einen kürzeren Schaltwinkel als 90° bewirkten. Je kürzer die Schaltzeit ist, umso mehr Zeit steht für die Projektion zur Verfügung und damit ein größerer Lichtstrom bei gleicher Lichtquelle. Dieser Lichtgewinn ist von Bedeutung bei großen Bildschirmen, nicht nur aus Gründen der Ökonomie, sondern weil auch bei den stärksten zur Verfügung stehenden Lampen die erforderliche Leuchtdichte der Bildwand manchmal nicht erreicht werden kann (z. B. Autokinos). Schnellschaltgetriebe werden auch bei der Filmabtastung im Fernsehen gefordert. Es gibt mehrere Möglichkeiten, ein Schrittschaltwerk zu beschleunigen [180, 181, 182]. Mit zunehmender Schaltgeschwindigkeit steigt nicht nur der Lichtgewinn, es steigt auch die Filmbeanspruchung.

Die auf ein Perforationsloch des Films wirkende zulässige Kraft P_z hängt vom Filmmaterial und der Dauer der Einwirkung ab. Die Deformation der Perforation ist umso größer, je länger die Kraft auf die Perforation einwirkt. Messungen, bei denen sich die Krafteinwirkung über mehrere Sekunden oder Minuten erstreckt, geben zu niedrige Werte der zulässigen Kräfte. So tritt beispielsweise eine leichte Verformung der Perforation bei 500 p nach einer Sekunde, bei 400 p nach 60 Sekunden und bei 300 p nach 300 Sekunden ein [183, 184, 185]. Kürzere Zeiteinwirkung gestattet größere Kräfte. Bei einer Dauer von 0,02 sec, die etwa einem Schaltverhältnis 1:2 bei einer Bildfrequenz von 24 Hz entspricht, ließ bei verschiedenen 35-mm-Filmsorten, darunter auch Sicherheitsfilm, eine Krafteinwirkung von 500 p zu. Erst bei 600 p waren

Spuren der Verformung zu bemerken. Unter Berücksichtigung eines genügenden Sicherheitsfaktors wird man mit zulässigen Kräften von etwa p = 300 ... 400 p rechnen können.

Die sich auch im praktischen Betrieb ergebenden Gesamtkräfte P_F auf den Film setzen sich aus der Masse m des Films und der Beschleunigung b des betreffenden Filmstückes $P = m . b$ sowie der Reibungskraft P_R im Filmkanal zusammen. $P_F = P + P_R$.

Bei den einzelnen Filmformaten bestehen folgende Werte für den Schaltschritt s, das Gewicht G und die Masse $m = \frac{G}{9,81}$ pro Meter.

Tabelle 25

Film	8 mm	16 mm	35 mm	70 mm	
s	3,81	7,62	19	23,75	[mm]
G	1,5	3	7	14	[*p*]
m	0,153	0,306	0,714	1,428	[g sec^2/m]

Man rechnet bei 35-mm-Filmprojektoren mit einer zu beschleunigenden Filmlänge von etwa 30 cm bzw. einer Masse von 0,214 g sec^2/m. In einer amerikanischen Veröffentlichung wird mit 20 cm gerechnet [186].

Die Reibungskraft p_R im Filmkanal ist abhängig vom Kufendruck, der für guten Bildabstand erforderlich ist. Bei dem üblichen 35-mm-Filmmaterial und sauberer Filmbahn kann man mit einem statischen Filmzug von 150 ... 200 p rechnen. Die Reibungskraft p_R muß andererseits im dynamischen Verhalten so groß sein, daß das Filmband am Ende jedes Schalthubes genau stehenbleibt. Die Begrenzung des Filmbandes im Filmkanal durch die statische Kraft p_R muß also mindestens gleich der Verzögerungskraft (negative Beschleunigung $m . b$) des Schaltwerkes am Ende des Filmzuges sein.

Die auf den 35-mm-Film von 30 cm einwirkenden Beschleunigungskräfte bei Fortschaltung durch ein vierteiliges Malteserkreuz mit geraden, rechtwinklig stehenden Schlitzen, das eine Maximalbeschleunigung von $b_{max} =$ 1462 m/sec^2 erzielt, beträgt $p = m . b = 0,214 . 1462 = 313$ p. Da schon dieser Wert

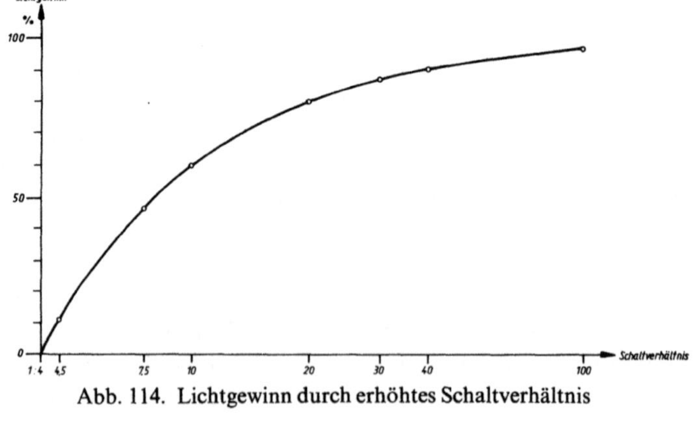

Abb. 114. Lichtgewinn durch erhöhtes Schaltverhältnis

nahe an der zulässigen Beanspruchung des Filmes liegt, kann eine starke Erhöhung der Schaltgeschwindigkeit bzw. der Maximalbeschleunigung bereits zu übermäßiger Filmbeanspruchung führen, wenn man nicht andere Maßnahmen ergreift.

Ganz allgemein kann man sagen, daß der Lichtgewinn mit zunehmendem Schaltverhältnis immer geringer wird [187], so daß die Erreichung eines besonders hohen Schaltverhältnisses aus diesem Grunde wenig sinnvoll erscheint. Es ergeben sich folgende Werte (Abb. 114):

Tabelle 26

Schaltverhältnis	Lichtgewinn
1:4	0%
1:4,5	11%
1:7,5	47%
1:10	60%
1:20	80%
1:30	87%
1:40	90%
1:100	96%

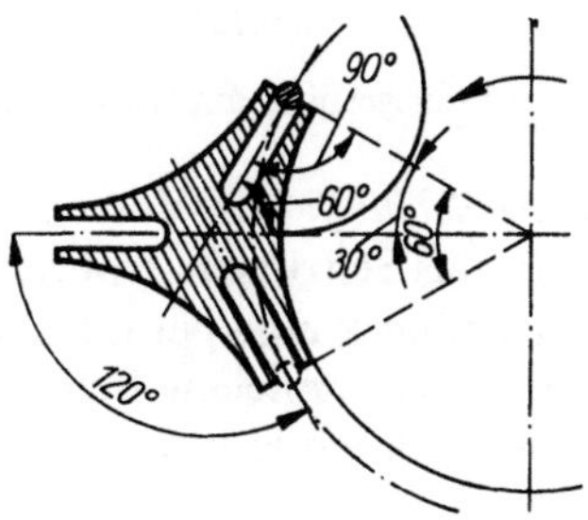

Abb. 115. Dreiteiliges Malteserkreuz mit 60° Schaltwinkel

Ein kleinerer Schaltwinkel läßt sich bei dem schon erwähnten dreiteiligen Malteserkreuz erreichen, nämlich 60° gegenüber 90° des vierteiligen Kreuzes (Abb. 115). Der Eingriff des Stiftes in den Schlitz erfolgt zwar noch tangential, aber die Zähnezahl (und der Durchmesser nur 19 mm) der auf der Malteserkreuzwelle sitzenden Schaltrolle würde kleiner werden, nämlich 12 Zähne statt 16 bei Normalfilm, und bei Schmalfilm nur drei statt vier, wobei schon der Betrieb mit vier Zähnen nicht möglich ist. Es müßte eine zusätzliche Übersetzung durch Zahnräder erfolgen, um größere Schaltrollen verwenden zu können, was jedoch infolge des unvermeidlichen Zahnspiels den Bildstand verschlechtert.

Es gibt mehrere Möglichkeiten ein Schrittschaltwerk zu beschleunigen. Unter Beibehaltung der üblichen Form des Malteserkreuzes erfolgt entweder

a) der Antrieb über ein zusätzliches Vorschaltgetriebe

oder

b) die Stiftscheibe übt ihre Schaltfunktion erst nach mehr als einer Umdrehung aus, oder dem Stift wird eine zusätzliche Bewegung erteilt.

Bei der ersten Art erfolgt der Antrieb der Stiftscheibe nicht mehr mit gleichbleibender Geschwindigkeit. Durch ein Zwischengetriebe wird erreicht, daß die Winkelgeschwindigkeit der Stiftscheibe während der Umdrehung *ungleichförmig* ist, und zwar derart, daß beim Eingriff des Stiftes in den Kreuzschlitz die normale Winkelgeschwindigkeit gesteigert wird, ein Maximum erreicht und beim Verlassen des Schlitzes wieder die normale Geschwindigkeit annimmt.

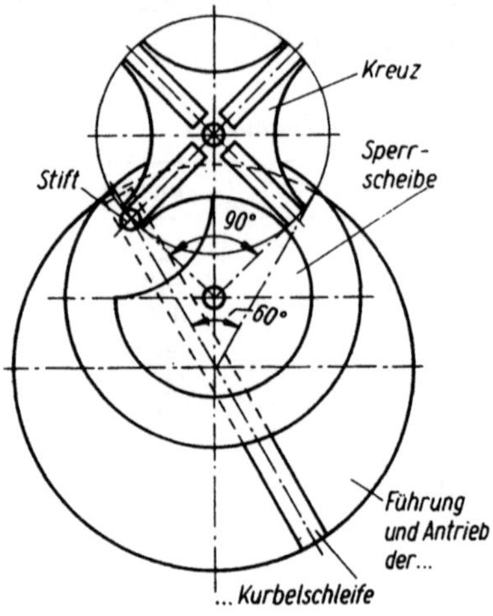

Abb. 116. Malteserkreuzgetriebe mit Kurbelschleife (Prinzip)

Dies kann durch eine *Kurbelschleife* als Vorschaltgetriebe geschehen (Abb. 116). Das Vorschaltgetriebe für das Schrittschaltwerk wird gleichförmig angetrieben und macht durch seine Kinematik eine periodisch ungleichförmige Drehung seiner Endwelle, die während ihrer schnellen Bewegung durch die Kurbel das Malteserkreuz für das schnelle Schalten antreibt [188 . . . 192].

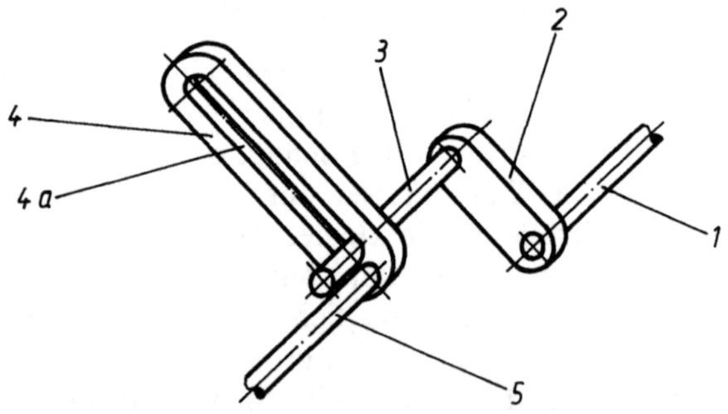

Abb. 117. Kurbelschleifen-Antrieb zur zusätzlichen Beschleunigung. *1* antreibende Welle, *2* Kurbelarm, *3* antreibende Kurbel, *4* angetriebener Hebel, *4a* Schleife, *5* angetriebene Welle

Hierbei (Abb. 117) wird die Welle *1* gleichförmig angetrieben, die über die Kurbel *3* den Schlitz *4a* des Hebels *4* durch die andere parallele Lage der Endwelle *5* diese periodisch unterschiedlich dreht. Dieses Getriebe läßt sich schematisch darstellen (Abb. 118). Nach der Kinematik (Abb. 119) ergibt der

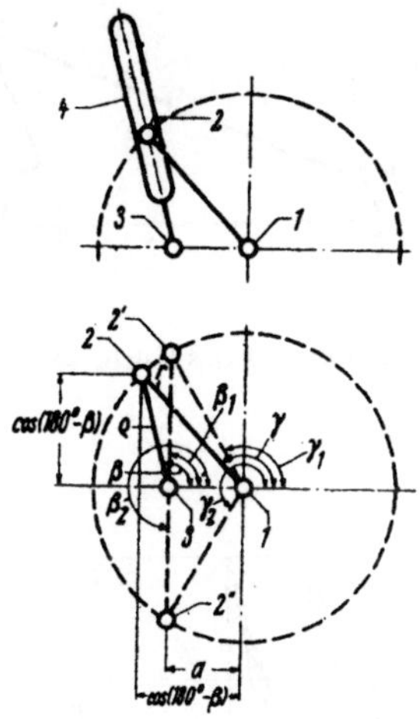

Abb. 118. Umlaufende Kurbelschleife, Schema. *1* Antriebswelle, *2* Antriebskurbel, *3* Kurbelschleifenwelle, *4* Kurbelschleife, *a* Achsabstand, *r* Radius der Antriebskurbel, ρ wirksamer Radius der Kurbelschleife, β Abtriebswinkel, γ Antriebswinkel

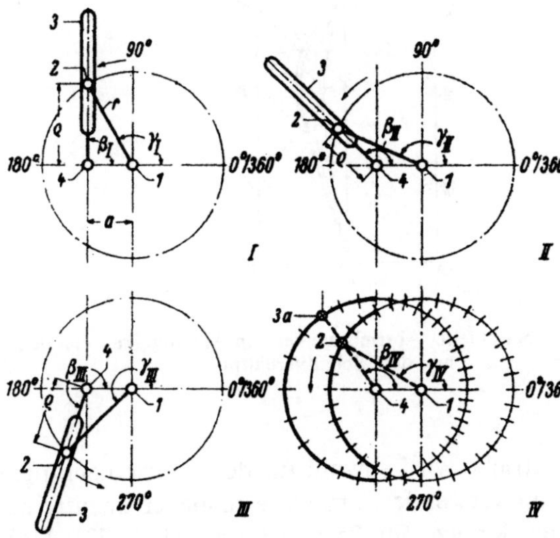

Abb. 119. Umlaufende Kurbelschleife, Kinematik. *I, II* und *III* einzelne Bewegungsphasen

Achsabstand *a* und der wirksame Radius *s* der Schleife *3* die unterschiedlichen Bewegungen. Die Abhängigkeit des angetriebenen Winkels β vom antreibenden γ (Abb. 120) ist bei $k = a/r$ (Abb. 121)

$$\beta = \text{arc tg} \frac{\sin \gamma}{k + \cos \gamma}$$

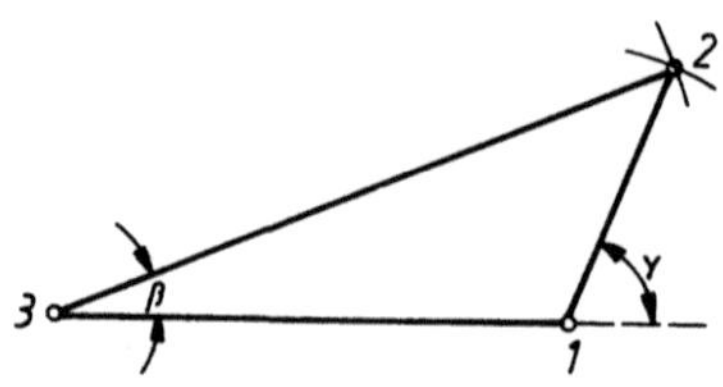

Abb. 120. Kinematik des Kurbelschleifengetriebes

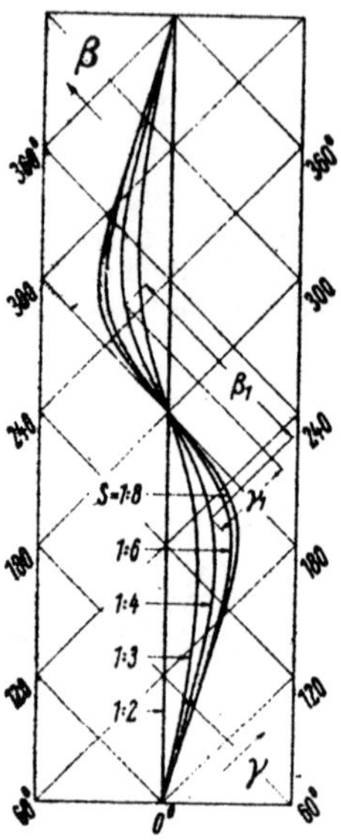

Abb. 121. Umlaufende Kurbelschleife. Abtriebswinkel β in Abhängigkeit von dem Antriebswinkel γ und dem Schaltverhältnis S

Dieses Vorschaltgetriebe wird sowohl für den Antrieb achtteiliger Malteserkreuze für 16-mm-Film verwendet, um diese schneller anzutreiben (Abb. 122), als auch für vierteilige Kreuze für 35-mm-Film (Abb. 123). Daher wird z. B. die Schaltzeit des 35-mm-Films von $^1/_{96}$ sec auf $^1/_{144}$ sec verkürzt [193, 194, 195]. Derartige Maltesergetriebe findet man bei PHILIPS und bei SIMPLEX (Abb. 124).

Das übliche achtteilige Kreuz mit dem Grenzwinkelbereich $\beta_2—\beta_1 = 135°$ und dem Schaltverhältnis $S_M = 1:2{,}67$ wird durch eine umlaufende Kurbelschleife mit dem relativen Achsabstand der Kurbelschleifenachsen $K_K = 0{,}5$ so beschleunigt, daß ein Antriebswinkel $\gamma_2—\gamma_1 = 80°$ und das Schaltverhältnis des Getriebes $S_G = 1:4{,}5$ entsteht. Weg s, Geschwindigkeit v und Beschleunigung b werden durch die Kurbelschleife gegenüber den normalen Kreuzen wesentlich beeinflußt (Abb. 125).

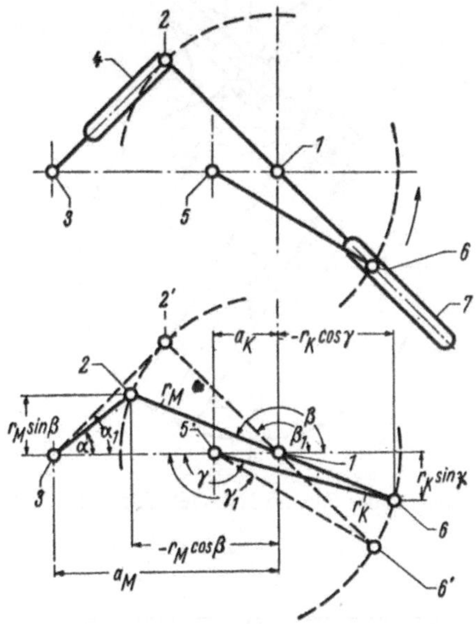

Abb. 122. Malteserkreuz mit vorgeschalteter umlaufender Kurbelschleife; Schema und Kinematik. *1* Welle der Kurbelschleife, *2* antreibende Kurbel des Malteserkreuzes, *3* Malteserwelle, *4* Schlitz, *5* Antriebsachse der Kurbelschleife, *6* antreibende Kurbel der Kurbelschleife, *7* Kurbelschleife, a_M Achsabstand des Malteserkreuzes, a_K Achsabstand der Kurbelschleife, r_M Radius der Malteserkurbel, r_K Radius der Schleifenkurbel

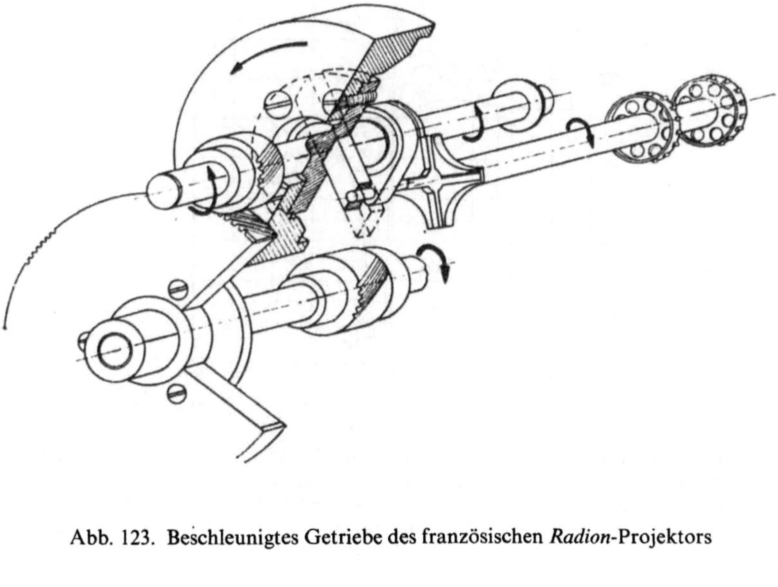

Abb. 123. Beschleunigtes Getriebe des französischen *Radion*-Projektors

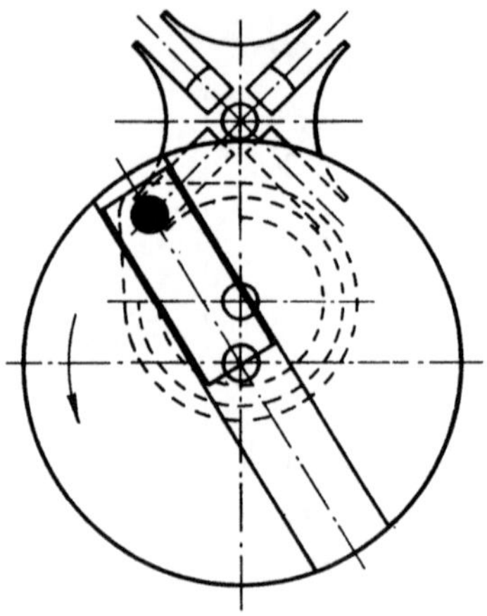

Abb. 124. Schema des *Simplex* X-L Getriebes, Blendenflügel 63°

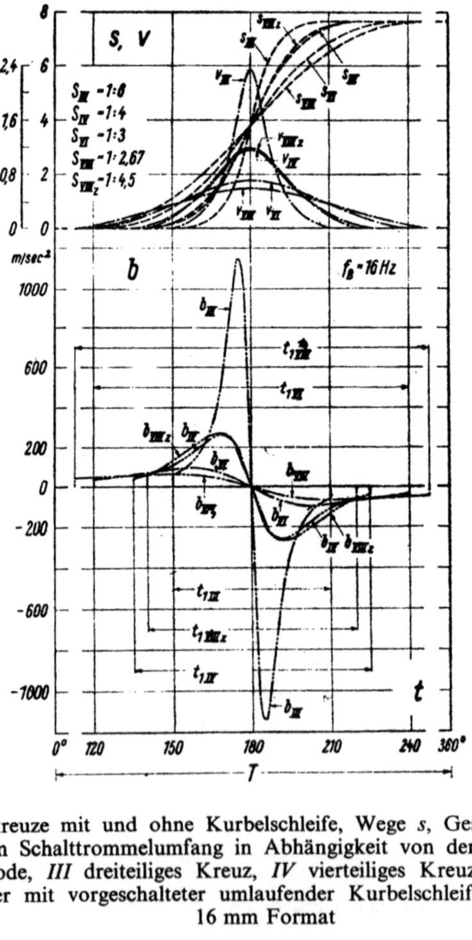

Abb. 125. Malteserkreuze mit und ohne Kurbelschleife, Wege *s*, Geschwindigkeiten *v* und Beschleunigungen *b* am Schalttrommelumfang in Abhängigkeit von der Zeit *t*. t_1 Zeit des Filmzuges, *T* Schaltperiode, *III* dreiteiliges Kreuz, *IV* vierteiliges Kreuz, *VIII* achtteiliges Kreuz, *VIIIz* wie *VIII*, aber mit vorgeschalteter umlaufender Kurbelschleife $k=0{,}5$, f_B Bildfrequenz, 16 mm Format

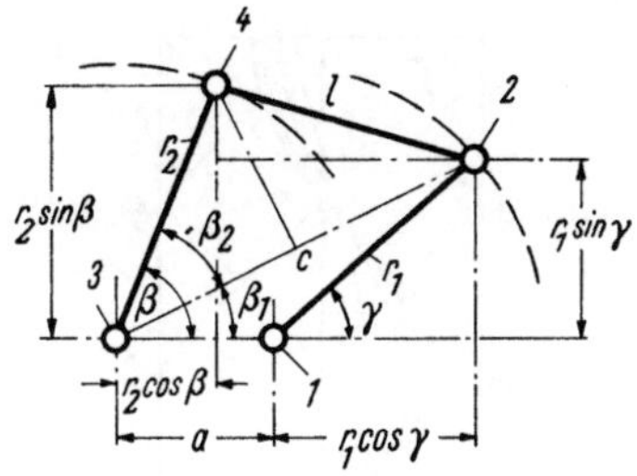

Abb. 126. Doppelkurbel-Getriebe, Schema. *1* antreibende Welle, *2* antreibende Kurbel, *3* angetriebene Welle, *4* Koppel-Hebel, *a* Abstand der Wellen *1* und *3*, *r* Radius der beiden Kurbeln, *l* Länge des Koppelhebels, *β* angetriebener Winkel, *γ* antreibender Winkel

Eine andere Möglichkeit zur Erzielung einer kurzen Schaltzeit besteht in der Anwendung einer *Doppelkurbel* (Abb. 126). Diese ist auch ein Vorschaltgetriebe für den periodisch ungleichförmigen Antrieb. Von der antreibenden Welle *1* wird die Kurbel *2* gleichförmig angetrieben. Das Drehmoment wird über den Hebel *2, 4* auf die Kurbel *4* und damit auf die Welle *3* übertragen, die bei parallel versetzten Wellen *1* und *3* periodisch ungleichförmig umläuft. Die Kinematik (Abb. 127) und die verschiedenen Geschwindigkeiten zeigen die Abhängigkeit der Winkel *β* von *γ* (Abb. 128).

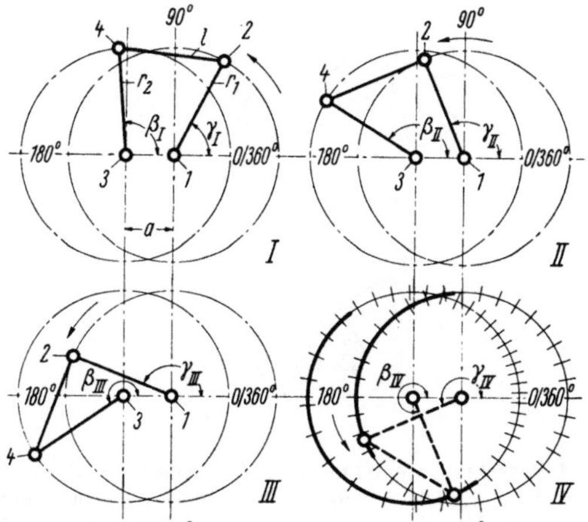

Abb. 127. Doppelkurbel-Getriebe, Kinematik *I*, *II* und *III* einzelne Bewegungsphasen. Stark gezeichnete Wege werden für den Antrieb des Filmbandes benutzt

Der periodisch ungleichförmige Antrieb des Malteserkreuzes *7* (Abb. 129) entsteht auch durch die besondere Bahn *6* des Stiftes *3*, der an dem Hebel *5* befestigt ist. Bei der gleichförmigen Drehung der Kurbel *2* durch die antreibende Welle *1* und den Schwinghebel *4* wird der schnelle Antrieb des Malteserkreuzes *7* erreicht.

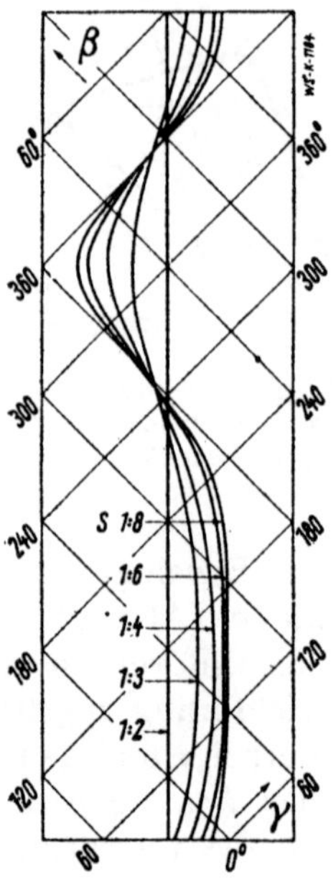

Abb. 128. Doppelkurbel-Getriebe. Abtriebswinkel β in Abhängigkeit vom Antriebswinkel γ und dem Schaltverhältnis S $r_1 = r_2 = l = r$

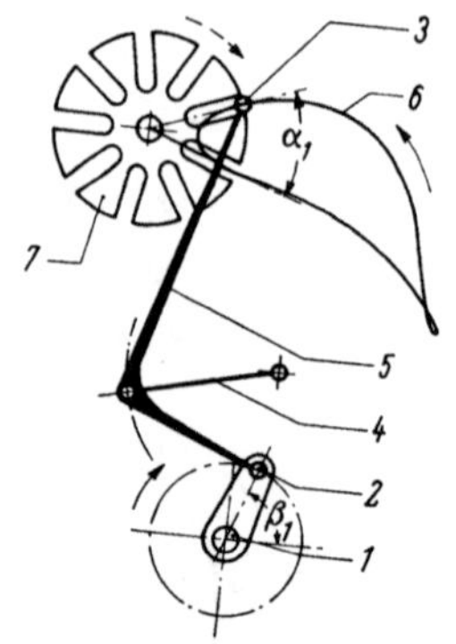

Abb. 129. Koppelkurven-Malteserkreuz, Kinematik. *1* Antriebsachse, *2* Antriebskurbel, *3* Schaltstift für das Malteserkreuz, *4+5* Hebel, *6* Bahn des Schaltstiftes, *7* Malteserkreuz, α_1 gesamter Abtriebswinkel des Malteserkreuzes, β_1 gesamter Antriebswinkel der Kurbel, Schaltverhältnis $S = \beta_1/360°$ (nach RAUH)

Das zweite Verfahren besteht darin, die Schaltfunktion der Stiftscheibe erst nach mehr als einer Umdrehung ausführen zu lassen. Dies kann z. B. dadurch geschehen, daß der Stift auf der Stiftscheibe beweglich gemacht wird, so daß er nur bei jeder zweiten oder dritten Umdrehung in einen Schlitz des Kreuzes eingreift. Die erforderliche Zusatzbewegung kann durch eine Kurvenscheibe erfolgen, wobei die Stiftscheibe auf ihrer Achse eine zusätzliche Achsialbewegung ausführt, so daß der Stift erst nach zwei oder drei Umdrehungen der Stiftscheibe in den Kreuzschlitz eingreift. Das Schaltverhältnis wird dadurch mit dem Faktor der Stiftscheibenumdrehung je Schaltvorgang verkleinert. Das Schaltverhältnis 1:2,67 eines achtteiligen Kreuzes wird dann bei zweimaliger Umdrehung der Stiftscheibe je Schaltvorgang auf 1:5,33 verbessert bzw. der Schaltwinkel von 135° auf 67,5° verkleinert. Bei einem vierteiligen Kreuz wird das Schaltverhältnis von 1:4 auf 1:8 verbessert. Entsprechend steigt der Lichtwirkungsgrad.

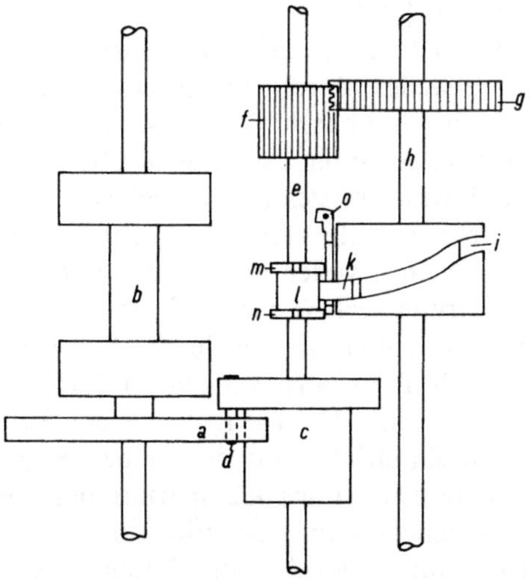

Abb. 130. Malteserkreuz mit Kulissenführung der Stiftscheibe nach BUDERUS (1907). *a* Malteserkreuz, *b* Zahntrommel, *c* Einzahnscheibe mit Stift *d* und Welle *e*, *f* und *g* Zahnradübersetzung, *h* Welle mit Kulissenführung *i*, *l* Führungsstück mit Scheiben *n* und *m* und Nase *k*

Das Verfahren nach *b*, den Stift vermittels einer Kulisse nur bei jeder zweiten Umdrehung in die Schlitze eingreifen zu lassen, stammt von C. BUDERUS schon aus dem Jahre 1910 [196]. Auf der Achse des Malteserkreuzes *a* (Abb. 130) befindet sich die Schaltrolle *b*. In das Kreuz greift der Stift *d* der Stiftscheibe *c*. Der Antrieb der Stiftscheibe *c* erfolgt über die Zahnräder *f* und *g* durch die Welle *h*. Auf dieser befindet sich die Kulissenführung *i*, in welche die Nase *k* des Führungsstückes *l* eingreift.

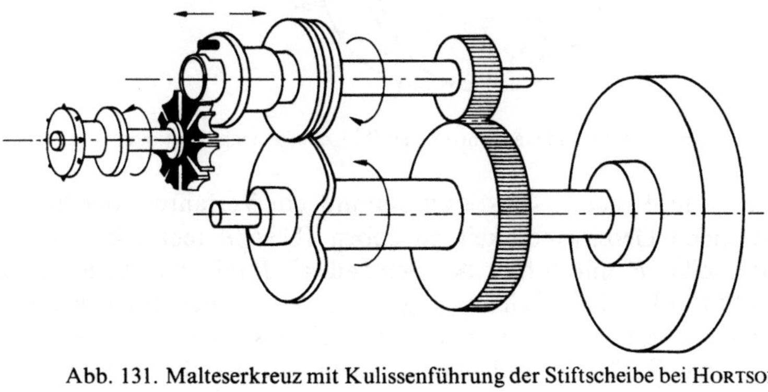

Abb. 131. Malteserkreuz mit Kulissenführung der Stiftscheibe bei HORTSON

Eine ähnliche Konstruktion verwendet die französische Firma Hortson (Abb. 131). Die Schaltrolle sitzt auf der Achse des achtteiligen Malteserkreuzes, in dessen Schlitze der Stift bei jeder zweiten Umdrehung der Stiftscheibe eingreift. Deren axiale Bewegung wird durch eine Kurvenscheibe gesteuert, die in einer Nut geführt wird. Die Zahnräder haben eine Übersetzung 1:2 [197, 198].

Man kann die Stiftscheibe in der Längsrichtung starr anordnen und das Kreuz verschiebbar machen, so daß es nicht bei jeder Umdrehung mit der Stiftscheibe in Eingriff kommt [199].

Eine andere Konstruktion besteht darin, den Stift allein beweglich zu machen [200]. Dies kann entweder durch Längsverschiebung geschehen oder dadurch, daß der auf einem drehbaren Arm gebrachte Einzahn durch eine Kurvenführung bei jedem zweiten Umlauf so an seine Drehachse herangeschwungen wird, daß er außerhalb des Kreuzes frei vorbeigeht. Außerdem ist hierbei dafür gesorgt, daß die Sperrung des Kreuzes nicht bei jedem Umlauf des Einzahns, sondern nur bei jedem zweiten aufgehoben wird. Würde nämlich die Stiftscheibe mit ihrer Aussparung, welche den Vorbeitritt des Kreuzes ermöglicht, mit dem Stift wie üblich umlaufen, so würde die Sperrung auch dann aufgehoben werden, wenn der Stift in zurückgekehrter Lage am Kreuze vorbeigeht. Um dies zu vermeiden, sitzt die Sperrscheibe der Stiftscheibe auf ihrer Achse lose und wird durch Zahnräder mit der halben Winkelgeschwindigkeit der Stiftachse gedreht. Die bogenförmige Aussparung der Sperrscheibe kommt dadurch nur bei jedem zweiten Umlauf des Stiftes in jene Stellung, bei der sie das Kreuz vorbeiwandern läßt (Französisches Patent 459 966 der Fa. Gaumont).

Auch das Verfahren nach *a* ein Vorschaltgetriebe zur Erzeugung einer ungleichförmigen Geschwindigkeit der Stiftscheibe zu verwenden, ist schon in der Frühzeit der Kinematographie in einigen Variationen bekannt gewesen. Erinnert sei nur an die zwei hintereinandergeschalteten siebenteiligen Kreuze von W. Paul aus dem Jahre 1896.

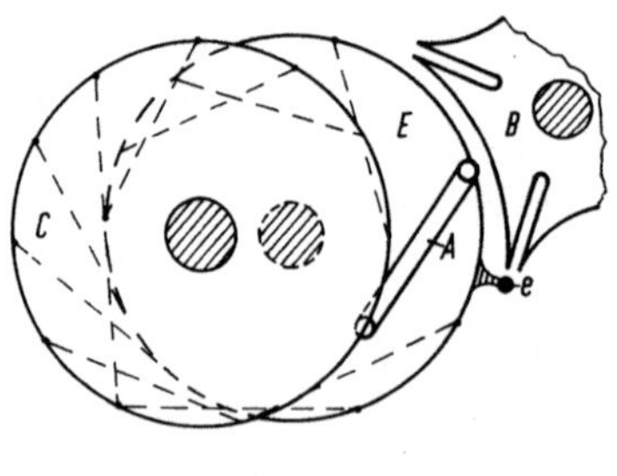

Abb. 132. Gelenkstangentrieb der Stiftscheibe nach Cannock

Von dem Amerikaner F. Cannock stammt ein Verfahren, der Stiftscheibe eine veränderliche Geschwindigkeit zu geben (USA-Patent 745 956). Hierbei ist die Stiftscheibe *E* mit ihrem Antriebsrad *C* durch eine Gelenkstange *A* verbunden (Abb. 132). Die Gelenkstange *A* ist auf beiden Rädern an Punkte angelenkt, welche gleich weit von den Mittelpunkten entfernt sind, welche wiederum um die Hälfte der Scheibenradien gegeneinander versetzt sind. Die

Zwischenstellungen der Gelenkstange während eines Umlaufs sind gestrichelt gezeichnet. Die Winkelgeschwindigkeit des in das Malteserkreuz *B* eingreifenden Stiftes *e* ist auf dem rechten Teil seiner Bahn etwa dreimal größer als die gleichmäßige Winkelgeschwindigkeit des Antriebsrades *C*.

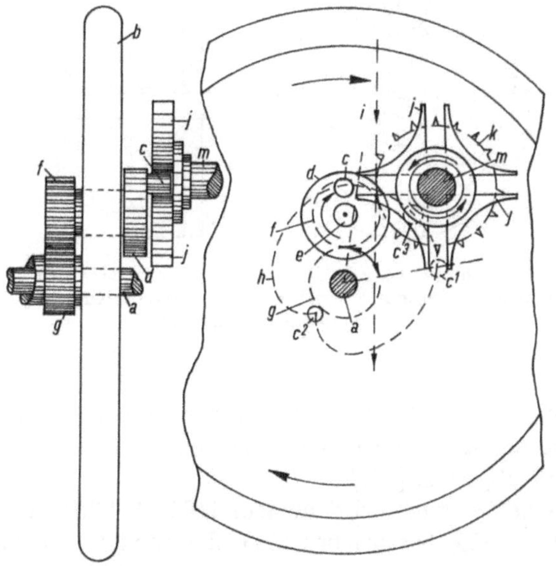

Abb. 133. Malteserkreuz mit Führung der Stiftscheibe durch umlaufendes Räderwerk nach MESSTER (1908). *a* antreibende Welle mit Scheibe *b*, *d* Stiftscheibe mit Stift *c* und Achse *e*, *f* und *g* Zahnräder, *h* Zykloide, *c* Geschwindigkeitsmaximum des Stiftes *c* und Eintritt in den Kreuzschlitz *j*, *m* Filmwelle

Die hierbei entstehende ungleichmäßige Beanspruchung der Teile vermeidet O. MESSTER dadurch (Abb. 133), daß er die ungleichförmige Geschwindigkeit der Stiftscheibe *d* von einer gleichförmig sich drehenden Welle *a* über ein umlaufendes Räderwerk erhält. Die Achse *e* des Stiftrades *d* ist nicht ortsfest, sondern exzentrisch auf der sich um die Achse *a* drehenden Scheibe *b* drehbar gelagert. Ein auf der Stiftscheibenachse *e* sitzendes Zahnrad *f* kämmt mit dem auf der Achse *a* lose sitzendem Zahnrad *g*. Wird dieses festgehalten, so rollt das Rad *f* auf ihm ab und der Stift *c* beschreibt eine Zykloide *h*. Am Punkte *c'* seiner Bahn *h* hat der Stift *c* ein Maximum seiner Winkelgeschwindigkeit und tritt dabei in den Kreuzschlitz *j* ein. Dies, wie auch der Austritt aus dem Schlitz, erfolgt tangential, und es wird hier ein Schaltwinkel von 75° erreicht [201].

Die Firma GAUMONT erzielt die ungleichförmige Geschwindigkeit des Stiftes dadurch, daß dieser in einer Nut geführt wird (Abb. 134). In dem Gehäuse *1* ist die Achse *10* der Stiftscheibe *3* und der Achse *9* des Malteserkreuzes *2* wie üblich gelagert. In der Stiftscheibe *3* ist eine Nut *4* eingearbeitet, in der sich ein Schieber *5* bewegen kann, der an seinem einen Ende den Stift *6* und dessen Verlängerung *7* trägt. Diese Verlängerung wird in einer Nut *8* geführt, die exzentrisch zur Achse *10* der Stiftscheibe *3* verläuft.

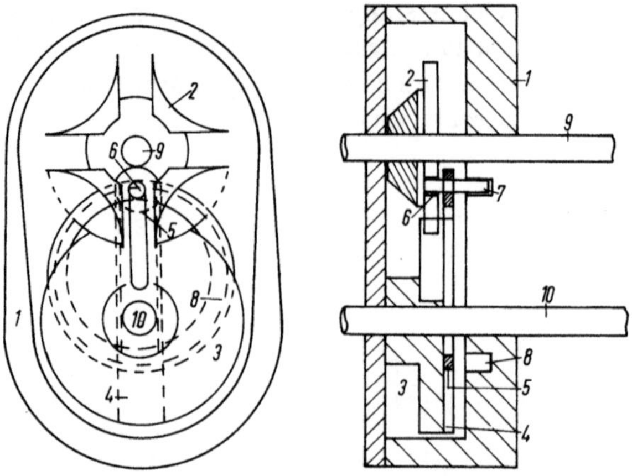

Abb. 134. Malteserkreuz mit Führung des Stiftes in einer Nut nach GAUMONT (1918). *1* Gehäuse, *2* Malteserkreuz, *3* Stiftscheibe, *4* Längsnut, *5* Schieber mit Stift *6* und Verlängerung *7*, *8* Rundnut, *9* Filmwelle, *10* Stiftscheibenwelle

Durch die Exzentrizität und die Kurvenform der Nut *8* wird der Schaltwinkel des vierteiligen Kreuzes bei tangentialem Ein- und Austritt des Stiftes auf etwa 65° herabgesetzt [202].

Eine ähnliche Wirkung wird in dem DRP 414 703 vom 9. 5. 1923 (Großbritannien 19. 1. 1923) beschrieben [203]. Es handelt sich hierbei um ein Malteserkreuzgetriebe, bei dem die mit einer gleichachsigen Hilfsscheibe starr verbundene Schlitzscheibe mit einem auf der Sperrscheibe in epizykloidischer Kurve kreisenden Stift zusammenwirkt (Abb. 135). Gekennzeichnet ist die Konstruktion dadurch, daß der Sperrkranz *4* der Sperrscheibe *1* mit einem Schlitz *4'* versehen ist, der bei jedem Vorschub die Arme *5* der Schlitzscheibe *9* und den Stift *3* durchtreten läßt, und daß die Schlitzscheibe *9* vor und nach dem Vorschub von dem Sperrkranz *4* gesperrt gehalten wird, während die Sperrung an der Schlitzscheibe *5* aufgehoben wird.

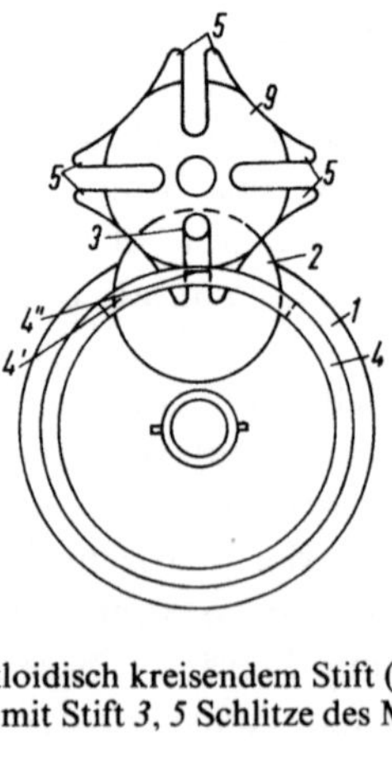

Abb. 135. Malteserkreuz mit epizykloidisch kreisendem Stift (1923). *1* Sperrscheibe mit Sperrkranz *4*, *2* Stiftscheibe mit Stift *3*, *5* Schlitze des Malteserkreuzes *9*

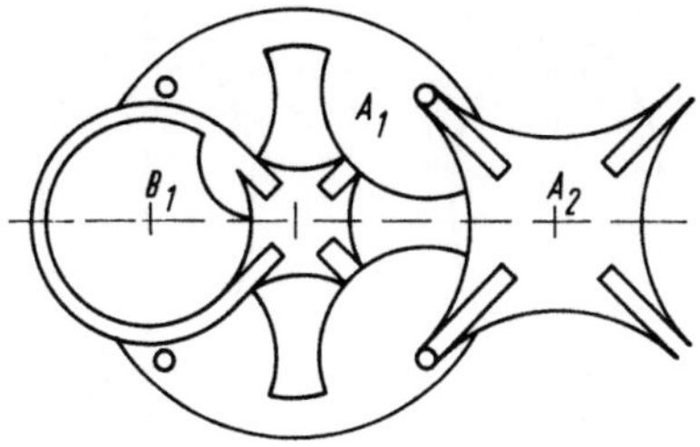

Abb. 136. Zwei hintereinander geschaltete Malteserkreuzgetriebe (1912). B_1 antreibende Stiftscheibe, A_1 Scheibe mit dem ersten Kreuz, A_2 zweites Malteserkreuz

Ein Vorschlag von M. Straube aus dem Jahre 1912 sieht vor, zwei Malteserkreuzgetriebe hintereinander zu schalten (GM 481 599). Bei dem Doppelkreuz (Abb. 136) ist das erste Kreuz ohne Einfluß auf den Bildstand, bedarf also keiner besonders genauen Herstellung. Die kontinuierliche Bewegung der Stiftscheibe *B 1* erzeugt eine intermittierende des Kreuzes *A 1*, welche gleichzeitig für das Kreuz *A 2* als Stiftscheibe wirkt und zu diesem Zweck vier Stifte trägt. Der Vorteil dieser Anordnung ist der, daß die Winkelgeschwindigkeit des zweiten Kreuzes zunächst sehr allmählich beginnt, um dann schnell anzusteigen, wobei die Schaltzeit kurz ist. Der Nachteil ist der durch die zu kurzen Blockierungssektoren des ersten Kreuzes bedingte schlechte Bildstand der Anordnung.

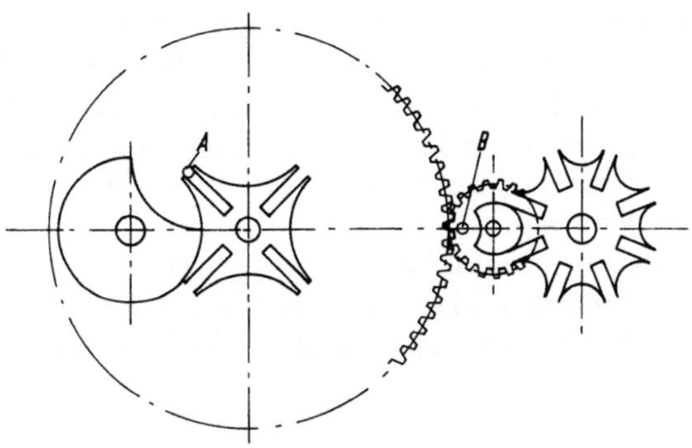

Abb. 137. Kombinierte Malteserkreuzschaltung nach Tuttle (1930). *A* Einzahnstift für das erste Malteserkreuz, *B* Einzahnstift für das zweite Malteserkreuz

An Stelle der vier Stifte, die die Hintereinanderschaltung bewirken (Abb. 137), kann man auf der Achse des ersten Kreuzes *A* ein Zahnrad anbringen, das die Stiftscheibe *B* des zweiten Kreuzes antreibt. Ist die Übersetzung z. B. 1:4, so macht die Stiftscheibe des zweiten Kreuzes jedesmal eine volle Umdrehung bei einer Schaltung des ersten Kreuzes, damit wird vermieden, daß der Antriebsmechanismus mit der vierfachen Drehzahl laufen muß, um die gleiche Anzahl der Schaltungen in der Zeiteinheit am zweiten Kreuz zu erzielen [204].

Eine weitere Möglichkeit besteht in der Verwendung elliptischer Getriebe. Auch hierbei wird dem Stift des Maltesergetriebes nicht eine konstante, sondern eine periodisch schwankende Geschwindigkeit zugeführt (Abb. 138).

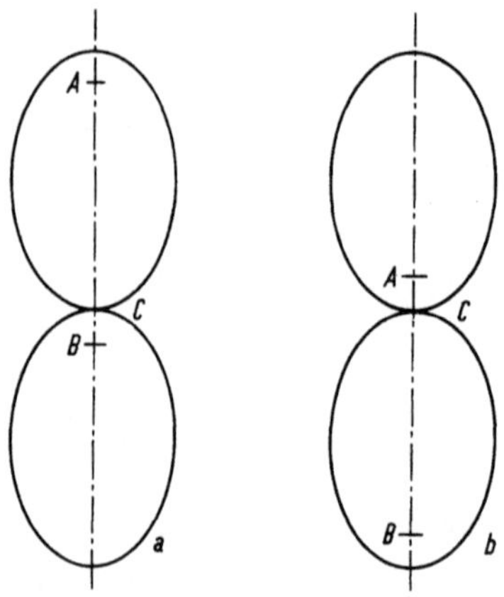

Abb. 138. Antrieb durch elliptische Zahnräder (Schema)

Ein solches Getriebe in zwei Stellungen dargestellt. Der Einfachheit halber sind die Verzahnungen fortgelassen und nur die Teilkreise gezeichnet (Reibgetriebe). Der kontinuierliche Eingriff erfolgt in *A*, während sich in *B* die Welle eines normalen Maltesergetriebes befinden soll.

In der Stellung *a* ist der Radius des Antriebes *AC* und der des Maltesergetriebes *BC*. Das Übersetzungsverhältnis ist in diesem Augenblick das größte. Der Stift des Maltesergetriebes besitzt dann die Lage wie in *b*, d. h. zu der großen Geschwindigkeit des Antriebs kommt dann noch die große Geschwindigkeit des Kreuzes. Bei weiteren Drehungen nimmt die von *A* auf *B* übertragene Geschwindigkeit ab. Sie wird zunächst einen Punkt erreichen, wo das Verhältnis 1:1 ist, bis schließlich zu der in *b* gezeichneten Stellung, wo die geringste Geschwindigkeitsübertragung stattfindet. Das Verhältnis ist jetzt gerade reziprok zu dem in *b*.

Der Nachteil des Getriebes ist die schwierige Herstellung, da die Verzahnung nicht mit normalen Maschinen erfolgen kann. Es sei jedoch darauf hingewiesen, daß sich Teilungs- und sonstige Fehler in der Verzahnung nicht

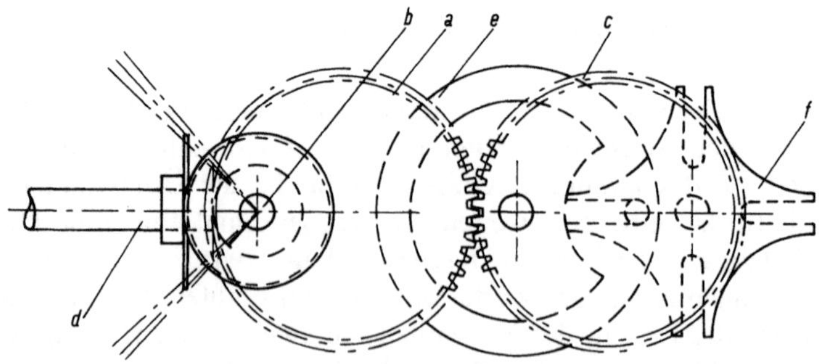

Abb. 139. Antrieb durch exzentrisch gelagerte Zahnräder nach CZUYA (1920). *a* und *c* exzentrisch gelagerte Zahnräder, *b* antreibende Welle, *e* Stiftscheibe, *f* Malteserkreuz, *d* Welle des Umlaufverschlusses

durch schlechten Bildstand bemerkbar machen, da die Schalttrommel direkt mit dem Kreuz verbunden ist und durch den Blockierungsring arretiert wird.

Verwendet man nach A. Czuya anstelle der elliptischen Räder kreisförmige, so hat man einen Sonderfall der elliptischen Getriebe, der allerdings weniger Schwierigkeiten in der Herstellung aufweist (Abb. 139). Die Stiftscheibe *e* wird über die beiden exzentrisch gelagerten Zahnräder *a* und *c* von gleicher Zahnzahl durch die Welle *b* angetrieben. Da die Zahnräder exzentrisch gelagert sind, läuft das Zahnrad *c* bei jeder Umdrehung mit wachsender Geschwindigkeit, während die von der Achse *b* angetriebene Verschlußscheibenachse *d* mit konstanter Winkelgeschwindigkeit läuft [205].

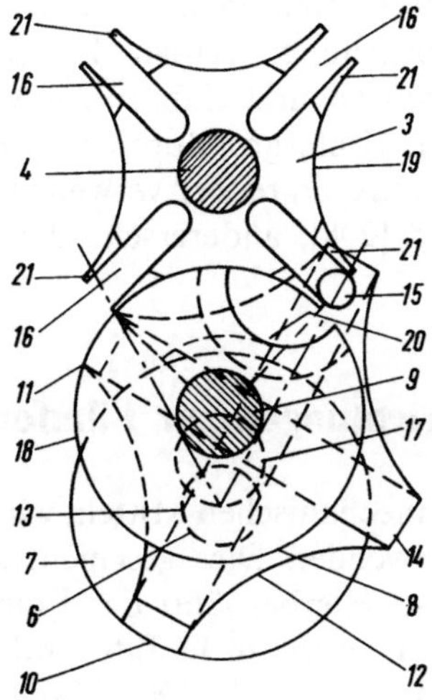

Abb. 140. Kreuzscheibenkupplung der Fa. Cinechrome Instruments (1920). *3* Malteserkreuz mit Welle *4*, *7* und *8* Kreuzscheibenkupplung mit den Nuten *10* und *11* und Wellen *6* und *9*, *12* Kupplungskörper mit Rippen *13* und *14* und Einzahn *15*, *16* Schlitze, in die der Einzahn eingreift, *17* Kreisbahn des Mittelpunktes der Stiftscheibe, *18* Sperrfläche der Stiftscheibe, *19* Sperrbögen des Malteserkreuzes, *20* Aussparung der Stiftscheibe, *21* Spitzen des Malteserkreuzes

Nach einem Vorschlag der englischen Firma Cinechrome Instruments wird zum Antrieb eine Kreuzscheibenkupplung verwendet (Abb. 140). Die Kreuzscheibenkupplung besteht aus den beiden Scheiben *7* und *8*, welche je eine Nut *10* und *11* besitzen. Die zu diesen Scheiben gehörenden Wellen *6* und *9* sind parallel versetzt. Der als Stiftscheibe wirkende Kupplungskörper *12* besitzt die Rippen *13* und *14*, welche in die beiden Nuten *10* und *11* eingreifen, sowie den Stift *15*. Der Mittelpunkt der Stiftscheibe ist nicht fest, sondern bewegt sich in dem Kreis *17*, welcher auf den beiden Mittelpunkten der Achsen als Durchmesser begrenzt wird, wodurch sich die gewünschte Bewegungsform erzielen läßt [206].

Einige Sonderausführungen der Schnellschaltgetriebe werden für den Einsatz im *Fernsehen* verwendet. Über die Bedingungen hierzu wird später berichtet.

G. Greiferwerke

Greiferanordnungen für den intermittierenden Betrieb findet man in der Regel bei 8-mm- und 16-mm-Projektoren sowie bei Filmaufnahmekameras. Dort findet man auch eine sehr ausführliche Beschreibung der verschiedenen Systeme [207]. Bei Projektoren für 35-mm- und 70-mm-Film kommt es auf höchste Filmschonung und längste Lebensdauer der Filmkopien an. Der Betrieb mit Greifern bewirkt eine höhere Beanspruchung der Perforation als die Verwendung von Zahnrollen. Da der Film die Kamera nur einmal, dagegen die Projektoren für professionelle Zwecke viele hundert Male durchläuft, werden in den Kameras fast ausnahmslos Greifersysteme verwendet, die noch den Vorteil des leichten Gewichtes, der bequemen Schmierung und der exakten Filmregistrierung gegenüber Malteserkreuzen mit Zahnrollen besitzen. Wegen der geringen Perforationsbeanspruchung werden Projektoren für 35-mm- und 70-mm-Film mit Malteserkreuzen und Zahnrollen versehen. Nur bei einigen Spezialprojektoren (z. B. für Hintergrundprojektion) werden Greifersysteme, kombiniert mit Sperrgreifer (Justiergreifer) verwendet, da hiermit eine genaue Filmregistrierung erzielt wird [208], andererseits die Zahl der Filmdurchläufe gering ist.

H. Sondereinrichtungen zur Filmfortschaltung

Außer den beschriebenen mechanischen Mitteln wird auch der Elektromagnetismus zur Fortschaltung verwendet. Dies geschieht z. B. in einer Anordnung von Matzenauer und Mark. Hierbei läuft der Film zwischen zwei endlosen Bändern. Das eine enthält magnetisierte Drähte, während das andere einfache Band einen Elektromagneten umschließt. Der Magnet erhält Stromstöße, die dem Rhythmus der Schaltperioden entsprechen. Dadurch zieht der Magnet das Magnetband an, und der Film wird wie von einem Klauengreifer transportiert [170].

Das von Tri Ergon unter DRP 376 320 bekannt gewordene Filmschaltwerk (Abb. 107) sollte auch elektromagnetisch betrieben werden. Hierbei sollten um die Scheibe *d* herum so viele Magnete in gleichen Abständen angeordnet sein, wie Bildfelder auf dem Umfang der Rolle sind. Die ruckartige Weiterbewegung der Scheibe *d* erfolgte dadurch, daß die kreisförmig angeordneten Elektromagnete nacheinander eingeschaltet werden, so daß die Trommel immer um ein Bild weitergeschaltet wird.

Im Jahre 1924 wurde unter dem DRP 404 128 ebenfalls ein elektromagnetisches Filmschaltwerk bekannt (Abb. 141). Es soll den Filmweg genau begrenzen, um einen guten Bildstand zu erzielen [173]. Auf einer drehbaren Welle *1* befindet sich die Filmschaltrolle, das Schaltrad *2* und das Sperrad *3*. In die Zähne des Schaltrades *2* greift die Schaltklinke *4*, die an dem unter der Einwirkung des Magneten *10* stehenden Hebels *6* gelagert ist. Der Stromkreis des Magneten wird durch einen Kollektor so gesteuert, daß der Schaltvorgang in sehr kurzer Zeit erfolgt. Die genaue Festlegung des Schaltweges wird dadurch erreicht, daß die Sperrklinke *13* mit der Schaltklinke *4* so verbunden ist,

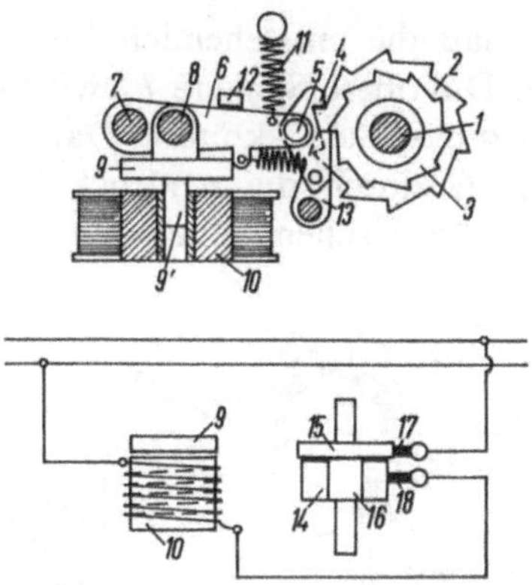

Abb. 141. Elektromagnetisches Filmschaltwerk (1924). *1* antreibende Welle mit Schaltrad *2* und Sperrad *3*, *4* Schaltklinke mit Lagerung *5*, Hebel *6* mit Lagerung *7* und Drehpunkt *8* für Anker *9* mit Zapfen *9'*, *10* Magnet, *11* Feder, *12* Anschlag, *13* Sperrklinke, *14—18* Kollektor

daß bei Beginn der Schaltung die Zähne des Sperrades *3* freigegeben sind, am Ende der Schaltung jedoch durch die Sperrklinke immer einen Zahn am Sperrad *3* an der Weiterdrehung hindert. Die Bewegung der Sperrklinke *13* erfolgt dadurch, daß bei der Drehung des Schaltrades *2* der obere Teil der Schaltklinke *4* nach links und dadurch ihr unterer Teil mit dem gelenkig verbundenen Sperrhebel *13* nach rechts gedrückt wird.

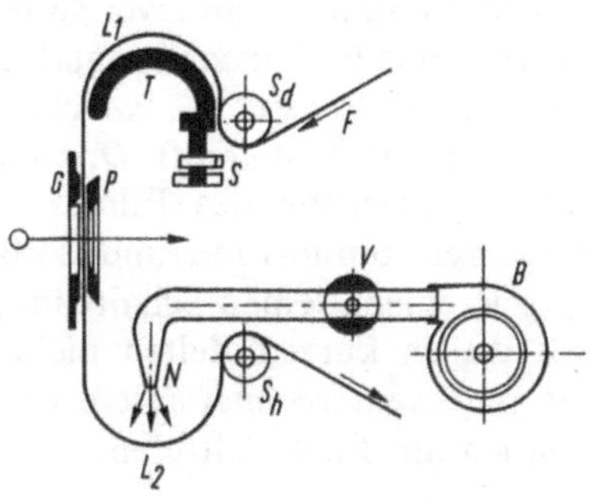

Abb. 142. Pneumatisches Schaltwerk nach EVANS (1918). S_d Vorwickelrolle, S_h Nachwickelrolle, *F* Film, L_1 obere und L_2 untere Filmschleife, *T* Begrenzungsstück, *G* Bildfenster, *P* Andruckplatte, *S* Bildstricheinstellung, *N* Luftdüse, *V* rotierendes Ventil, *B* Kompressor

Auch Preßluft wurde für die Filmfortschaltung in einer Anordnung von KODAK, Rochester, verwendet [209]. Dieses Prinzip hatte schon 35 Jahre vorher der Engländer H. F. EVANS in einem USA-Patent veröffentlicht (Abb. 142). Hierbei wird wie üblich eine Vor- und Nachwickelrolle S_d und S_h zum kontinuierlichen Filmtransport verwendet, zwischen denen sich die obere und untere Filmschleife L_1 und L_2 bildet. Anstelle eines Malteserkreuzes mit Zahnrolle wird der Film durch das Bildfenster *G* durch einen Luftstoß der Düse *N* gezogen. Die Luft des Kompressors *B* wird durch das rotierende Ventil *V* rhythmisch so gesteuert, daß die entstehenden Luftimpulse der gewünschten Bildfrequenz entsprechen. Die obere Schleife L_1 wird dann soweit zurückgezogen, bis sie auf das Begrenzungsstück *T* kommt. Dann schließt das Ventil *V*, der Film wird im Bildfenster *G* durch die Andruckplatte *P* in seiner Position festgehalten und projiziert. Inzwischen bildet sich wieder eine obere Schleife.

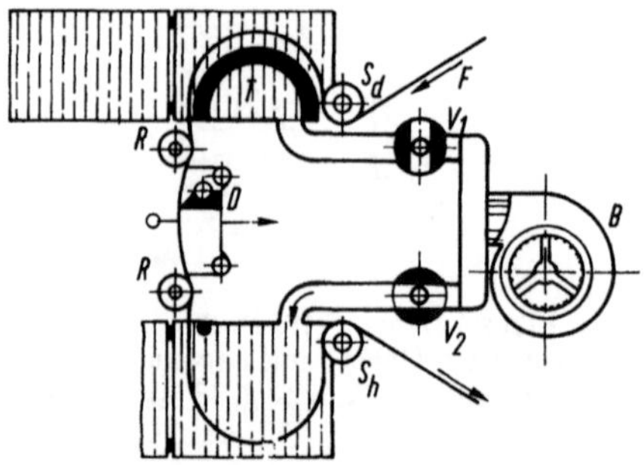

Abb. 143. Pneumatisches Schaltwerk nach WENGEL (1953). S_d Vorwickelrolle, S_h Nachwickelrolle, *F* Film, *T* Begrenzungsstück, *G* Bildfenster mit Rollen *R* und Justierstift *D*, V_1 und V_2 gesteuerte Ventile, *B* Kompressor

Die Bildstricheinstellung erfolgt durch die Schraube *S*, welche das Begrenzungsstück *T* nach oben oder unten bewegt. Diesem pneumatischen Schaltwerk haften noch Mängel an, z. B. schlechter Bildstand, die nach R. W. WENGEL in der Ausführung von KODAK behoben sind (Abb. 143). Der wesentliche Unterschied besteht in der Verwendung von zwei gesteuerten Ventilen V_1 und V_2, so daß auch die obere Schleife kurzzeitig und genau definiert gebildet wird, und einem verbesserten Bildfenster *G*, welches gekrümmt ist, Rollen R_1 und R_2 besitzt, sowie eine Art Justierstift *D*, welcher in die Perforation eingreift und für genaue Registrierung des Filmes während der Projektion sorgt. Dieses System ergibt bei 16-mm-Film und 24 B/sec sehr kurze Schaltzeiten, nämlich 1,7 msec, bzw. einen kleinen Schaltwinkel von 15°. Ein Umlaufverschluß (Blende) ist bei diesen kurzen Zeiten nicht erforderlich. Der Film wird dabei sehr geschont und man rechnet mit etwa 5000 Durchläufen, ehe merkliche Abnutzungsschäden am Film auftreten.

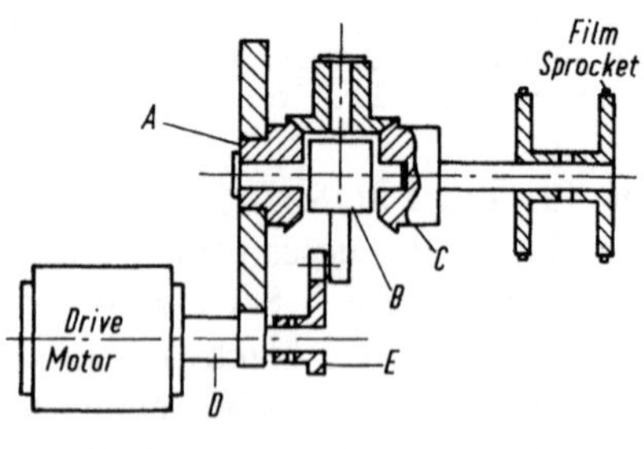

Abb. 144. Intermittierend arbeitendes Planetengetriebe nach ADAMS (1969). *A* Zahnrad, *B* Käfig, *C* Antriebsrad, *D* antreibende Welle, *E* Nocke

In der jüngsten Zeit wurde ein Planetenrad-Getriebe für die Filmfortschaltung vorgeschlagen [210]. Hierbei treibt der Motor über seine Welle *D* das Zahnrad *A* an (Abb. 144). Ebenfalls treibt *D* über die Nocke *E* den Käfig *B* an. Am Ausgangsrad *C* befindet sich die Zahnrolle, welche den Film intermittierend bewegen soll. Wenn der Motor läuft, dreht sich der Käfig *B* entgegengesetzt zu Rad *A*. Die Welle *C* hat dann eine Drehzahl, die der von *A* plus zweimal der von *B* während des ausgewählten Intervalls entspricht. Dieses Intervall wird nach dem vorliegenden Projektionssystem ausgewählt und stellt die Zugperiode dar. Die Stillstandsperiode von *C* wird erreicht, wenn *B* gleichmäßig mit der halben Geschwindigkeit von *A* und in der gleichen Richtung rotiert. Dies wird durch die Rotation von *E* bewirkt, welches den Drehsinn von *B* während der Stillstandsperiode von *C* ändert. So wird aus dem kontinuierlichen Lauf des Motors ein intermittierender Betrieb der Zahntrommel erreicht.

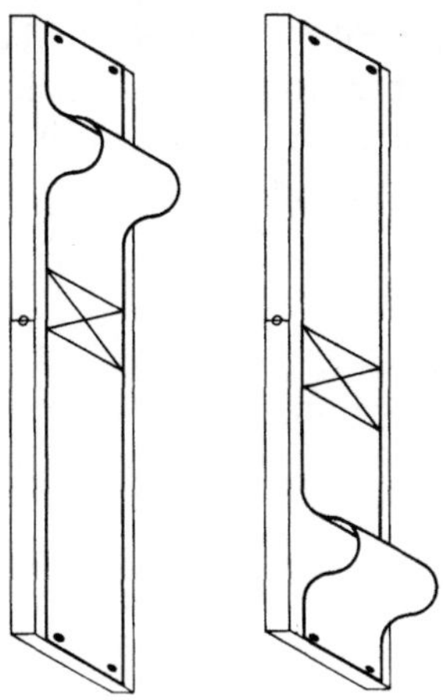

Abb. 145. Rolling Loop nach JONES, Prinzip (1967)

Eine weitere interessante Lösung nach P. R. W. JONES besteht in der „Rolling Loop" [211]. Hierbei rollt sich der Film in einer Schleife vorwärts (Abb. 145). Der auf dieser Platte befestigte Film ist genau ein Bild länger als diese. Die Schleife befindet sich zunächst vor dem angekreuzten Bildfenster (linke Abbil-

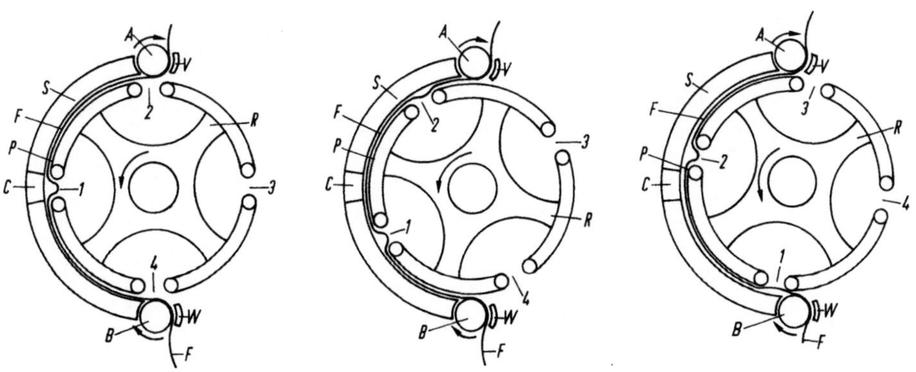

Abb. 146. Rolling Loop nach JONES, Ausführungsform (1967). *A* obere Zuführrolle, *B* untere Abführrolle, *C* Bildfenster, *F* Film, *P* Sperrstifte, *R* Rotor, *S* Stator, *V* und *W* Filmführungen

dung). Wenn die Schleife über das Bildfenster hinweggerollt ist (rechte Abbildung), liegt dasselbe Bildfeld hinter dem Bildfenster. Der Film ist also um ein Bild weitergerückt, ohne daß er ruckweise bewegt wurde.

Die praktische Ausführung besteht darin, daß ein Rotor mit spaltähnlichen Öffnungen verwendet wird, in die sich die Filmschleifen hineinlegen (Abb. 146). Der Rotor transportiert die Filmschleifen von der oberen zur unteren Zahntrommel. Bis die Schleife zum Bildfenster kommt, steht dort der Film zur Projektion still und wird durch einen Justierstift in genauer Position gehalten. Es existieren hierbei keine Teile mit diskontinuierlicher Bewegung, vielmehr laufen die drei Komponenten, nämlich Rotor und die zwei Zahntrommeln, mit konstanter Geschwindigkeit, der Film erhält keine ruckweise Bewegung. Dieses System gestattet sehr hohe Bildfrequenzen — bei 35-mm-Film bis zu 300 B/sec — und sehr kurze Schaltzeiten, die es für Fernsehaufzeichnungen geeignet machen. Ein Projektor nach diesem Prinzip wurde auf der Expo 70 in Osaka eingesetzt [212, 213]. Er war für 70-mm-Film eingerichtet; das Bildfenster war ungewöhnlich groß, erstreckte sich über 15 Perforationslöcher und hatte die Abmessungen 48,6 × 69,6 mm. Die Schaltzeit des Films betrug hierbei 8 m/sec bei einer Vorführgeschwindigkeit von 24 B/sec.

V. Konstruktion der Laufbildwerfer

A. Allgemeine Konstruktion der Laufbildwerfer

Man unterscheidet zwischen stationären und transportablen Bildwerfern. Projektoren für 8-mm-Film sind durchweg transportabel gestaltet (Abb. 147), und zwar in Kofferform. Projektoren für 35-mm- und 70-mm-Film sind in der Regel stationäre Projektoren (Abb. 148), obwohl es für 35-mm-Film auch transportable Einrichtungen gibt (DIN 15579 Blatt 1 und 2). Gemeinsam ist den beiden Ausführungen das Projektorwerk mit Motor, die Beleuchtungseinrichtung, die Abbildungseinrichtung, die Ab- und Aufwicklung und eventuell

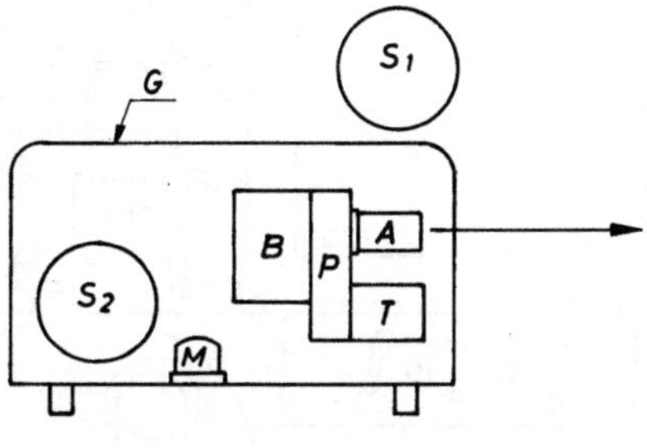

Abb. 147. Transportabler Laufbildwerfer (Prinzip). *A* Abbildungseinrichtung, *B* Beleuchtungseinrichtung, *G* Gehäuse (Kofferform), *M* Motor, *P* Filmtransporteinrichtung, S_1 Abwickelspule, S_2 Aufwickelspule, *T* Tonlaufwerk

das Tongerät. Der Filmlauf bei stationären Projektoren geht meist von oben nach unten (Abb. 149). Das Tonlaufwerk für Lichtton befindet sich bei den europäischen Konstruktionen meist zwischen Projektorkopf und Beleuchtungseinrichtung, bei amerikanischen Konstruktionen vorn, also unterhalb des Objektivs oder auch unterhalb des Projektorkopfes. Ist das Lichtton-Laufwerk kein separates Gerät, sondern Bestandteil des Projektors, so spricht man von einer „Bildtonmaschine", wie sie erstmals 1934 mit der *Ernemann VII* von Zeiss Ikon, Dresden, herausgebracht wurde (Abb. 150).

Stationäre Projektoren sind so konstruiert, daß sich der Film und die Bedienungselemente auf der rechten Seite des Projektorkopfes (in Projektionsrichtung gesehen) befinden. Da in manchen Fällen die Bildwerferräume sehr eng waren, wurden von Bauer, Stuttgart, im Jahre 1925 und dann von Ernemann, Dresden, Linksausführungen herausgebracht (Abb. 151), die noch den Vorteil hatten, daß der Vorführer zwischen den Projektoren stehend beide Maschinen bedienen konnte, während er bei zwei Rechtsmaschinen jeweils um die betreffende Maschine herumgehen mußte. Diese Konstruktion der Linksmaschine wurde auch durch die damals bestehenden deutschen Vorschriften (Lichtspieltheater-Verordnung) gefördert, wonach der Filmvorführer seinen Standort an der laufenden Maschine nicht verlassen durfte. Bei anderen europäischen oder auch amerikanischen Fabrikaten findet man daher keine Linksausführungen.

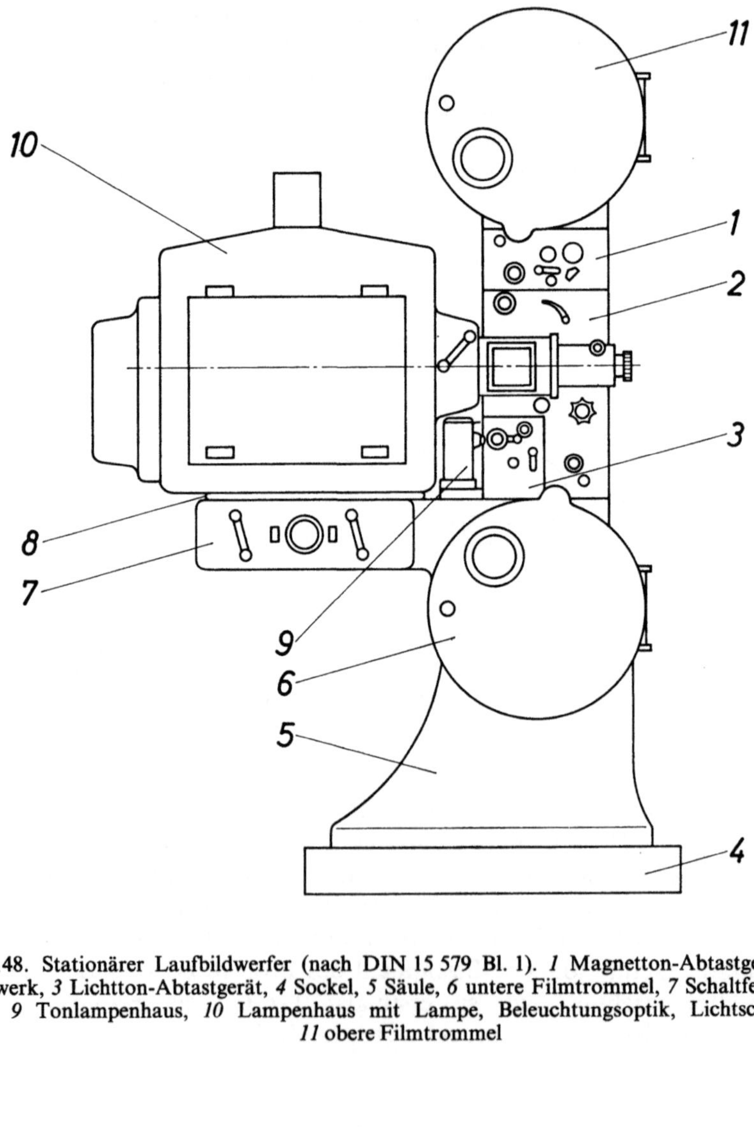

Abb. 148. Stationärer Laufbildwerfer (nach DIN 15 579 Bl. 1). *1* Magnetton-Abtastgerät, *2* Projektorwerk, *3* Lichtton-Abtastgerät, *4* Sockel, *5* Säule, *6* untere Filmtrommel, *7* Schaltfeld, *8* Tischplatte, *9* Tonlampenhaus, *10* Lampenhaus mit Lampe, Beleuchtungsoptik, Lichtschutzklappe, *11* obere Filmtrommel

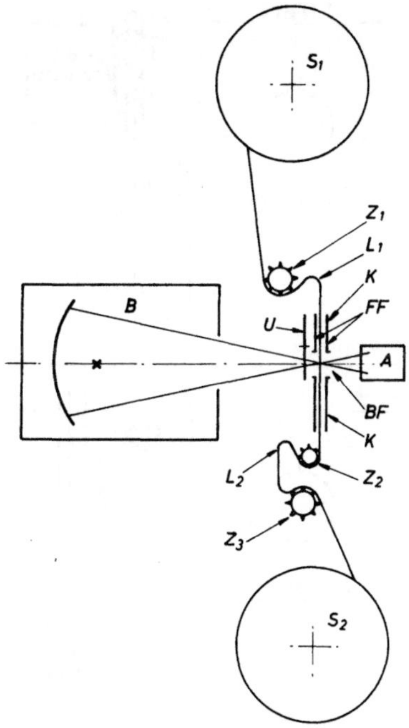

Abb. 149. Filmlauf im stationären Laufbildwerfer. *A* Abbildungseinrichtung, *B* Beleuchtungseinrichtung, *BF* Bildfenster, *FF* Filmführung, *K* Kufen, L_1 obere Filmschleife, L_2 untere Filmschleife, S_1 Abwickelspule, S_2 Aufwickelspule, *U* Umlaufverschluß, Z_1 obere Zahnrolle (Vorwickelrolle), Z_2 Schaltrolle (intermittierend), Z_3 untere Zahnrolle (Nachwickelrolle)

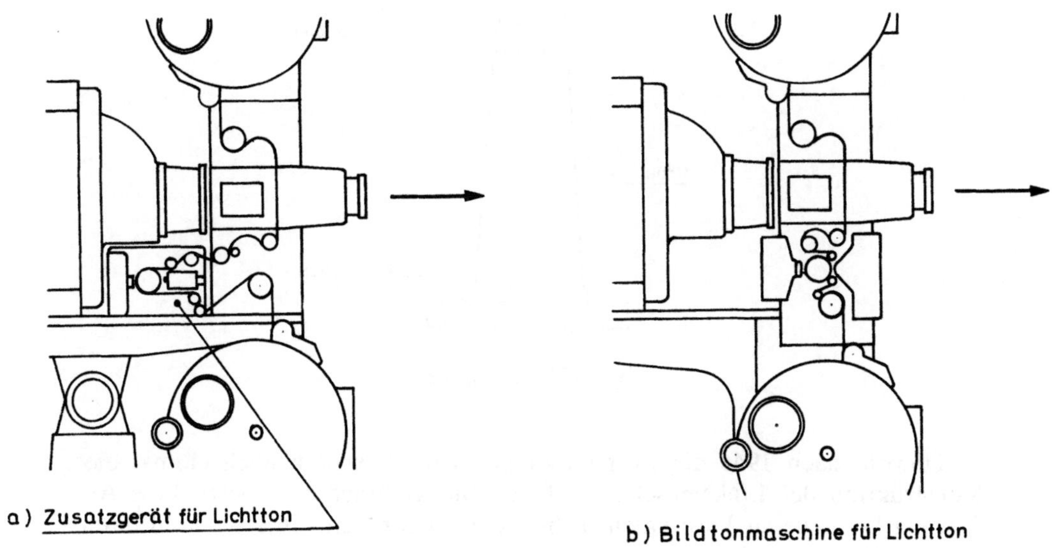

Abb. 150. Laufbildwerfer für Lichtton

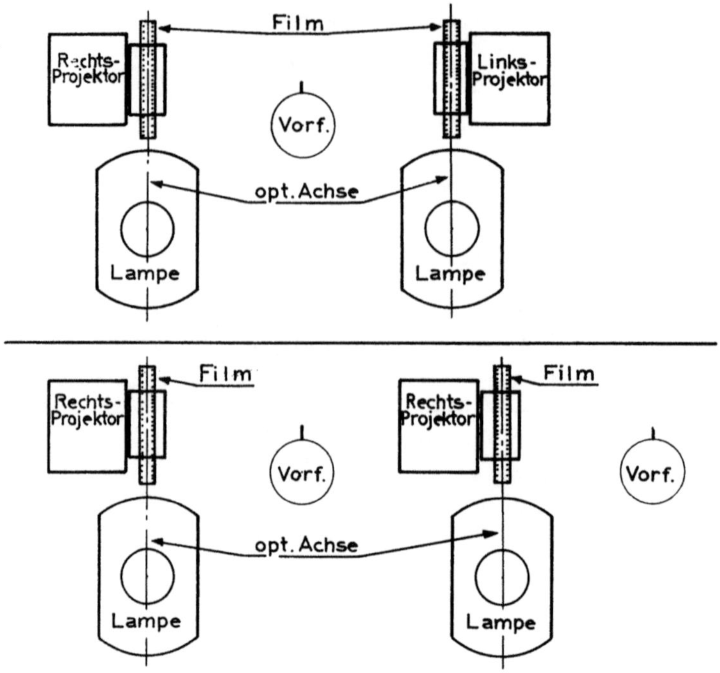

Abb. 151. Anordnung von zwei Projektoren. Oben: Links- und Rechts-Projektor, unten: zwei Rechts-Projektoren

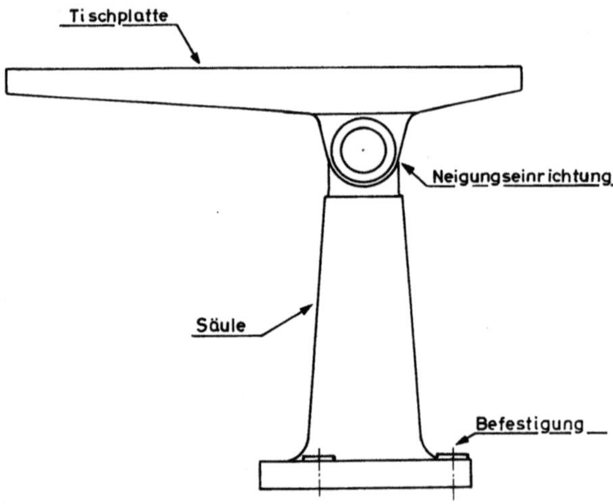

Abb. 152. Säulengestell

Obwohl nach 1945 die Firma FRIESEKE UND HÖPFNER noch einmal diese Konstruktion der Linksmaschine auf den Markt brachte, ist jetzt diese Ausführung bei neueren Fabrikaten nicht mehr anzutreffen. Dies ist wohl darauf zurückzuführen, daß die gesetzlichen Vorschriften nach der Einführung des Sicherheitsfilms nicht mehr vorsehen, daß der Vorführer seinen Platz am Projektor nicht verlassen darf und daß für die Fabrikanten eine Typenreduzierung eintritt und auch die Zahl der Ersatzteile verringert wird.

Der Fuß und Tisch des Bildwerfers wurde früher als Vierbeintisch ausgebildet. Heute ist es meist eine aus Guß oder Blech hergestellte Säule, die am Fußboden befestigt werden kann und deren Tischplatte zur Einstellung des Projektionswinkels geneigt werden kann (Abb. 152). Das Innere der Säule wird gleich dazu benutzt, die Klemmen für die elektrischen Anschlüsse sowie eventuell für die Rohre für Kühlwasserzu- und -abfluß und Luft unterzubringen (Abb. 153). Wenn der Tisch als einfache Platte ausgeführt ist, so wird der Anlasser und andere elektrische Bedienungselemente unter ihr angeschraubt. Aufwendigere Konstruktionen bevorzugen ein Tischgehäuse, das dann diese Elemente im Innern aufnimmt (Abb. 154).

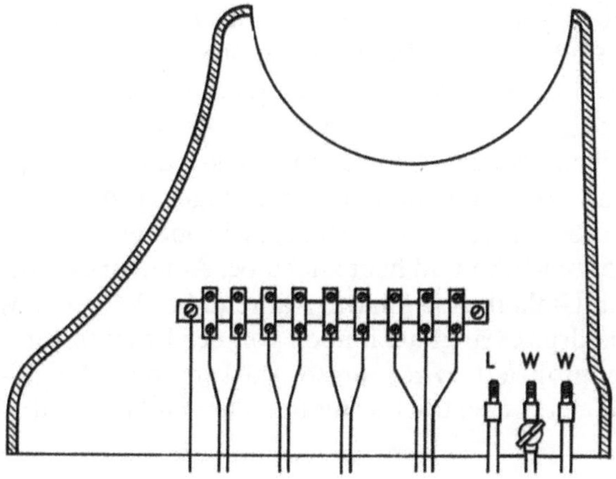

Abb. 153. Anschlüsse im Innern der Säule

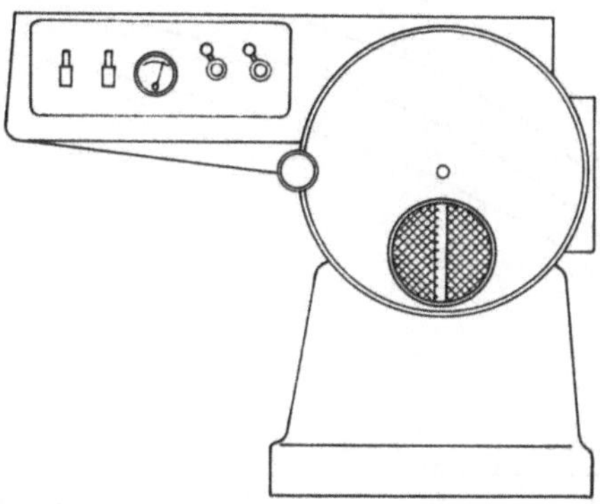

Abb. 154. Tisch enthält Schalt- und Bau-Elemente

B. Der Umlaufverschluß

Bei intermittierendem Filmtransport muß die Transportphase für das Auge unsichtbar gemacht werden. Dies geschieht durch einen Umlaufverschluß (Blende), der den Lichtstrahl während des Filmtransportes unterbricht. Wenn auch bei der Projektion eine Vorführgeschwindigkeit von etwa 18 B/sec genügt, um bei normalen Bewegungsvorgängen dem Auge einen fließenden Ablauf darzubieten (bei sehr schnellen Bewegungsvorgängen muß die Vorführfrequenz 50 bis 80 B/sec betragen), so würde doch Flimmern, selbst bei der international genormten Frequenz von 24 B/sec eintreten. Deshalb hat man schon seit Beginn der Kinematographie einen Trick angewendet und unterbricht den Lichtstrahl nicht nur während des Filmtransportes durch den „Abdeckflügel“ bzw. „Zugflügel“, sondern auch noch ein zweites Mal während des Filmstillstandes, also während der Projektionszeit, durch den „Flimmerflügel“. Damit wird die Zahl der Hell-Dunkel-Wechsel verdoppelt, allerdings auf Kosten des Lichtes. Die ersten wissenschaftlichen Untersuchungen dürften wohl von K. Marbe aus dem Jahre 1910 stammen [214]. Er hat, wie auch später 1913 C. Forch die scheibenförmigen Umlaufverschlüsse untersucht [215]. Die Verschmelzungsfrequenz von etwa 48 Unterbrechungen pro Sekunde des Lichtstrahls erreicht man bei langsamen Vorführgeschwindigkeiten von etwa 16 Hz, wie sie früher bei 35-mm-Film und heute noch bei Amateur-Schmalfilm vorkommen, mit dreiteiligen Umlaufverschlüssen, während bei 24 B/sec zweiteilige genügen. Der Flimmereindruck hängt auch noch von der Leuchtdichte des Bildschirmes ab. Je heller projiziert wird, umso stärker wird das Flimmern bzw. mit geringer werdender Leuchtdichte nimmt das Flimmern ab. Hierüber hat

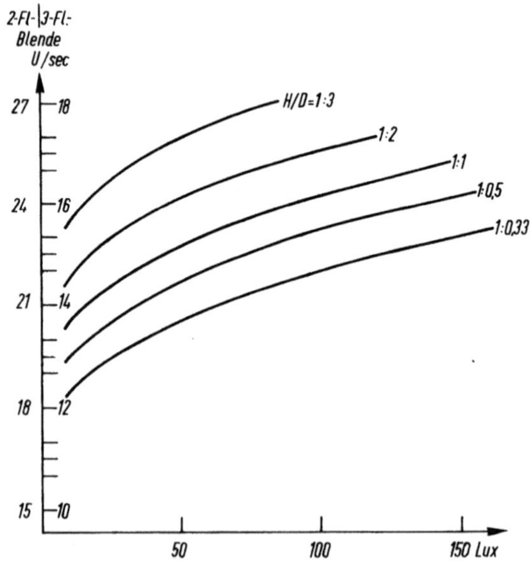

Abb. 155. Flimmergrenze (Blenden-Umdrehungszahl je Sekunde) in Abhängigkeit von der Beleuchtungsstärke (Lux) auf der Bildwand bei 2- und 3-Flügelblenden mit verschiedenem Öffnungsverhältnis *H/D*

W. ARNDT im Jahre 1935 grundlegende Messungen veröffentlicht [216], und zwar für symmetrische wie auch für unsymmetrische Blenden in Abhängigkeit von der Beleuchtungsstärke (Lux) auf der Bildwand. Legt man für die Bildwand den Reflexionsfaktor 0,75 zugrunde, so erhält man die entsprechenden Leuchtdichtewerte an Stelle der Beleuchtungsstärken (Abb. 155). Hierbei gilt eine symmetrische Aufteilung der rotierenden Blende in Hell- und Dunkelteile wie folgt:

H/D = 1:1

bei Zweiflügelblenden	H = 2 × je 90° D = 2 × je 90°
bei Dreiflügelblenden	H = 3 × je 60° D = 3 × je 60°

H/D = 1:3

bei Zweiflügelblenden	H = 2 × je 45° D = 2 × je 135°
bei Dreiflügelblenden	H = 3 × je 30° D = 3 × je 90°

H/D = 1:0,5

bei Zweiflügelblenden	H = 2 × je 120° D = 2 × je 60°
bei Dreiflügelblenden	H = 3 × je 80° D = 3 × je 40°

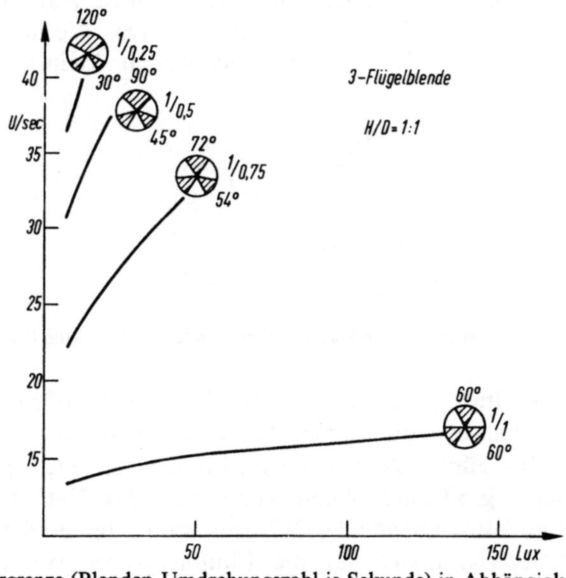

Abb. 156. Flimmergrenze (Blenden-Umdrehungszahl je Sekunde) in Abhängigkeit von der Beleuchtungsstärke (Lux) auf der Bildwand für 3-Flügelblenden mit dem Öffnungsverhältnis $H/D = 1:1$ bei verschiedenen Hinkverhältnissen der Dunkelsektoren

Man sieht hieraus, daß mit zunehmender Beleuchtungsstärke sich die Flimmergrenze zu höheren Werten verschiebt. Dies ist aber auch der Fall, wenn der Hellteil H bzw. das Verhältnis H/D größer wird.

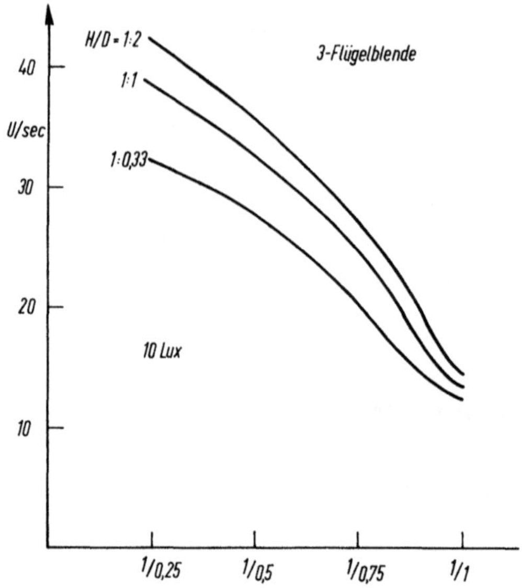

Abb. 157. Flimmergrenze (Blenden-Umdrehungszahl je Sekunde) in Abhängigkeit vom Hinkverhältnis der Dunkelsektoren von 3-Flügelblenden mit verschiedenem Öffnungsverhältnis *H/D*

Werden bei der Dreiflügelblende die drei Dunkelsektoren unter sich nicht gleich groß gemacht, sondern ein Dunkelsektor größer und die beiden anderen gleich groß, so steigt die Flimmergrenze durch diese Asymmetrie stark an, obwohl das Verhältnis H/D=1 (Abb. 156) ist. Das Verhältnis des großen Dunkelsektors zu einem der beiden gleichgroßen kleinen Dunkelsektoren

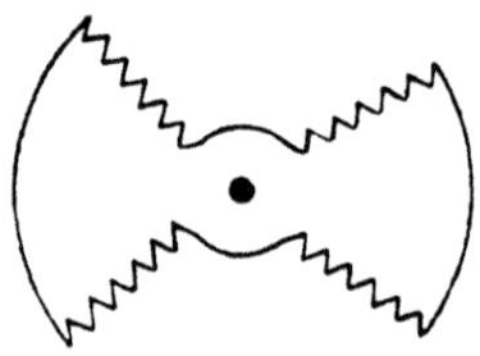

Abb. 158. Symmetrische Zweischeibenblende mit gezackten Kanten

wird das Hinkverhältnis genannt. Bei den drei gleichgroßen Dunkelsektoren ist es 1/1. Je stärker es von diesem Wert abweicht, umso höher liegt die Flimmergrenze. Das günstigste Ergebnis wird also erzielt, wenn die Dunkelsektoren alle gleich groß sind. Auch wenn man das Hell-Dunkel-Verhältnis nicht 1:1, sondern abweichende H/D-Werte wählt, bleibt der starke Einfluß eines hohen Hinkverhältnisses auf die Flimmergrenze bestehen (Abb. 157), d. h. der günstigste Wert ist bei einem Hinkverhältnis 1/1, d. h. bei gleichgroßen Blendenflügeln.

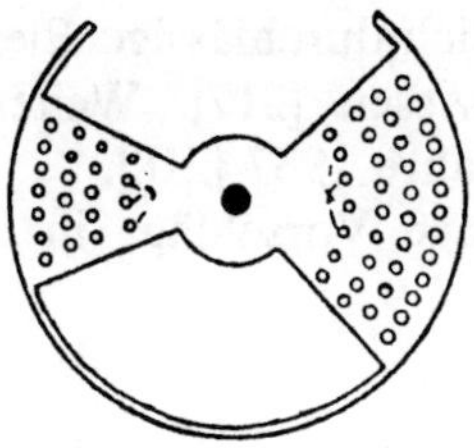

Abb. 159. Zwischenblende mit perforierten Abdeckflügeln

Damit der Übergang von Hell auf Dunkel nicht zu plötzlich ist, hat man auch Blenden vorgeschlagen, die nicht gerade Abdeckkanten, sondern gekrümmte oder gezackte besitzen (Abb. 158). Der gleiche Zweck soll durch Perforierung der Abdeckflügel erreicht werden (Abb. 159), verbunden mit einem Lichtgewinn. Aber die Art der Kantenform beeinflußt die Flimmergrenze nicht. Die Flimmergrenze hängt nur von folgenden Faktoren ab:

a) Lichtwechsel pro Sekunde
b) Art des Umlaufverschlusses
c) Bildwand-Leuchtdichte
d) Umfeld-Leuchtdichte
e) Farbe des Bildes
f) Betrachtungswinkel des Bildes
g) Zentrale oder periphere Lage des Bildes auf der Netzhaut
h) Individuelle Empfindlichkeit des Beobachters.

Die Empfindung des Flimmerns wird von der Farbe beeinflußt (Abb. 160). Im grünen Spektralbereich ist die Flimmererscheinung etwa doppelt so hoch wie im roten oder violetten.

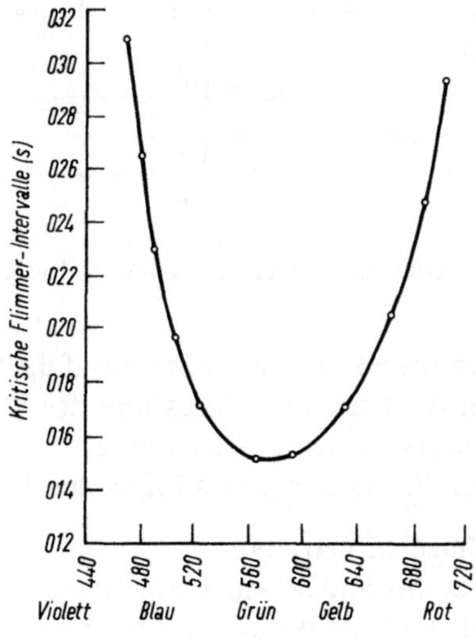

Abb. 160. Abhängigkeit des Flimmerns von der Farbe

Auf die Zwecklosigkeit, lichtdurchlässige Blendenflügel zu verwenden, hat auch 1926 W. Illge hingewiesen [217]. Weitere Untersuchungen stammen von R. H. Cricks aus dem Jahre 1937 [218].

Trotzdem tauchen derartige Vorschläge in der jüngeren Zeit wieder auf [219].

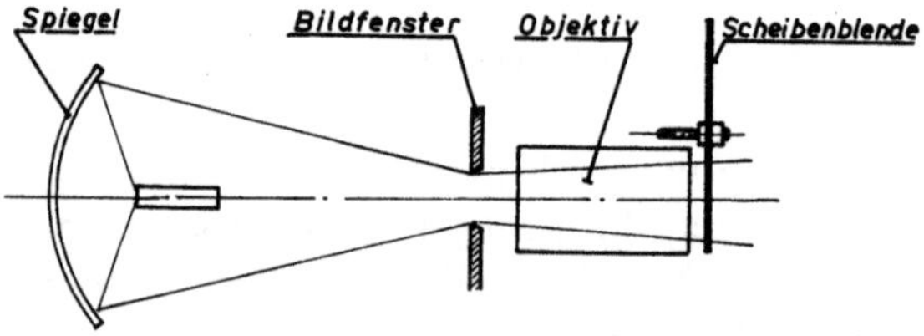

Abb. 161. Die „Vorderblende“ befindet sich zwischen Objektiv und Bildschirm

In den ersten Jahrzehnten der Kinematographie waren die Umlaufverschlüsse der Projektoren vor dem Film (vom Bildschirm gesehen) angebracht und befanden sich zwischen Objektiv und Bildwand (Abb. 161). Diese „Vorderblende“ hat aber den Nachteil, daß Film und Objektiv ständig mit dem vollen Lichtstrom belastet werden. Als Vorteil sei erwähnt, daß die Anbringung der Vorderblende an einer Stelle weit entfernt vom Projektormechanismus erfolgt, wo der Hitzeeinfluß auf die Blendenwelle und Verölungsgefahr gering ist und wo sich ein kleiner Lichtkegeldurchmesser befindet. Die Vorderblende ist in modernen Konstruktionen nicht mehr üblich. Um Film und Objektiv nicht zu stark mit dem Lichtstrahl zu belasten, wird jetzt der Umlaufverschluß als „Hinterblende“ zwischen Lichtquelle und Film gelegt (Abb. 162).

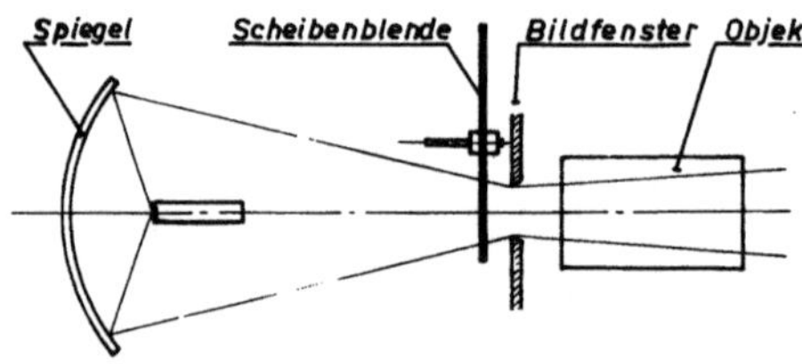

Abb. 162. Die „Hinterblende“ befindet sich zwischen Lichtquelle und Film

Bei einem Normalfilmprojektor mit einer zweiflügeligen Blende zu je 90° Abdeckung beträgt dann die Strahlungsbelastung des Objektivs und des Films nur noch die Hälfte gegenüber einer Vorderblende.

Die Größe des Abdeckflügels hängt von folgenden Faktoren ab:

a) Zugwinkel des Filmschaltgetriebes
b) Durchmesser des Lichtbündels am Umlaufverschluß
c) Abstand der Blende von der optischen Achse
d) Die Lage der Blende zum Bildfenster (Abb. 163).

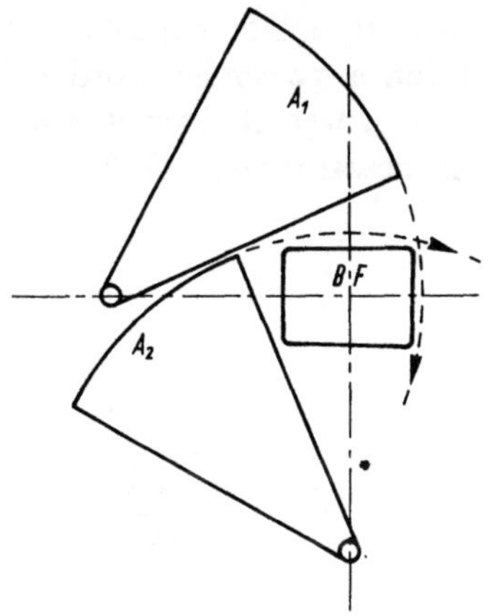

Abb. 163. Lage des Umlaufverschlusses zum Bildfenster. In Lage A_1 wird das Bildfenster in kürzerer Zeit geschlossen als in Lage A_2

Der lichttechnische Wirkungsgrad eines Umlaufverschlusses ist nicht nur abhängig von der Schaltzeit des Films, sondern auch von der Zeit, die erforderlich ist, um das Bildfenster abzudecken oder freizugeben. Diese sollte möglichst kurz sein [220].

Je größer der Durchmesser des abzudeckenden Lichtkegels ist, umso größer muß der Verschlußflügel sein und umso mehr Zeit wird benötigt, den Dunkelsektor vor den Lichtkegel zu bringen. Dasselbe gilt für die Freigabe des Lichtstrahls. Daher ergibt sich also als günstigster Platz für die Anordnung der Blende die Stelle des kleinsten Lichtbündeldurchmessers. Das ist der Fall dicht am Bildfenster.

Hat z. B. der Lichtstrahl, der vom Spiegel der Lampe kommt, einen Winkel von 20°, so erhält man folgende Durchmesser d des Lichtkegels im Abstand f vom Bildfenster und Zunahme der Laufzeit t des Blendenflügels:

Tabelle 27

f mm	d mm	t %
100	54	—
125	63	17,5
150	74	38

Das Dunkelteil D des Scheibenverschlusses (Abb. 164) besteht aus den Winkeln δ_1, der zum Abdecken des Filmzuges benötigt wird und dem Winkel δ_2, der zum vollständigen Abdecken des lichterfüllten Querschnittes vom Durchmesser $2r$ oder zum vollständigen Abdecken des Bildfensters erforderlich ist.

Aus diesem Grunde sind auch schon frühzeitig Blenden vorgeschlagen worden, bei denen zwei Scheiben gegeneinander laufen [215]. Bei gleicher Winkelgeschwindigkeit tritt hier die volle Abdeckung in der halben Zeit ein, die für eine Scheibe notwendig ist (Abb. 165). Derartige Konstruktionen sind vorwiegend bei amerikanischen Projektoren angewendet worden [221, 222]. Auch oszillierende Blendenflügel sind schon vorgeschlagen worden, haben sich aber wegen des höheren Aufwandes nicht bewährt (Abb. 166).

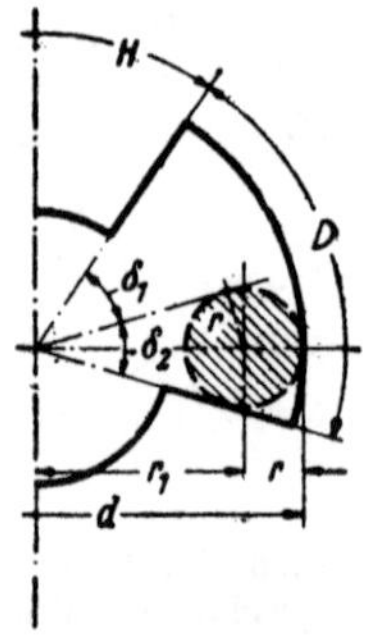

Abb. 164. Schema des Umlaufverschlusses. D Dunkelteil, H Hellteil, r Radius des abzudeckenden Lichtkegels, r_1 Abstand des Lichtkegelmittelpunktes von der Verschlußwelle, δ_1 Abdeckwinkel für Filmzug, δ_2 Abdeckwinkel für den Lichtkegel, d Verschlußdurchmesser

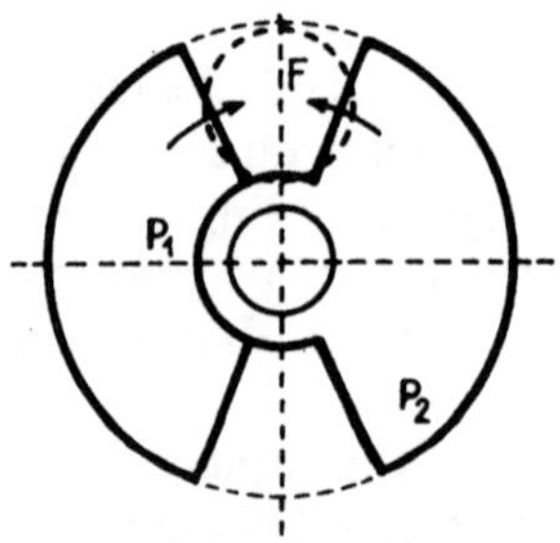

Abb. 165. Scheibenblende mit zwei gegenläufigen Flügeln P_1 und P_2 zur schnellen Abdeckung des Bildfensters F

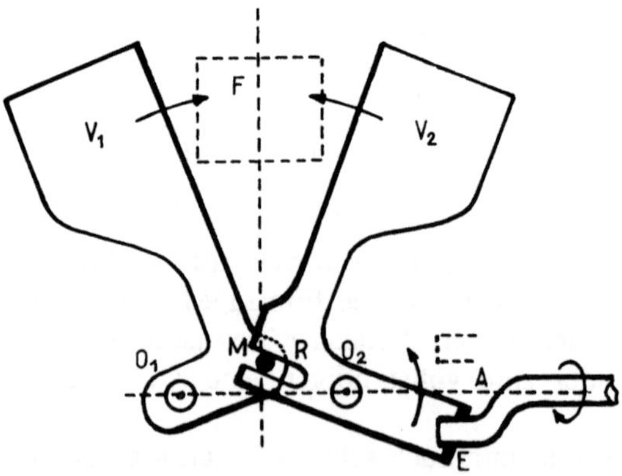

Abb. 166. Blende mit zwei oszillierenden Flügeln V_1 und V_2

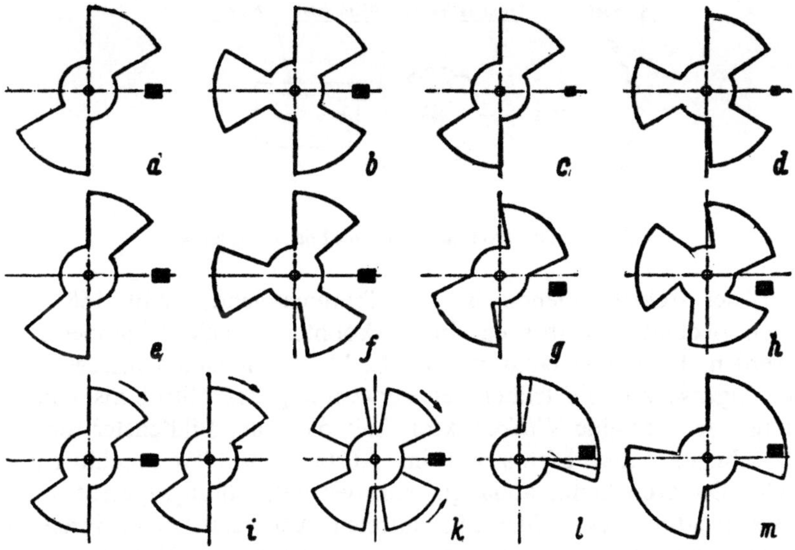

Abb. 167. Verschiedene Scheibenblenden. *a* und *b* Lytax, *c, d, e, f* Siemens, *g* und *h* Bauer, *i* und *k* Doppel-Verschluß, *l, m* Agfa

Eine Zusammenstellung verschiedener Scheibenblenden (Abb. 167) zeigt eine Anzahl Verschlüsse, die teilweise nur in den Winkelgrößen ihrer Hell- und Dunkelteile dargestellt sind, nicht dagegen in ihren geometrischen Abmessungen, also im Durchmesser und der Form der Flügelkanten, die von der Lage der Verschlußachse zum Bildfenster abhängt. Bei einem Schaltverhältnis $S=1:6$ erhält man z. B. zwei Dunkelteile D von je 60° und zwei Hellteile H von je 120° (*a*). Bei einer Bildwechselzahl von 16 Hz und einem Zug von 60° benötigt man eine dreiteilige Blende mit symmetrischer Aufteilung der Hell- und Dunkelteile von je 60° (*b*). Bei einem Schaltverhältnis $S=1:7$ werden bei der Zweiflügelblende $H=125°$ und $D=55°$ (*c*), bei der Dreiflügelblende $H=65°$ und $D=55°$ (*d*). Für 16-mm-Projektoren mit $S=1:8$ erhält man Zweiflügelblenden mit $H=130°$ und $D=50°$ (*e*) und Dreiflügelblenden mit $H=70°$ und $D=50°$ (*f*).

Aus konstruktiven Gründen ist manchmal die Verschlußachse nicht in der gleichen Höhe der Bildfenstermitte eingesetzt. Um die Zeit vom Beginn bis zum Ende des völligen Schließens des Bildfensters klein zu machen, läßt man den Schlitz des Verschlusses parallel zur langen Seite des Bildfensters laufen, um einen möglichst kurzen Weg zu erhalten. Aus dieser Forderung ergibt sich die Lage der Verschluß-Abdeckkanten, die bei höhenversetzten Bildfenstern nicht mehr radial verlaufen, sondern parallel zur waagrechten Mittellinie des Bildfensters (*g, h*). Um das Bildfenster schneller abzudecken, kann man einen Doppelverschluß anwenden, dessen Scheiben sich auf zwei getrennten Wellen befinden und gleichläufig sind (*i*), oder die koaxial angebracht und gegenläufig sind (*k*). Eine weitere Möglichkeit, die Schließzeit kurz zu halten, besteht darin, den Verschluß einflügelig auszubilden und mit doppelter Geschwindigkeit laufen zu lassen (*l*).

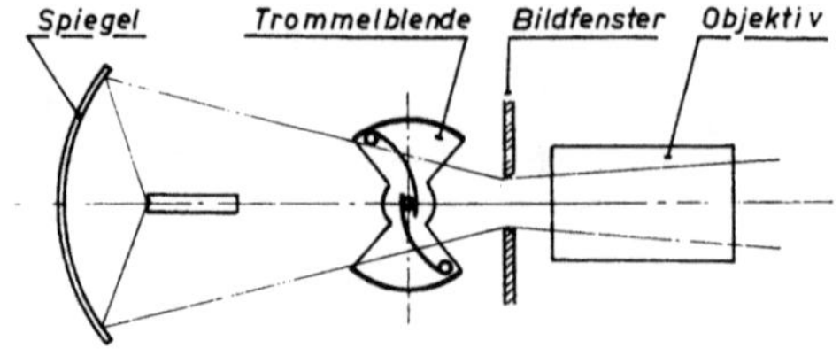

Abb. 168. Die Trommelblende mit Fliehkraftklappen

Außer der Scheibenblende ist die Trommelblende (Abb. 168) für die Praxis von Bedeutung geworden. In ihr konnten Fliehkraftklappen untergebracht werden, die sich bei langsamer Drehzahl oder Stillstand von selbst schlossen, eine Eigenschaft, die früher bei Verwendung des Nitrofilms von großer Bedeutung war. Der eine Winkelsektor läuft dicht am Bildfenster, der andere dagegen schneidet den Lichtstrahl im Abstand des Trommeldurchmessers (Abb. 169). Dadurch kann, abhängig von der Beleuchtungsapertur, eine vorzeitige Beschneidung des Lichtstrahls eintreten. Andererseits tritt durch die Gegenläufigkeit der Dunkelsektoren eine Verkürzung der Abdeckzeit für das Bildfenster ein.

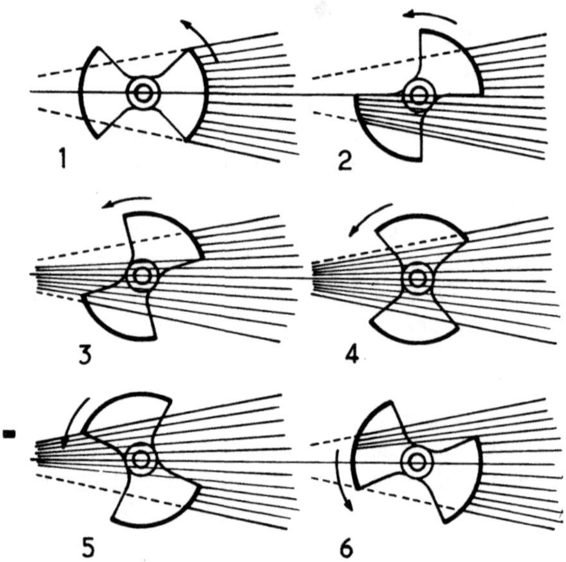

Abb. 169. Lichtabdeckung mit der Trommelblende

Eine weitere Form ist die Kegelblende (Abb. 170), die ebenfalls dicht am Bildfenster das Lichtbündel schneidet. Sie hat den Vorteil, daß der Gegenflügel sich in dieser Phase außerhalb des Lichtbündels befindet.

Da in Autokinos der zur Verfügung stehende Lichtstrom trotz Verwendung stärkster Lichtquellen oftmals bei weitem nicht genügt, sondern nur niedrige Bildwandleuchtdichten erzielt werden, kürzt man die Blendenflügel.

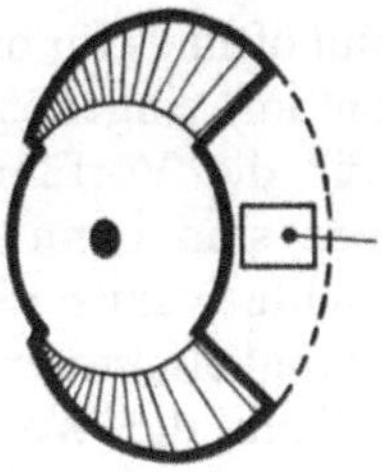

Abb. 170. Kegelblende. *F* Bildfenster

Dies kann man bei niedrigen Leuchtdichten bis zu einem gewissen Grade tun, ohne daß der Filmtransport auf dem Bildschirm (Blendenziehen) sichtbar wird.

Nach amerikanischen Messungen an USA-Projektoren erhält man folgende Werte:

Tabelle 28

	Blendenart	Flügel	Empfohlen für	Lichtdurchlaß %
1	Trommel	2×78	allgemein	39
2	Trommel	2×72	Autokino	42
3	Hinter-Scheiben	2×90°	allgemein	50
4	Hinter-Scheiben	2×70°	Autokino	61
5	Vorder- und Hinter-Scheiben	4×70°	allgemein	53
6	Kegel	2×84°	allgemein	57
7	Doppel-Scheiben	4×70°	allgemein	53
8	Doppel-Scheiben	4×65°	Autokino	56

Abb. 171. Blendenziehen nach oben bzw. unten

Der Umlaufverschluß soll den Transport des Filmes unsichtbar machen. Der Zugflügel muß also entsprechend groß gestaltet werden. Da am Anfang und Beginn des Schaltvorganges die Filmgeschwindigkeit Null beträgt und allmählich ansteigt, ist es statthaft, die Blendenflügel etwas schmäler zu halten, als es dem theoretischen Wert entspricht, maximal etwa 2,5% [223]. Besonders bei niedrigen Leuchtdichten macht man davon Gebrauch. Werden die Flügel zu klein, so ist der Filmtransport auf dem Bildschirm als „Ziehen" bemerkbar. Dieses Blendenziehen kann auch bei genügend großen Flügeln auftreten, wenn deren Einstellung nicht in der richtigen Phasenlage zum Schaltvorgang liegt. Öffnet der Verschluß zu spät, so zieht das Bild nach oben, bei zu frühem Öffnen zieht das Bild nach unten zur Fußkante (Abb. 171). Durch Verdrehen der Blende auf ihrer Welle läßt sich diese Erscheinung beheben.

Schmalfilmprojektoren sind oftmals für die Vorführung mit 16 B/sec (Stummfilm) wie auch 24 B/sec (Tonfilm) eingerichtet. Für die niedrige Geschwindigkeit wird eine dreiteilige, für die Vorführung mit 24 B/sec eine zweiteilige benötigt. Die Blendenscheiben sind dann leicht auswechselbar oder einstellbar (Abb. 172). Der dargestellte Verschluß hat drei bewegliche Dunkelteile *3*, *7*, *8* für 60° Hell- und Dunkelsektoren. Wird nach Lösen der Verriegelung *4* die Scheibe *5* und damit die Welle *6* in Richtung gegen den Uhrzeiger gedreht, bewegt sich der fest angebrachte Verschluß *7* bis sein Ausschnitt *7a* mit seiner Kante an den Stift *9* ausschlägt. Damit wird das lose auf der Welle *6* sitzende Dunkelteil *8* mitgenommen, bis die rechte Kante des Ausschnittes *8a* den Stift *10* berührt. Nach dieser Drehung hat sich das Dunkelteil *7* um zweimal 60° verstellt und steht somit vor dem Dunkelteil *3*.

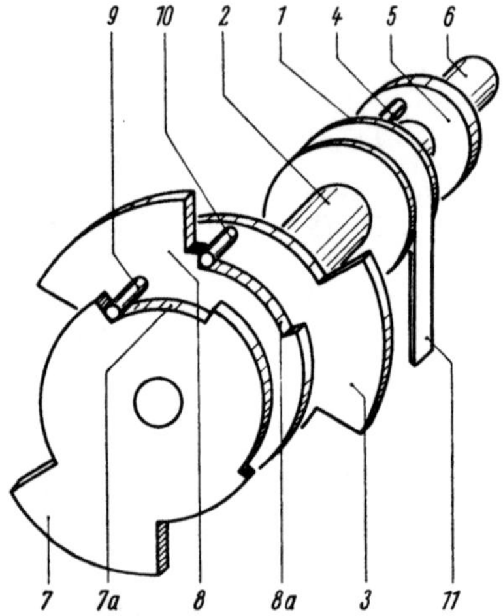

Abb. 172. Verstellbarer 2- und 3-Flügel-Umlaufverschluß des 16-mm-Projektors LYTAX Super 55. *1* Antriebsrad, *2* Hohlwelle, *3* Verschlußflügel, *4* Kupplungsstift, *5* Kupplungsscheibe, *6* Welle, *7* Verschlußflügel, *7a* Aussparung, *8* Schleppflügel, *8a* Aussparung, *9* und *10* Stifte, *11* Antriebsriemen

Für den Einsatz in Autokinos, die einen hohen Lichtstrombedarf haben, gibt es bei amerikanischen Projektoren Anweisungen, wie deren Blendenflügel zu verkürzen sind.

C. Filmbandführung

Die richtige Führung des Filmbandes ist für seine Schonung und die Bildstandsgenauigkeit wichtig. Der Filmbandführung im Projektor dienen die Abwickelspule *1* (Abb. 13), Vorwickel-Zahntrommel *3*, der Filmkanal *7*, die Nachwickel-Zahntrommel *5*, die Aufwickelspule *6* und das Filmschaltwerk. Vor- und Nachwickel-Zahntrommeln sind in fast allen Projektoren eingebaut. Das Filmband *2* liegt vor Beginn der Vorführung in der Abwickelspule *1*, wird davon durch die gleichförmig gedrehte Vorwickel-Zahntrommel *3* abgezogen.

Eine gemeinsame Zahntrommel kann auch das Vor- und Nachwickeln durchführen. Die Abwickelspule wird etwas gebremst, damit die Zahntrommel das Filmband ohne zu große mechanische Belastung abzieht, aber die Spule sich nicht zu schnell dreht und keine größeren Filmbandlängen abwickelt als von der Zahntrommel abgezogen werden. Von der gleichförmig gedrehten Nachwickel-Zahntrommel *5* zieht die Aufwickelspule *6* das mit seinem Anfangsteil festgeklemmte Filmband. Zwischen der Vorwickel-Zahntrommel und dem Filmkanal, der das Filmband für die Projektoren führt, wird die obere Filmbandschleife *2a* angeordnet, zwischen dem Filmkanal und der Nachwickel-Zahntrommel die untere *2b*. Diese Filmbandschleifen lassen bei ausreichender Größe den schrittweisen, also ungleichförmigen Antrieb des Filmbandes im Filmkanal zu. An den anderen Stellen bewegt es sich gleichförmig. Nach jedem schrittweisen Schalten steht das im Filmkanal liegende Filmbandteil eine kurze Zeit zur Projektion still. Dadurch wird die obere Schleife wieder etwas größer und die untere etwas kleiner. Auf längere Zeiten berechnet, laufen die genau gleichen Filmbandlängen an allen Stellen im Projektor vorbei.

D. Filmkanal

Der „Filmkanal“ ist der Teil des Projektors in der Nähe des Projektorfensters, in dem der Film eine exakte Führung erhält, die für einwandfreie Scharfeinstellung und guten Bildstand erforderlich ist. Der Film könnte sich in drei Richtungen von der vorgesehenen Position entfernen, nämlich:

a) in Richtung der optischen Achse (Durchbiegung),
b) in Laufrichtung des Films (Höhenbildstand),
c) quer zur Laufrichtung des Films (Seitenbildstand).

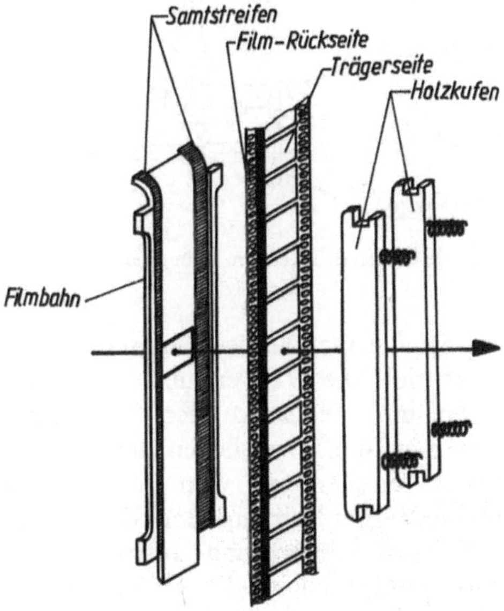

Abb. 173. Der Filmkanal mit federnden Kufen und feststehender Filmbahn, die den Bildfenster-Ausbruch enthält und eventuell mit Samtstreifen versehen ist

Der Filmkanal besteht daher aus einem festen Teil der Filmbahn und federnden Andruckkufen (Abb. 173). Dadurch wird sowohl die Durchbiegung als auch Höhenbewegung des Films verhindert [224]. Die Seitenbewegung des Films wird durch federnde Einlaufrollen oder federnde Seitenplatten unterbunden (Abb. 174). Damit weder die Filmbildchen noch der Tonstreifen zerkratzt werden, hat die Filmbahn erhabene Führungsleisten, auf denen der Film nur mit der Perforation bzw. seinen äußeren Teilen läuft. Aber gerade hier setzen sich Splitter der Emulsion ab, die auf der Filmbahn verhärten und Buckel bilden, wodurch der Bildstand leidet und der Filmzug stark erhöht wird. Je glatter und porenfreier die Laufkanten der Filmbahn sind, umso geringer wird der Filmabsatz, läßt sich jedoch nicht völlig vermeiden. Deswegen müssen die Laufflächen in möglichst kurzen Abständen mit einem Stäbchen aus Holz oder weichem Material (damit die Flächen keine Kratzer erhalten) gereinigt werden, gegebenenfalls mit Filmkitt oder anderen Lösungsmitteln.

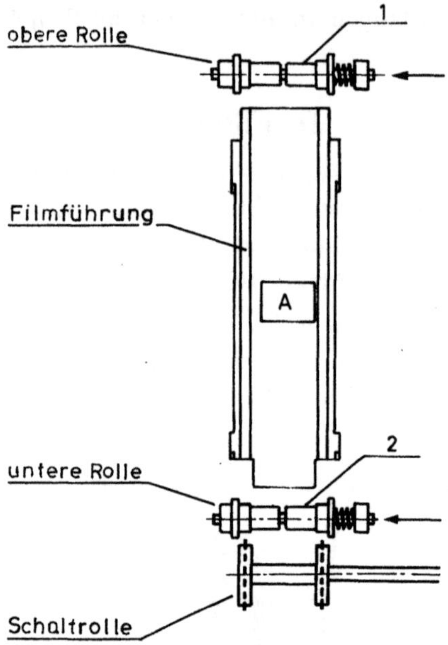

Abb. 174. Federnde Rollen drücken den Film gegen die Bezugskante

Bei sehr frischen Kopien ist die Gefahr des Ablösens von Emulsionsteilchen besonders groß. Hier hat sich die Verwendung von Samtstreifen auf den Führungsleisten, die dann um die Dicke der Samtstreifen niedriger sein müssen, sehr bewährt, da die Emulsionsteilchen nicht festbacken und Buckel bilden, sondern sich besser verteilen und vom Filmband heraustransportiert werden. Da durch den Samt die Reibung und damit der Filmzug größer wird, ist bei älteren Kopien, die schon durch Austrocknung spröde geworden sind und deren Perforation beschädigt ist, die Verwendung von Samt nicht zu empfehlen, zumal diese Kopien fast keine Emulsionsteilchen mehr abgeben. Für den praktischen Betrieb ist es natürlich unbequem, zwei Arten von Filmbahnen, nämlich mit und ohne Samt verwenden zu müssen. Moderne Kunststoffe, wie z. B. Delrin, Nylon, Teflon u. ä. vereinen die Eigenschaften beider Materialien, so daß nur eine Ausführung erforderlich ist.

Die Filmbahn wie auch die federnden Kufen unterliegen dem Verschleiß und sind daher bei fast allen Projektoren leicht herausnehmbar, was auch zum Zwecke der häufigen Säuberung erforderlich ist. Die herausnehmbare Film-

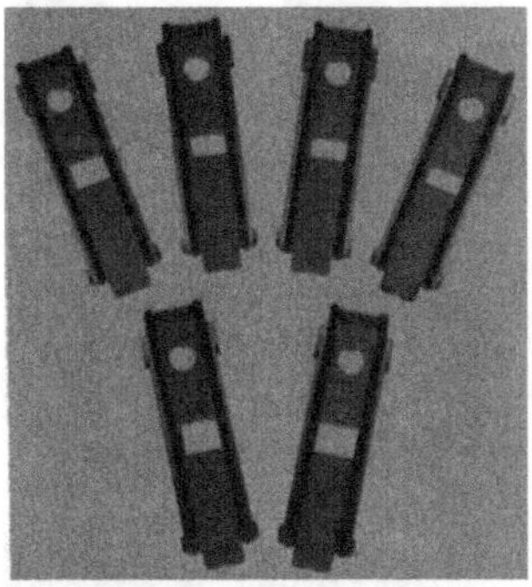

Abb. 175. Sortiment von Filmbahneinlagen mit Bildfensterausbrüchen für Normalformat, Breitwand und CinemaScope. Mit Samtstreifen

bahn, die Filmbahneinlage, wird aus Stahl angefertigt, da sie der Wärmestrahlung stark ausgesetzt ist, die Kufen früher aus in Öl getränktem Hartholz, jetzt aus Hartgewebe oder modernen Kunststoffen. Die Filmbahneinlage enthält einen Ausbruch, das Bildfenster. Moderne 35-mm-Projektoren besitzen meist drei Filmbahneinlagen, nämlich je eine mit Bildfenster für Normal-, Breitwand- und CinemaScope-Format. Wenn nun auch noch Samteinlagen verwendet werden, so gehören zu jedem Projektor sechs Filmbahneinlagen (Abb. 175).

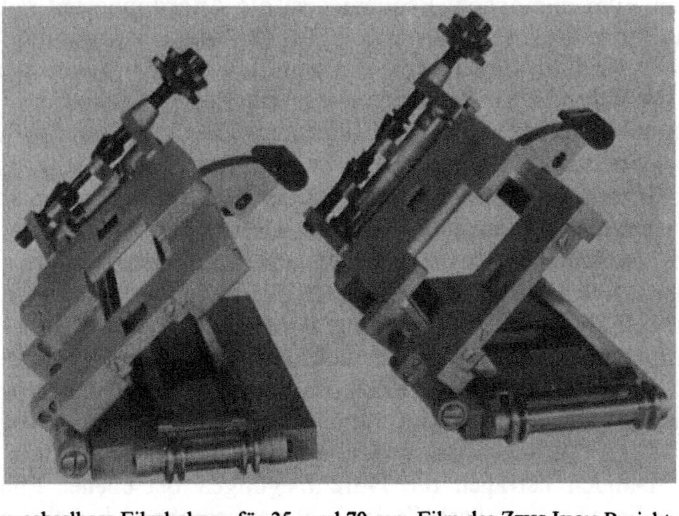

Abb. 176. Auswechselbare Filmbahnen für 35- und 70-mm-Film des Zeiss Ikon-Projektors *Favorit 70*

Damit bei der Projektion bei jedem Wechsel oder Herausnehmen zur Reinigung der Filmbahneinlagen das projizierte Bild immer auf die gleiche Stelle des Projektionsschirmes trifft, müssen die Filmbahneinlagen sehr genau hergestellt werden, und es ist eine sehr genaue Seiten- und Höhenführung der Filmbahneinlagen im Projektor erforderlich. Bei Projektoren für 35/70-mm-Film kommen dann noch die Filmbahnen für den 70-mm-Film dazu (Abb. 176).

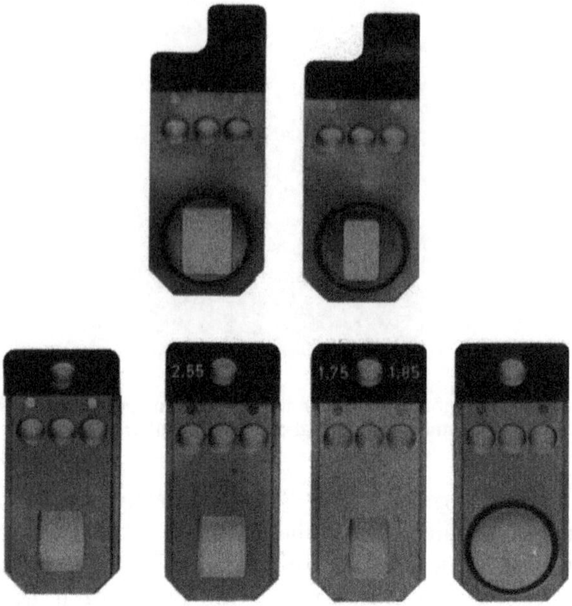

Abb. 177. Formatschieber des *Ernemann VIII B*-Projektors

Das Herausnehmen der Filmbahneinlagen nach oben ist unbequem bzw. bei eingelegtem Film unmöglich. Bequemer ist die Anordnung mit seitlich herausziehbaren „Formatschiebern“ (Abb. 177). Bei dieser Anordnung ist es nicht erforderlich, die Filmbahneinlage, die dann einen sehr großen Ausbruch hat, aus dem Projektor herauszuziehen, wenn das Format gewechselt werden soll. Bei Automatikbetrieb der Filmvorführung muß auch mit verschiedenen Filmen innerhalb einer Vorstellung gerechnet werden, und es ist nicht angängig, daß dann eine Person die Filmbahneinlagen oder Formatschieber wechselt. Hierfür wurden automatische Formatwechsler geschaffen (Abb. 178).

Die ebenen Filmkanäle arbeiten bei kleinen Filmbreiten und niedrigen Wärmebelastungen zufriedenstellend. Bei hohen Licht- und Wärmeleistungen, wie sie besonders bei 70-mm-Film vorkommen, haben sich gekrümmte Filmbahnen sehr bewährt, da hierdurch die Steifigkeit des Films erhöht und die Durchbiegung des Filmbildchens am Bildfenster im Takte der Beleuchtung (Pulsation) verringert wird. Der Film „atmet“ weniger. Hierüber liegen für den 35-mm-Film ausführliche Messungen von W. Borberg aus dem Jahre 1956 vor [225]. Danach betragen die Durchbiegungen bei ebener Filmbahn etwa 0,5 mm und liegen weit außerhalb des Schärfentiefenbereichs lichtstarker Objek-

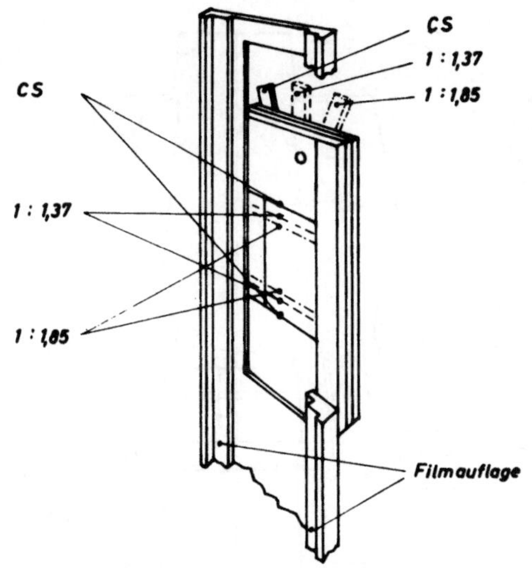

Abb. 178. Automatischer Formatwechsler für *Ernemann*-Projektoren

tive, dagegen bei gekrümmter Filmbahn nur etwa 0,25 mm. Offensichtlich ist die Größe der Krümmung nicht von großer Bedeutung auf die Wirkung, da in der Praxis verschiedene gekrümmte Filmbahnen erfolgreich benutzt werden. Meist beträgt der Krümmungsradius etwa 30 cm. Manchmal ist die Filmbahn auch nicht über ihre ganze Länge gleichmäßig gekrümmt, sondern am Anfang und Ende stärker mit tangentialem Ein- und Auslauf und in der Nähe des Bildfensters schwächer, mit einem Krümmungsradius bis zu einem Meter. Umfangreiche Untersuchungen über den Einfluß der Filmbahnkrümmung unter verschiedenen Bedingungen liegen von J. Müller aus dem Jahre 1970 vor [226]. Hiermit beträgt der günstigste Krümmungsradius 150 bis 450 mm.

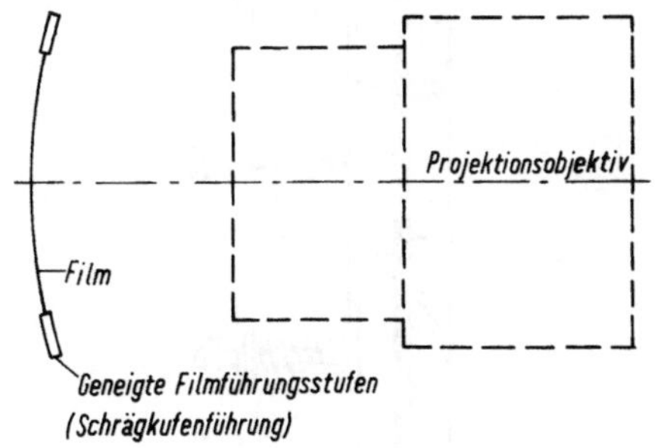

Abb. 179. Schrägkufenführung zur Anpassung an die Bildfeldwölbung des Projektionsobjektivs

Um den Film quer zur Laufrichtung zu krümmen, damit er sich der Bildfeldwölbung der Projektionsobjektive anpaßt, ist für 16-mm-Projektoren vorgeschlagen worden [227], die Kufen um etwa 5,5° schräg zu stellen (Abb. 179). Mit dem V-Kanal wendet die Fa. Debrie dieses Prinzip an, zusätzlich ist aber dieser Kanal noch in der Laufrichtung mit einer Stufe versehen (Abb. 180), die eine zusätzliche Versteifung des Films bewirkt [228].

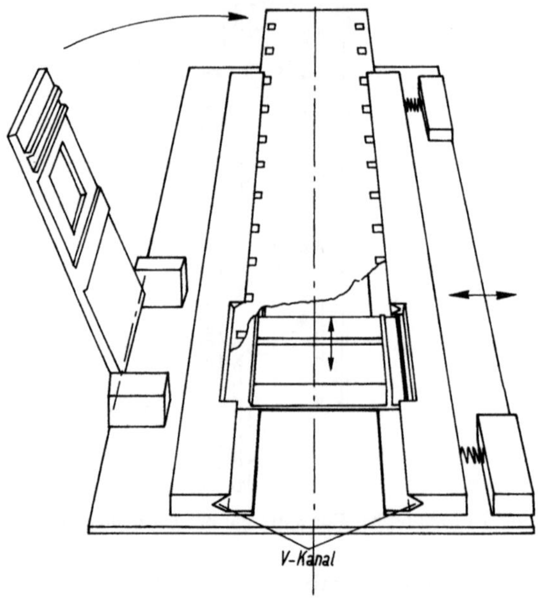

Abb. 180. V-Kanal in *Debrie*-Projektoren

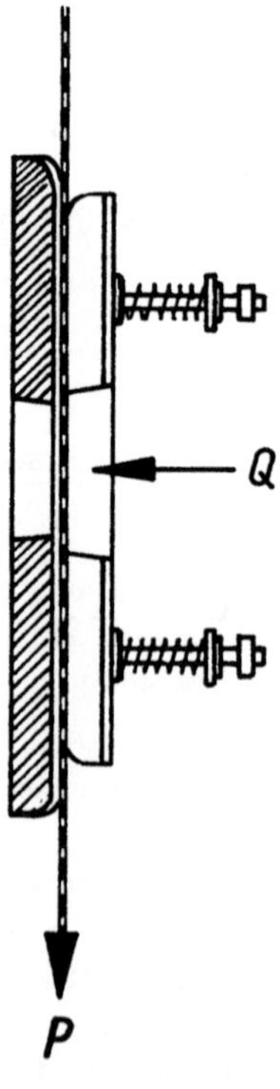

Abb. 181. Filmzug *P* und Kufendruck *Q*

Die Bremsung des Films im Filmkanal muß so groß sein, daß das transportierte Filmstück bei Beendigung des Schaltvorganges sofort zur Ruhe kommt, zu groß darf sie wegen der Gefahr der Filmbeschädigung, besonders der Perforation, nicht sein. Außerdem wird dann der Bildstand wieder schlechter.

Die Reibungszahlen zwischen Film und den verschiedenen Materialien sind abhängig von der Filmgeschwindigkeit und der Filmoberfläche (Blankseite oder Schichtseite). Als Mittelwerte kann man annehmen: für Stahl etwa 0,25, Hartholz etwa 0,35, Samt in Faserrichtung etwa 0,5, Kunststoff etwa 0,3. Der Anpreßdruck Q der Kufen beträgt $Q = \frac{P}{\mu}$ (Abb. 181). Hierin ist μ die Reibungszahl und P der Filmzug bei der Maximalbeschleunigung b des Schaltgetriebes und der Masse m des bewegten Filmstückes $P = m \cdot b$. In der Praxis liegt der Kufendruck zwischen 300 und 600 p. Er wird dynamisch unter Beobachtung des Bildstandes eingestellt. Ist die Einstellung erfolgt, so kann bei sonst gleichen Voraussetzungen der Kufendruck durch Feststellung des statischen Filmzuges (Abb. 182), der dann etwa 200 p bei 35-mm-Projektoren

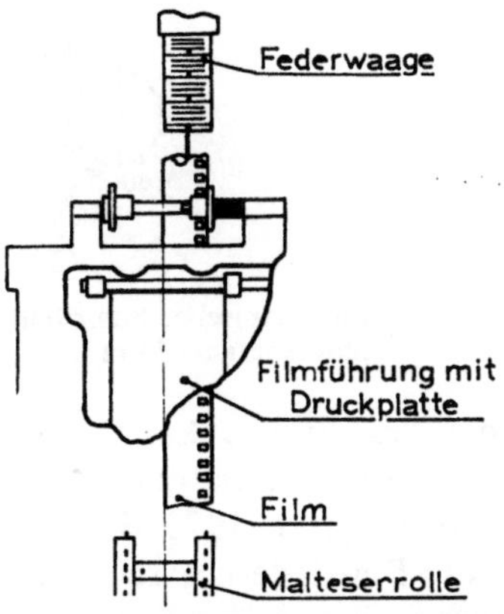

Abb. 182. Messung des statischen Filmzuges an jeder Kufenseite mit einer Federwaage

Abb. 183. Profil einer geteilten Kufe

und 1000 p bei 70-mm-Projektoren beträgt, eingestellt werden. Will man den Kufendruck für jede Kufe einzeln messen, so wird halbierter Film genommen. Der Kufendruck soll auf beiden Seiten gleich groß sein. Oben stellt man den Kufendruck wegen des Flatterns der Schleife etwas stärker als unten ein. Gelegentlich werden auch zweiteilige Kufen verwendet, bei denen das obere und untere Teil getrennt voneinander eingestellt werden können und die beim Passieren von Filmklebestellen eine etwas geringere Bildunschärfe verursachen (Abb. 183). Jeder Abschnitt dieser Kufen entspricht einer Bildlänge. Die Trennungsstelle und die Ausbiegung des längeren Teils liegen an den Stellen, an denen die Klebstelle zur Ruhe kommt, so daß der Film während der Projektion nicht an der Klebstelle, sondern dem klebstellenfreien Teil angedrückt wird.

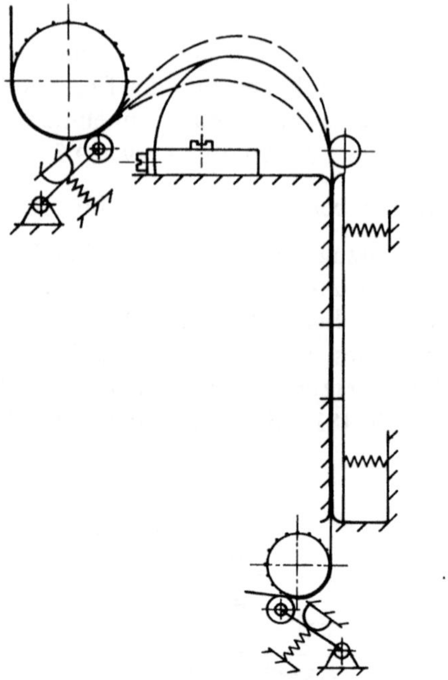

Abb. 184. Arbeitsprinzip einer einfachen mechanischen Schleifenbremse mit gekrümmter Blatt- oder Stabfederanordnung

Die kinetische Energie des Filmes kann auch durch andere Mittel als Reibung im Filmkanal aufgenommen werden, und zwar nach einem Vorschlag von H. J. FURCHERT aus dem Jahre 1970 durch „Schleifenbremsung" [229]. Dies kann durch gekrümmte Blattfedern geschehen (Abb. 184), die als Energiespeicher wirken oder durch eine pneumatische Schleifenbremse (Abb. 185). Durch diese Maßnahmen kann die Reibkraft im Filmkanal auf die Hälfte der üblichen Größe herabgesetzt werden.

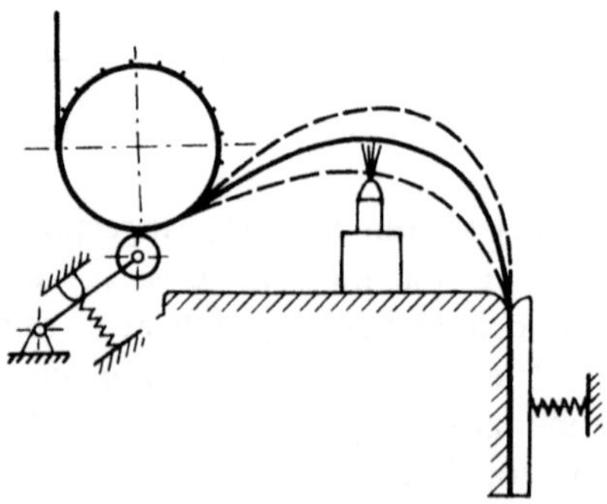

Abb. 185. Arbeitsprinzip einer pneumatischen Schleifenbremse

E. Laufrollen und Zahnrollen

Die *Laufrollen* sind zahnlose Rollen, die es in verschiedener Ausführung an Projektoren gibt. Sie dienen vorzugsweise zur Führung und Andrückung des Films. Verfolgt man den Lauf des Films, so findet man bereits an der oberen Filmtrommel bzw. dem oberen Filmkanal (früher Feuerschutzkanal genannt) Rollen, die den Film dem Projektor zuleiten (und früher auch das Eindringen von Feuer in die obere Trommel verhindern sollten). Ein solcher „Rollenkanal" besteht in der Regel aus drei dicht beieinander angeordneten Rollen (Abb. 186). Je nach Schichtlage wird der Film links oder rechts vor der großen Rolle vorbeigeführt. Die kleinen Rollen verhindern Beschädigungen des Films. Eine ähnliche Rollenanordnung findet man bei der unteren Filmtrommel.

Abb. 186. Filmkanal mit Rollen der Zeiss Ikon Projektoren *Ernemann IX* und *X*

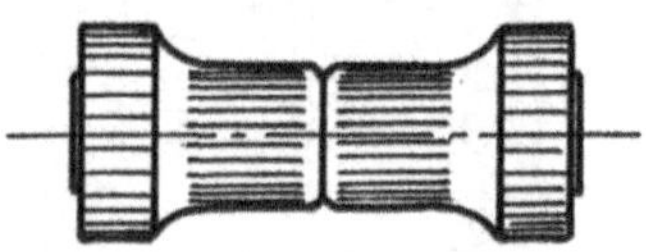

Abb. 187. Laufrollen ohne Bund

Allen Rollen gemeinsam ist eine Freisparung im mittleren Teil. Damit soll vermieden werden, daß der Film mit dem Bildteil oder der Tonspur aufliegt, was zu Kratzern führen könnte. Der Film liegt nur mit der Perforation bzw. mit dem Teil außerhalb der Perforation auf den Rollen auf. Die Breite der Auflage ist daher gering und beträgt bei 16-mm-Film etwa 2,5 mm, bei 35-mm-Film etwa 4,5 mm und bei 70-mm-Film etwa 9,5 mm. Die Rollen sind randlos (Abb. 187), wenn sie den Film nur in der Laufrichtung führen sollen (z. B. Andruckrollen an Tongeräten), mit Rand bzw. Bund (Abb. 188), wenn auch eine seitliche Führung erforderlich ist. Die Bundrolle ist federnd (Abb. 189),

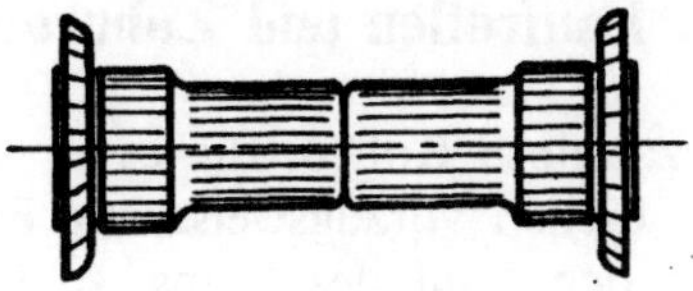

Abb. 188. Laufrollen mit Bund

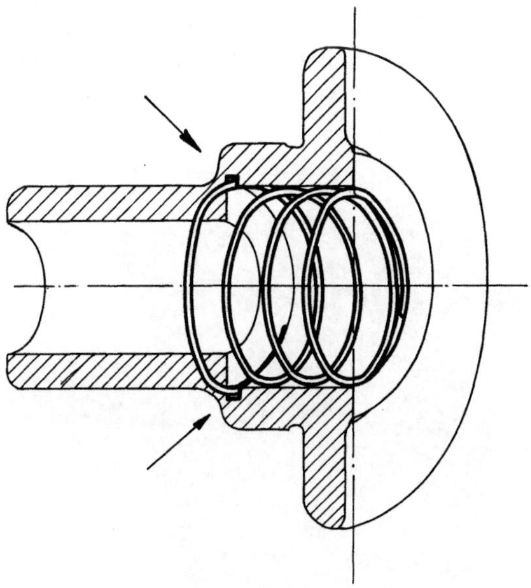

Abb. 189. Federnde Laufrolle mit Bund

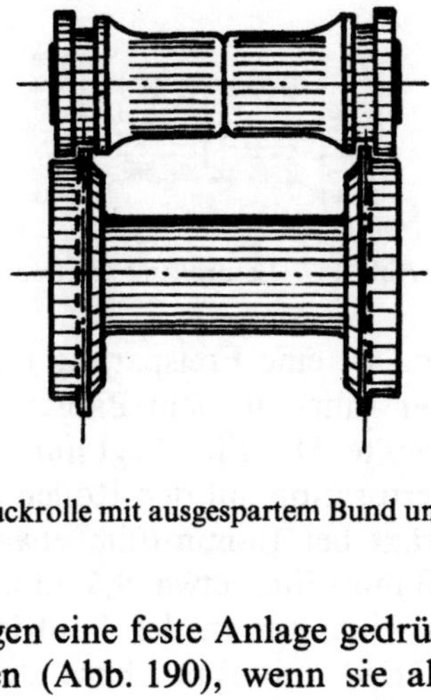

Abb. 190. Andruckrolle mit ausgespartem Bund und Schalttrommel

wenn der Film seitlich gegen eine feste Anlage gedrückt werden soll. Die Bundrolle besitzt Aussparungen (Abb. 190), wenn sie als Andruckrolle für Zahnrollen dient. Die Rollen sind ein- oder zweiteilig. Federnde Rollen müssen

zweiteilig sein, damit sie ihre Funktion ausüben können (Abb. 191). Die Andruckrollen für Zahnrollen werden durch eine Andruckgabel gehalten, die meist zwei Paar Andruckrollen trägt, damit der Film einen günstigen Umschlingungswinkel, besonders an der Schalttrommel, bekommt (Abb. 192). Die Rollen dürfen aber auf der Zahntrommel nicht aufliegen, sondern müssen im Abstand von etwa eineinhalb bis zwei Filmdicken gestoppt werden, damit Klebstellen des Films einwandfrei passieren können. Bei Projektoren, die für 35-mm-Film und 70-mm-Film geeignet sind, werden die Rollen je nach dem vorgesehenen Film ausgewechselt oder in die betreffende Betriebsstellung geschwenkt (Abb. 193, 194).

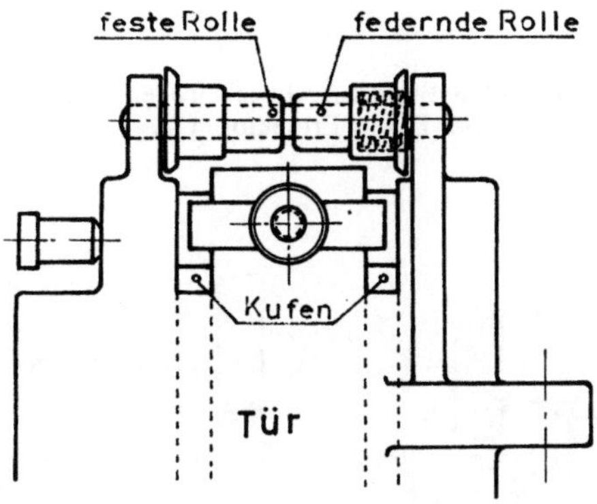

Abb. 191. Laufrollen mit Bund an der Bildfenstertür

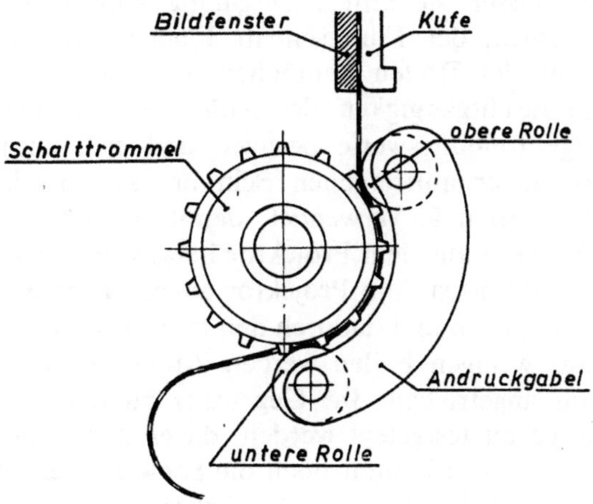

Abb. 192. Andruckgabel mit ausgesparten Bundrollen

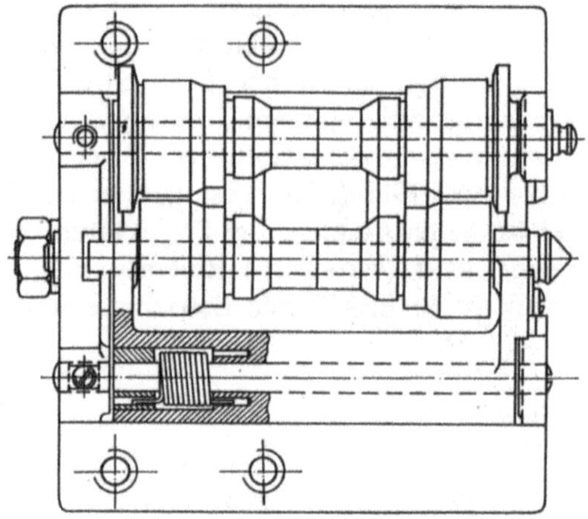

Abb. 193. Führungsrollen mit und ohne Bund am Abwickelrollenhalter für 35-mm- und 70-mm-Film des BAUER Projektors U 2

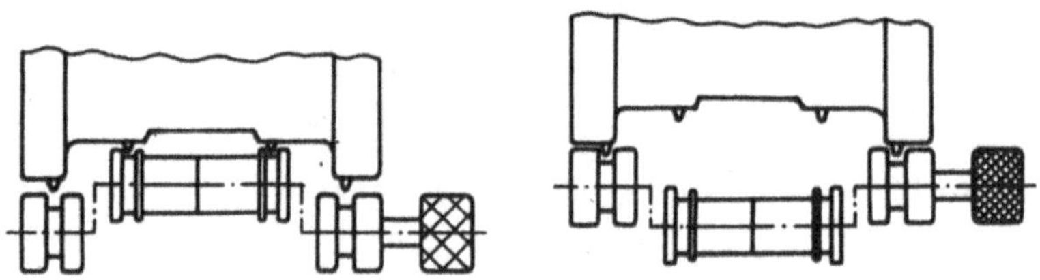

Abb. 194. Andruckrollenhalter mit gekröpften Achsen für 35-mm- und 70-mm-Film des *Cinemeccanica* Projektors Victoria X

Da die Laufrollen keinen Antrieb besitzen, sondern nur vom Film mitgenommen werden, müssen sie sehr leichtgängig sein. Durch Verschmutzung bleiben sie aber stehen, der Film schleift Flächen an, und dann ist überhaupt eine Drehung der Rollen unmöglich, d. h. der Film schleift ständig. Um die dauernde Leichtgängigkeit der Rollen zu erhalten, müssen Achsen und Lager niedrige Reibungswerte besitzen und sich auch leicht von dem beim Filmbetrieb immer auftretenden Schmutz säubern lassen. Es werden dann meist Steckachsen u. ä. verwendet, damit Achsen und Rollen bequem und schnell zum Säubern aus dem Projektor herausgenommen werden können.

Die *Zahnrollen* sind meist vom Projektor angetriebene Rollen, deren Zähne in die Perforation eingreifen und dadurch den Film transportieren — Transportrollen. Nur in ganz wenigen Fällen werden Zahnrollen nicht vom Projektor, sondern vom Film angetrieben. Im Gegensatz zu den Laufrollen muß der Durchmesser sehr genau festgelegt werden, da er durch die Teilung der Perforation bestimmt ist. Dazu kommt noch die Schwierigkeit, daß diese Perforationsteilung infolge der Schrumpfung oder Dehnung des Films kein konstantes Maß ist.

Die Bestimmung des Teilkreisdurchmessers der Zahnrolle hängt weiterhin davon ab, ob die Zahnrolle den Film zieht, wie z. B. die Vorwickelrolle, oder ob sie vom Film gezogen wird, wie z. B. die Nachwickelrolle. Bei der ziehenden Rolle ist das Teilungsverhältnis der Zahnrolle größer als die Perforationsteilung, bei der gezogenen Rolle ist es umgekehrt. Da aber der Einfluß in der Praxis nicht groß ist und auch noch durch die unterschiedliche Schrumpfung und Dehnung des Films verwischt werden, sind bei Projektoren aus Gründen der Vereinheitlichung die Vor- und Nachwickelrolle bzw. die ziehenden und gezogenen Zahnrollen gleich. Es besteht allerdings ein Unterschied zwischen Zahnrollen für Filmbearbeitungsbetriebe, wo nur frischer Film vorkommt, und für Projektoren, wo mit einer mittleren Schrumpfung von 0,3% (früher bei Nitrofilm 1,2%) gerechnet wird.

Außer der Teilung ist der Zahnkranzabstand sowie Dicke und Breite der Zähne von Bedeutung. Diese Maße sind so festgelegt, daß die Zähne, deren Breite und Dicke kleiner sind als die Abmessungen der Perforation, in den geraden, nicht mehr abgerundeten Teil des Perforationsloches eingreifen.

Die Kurvenform der Zahnflanken ist deswegen von Bedeutung, weil der Film leicht abgleiten soll und nicht an der Spitze des Zahnes hängenbleiben darf. Hierfür wurden sowohl Zykloide, Kreisform und Evolvente vorgeschlagen [230 . . . 234].

Hierbei wurden im In- und Ausland die Evolvente bevorzugt bzw. genormt, in Deutschland bis 1968, weil einheitliche Werkzeuge für sämtliche Zahnzahlen verwendet werden können. Im Jahre 1968 begann in Deutschland aber die Umstellung der Norm auf ein DIN-Kreisbogen-Bezugsprofil, da sich die Evolventenverzahnung wegen der schlechten Anlage der Filmperforationslochkante an den Zahngrund und der damit bedingten Kletterneigung des Films nicht bewährt hat. Andererseits verlangt eine reine Kreisbogenverzahnung für die Herstellung einer Filmzahnrolle für jede Zähnezahl ein eigenes Werkzeug, was für die Fertigung sehr umständlich ist. Das neue Bezugsprofil sichert beim Fördern des Filmes eine sanfte, formschlüssige Überleitung der Perforationsstege von der einen zur nächsten Zahnflanke. Im allgemeinen wird hierbei nicht mehr zwischen ziehenden und gezogenen Zahnrollen und deren Verwendung in verschiedenen Gerätegruppen (für Rohfilm oder entwickelten Film) unterschieden, da sich dies lediglich im Durchmesser des Auflagekreises ausdrückt.

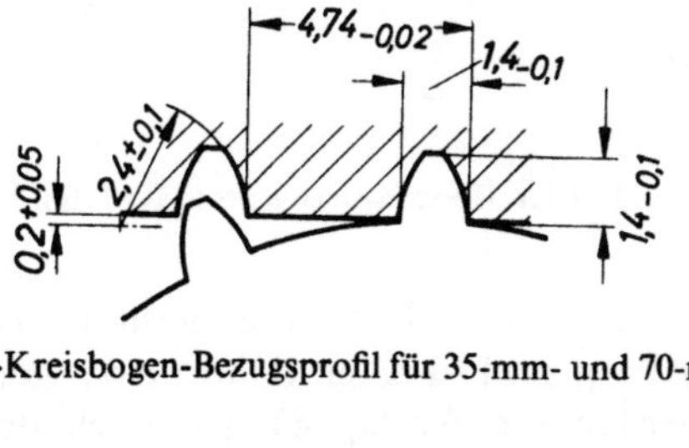

Abb. 195. DIN-Kreisbogen-Bezugsprofil für 35-mm- und 70-mm-Film (1970)

Die DIN-Kreisbogen-Bezugsprofile für 35-mm- und 70-mm-Film sind identisch (Abb. 195). Ähnliches gilt für den 16-mm-Film (Abb. 196) und den 8-mm-Film (Abb. 197), wobei sich diese allerdings in der Teilung unterscheiden, was

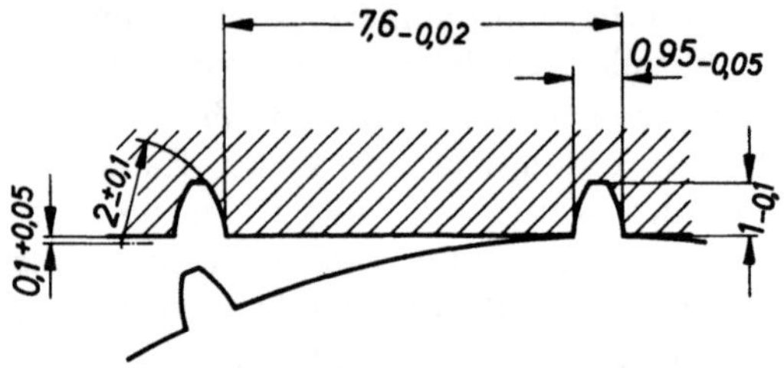

Abb. 196. DIN-Kreisbogen-Bezugsprofil für 16-mm-Film (1970)

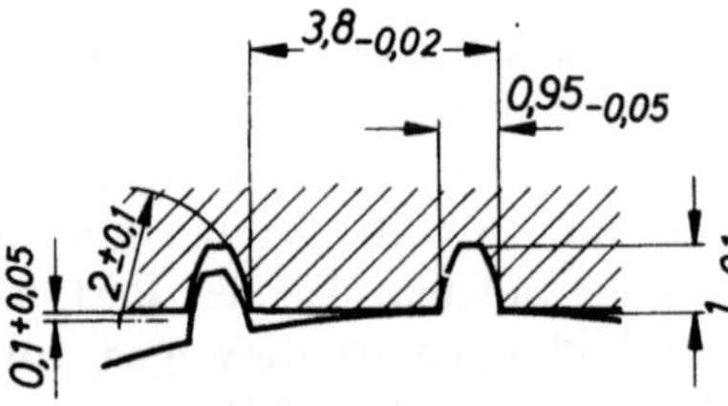

Abb. 197. DIN-Kreisbogen-Bezugsprofil für 8-mm-Film (1970)

auch bei dem 8-mm-Film Type S der Fall ist (Abb. 198). Es existieren folgende Normen für

35-mm-Film	DIN 15530 Blatt 1
16-mm-Film	DIN 15625
70-mm-Film	DIN 15730
8-mm-Film	DIN 15825 Blatt 1
8-mm-Film S	DIN 15825 Blatt 2

Allgemeine Richtlinien für 35-mm-Film-Zahnrollen sind in DIN 15530 Blatt 2 enthalten.

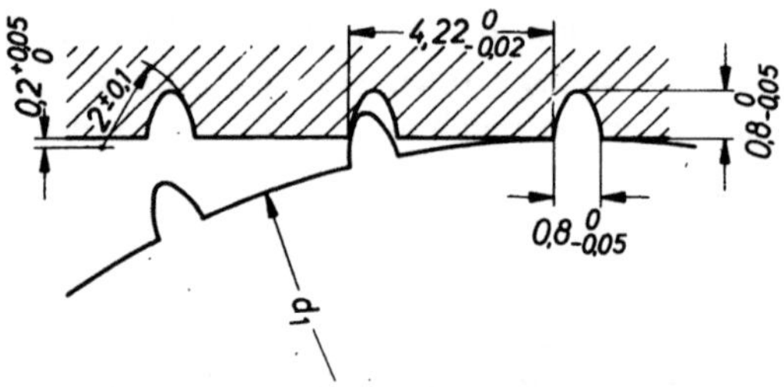

Abb. 198. DIN-Kreisbogen-Bezugsprofil für Film, 8 S (1970)

Die Zahnrollen werden durch Fräsen hergestellt. Die Auflageflächen für den Film und den Zahngrund weisen daher eine gewisse Rauhigkeit auf. Aus diesem Grund werden die Auflageflächen nach dem Fräsen geschliffen, und es muß darauf geachtet werden, daß der Zahngrund tiefer liegt als die geschliffenen Auflageflächen. Um guten Bildstand bei 35-mm- und 70-mm-Film zu erzielen, darf die Schaltrolle im montierten Zustand nicht mehr als 3,5 μm schlagen. Die Verzahnungsfehler in der Teilung bzw. Zahnweite dürfen bis 6 μm betragen, da ein Ausgleich durch die Elastizität der Perforationsstege zum Teil stattfindet [235].

Die Zähnezahl und damit der Durchmesser der Zahnrollen hängt vom Verwendungszweck ab.

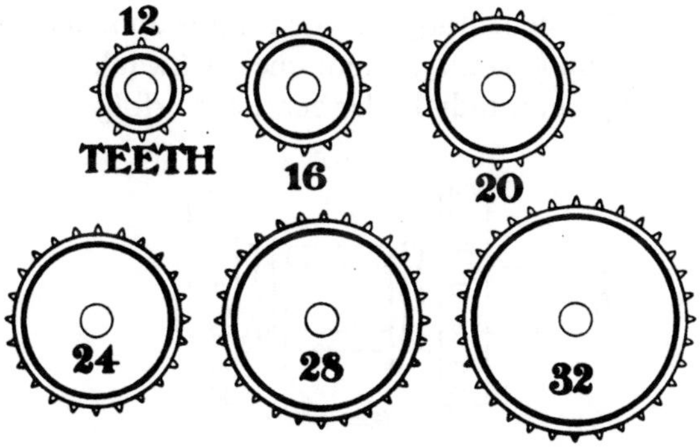

Abb. 199. Verschiedene Zahnrollen für 35-mm-Film (nach R. MITCHELL)

Um zu starke Biegung des Films und Überbeanspruchung von Klebestellen zu vermeiden, dürfen zu kleine Durchmesser nicht vorgesehen werden. Zu große Durchmesser verbieten sich aus konstruktiven Gründen. Eine zu große, im Eingriff befindliche Zähnezahl führt zu Perforationsschäden bei unterschiedlichen Schrumpfungszahlen. Die Schaltrolle ist aus Platz- und Massegründen kleiner als die kontinuierlich laufenden Transportrollen. Für den 35-mm-Film wird in den Projektoren vorwiegend die 16zähnige Schaltrolle (Vierbildtrommel) und die 32zähnige Transportrolle (Achtbildtrommel) verwendet. Daneben gibt es für Sonderzwecke und in amerikanischen Projektoren noch Rollen mit anderen Zähnezahlen (Abb. 199).

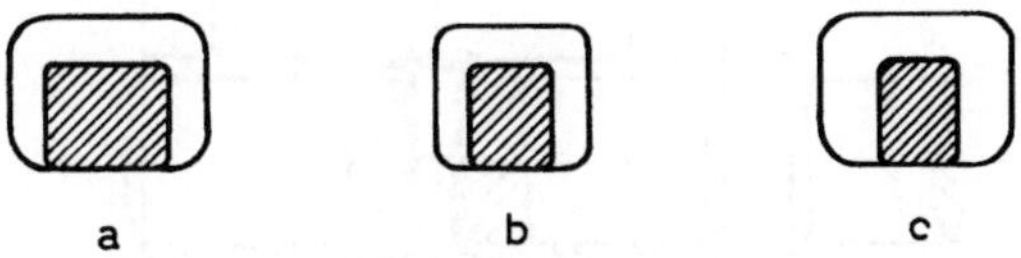

Abb. 200. Breite der Zähne und Perforation. *a* normale Perforation und normaler Zahn, *b* CinemaScope-Perforation und CinemaScope-Zahn, *c* normale Perforation und CinemaScope-Zahn

Für die kleine CinemaScope-Perforation wurde auch die Zahnbreite von 1,55 mm auf 1,1 mm verkleinert genormt. In der Praxis wird man nun nicht jeweils an den Projektoren die Zahnrollen auswechseln, wenn ein Wechsel von Film mit CinemaScope- oder mit Normalperforation stattfindet. Es können also folgende vier Fälle auftreten (Abb. 200):

a) breiter Zahn und Normalperforation,
b) schmaler Zahn und CinemaScope-Perforation,
c) schmaler Zahn und Normalperforation,
d) breiter Zahn und CinemaScope-Perforation.

Der letztere Fall würde eindeutig zu Perforationsbeschädigungen führen. Durch Versuche in der Industrie wurde nachgewiesen, daß die Lebensdauer der Perforation im Falle b) der von a) entspricht und daß selbst im Fall c) ähnlich zufriedenstellende Ergebnisse erzielt wurden [236, 237, 238].

Während die Befestigung der Transportrollen auf der Welle nicht sehr kritisch ist und meist von der Stirnseite erfolgt, ist die Befestigung der Schaltrollen von großer Bedeutung für den Bildstand, da der geringste Verzug eine Exzentrizität und damit periodisches Schwanken des Bildes mit sich bringt. Die Befestigung kann radial oder zentrisch erfolgen.

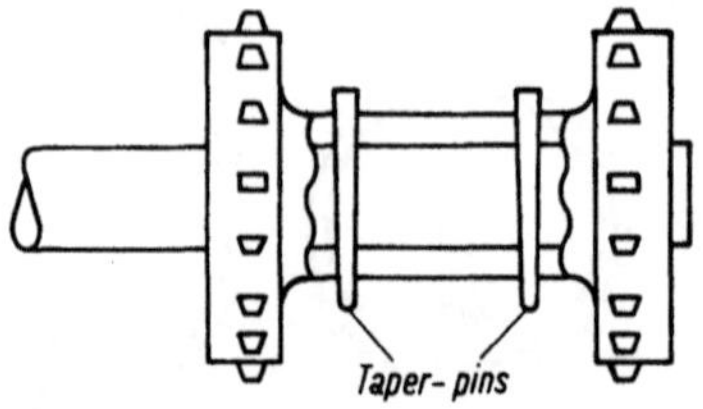

Abb. 201. Radiale Befestigung mit konischen Stiften

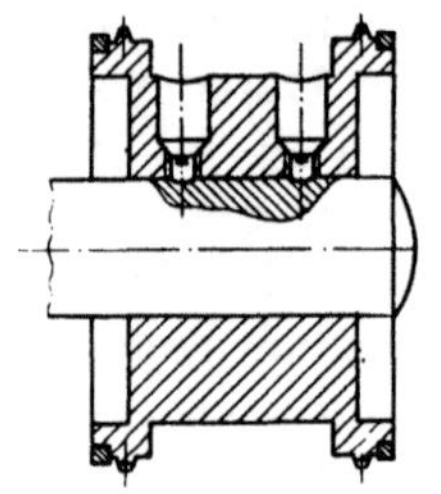

Abb. 202. Radiale Befestigung mit Madenschrauben

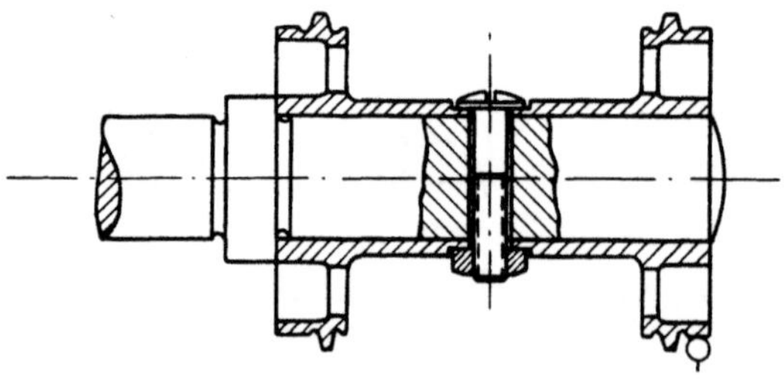

Abb. 203. Radiale Befestigung mit Schraube und Mutter

Bei der radialen Befestigung mittels konischer Stifte — eine ältere amerikanische Konstruktion — besteht die Gefahr, daß die Achse beim Einsetzen der Stifte (Abb. 201) verbogen wird [239]. Die Befestigung durch Madenschrauben (Abb. 202) hat den Nachteil, daß die Zahnrolle einseitig von der Welle abgedrückt wird, wodurch Spannungen und damit Durchbiegungen entstehen. Dagegen ist die Befestigung mit Schraube und Mutter (Abb. 203) spannungslos und hat sich bei PHILIPS-Projektoren bewährt [240].

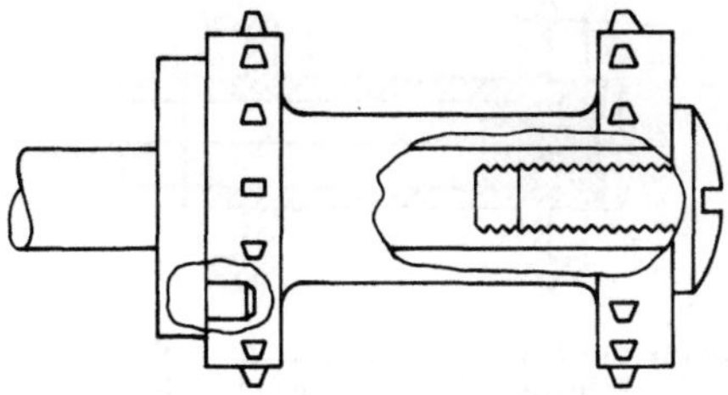

Abb. 204. Zentrische Befestigung mit Flachkopfschraube

Die zentrische Befestigung mittels Flachkopfschraubenpressung in Achsrichtung und Mitnehmerstift — ebenfalls eine ältere amerikanische Konstruktion — führt sehr leicht dann zur Verbiegung der Welle (Abb. 204), wenn die beiden Anlageflächen der Zahnrolle, die Anlageflächen des Wellenbundes oder der Schraube nicht alle genau plan oder genau rechtwinklig zur Achse stehen. Die bei MOTIOGRAPH verwendete Konstruktion (Abb. 205) mit Kugelklemmvorrichtung

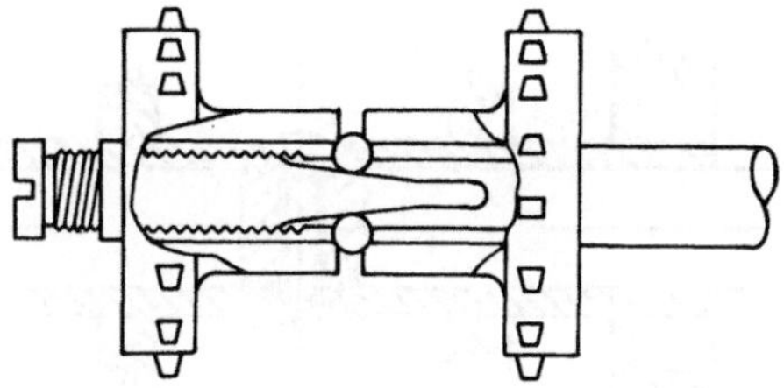

Abb. 205. Zentrische Befestigung mit Kugelklemmvorrichtung

vermeidet diese Nachteile. Eine andere Anordnung sieht eine konische Schraube und Mitnehmer vor (Abb. 206). Das geschlitzte Wellenende wird durch den Konus der Schraube gegen die Schaltrolle gedrückt. Hier ist es notwendig, daß das Innen- und Außengewinde, der Innen- und Außenkonus genau konzentrisch zur Welle sind, um Verspannungen zu vermeiden. Eine sehr häufig verwendete und in der DDR sogar genormte Anordnung sieht die Verwendung einer Nasenscheibe vor (Abb. 207), die in eine in der Welle vorhandene Nut eingreift.

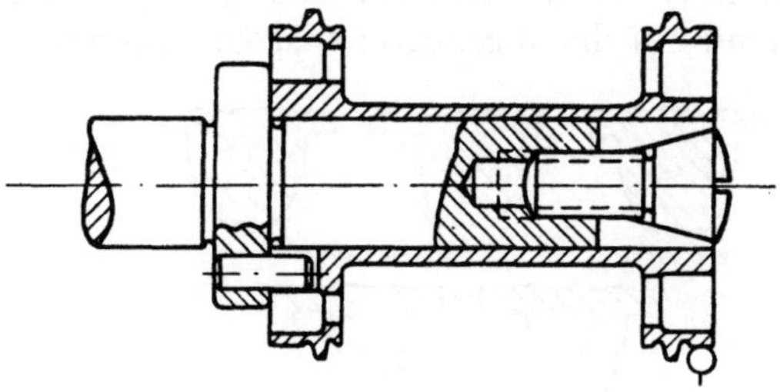

Abb. 206. Zentrische Befestigung mit konischer Schraube

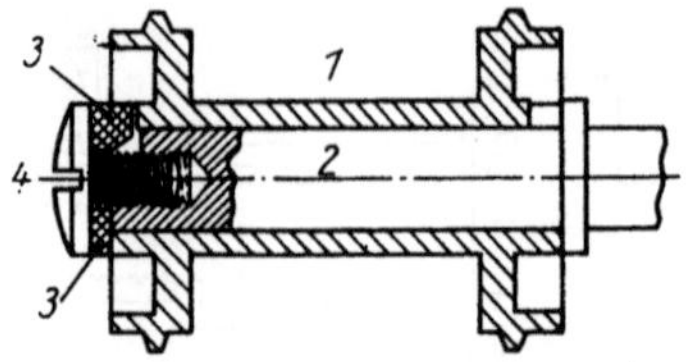

Abb. 207. Zentrische Befestigung mit Schraube und Nasenscheibe. *1* Schaltrolle, *2* Achse, *3* Nasenscheibe, *4* Befestigungsschraube

Eine entsprechende Nut befindet sich in der Schaltrolle. Auch hier ist eine hohe Präzision der Anlageflächen erforderlich. Der Vorteil der zentrischen Befestigung besteht darin, daß das Auswechseln der Zahnrollen einfacher und schneller möglich ist, besonders bei Universalprojektoren.

Das Schlagen der 16zähnigen Schaltrolle für 35-mm-Film ergibt eine Frequenz des Bildstandfehlers von 6 Hz.

Der 16-mm-Film hat pro Bild nur ein Perforationsloch. Um auf einen genügend großen Durchmesser der Schaltrolle zu kommen, müssen entsprechende Maßnahmen am Schaltgetriebe vorgesehen werden. Ähnliches gilt für den 8-mm-Film.

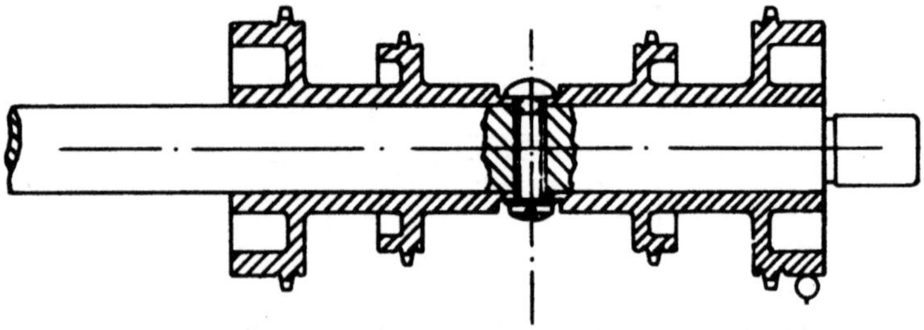

Abb. 208. Kombinierte Zahnrolle für 35-mm- und 70-mm-Film

Der 70-mm-Film hat fünf Perforationslöcher pro Bild. Die Zahnrollen haben daher nicht nur einen größeren Abstand der Zahnkränze, sondern auch einen größeren Durchmesser. Die Schaltrolle hat 20 Zähne, bei 35-mm-Film 16 Zähne. Das erlaubt bei Projektoren für 35-mm-Film und 70-mm-Film eine Kombination beider Zahnrollen (Abb. 208), z. B. bei Philips-Projektoren. Da aber nicht immer beide Filmarten im gleichen Anteil vorgeführt werden, nutzt sich ein Zahnkranzpaar stärker ab als das andere. Bei einem System mit getrennten Zahnrollen für 35-mm- und 70-mm-Film, wie es bei Bauer und Zeiss Ikon verwendet wird, kann die wenig abgenutzte Zahntrommel erhalten bleiben, während nur die abgenutzte ausgetauscht wird.

Abb. 209. Verschleiß an Zähnen von Filmzahnrollen

Die Zähne sind einem Verschleiß unterworfen, der vom Material der Zähne und des Films sowie dem Filmzug abhängt. Letzterer wiederum hängt ab von der Filmbreite und der Art der Beanspruchung, z. B. Bremsung in der oberen Filmtrommel, Bremsung im Filmkanal sowie Zug der Aufwickelfriktion. Hierbei kommen in der Praxis erhebliche Werte vor, die von den Zähnen aufgenommen werden [241] und besonders einen Verschleiß am Zahnfuß bewirken (Abb. 209). Diese Abnutzung am Zahnfuß kann so stark werden, daß der Film am Zahnkopf hängen bleibt und die Perforation eingerissen wird. Eine zu kleine Filmschleife beschleunigt den Verschleiß und verursacht schlechten Bildstand (Abb. 210).

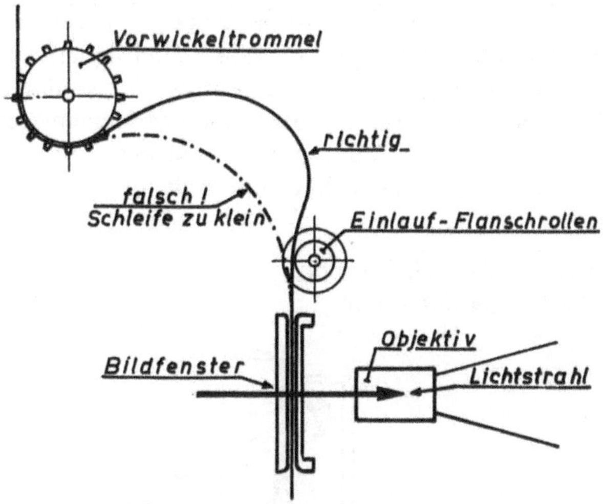

Abb. 210. Größe der Filmschleife

Um in diesem Falle auch bei laufendem Film noch korrigieren zu können, werden an den Vor- und Nachwickelrollen Schleifenbildner angebracht. Bei PHILIPS-Projektoren dient dieser nur zur Vergrößerung der Schleife, bei BAUER-Projektoren auch zur Verkleinerung [242]. Es handelt sich hierbei um ein Planetengetriebe, und zwar um ein vierrädriges Umlaufgetriebe (Abb. 211).

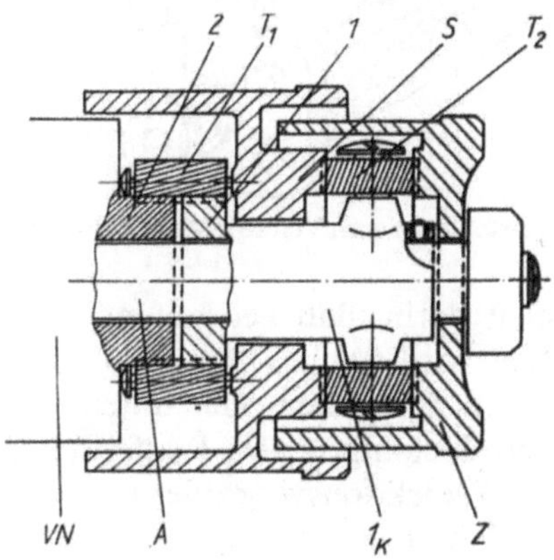

Abb. 211. Schema eines doppelten Schleifenbildners. *A* Welle der Vor- bzw. Nachwickelrolle *VN*, *1* Zahnrad mit Zahnradkörper 1_k, *2* Zahnrad, *S* Steg, T_1 Triebrad, T_2 Planetenrad, *Z* Zahnkranz

An den Achsen sind zwei kleinere Rändelringe angebracht. Hält man die größeren während des Laufs fest, dann vergrößert sich die betreffende Filmschleife. Umgekehrt verkleinert sich beim Festhalten des kleinen Rändelrings die kleine Filmschleife solange, bis man den Ring wieder losläßt.

F. Die Bildstrichverstellung

Das auf dem Film aufgezeichnete Filmbildchen soll sich zum Zeitpunkt der Projektion genau am Bildfensterausbruch befinden. Beim 35-mm-Film entfallen auf jedes Bild vier Perforationslöcher. Durch falsches Einlegen kann das Bild um ein, zwei oder drei Perforationslöcher gegenüber am Bildfenster versetzt sein. Dadurch oder durch versetzte Klebstellen kommt es aber erst ober- bzw. unterhalb des Bildfensters zum Stillstand, so daß der Bildstrich mitprojiziert wird. Damit nun der Projektor zwecks Neueinlegen des Films nicht im Lauf angehalten werden muß, sind verschiedene Arten der Bildstrichverstellung entwickelt worden [243]. Man unterscheidet zwei prinzipielle Systeme, nämlich durch

a) Verschiebung des Bildfensters,
b) Zusatzbewegung des Films.

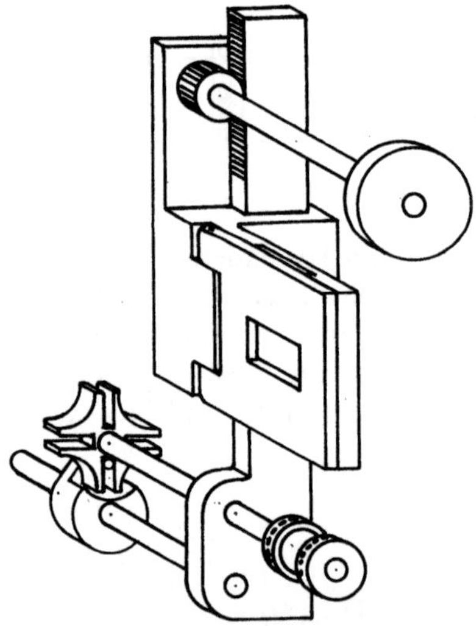

Abb. 212. Bildstrichverstellung durch Verschieben des Bildfensters (Prinzip *Ernemann I*)

Die erste Art besteht darin, daß bei laufendem Film das Bildfenster nach oben oder unten bewegt wird (Abb. 212). Damit wandert aber auch das Bild um beträchtliche Strecken nach oben oder unten. Die Größe dieser Strecke S ergibt sich aus der Verschiebung m des Bildfensters, die einige mm betragen kann, und der linearen Projektionsvergrößerung v, die oft ganz erheblich ist, zu $S = m \cdot v$. Dieses Verfahren kann daher nicht dort angewendet werden, wo der Bildschirm in seinen Abmessungen genau festgelegt ist, z. B. durch eine Umrahmung, so daß es nur noch in Schmalfilmgeräten vorkommt.

Die erhebliche Verlagerung des projizierten Bildes kann man dadurch verringern, daß nicht nur das Bildfenster bewegt wird, sondern mit ihm gleichzeitig die optische Achse der Abbildungsoptik, d. h. Bildfenster und Objektiv sind meist auf einer gemeinsamen und verstellbaren Platte. Dadurch wandert das projizierte Bild nur um den Betrag, den diese Verstelleinrichtung wandert, ohne daß die Vergrößerung eingeht, d. h. nur um einige mm.

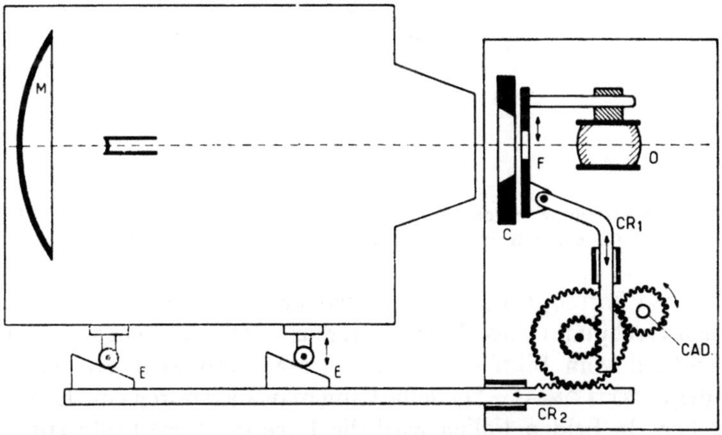

Abb. 213. Bildstrichverstellung durch gemeinsame Verstellung der Beleuchtungsoptik, des Bildfensters und der Abbildungsoptik (Prinzip *Cameca*). *CAD* Verstellknopf, CR_1 und CR_2 Zahnstangen, *E* Lampenhausführungen, *O* Objektiv, *F* Bildfenster, *C* Vorfenster, *M* Bogenlampenspiegel

Bei beiden Verfahren tritt noch erheblicher Lichtverlust auf, da die Lichtquelle nicht nur das Bildfenster ausleuchten muß, sondern auch noch die Fläche, die im Verstellbereich des Bildfensters liegt. Will man diesen Verlust vermeiden, so muß auch noch die Beleuchtungsoptik (Lampenhaus mit Spiegeln bzw. Kondensatoren) gleichzeitig mit dem Bildfenster und der Abbildungsoptik verstellt werden (Abb. 213), wie es bei dem französischen Projektor *Cameca* der Fall ist. Die gesamte optische Einrichtung einschließlich Bildfenster muß also gegenüber der Projektormechanik verstellbar sein, was natürlich bei großen Projektoren kaum durchführbar ist. Hinzu kommt noch, daß der Umlaufverschluß entsprechend dem Hub der Bildverstellung größere Abdeckflügel haben muß, um Ziehen des Bildes zu vermeiden, was wieder einen Lichtverlust mit sich bringt.

Aus diesen Gründen haben sich diese Verfahren mit Bildfensterverschiebung bei großen Projektoren für professionelle Zwecke nicht recht durchsetzen können. Hier ist es vielmehr üblich, dem Film eine zusätzliche Bewegung während des Laufs zu erteilen. Dies kann in der einfachsten Form dadurch geschehen, daß sich zwischen Filmbahn und Schaltrolle eine bewegliche Führungsrolle befindet, durch deren Schwenkung der Film aus seiner Lage zum Bildfenster bewegt wird [244]. Dieses Prinzip wird bei den Projektoren FH 66/77 von Frieseke und Höpfner und TK 35 von VEB Carl Zeiss Jena (Abb. 214) angewendet.

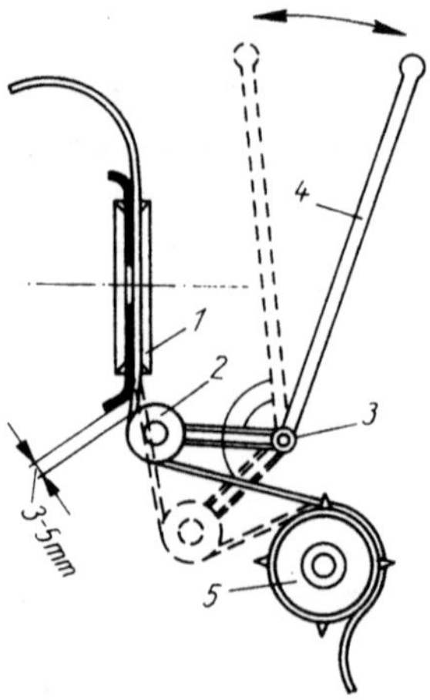

Abb. 214. Bildstrichverstellung mittels Umlenkrolle (Prinzip TK 35). *1* Bildfenster, *2* Umlenkrolle, *3* Drehpunkt des Rollenhalters, *4* Stellhebel, *5* Schaltrolle

Anstatt eine Führungsrolle zu schwenken, kann auch die Schaltrolle schwenkbar um einen Drehpunkt außerhalb der Kreuzachse vorgesehen werden, so daß sich ihr Abstand vom Bildfenster ändern läßt (Abb. 215). Anwendung beim *Phonobox* der Zeiss Ikon AG. Dasselbe kann man auch durch eine Längsverschiebung erreichen. In beiden Fällen wird die Lage der Schaltrolle zur Filmbahn verändert, was gegebenenfalls Einfluß auf den Filmlauf und Bildstand haben kann.

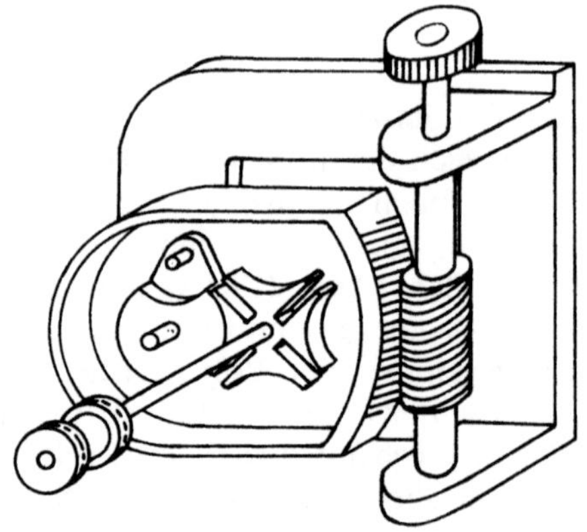

Abb. 215. Bildstrichverstellung durch Schwenken der Schaltrolle (Prinzip *Phonobox*)

Daher ist eine Drehung der Schaltrolle um ihre eigene Achse die vorteilhafteste Lösung. Im einfachsten Falle kann das dadurch geschehen, daß die Schaltrolle nicht fest auf der Malteserkreuzwelle, sondern beweglich angebracht ist. Durch einen Schraubentrieb kann sie dann auf ihrer Welle gedreht werden. Obwohl dieses Verfahren bereits eine „zentrale" Bildverstellung darstellt, wird es aber nicht mehr angewendet, weil der Bildstand darunter leiden kann und weil die Betätigung nur im Stillstand möglich ist.

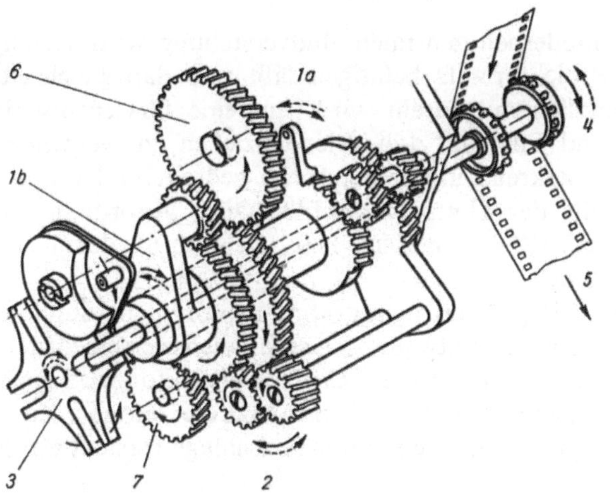

Abb. 216. Zentrale Bildstrichverstellung (Prinzip *Ernemann VII B*). *1a* Bildstrichverstellhebel, *1b* mit *1a* festverbundener Hebel zur Drehung des Schaltwerks um die Kreuzachse, *2* Ausgleichszahnräder, *3* Malteserkreuz, *4* Schaltrolle, *5* Filmlaufrichtung, *6* Zahnrad der Räderkette zum Antrieb des Schaltwerks, *7* Zahnrad zur Drehmomentübertragung auf die Verschlußwelle

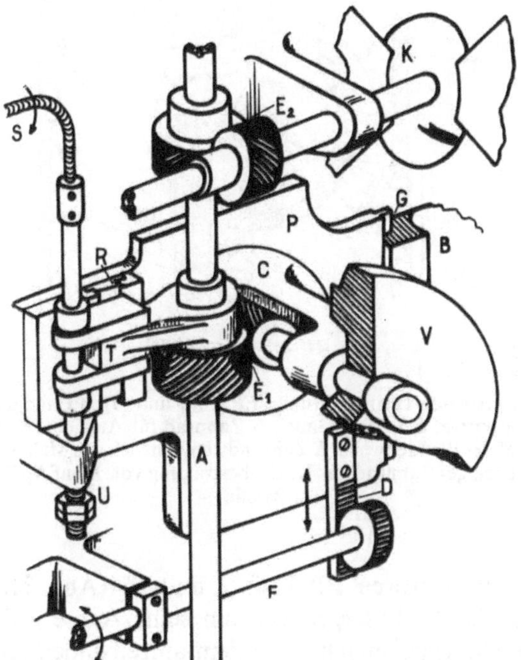

Abb. 217. Zentrale Bildstrichverstellung und Blendeneinstellung (Prinzip *Century*). *A* Motor-Antriebsachse, *B* Gehäuse-Mechanismus, *C* Malteserblock auf der Platine *P*, *D* Zahnrad zur Verschiebung der Platine *P*, E_1 Getriebe zur Verdrehung des Malteserblocks, E_2 Getriebe zur Verdrehung der Blende *K*, *F* Welle zur Bildstrichverstellung, *G* Führung für die Platine *P*, *R* Führung der Platine *P* zur Längsbewegung des Trägers *T*, *S* biegsame Welle für Schraube *U*, *T* Träger für die Betätigung des Getriebes E_1, *U* Schraube für die Bewegung des Trägers *T*, *V* Schwungmasse des Maltesergetriebes

Von einer modernen zentralen Bildverstellung wird verlangt, daß sie sich während des Projektorlaufs betätigen läßt und daß gleichzeitig der Umlaufverschluß zusätzlich mitgedreht wird, um eine Phasenverschiebung zwischen Abdeckflügel und Filmzug, d. h. Blendenziehen, zu vermeiden. Hierbei wird dann das Malteserkreuz um seine Achse gedreht und durch ein Ausgleichsgetriebe ebenfalls der Umlaufverschluß. Diese Anordnung findet man z. B. bei der *Ernemann VII B* von ZEISS IKON (Abb. 216), deren Getriebe aus einer Räderkette besteht.

Erfolgt die Energieübertragung vom Motor nicht durch eine Räderkette, sondern durch eine Hauptwelle, so sind auch verschiedene Konstruktionen möglich. Bei dem amerikanischen *Century*-Projektor wird eine Platine vertikal bewegt (Abb. 217) und damit auch das Maltesergetriebe. Zusätzlich kann mit einer zweiten Welle die Blende in ihrer Phasenlage verstellt werden.

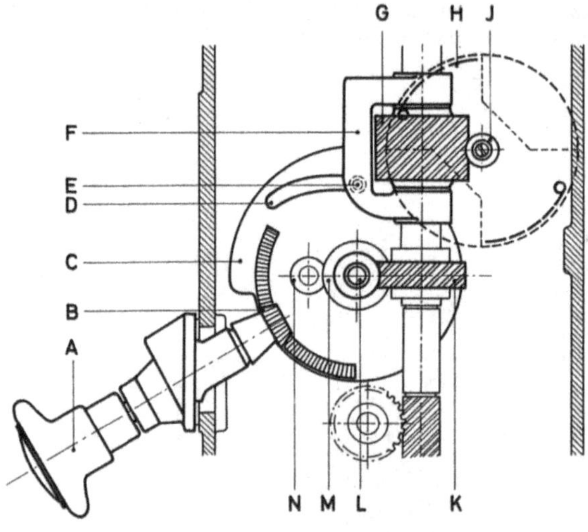

Abb. 218. Zentrale Bildverstellung (Prinzip PHILIPS *FP 5, 6, 7* und *56*). *A* Handgriff, *B* Kegelrad, *C* Segmentscheibe, *D* Führungskurve, *E* Stift, *F* Gabel, *G* Zahnrad für Antrieb Trommelblende, *H* Trommelblende, *I* Zahnrad auf der Blendenwelle, *K* Zahnrad zum Antrieb des Maltesersystems, *L* Welle des Malteserkreuzes, *M* zweiteiliges Zahnrad zur Kraftübertragung von *K* auf *N*, *N* Zahnrad auf der Einstiftwelle

Bei den PHILIPS-Projektoren FP 5, 6, 7 und 56 (Abb. 218) wird über ein Kegelradsegment *B* das Maltesergetriebe um seine Achse gedreht. Dabei rollt das Zahnrad *N* der Stiftscheibenachse auf dem antreibenden Zahnrad *M* ab, das drehbar auf der Kreuzachse *L* sitzt und über ein kleineres Zahnrad mit der Hauptachse gekoppelt ist. Damit verschiebt sich der Stift gegenüber der Eingriffstelle im Kreuz bzw. die Phase des Schaltvorganges zur Phase der Hauptwelle. Die Phasenverstellung der Blende *H* erfolgt durch die Führungskurven *D*. Ein in ihr gleitender Stift *E* an der Gabel *F* verschiebt das Antriebsrad *G* auf der Hauptwelle und verdreht damit die Blende *H* [245].

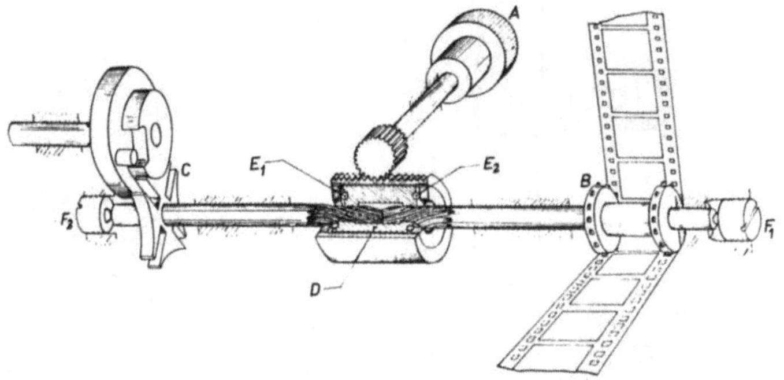

Abb. 219. Zentrale Bildverstellung (Prinzip PHILIPS *FP 20* und *FP 20 S*). *A* Bildverstellknopf, *B* Schaltrolle, *C* Malteserkreuz, *D* Kupplungsrohr, E_1, E_2 Kugellager, F_1, F_2 gehärtete Zapfen

Bei den PHILIPS-Projektoren FP 20 und FP 20 S wird eine geteilte Kreuzwelle verwendet (Abb. 219), deren Enden mit einer gegenläufigen Schrägverzahnung versehen und durch ein Kupplungsrohr verbunden sind. Durch Drehen des Bildstellknopfes *A* wird die Schaltrolle *B* gegenüber dem Malteserkreuz *C* verschoben. Das Kupplungsrohr *D* ist aus Nylon gespritzt und hat ein um 1 bis 2% kleineres Innenmaß als die Welle. Der dadurch bedingte zu straffe Sitz wird nach etwa 24 Stunden infolge der Kriecheigenschaften des Nylons geringer, so daß die erforderliche Kraft auf einen annehmbaren Wert sinkt, und man erhält dadurch eine spielfrei verschiebbare Verbindung. Die Kraft, die zum Verschieben des Kupplungsrohres auf den Wellenenden erforderlich ist, wird über die beiden Kugellager E_1 und E_2 auf das Kupplungsrohr *D* übertragen und von den gehärteten Zapfen F_1 und F_2 aufgenommen. Durch Verschiebung in Achsrichtung werden die beiden Wellenenden gegenläufig verdreht, wodurch die Schaltrolle eine zusätzliche Drehbewegung erhält, ohne daß die Funktion der anderen Getriebeteile beeinflußt wird. Es entsteht keine Phasenverschiebung zwischen Schaltrolle und Blende, so daß eine Einrichtung zur Korrektur der Blendenphase nicht erforderlich ist.

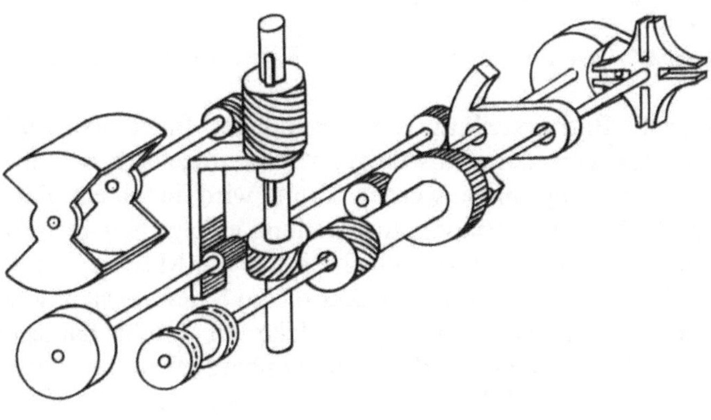

Abb. 220. Zentrale Bildverstellung (Prinzip ZEISS IKON *Ernon IV*)

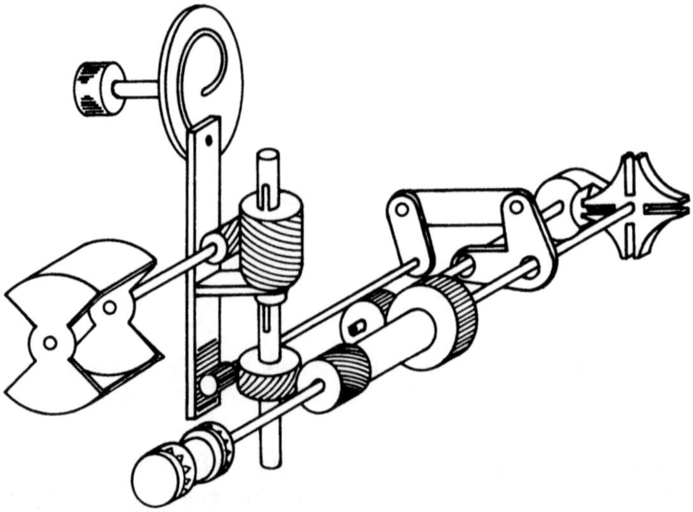

Abb. 221. Zentrale Bildverstellung (Prinzip ZEISS IKON *Ernemann VIII*)

Die meisten Konstruktionen verwenden verschiebbare Räder auf der Hauptwelle, verbunden mit einer Blendenkorrektur, wie dies z. B. bei den ZEISS IKON-Projektoren *Ernon IV* (Abb. 220), *Ernemann VIII* (Abb. 221) und *Ernemann IX* und *X* (Abb. 222) der Fall ist.

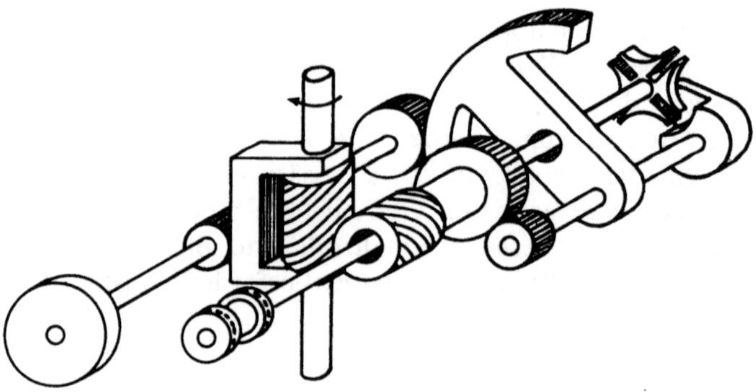

Abb. 222. Zentrale Bildverstellung (Prinzip ZEISS IKON *Ernemann IX* und *X*)

Eine zentrale Bildverstellung mit gekuppelter Blendenkorrektur, die aber auch unabhängig von der selbsttätigen Phasenregelung bei der Verstellung des Bildstrichs vorgenommen werden kann, wird in einem Patent [246] beschrieben (Abb. 223). Die Bildstrichverstellung erfolgt hier in bekannter Weise durch Verschwenken der Einzahnscheibe *4* um die Malteserwelle *1* und damit der Schaltrolle *3* mittels des Einstellknopfes *17*. Zwangsläufig werden dabei die Zahnräder *8* und *14* mitbewegt, welche die (nicht dargestellte) Blende verdrehen. Zur Nachjustierung der Blendenphase dient der Einstellknopf *27*, der den Arm *20* exzentrisch bewegt. Über Planetenräder werden das Zahnrad *18* und das freilaufende Zahnrad *24* und damit die Einzahnscheibe verdreht, wodurch die Phasenlage zwischen Blende und Schalttrommel verändert wird.

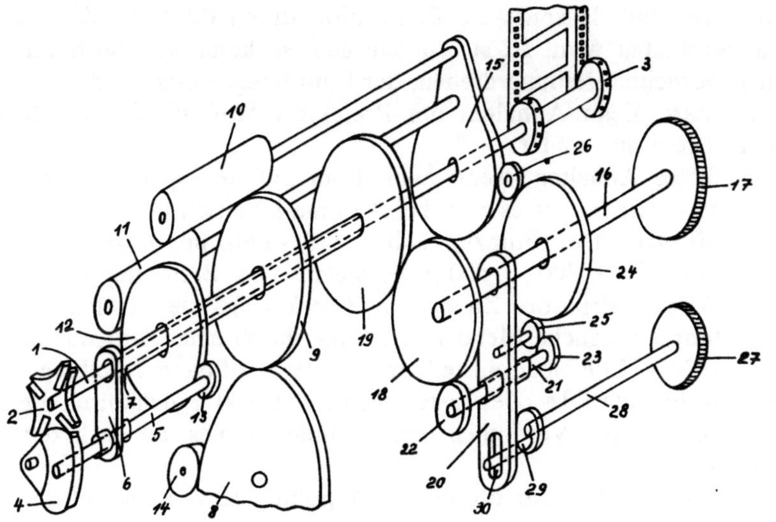

Abb. 223. Zentrale Bildverstellung mit gekuppelter und unabhängiger Blendeneinstellung (DAS 1 003 572). *17* Knopf zur zentralen Bildverstellung, *27* Knopf zur unabhängigen Blendeneinstellung, *8* und *14* Zahnräder zum Antrieb der Blende

G. Die Aufwicklung und Abwicklung des Films

Bei der Projektion wird der Film von der meist oben befindlichen Abwickelspule zu der (unteren) Aufwickelspule befördert, wobei die pro Zeiteinheit transportierte Filmmenge durch die nach DIN 15 577 genormte Vorführgeschwindigkeit festgelegt ist. Je nach Filmformat beträgt diese bei

Tabelle 29

Film mm	B/s	mm/s
8	18	68,5
8	24	91,5
8 S	18	76
8 S	24	102
16	24	183
35	24	456
70	24	570
70	30	712,5

Der Abwickel- und der Aufwickelspule ist gemeinsam, daß sich ihre Durchmesser im Laufe der Vorführung ändern, und zwar im entgegengesetzten Sinne. Der Durchmesser der Abwickelspule nimmt ab, der der Aufwickelspule zu.

Die *Abwicklung* kann nicht frei von der Spule erfolgen, sondern muß gebremst werden, damit sich keine durchhängende Schleife bildet, was zu Filmriß besonders bei großen und schweren Spulen führen kann. Die Bremsung soll nicht zu stark sein, da sonst die Perforation durch die ziehende Vorwickelzahnrolle beschädigt wird. Ist sie zu schwach, so kann sich die Spule infolge ungleicher Gewichtsverteilung drehen, der Film hängt durch, und es gibt Filmrisse beim Start. Beim Anhalten des Projektors läuft die Spule infolge ungenügender Bremsung weiter.

Erfolgt dieses Anhalten, wenn noch Film auf der Spule ist, und es soll erneut gestartet werden, wie es z. B. bei Automatikbetrieb üblich ist, so können Filmrisse auftreten. Der Filmzug soll für 35-mm-Film etwa 200...400 p und für 70-mm-Film 300...500 p betragen. Die Bremsung erfolgt meist durch eine Abwickelfriktion. Zu diesem Zweck trägt die Abwickelwelle eine in Achsrichtung bewegliche Metallscheibe, die durch einen Stift mit der Welle gekuppelt ist. Mit Hilfe einer einstellbaren Feder wird diese Scheibe gegen eine am Lager angebrachte Filz- oder Lederscheibe gedrückt und dadurch die Bremswirkung erzielt. Durch Verdrehen eines Rändelknopfes läßt sich der Federdruck einstellen.

Wird der Projektor auch für die Rückspulung bzw. Rücklauf verwendet, so muß die Abwicklung auch als Aufwicklung arbeiten. In diesen Fällen wird meist mit Wickelmotoren gearbeitet. Je nach Bedarf wird dann der untere oder obere Motor zum Aufwickeln eingeschaltet. Der freibleibende Motor, der nun an der Abwicklung sitzt, wird aber nicht spannungslos gemacht, sondern erhält eine geringe Gegenspannung, die den Film beim Abwickeln bremst.

Im Gegensatz zur Abwicklung benötigt die Aufwicklung einen Antrieb, der die von der Nachwickelrolle des Projektors geförderte Filmmenge auf eine Spule wickelt. Der Spulendurchmesser nimmt dabei stetig zu, und der Antrieb muß sich dieser dadurch bedingten Drehzahländerung anpassen. Die Umfangsgeschwindigkeit v der Spule mit einem Wickelradius r und der Winkelgeschwindigkeit ω beträgt $v=r\cdot\omega=r\cdot 2\cdot\pi\cdot n\cdot$ [cm/s]. Die Umdrehungszahl n der Aufwicklung in Abhängigkeit vom Spulenradius ergibt sich zu $n=\frac{v}{2\pi r}$ [U/s]. Hieraus lassen sich die Anfangs- und Enddrehzahlen bestimmen. Bei 35-mm-Film und einer Vorführgeschwindigkeit von 24 B/s, entsprechend 456 mm/s, beträgt die Drehzahl der 600-m-Filmspule beim Beginn der Aufwicklung auf den Kern von 127 mm Durchmesser etwa 67 pro Minute und bei voller Spule mit 380 mm Durchmesser etwa 23 pro Minute. Will man gar auf einen Filmkern 50 mm Durchmesser (Bobby) aufwickeln, so ergibt sich eine Anfangsdrehzahl von 174 pro Minute. Um auch bei einer leeren Spule einwandfreies Arbeiten zu erreichen, soll die Drehzahl des Antriebs etwa 10% höher liegen als die theoretische Anfangsdrehzahl.

Neben der Forderung, die vom Projektor angelieferte Filmmenge aufzunehmen, bestehen noch folgende, für die Filmschonung wichtige drei Forderungen:

1. Die einzelnen Filmlagen dürfen sich nicht gegeneinanderverschieben, da sonst Kratzer auf der Schicht- und Blankseite entstehen. Der Aufwickelzug darf also nicht zu gering sein, sondern es muß straff gewickelt sein.

2. Der Filmzug darf nicht zu groß werden, um Filmschäden, besonders an der Perforation durch die Zähne der Nachwickelrolle, zu vermeiden.

3. Der Filmzug muß stetig sein, um ein Nachziehen der Filmlagen zu vermeiden.

Der zulässige Filmzug darf 1,5 kp nicht überschreiten, um Filmschäden zu vermeiden [247]. Die Anfangs- und Enddrehzahlen sind aber, besonders bei Spulen mit großem Fassungsvermögen (1800 m) sehr unterschiedlich, bis zu 1:5 [248]. Im allgemeinen wird ein konstanter Filmzug angestrebt. Mit zunehmendem Winkeldurchmesser muß auch das Drehmoment zunehmen, um einen konstanten Filmzug zu erhalten [249, 250]. Der Filmzug wirkt tangential am Wickelumfang. Das vom Mitnehmerdorn auf die Spule ausgeübte Drehmoment muß über den Wickel bis zum größten Umfang übertragen werden. Ist die Haftkraft zwischen den einzelnen Windungen kleiner als die durch den Filmzug auftretende Tangentialkraft, so tritt Nachziehen ein. Die Tangentialkraft wird vom Außendurchmesser ausgehend größer, je näher man dem Wickelkern kommt. Die Haftkräfte nehmen aber nicht im gleichen Maße zu. Das Nachziehen kann man also bei Aufwicklung mit konstantem Filmzug nicht vermei-den.

Bei Aufwicklung mit konstantem Drehmoment wird zwar der Filmzug mit zunehmendem Wickeldurchmesser geringer, die Tangentialkraft bleibt aber konstant. Dies wird durch Friktionskupplungen erreicht, wie sie häufig angewendet werden.

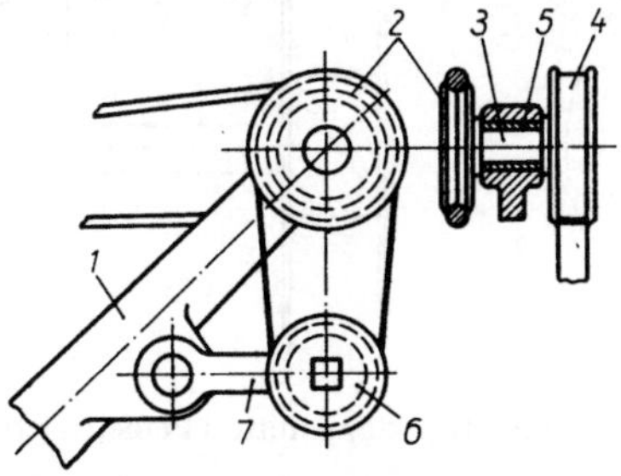

Abb. 224. Lastabhängige Keilriemen-Aufwicklung. *1* Spulenarm, *2* Antriebsscheibe, *3* Achse, *4* Keilriemenscheibe, *5* Lager, *6* Wickelachse, *7* Aufhängung der Wickelachse

Die Verwendung von Spulen mit großen Durchmessern bringt die erheblichen Drehzahlunterschiede bei Beginn und Ende der Aufwicklung und damit des Filmzuges mit sich. Hier haben sich gewichtsabhängige Friktionen bewährt, bei denen mit zunehmendem Spulendurchmesser bzw. Gewicht der Filmzug wieder zunimmt. Man kann mit gewichtsabhängigen Aufwickelfriktionen sowohl 600-m-Spulen als auch 1800-m-Spulen voll aufwickeln, wobei der Filmzug bei voller Filmrolle etwa 50% geringer als am Anfang ist, wo er 500 ... 1000 p für 35-mm-Film und 1000 ... 2000 p bei 70-mm-Film beträgt. Eine einfache Lösung besteht darin, die Spannung des Antriebsriemens durch das Filmgewicht zu ändern (Abb. 224). Hierbei wird die Aufwickelachse exzentrisch aufgehängt und durch einen Riemen (Keilriemen) angetrieben. Mit zunehmendem Filmgewicht wird der Riemen straffer gespannt, damit der Riemenschlupf verringert und das Drehmoment vergrößert. Bei der üblichen Scheibenfriktion wird die Gewichtsabhängigkeit dadurch erreicht, daß anstelle der Druckfeder zur festen Einstellung des Anpreßdrucks ein bewegliches Bauelement verwendet wird, das das Filmgewicht auf die Druckeinrichtung überträgt.

Anstelle dieser mechanischen Kupplungen und Friktionen kann auch die Magnetkupplung vorgesehen werden. Bei dieser preßt ein durch Gleichstrom erzeugtes Feld die beiden durch einen Reibbelag voneinander getrennten Kupplungsscheiben aneinander. Anstelle des Reibbelages kann auch Öl, das mit Eisenpulver durchsetzt ist, verwendet werden. Dann werden durch das elektromagnetische Feld nicht die Kupplungsscheiben aneinandergepreßt, sondern die flüssige Masse bildet eine feste Scheibe mit Reibflächen.

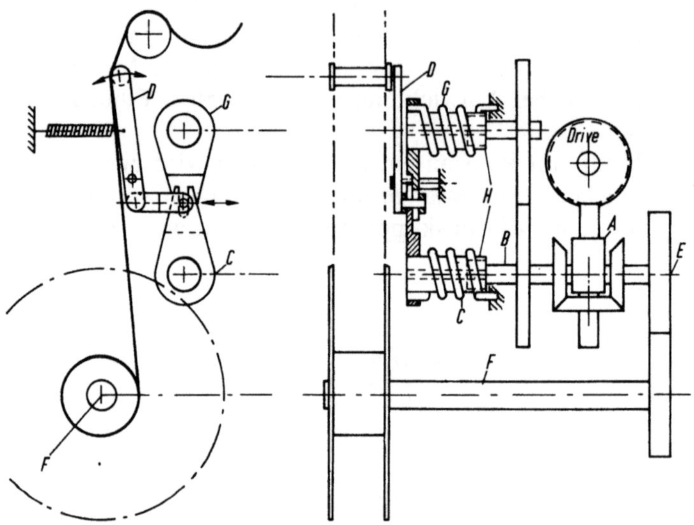

Abb. 225. Filmaufwicklung mittels Planetengetriebe

Ein kürzlich gemachter Vorschlag [251] sieht die Verwendung eines Planetengetriebes zur Stabilisierung des Filmzugs der Aufwicklung vor (Abb. 225). Die Welle *B* eines der Umlaufräder des Planetengetriebes *A* ist mit der Federwelle *C* verbunden. Diese wird durch den beweglichen Hebel *D* gesteuert, der mit einer Rolle am Film anliegt. Das andere Umlaufrad *E* treibt die Magazinspindel *F* an. Je mehr das Rad *B* durch die Feder *C* zurückgehalten wird, umso mehr Drehmoment wird durch *E* auf die Spindel übertragen. Falls der Projektor auch für Rücklauf bestimmt ist, übernimmt die Federachse *G* die Funktion von *C*, wobei durch die Kupplung *H* in Abhängigkeit von der Drehrichtung diese Elemente *C* oder *G* in Betrieb genommen werden.

Der Antrieb dieser Friktionen erfolgte durch den Hauptmotor des Projektors vermittels Riemen oder (kardanischer) Welle. Da bei sehr großem Unterschied des Anfangs- und Enddurchmessers des Filmwickels oder bei sehr großen Gewichten (70-mm-Film) auch bei gewichtsabhängiger Friktion die Aufwicklung nicht zufriedenstellend arbeitete, werden für den Antrieb der Aufwicklung eigene Motoren verwendet. Diese sind auch dann erforderlich,

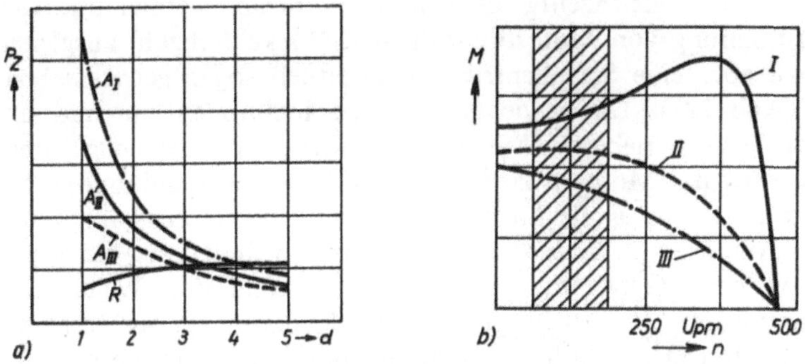

Abb. 226. Filmaufwicklung mit Wickelmotor. *a* Filmzug als Funktion des Wickeldurchmessers bei verschiedenen Wickelmotoren: *R* Gleichstrom-Reihenschluß-Motor, A_I normaler Asynchronmotor, A_{II}, A_{III} Asynchronmotore mit veränderter Kennlinie, *b* Drehzahlkennlinien der Wickelmotoren A_I, A_{II}, A_{III}

wenn der Projektor für Rücklauf vorgesehen ist. In diesem Falle hat die Abwicklung und die Aufwicklung je einen Wickelmotor. Dessen Drehzahl muß sich der geringer werdenden Drehzahl des zunehmenden Wickeldurchmessers anpassen, d. h. das Drehmoment muß annähernd konstant sein (Abb. 226). Normale Asynchronmotore haben ein sehr starres Verhalten. Sie halten die Drehzahl fast konstant, d. h. das Drehmoment steigt, bis sie bei zu großer Belastung das Kippmoment überschreiten. Sie würden also einen zu großen Zug auf den Film ausüben und sind für diesen Zweck nicht brauchbar. Es muß vielmehr der Widerstand im Kurzschlußläufer erhöht werden, so daß im gewünschten Drehzahlbereich das Drehmoment annähernd konstant ist, wie z. B. die Kurve II des Motors A_{II}. Da die Drehzahl der leeren Spule je nach Kerndurchmesser etwa bei 70 U/min liegt, werden Motore mit hoher Polzahl verwendet, die eine niedrige Drehzahl besitzen (Scheibenmotore) oder vierpolige Motore, deren Leerlaufdrehzahl bei 1400 U/min liegt, werden mittels Übersetzungen an die Aufwickelwelle angeschlossen. Geschieht dies in Form von Riemen,

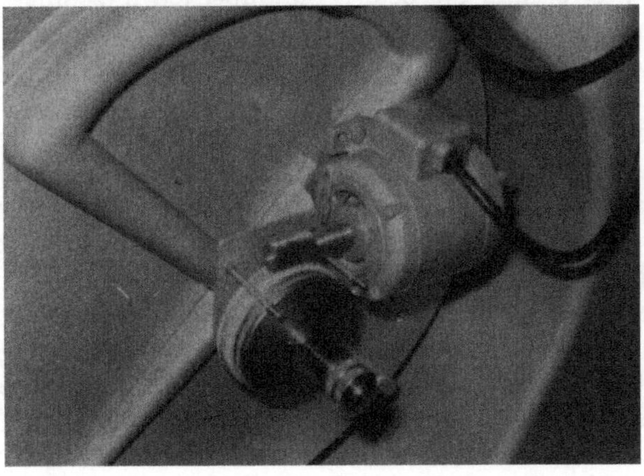

Abb. 227. Filmaufwicklung mit Motor und Friktion des Zeiss Ikon-Projektors *Favorit 70*

so können diese gleichzeitig als Friktion wirksam werden und die fehlende Übereinstimmung von Motordrehzahl und Wickeldrehzahl ausgleichen. Meist wird dazu aber eine Scheibenfriktion, eventuell sogar gewichtsabhängig, eingebaut (Abb. 227). Da gewichtsabhängige Friktionen nur indirekt wirken, ist es bei motorbetriebenen Aufwicklungen zweckmäßiger, den Filmzug direkt zur Steuerung der Motoren zu verwenden. Dies kann dadurch geschehen, daß der Film über eine Rolle läuft, die sich an einem schwenkbaren Hebelarm befindet. Am anderen Ende dieses Hebelarms befindet sich ein Regulierwiderstand bzw. eine Regeleinrichtung für den Wickelmotor. Weicht der Filmzug vom Normalwert ab, so bewegt sich der Hebelarm aus seiner Mittellage und verändert damit Drehzahl bzw. Drehmoment des Wickelmotors.

H. Der Antriebsmotor und das Getriebe

Nur in den ersten Jahren der Kinematographie wurde der Projektor, wie auch die Kamera, von Hand gekurbelt. Besonders bei der oft stundenlang dauernden Projektion war ein motorischer Antrieb von erhöhter Bedeutung.

Die Verbindung zum Projektor erfolgte durch Flachriemen, später auch durch Keilriemen. Der Antriebsmotor befand sich oft auf einer „Wippe", wodurch sein Gewicht gleich zum Spannen des Riemens verwendet wurde. In den 20er Jahren wurde der Riemenantrieb durch den Flanschmotor verdrängt, der jetzt bei sehr vielen Projektoren zu finden ist. In bestimmten Fällen wird auch noch der Riemenantrieb verwendet, und zwar in Form des Zahnriemens.

Die anfänglich verwendeten Motoren waren Hauptschlußmotoren, die über einen Widerstand regelbar waren [252, 253]. Da dieser Motor stark abhängig vom Drehmoment ist, besonders wenn er noch über einen Regelwiderstand angeschlossen ist, wurde auch der Nebenschlußmotor verwendet, dessen Drehzahl bei zunehmender Belastung weniger abfällt. Beide Motoren besitzen aber keine konstante Drehzahl, die beim Tonfilmbetrieb unbedingt erforderlich ist.

Naheliegend wäre die Verwendung von Synchronmotoren. Doch müßten diese mit Gleichstrom erregt werden oder Permanentmagnete besitzen. Das ist für diese Zwecke zu umständlich bzw. zu teuer.

Da in den Bildwerferräumen fast allgemein Drehstrom, zumindest aber Einphasen-Wechselstrom vorhanden ist, hat sich der Asynchronmotor mit Kurzschlußläufer bewährt. Er läuft von selbst an und entwickelt ein kräftiges Drehmoment. Wie aber sein Name sagt, läuft er nicht synchron, sondern hat einen Schlupf, der 3 bis 6% von der Synchrondrehzahl beträgt. Bei 50 Hz hätte ein zweipoliger Motor eine synchrone Drehzahl von 3000 U/min, ein vierpoliger 1500 U/min. Beim Asynchronmotor sind die Drehzahlen etwa 2900 bzw. 1450 U/min. Dieser Schlupf wird bei zunehmender Belastung größer. Wird die Belastung zu groß, d. h. das Kippmoment wird überschritten, so bleibt der Motor stehen. Der Schlupf nimmt auch mit abnehmender Netzspannung zu.

Da der Asynchronmotor trotz seiner guten Eigenschaften nicht synchron läuft und sogar seine Drehzahl, wenn auch geringfügig, von Belastungs- und

Spannungsschwankungen abhängig ist, kann er für hochwertige Zwecke, z. B. in Studios und Fernsehbetrieb, nicht verwendet werden. Hier hat sich der synchronisierte Asynchronmotor (Reluktanzmotor) bewährt. Von einem normalen Induktionsmotor unterscheidet er sich durch einen abgewandelten Käfigläufer, an dessen Umfang entsprechend der Polzahl der Ständerwicklung Nuten eingefräst sind, so daß ausgeprägte Pole entstehen. Dieser Motor läuft selbständig hoch und entwickelt dabei ein asynchrones Drehmoment. Bei synchroner Drehzahl entsteht ein Reluktanz- oder Reaktionsmoment. Die Leistung eines Reluktanzmotors beträgt etwa nur die Hälfte eines Asynchronmotors mit normalem Läufer. Seine Abmessungen, Gewicht und Preis liegen höher.

Da Asynchronmotore wie auch Reluktanzmotore sehr schnell hochlaufen, wodurch der Film oder der Projektor beschädigt werden könnte, werden sie über Vorwiderstand „weich“ angelassen. Steht nur Wechselstrom zur Verfügung, so muß eine „Hilfsphase“ hergestellt werden, was meist mit Hilfe eines Kondensators geschieht. Für den Anlauf muß dieser eine größere Kapazität als beim Betrieb aufweisen, so daß zwei Kondensatoren beim Anlassen eingeschaltet werden. Nach beendetem Anlaßvorgang wird einer abgeschaltet, und nur der Betriebskondensator bleibt eingeschaltet. Beim Betrieb mit Hilfsphase nimmt allerdings die Leistung der Motore gegenüber Drehstrombetrieb ab (Abb. 228).

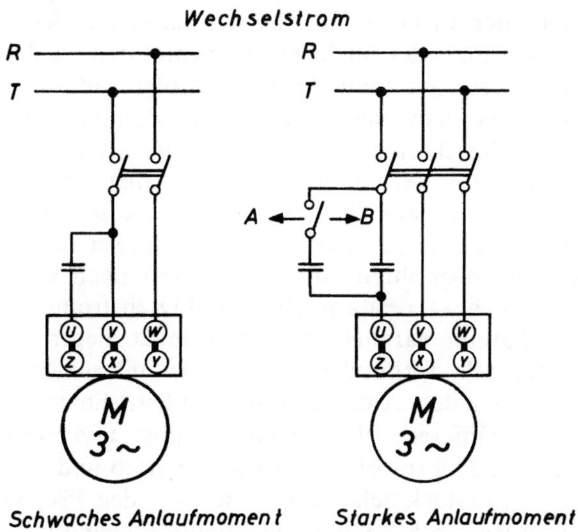

Abb. 228. Drehstrommotor am Wechselstromnetz. *A* Anlauf, *B* Betrieb

Die Flanschmotore werden meist am unteren Teil des Projektorkopfes befestigt (z. B. bei der *Ernemann VII*), gelegentlich auch oben (*Ernemann IX* und *X*) [254]. Letztere Ausführung hat unter anderem den Vorteil, daß der freie Raum zum Nachbarprojektor oder der Kabinenvorderwand größer ist (Abb. 229).

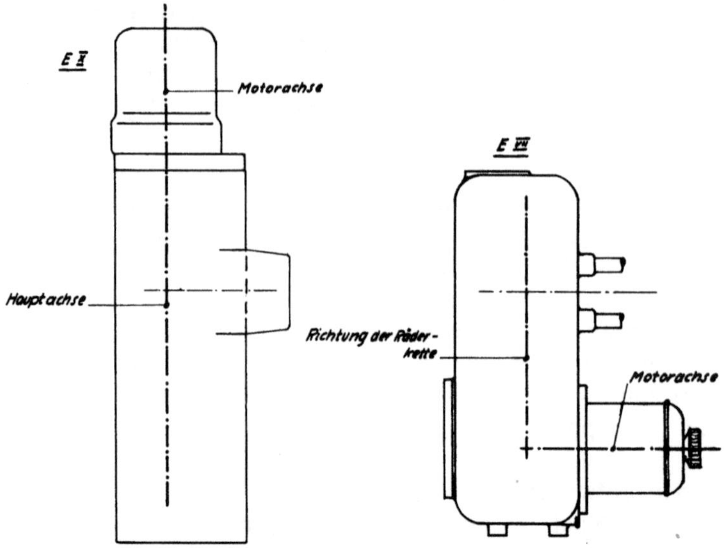

Abb. 229. Flanschmotor oben oder unten am Projektorkopf

Für stereoskopische Filmwiedergabe oder Panoramaprojektionen u. ä. ist es erforderlich, zwei oder mehrere Projektoren untereinander synchron laufen zu lassen. Mit Synchron- oder auch Reluktanzmotoren ist das nicht möglich, da das Hochlaufen derselben nicht synchron erfolgt und die zu projizierenden Filme entsprechend gegeneinander versetzt sind. Zumindest also während des Anlaufs müssen die Projektoren untereinander zwangsgekoppelt werden. Dies könnte durch eine starre Verbindung in Form einer „mechanischen Welle“ geschehen. Aber schon bei zwei Projektoren ist eine solche Anordnung recht unbequem. Daher wird eine „elektrische Welle“ verwendet, die darin besteht, daß die Projektoren außer ihren Antriebsmotoren noch Gleichhaltemotoren, auch Haltemotoren genannt, besitzen. Diese sind Drehstrommotoren mit Schleifringläufern, deren Statoren parallel am Drehstromnetz liegen und deren Rotoren untereinander elektrisch verbunden sind. Bei auftretenden Drehmomentsunterschieden zwischen den Antriebsmotoren übernehmen die Haltemotoren den Ausgleich der Differenz des Drehmomentes und sorgen für absolut gleiche Drehzahl [255, 256] sowohl bei Anlauf, Betrieb und Auslauf.

Anstelle dieser „Interlock-Schaltung“, die für jeden Projektor einen Haltemotor und elektrische Verkabelung untereinander benötigt, kann auch der Betrieb über einen Spezialgenerator erfolgen, der mit der Frequenz Null anfängt und auf 50 Hz hochfährt. Die angeschlossenen Motoren bzw. Projektoren laufen dann alle zusammen synchron hoch. Nach beendetem Anlaßvorgang können sie dann vom Generator getrennt und an das Netz angeschlossen werden. Dieses Verfahren wird vorzugsweise in Filmstudios angewendet und ist unter dem Namen „Rotosyn“ bekannt [257]. Soll der Auslauf der Projektoren untereinander synchron erfolgen, so geschieht dies ebenfalls durch den Generator, dessen Frequenz von 50 Hz heruntergeregelt wird.

Das vom Motor an den Projektor übertragene Drehmoment wird an die einzelnen Stellen des Projektors verteilt durch

a) eine Hauptwelle (Abb. 230),
b) eine Räderkette (Abb. 231),
c) Riemen oder Ketten (Abb. 232).

Abb. 230. Projektor mit Königswelle (*Ernemann X*)

Zwischen Motor und Getriebe befinden sich meist leicht auswechselbare Übersetzungsräder. Wird der Motor nicht mit 50 Hz, sondern z. B. auf dem amerikanischen Kontinent mit 60 Hz betrieben, so würde seine Drehzahl 20% zu hoch sein. Dann werden diese Räder gegen andere „Periodenräder" ausgewechselt. Für Studiozwecke ergibt sich oft die Notwendigkeit, sowohl mit 24 B/sec als auch mit 25 B/sec zu projizieren. Dies könnte durch Betrieb mit einem Frequenzumformer geschehen. Dies ist aber umständlich und obendrein ungenau. Besser ist es, den Motor am Netz zu belassen und die Periodenräder für 24 und 25 B/sec bequem von außen umzuschalten [258].

Abb. 231. Projektor mit Räderkette (*Ernemann VII B*)

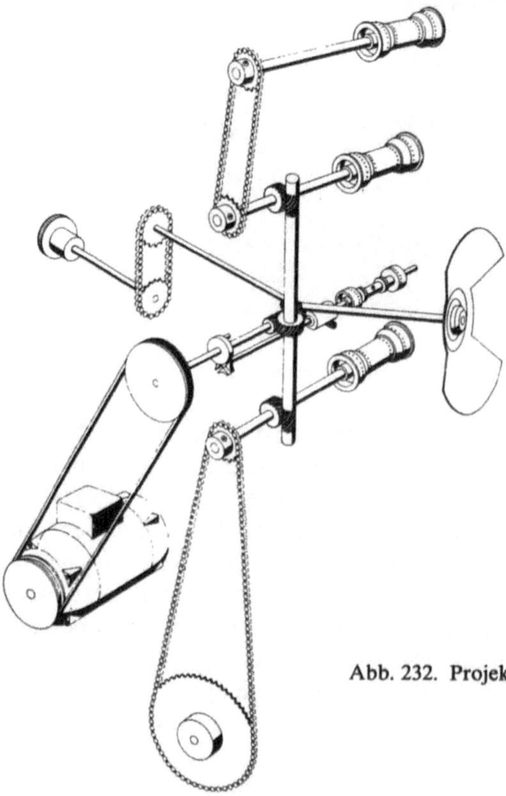

Abb. 232. Projektor mit Riemen oder Ketten (PHILIPS *DP 75*)

Abb. 233. Projektor mit vielen Schmierstellen (*Ernemann I*)

Die vielen Lagerstellen und Getriebeteile eines Projektors müssen geschmiert werden. Dies geschah früher in Form der Einzelschmierung (Abb. 233). Da dieses Verfahren nicht nur unbequem für die Praxis ist, sondern auch die Gefahr der Verschmutzung besteht, wurden etwa seit Beginn der 20er Jahre die Projektoren mit geschlossenem Gehäuse konstruiert, so daß sie nicht mehr von außen mit Öl versehen werden mußten. Im unteren Teil des Projektorkopfes befindet sich ein Ölsumpf, der je nach Projektorgröße bzw. -typ etwa 0,5 bis 1 Liter Öl aufnimmt. Mit Hilfe einer Pumpe, meist eine an das Getriebe angeschlossene Zahnradpumpe (Abb. 234), wird das Öl zu einem oben befindlichen Verteiler gepumpt, um von dort durch eine Anzahl von Röhrchen den zu schmierenden Stellen zugeführt zu werden (Abb. 235). Durch die umlaufenden Teile im Innern des Projektors wird das Öl auch herumgespritzt, so daß für manche Stellen, z. B. die Zähne von Zahnrädern ein Ölröhrchen nicht erforderlich ist. Lagerstellen mit Wellen, die nach außen führen, dürfen kein Öl nach außen dringen lassen. Diese Wellen werden dann mit Spritzringen und die Lager mit einer schräg nach unten führenden Bohrung versehen. Das vom Spritzring abgeschleuderte Öl läuft dann in das Innere des Projektors zurück. Alles Öl, das hochgepumpt wurde, landet infolge der Schwerkraft schließlich wieder im Ölsumpf, um erneut wieder hochgepumpt zu werden. In diesem Kreislauf verschmutzt das Öl allmählich. Aus diesem Grunde werden Siebfilter eingebaut, die mechanische Teilchen zurückhalten. Einige Projektoren haben außerdem noch Magnetfilter (Abb. 236), um den feinen Abrieb von etwa 0,4 bis 4 μ Größe, der meist aus Gußeisen oder Stahl bestehenden Zahnräder festzuhalten [259].

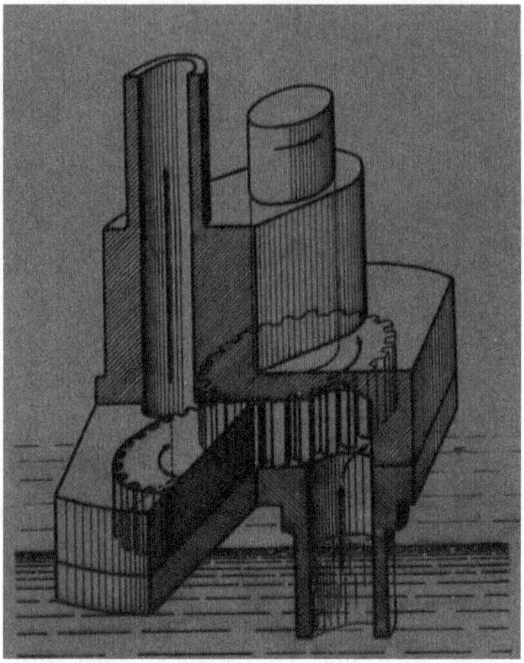

Abb. 234. Prinzip der Zahnrad-Ölpumpe

Trotzdem oxydiert und verschmutzt das Öl, so daß nach einer Betriebszeit von etwa 300 Stunden (je nach Betriebsvorschrift) ein Ölwechsel erforderlich ist. Die Ölsorte wird meist vom Hersteller des Projektors geliefert oder vorgeschrieben. Die Auswahl erfolgt so, daß es für die Materialien der Lagerstellen, Zahnräder, Maltesergetriebe usw. die günstigsten Schmiereigenschaften aufweist. Weiterhin soll seine Viskosität in einem großen Temperaturbereich möglichst konstant sein, eine Forderung, die sich nur schwer erfüllen läßt. Eine gewisse Temperaturunabhängigkeit ist aber erforderlich, weil Bildwerferräume oftmals nachts stark auskühlen und ein zu steifes Öl den Anlaßvorgang erschwert und nicht genügend schmiert.

Trotz dieser Zentralschmierung müssen einige außen liegende Teile (z. B. Rollen) von Hand geschmiert werden.

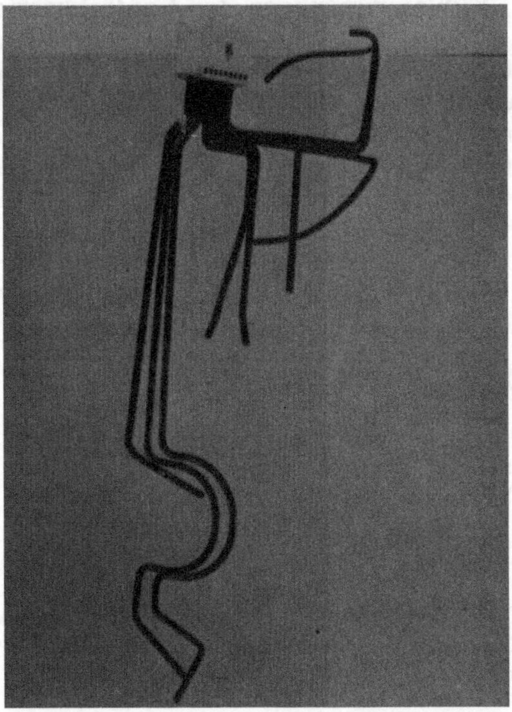

Abb. 235. Öl-Verteilungssystem in einem Projektor

Bei transportablen Projektoren kommt noch hinzu, daß diese beim Transport alle möglichen Lagen einnehmen können und daß dann dünnflüssiges Öl aus den Lagerstellen herauskommt. Wenn es sich nicht erreichen läßt, daß diese Projektoren nur in der Gebrauchslage transportiert werden, versieht man die Lager dann mit Öllos-Buchsen und die Maltesergetriebe usw. mit Vaseline und ähnlichen Fetten.

Abb. 236. Ölfilter mit Sieb und Magnet (Zeiss Ikon AG, Kiel)

I. Kühleinrichtungen des Laufbildwerfers

Die von der Projektionslichtquelle ausgesandte Strahlung enthält nicht nur Licht, sondern auch in hohem Maße Wärme- und eventuell auch UV-Strahlen. Bei hohen Leistungen kann der Wärmeanteil so große Werte annehmen, daß der Film gefährdet ist und sich der Projektor, besonders in der Nähe des Bildfensters unzulässig erhitzt. Der Film trocknet aus und beult sich aus. Bei dem früher verwendeten Nitrofilm kann es zur Entflammung, bei Sicherheitsfilm zum Verschmoren führen. Aber auch bei geringeren Belastungen treten bleibende Deformationen des Filmes auf. Außerdem können rhythmische Durchbiegungen des Films im Takte der Belichtung eine Folge der Wärmebeanspruchung sein [260].

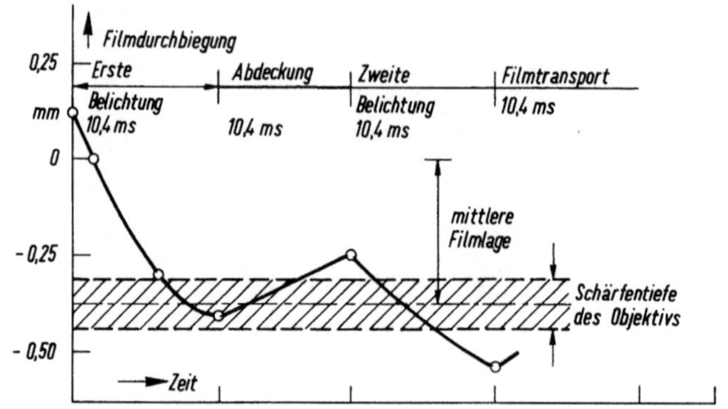

Abb. 237. Durchbiegung des Films im Takte der Durchbiegung (nach Borberg)

Diese Durchbiegungen werden oft größer, als es dem Schärfetiefenbereich des Objektivs, welcher etwa 0,2 mm bei Öffnungsverhältnissen von 1:1,8 bis 1:2 beträgt, entspricht (Abb. 237). Die entstehende Unschärfe kann dadurch gemildert werden, daß das Objektiv auf die Filmlage gegen Ende des Beleuchtungstaktes eingestellt wird [261], was in der Praxis auch unbewußt dadurch geschieht, daß auf beste Bildschärfe eingestellt wird.

Die spektrale Durchlässigkeit eines Schwarzweiß-Filmes hoher Dichte ist sehr gering und nahezu unabhängig von der Wellenlänge, das heißt auch Infrarot wird stark absorbiert (Abb. 238). Dagegen lassen Farbfilme auch höchster

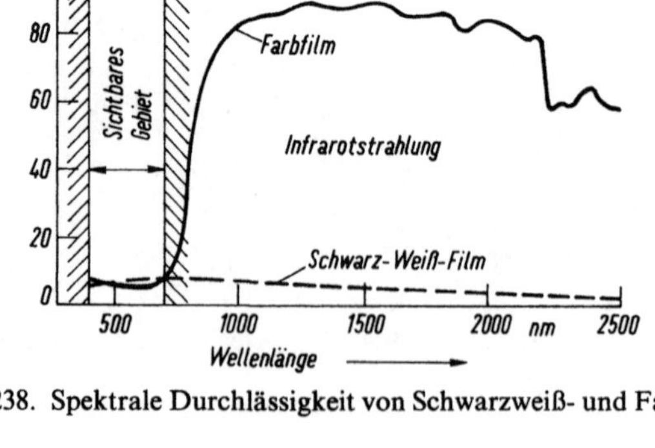

Abb. 238. Spektrale Durchlässigkeit von Schwarzweiß- und Farbfilm

Dichte im sichtbaren Bereich den größten Teil der Infrarotstrahlung durch, da sie keine Silberpartikel enthalten, so daß die Erwärmung der Farbfilme bei gleichen Strahlungsbedingungen geringer als die von silberhaltigen Schwarzweiß-Filmen ist [262, 263]. Diese Untersuchungen zeigen auch, daß bei Steigerung der vom 35-mm-Film absorbierten Strahlungsleistung folgende Erscheinungen auftreten.

Tabelle 30

Absorbierte Strahlenlstg. W/mm^2	Reaktion des 35-mm-Filmbildes
unter 0,2	reversible Filmverwölbung
0,2 ... 0,3	Beginn bleibender Verformung
0,35 ... 0,4	Verschiebung der Schärfenebene zwischen Szenen mit unterschiedlicher Transparenz
0,4	geringfügiges Bildflattern, Belastungsgrenze für Schwarzweiß-Film
0,5	störendes Bildflattern
0,6 ... 0,65	Blasenbildung

Die Wärmebelastung wird durch Kühleinrichtungen verringert, die sowohl die Temperatur des Films wie auch der Bildfensterteile des Projektors herabsetzen. Außerdem besteht die Möglichkeit, den Wärmeanteil der Strahlung zu absorbieren oder auch zu reflektieren, so daß dieser gar nicht zum Bildfenster und Film gelangt.

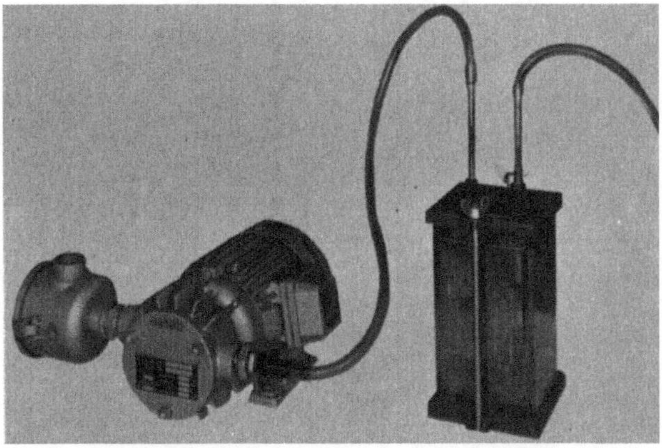

Abb. 239. Kompressor und Feuchtluftgefäß für die Luftkühlung des Films

Die Erwärmung des Films wie auch der Projektorteile wird durch Luftkühlung vermindert. Hierbei wird mit Hilfe eines Kompressors Luft zu Düsen gebracht, die sich dicht am Bildfenster befinden, so daß der Film von beiden Seiten angeblasen wird, wobei der Luftstrom für die Schichtseite besonders wichtig ist. Durch entsprechende Wahl des Druckes kann man noch zusätzlich erreichen, daß die Durchbiegung des Films, welche meist in Richtung Lichtquelle liegt, verringert wird. Um zu vermeiden, daß vom Kompressor ausgeschiedenes Öl an den Film geblasen wird, leitet man die Luft durch ein Wassergefäß (Abb. 239), welches das Öl zurückhält und außerdem die Luft anfeuchtet, wodurch das Austrocknen des Films vermindert wird. Die Leistung der Kompressoren beträgt etwa 100 Liter Luft pro Minute bei einem Druck von etwa 0,5 atü. An den Düsen genügt ein Druck von etwa 0,1 atü. Die Kühlwirkung der Luft ist begrenzt. Selbst bei höchsten Luftgeschwindigkeiten von 200 m/s, die wegen des starken Geräusches nicht zur Anwendung gelangen würden, lassen sich nur etwa 0,07 W/mm² zusätzlich abführen, so daß die Belastungsgrenze maximal auf etwa 0,5 W/mm² erhöht wird [264].

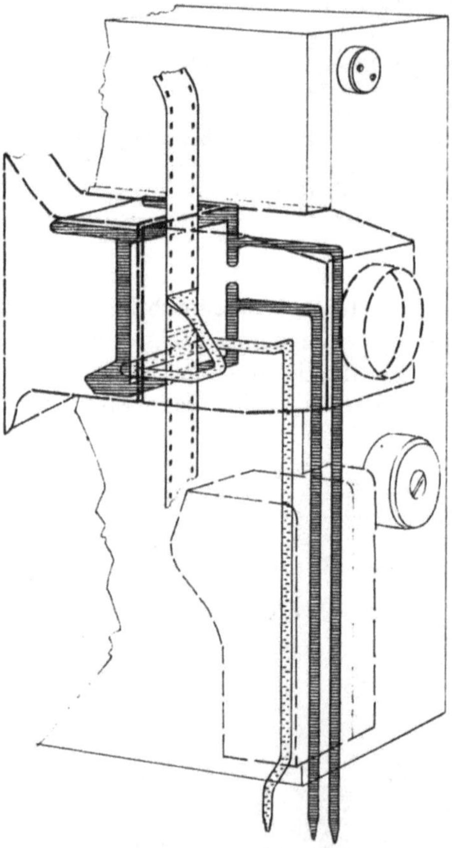

Abb. 240. Prinzip der Luft- und Wasserkühlung (*Ernemann X*)

Da die Metallteile des Projektors in der Umgebung des Bildfensters heiß werden, erleidet der Film dadurch noch eine zusätzliche Beanspruchung an seinen Rändern. Eine wirksame Kühlung dieser Metallteile durch Luft ist nicht möglich. Erstmals wurde hierfür Wasser im Jahre 1933 in dem Kaltprojektor *Ernemann V* der Zeiss Ikon AG vorgesehen [265]. Eine Anzahl von Hochleistungsprojektoren haben die Wasserkühlung übernommen. Das Wasser fließt hierbei durch das hohle Innere der Filmführung (Abb. 240). Da es fabrikatorische Schwierigkeiten macht, diese Hohlräume herzustellen, wird manchmal dafür eine wasserdurchflossene Kühlplatte fest an diese Metallteile geschraubt. Für die Kühlung genügt eine geringe Wassermenge, etwa 20 bis 30 Liter stündlich. Wenn das Wasser nicht im Umlauf betrieben wird, sondern aus der Wasserleitung entnommen wird, so darf keineswegs eine zu große Wassermenge durchfließen, da die Temperatur des Leitungswassers nur etwa 15° C beträgt und unter der Zimmertemperatur liegt. Die Metallteile würden zu stark abgekühlt, so daß sich die Luftfeuchtigkeit an ihnen kondensiert, was zu Schäden, auch des Films, führen kann. Es genügt, diese Metallteile, die ohne Wasserkühlung Temperaturen bis zu 140° C annehmen, auf Temperaturen etwas oberhalb der Zimmertemperatur abzukühlen.

Da die Wasserkühlung nur auf die Projektorteile, nicht aber auf den Film einwirkt, ist auch schon vorgeschlagen worden, den Film auf ähnliche Art zu kühlen [266]. Da der Film nicht mit Wasser in Berührung gebracht werden darf, wird als Flüssigkeit Trichloräthylen oder ähnliches vorgeschlagen. Dieses befindet sich zwischen zwei Glasplatten, durch die auch der Film hindurchläuft. Die Glasplatten verhindern gleichzeitig das Durchbiegen des Films (focus drift), das Trichloräthylen unterdrückt die Projektion etwaiger Kratzer des Films (Anti-Scratch). Jedoch ist dieses Verfahren für die allgemeine Praxis zu kompliziert, obwohl DEBRIE/Paris die Anti-Scratch-Einrichtung serienmäßig führt.

Abb. 241. Vorfenster (*Ernemann IX*)

Die Erwärmung der Metallteile in der Umgebung des Bildfensters wird noch dadurch verringert, daß ein Vorfenster vor dem Bildfenster angebracht wird (Abb. 241). Dieses Vorfenster hat einen rechteckigen Ausbruch, der nur geringfügig größer als der Bildfenster-Ausbruch ist. Da der Lichtstrahl etwa kreisförmig ist, aber nur ein Rechteck zur Ausleuchtung gebraucht wird (Abb. 242), dessen Fläche etwa 60% des Kreises beträgt, wird durch das Vorfenster etwa 40% der Strahlung abgefangen. Das Vorfenster erwärmt sich dadurch auch, doch läßt sich diese Wärme bequem abführen.

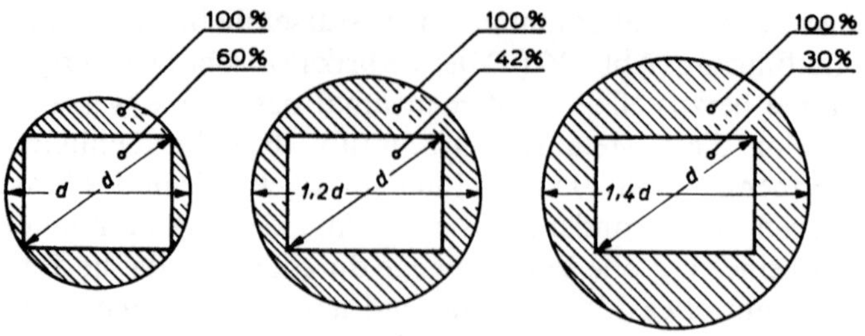

Abb. 242. Von dem Lichtstrahl wird nur maximal 60% zur Ausleuchtung des rechteckigen Bildfensters benützt

Sehr vorteilhaft ist es jedoch, den Infrarot-Anteil der Strahlung gar nicht erst zum Bildfenster und Film gelangen zu lassen, das heißt eine Trennung des Wärmeanteils vom Lichtanteil vorzunehmen. Dies kann durch Filter geschehen, die sich im Strahlengang befinden und den Infrarotanteil entweder absorbieren (Absorptionsfilter) oder reflektieren (Reflexionsfilter).

Eines der ältesten wärmeabsorbierenden Mittel ist die in den Beleuchtungsstrahlengang eingeschaltete Kühlküvette. Schon die Füllung mit reinem Wasser bewirkt, daß die Wärmestrahlen sehr viel stärker als die Lichtstrahlen absorbiert werden. Durch einen schwachen Zusatz von Kupfersulfat ($CuSO_4$) wird dieses selektive Absorptionsvermögen noch gesteigert. Nach Messungen von H. Joachim und H. Schering [267] mit einer Spiegelbogenlampe, betrieben mit 20 A Reinkohle, ergaben sich Temperaturreduktionen bis zu 90%, damit ist aber auch ein Lichtverlust bis zu 40% verbunden. Hierbei wurden Konzentrationen des Kupfersulfats bis zu 1% und Dicke der Kühlküvette bis zu 10 cm angewendet (Abb. 243). Allerdings nimmt mit der Konzentration des Kupfersulfats der Wirkungsgrad ab, das heißt die Lichtabsorption steigt schneller als die Temperaturreduktion (Abb. 244). Den besten Wirkungsgrad erhält man mit klarem Wasser, und die Küvettendicke ist so stark zu wählen, daß man ohne Kupfersulfat auskommt.

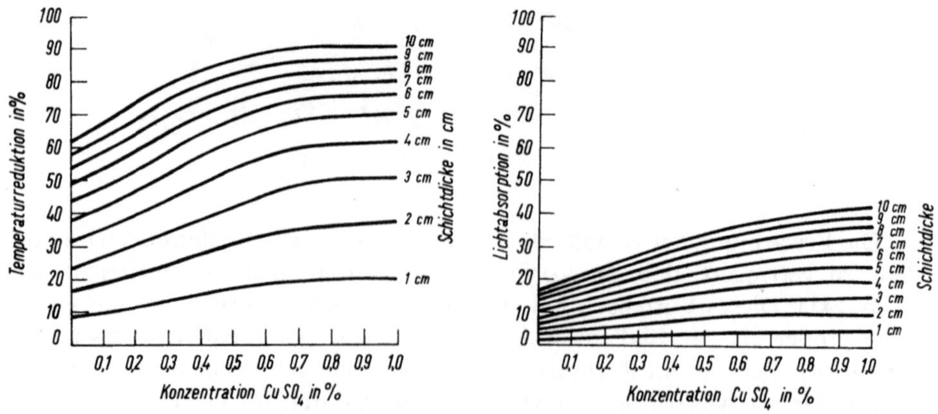

Abb. 243. Temperaturreduktion und Lichtabsorption von Kühlküvetten in Abhängigkeit von der Dicke und der Konzentration des Kupfersulfats (nach H. Joachim und H. Schering)

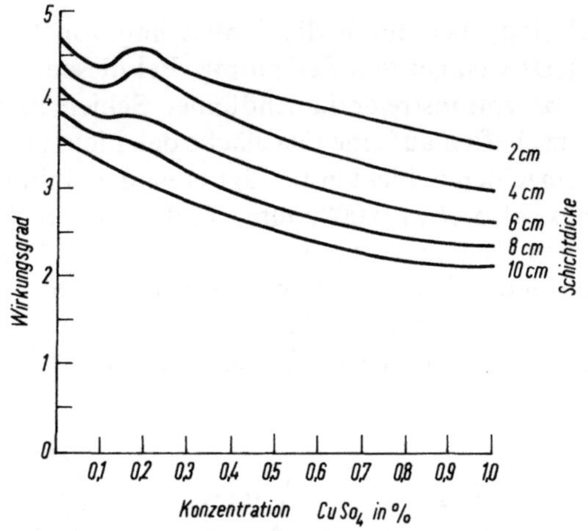

Abb. 244. Wirkungsgrad von Kühlküvetten in Abhängigkeit von der Dicke und der Konzentration des Kupfersulfats (nach H. JOACHIM und H. SCHERING)

Die von der Flüssigkeit absorbierte Wärme erhöht die Temperatur der Flüssigkeit, so daß es zu Blasenbildung kommen kann. Bei größeren Leistungen wird daher die Küvette durch Leitungswasser gekühlt, welches durch einen doppelt ausgebildeten Mantel der Küvette oder noch besser durch eine in der Küvette befindliche Metallschlange fließt. Bei kleineren Leistungen kann die unbequeme Wasserkühlung auch durch eine Umlaufkühlung ersetzt werden. Nach P. H. HELLGREBE ist die eigentliche Küvette mit einem zweiten Behälter verbunden, der mit seinem oberen Rand etwas über die Küvette herausragen muß [268]. Dieser Behälter gibt die Wärme durch Konvektion an die Umgebung. Dadurch entsteht ein thermischer Auftrieb und Zirkulation der Kühlflüssigkeit. Nach H. ROSS wird bei sehr hohen Stromstärken die Küvette sogar in der Nähe des Bogenkraters angebracht [264]. Kraterseitig erfolgt der Abschluß durch eine Quarzscheibe, dann folgt eine dünne Wasserschicht, dann ein wärmeabsorbierendes Glas, wieder eine dünne Wasserschicht und zum Abschluß eine Kondensorlinse. In diesem System zirkulieren, durch eine Pumpe betrieben, etwa 1,7 Liter destilliertes Wasser. Dieses selbst wird in einem besonderen Behälter mittels Kühlschlangen durch Leitungswasser gekühlt.

Aber auch Glas absorbiert den Infrarotanteil mehr oder weniger. Das ist schon, wie H. SCHERING nachweist [269], bei den Kondensoren der Bogenlampen der Fall. Durch Zusätze von Glassäuren, vor allem aber durch Schwermetalloxyde läßt sich die Durchlässigkeit für kurzwelliges Infrarot stark verringern [270]. Allerdings tritt auch eine starke Verfärbung des Nutzlichtes nach dem grünen Teil des Spektrums auf. Da sich diese Gläser durch die Wärmeabsorption stark erhitzen, sollen sie aus einem wärmefesten Glas hergestellt werden. Um bei sehr hoher Belastung ein Zerspringen zu vermeiden, ist Gebläsekühlung vorzusehen. Eine starke Wärmeabsorption besitzen vergoldete Gläser, auch wenn die Vergoldung sehr schwach ist. Derartige „Goldglasscheiben“ wurden früher häufig bei kleinen Schmalfilmprojektoren verwendet, um bei Stillstandsprojektion den Film zu schützen. Sie wurden automatisch bei Stillstand des Projektors in den Strahlengang geschaltet.

Diese Kühlmittel sind aber durch die Einführung von Gläsern mit reflektierenden Schichten jetzt weniger von Bedeutung. Bei diesen gelangt durch Aufbringung mehrerer absorptionsfreier hauchdünner Schichten mit unterschiedlichen optischen Eigenschaften auf eine Glasfläche das Licht zur Interferenz [271, 272]. Die Dicke der einzelnen Schichten beträgt etwa die Hälfte der Wellenlänge des sichtbaren Lichtes, also etwa 0,0002 mm. Trifft nun ein Wellenzug auf die erste Schicht, so wird ein Teil an der Grenzfläche reflektiert. Der übrige Teil geht durch die Grenzfläche hindurch und durchsetzt die Schicht. Der Reflexionsvorgang wiederholt sich an allen weiteren Grenzflächen der darunterliegenden Schichten, so daß eine Vielzahl von reflektierten Wellenzügen entsteht. Wird ein ganz

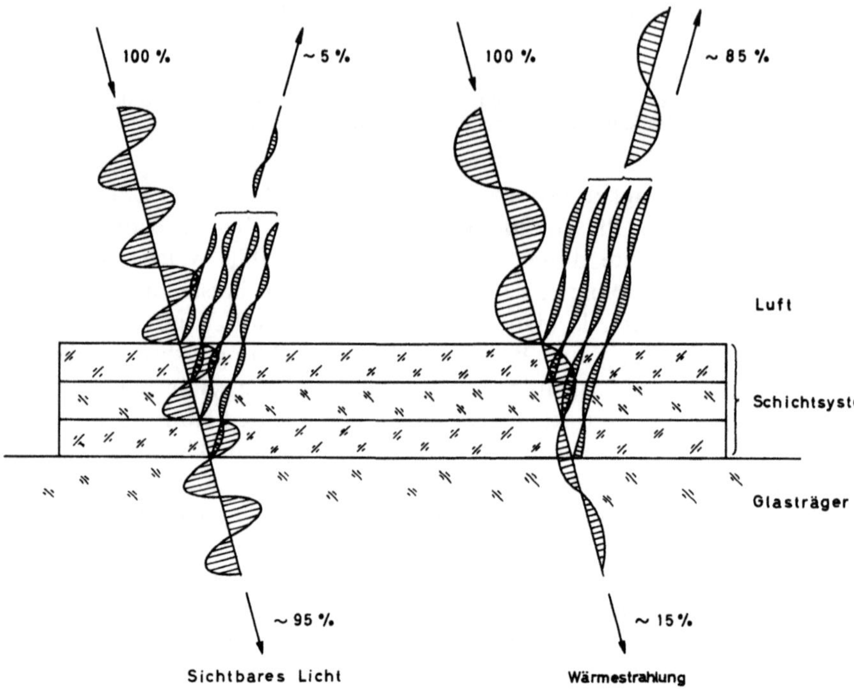

Abb. 245. Wirkung eines wärmereflektierenden Belags

bestimmter Schichtaufbau gewählt, so kommt von dem sichtbaren Spektralgebiet jeweils auf einen Wellenberg der einen reflektierten Welle gerade immer ein Wellental der darauffolgenden. Dadurch heben sich die Wellen an den einzelnen Grenzflächen nahezu auf, so daß von den Schichten nur etwa 5% des sichtbaren Lichtes reflektiert wird und damit verloren geht (Abb. 245). Bei den Wärmestrahlen ist es anders. Infolge ihrer längeren Wellenlänge kommt immer auf einen Wellenberg der einen reflektierten Welle wieder ein Wellenberg der anderen. Dadurch addieren sich die Wellen der reflektierten Strahlungsanteile und ihre Intensität wird groß. Bei einer bestimmten Wellenlänge der Wärmestrahlung werden daher 85% reflektiert und nur 15% durchgelassen. Durch entsprechende Wahl der Schichten kann erreicht werden, daß die Grenzfrequenz bei

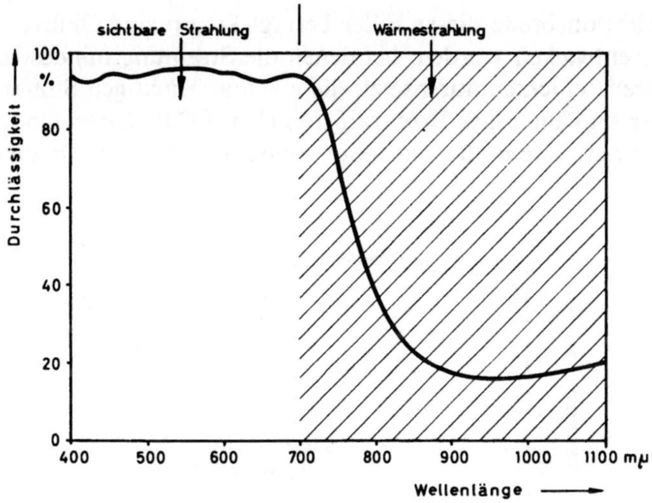

Abb. 246. Spektralverlauf der Lichtdurchlässigkeit eines Wärmereflexionsfilters (ZEISS IKON)

etwa 700 nm liegt (Abb. 246). Durch Wahl der Anzahl der Schichten, ihrer optischen Eigenschaften und ihrer Dicke kann diese Charakteristik verändert werden. Durch Änderung der Schichtdicke allein bleibt der Charakter der Kurve erhalten, sie verschiebt sich jedoch längs der Wellenskala. Damit besteht auch die Möglichkeit, gleichzeitig eine Beeinflussung der Lichtfarbe vorzunehmen, z. B. nach Rot oder Blau zu verschieben. Um zu vermeiden, daß die Strahlung erst durch den Glasträger hindurchtritt und diesen erhitzt, soll die Schichtseite der Lichtquelle zugewandt sein. Bei Verwendung dieser Interferenzfilter tritt eine merkliche Schonung des Films ein [273]. So geht bei einem Lichtstrom von 5000 lm die Durchbiegung des Films von 0,31 mm auf 0,13 mm und bei 9000 lm von 0,42 mm auf 0,17 mm zurück (Abb. 247).

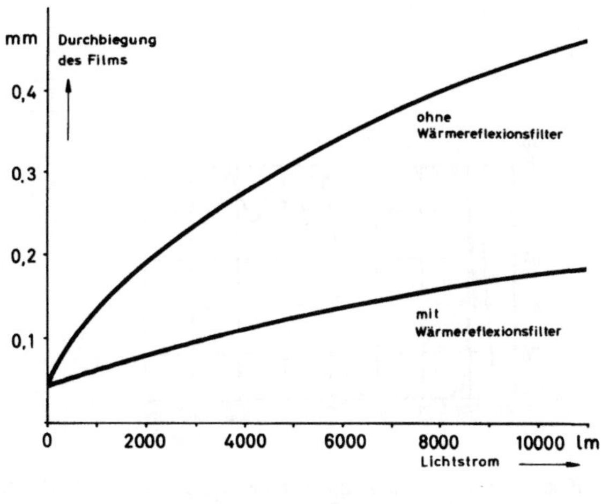

Abb. 247. Filmwölbung mit und ohne Wärmereflexionsfilter in Abhängigkeit vom Lichtstrom

Die Reflexionsbreite dieser Filter beträgt knapp eine Oktave. Es sind daher auch Filter entwickelt worden, bei denen die Strahlung mindestens zwei Mehrfachinterferenzschichten durchsetzt, die aus durchsichtigen Stoffen von abwechselnd hoher und niedriger Brechzahl bestehen [274]. Diese Doppelfilter haben nicht nur eine größere Reflexionsbreite, sondern auch steilere Flanken (Abb. 248).

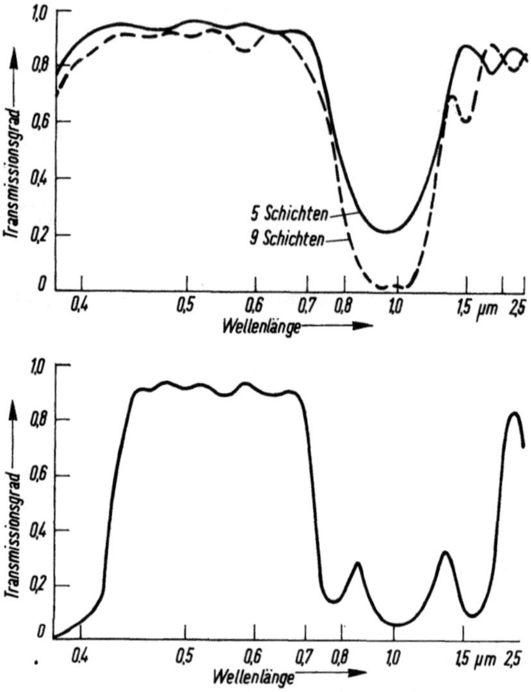

Abb. 248. Spektraler Transmissionsgrad von Wärmereflexionsfiltern. Oben: Einfachfilter, unten: Doppelfilter

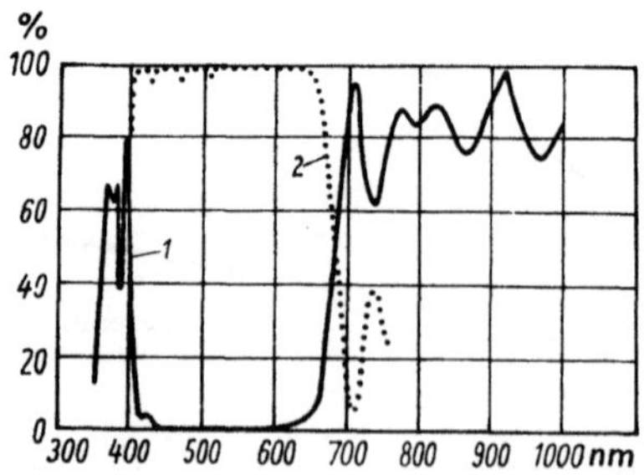

Abb. 249. Spektralverlauf der Wärmedurchlässigkeit eines Kaltlichtspiegels (BAUER). *1* Durchlaßkurve, *2* Reflexionskurve

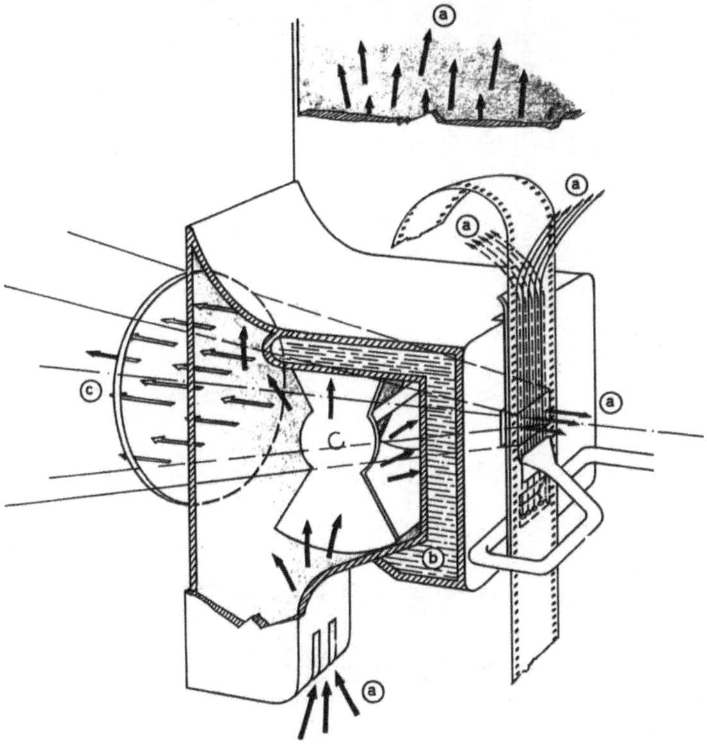

Abb. 250. Filmschonung durch Luftkühlung *a*, Wasserkühlung *b* und Wärmereflexion *c*

Das Interferenzprinzip wird auch auf Kinospiegel angewendet [275, 276, 277]. Hier wird die umgekehrte Wirkung der Interferenzfilter erzielt. Die Wärmestrahlung wird nicht reflektiert, sondern durchgelassen, dafür wird das sichtbare Licht reflektiert. Die Reflexionsbreite ergibt sich hierbei zu nur etwa 400 nm. Entsprechend sieht die Kurve des Spektralverlaufs eines solchen „Kaltlichtspiegels" aus (Abb. 249). Mit dem Wärmereflexionsfilter und dem Kaltlichtspiegel sind daher ausgezeichnete Mittel gegeben, die Wärmestrahlung nicht zu den empfindlichen Teilen des Films und Projektors gelangen zu lassen. Beim Einsatz dieser optischen Elemente muß aber beachtet werden, daß die reflektierte bzw. durchgelassene Wärmestrahlung nicht auf andere empfindliche Teile trifft. Hinter den Kaltlichtspiegeln wird daher meist ein Wärmeschutzblech angebracht. Die Reflexionsfilter werden etwas schräg gestellt, meist in Richtung des oberen Teiles des Lampenhauses. Dadurch wird auch eine erneute Reflexion der Wärmestrahlung durch einen vorhandenen normalen Kinospiegel vermieden. Verwendet man alle diese Mittel (Abb. 250), so wird der Film sehr geschont [278]. Andererseits ist eine erhebliche Lichtsteigerung möglich, ohne daß die Belastungsgrenze des Films überschritten wird. Hierüber hat H. ULFFERS ausführlich berichtet [279]. Die Ergebnisse sind in folgender Tabelle zusammengefaßt:

Tabelle 31. *Belastungsgrenze verschiedener Filmformate*

1	2	3	4	5	6	7	8	9	10	11	12	13	14
Lfd. Nr.	Format	Fläche mm^2	Licht-quelle[1]	Wärmeschutz[2]			Lichtausbeute lm/W		τ[3]		Belastungsgrenze[4]		
										W/mm^2	W/mm^2	Φ_M in lm Bildfenster	Φ_M in lm Bildwand
1	CinemaScope	388	*K, Xe*	*KS*	*RD*	—	*LK*	240	0,8	*0,4*	155	37 000	30 000
2	Normalformat	318	*K, Xe*	*KS*	*RD*	—	*LK*	240	0,86	*0,4*	127	30 500	26 000
3	16 mm	67	*K, Xe*	*KS*	*RD*	—	*LK*	240	0,9	*0,4*	27	6 400	5 800
4	8 mm	148	*L*	—	—	—	*(LK)*	31	0,9	0,26	3,9	120	*108*
5	8 mm	14,8	*L*	—	*RE*	—	*(LK)*	43	0,9	0,25	3,7	160	*144*
6	8 mm	14,8	*L*	—	*RD*	—	*(LK)*	74	0,9	0,24	3,5	260	*235*
7	8 mm	14,8	*Xe*	*KS*	*RD*	*AF*	*(LK)*	250	0,9	*0,25*	3,7	920	830
8	Super 8	21,4	*L*	—	*RE*	—	*(LK)*	43	0,9	*0,25*	5,4	230	210
9	Super 8	21,4	*L*	—	*RD*	—	*(LK)*	74	0,9	*0,25*	5,4	400	360
10	Super 8	21,4	*Xe*	—	*RD*	*AF*	*(LK)*	250	0,9	*0,25*	5,4	1 340	1 200

[1] *K* Kohlebogen, *Xe* Xenonlampe, *L* Lichtwurflampe.
[2] *KS* Kaltlichtspiegel, *RE* Reflexions-Einfachfilter, *RD* Reflexions-Doppelfilter, *AF* Absorptionsfilter, *LK* Luftkühlung.
[3] Durchlaßgrad der optischen Teile zwischen Film und Bildwand.
[4] Zeitliche Mittelwerte.

Hierin enthält die Spalte 2 das Filmformat, die Spalte 3 die Nutzfläche des Bildfensters, die Spalte 4 die Art der Lichtquelle, die Spalten 5 bis 8 die Art der einzeln oder in Kombination verwendeten Wärmeschutzmittel. In der Spalte 8 bedeutet *LK,* daß eine Luftkühlung für den Film durch ein Kühlgebläse vorhanden ist (jedoch keine Kühlung durch Druckluft hoher Geschwindigkeit). Das eingeklammerte *(LK)* bedeutet, daß der Projektor zwar einen eingebauten Lüfter besitzt, der aber vorwiegend die Projektionslampe und die Filmbahn, weniger die Schichtseite des Films kühlt. Spalte 9 gibt die gesondert berechnete Ausbeute der Lichtquelle wieder. Spalte 10 enthält den Durchlaßgrad τ der optischen Teile zwischen Film und Bildwand. Hierbei hat das CinemaScope-Format den niedrigsten Faktor, weil die Verluste durch Objektiv, Anamorphot und Kabinenfensterscheibe eingehen, beim Normalformat nur Objektiv und Kabinenfensterscheibe und bei allen Schmalfilmformaten nur das Objektiv. Der Durchlaßgrad von 0,9 ist ein praxisnaher Mittelwert entspiegelter Objektive. Die Spalte 11 enthält die Belastungsgrenze im Bildfenster. Für den 35-mm- und 16-mm-Film ist die schon erwähnte Belastungsgrenze von 0,4 W/mm^2 eingesetzt. Für die 8-mm-Filme wurden niedrigere Werte errechnet bzw. experimentell festgestellt. Die niedrigere Belastung des 8-mm-Films ist berechtigt, da meist Originale projiziert werden und da ferner wegen der hohen Lichtstärke der verwendeten Projektionsobjektive nur eine geringere Verwölbung zugelassen werden kann. Alle Werte sind zeitliche Mittelwerte, also nicht Momentanwerte während der Öffnungszeiten des Umlaufverschlusses. Die Spalte 12 enthält die vom Film im Bildfenster insgesamt aufgenommene Strahlungsleistung, wobei gleichmäßige Strahlungsverteilung angenommen ist, die Spalte 13 den Maximum-Lichtstrom im Bildfenster und die Spalte 14 schließlich den auf die Bildwand gelangenden Maximal-Lichtstrom, der sich aus den Spalten 10 und 13 ergibt. Aus der Spalte 14 ist also ersichtlich, welche maximalen Lichtströme für den Bildschirm überhaupt zulässig sind, will man die Belastungsgrenze der Filme nicht überschreiten. Diese Gefahr besteht allerdings bei den 35-mm-Filmen nicht zu sehr, vorausgesetzt, daß die Wärmeschutzmittel alle und vorschriftsmäßig eingesetzt sind, da es mit den vorhandenen stärksten Lichtquellen gerade noch gelingt die Grenzlichtströme zu erreichen. Bei den Schmalfilmen reichen aber schon Lichtquellen geringerer Leistung aus, die Belastungsgrenze zu überschreiten.

Ein häufig auftauchendes Thema ist die Messung der Temperatur im Bildfenster bzw. auf dem Film. H. Ulffers beschreibt in seinem Bericht ein von ihm entwickeltes „Thermo-Objektiv". Es liefert allerdings keine Momentanwerte, sondern mißt die Temperatur, bei welcher nach 100 Durchläufen der Film erkennbare, bleibende Verformungen erleidet. Auch von A. J. Hatsch wurde ein ähnliches Gerät zur Messung der Strahlungsleistung im Bildfenster angegeben [280]. Versuche, Thermofarben auf den Film aufzubringen und durch den Farbumschlag die jeweils bei der Bestrahlung im Bildfenster die auf dem Film auftretende Temperatur zu bestimmen, sind nicht erfolgreich verlaufen.

K. Sicherheitseinrichtungen des Laufbildwerfers und im Bildwerferraum

Wenn auch nach Einführung des Sicherheitsfilmes die Bestimmungen und Einrichtungen, die die Entzündung des Films verhindern oder die Wirkung eines Filmbrandes verringern sollten, fortgefallen sind, so sind doch noch verschiedene Einrichtungen zur Sicherheit des Films, des Projektors und der Einrichtungen erforderlich.

Damit sich der Film nach einem Zerreißen nicht um die Zahnrollen wickelt und weitere Schäden am Film und Projektor vermieden werden, bringt man im Mittelteil der Zahnrollen Abstreifer an, die aus gewinkeltem Blech bestehen (Abb. 251). Bei der Vorwickelrolle wird der Haltebügel für den Abstreifer oft noch mit einer Schalteinrichtung (Protektor) versehen [281]. Wenn der Film im Filmkanal reißt, vergrößert sich die obere Schleife, drückt den Bügel nach oben und schaltet damit den Antriebsmotor des Projektors ab. Gleichzeitig fällt eine Lichtabdeckklappe herunter, so daß der Lichtstrahl unterbrochen und der Film geschützt wird (Abb. 252). Bei Vorhandensein einer Trommelblende schließen sich deren Lichtabdeckklappen, die sich durch die Zentrifugalkraft erst bei etwa 10 B/sec öffnen (Abb. 253). Eine ähnliche Funktion hat die bei älteren Projektoren vorhandene Feuerschutzklappe (Abb. 254). Bei stillstehendem Projektor deckt sie den Lichtstrahl ab. Bei laufendem Projektor wird sie durch eine Friktion aus

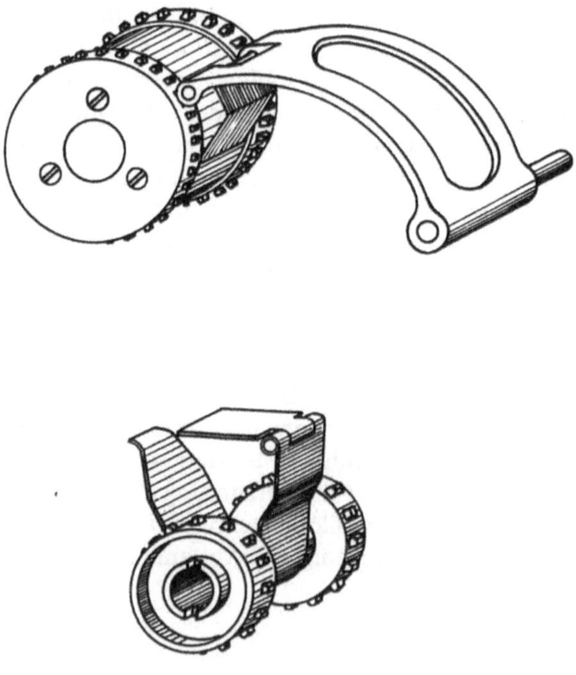

Abb. 251. Filmabstreifer

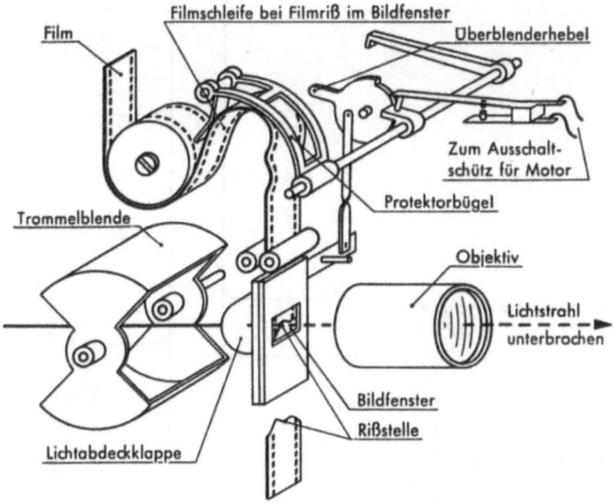

Abb. 252. Wirkung der Protektoreinrichtung

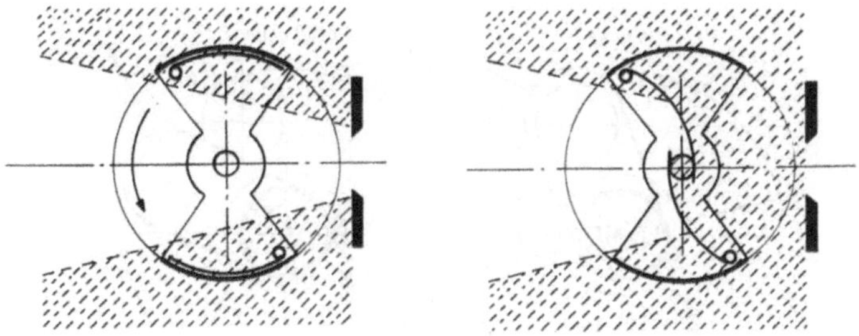

Abb. 253. Trommelblende mit Lichtabdeckklappen, links geöffnet, rechts geschlossen

dem Strahlengang geklappt. Bei Scheibenblenden insbesonders von Kofferapparaten (*Phonobox*, *TK 35*) wird ebenfalls die Fliehkraft benutzt, um eine Klappe, die im Ruhezustand des Projektors den Lichtstrahl unterbricht, aus ihrer Position zu entfernen (Abb. 255). Bei dem französischen *Radion*-Projektor ist in einer vom Film angetriebenen Zahnrolle ein Zylinder *M* eingebaut (Abb. 256), der mit einer Kontaktbahn versehen und mit einer bestimmten Menge Quecksilber angefüllt ist [282]. Die Stromabnehmer der Kontaktbahn sind mit einem Relais *R* verbunden, der über ein Gestänge die Lichtabdeckklappe *V*, die sich am Bildfenster *F* befindet, betätigt. Bei normaler Vorführgeschwindigkeit von 18 B/sec wird das Quecksilber in dem Zylinder durch die Zentrifugalkraft so herumgeschleudert, daß Kontakt zwischen den beiden Schleifbürsten besteht. Das Gestänge steht außerdem noch in Verbindung mit einem Druckrelais *H* mit Druckfeder und Druckmembran. Läßt der Öldruck nach, so geht die Lichtabdeckklappe *V* in die Schutzstellung.

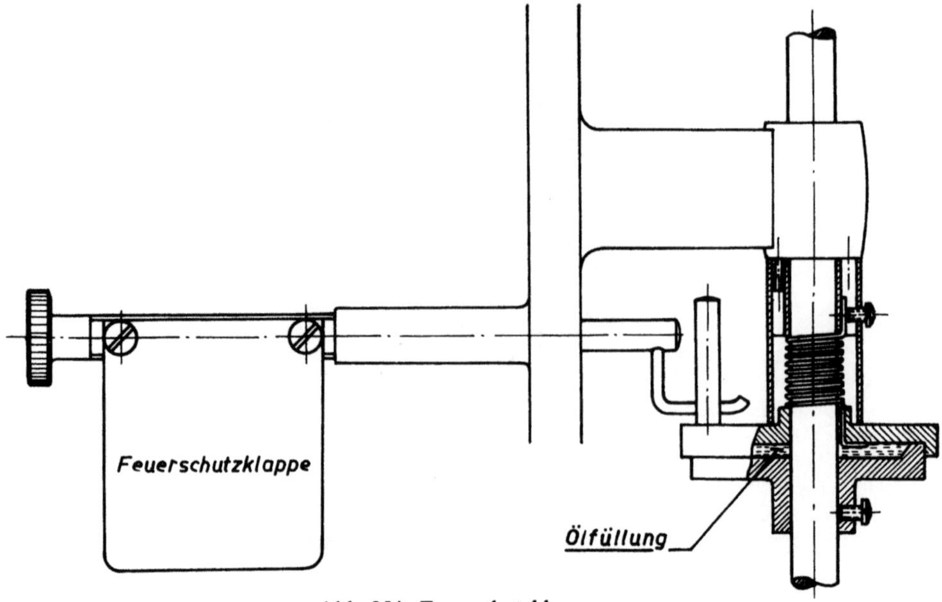

Abb. 254. Feuerschutzklappe

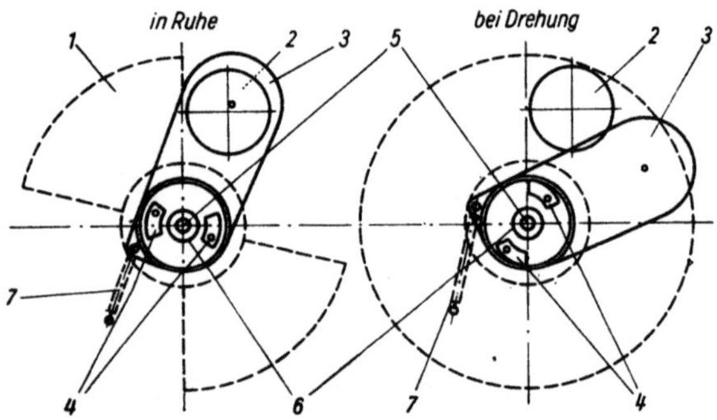

Abb. 255. Lichtabdeckklappe bei einer Scheibenblende (TK 35). *1* Umlaufverschluß, *2* Kondensor, *3* Lichtabdeckklappe, *4* Fliehkrafthebel, *5* Verschlußwelle, *6* Lager der Klappe, *7* Rückstellfeder der Klappe

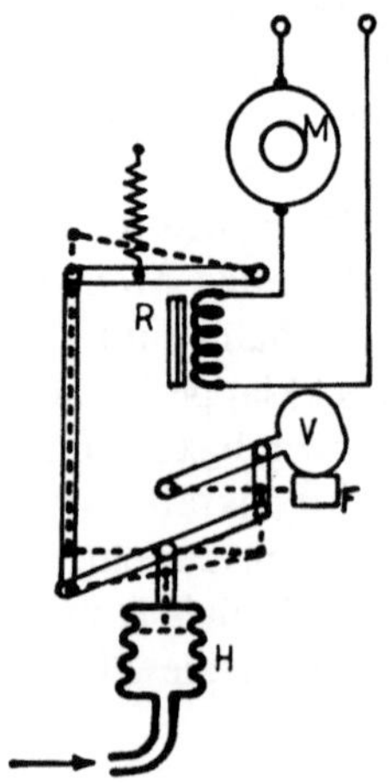

Abb. 256. Lichtabdeckklappe des Radion-Projektors. *F* Bildfenster, *V* Lichtabdeckklappe, *M* vom Film angetriebener Zylinder mit Kontakten, *R* Relais, *H* Öldruckrelais

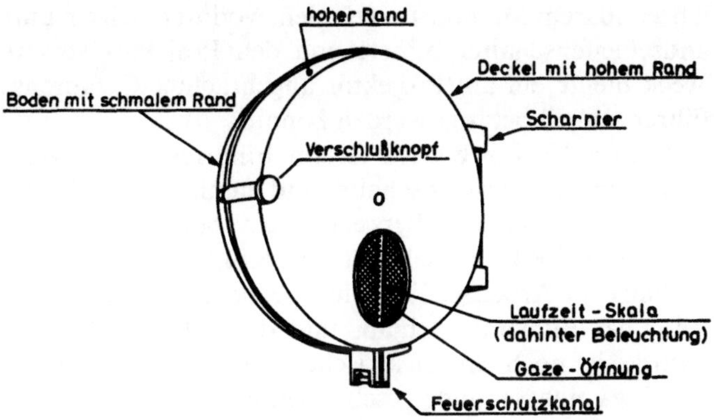

Abb. 257. Obere Feuerschutztrommel (Filmtrommel) 900 m

Vor Einführung des Sicherheitsfilmes waren noch weitere Feuerschutzeinrichtungen vorgeschrieben. Einige davon sind heute noch üblich, da sie zur Filmschonung beitragen. Dazu gehören die Filmtrommeln (Feuerschutztrommeln), die den Film vor Verschmutzung schützen (Abb. 257). Um die Filmspule gut anfassen zu können, ist der Boden flach ausgeführt, während der Deckel einen entsprechend hohen Rand besitzt. Der Durchmesser ist so gehalten, daß 900-m-Spulen hineingehen. Daneben gibt es noch große Ausführungen, vorzugsweise für 1800 m-Fassungsvermögen, in Sonderfällen bis zu 4000 m. Ferner gehörte dazu der Feuerschutzkanal, der das Eindringen von Flammen in die Feuerschutztrommel verhindern soll. Entstehender Filmbrand sollte eine Brandschleife (aus Nitrofilm oder

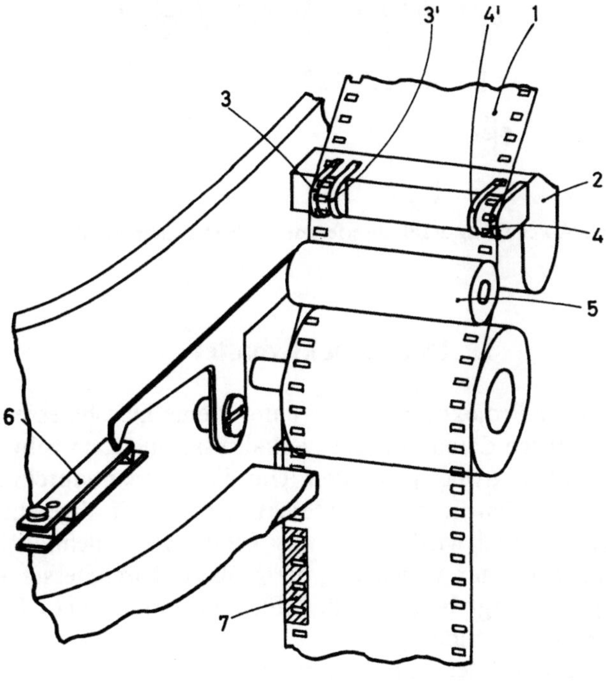

Abb. 258. Filmrißschalter im Filmkanal (Zeiss Ikon)

anderem leicht brennbarem Material) entzünden, wodurch sich ein unter Federzug stehender Brandschleifenschalter öffnete und den Projektor stromlos machte. Demselben Zweck diente ein am Projektor angebrachter Gefahrenschalter, der vom Filmvorführer schnell betätigt werden konnte.

Für automatischen Vorführbetrieb ist ein Filmrißschalter wichtig, der bei Filmriß den Projektor selbsttätig abschaltet und damit weitere Schäden am Film und am Projektor verhindert [283]. Hierbei wird eine bewegliche Rolle *5* durch den Film *1* gespannt (Abb. 258) und schließt den Kontakt *6*, der für den Betrieb erforderliche Schütze in Arbeitsstellung hält (Abb. 259). Da durch schlagende Spulen kurzzeitig der Filmzug nachläßt und der Schalter den Betrieb sofort unterbrechen würde, ist noch eine elektrische Speichergruppe eingebaut, die den Stromkreis noch etwa eine Sekunde geschlossen hält.

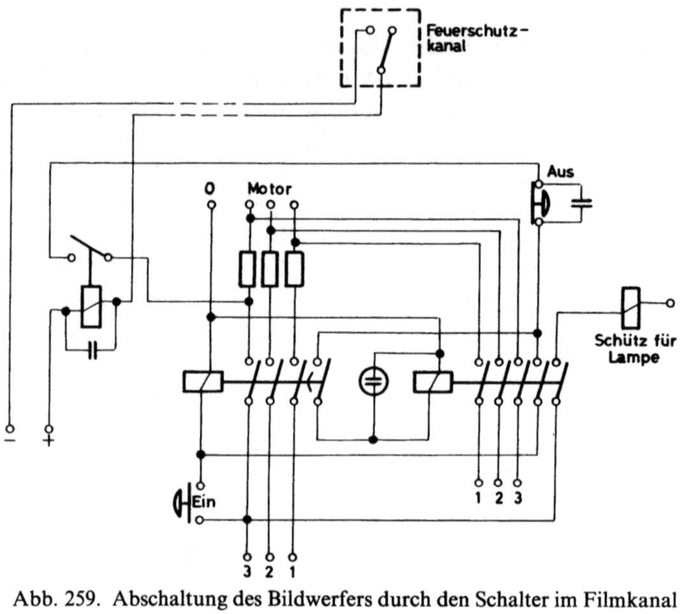

Abb. 259. Abschaltung des Bildwerfers durch den Schalter im Filmkanal

L. Der Objektivhalter

Während früher die Projektionsobjektive nur kleine Durchmesser aufwiesen, sind in den letzten Jahren deren Öffnungsverhältnisse und damit ihre Fassungsdurchmesser beträchtlich größer geworden. Um die Einspanndurchmesser nicht zu groß zu machen, werden lichtstarke Objektive auch mit abgesetzten Durchmessern hergestellt. Hierbei wird der an der Eintrittsseite befindliche kleinere Durchmesser zum Einspannen verwendet, der größere Durchmesser an der Austrittsseite des Objektivs ragt heraus. Für Objektive mit kleinem Durchmesser werden Zwischenringe verwendet.

Diese Objektivdurchmesser sind genormt und zwar für 8-mm- und 16-mm-Film nach DIN 15 744, Blatt 1 und für 35-mm-Film nach DIN 15 741, Blatt 2.

Im letzteren Falle betragen sie 62,5, 70,6 und 101,6 mm. Da der Abstand vom Film zur Eintrittslinse des Objektivs (die Schnittweite) vom Fabrikat und der Brennweite abhängig ist, enthält diese Norm auch Angaben über den freien Raum, den der Projektor besitzen muß, damit das Objektiv nicht behindert wird.

Zum Einlegen des Films muß der Objektivhalter ein Stück entfernt werden können. Er soll danach aber wieder die genaue Position einnehmen, damit die Projektion nicht mit unscharfen Bildern beginnt. Das Entfernen des Objektivhalters kann durch Schwenken um eine horizontale oder vertikale Achse erfolgen oder durch Parallelverschiebung.

Zur Scharfstellung muß das Objektiv in Achsrichtung bewegt werden. Bei einfachen Apparaten geschieht dies dadurch, daß das Objektiv von Hand direkt (z. B. durch Anfassen eines Rändelrings des Objektivs) in die Schärfenlage gebracht wird. Oder das Objektiv hat einen Stellhebel, der in einer spiraligen Nut des Objektivkörpers bewegt werden kann. Etwas besser arbeitet dann ein Zahntrieb, der darin besteht, daß ein Objektivtubus eine Zahnstange besitzt, in die ein Zahnrad eingreift, das durch einen Handknopf gedreht werden kann. Bei dessen Betätigung bewegt sich dann der Tubus in Achsrichtung. Eine weit feinfühligere Art besteht in der Verwendung einer Mikrometerschraube. Der Objektivhalter ist hierbei in zwei Führungen (Rundstahl) verschiebbar angebracht (Abb. 260).

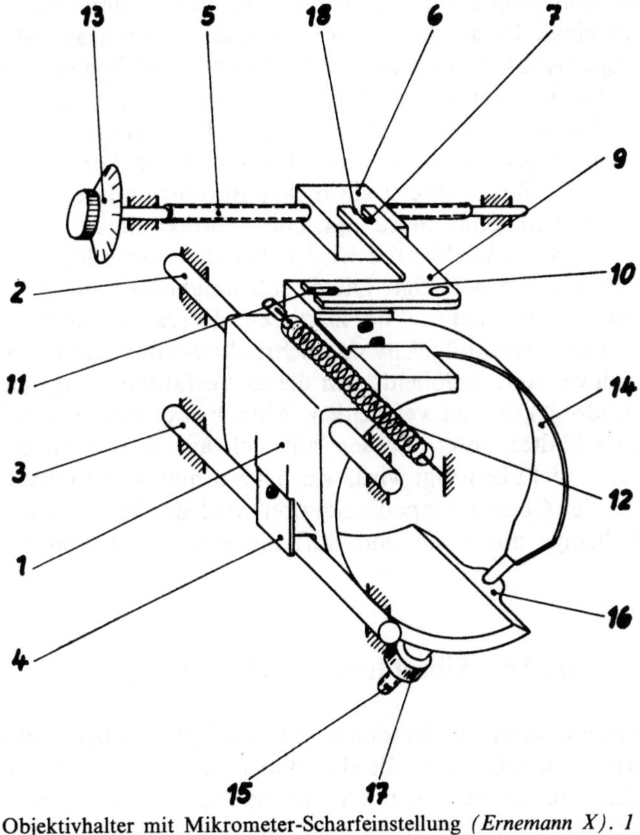

Abb. 260. Objektivhalter mit Mikrometer-Scharfeinstellung *(Ernemann X)*. *1* Objektivhalter, *2, 3* Führungsstangen, *4* Führung, *5* Mikrometerschraube, *6* Mutter, *7, 9, 10, 11, 18* Übertragungshebel, *12* Druckfeder, *13* Stellknopf, *14, 15, 17* Spannband, *16* feststehende Halteschale

Modernere Filmverfahren erfordern während der Filmvorführung oft einen schnellen Wechsel der Objektive. Um dabei sofort die genaue Position der Objektive bzw. einwandfreie Schärfe zu erzielen, befinden sich die Objektive in Schnellwechselfassungen, die durch einen genauen Anschlag diesen Zweck erreichen.

Da das Auswechseln der Objektive, besonders aber das Aufbewahren des nicht benutzten Objektivs unbequem ist, wurde schon in den 30er Jahren für das sogenannte *Magnaskop*-Verfahren, bei dem abwechselnd ein normales und ein stark vergrößertes Bild vorgeführt wird, ein Halter mit zwei Schwenkfassungen geschaffen.

Noch bequemer für diesen Zweck sind Objektivrevolver, welche meist für drei Objektive eingerichtet sind. Ein Objektiv ist dann für Normalprojektion, eines für Breitwand (z. B. 1:1,66) und eines für CinemaScope vorgesehen [284]. Wenn auch die Objektivrevolver erst in den 60er Jahren infolge der starken Verbreitung der modernen Projektionsverfahren häufig angewendet wurden, so ist doch diese Konstruktion für Laufbildkameras seit langem üblich und auch für Laufbildwerfer wenigstens schon seit 1931 bekannt, wie aus amerikanischen Veröffentlichungen hervorgeht [285].

Bei den modernen Projektoren, die für 35-mm- und 70-mm-Film eingerichtet sind, findet man einen Dreifachrevolver, der leicht abnehmbar ist und gegen einen großen Objektivhalter für das 70-mm-Objektiv bei Bedarf ausgewechselt werden kann. Oder der Objektivrevolver hat wenigstens eine Fassung für das 70-mm-Objektiv. Dieses Objektiv hat den großen Durchmesser von 101,6. Die Halterung für den Objektivrevolver und den Objektivhalter für das 70-mm-Objektiv muß sehr stabil sein (meist ein dicker Bolzen) und auch dafür sorgen, daß beide Teile jedesmal genau in die optische Achse kommen.

Bei der CinemaScope-Wiedergabe wird außer dem Grundobjektiv noch ein anamorphotischer Vorsatz benötigt. Dieser soll möglichst nahe an das Grundobjektiv herangebracht werden und hat zu diesem Zweck ein Außengewinde, mit dessen Hilfe er an das Grundobjektiv angeschraubt werden kann. Da aber diese Vorsätze recht schwer sind, empfiehlt sich dieses Verfahren nicht, um Beschädigungen des Grundobjektivs zu vermeiden. Man bringt besser den Vorsatz in einem besonderen Halter unter. Dieser läßt sich aus dem Strahlengang wegschwenken, wenn er nicht benötigt wird, was bei Normal- und Breitwand-Projektion der Fall ist. Bei CinemaScope-Projektion wird der Halter eingeschwenkt, wobei durch Stellringe mit Loch und Stift die genaue Position erreicht wird [286].

M. Die Überblendungseinrichtungen

Zur pausenlosen Vorführung werden zwei Laufbildwerfer benötigt, wobei eine Einrichtung vorhanden sein muß, die das Bild und den Ton von der zu Ende gehenden Maschine zu der beginnenden umschaltet, das heißt überblendet. Da jeder Projektor etwa drei Sekunden zum Anlauf benötigt, muß dessen Start um diesen Zeitraum eher vor der Überblendung erfolgen. Um den Augenblick des

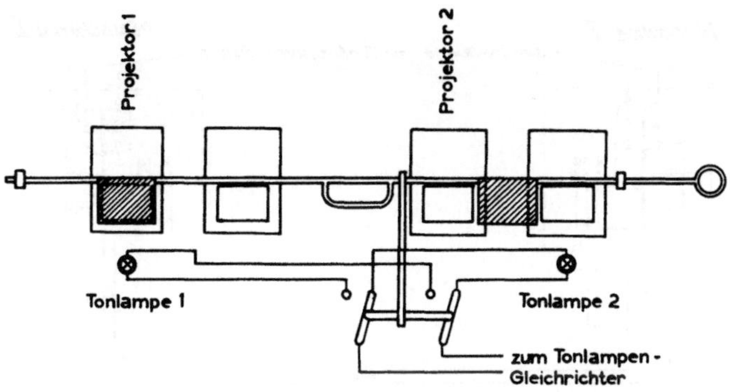

Abb. 261. Kabinenfenster-Überblender mit Schieber

Starts wie auch der folgenden Überblendung nicht zu verpassen, enthalten die einzelnen Filmakte einkopierte optische Zeichen unterschiedlichen Aussehens, die kurzzeitig mitprojiziert werden und dem Vorführer anzeigen, wann er den zweiten Projektor starten und wann er auf diesen überblenden muß. Diese Überblendungszeichen sind für 35-mm-Film genormt in DIN 15 598 „Start und Endbänder" und für 16-mm-Film in DIN 15 698.

Eine einfache Überblendungseinrichtung ist die Kabinenfensterüberblendung (Abb. 261) mit Handschieber und Wechselschalter für die Tonlampe. Diese Elemente können auch gleich in das Kabinenfenster eingebaut werden, wobei dann die Betätigung nicht durch Schieber, sondern durch einen Hebelgriff erfolgt (Abb. 262). Diese Arten sind aber unbequem zu bedienen, deswegen hat man diese Elemente in den Projektor verlegt, wo durch Betätigung eines Knopfes oder Hebels

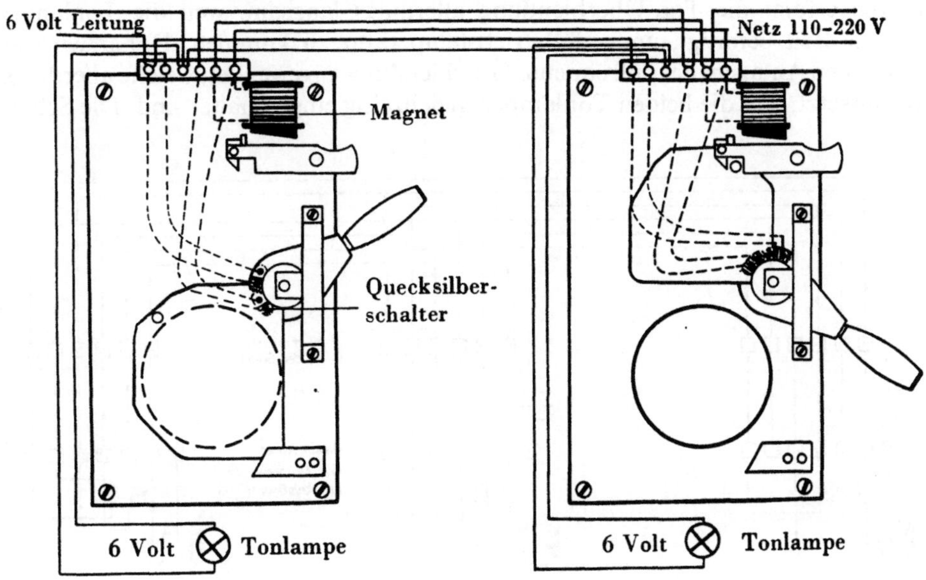

Abb. 262. Kabinenfenster-Überblender mit Hebel

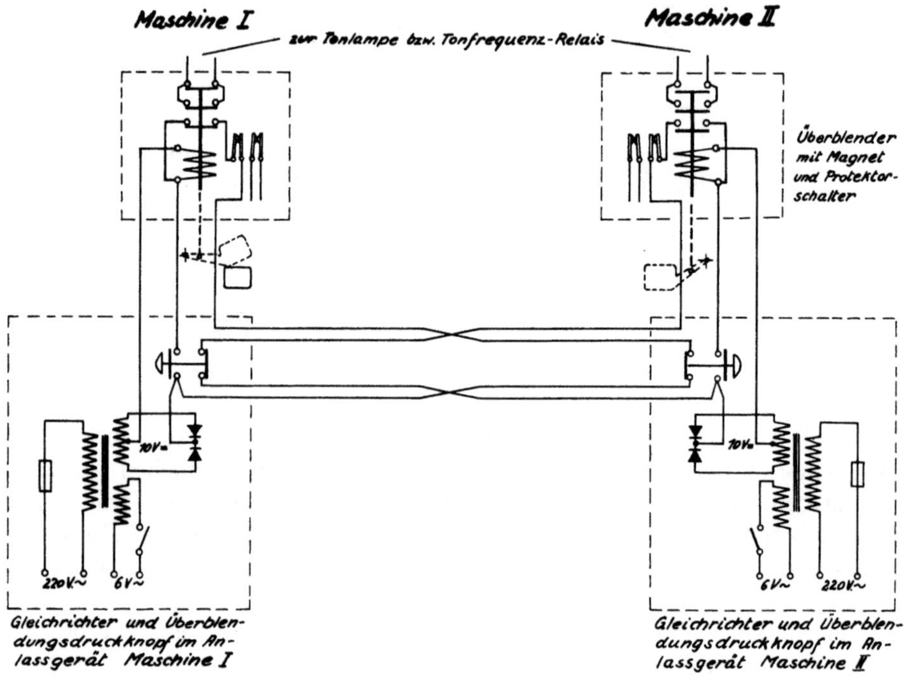

Abb. 263. Überblendungsschaltung für zwei Projektoren (*Ernemann VIII B*). Maschine I ist eingeblendet

die Überblendung elektromagnetisch erfolgt (Abb. 263). Gleichzeitig enthält diese Einrichtung noch den Protektorschalter für den Motor. Zur Unterbrechung des Lichtstrahls wird hierbei die Protektorklappe benutzt. Bei allen diesen Verfahren erfolgt die Ton-Überblendung allerdings langsam, weil die Tonlampe gewisse Zeit benötigt, um auf Betriebstemperatur zu kommen. Daher wird in modernen Anlagen die tonfrequente Überblendung angewendet, welche allerdings voraussetzt, daß die beiden Tonlampen gleichzeitig eingeschaltet sind. Die Schal-

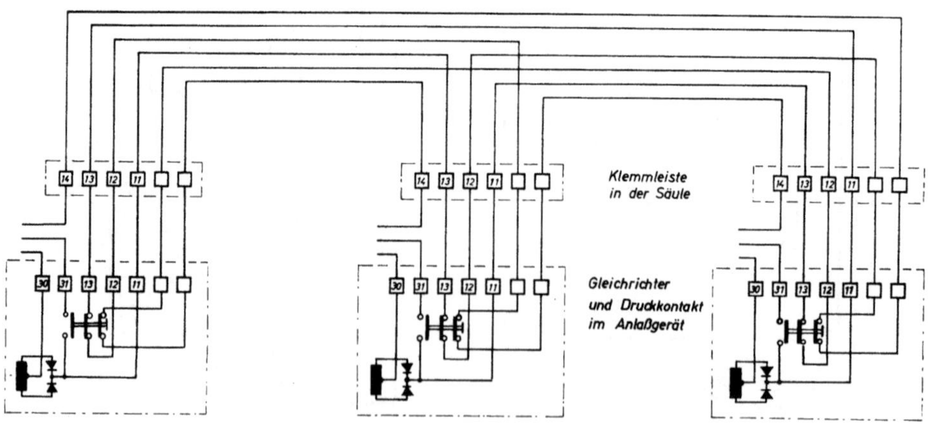

Abb. 264. Überblendungsschaltung für drei Projektoren (*Ernemann VIII B*)

tungen selbst für die elektromagnetischen Überblendungen sind sehr vielgestaltig [287 ... 292]. So werden z. B. Kleinrelais wie auch Drehmagnete, die durch Druckknopf betätigt werden, verwendet. Es besteht auch die Möglichkeit, nicht nur zwei, sondern auch drei Projektoren in eine gemeinsame Überblendungsschaltung einzubeziehen (Abb. 264).

N. Fernbedienung des Laufbildwerfers

Für den Betrieb in Ausstellungen, Schulen, auch Kinos usw. ist es manchmal erwünscht, die Bedienung nicht nur am Laufbildwerfer selbst, sondern von entfernten Plätzen, meist vom Zuschauerraum, vorzunehmen. Die Regulierung der Lautstärke erfolgt in Deutschland und einigen Ländern bereits auf diese Art durch einen im Zuschauerraum untergebrachten „Saalregler". In vielen Ländern wird allerdings die Lautstärke im Bildwerferraum eingestellt.

Die Starteinrichtung der Laufbildwerfer muß gegebenenfalls mit Schützen versehen werden, die sich durch Druckknöpfe betätigen lassen. Ein Schütz schaltet hierbei den Motor über Anlaßwiderstände ein. Dann, nach einer Verzögerung von etwa drei Sekunden, die durch Uhren, Quecksilberkippröhren, Verzögerungsschützen und ähnlichem erzielt wird, schaltet ein zweites Schütz den inzwischen hochgelaufenen Motor direkt an das Netz. Elektrische Überblendungseinrichtungen lassen sich auf ähnliche Art auch für Fernbedienung einrichten.

Weitaus schwieriger ist es aber, wenn man die Schärfe des Bildes von Ferne einstellen will. Mit einer Schaltungsänderung oder nachträglichen Einbau von einigen Relais, wie es meist beim Anlasser und Überblender genügt, ist es hier nicht getan. Denn die Scharfeinstellung am Projektor erfolgt ja nicht elektrisch, sondern mechanisch und die Fernbedienung erfordert eine elektrische Funktion. Die übliche Lösung dieses Problems ist, die Objektivbewegung durch einen kleinen Elektromotor vorzunehmen, der auf die Verstelleinrichtung des Objektivs wirkt. Dabei soll aber die Scharfeinstellung von Hand weiterhin möglich sein. Es existieren zwei Arten der Fernscharfeinstellung. Die preiswerte mit Servomotor und die gefühlvollere mit elektrischer Welle.

Bei den Servomotoren handelt es sich um einen reversierbaren Getriebemotor, der durch einen Kellogschalter jeweils in eine der beiden Drehrichtungen geschaltet wird. Will man, wie meist üblich, zwei Projektoren auf diese Art mit Fernscharfeinrichtung versehen, so faßt man diese beiden Kippschalter in einem Gehäuse zusammen. Eine Signallampe zeigt an, welcher Projektor gerade in Betrieb ist (Abb. 265). Um trotzdem zu verhindern, daß der ruhende Projektor durch Betätigen des falschen Knopfes „aus der Schärfe läuft" und dann beim Überblenden zunächst ein völlig unscharfes Bild erscheint, wird nur der Kippschalter des in Betrieb befindlichen Projektors durch diesen Projektor mit Spannung versorgt [293, 294, 295]. Nicht nur einzelne Objektivhalter, auch Objektivrevolver werden mit Fernscharfeinrichtungen versehen [296].

Die Verwendung einer elektrischen Welle zur Fernscharfeinstellung setzt nicht nur einen Empfänger am Projektor, sondern auch einen Gebermotor am Bedienungsplatz voraus. Geber und Empfänger sind Drehmelder mit motorähnlichem Aufbau, deren Läufer mit phasengleicher Wechselspannung erregt

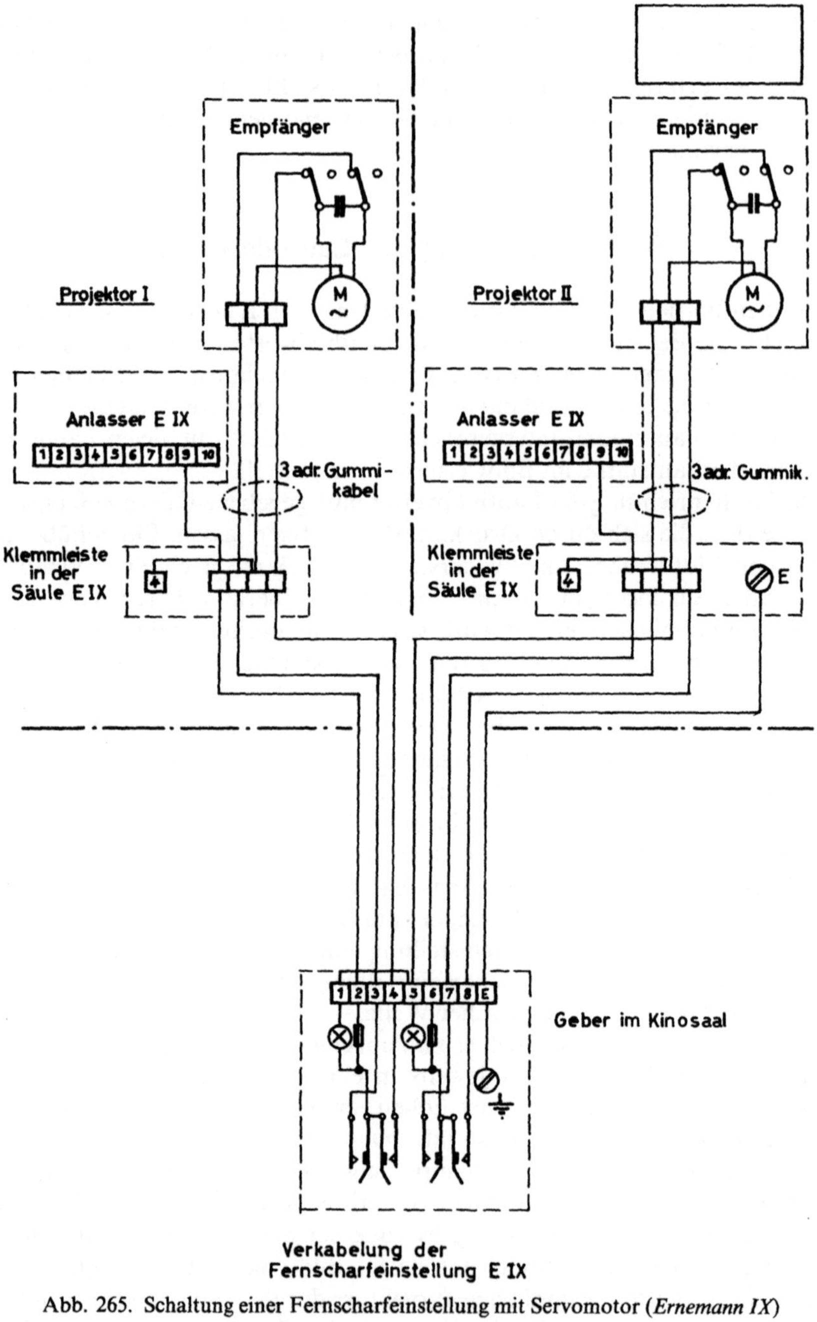

Abb. 265. Schaltung einer Fernscharfeinstellung mit Servomotor (*Ernemann IX*)

werden und deren Ständerwicklungen miteinander verbunden sind (Abb. 266). Nehmen beide Läufer die gleiche Stellung zu den Ständern ein, so sind die in den Ständerwicklungen induzierten Spannungen gleich groß und die Ständerwicklungen stromlos. Wird der Läufer des Gebers verdreht, so fließt Strom in die Ständerwicklungen und es entsteht ein Drehmoment auf den Läufer des Empfängers,

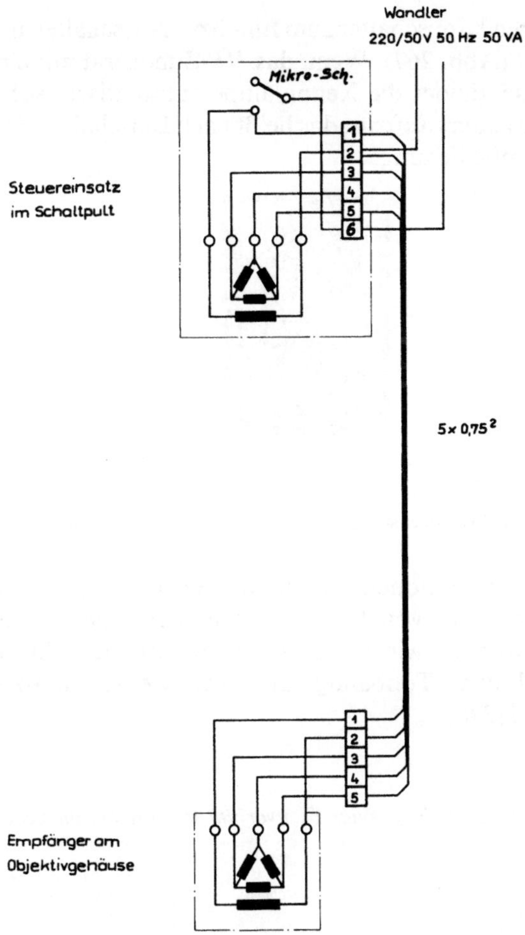

Abb. 266. Schaltung einer Fernscharfeinstellung mit elektrischer Welle (ZEISS IKON)

wodurch dieser die gleiche Lage wie der Läufer des Gebers einnimmt. Dadurch ist ein genauso gefühlvolles Einstellen der Schärfe wie bei direkter Handbetätigung möglich. Der Empfänger wird in ähnlicher Weise wie der Empfänger der einfachen Servo-Schaltung am Objektivhalter angebracht.

Soll auch die Bildstrichverstellung, die meist durch einen schwergängigen Handknopf betätigt wird, von fern bedient werden, so ist ebenfalls ein reversierbarer Getriebemotor, allerdings wegen des hohen Drehmomentes ein stärkerer als für die Scharfeinstellung, erforderlich. Der Geber besteht wieder meist aus einem Schalter, der es gestattet, die beiden Drehrichtungen nach Wunsch einzuschalten [297].

Auch die Projektionslichtquelle kann von fern eingeschaltet und reguliert werden, vorausgesetzt, es handelt sich um eine Xenonlampe. Im Gegensatz zu Kohlebogenlampen wird sie nicht durch Berührung der Elektroden, sondern durch einen *HF*-Stoß gezündet und die Stromstärke kann variiert werden, ohne daß es zu unruhigem Brennen und Verfärbungen des Lichtes kommt. Die Fernbedienung der Xenonlampe erfolgt durch Gleichrichter mit Fernschaltkästchen, welches einen Kippschalter zum Ein- bzw. Ausschalten und ein Regulierpotentiometer besitzt (Abb. 267). Wenn das *HF*-Zündgerät mit einem Zündautomaten versehen ist, so zündet die Xenonlampe automatisch, sobald die Gleichspannung des Gleichrichters auftritt, das heißt nach Einschalten des Kippschalters der Gleichrichter-Fernbedienung.

Abb. 267. Fernsteuerung eines Xenon-Gleichrichters

Auch die anderen Funktionen, die bei der Vorführung im Filmtheater ausgeführt werden, kann man von fern bedienen, vorausgesetzt, daß die Geräte elektrisch betrieben werden, wie Vorhangzugeinrichtungen, Bildschirm-Abdeckmasken, Saalbeleuchtung, Tonbandgerät usw., wie sie in folgender Tabelle zusammengefaßt sind [298].

Tabelle 32. *Prinzipdarstellung einer Filmvorführung mit Fernbedienungsanlage*

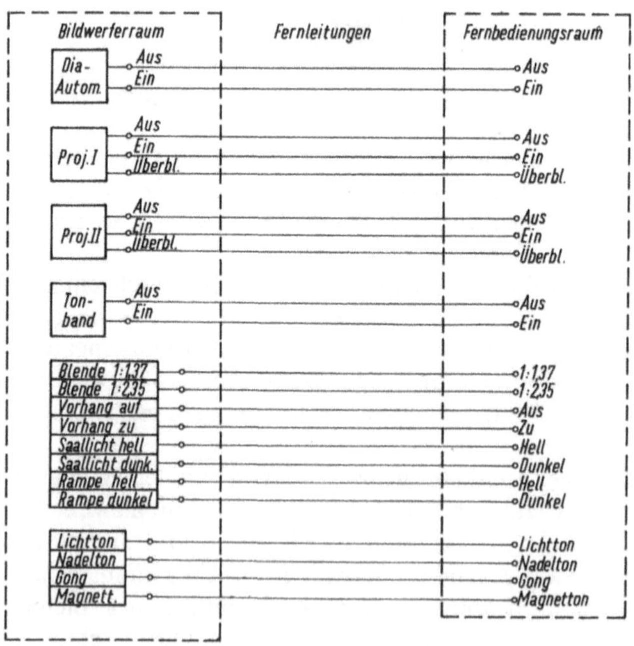

Alle diese Elemente zur Fernbedienung lassen sich in einem Schaltpult zusammenfassen. Nimmt man noch Kontrolleinrichtungen, wie Amperemeter und Monitore und Klangfarbenregler dazu, so ergibt das ein recht umfangreiches Pult, wie es z. B. in dem New Yorker Ziegfeld Filmtheater eingebaut ist [299 . . . 303].

O. Automation der Filmvorführung

Schon bei den Überblendungseinrichtungen ist die Bild- und Ton-Überblendung in eine Tätigkeit zusammengefaßt worden. Wenngleich das für den Filmvorführer eine wesentliche Erleichterung darstellt, so ist das doch noch keine automatische Überblendung, wie vielfach gesagt wird. Der Vorführer muß ja selbst die Überblendung im richtigen Augenblick auslösen und muß etwa drei Sekunden zuvor den betreffenden Projektor starten, das heißt, er muß sorgfältig auf das Erscheinen des genormten Achtungs- und Überblendungszeichens achten. Auch die Fernbedienung bedeutet noch lange nicht Automation der Filmvorführung.

Es hat nicht an Versuchen gefehlt, die schwere Arbeit des Filmvorführers zu erleichtern. Aber der Durchbruch erfolgte erst, nachdem zwei wichtige Voraussetzungen erfüllt waren:

1. Die Einführung des Sicherheitsfilmes durch Gesetz im Jahre 1957. Bisher durfte der Filmvorführer nach der bestehenden Lichtspieltheater-Verordnung wegen der hohen Feuergefahr des Nitrofilmes seinen Platz am Bildwerfer nicht verlassen.

2. Die Einführung einer bedienungslos arbeitenden Projektionslichtquelle in Form der Osram-Xenonlampe im Jahre 1954 und der Philips-Impulslampe im Jahre 1958. Bei den bis dahin nur vorhandenen Kohlebogenlampen war trotz ausgezeichneter Kohlenachschubeinrichtungen gelegentlich eine Korrektur der Kohlestellung durch den Vorführer erforderlich. Dazu kommt aber besonders erschwerend, daß die Kohlestifte abbrennen und je nach Lampenkonstruktion und Kohlebelastung oft schon in etwa einer halben Stunde der Abbrand bis zum Kohlehalter erfolgt ist und die Kohlestifte (von Hand) nachgesetzt werden müssen. Auch das Zünden der Kohlestifte macht Schwierigkeiten. Es erfolgt normalerweise durch Zusammenschieben und Auseinanderziehen der Kohlestifte von Hand. Man hat versucht, dies auch automatisch zu machen, indem man die Minuskohle gegen die Pluskohle vorschnellen und sofort wieder auf den eingestellten Abstand zurückfallen läßt, wodurch die Zündung erfolgt. Eine andere Möglichkeit wendete die englische Firma G. B. Kalee an, nämlich zwischen die Spitzen der Kohlestifte eine „Zündpille“ zu klemmen [304]. Diese besteht aus elektrisch leitenden und leicht schmelzbarem Material. Beim Einschalten der Lampe schmilzt die Pille und es bildet sich der Lichtbogen. Beide Zündverfahren haben sich aber nicht durchsetzen können. Die Xenonlampe ist viel geeigneter für diesen Zweck.

Nachdem diese zwei grundsätzlichen Voraussetzungen erfüllt waren, bleibt eine dritte technische Forderung zu erfüllen, daß nämlich die Geräte, die durch irgendeine Automatik betätigt werden sollen, elektrische Geräte sind oder mit der erforderlichen elektrischen Zusatzeinrichtung versehen werden können. So muß z. B. ein handbetriebener Vorhangszug einen elektromotorischen Antrieb erhalten, der dann mittels einer geeigneten Schalteinrichtung durch einen Automaten in Tätigkeit gesetzt werden kann.

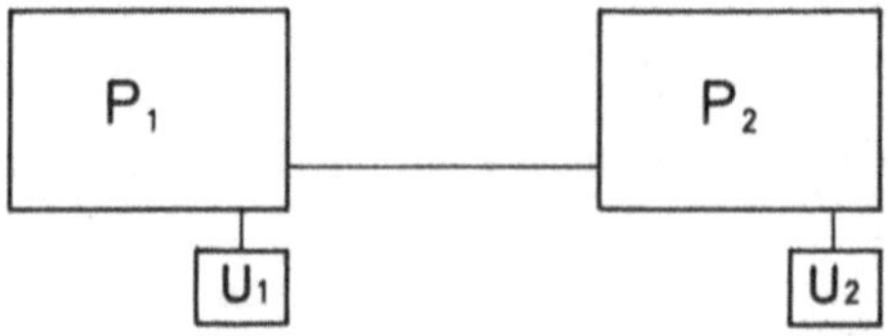

Abb. 268. Die Überblendung der Projektoren P_1 und P_2 übernehmen die Automaten U_1 und U_2

Die Automatisierung der Filmvorführung ist wegen der Vielzahl der einzelnen Tätigkeiten und Geräte kostspielig, weswegen auch eine Teilautomation angewendet wird. Diese beschränkt sich dann auf einige wenige wichtige und häufig vorkommende Tätigkeiten. Hierzu gehört in erster Linie die Bild- und Ton-Überblendung (Abb. 268). Ein Überblendungsautomat besteht in der einfachsten Form aus einem Getriebemotor, der auf seiner Welle Schaltnocken besitzt, die auf Mikroschalter einwirken (Abb. 269). Damit werden folgende Funktionen [305] ausgeführt:

a) Automatischer Start des ersten Projektors und Zünden der Xenonlampe nach Betätigen eines Druckknopfes, der sich an beliebiger Stelle befinden kann.

b) Aufblenden von Bild und Ton am angelaufenen Projektor.

Abb. 269. Überblendungsautomat, geöffnet (Zeiss Ikon)

c) Nach Ablauf eines Aktes automatischer Start des zweiten Projektors und gleichzeitiges Zünden der Xenonlampe.

d) Überblendung von Projektor 1 auf Projektor 2.

e) Stillsetzen von Projektor 1.

Der Beginn erfolgt durch Drücken eines Knopfes für den Überblendungsautomaten. Beim Wechsel von dem einen Projektor zum anderen ist der Vorführer nicht erforderlich. Die Projektoren, bzw. die Filme signalisieren selbst die bevorstehende Überblendung an den Automaten und setzen diesen in Betrieb. Dies geschieht dadurch, daß am Filmende Markierungen angebracht sind, die dieses Signal verursachen. Aus der Vielzahl dieser Markierungsmöglichkeiten hat sich die Verwendung einer Folie als günstigste herausgestellt, und zwar als Kontaktfolie oder als Reflexfolie. Beide Eigenschaften lassen sich in einer Folie vereinen und zwar in Form einer (selbstklebenden) glänzenden, unlackierten Aluminiumfolie. Diese Folie wird am Rand des Films außerhalb der Perforation in Form eines schmalen Streifens aufgebracht, und zwar dort, wo sich das (erste) optische Achtungszeichen befindet. Diese Lage und die Größe des Streifens ist genormt. Für den 35-mm-Film in DIN 15 598 „Startbänder und Endband für Theaterkopien". Der Streifen hat hierbei eine Länge von 30 mm und eine Breite von 3,5 mm und befindet sich am 215. Bildfeld vor Bildende. Für den 16-mm-Film gilt DIN 15 698 „Start und Endband". Der Streifen hat eine Länge von 5 mm, eine Breite von 1,8 mm und befindet sich am 193. Bild vor Bildende, neben dem (ersten) Achtungszeichen. Außerdem sind aber noch zum eigentlichen Überblenden zwei weitere Streifen am 25. und 23. Bildfeld angebracht. Die Lebensdauer dieser Folie, sowohl im Kontakt- wie im Reflex-Betrieb ist sehr hoch und überschreitet die des Films.

Wird dieser Streifen als Kontaktfolie benutzt, so wird am Projektor ein Kontaktpaar angebracht, über die der Film laufen muß. Wenn dann die Folie kommt, überbrückt diese das Kontaktpaar und ein daraus entstehender Stromimpuls setzt den Überblenderautomaten in Tätigkeit. Diese Kontakteinrichtung kann man im unteren Filmkanal unterbringen (Abb. 270).

Abb. 270. Automatik-Filmkanal. Die Kontaktfolie am rechten Filmrand ist kurz vor dem Einlaufen in den Kanal (Zeiss Ikon)

Wird der Streifen als Reflexfolie benutzt, so sind der Aufwand und die Betriebskosten etwas größer (Abb. 271). Erforderlich ist ein Glühlämpchen, das über eine Sammellinse einen Lichtfleck auf die Filmebene wirft. Die mit dem Film vorbeilaufende Metallfolie reflektiert das Licht, welches über eine zweite Linse an eine dahinter befindliche Foto-Diode gelangt. Durch diese wird das Lichtsignal in ein elektrisches Signal umgewandelt, das einem kleinen Transistorverstärker zugeführt wird. Das so verstärkte Signal gelangt zu einem Relais, welches dann im Überblenderautomaten die geforderten Funktionen auslöst [306].

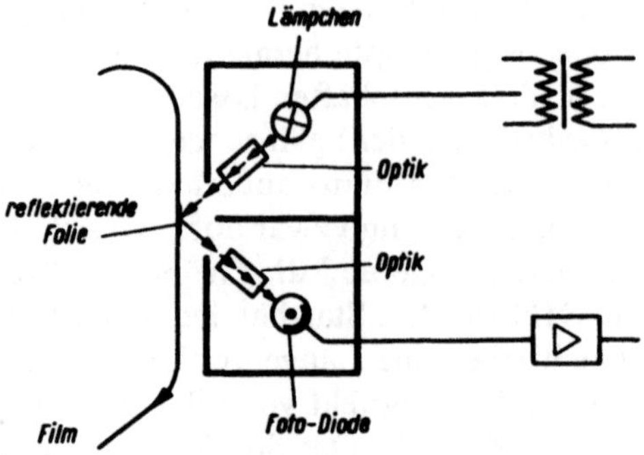

Abb. 271. Prinzip der Abtastung mit Reflexfolie (BAUER-SIEMENS)

Die Überblendungsautomatik wird zweckmäßigerweise mit einer automatischen Zündung der Xenonlampen kombiniert. Andernfalls müßten entweder beide Lampen von Vorstellungsbeginn an brennen, was die Betriebskosten unnötigerweise erhöht, oder die betreffende Lampe müßte jeweils von Hand gezündet werden. Mit einer kleinen Zusatzeinrichtung kann das Zündgerät der Xenonlampe, welches einen Hochfrequenzstoß von etwa 0,5 Sekunden Dauer liefert, automatisch in Betrieb gesetzt werden. Dieser Zündautomat besteht aus einem Relais, welches beim Anlegen der Gleichspannung an die Lampe, deren Zündgerät für den Bruchteil einer Sekunde einschaltet. Da ein einziger Impuls gelegentlich nicht zum Zünden der Lampe führt, ist der Zündautomat so eingerichtet, daß er mehrere Impulsfolgen im Abstand von etwa einer Sekunde abgibt. Diese Impulsgabe hört nach Zünden der Xenonlampe sofort auf. Kommt es aber nach 10 bis 15 Impulsen nicht zur Zündung, so schaltet eine im Wechselstromkreis des Zündgerätes befindliche Thermosicherung dieses ab und verhindert so eine Überlastung. Ein Zündautomat hat auch bei handbetriebenen Anlagen den Vorteil, daß die Zünddauer niedriger als 0,5 Sekunden ist, während bei Handzündung durch Druckknopf versehentlich zu lange gezündet werden kann, was zu Schäden des empfindlichen Zündgerätes oder des Xenonkolbens führen kann.

Die „kleine" Überblendungsautomatik kann zu einer „mittleren" erweitert werden, indem ein ähnliches Gerät für folgende häufig vorkommende Funktionen eingesetzt [307] wird:

a) Verdunkeln der Saalbeleuchtung.
b) Verdunkeln der Rampenbeleuchtung.
c) Öffnen des Vorhanges.
d) Einschalten des Überblendungsautomaten.

e) Vorhang schließen.
f) Einschalten der Rampenbeleuchtung.
g) Einschalten der Saalbeleuchtung.

Aus dieser Aufstellung ist zu erkennen, daß dieser Automat Funktionen ausübt, die Einrichtungen im Zuschauersaal betreffen, weswegen er als „Saalautomat" bezeichnet wird. Er hat einen Wahlschalter, der es gestattet, die Impulsgabe nach Wunsch für Projektor I oder Projektor II durchzuführen. Dadurch wird erreicht, daß man volle Freiheit bei der Wahl des zu startenden Projektors für den ersten Akt hat. Der Saalautomat arbeitet in Verbindung mit dem Überblenderautomaten. Denn er verdunkelt nicht nur die Beleuchtung und öffnet den Vorhang, sondern setzt auch den Überblendungsautomaten in Betrieb, der nun seinerseits den ersten Projektor startet, die Xenonlampe zündet und Bild und Ton aufblendet. Bei Aktende wird der andere Überblendungsautomat in Betrieb gesetzt, der nun die gleichen Funktionen für den zweiten Projektor durchführt. Am Schluß des zweiten Aktes gibt die Folie wieder einen Impuls zum ersten Überblendungsautomaten und so geht das Spiel zwischen den beiden Projektoren fort bis zum letzten Akt. Bei diesem ist die Folie auf der anderen Seite (Tonspur) angebracht, dadurch wird der bis dahin ruhende Saalautomat in Tätigkeit gesetzt, der den Vorhang schließt, Saal- und Rampenbeleuchtung einschaltet und den laufenden Projektor ausblendet. Mit dieser „mittleren" Automatik, bestehend aus zwei Überblendungsautomaten und einem Saalautomaten, können schon die hauptsächlichsten Tätigkeiten der Filmvorführung automatisch durchgeführt werden.

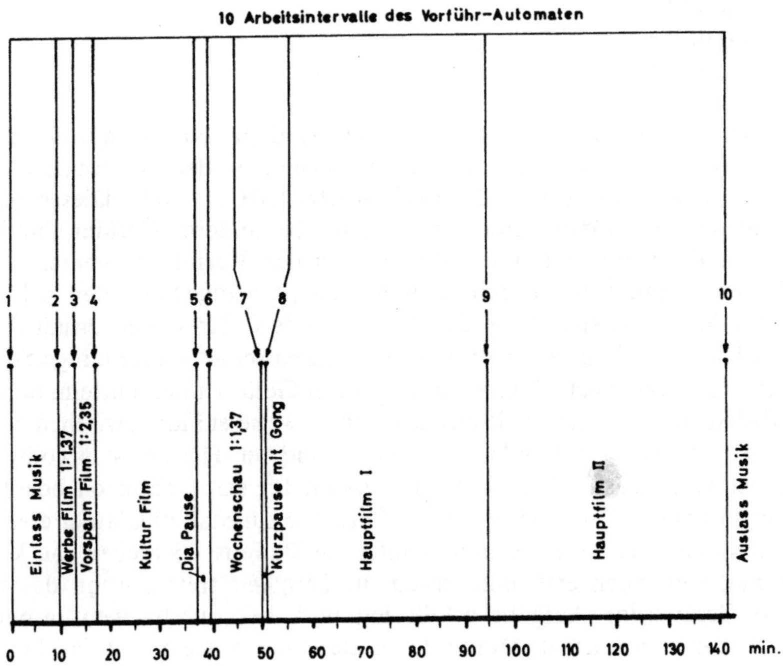

Abb. 272. Aufteilung eines zweistündigen Programmes mit 10 Vorführungsintervallen

Im Verlaufe einer normalen zweistündigen Vorführung hat der Filmvorführer aber noch mehr Tätigkeiten durchzuführen. Die Anzahl und Reihenfolge der Funktionen sind örtlich verschieden. So wird häufig das „Vorprogramm" gekürzt oder anstelle von Diapositiven werden „Filmdias" gezeigt, das heißt Filme. Andererseits kann auch bei der Dia-Vorführung ein Wechsel von Normal- zu Breitwand-Dias erfolgen, was zusätzlich einen Objektivwechsel und eventuell ein Verschieben der Abdeckmasken am Bildschirm erfordert. Nimmt man an, daß der Hauptfilm aus fünf Akten (Filmrollen) besteht und daß die Lampen während des Hauptfilms brennen bleiben, kommt der Filmvorführer in den zwei Stunden auf 60 bis 100 einzelne Handgriffe, die sich aber zeitlich nicht gleichmäßig verteilen, sondern sich manchmal auf einige Sekunden (z. B. bei der Überblendung) konzentrieren.

Die meisten dieser Tätigkeiten kann ein Vollautomat übernehmen. Die graphische Darstellung dieses zweistündigen Programms (Abb. 272) zeigt, daß es aus zehn Vorführungsintervallen besteht, die zeitlich manchmal weit auseinander liegen und sich wie folgt zusammensetzen:

1. Einlaß-Musik
2. Werbe-Film
3. Vorspann-Film
4. Kultur-Film
5. Dia-Pause mit Musik
6. Wochenschau
7. Pause mit Gong
8. Hauptfilm I
9. Hauptfilm II
10. Auslaß-Musik.

Infolge der großen zeitlichen Abstände sind die Vorführautomaten nicht während der ganzen Dauer der Filmvorführung in Betrieb, sondern werden jeweils vor jedem Intervall in Tätigkeit gesetzt [308 ... 311]. Dieses geschieht beim laufenden Projektor durch die Folie und bei anderen Geräten durch einen Impuls, die diese am Ende ihrer Tätigkeit an den Vorführautomaten abgeben. Der Vorführautomat ist dadurch nur immer einige wenige Sekunden in Tätigkeit, gibt dann den Arbeitsbefehl an das nachfolgende Gerät weiter, erhält ihn nach dessen Tätigkeitsablauf von dort zurück, ist dann selbst wieder einige Sekunden tätig, um den Arbeitsbefehl dem nun folgenden Gerät zu übermitteln. So pendelt der Arbeitsbefehl bei dieser elastischen Arbeitsweise ständig zwischen Vorführautomaten und den betreffenden Geräten hin und her. Hierbei ist es völlig gleichgültig, wie lange das in Betrieb gesetzte Gerät für seine Tätigkeit benötigt, ob z. B. der Projektor 5 oder 15 Minuten läuft. Wie ein Staffettenläufer erst starten kann, wenn ihm der vorhergehende Läufer die Staffette übergeben hat, kann der Vorführautomat auch erst dann erneut in Tätigkeit treten, wenn das vorhergehende Gerät seine Aufgabe erfüllt hat und dies durch einen Impuls dem Vorführautomaten mitteilt. Durch dieses elastische System und das Impulsverfahren können sehr verschiedenartige Geräte, nicht nur die Filmprojektoren, an den Vorführautomaten angeschlossen werden (Abb. 273).

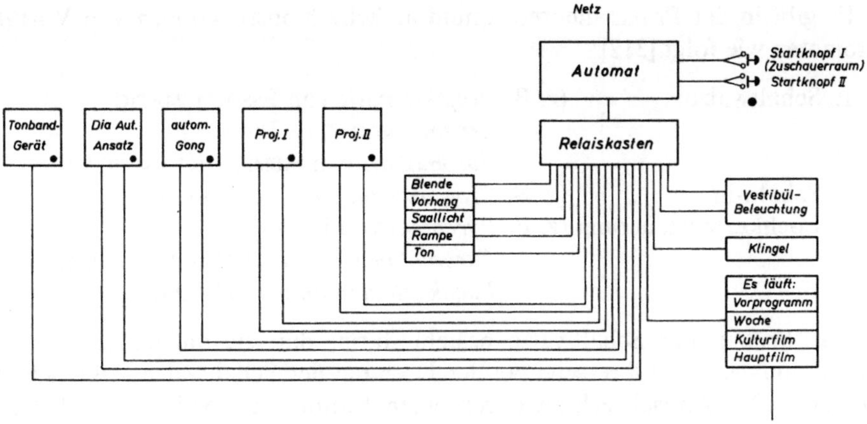

Abb. 273. Anschluß der Geräte für Automatikbetrieb

Die Dauer des Arbeitsintervalls des Vorführautomaten hängt von dem Zeitbedarf der Geräte ab, der ungefähr folgende Werte annimmt:

Vorhang zu—auf	11 sec
Vorhang zu—halbauf	7 sec
Saallicht hell—dunkel	10 sec
Saallicht hell—halbdunkel	6 sec
Rampenlicht hell—dunkel	10 sec
Abdeckmaske 1,37—2,35	9 sec
Tonbandgerät anheizen	17 sec
Projektor Start—Überblenden	8 sec.

Nach Erhalt des Impulses wird der Vorführautomat je nach Konstruktion in kurzer Zeit, z. B. eine halbe Sekunde, diese Geräte in Betrieb setzen, wobei einige davon gleichzeitig eingeschaltet werden (Abb. 274).

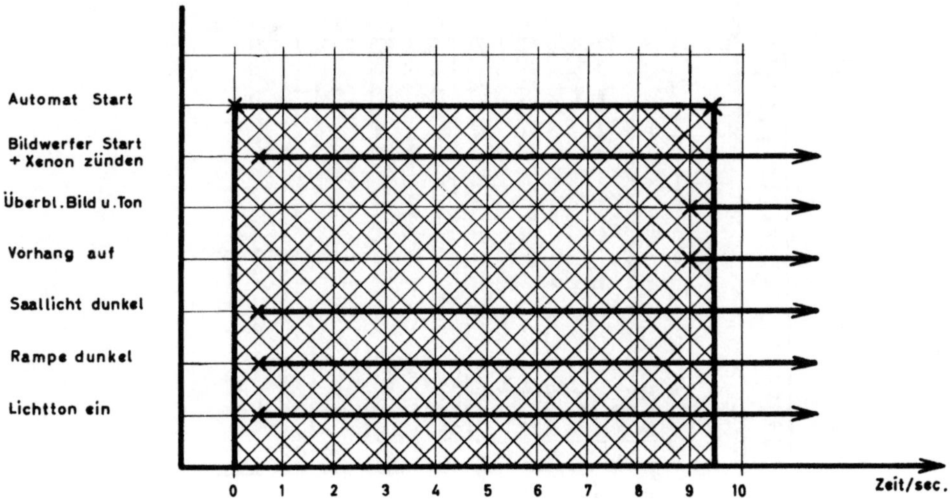

Abb. 274. Ein Arbeitsintervall des Vorführautomaten

Es gibt in der Praxis mehrere grundsätzliche Konstruktionen von Vorführautomaten wie folgt [312]:

1. Schaltwalze (z. B. *Projektomatic* von ESSOLDOMATIC, *Ernemat* von ZEISS IKON, *Euromat alt* von SIEMENS KLANGFILM)
2. Schaltuhr (z. B. *Programmautomat* von PHILIPS)
3. Lochkartensteuerung (z. B. *Pyrcomat* von PENTACON, *Euromat neu* von SIEMENS KLANGFILM, *Lochkartenautomat* von PHILIPS).

Das Prinzip der Schaltwalze besteht darin, daß sie aufsteckbare Schaltnocken aufweist, die ihrerseits bei der Drehung der Schaltwalze Mikroschalter betätigen. Der Antrieb erfolgt durch einen Motor. Eine volle Umlaufperiode beträgt nur vier Minuten, die aber bei der geschilderten elastischen Arbeitsweise für ein volles Vorführprogramm völlig ausreicht. Die Schaltnocken werden z. B. in einer Rille aufgesteckt. Zu jeder Rille gehört ein Mikroschalter, der eine Funktion eines angeschlossenen Gerätes auslöst [313]. Die Zahl der Mikroschalter ist also gleichbedeutend mit der Zahl der automatisch ausgelösten verschiedenen Funktionen. Die Zahl der in einer Rille gesetzten Schaltnocken zeigt, wie oft die betreffende Funktion während eines Umlaufs ausgeübt wurde. In einer normalen Bildwerferanlage werden etwa 20 verschiedene Funktionen, das heißt Stromkreise, betätigt. Bei Vorhandensein vieler Zusatzgeräte kann diese Zahl auch auf das Doppelte steigen. Da viele Funktionen mehrfach während eines Umlaufs ausgeübt werden, sind für eine normale Vorführung etwa 70 Schaltnocken, oft aber viel mehr erforderlich. Bei einem solchen Programm, welches wie schon beschrieben, zehn Arbeitsintervalle erfordert, ist der Automat bei jedem Intervall nur einige Sekunden in Tätigkeit, die übrige Zeit ruht er (Abb. 275). Zusammengefaßt gibt das etwa 100 Sekunden Arbeitszeit des Vorführautomaten für eine normale Vorstellung, so daß die Umlaufzeit von vier Minuten nicht voll

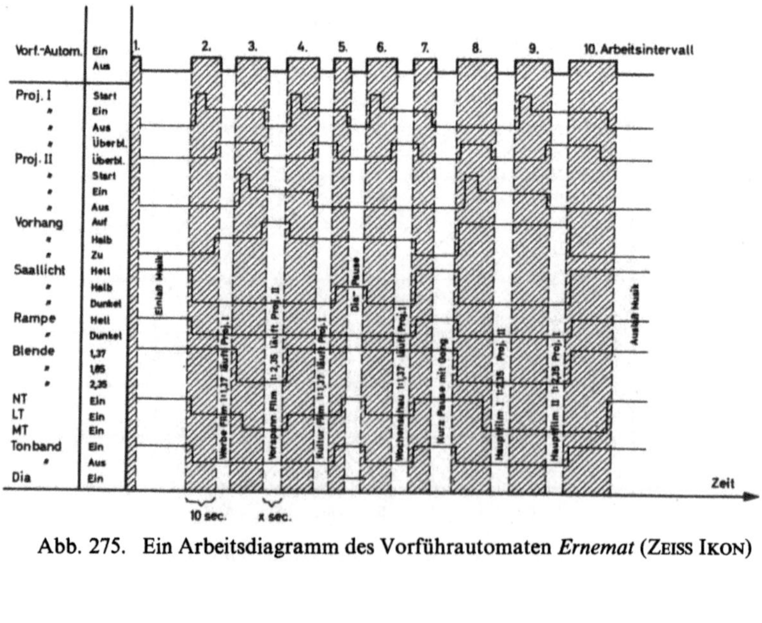

Abb. 275. Ein Arbeitsdiagramm des Vorführautomaten *Ernemat* (ZEISS IKON)

beansprucht wird. Damit der Vorführautomat für die nächste Vorstellung startbereit ist und nicht erst die nichtbenutzte Zeit ablaufen muß, läuft der Automat am Schlusse jeder Vorstellung selbst in die Startstellung.

Eine ähnliche Arbeitsweise hat das etwa 1956 bekannt gewordene *Projecomatic*-System. Es verwendet eine Schaltwalze mit vertikal und horizontal angeordneten Lochreihen, in die Stifte gesteckt werden, die Kontakte betätigen und damit die betreffenden Stromkreise der Gerätefunktionen ein- bzw. ausschalten [314]. Zum Zünden der Bogenlampe wurde eine Zündpille verwendet. Daraus wurde später ein größeres Gerät „*Cinemation*“ entwickelt, welches unter anderem zwei Uhren enthält, mit denen Schaltzeiten für Tag und Nacht vorgewählt werden können [315, 316].

Anstelle einer einzigen Schaltwalze kann deren Aufgabe auf mehrere kleinere verteilt werden, wie es schon beim Überblendungs- und Saal-Automaten für einige Funktionen durchgeführt ist. Verwendet man sechs Steuereinsätze, jedes aus einem Taktgeber mit einer Nockenscheibenwelle und Schaltfedersätzen bestehend [317], so lassen sich folgende Geräte schalten:

1. Plattenwechsler oder Tonbandgerät
2. Diaprojektor
3. Gong
4. Film-Projektor I
5. Film-Projektor II
6. Vorhang und Saalbeleuchtung

Die Anzahl der Schaltfedersätze ist je nach Art des zu schaltenden Gerätes unterschiedlich, so ist sie für den Diaprojektor geringer als für den Filmprojektor.

Ein anderes Prinzip besteht darin, eine elektrische Synchronuhr zu verwenden, welche Steckkontaktbuchsen besitzt [318]. Auf dem Zifferblatt dieses Automaten sind sechs Kontaktringe vorhanden, die folgende Aufgaben haben:

1. Minutenring (Buchsen) zur Unterteilung der in den anderen Funktionsringen enthaltenen Stundeneinteilung
2. Beginn der Vormusik
3. Beginn des Vorprogramms
4. Beginn des Hauptfilms
5. Ende der Schlußmusik
6. Reserve

Die innerhalb der einzelnen Programm-Intervalle notwendigen Schaltvorgänge werden von dem voraufgehenden Programmteiler an deren Ende gesteuert. Weiterhin gibt es noch Vorwahlschalter für:

1. Einstellung der Abdeckmasken für das Vorprogramm
2. eventuelle Änderung der Abdeckmasken innerhalb des Vorprogramms
3. Einstellung der Abdeckmasken für die Dia-Projektion
4. Einstellung der Abdeckmasken für den Hauptfilm
5. Spulenanzahl für den 1. Teil des Vorprogramms
6. Spulenanzahl des 2. Teils des Vorprogramms
7. Spulenanzahl des Hauptfilms.

Die Schaltuhr hat eine Anzahl von Kontaktfedern, die durch die Zeitvorwahl im entsprechenden Zeitpunkt die Steuerstromkreise schließen und die gewünschten Schaltvorgänge auslösen. Dazu kommt die Steuerung durch die Folie an den Filmenden. Bei dieser Automation ist es also erforderlich, die Zeitdauer der einzelnen Programmteile vor der ersten Vorstellung festzustellen und auf den Automaten zu übertragen. Diese Zeiteinstellung muß genau erfolgen, sonst wird der harmonische Ablauf der Vorführung gestört.

Naheliegend ist es auch, eine Lochkartensteuerung für die automatische Filmvorführung einzusetzen. Wie bei der Schaltwalze werden hierbei die in Frage kommenden Schalter in vorbestimmter Reihenfolge betätigt, allerdings nicht durch Schaltnocken, sondern durch das Vorbeiziehen der Lochkarte an einer Kontaktreihe [319, 320, 321]. In die Lochkarte wird mit einer Lochzange das Programm eingestanzt, das heißt die Reihenfolge, in der die einzelnen Geräte in Betrieb gehen sollen. Das Steuergerät tastet diese Lochkarte ab, wodurch dann Taktgeber eingeschaltet werden, deren Kontakte die betreffenden Geräte in Betrieb setzen. Nachdem dieses Gerät seine Tätigkeit beendet hat, steuert es das nachfolgende Gerät an. In der Zwischenzeit ist der Transportmechanismus für die Lochkarte abgeschaltet. Die Lochkarten-Vorführautomaten werden meist in Schränke eingebaut.

Durch die Automation der Filmvorführung war es erforderlich, noch weitere Geräte automatisch zu betreiben [322]. Hierzu gehört der Dia-Automat, um das lästige Dia-Schieben von Hand zu vermeiden [323, 324]. Der Dia-Automat wird vom Vorführ-Automat angesteuert und gibt beim letzten Dia einen Start-Impuls zum Vorführ-Automat. Eine Ausführung besteht darin, daß sich die Dias in einer Art Kette befinden, die von einem Motor angetrieben wird. Dabei besteht noch die Möglichkeit, die Projektionszeit jedes einzelnen Dias in gewissen Grenzen durch Nocken an den Dia-Rähmchen einzustellen. Eine andere Konstruktion verwendet eine Art Fallschacht. Beide Konstruktionen lassen sich seitlich am Projektor anbauen, wodurch die Möglichkeit besteht, ohne eigene Lichtquelle auszukommen, sondern die des Filmprojektors zu verwenden. In diesem Fall wird in den Strahlengang ein Spiegel geschwenkt, der das Licht zum Dia-Projektor umleitet. Bei Automatik-Betrieb wird dieser Schwenkspiegel durch Motor oder Magnet betrieben, welche durch den Vorführ-Automaten in Tätigkeit gesetzt werden. Der Umlenkspiegel befindet sich auf der Lichtabschlußklappe (früher Katzenaugenverschluß) am Ausgang des Lampenhauses. Auch wenn kein Umlenkspiegel erforderlich ist, werden diese Klappen bei Automatikbetrieb durch einen Impuls geschlossen, um z. B. zu verhindern, daß nach einer Überblendung der auslaufende Projektor zu lange dem intensiven Lichtstrahl ausgesetzt wird. Andererseits öffnet sich automatisch die Lichtabschlußklappe beim Starten des anlaufenden Projektors, so daß zur Überblendung der volle Lichtstrom zur Verfügung steht.

Auch der Gong, der sonst von Hand betätigt wird [325] muß für elektrischen Antrieb umgestellt werden.

Die modernen Verfahren mit unterschiedlichen Abmessungen des Filmbildchens benötigen Objektive verschiedener Brennweite, die während der Vorstellung gewechselt werden. Dies geschieht mit Objektivrevolvern, die motorisch gedreht werden und meist auch eine Fernscharfeinstellung besitzen [326].

Eine weitere Lösung besteht in der Kombination eines Grundobjektivs mit einem Prismensystem (*Variomorphot* von Isco). Das Grundobjektiv ist auswechselbar und hat in 5 mm abgestufte Brennweiten. Die drehbar angeordneten Prismenpaare sind einzeln verstellbar, so daß sowohl die anamorphotische Dehnung für CinemaScope wie auch die verschiedenen Brennweiten für Normal- und Breitwand-Projektion eingestellt werden können.

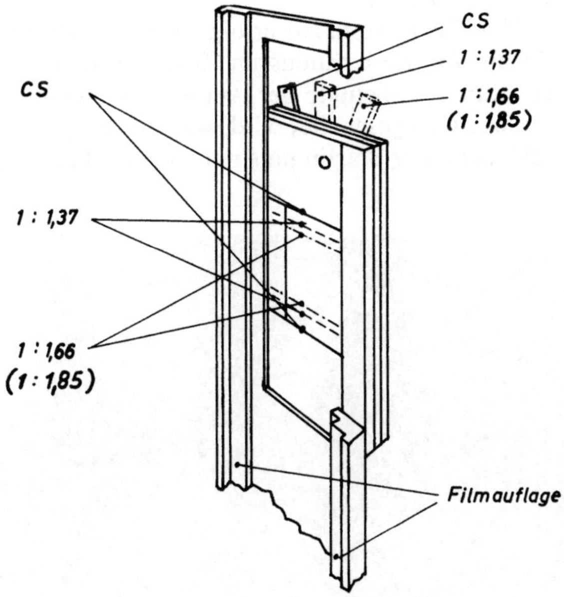

Abb. 276. Formatwechsler für Automatikbetrieb (Zeiss Ikon)

Dazu gehört auch die entsprechende Änderung der Bildfenstermaske. Bei Automatikbetrieb kann man diese Formatschieber nun nicht, wie früher beschrieben, von Hand einsetzen. Eine Lösung besteht darin (Abb. 276), dem Ausbruch die größte vorkommende Abmessung zu geben und durch kleine von außen zu betätigende Blenden die gewünschten anderen Formate einzustellen [327]. Die Betätigung von außen kann durch einen Magneten oder dergleichen erfolgen. Dieser zusätzliche Aufwand wird vermieden, wenn der Automatik-Objektivrevolver einen Mitnehmer besitzt, der den Hebel in die geforderte Position bringt. Da zu jeder Größe eines Ausbruchs eine Brennweite gehört, ist diese mechanische Kupplung zwischen Formatwechsler und Automatikrevolver nicht nur zulässig, sondern sogar sehr zweckmäßig, weil damit die Koordinierung zwangsläufig ist und die beiden Einrichtungen nicht „außer Tritt" kommen können. Um den Formatwechsler nicht zu kompliziert zu machen, auch weil er ja dem Lichtstrahl der Projektionslichtquelle ausgesetzt ist, erhält er nur zwei Masken für vertikale Einstellung. Damit wird die Höhe des Ausbruchs dem jeweiligen Format angepaßt. Für die Breite wird nur ein konstanter Wert gewählt, da für Normal- und Breitwand-Formate die Bildfensterbreite 20,9 + 0,1 mm und für CinemaScope 21,3 − 0,3 mm beträgt, der Unterschied also sehr gering ist.

Zu den vielen Geräten, die der Vorführ-Automat betätigen kann, gehört z. B. auch das Schalten der elektrischen Beleuchtung nicht nur im Zuschauerraum, sondern auch in den Vorräumen des Kinos, einer Klingel für Vorraum und Büro, eines Programm-Anzeigers für die Besucher an der Kasse und ähnliches. Erwähnt sei noch, daß die Filmtrommeln und Spulen, deren Fassungsvermögen normalerweise 900 m bzw. 600 m beträgt, auf wenigstens 1800 m Fassungsvermögen erhöht werden müssen, damit eine zweistündige Vorführung ohne Nachlegen des Films möglich ist.

Der Start des Vorführ-Automaten erfolgt meist durch einen Druckknopf, der sich außerhalb des Bildwerferraums im Zuschauerraum, Vestibül usw. befindet. Damit nicht durch Unbefugte der Automat vorzeitig oder gar während der laufenden Vorführung eingeschaltet wird, was das Programm durcheinander bringen würde [328], kann der Startimpuls mit einem Schlüsselschalter erfolgen.

Abb. 277. Filmeinführer für 8-mm-Projektor (Zeiss Ikon)

Bei Projektoren mit Greiferschaltwerken kann auch noch das Filmeinlegen automatisch vor sich gehen, indem eine Art Zwangsführung für den Film vorgesehen wird [329]. Dies kann durch ein nachträglich anzubringendes Zusatzteil erfolgen (Abb. 277). Die Projektorenkonstruktion kann auch gleich diese Elemente vorsehen (Abb. 278). Der Film wird bei *A* unter der Rolle *D* eingeschoben, von der Vorwickelrolle *C* erfaßt und in den Kanal *F*, der von einem Schleifenbildner *B* gebildet wird, geführt und von da in die Filmführung *H* geschoben. Von dort transportiert ihn der Greifer *J* zum unteren Schleifenbildner *M*, der den Kanal *K* bildet, bis zur Nachwickelrolle *N*, um bei dem Schlitz *O* herauszukommen. Er wird dann von Hand über die federnde Rolle *P* zur Aufwickelspule geführt. Durch einen Hebel werden die Schleifenbildnerbügel *B* und *M* so verschoben, daß die Filmschleifen nicht mehr das Gerät berühren. Anwendung findet die automatische Filmeinlegung vorwiegend bei 8-mm-Projektoren, aber auch in geringerem Maße bei 16-mm-Projektoren (z. B. Siemens 2000, Bauer P 6), dagegen nicht bei 35-mm- und 70-mm-Projektoren [330 . . . 334].

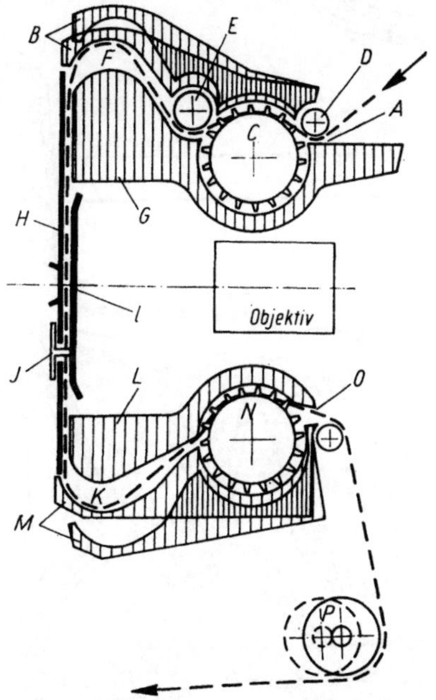

Abb. 278. Prinzip der automatischen Filmeinfädelung (BELL & HOWELL). *A* Filmeinlauf, *D* Einlaufrolle, *C* Vorwickelrolle, *B* und *G* Schleifenbildner, *E* Führungsrolle, *F* oberer Rand des Schleifenbildners, *H* Bildfensterstand, *I* Andruckplatte, *J* Greifer, *K* unterer Kanal des Schleifenbildners *L* und *M*, *N* Nachwickelrolle, *O* Filmauslauf, *P* federnde Rolle

P. Sonderausführungen von Projektoren

Neben den Projektoren für den allgemeinen Gebrauch gibt es Sonderausführungen für bestimmte Zwecke, die in den folgenden Abschnitten kurz beschrieben werden.

1. Projektoren für pausenlosen Betrieb

Pausenloser Vorführbetrieb ist im Studiobetrieb, wie auch auf Ausstellungen und ähnlichem erforderlich. Hierbei handelt es sich meist um verhältnismäßig kurze Filmlängen, obwohl diese manchmal über 100 m betragen. Bei der Einführung der automatischen Filmvorführung in Kinos lag nun der Gedanke nahe, das gesamte Programm einer normalen Vorführung mit einem einzigen Projektor unterzubringen, wodurch die Tätigkeit des Filmvorführers, wie aber eventuell auch eines Automaten, vereinfacht wird.

Die erste Art faßt man allgemein unter dem Sammelbegriff „Schleifenbetrieb“ zusammen. Die einfachste Art ist die kurze Schleife, welche beim 35-mm-Film etwa zwei Meter lang ist und keinerlei Änderungen oder Zusätze am Projektor erfordert. Die Kurzschleife wird vorwiegend bei der Bildprüfung (Bildstand, Blendenziehen usw.) und Tonspaltjustierung der Projektoren eventuell auch bei der Nachsynchronisation verwendet.

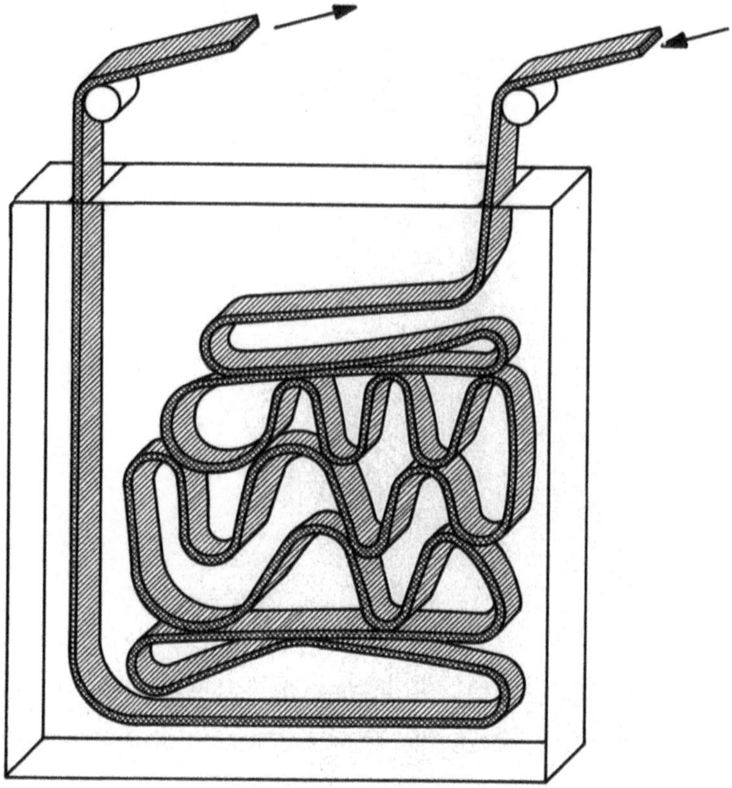

Abb. 279. Schleifenkasten

Sind die Filme länger, so verwendet man *Schleifenkästen* (Abb. 279), in die sich der Film ziemlich unregelmäßig legt. Die Wände des Schleifenkastens sind meist mit Samt oder dergleichen ausgeschlagen, um Kratzer am Film zu vermeiden. Da aber die Filmlagen übereinander liegen, treten Reibungen zwischen ihnen auf, die zu Schrammen führen können. Die Verwendung ist daher nur bis etwa 50 m üblich [335].

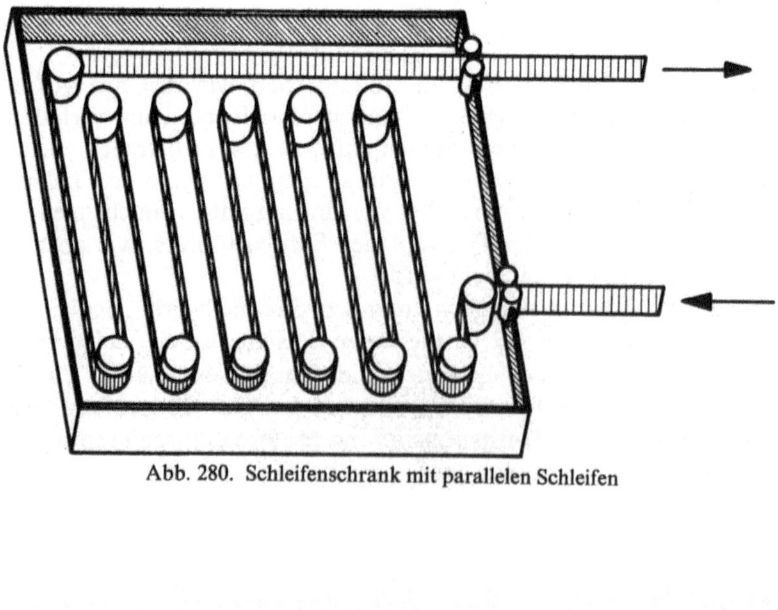

Abb. 280. Schleifenschrank mit parallelen Schleifen

Darüber hinaus kann man *Schleifenschränke* nehmen (Abb. 280), die im Prinzip einem Filmtrockenschrank ähneln. Die Schleifenschränke haben den großen Vorteil, daß sich die einzelnen Lagen des Films nicht berühren. Allerdings nehmen sie viel Platz ein. Das soll eine Anordnung mit gekreuzten Schleifen verringern (Abb. 281). Die vielen erforderlichen Umlenkrollen verursachen aber einen recht hohen Filmzug, so daß die Perforation durch die ziehende Zahntrommel stark beansprucht wird. Dies soll durch die Verwendung zweier Walzen anstelle der vielen Rollen verbessert werden. Auch hier ist die Filmführung mit parallelen und gekreuzten Schleifen möglich [336].

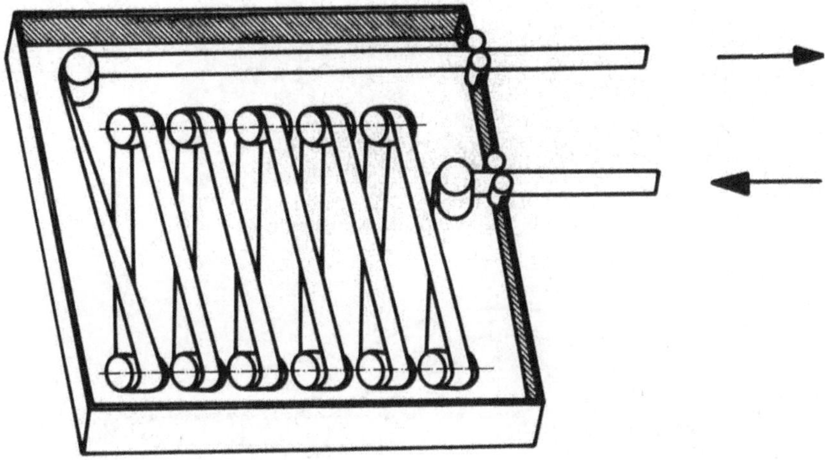

Abb. 281. Schleifenschrank mit gekreuzten Schleifen

Da trotzdem die Schleifenschränke sehr groß sind und auch das Einlegen des Films, besonders wenn es sich um große Längen handelt, recht umständlich ist, werden dafür sehr häufig *Schleifenteller* verwendet, auch Ringfilmeinrichtung genannt, die bis zu etwa 300 m 35-mm-Film und etwa 120 m 16-mm-Film aufnehmen können. Die Vertikal-Ausführung (Abb. 282) hat den Vorteil, daß sie sehr raumsparend ist, da die Einrichtung sich in den vorhandenen Filmtrommeln unterbringen läßt, wodurch ein schneller Wechsel vom normalen zum Schleifenbetrieb möglich ist [337]. Sie hat aber den Nachteil, daß die oberhalb der Achse liegenden Windungen infolge ihres Gewichtes aufeinanderdrücken. Das wird bei dem Schleifenteller mit horizontaler Anordnung vermieden. Um die Reibung zu verringern, kann dieser noch mit horizontalen Auflagerollen für den Film versehen werden (Abb. 283).

Alle Schleifenteller besitzen aber den Nachteil, daß zwischen den einzelnen Windungen ein Schlupf auftritt. Dieser ist dadurch bedingt, daß dem Teller pro Zeiteinheit eine bestimmte Menge zugeführt und dieselbe Menge auch abgeführt wird. Nun sind aber die Durchmesser an den Stellen des Tellers, wo die Zufuhr und Abfuhr erfolgt, verschieden.

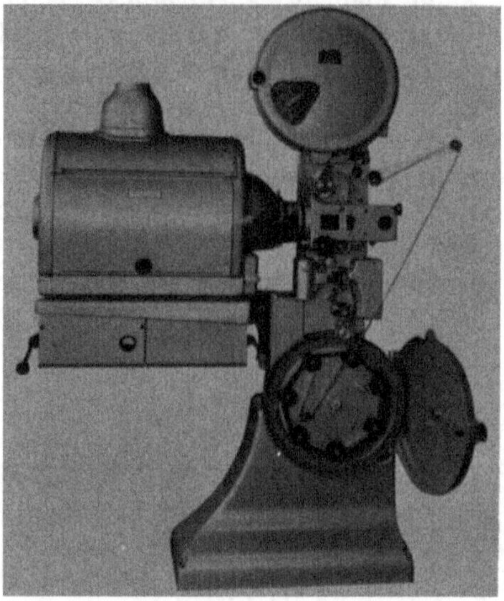

Abb. 282. Vertikaler Schleifenteller

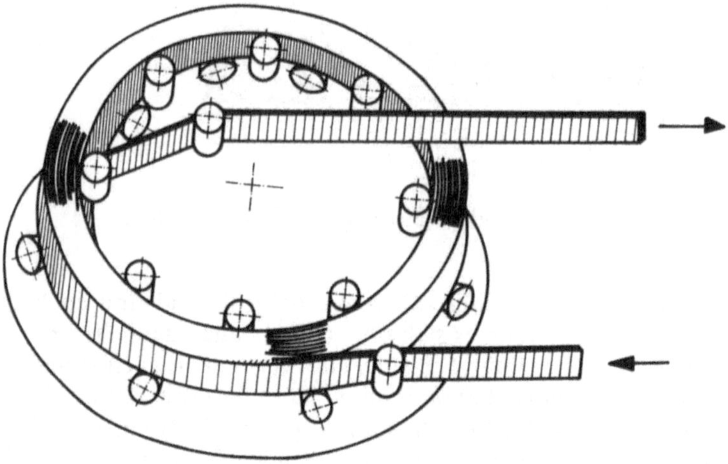

Abb. 283. Horizontaler Schleifenteller mit Auflagerollen

Der innere Durchmesser sei $d_i = 2\,r_i$, der innere Umfang U_i, die Filmdicke d und die Länge des Films L, dann erhält man den Außendurchmesser d_a der Filmrolle aus $d_a = 2\sqrt{\frac{d \cdot L \cdot 10^3}{\pi} + r_i^2}$. Für eine Filmdicke $d = 0{,}175$ mm, eine Filmlänge $L = 300$ m und einen inneren Rollendurchmesser $d_i = 300$ mm erhält man den Innen-Umfang U_i, den Außendurchmesser d_a und den Außen-Umfang wie folgt:

d_i	U_i	d_a	U_a
mm	mm	mm	mm
300	942	396	1240

Da pro Sekunde 456 mm 35-mm-Film bei 24 B/sec zu- und abgeführt werden (bzw. 27 360 mm pro Minute), ergeben sich für d_i und d_a unterschiedliche Drehzahlen n_i und n_a. Diese Drehzahl-Unterschiede muß die Filmrolle aufnehmen, was dadurch geschieht, daß die Filmwindungen aneinandergleiten. Der gesamte Schlupf des Films ist gleich der Differenz des äußeren zum inneren Umfang der Filmrolle.

Auch wenn der Schleifenteller nicht vom Film selbst, sondern von außen angetrieben wird, bleibt der Schlupf bestehen. Treibt man mit der äußeren Drehzahl n_a an, so ist es für den Innendurchmesser zu langsam und umgekehrt. Nimmt man eine mittlere Drehzahl zwischen n_i und n_a, so wird die Drehzahl-Differenz aufgeteilt, aber der Schlupf bleibt bestehen. Man kann ihn nur verringern, durch Wahl großer Innendurchmesser oder Verwendung kleiner Filmlängen.

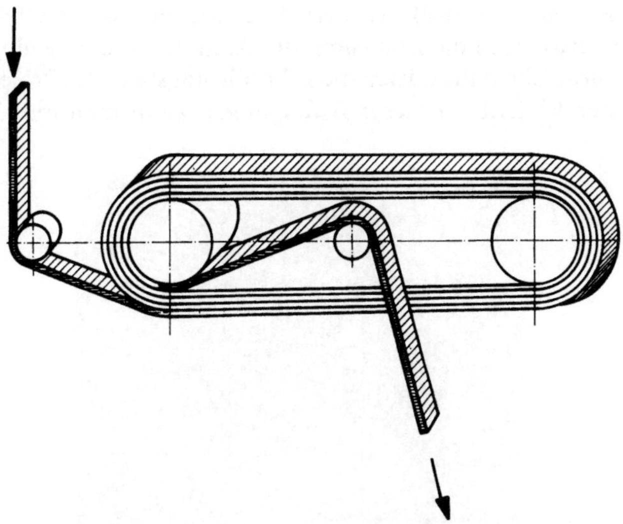

Abb. 284. Ovaler Horizontal-Filmteller (NIKFI, Moskau)

Um eine möglichst große Filmlänge bei kleinen Tellerdurchmessern und geringem Schlupf unterzubringen, wurde vom Institut NIKFI in Moskau [338] ein ovaler Schleifenteller für horizontale Anordnung entwickelt (Abb. 284). Der Schlupf tritt hier nur an den beiden Seiten des Tellers auf, nicht an den geraden Filmwegen. Bei gleichem Schlupf ist daher das Fassungsvermögen dieses ovalen Tellers um das gerade Stück größer als bei einem runden Teller mit gleichem Radius.

Die freie Schleife zwischen der Stelle der Filmrolle, wo der Film zu- und abgeführt wird, ändert sich im Laufe einer mehrstündigen Vorstellung oftmals ganz beträchtlich, vermutlich durch Klima-Einfluß und durch verschieden straffes Aufwickeln. Diese freie Schleife soll nicht flattern und erhält deswegen eine schwache Vorspannung durch eine Feder oder eine Rolle *R*, die durch ihr Gewicht die Schleife straff hält.

Um eine möglichst hohe Anzahl von Durchläufen zu erhalten, ehe der Film wegen Verschrammung unbrauchbar wird, werden die Kopien mit einer Schutzschicht von 1 bis 2μ Dicke versehen, die ein Gleitadditiv enthält. Bloßes Lackieren oder Wachsen genügt nicht, dagegen scheint Kunstharz besser geeignet zu sein [339, 340]. Häufig werden auch zwei Randstreifen von etwa 0,1 mm Dicke aufgebracht, die verhindern sollen, daß die Schichtseiten direkt aufliegen. Durch diese Distanzstreifen, die entweder wie eine Magnettonbespurung aufgetragen oder als schmale Streifen aufgeklebt werden, wird die durch den Schlupf bedingte Gleitbewegung und Reibung von der Bild- und Ton-Fläche des Films ferngehalten. Allerdings erhöht sich dadurch die Dicke des Films und damit der Durchmesser des Filmwickels.

Zur Verminderung der Reibung und des Filmzuges empfiehlt es sich, ein Gleitmittel, möglichst mit antistatischen Eigenschaften, auf die Bespurung aufzutragen.

Besonders wichtig ist aber die Einhaltung guter Betriebsbedingungen. Hohe Lufttemperaturen und große relative Feuchtigkeit, wie sie häufig bei Expos vorkommen, erweichen die Emulsion, die dann durch den Schlupf viel schneller beschädigt wird. Ebenfalls dürfen die Filmführungsteile des Projektors nicht heiß werden. Unter Einhaltung dieser Bedingungen kann man mit 35-mm-Film im

Abb. 285. Solo-Automatik-Projektor mit 4000-m-Spulen (Philips)

Schleifenteller-Betrieb etwa 1000 Durchläufe, bei günstigen Bedingungen sogar 3000 Durchläufe und mehr erzielen [341, 342].

Will man für die normale Kinovorführung das ganze Filmprogramm in einem Projektor unterbringen, so müssen diese ein Fassungsvermögen von etwa 4000 m besitzen. Dies kann dadurch ermöglicht werden, daß bei bestehenden Projektoren die vorhandenen Filmtrommeln durch größere Spezialtrommeln (HASSO) ersetzt werden [343]. Wegen des großen Gewichts der Spulen wird die Abwickelspule nicht wie sonst üblich oberhalb des Projektorkopfes, sondern unten in gleicher Höhe der Aufwickelspule angebracht. Außer dieser Möglichkeit der nachträglichen Ausrüstung haben verschiedene Fabrikate von Hause aus diese große Spuleneinrichtung. Hierzu gehört der „Solo-Automatik-Projektor" (PHILIPS), dessen 4000-m-Spulen von 89 cm Durchmesser auf 14,3 mm starken Spindeln gelagert werden [344]. Der Film wird aus der an der Rückseite des Projektors befindlichen Abwickelspule durch Zahnrollen gezogen und gelangt nach zweimaliger Umlenkung und Verwindung über den Projektorkopf hinweg zur Vorwickelrolle (Abb. 285). Für das Rückspulen braucht der Film nicht aus dem Projektor herausgenommen zu werden, er bleibt vielmehr im Projektor. Über ein Rollensystem wird der Film der Abwickelspule zugeführt. Durch einen Hebel wird die Aufwickelfriktion entkuppelt und ein Umroller eingeschaltet. Auf einer Konsole an der Stirnseite des Projektors befindet sich noch eine Klebepresse, so daß auch diese Arbeiten am Projektor gemacht werden können. Außerdem hat dieser Projektor noch Objektivrevolver, Fernscharf- und Fernbildstrich-Einstellung und kann automatisch betrieben werden.

Ebenfalls große Trommeln von 4000 m Fassungsvermögen besitzt der Projektor „Victoria 18" *(Cinemeccanica)*. Bei diesem Projektor ist allerdings die Abwickelspule oben angeordnet, wobei sich Abwickel- und Aufwickelspule weiter hinten, etwa am Lampenhaus befinden. An der gewohnten Stelle oberhalb und unterhalb können noch die üblichen 900-m-Trommeln angebracht werden, so daß dieser Projektor dann vier Trommeln aufweist [345]. Er ist außerdem umstellbar für 35-mm- und 70-mm-Film.

Unten angebrachte, große Filmspulen von etwa 3000 m Fassungsvermögen besitzt auch der Projektor *Westrex* 90 (Abb. 286). Das Umspulen erfolgt ohne Herausnahme des Films im Projektor, der auch an der Rückseite hierfür eine Inspektionsplatte aufweist.

Erfahrungsgemäß wird der Film ganz erheblich beim Umrollen durch das Straffziehen der Windungen und das dadurch bedingte Zerkratzen der Schicht beschädigt, oft mehr als bei der eigentlichen Vorführung. Das Umrollen nach jeder Vorführung zu vermeiden, trägt daher erheblich zur Filmschonung bei. Für diesen Zweck ist der Schleifenteller geeignet. Eine solche Anordnung wurde bei einem sowjetischen Projektor verwirklicht [346, 347, 348]. Hierbei wird der Film bei der Vorführung auf einen Wickelkern von 240 mm Durchmesser gewickelt. Der Filmwickel wird mit diesem Kern in die obere Filmtrommel, die horizontal angeordnet ist, gelegt und der Wickelkern entfernt (Abb. 287). Damit liegt der Anfang der Filmrolle innen. Der Teller *2*, auf dem die Filmrolle *1* liegt, dreht sich frei mit einer durch das Gewicht der Rolle verursachten Bremsung, was unerwünschte Schleifenbildung verhindert. Der Filmanfang wird durch ein Rollensystem *3*, das auf der feststehenden Platte *5* in der Filmtrommel montiert

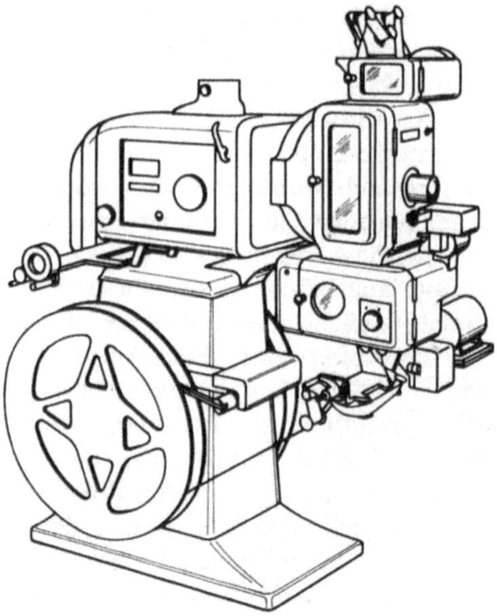

Abb. 286. Projektor *Westrex 90* mit 3000-m-Spulen

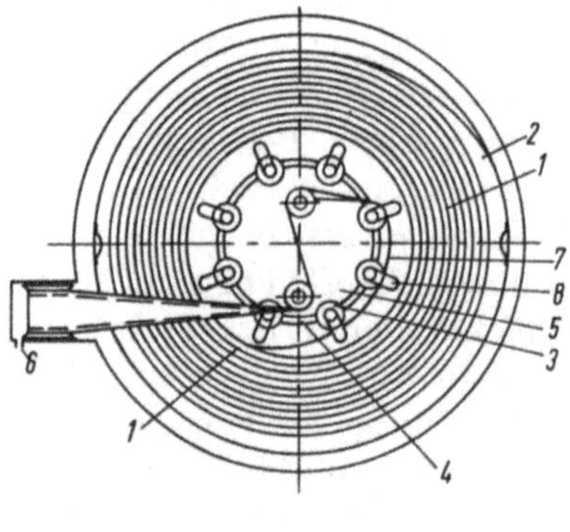

Abb. 287. Obere Filmtrommel der Einrichtung „Vorführen ohne Umrollen" (sowjetischer Projektor). *1* Filmrolle, *2* drehbare Scheibe, *3* Rolle mit vertikaler Achse (Führungsrolle), *4* Umlenkrolle, *5* feststehender Teil der Filmtrommel, *6* Brandschutzkanal, *7* Führungsknebel, *8* Führungsknebel (frei drehbar)

ist, zu den Umlenkrollen *4* und *6* geführt und gelangt von da in den Filmweg des Projektors. Durch Knebel *7* und *8* wird der Film geführt. Durch den Filmzug wird die Grundplatte *2* gedreht, ohne daß ein Schlupf der Filmlagen gegeneinander erfolgt. Nach dem Durchlauf kann der Film dann sofort wieder, ohne Umrollen, in die obere Filmtrommel eingelegt werden. Die Anlage war zunächst für 600-m-Filmrollen entwickelt worden und wurde später auf 1500 m erweitert.

Ebenfalls auf dem Prinzip des herausnehmbaren Wickelkerns beruht die Zusatzeinrichtung „Non Rewind" [349 . . . 353]. Die horizontalen Teller haben einen Durchmesser von 120 cm und ein Fassungsvermögen von 5000-m-Film (Sonderausführung 130 cm Durchmesser mit 7000 m Fassungsvermögen) und befinden sich an einem Säulengestell (Abb. 288). Ein Teller dient zum Vorbereiten der Filme, die anderen beiden sind der Abwickel- und Aufwickelteller. Bei dem Abwickelteller wird der Film aus der Mitte des Wickels herausgezogen und dem Projektor zugeführt. Von dort gelangt der Film zum Aufwickelteller. Dieser fungiert nun für die folgende Vorstellung als Abwickelteller. So wechselt zwischen diesen beiden Tellern ständig die Funktion. Für das Herausziehen des Filmanfangs aus der Mitte des Wickels wird ein Einsteckring in das Innere des Wickels gesteckt. Dieser besitzt außer den üblichen Leitrollen noch ein Steuersystem, welches die Geschwindigkeit des Antriebsmotors dieses Tellers in Abhängigkeit vom Filmzug regelt. Ein ähnliches Steuersystem befindet sich am Aufwickelteller, und zwar in Form eines sich außerhalb des Tellers bewegenden Regelarms, über dessen Umlenkrolle der Film auf den Teller gelangt. Durch diese Einrichtung, die den Filmzug nicht sich frei überläßt, sondern in engen Grenzen steuert, ist auch die Verwendung großer Filmspulen bis zu 7000 m möglich, ohne daß starker Filmzug oder Rutschen der Filmwindungen auftritt.

Abb. 288. Säulengestell mit drei Filmtellern der Non-Rewind-Einrichtung (PHILIPS)

2. Doppelprojektoren, Zwillingsprojektoren

Bei sehr kleinen Bildwerferräumen war es nicht immer möglich, zwei Projektoren aufzustellen. Deswegen, vielleicht auch aus Kostengründen, hat 1919 zunächst die UFA und dann verschiedene andere Firmen (ERKO, ERNEMANN, GAUMONT, HAHN-GOERZ, NITZSCHE) Doppelprojektoren herausgebracht [354]. Hierbei befinden sich zwei Projektoren auf einer gemeinsamen Tischplatte, die wiederum auf einer Säule befestigt ist (Abb. 289). Manche dieser Anordnungen

Abb. 289. Doppelprojektor (*Ernemann I*)

haben auch zwei Lampenhäuser, manche ein großes Doppellampenhaus, manche nur eines, das nach Bedarf von einem zum anderen geschoben wird [355]. Eine besonders originelle Lösung weist der Zwillingsprojektor (HAHN-GOERZ) auf, bei dem ein feststehendes Lampenhaus und zwei Projektoren verwendet werden, die um 180° um das Lampenhaus geschwenkt werden (Abb. 290). Obwohl alle diese Projektoren etwa zu Beginn der 30er Jahre schon wieder vom Markt verschwanden, wurde eine ähnliche Konstruktion doch wieder im Jahre 1948 von einer kleinen Firma (KUNERT) unter dem Namen *Gigant* neu herausgebracht, verschwand aber, wie auch die Herstellerfirma, bald wieder. Trotzdem muß anerkannt werden, daß es eine der ersten Nachkriegskonstruktionen war, mit geringen Mitteln geschaffen und den damaligen, bescheidenen Verhältnissen der Kinos angepaßt.

Abb. 290. Zwillings-Projektor (HAHN-GOERZ)

3. Projektoren mit horizontalem Filmlauf

Den bei *Schneidetischen* allgemein üblichen horizontalen Filmlauf findet man bei Projektoren selten. Der Hauptgrund hierfür dürfte wohl der größere Platzbedarf sein. Einer der bekanntesten Vertreter dieser Konstruktion ist wohl der 16-mm-Schmalfilm-Projektor mit horizontalem Filmlauf *Lytax* (Abb. 291) von NIEZOLDI & KRÄMER.

Abb. 291. 16-mm-Projektor mit horizontalem Filmlauf (LYTAX, NIEZOLDI & KRÄMER)

Für den 35-mm-Film sind derartige Projektoren nicht bekannt, außer für Sonderformate. Am bekanntesten ist der Horizontal-Projektor für *Vista Vision* [356, 357]. Das Bildfenster für den 35-mm-Film ist etwa doppelt so hoch wie bei Normalformat, umfaßt acht Perforationslöcher und hat die Abmessungen 18,3 mm × 33,2 mm (Abb. 292). Nur wenige von diesen Horizontal-Projektoren wurden gebaut.

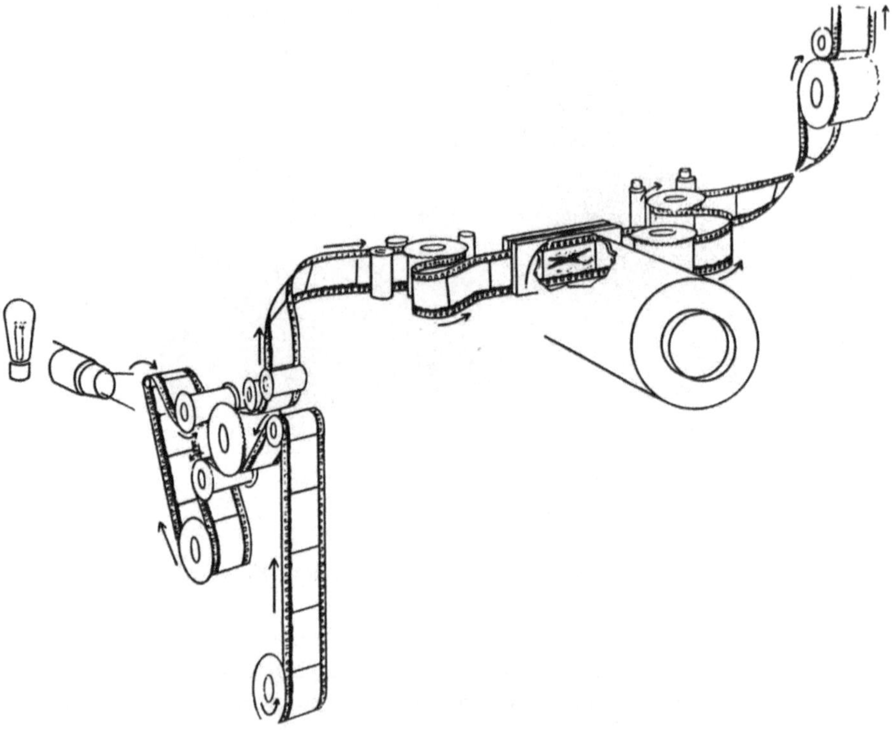

Abb. 292. Vista-Vision-Projektor für horizontalen Filmlauf

4. Transportable Projektoren

Es ist naheliegend, daß vorwiegend die Amateurgeräte transportabel eingerichtet sind. Das betrifft ausnahmslos die 8-mm-Projektoren. Ebenfalls ist die überwiegende Mehrzahl der 16-mm-Projektoren, obwohl nicht zum Amateur-Sektor gehörend, in Kofferform gebaut, also transportabel. Sie werden vorwiegend in Schulen, Vereinen usw. eingesetzt. Daneben gibt es für Hochleistungszwecke einige stationäre 16-mm-Projektoren. Dagegen ist bei 35 mm-Film die Zahl der transportablen Projektoren gering. Vor der starken Verbreitung des 16-mm-Projektors waren transportable 35-mm-Projektoren häufiger anzutreffen, wobei diese in die Gefahrenklasse B oder C eingestuft wurden (damals wurde Nitrofilm verwendet).

Zunächst waren es Stummfilm-Projektoren in Kofferform, wie z. B. der *Kinobox* (Zeiss Ikon), dann für Tonfilm der *Phonobox* (Zeiss Ikon) und der

Sonolux (BAUER). Diese Tonfilmkoffer wurden auch bevorzugt von Wanderfilm-Unternehmern benutzt. Die Fabrikation dieser Koffergeräte hörte aber nach 1945 auf, da der Bedarf zurückging. Trotzdem kam danach der *TK 35* (VEB CARL ZEISS Jena) auf den Markt. Eine moderne Ausführung besitzt der *FP 3* (PHILIPS), welcher mit Dreibeinstativ geliefert wird.

Für den 70-mm-Film sind transportable oder Koffer-Geräte nicht bekanntgeworden.

5. Zweiformat- und Vorsatz-Projektoren

Nach Einführung des Films 8 mm S existierten noch zahlreiche Kameras und Filme im bisherigen 8-mm-Format. Verschiedene Firmen entschlossen sich daher, ihre 8-mm-Projektoren zur Vorführung beider Formate einzurichten. Das war verhältnismäßig einfach, da in beiden Fällen der Film 8 mm breit war.

Weitaus schwieriger war es bei den Projektoren für 70-mm-Film, die durchwegs auch für 35 mm-Film verwendbar sind. Allerdings müssen jeweils verschiedene Teile ausgetauscht werden; das Malteserkreuzgetriebe kann jedoch für beide Formate verwendet werden.

Abb. 293. 16-mm-Vorsatzprojektor XO (DEBRIE) an einer *Ernemann VIII B*

Abb. 294. 16-mm-Vorsatzprojektor (HASSO) zur Befestigung an der Kabinenvorderwand

Ein Zweiformat-Projektor 35-mm- und 16-mm-Film ist wegen des unterschiedlichen Schalthubes noch komplizierter. Um trotzdem beide Filmformate mit einem Projektor vorführen zu können, hat DEBRIE, Paris, einen 16-mm-Vorsatzprojektor Typ *XO* herausgebracht (Abb. 293), der an den 35-mm-Projektor gehängt wird und bei Nichtgebrauch abgenommen wird. Dieser Vorsatz hat einen eigenen Antriebsmotor und ein eigenes Tonabtastgerät. Als Projektionslichtquelle wird die des 35-mm-Projektors verwendet. Ein ähnliches Gerät brachte HASSO, München, 1965 heraus. Dieser Vorsatzprojektor wird aber nicht an den 35-mm-Projektor gehängt, sondern an die Kabinen-Vorderwand (Abb. 294). Bei Nichtgebrauch wird er auf Schienen aus dem Strahlengang geschoben.

6. Rücklaufprojektoren

Beim Synchronisieren, wo oftmals kurze Szenen in einer größeren Filmrolle wiederholt werden müssen, wie auch im sonstigen Atelierbetrieb, möchte man das dauernde Herausnehmen des Films aus dem Projektor und das Rückspulen vermeiden. Dazu dient die Rücklaufeinrichtung des Projektors. Bei Schmalfilm-Projektoren mit Greifer ist der Rücklauf nicht schwierig zu gestalten, da der Greifer in der Filmbahn den Film auch in entgegengesetzter Richtung transportieren kann. Bei Normalfilm-Projektoren mit Malteserkreuzgetriebe ist der Rücktransport schwieriger, weil die Schaltrolle den Film in die Filmbahn „schieben" muß. Durch Abheben der Kufen wird dies erleichtert (z. B. *Bauer B 14* und *Philips FP 3 R*), wobei allerdings der Bildstand und die Bildschärfe an Qualität etwas einbüßen, was in vielen Fällen nicht stört. Will man aber auch bei Rücklauf (z. B. für Tricks und Auswertung wissenschaftlicher Aufnahmen) eine gute Bildqualität der Projektoren haben (sichtbarer Rücklauf), so muß der Film bei normalem Kufendruck in die Filmführung geschoben werden. Durch besondere Gestaltung der Kufen und Rollenanordnung ist dies möglich (z. B. *Ernemann IX* und *X*), der Film kann dann zwischen Schaltrolle und Kufenende nicht ausweichen (Abb. 295). Erforderlich ist weiterhin eine angetriebene Rolle zwischen Lichttongerät und Schaltrolle, um die untere Filmschleife zu erhalten, eine Ölpumpe für Arbeiten in beiden Laufrichtungen und Friktionen, welche ebenfalls in beiden Richtungen arbeiten. Dies kann man dadurch erreichen, daß die obere wie die

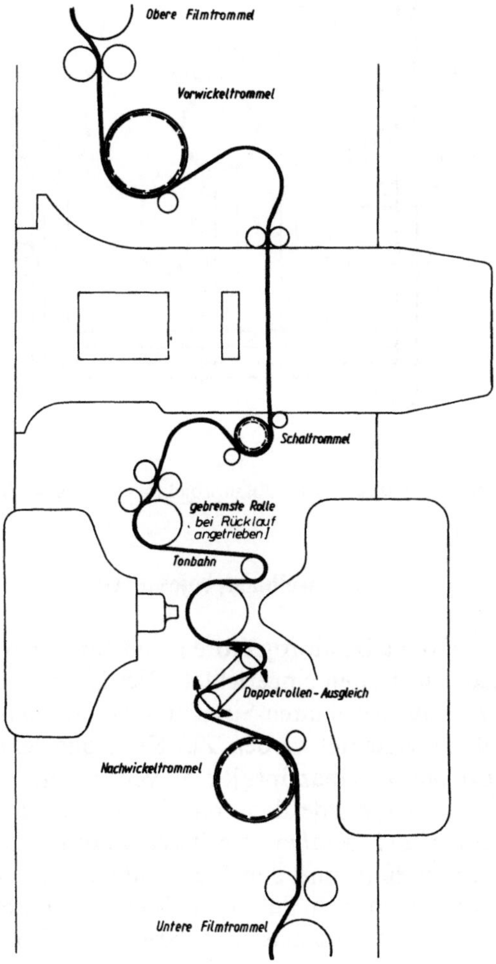

Abb. 295. Filmlaufschema im Rücklaufprojektor (*Ernemann IX* und *X*)

untere Spule jede einen eigenen Wickelmotor besitzen, die zusammen mit dem Hauptmotor umgepolt werden (Abb. 296), oder daß in den Friktionen Freiläufe eingebaut sind [358, 359]. Beim Umpolen der Wickelmotore erhält der Aufwickelmotor volle Spannung, der Abwickelmotor geringe Spannung für entgegengesetzte Drehrichtung, so daß eine schwache Bremswirkung auftritt. Auch der Ton wird gegebenenfalls bei Rücklauf mit abgeschaltet.

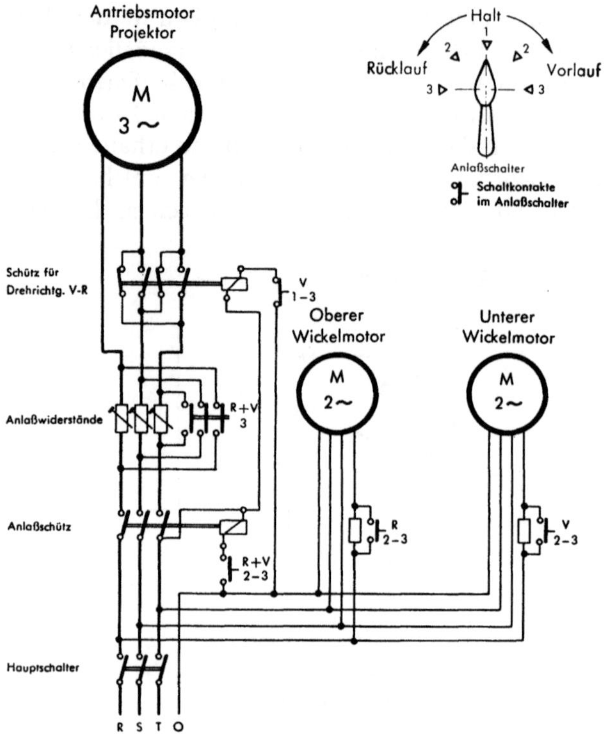

Abb. 296. Schaltbild des Rücklaufprojektors (*Ernemann IX* und *X*)

7. Zweibandprojektoren

Zweiband- oder Doppelbandprojektoren sind für die synchrone Abspielung getrennter Bild- und Tonstreifen eingerichtet. Dies ist im Atelierbetrieb erforderlich, da Bild und Ton auf getrennten Streifen aufgenommen und erst beim Kopieren auf ein Filmband vereinigt werden. Zur Kontrolle der einzelnen Szenen vor dem Kopieren wird der Zweibandprojektor verwendet. Vor dem Einzug des Magnettons in das Atelier wurde der Ton als Lichtton auf einem Film aufgezeichnet. Dementsprechend besaßen die Zweibandprojektoren damals je eine Filmführung für den Bildfilm und den Lichttonfilm. Es liefen gleichzeitig zwei Filme von den Abwickeltrommeln auf die Aufwickeltrommeln, daher wird dieser Projektor auch als Viertrommelmaschine bezeichnet [360]. Später, mit Aufkommen des Magnettons, wurden diese Konstruktionen von Zweibandprojektoren abgelöst, die eine Filmführung für Magnetfilm besitzen. Zweibandprojek-

Abb. 297. 35-mm-Zweibandprojektor für Magnetton (*Bauer B 14*)

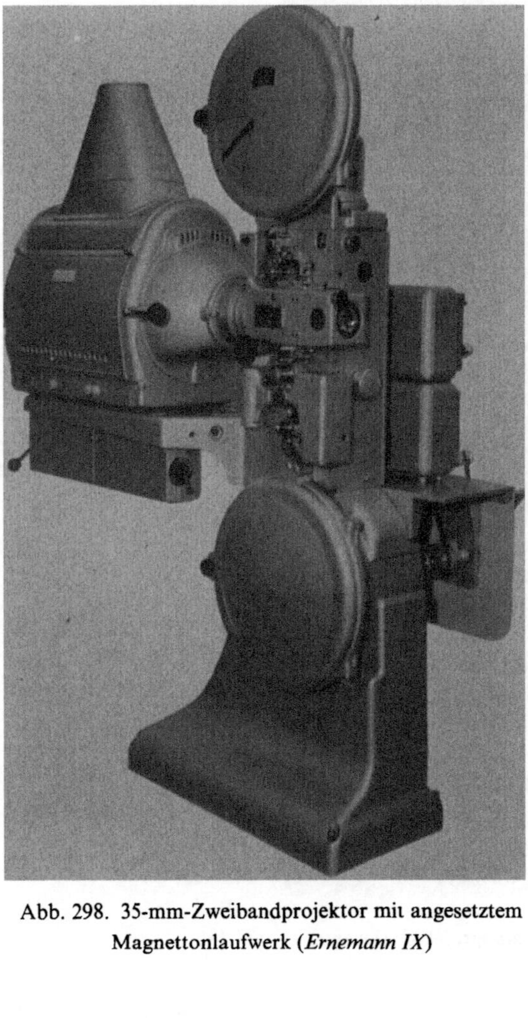

Abb. 298. 35-mm-Zweibandprojektor mit angesetztem Magnettonlaufwerk (*Ernemann IX*)

toren gibt es sowohl für Schmalfilm wie auch für Normalfilm, aber nicht für Breitfilm. Die Konstruktion geht meist von einem vorhandenen Projektortyp aus, so daß zunächst die Wiedergabe von Lichttonfilmen, wie auch bei Vorhandensein eines 4-Kanal-Magnettongerätes, von Bildfilmen mit Magnettonaufzeichnung in der im Kino üblichen Weise möglich ist. Für den Atelierbetrieb können neben dem (stummen) Bildfilm noch Magnettonfilme 35 mm oder 17,5 mm abgespielt werden, wobei der Synchronismus von Bild und Ton trotz der getrennten Streifen durch den gemeinsamen Antrieb gesichert ist (Abb. 297). Meist sind die Zweibandprojektoren noch für Rücklauf eingerichtet [361]. Eine andere Konstruktion (Abb. 298) verwendet ein separates Magnettonlaufwerk an der Rückseite des Projektors, wobei der Antrieb des Laufwerkes durch eine aus dem Projektor herausgeführte Welle erfolgt [362]. Für Schmalfilm-Projektoren (Abb. 299) gibt es entsprechende Konstruktionen (*Selecton* von BAUER, *Favorit 16 B* von ZEISS IKON, SIEMENS 2000, BELL & HOWELL, DEBRIE, HORTSON usw.).

Abb. 299. 16-mm-Zweibandprojektor (DEBRIE)

8. Projektoren mit verschiedenen Laufgeschwindigkeiten

Für bestimmte Zwecke ist eine Variation der Vorführgeschwindigkeit in einem großen Bereich erwünscht. Die Verwendung von Kollektormotoren zum Antrieb und Regelung über einen Widerstand oder der Antrieb mit Repulsionsmotoren genügt für einfache Forderungen. Will man aber den eingestellten Drehzahlbereich annähernd konstant einhalten, so ist der Antrieb durch den üblichen Asynchronmotor oder Reluktanzmotor und die Regelung durch ein kontinuierlich einstellbares Zusatzgetriebe vorzuziehen (Abb. 300). Allerdings wird man damit nie eine ganz genaue, festgelegte Drehzahl, wie es z. B. beim Synchronbetrieb erforderlich ist, einhalten können. Will man regeln, andererseits aber die genaue, im Fernsehen übliche Bildzahl von 25 B/sec einhalten, so ist die Verwendung eines zweiten Antriebsmotors vorteilhaft. Ein Motor als Reluktanzmotor gibt in Verbindung mit dem entsprechend berechneten Getriebe des Pro-

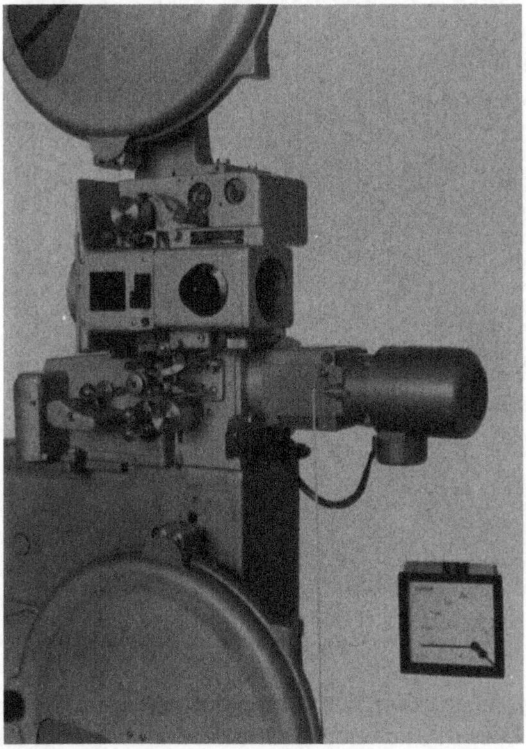

Abb. 300. Drehzahländerung durch einstellbares Zusatzgetriebe

jektors die gewünschte Bildfrequenz von z. B. 25 B/sec. Ein zweiter (regelbarer) Motor ist koaxial oder mittels Riemens mit dem ersten verbunden. Wahlweise wird der gewünschte Motor eingeschaltet, der andere läuft leer mit (Abb. 301).

Da die Bildfrequenz für das Kino usw. mit 24 B/sec, für das Fernsehen dagegen mit 25 B/sec genormt ist, ergibt sich in Atelierbetrieben oft die Aufgabe, wahlweise die Projektoren mit diesen Geschwindigkeiten zu betreiben. Dies könnte dadurch geschehen, daß man die Netzfrequenz für die Antriebsmotore mit Hilfe von Frequenzumformern ändert. Aber das ist umständlich und ungenau. Einfacher und absolut genau ist die Umschaltung von „Periodenrädern“ am Motor oder im Getriebe des Projektors. Dabei bleibt die synchrone Drehzahl erhalten [363].

Soll die Vorführfrequenz bis auf Null heruntergehen — also Stillstandsprojektion — so muß der Lichtstrom herabgesetzt werden, um Filmschäden zu vermeiden. Die Reduzierung des Lichtstroms auf wenigstens den halben Wert ist deswegen auch erforderlich, weil sonst die Leuchtdichte infolge Wegfalls des Blendenverlustes ansteigen würde. Zusätzlich soll aber der Umlaufverschluß in

Abb. 301. Projektor mit zwei Antriebsmotoren für synchronen und regelbaren Betrieb

Durchlaßstellung stehen. Dies kann durch eine Magnetanordnung oder mechanisch geschehen. Dies ist auch bei Einzelbildschaltung erforderlich. Damit beim Weiterschalten von Bild zu Bild das Filmbildchen voll im Bildfenster steht (und nicht der Bildstrich), sowie die Blende sich in Durchlaßstellung befindet, greift z. B. ein Stift, der durch ein Relais betätigt wird, in einen Schlitz eines mit dem Projektorgetriebe starr verbundenen Rades ein. Dies kann auch im Innern des Projektors in Verbindung mit dem Maltesergetriebe geschehen. Dies ist z. B. bei Schießkinos der Fall, wo das Projektorwerk in ganz kurzer Zeit von voller Geschwindigkeit zum Stillstand gebracht werden muß und das Filmbildchen gut auf dem Bildschirm zu sehen sein soll.

VI. Lichtquellen für die Projektion

Zur Lichterzeugung für Projektionszwecke benutzte man in der Frühzeit der Projektionstechnik Öllampen und in der Frühzeit der Kinematographie Kalklampen (Abb. 302), bei denen durch eine Gasflamme (Acetylen, Wasserstoff, Leuchtgas), deren Intensität man durch Zufuhr von Sauerstoff erhöhte, ein Kalkstück auf Weißglut erhitzt wurde und dadurch Licht ausstrahlte [364]. Mit der Einführung der Elektrotechnik kamen folgende Lichterzeuger in Gebrauch:

A. Kohlebogenlampen
B. Glühlampen
C. Gasentladungslampen

für die es jeweils spezielle optische Einrichtungen und Lampenhäuser gibt. Alle drei Arten dieser Lichtquellen haben im Laufe der Jahre viele Wandlungen durchgemacht und Verbesserungen erfahren.

Abb. 302. Kalklicht-Brenner

A. Die Kohlebogenlampen

Werden zwei Kohlestifte, die sich in einem elektrischen Gleichstromkreis befinden, mit ihren Spitzen zur Berührung gebracht und gleich wieder auseinandergezogen (gezündet), dann bildet sich ein Lichtbogen zwischen ihren Spitzen. Dieser offen brennende Lichtbogen hat fallende Stromspannungs-Charakteristik, das heißt bei konstanter Bogenlänge fällt mit zunehmender Stromstärke die Spannung ab, bzw. der elektrische Widerstand des Bogens nimmt ab. Aus diesem Grunde ist ein Vorwiderstand zur Strombegrenzung erforderlich, der eine steigende Stromspannungs-Charakteristik hat. Er besitzt in der Praxis noch einen regelbaren Teil, mit dem die Stromstärke auf den erforderlichen Wert eingestellt werden kann.

Die Kohlestifte bestehen aus reinem Kohlenstoff (Ruß mit Steinkohlenteer als Bindemittel). Allerdings hat die Pluskohle (Anode) einen Docht, der etwa $^1/_5$ des Gesamtdurchmessers beträgt und aus Kohlestoffpulver, vermengt mit einem Bindemittel aus Kaliwasserglas, besteht. Dieser Docht hat den Zweck, den Lichtbogen auf die Mitte des Kohlestiftes zu konzentrieren, da er sonst dauernd auf der Spitze der Pluskohle tanzen würde. Die Abbrandgeschwindigkeit der Pluskohle ist etwa doppelt so groß wie die der Negativkohle. Um für beide Kohlestifte gleiche Abbrandlängen zu erhalten, wird der Durchmesser der Negativkohle nur etwa halb so groß wie der der Pluskohle gewählt. Durch Verkupfern der Negativkohle kann deren Durchmesser auf etwa $^1/_3$ der Positivkohle verringert werden.

Die Belastung der Kohlen liegt bei 0,2 bis 0,25 A/mm^2, die Betriebsspannung des Lichtbogens bei 45 bis 55 Volt, die Stromstärke 20 A bis 50 A, die Netzspannung bei 80 Volt und darüber. Der Abbrand der Pluskohlestifte beträgt etwa 1 mm/min. Die Lichterzeugung erfolgt vorwiegend durch den sich an der Pluskohle bildenden „Krater", der eine hohe Temperatur annimmt, während die Negativkohle spitz abbrennt. Die Strahlungstemperatur beträgt 3900 bis 4000 K; die Lichtfarbe ist also weißer als die der Glühlampen, gegenüber dem Tageslicht aber noch gelblich. Die Leuchtdichte des Kraters ist unabhängig von der Stromstärke und beträgt etwa 16 000 cd/cm^2 (16 000 sb).

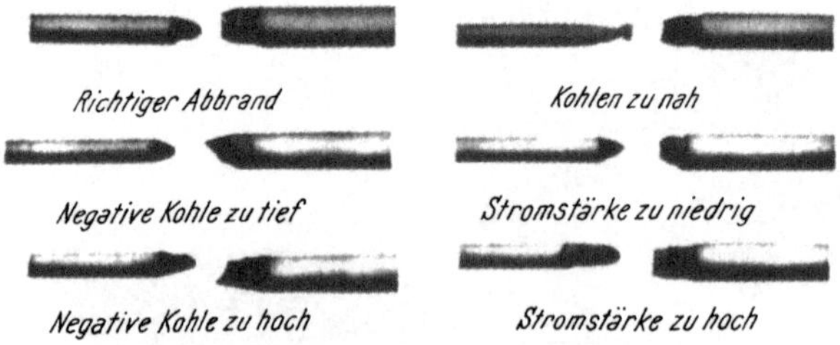

Abb. 303. Horizontalstellung bei Reinkohle (LI)

Die Kohlestellung kann geradlinig sein und zwar in horizontaler Lage (Abb. 303). Hierbei brennen die Kohlestifte ruhig und gleichmäßig ab. Auch in einer geradlinigen Schräglage, wie sie bei Kondensorlampen verwendet wurde, ist das der Fall. Bei der stumpfwinkeligen und rechtwinkeligen Kohlestellung

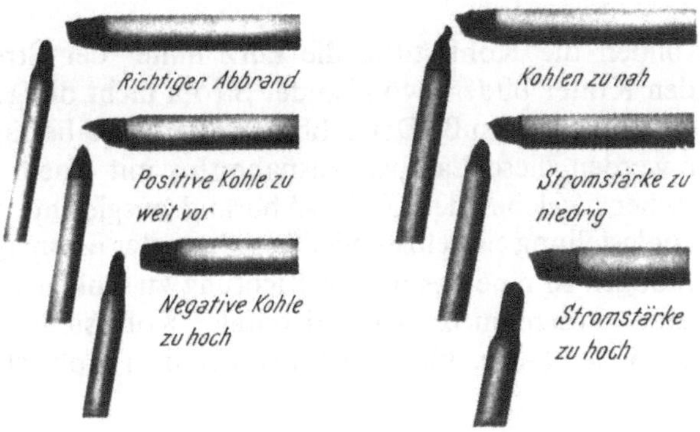

Abb. 304. Winkelstellung bei Reinkohle (LI)

(Abb. 304), die den Krater nicht durch die Negativkohle wie bei der geradlinigen abschattet, wird bei Stromstärken über 40 A ein „Blasmagnet" angewendet. Dieser verhindert, daß die vom Lampenstrom gebildeten Kraftlinien den Lichtbogen nach außen drücken, wodurch dieser abreißen würde (Abb. 305). Bei kleineren Stromstärken und bei geradliniger Kohlestellung ist ein Blasmagnet nicht erforderlich. Der Blasmagnet besteht aus einem Weicheisenkern mit Wicklung, die vom Lampenstrom durchflossen wird. Dadurch wird mit zunehmendem Lampenstrom auch seine Gegenwirkung auf das magnetische Feld des Lichtbogens stärker.

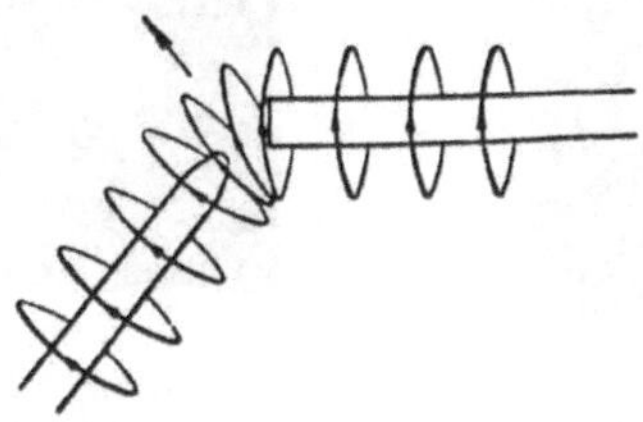

Abb. 305. Magnetisches Feld bei winkliger Kohlestellung

Neben diesen „Reinkohlen" (Low Intensity) gibt es die von den Deutschen Beck und Gehlhoff erfundenen Kohlen mit einem großen Docht, der mindestens dem halben Kohledurchmesser entspricht, und bis zu 70% mit Salzen seltener Erden, vorwiegend Ceritfluorid, versehen ist. Diese „Beckkohlen" können stärker als Reinkohlen belastet werden, ohne daß es zum „Zischen" kommt. Ihre Stromdichte beträgt etwa 1 bis 2 A/mm² und ist abhängig von der Konstruktion und Zusammensetzung des betreffenden Kohlestiftes. Zur Lichterzeugung dient hier nicht der Krater, sondern vorwiegend der sich in seinem Innern bildende leuchtende Gasball, der als „Beckeffekt" bezeichnet wird. Durch diesen steigt die Leuchtdichte sehr stark an und kann Werte bis zu 90 000 cd/cm² (90 000 sb) annehmen (High Intensity). Bei großen Stromstärken bildet sich ein schöner, tiefer Krater, in dem sich der Gasball befindet. Die Farbtemperatur des Beckkraters beträgt etwa 6000 *K*, entspricht also etwa dem Tageslicht. Wegen der hohen Stromdichte werden beide Kohlen verkupfert, sonst würden sie glühen.

Eine Ausnahme bilden die Kohlestifte, die kurz hinter der Stromzuführung (Einspannstelle) den Krater bilden, wo also der Strom nicht die gesamte Länge des Kohlestiftes durchfließen muß. Der Abbrand der Stifte beträgt etwa 3 bis 7 mm/min, daher werden diese Lampen ausnahmslos mit einem Kohlennachschubgetriebe versehen, welches den Kohle-Abbrand ausgleicht. Außerdem ist bei horizontaler Kohlestellung ein selbst- oder fremderregter Blasmagnet erforderlich, um den Lichtbogen in eine bestimmte Richtung zu lenken und den Beckeffekt zu stabilisieren. Trotzdem ist bei horizontaler Kohlestellung der Betrieb nur bis etwa 80 A möglich (Abb. 306). Auch bei winkliger Kohlestellung, wobei

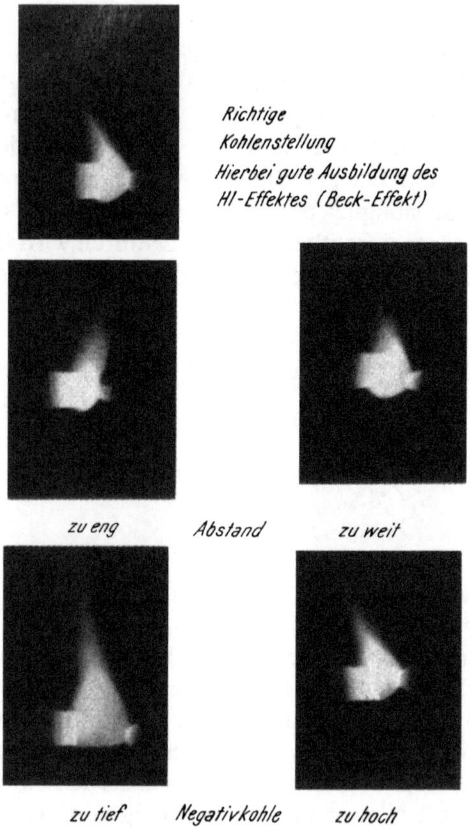

Abb. 306. Horizontalstellung bei HI-Kohle

Winkel von 100 bis 150° in der Praxis vorkommen (Abb. 307), ist ein Blasmagnet erforderlich, um die Flamme vom Spiegel wegzudrücken. Der Blasmagnet kann sich auch hier hinter dem Spiegel befinden. Diese Stabilisierung kann auch durch einen Luftstrom vorgenommen werden, wie es z. B. bei der von GRETENER erfundenen Lampe *(Ventarc)* der Fall ist. Bei sehr großen Stromstärken wird die

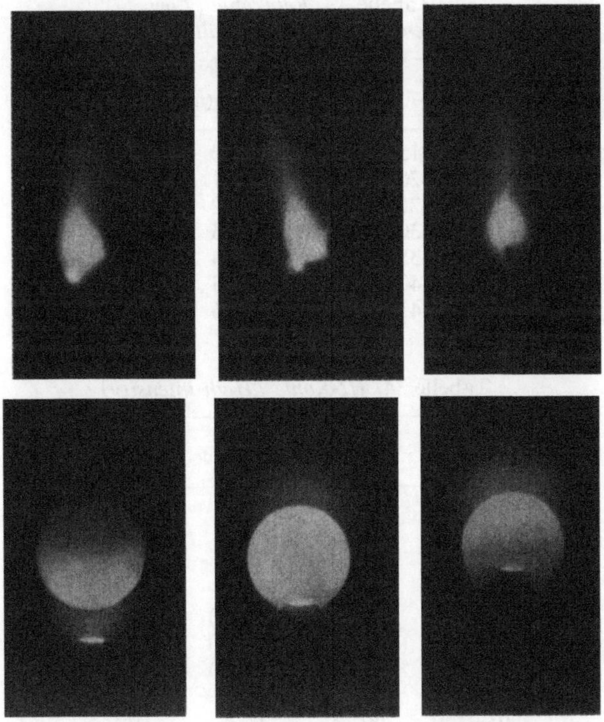

Abb. 307. Winkelstellung bei HI-Kohle

Pluskohle nicht nur kurz hinter dem Krater eingespannt, sondern man läßt sie noch mit einer Geschwindigkeit von 3 bis 5 U/min rotieren, um einen gleichmäßigen Abbrand zu erhalten. Für extreme Forderungen werden Stromstärken von 170 bis 250 A verwendet.

Die beschriebene Lichterzeugung ist vom Krater bzw. vom Gasball abhängig und damit an Gleichstrom gebunden. Bei Betrieb mit *Wechselstrom* ist die Kraterbildung unmöglich, die Lichtquelle bildet hierbei nur der schwach leuchtende Lichtbogen. Um dessen Wirkung zu steigern, werden „Effektkohlen" verwendet, die einen Docht mit Leuchtsalzen besitzen, durch die der Lichtbogen intensiv weiß gefärbt wird. Die Brennspannung beträgt 20 bis 30 V. Infolge der schlechten Lichtausbeute haben sich Wechselstrombogenlampen nicht in der Praxis durchsetzen können. Auch Drehstrombogenlampen, bei denen die drei Kohlestifte schräg stehen und die Spitzen nahe beieinander liegen, tauchen zwar immer wieder in Veröffentlichungen auf, ohne daß ihnen jedoch Erfolg beschieden gewesen wäre [365 ... 368].

Aus den Listen der deutschen Hersteller von Kohlestiften (CONRADTY-Nürnberg, RINGSDORFF-Mehlem) ergeben sich folgende Belastungen für die verschiedenen Kohlestifte:

Tabelle 33. *Reinkohle (Low Intensity) Abbrandverhältnis 1:1*

I (A)	U (V)	Φ(mm)% +	–
10—15	45	10	6
15—20	45	11	7
20—25	45	12	8
25—30	50	13	9
30—35	50	14	10
35—40	50	15	11
40—45	50	16	12

Tabelle 34. *HI-Kohle (High-Intensity)*

I (A)	U (V)	Φ (mm) +	–
25— 35	34	5	4
35— 45	35	6	5
40— 55	36	7	6
50— 65	39	8	6,5
60— 75	40	9 (8)	7 (6,5)
70— 90	42 (45)	10 (9)	8 (7)
85—100	45 (59)	10 (9)	8
95—120	60	10	9
110—130	60	11	10
125—140	60	12	11
180	65	13,6	11
200	70	16	14

B. Glühlampen

Gegenüber dem offen brennenden Lichtbogen hat die Glühlampe den Vorteil, daß sie viel einfacher zu handhaben ist. Kein Zünden durch Zusammenschieben der Kohlestifte, keine Einbrennzeit, kein Nachschieben wegen Abbrand, keine äußeren Einflüsse durch Luftzug, keine die optischen Teile und das Lampenhaus verschmutzenden Abbrandprodukte. Dem steht der Nachteil gegenüber, daß sich mit Glühlampen nur geringe Lichtströme erzielen lassen. Man findet sie daher ausnahmslos in Amateurprojektoren und in Geräten für kleinere Bildgrößen (Schulen und ähnliches), dagegen nicht in professionellen Projektoren, die für mittlere und große Lichtleistungen bestimmt sind.

Die aus Wolfram oder Tantal bestehenden Glühfäden werden auf etwa 2800 bis 3000° C, also ziemlich nahe an die Schmelztemperatur, aufgeheizt und erzeugen dabei Licht, dessen Farbtemperatur etwa diesem Wert entspricht, also gegenüber Tageslicht gelblich erscheint. Der Glaskolben hat eine besondere Gestaltung, meist röhrenförmig, um nahe an die optischen Elemente der Beleuchtungsanordnung herangebracht werden zu können und besteht aus farblosem und schlierenfreiem Hartglas. Die Glühfäden sind auf eine kleine Fläche zusammengedrängt, da es bei den Projektionslampen weniger auf den allgemeinen

Lichtstrom (wie bei den Allgebrauchslampen), sondern vorwiegend auf eine hohe Leuchtdichte ankommt. Diese Lampen werden auch als „Lichtwurflampen" bezeichnet. Manchmal werden sie noch unterteilt in „Schmalfilmlampen" und „Kinolampen", wobei die letztere Bezeichnung für die Verwendung bei 35-mm-Film gilt.

Wegen der hohen Temperaturbelastung werden vom Hersteller bestimmte Brennlagen vorgeschrieben, um Schäden am Kolben und Sockel zu vermeiden. Der Kolben ist mit einem Gas gefüllt (Stickstoff, Argon, Krypton und ähnliches), um die Verdampfung des Fadenmaterials zu verhindern. Diese tritt trotzdem ein, was eine Schwärzung des Kolbens zur Folge hat. Dadurch tritt Lichtverlust ein und die Wärmeabsorption an den geschwärzten Stellen kann so hoch werden, daß das Glas erweicht und ausbeult. Als normale Lebensdauer wird die bezeichnet, bei der der Lichtverlust durch Schwärzung 25% beträgt.

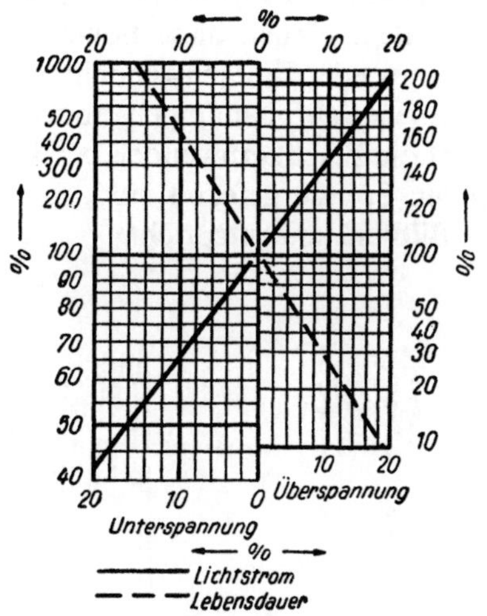

Abb. 308. Abhängigkeit der Lebensdauer und des Lichtstroms von der Lampenspannung

Die Lebensdauer von Projektionslampen hängt von der Belastung ab. Je höher diese ist, umso geringer die Lebensdauer, aber umso größer auch der Lichtstrom (Abb. 308). Schon eine geringfügige Zunahme der Lampenspannung um 5% setzt die Lebensdauer um etwa 50% herab, gleichzeitig steigt aber der Lichtstrom um etwa 20%. Die Herstellerfirmen dimensionieren die Belastung (und damit den Lichtstrom) so, daß eine bestimmte (mittlere) Lebensdauer der Projektionslampen zu erwarten ist, z. B. 100-Stunden-Lampen, 25-Stunden-Lampen usw. Die Kurzlebenslampen haben einen höheren lichtelektrischen Wirkungsgrad (Lichtausbeute) und höhere Farbtemperatur.

Infolge der hoch dimensionierten Belastung ist es nicht ratsam, bei voller Spannung einzuschalten, da der sich bei kalter Wendel (niedriger ohmscher Widerstand) bildende starke Stromstoß die Wendel gefährden kann. Der Einschaltstrom sollte auf wenigstens 90% des Maximalstroms herabgesetzt werden, z. B. durch einen Regulierwiderstand.

Bei gleicher elektrischer Leistung ist die Lichtausbeute abhängig von der Stromstärke und der Wendelanordnung. Hohe Stromstärken, also Niederspannungslampen ergeben mehr Licht als Netzspannungslampen, so daß Betriebsspannungen von 75 V bis herunter zu 8 V gebräuchlich sind [369, 370]. Die Hersteller geben in den meisten Fällen die Sockelspannung (Spannungslampen) an, in manchen Fällen auch die Betriebsstromstärke (Stromlampen).

Gegenüber Allgebrauchslampen werden bei Projektionsglühlampen die Wendel auf eine enge Fläche, das „Filament", zusammengedrängt, das kleiner als 0,75 cm^2 ist, um eine gegenseitige Aufheizung zu erreichen und sie dem optischen System der Beleuchtungseinrichtung gut anpassen zu können. Bei Niederspannungslampen mit dicken stabilen Drähten bildet man den Leuchtkörper entweder als Flachwendel aus oder setzt ihn aus mehreren, genau parallelen Einzelwendeln zusammen, in deren Zwischenräume ihre Spiegelbilder gelegt werden. Bei Netzspannungslampen mit längeren, dünnen Drähten, werden diese in dünne Einfachwendeln aufgewickelt und diese zu Doppelwendeln gewickelt, die dann parallel miteinander angeordnet werden. Haben diese höhere Leistungen, also dickere Drähte, dann verwendet man wieder Einfachwendeln, die dann, um eine kleinere Fläche zu erhalten, in zwei Ebenen (Biplanlampen) angeordnet werden (Abb. 309). Eine gute Lichtausbeute hat die Flachkernwendel, bei der die Glühfäden zu einer flachen, senkrecht stehenden Spirale geformt sind, deren gesamte Fläche etwa der Größe und Form des Bildfensters entspricht.

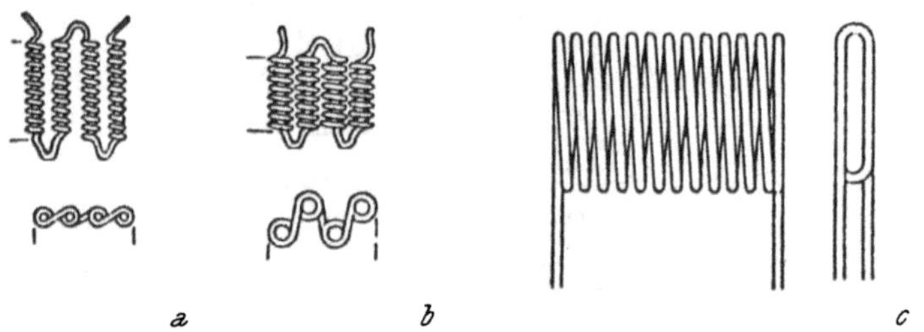

Abb. 309. Wendel-Anordnungen. *a* Monoplanwendel, *b* Biplanwendel, *c* Flachkernwendel

Das Filament ist meist in der Mitte des Kolbens (von oben gesehen) angebracht. Es gibt auch Konstruktionen, wo es sich etwas außer der Mitte befindet. Durch diesen vorgebauten Leuchtkörper kommt man näher an die optischen Elemente des Beleuchtungssystems heran. Oder das Filament ist leicht gewölbt, um die asphärischen Fehler der Kondensoren auszugleichen [371].

Für das spezielle optische System des 16-mm-Projektors von Lytax wird eine Doppelwendellampe benötigt, die eine Leistungsaufnahme von 300 W bei 6 A besitzt und deren einzige Wendel senkrecht angeordnet ist [372].

Die bisher beschriebenen Lampen strahlen das erzeugte Licht nach allen Richtungen aus, und es sind optische Elemente (Spiegel, Kondensoren) zusätzlich erforderlich, um einen möglichst hohen Anteil des „nackten" Lichtstroms in den Projektions-Strahlengang zu bringen. Durch eine besondere Gestaltung des Glaskolbens und dessen Verspiegelung wird ein hoher Wirkungsgrad erzielt.

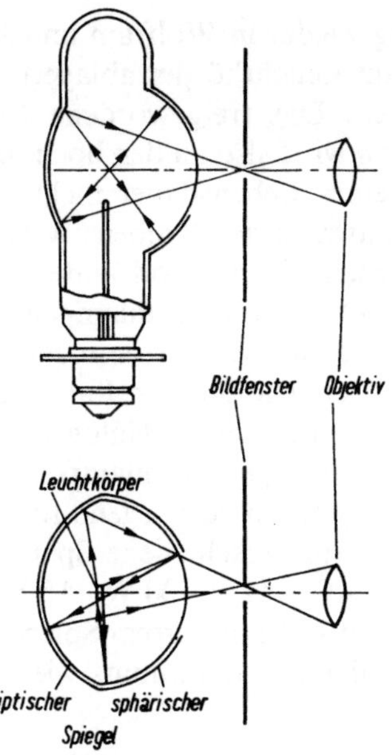

Abb. 310. Ellipsoid-Reflektor-Lampe

Es sind Ellipsoid-Reflektor-Lampen (Abb. 310), die bis auf eine Lichtaustrittsöffnung allzeitig verspiegelt sind. Die Rückseite ist als Ellipsoid-Reflektor, die Vorderseite als sphärischer Spiegel ausgebildet [373, 374, 375]. Diese Lampen gibt es seit etwa 1958 für verschiedene Spannungen und Leistungen (8 V/50 W, 12 V/75 W, 12 V/100 W, 12 V/150 W) und werden für 8-mm- und 16-mm-Schmalfilmprojektoren verwendet. Die Leuchtkörper werden in Form einer umsponnenen Flachkernwendel den Bildfensterabmessungen angepaßt. Die Verspiegelung der Ellipsoid-Reflektor-Lampen wird auch als wärmedurchlässige Interferenzverspiegelung (Kaltlichtspiegel) ausgeführt.

Etwa ab 1959 ist es gelungen, die durch die Verdampfung des Glühfadens bedingte Schwärzung des Kolbens durch Jod-Zusatz zum Füllgas zu verhindern [376, 377]. Bei diesen Lampen vollzieht sich ein Kreisprozeß (Abb. 311). Bei brennender Lampe verdampft das Jod und verbindet sich im Raum zwischen Leuchtkörper und Kolbenwand mit dem verdampften Wolfram zu Wolframjodid (WJ_2). In der Nähe des Leuchtkörpers zerfällt bei einer Temperatur über

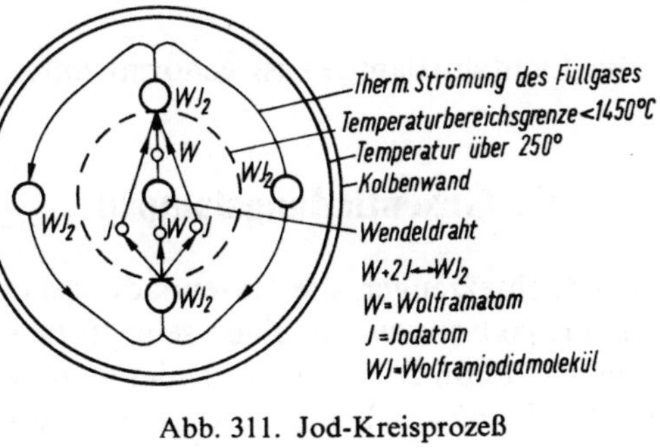

Abb. 311. Jod-Kreisprozeß

1450° C diese Verbindung wieder in Wolfram und Jod, wobei sich das Wolfram im wesentlichen wieder am Leuchtkörper ablagert. Dies geschieht vorzugsweise an dessen kälteren Stellen. Das freigewordene Jod beginnt den Kreisprozeß von neuem. Der Glühfaden wird also an den hoch beanspruchten Stellen dünner, so daß eine Erhöhung seiner Lebensdauer nicht eintritt. Die Nutzdauer wird aber erhöht, da die Schwärzung des Kolbens wegfällt. Der Kolben mußte aus Quarzglas hergestellt werden, da das Jod andere Gläser angriff. Die Lampen wurden daher anfänglich Quarz-Jod-Glühlampen genannt. Prinzipiell ist jedes Element der Halogen-Reihe für den Kreisprozeß mit Wolfram geeignet (Jod, Brom, Chlor, Fluor). Die Verwendung von Jod brachte in der Fertigung gewisse Schwierigkeiten, so daß bald die anderen Halogene verwendet wurden, und diese Lampen nun allgemein als Halogen-Glühlampen bezeichnet werden [378, 379, 380]. Halogen-Glühlampen werden vorwiegend für Schmalfilm- und Dia-Projektion verwendet. Es gibt sie für verschiedene Spannungen und Leistungen (8 V/ 50 W, 12 V/50 W, 12 V/75 W, 12 V/100 W, 15 V/150 W, 24 V/250 W, 36 V/ 400 W). Sie werden auch mit festmontiertem Spiegelkondensor (Kompaktlampe) geliefert, und zwar sowohl mit Aluminium- wie auch Kaltlicht-Verspiegelung (Abb. 312).

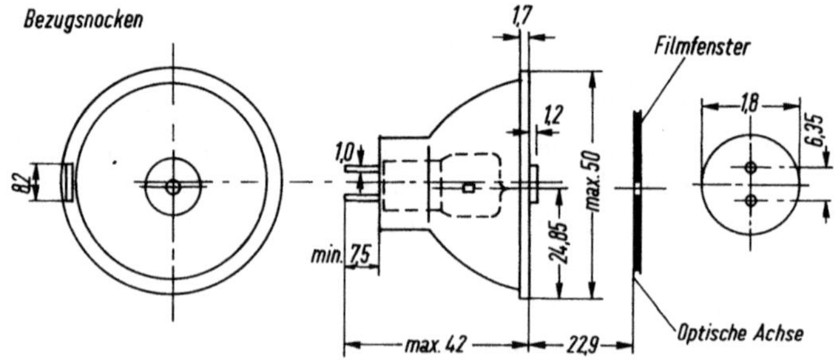

Abb. 312. Halogenglühlampe 12 V/100 W in Ellipsoid-Reflektor mit Kaltlichtspiegel

Die früher häufig verwendeten Schraubsockel *E 27* (Edison) und *E 40* (Goliath) werden in Neukonstruktionen kaum noch verwendet, da sie keine definierte Lage der Lampe zum optischen System ergeben. Dies ist bei den jetzt üblichen Bajonettsockeln *BA 15 s* und *BA 20 s* und dem Kinoeinstellsockel *P 28 s* der Fall. Eine noch einwandfreiere, aber weniger aufwendige Lösung sind die Stiftsockel, bei denen die äußeren metallischen Sockelteile entfallen und die bei kleinen Lampenleistungen, besonders bei Halogen-Glühlampen, jetzt üblich sind.

Ein großer Teil der Lichtwurflampen ist genormt unter DIN 49820, Blatt 1 bis 5.

C. Gasentladungslampen

Die dritte Sorte der Lichterzeuger, die Gasentladungslampen, haben zwar in den letzten Jahren für Projektionszwecke einen sehr großen Durchbruch erzielt, trotzdem ist diese Technik schon früher angewendet worden, und zwar in Form der *Quecksilber-Hochdrucklampe*. Hier gibt es zwei Ausführungsformen, die

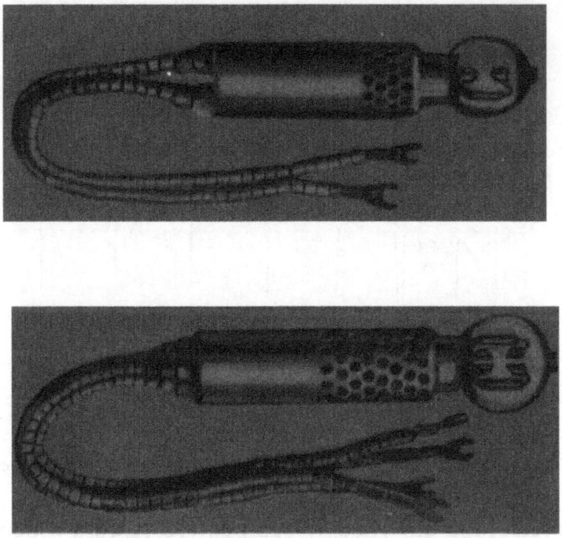

Abb. 313. Quecksilberhöchstdrucklampen

kugelförmige, luftgekühlte Hochdrucklampe von OSRAM mit einem Betriebsdruck von etwa 30 at (Abb. 313), und die fadenförmige Höchstdrucklampe von PHILIPS (auch als Überhochdrucklampen bezeichnet) mit Betriebsdrücken bis zu 100 at [381 . . . 386]. Diese Entwicklung war 1938 soweit gediehen, daß die erforderlichen Lampenhäuser von PHILIPS wie auch ZEISS IKON fertig konstruiert und erprobt waren. Beide Arten dieser Quecksilberlampen haben aber ein ausgeprägtes Linienspektrum mit Maxima im Blauen, so daß trotz des hohen erzeugten Kontinuums das Licht bläulich und damit für die Farbwiedergabe ungeeignet ist. Es hat einen Rotgehalt von 4 bis 5% gegenüber Tageslicht mit 15%. Um die Lichtfarbe zu verbessern, hatte PHILIPS in die beiden Abdeckflügel des Umlaufverschlusses Rotfilter eingesetzt. Auch durch Zufügen anderer Metalldämpfe, wie Kadmium und Zink, wird zwar der Rotgehalt bis zu 14% erhöht, gleichzeitig wird aber durch die Kadmiumlinie das Licht stark grünlich, durch das Zink bläulich gefärbt, so daß mit dem stark aufkommenden Farbfilm diese sogenannten farbverbesserten Quecksilberhochdrucklampen doch nicht verwendbar waren. Man war auf die bewährten Kohlebogenlampen, vorwiegend die HI-Lampen angewiesen. Letztere lieferten nicht nur den erforderlichen großen Lichtstrom, sondern ergaben auch ein weißes, tageslichtähnliches Licht von 6000 K bis 8000 K, gegenüber Reinkohle mit 3800 K und niedrigen Lichtströmen.

Die seit 1949 laufenden Versuche mit einer Edelgasfüllung (Argon, Krypton, Xenon) in Höchstdrucklampen führten zu einer von OSRAM im Jahre 1947 bekannt gemachten Xenon-Höchstdruck-Kurzbogen-Lampe vom 900 W (30 A/30 V), die etwa 1950 auf den Markt kam und sich hervorragend für Projektionszwecke eignet [387, 388]. Der erste Einsatz in einem Kino mit einem von ZEISS IKON entwickelten Lampenhaus erfolgte 1954 [389, 390]. Zunächst standen nur Lampen (Kolben) mit 1000 W (45 A/22 V) zur Verfügung. Eine kleinere 500 W (25 A/20 V) Einheit war vorwiegend für Schmalfilm- und Dia-Projektion vor-

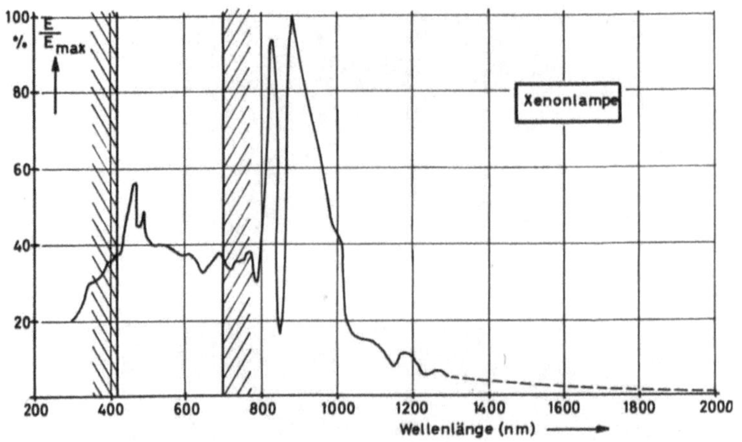

Abb. 314. Relative spektrale Strahlenverteilung einer Xenon-Kurzbogenlampe

gesehen. Dann folgte 1955 ein 1800-W-Kolben (70 A/26 V), dem sich 1961 die 2500-W-Type (83 A/30 V) anschloß und schließlich 1964 mit dem 6500-W-Kolben (160 A/41 V) seinen Abschluß fand [391 ... 396].

Die Strahlung ähnelt im sichtbaren Bereich der des Tageslichtes (Abb. 314), also reinweißes Licht mit einer Farbtemperatur von etwa 6000 K. Trotzdem handelt es sich dabei nicht um „kaltes" Licht, denn wie das Spektrum zeigt, ist ein ganz beachtlicher Anteil kurzwelligen Infrarots (800 bis 1000 nm) dabei. Bei diesen

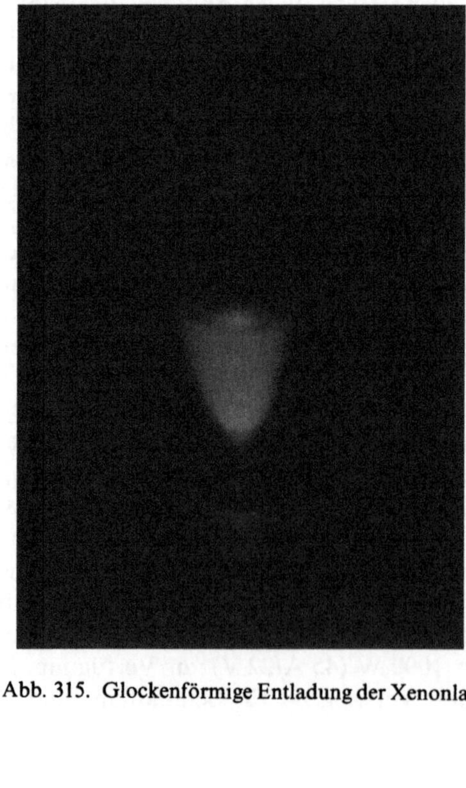

Abb. 315. Glockenförmige Entladung der Xenonlampe

Kurzbogenlampen haben die Elektroden einen Abstand von 3,3 mm bei 900 W bis zu 9 mm bei 6500 W. Die Lampen sind für Gleichstrombetrieb ausgelegt.

Wie bei den Kohlebogenlampen bildet sich zwischen den Elektroden der Lichtbogen, nur daß er nicht offen brennt, sondern sich in geschlossenem Quarzgehäuse befindet, von Xenongas mit hohem Druck umgeben. Der Betriebsdruck beträgt etwa 24 bis 30 at. In kaltem Zustand haben die Kolben einen Innendruck von etwa 7 bis 10 at. Dieser, auch in kaltem Zustand vorhandene hohe Druck stellt eine gewisse Gefahr für das Bedienungspersonal dar. Die Kolben werden daher einzeln in Kunststoffbehältern geliefert, die bei eventuellem Platzen der Kolben die Splitter abfangen. Da jedoch nach dem Einsetzen der Kolben in das Lampenhaus diese Schutzhülle entfernt werden muß, soll das Bedienungspersonal hierbei eine Gesichtsschutzmaske und Lederhandschuhe tragen. Ebenfalls muß man sich gegen die sehr starke UV-Strahlung und das entstehende Ozon schützen. Allerdings gibt es seit 1968 auch ozonfreie Kolben.

Die Lichterzeugung erfolgt nicht wie bei der Kohlenbogenlampe durch „Krater", sondern durch den Bogen. Dieser bildet sich glockenförmig von der Kathode zur Anode hin (Abb. 315), wobei seine Leuchtdichte am höchsten dicht an der Kathode ist, etwa zehnmal größer als im übrigen Bereich des Lichtbogens. Mit zunehmender Stromstärke nimmt proportional die Strahlungsintensität der Spektrallinien zu, während die des Kontinuums schneller, nämlich mit dem 1,5fachen zunimmt. Daher auch die stärkere Lichtleistung bei größerer elektrischer Energie wie folgt:

Tabelle 35

N W	Φ lm	L cd/cm²
450	13 000	35 000
900	30 000	50 000
1600	60 000	65 000
2500	100 000	61 000
4000	180 000	70 000
6500	325 000	95 000

In der letzten Spalte ist die Leuchtdichte L angegeben, die recht hohe Werte, besonders bei der 6500-W-Lampe, annimmt. Die Lichtausbeute beträgt 30 bis 40 lm/W und steigt auf 50 lm/W bei den hochbelasteten Lampen, deren Lebensdauer kürzer ist.

Ein besonderer Vorteil der Xenonlampen ist die Möglichkeit, die Stromstärke und damit die Lichtleistung regulieren zu können, ohne daß sich die Lichtfarbe merklich ändert.

Die Elektroden bestehen aus reinstem Wolfram und sind wegen der beim Gleichstrombetrieb unterschiedlichen thermischen Belastung verschieden geformt. Die stark beanspruchte Anode ist wesentlich dicker als die Kathode (Abb. 316). Außerdem wird bei hohen Leistungen noch eine Getterung vorgesehen, die Verunreinigungen bindet und die Lebensdauer erhöht.

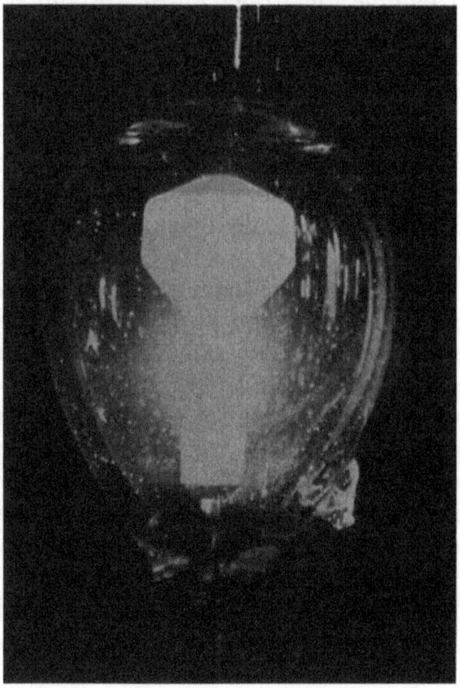

Abb. 316. Bogenentladung zwischen der dicken Anode und der dünnen Kathode

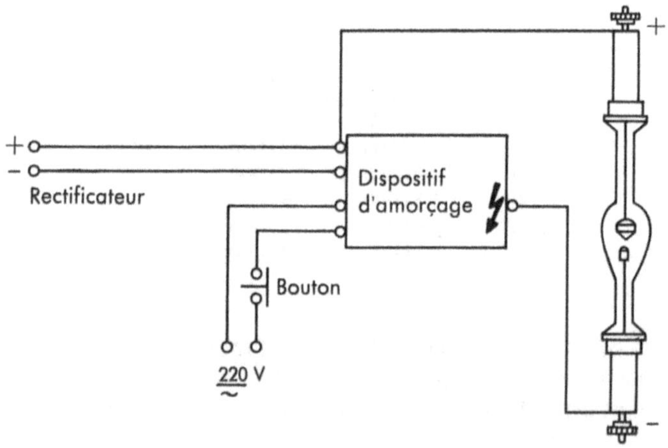

Abb. 317. Zündschaltung der Xenonlampe

Mit Anlegen der Gleichspannung zündet die Xenonlampe noch nicht. Hierzu ist vielmehr eine hohe Spannung von 20 bis 40 kV erforderlich, die in Form eines Hochfrequenzstoßes auf die Elektroden gegeben wird, die Gasstrecke ionisiert und damit den Lichtbogen einleitet (Abb. 317). Neben dieser allgemein üblichen Art der Zündung gibt es noch eine Lampenkonstruktion der englischen Firma BTH mit einer dritten Zündelektrode (Abb. 318). Dieser Kolben hat in kaltem

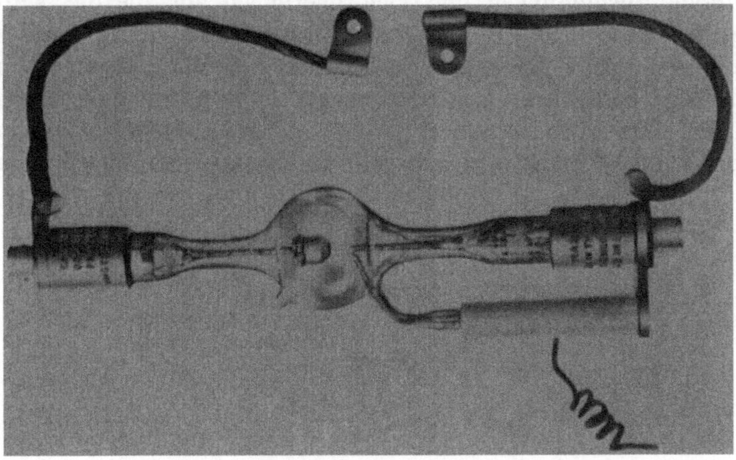

Abb. 318. Xenonlampe mit Zündelektrode von BTH

Zustand etwa zwei at Druck im Innern, der im Betrieb auf das zwei- bis dreifache ansteigt [397]. Im Gegensatz zu den anderen Fabrikaten wird er in horizontaler Lage verwendet. Er hat allerdings keine große Verbreitung wegen zu geringer Lichtausbeute gefunden.

Im Betrieb haben die Xenonlampen eine an den Elektroden liegende Brennspannung von 18 bis 41 V, je nach Type bzw. Leistung. Die Leerlaufspannung (Versorgungsspannung) muß höher sein, um genügend Stabilisierung des Bogens zu erhalten und beträgt etwa 70 bis 110 V, ebenfalls in Abhängigkeit von Type und Leistung. Die Strom-Spannungscharakteristik der Xenonlampe ist leicht ansteigend (Abb. 319).

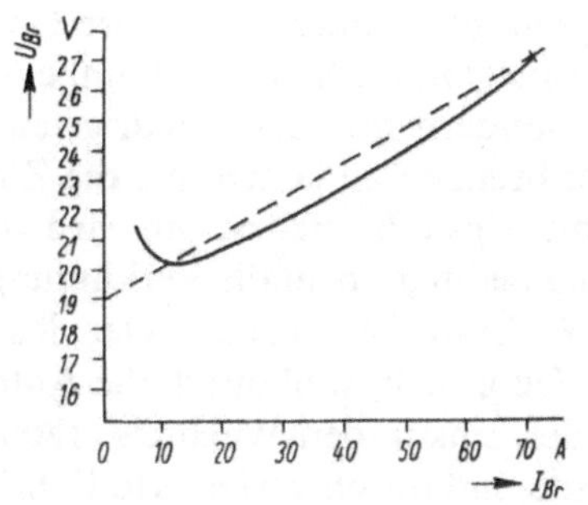

Abb. 319. Strom-Spannungscharakteristik der 1600 W Xenon-Kurzbogenlampe

Der zur Verwendung kommende Gleichstrom muß stark geglättet sein. Die Pulsation darf 10% nicht überschreiten (Abb. 320). Man versteht unter Pulsation P das Verhältnis von maximalem J_{max} zu minimalem Strom J_{min} in % wie folgt: $P = \frac{J_{max} - J_{min}}{J_{max}} \cdot 100$ [%]. Ist die Pulsation zu groß, so treten an der Kathode Ausblühungen und Deformierungen auf, die die Verdampfung des Wolframs beschleunigen. Dadurch wird der Elektrodenabstand größer, die Spannung steigt, die Schwärzung des Kolbens nimmt zu, ebenfalls Innendruck und Belastung, und es kann zu Zündversagern oder während des Betriebes zum Platzen des Kolbens führen. Ähnliche Erscheinungen treten beim Zünden auf. Deswegen soll der Zündvorgang nur sehr kurzzeitig sein, etwa 0,5 Sekunden.

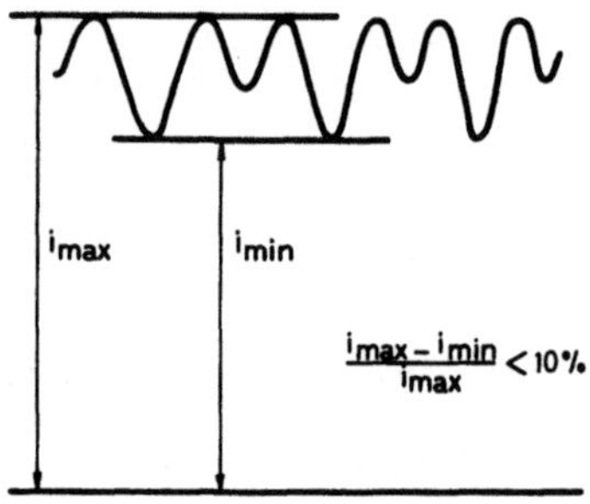

Abb. 320. Welligkeit des Gleichrichterstroms

Die Lebensdauer der Lampen hängt mit von der Häufigkeit des Zündens ab, auch wenn der Zündvorgang vorschriftsmäßig sehr kurz war. In Studio- und Kopierbetrieben, wo die Kolben mehrere Stunden hintereinander brannten, wurden höhere Lebensdauerstunden erzielt als in Kinos, wo nach je 20 Minuten Betriebszeit neu gezündet wurde (diese Lebensdauer-Erwartung in Abhängigkeit von der Zündhäufigkeit gilt ja auch für andere Gasentladungslampen). Man hat anfangs auch vorgeschlagen, im Kino die Lampe der gerade ruhenden Maschine nicht abzuschalten, sondern mit dem niedrigsten zulässigen Strom in „Ruhestrombetrieb" weiter brennen zu lassen, um die Zündgeräusche im Lautsprecher zu vermeiden. Der niedrigste Betriebsstrom wird von den Herstellern angegeben, seine Unterschreitung bedingt ebenfalls Verkürzung der Lebenszeit und partielle Beschädigung der Wolfram-Elektroden. Der Ruhestrombetrieb ist aber jetzt nicht mehr stark im Gebrauch, weil durch die Automatisierung der 20-Minuten-Wechsel zugunsten des Einstunden-Wechsels (1800-m-Spulen anstatt 600-m-Spulen) aufgegeben wurde und durch verfeinerte Fabrikationsmethoden die Lebensdauer ganz allgemein erhöht wurde. So stieg z. B. die Garantie des 1000-W-Kolbens von anfänglich 500 Stunden bald auf 1200 Stunden. Das war möglich, weil es gelang, die Wolfram-Elektroden durch hohe Drucke stärker zu verdichten, wodurch die Verdampfung und die Schwärzung geringer wurden und weil der Anstieg der Brennspannung im Laufe der Betriebszeit schwächer zunahm. Es kommt nicht selten vor, daß der 1600-W-Kolben im Kino 4000 Stunden, im Studio-Dauerbetrieb 6000 Stunden erreicht. Die vom Hersteller angegebene mittlere Lebensdauer T ist allerdings nicht für alle Typen einheitlich, sondern bei den kleineren Einheiten am höchsten wie folgt:

Tabelle 36

N W	T Std.
450	2000
900	2000
1600	2000
2500	1500
4000	1000
6500	400

Anfänglich waren die Kolben mit Schraubsockel versehen. Hier kann es jedoch leicht zu Überhitzungen durch zu schwachen Schraubdruck kommen. Die späteren Ausführungen hatten deswegen Prefocus-Sockel, bei dem die Stromzuführung durch Klemmbacken erfolgt. Bei großen Leistungen werden für die Stromzuführung herausgeführte Kabel verwendet, die zwar etwas unhandlich sind, aber die zuverlässige Kontaktgabe gewährleisten (Abb. 321).

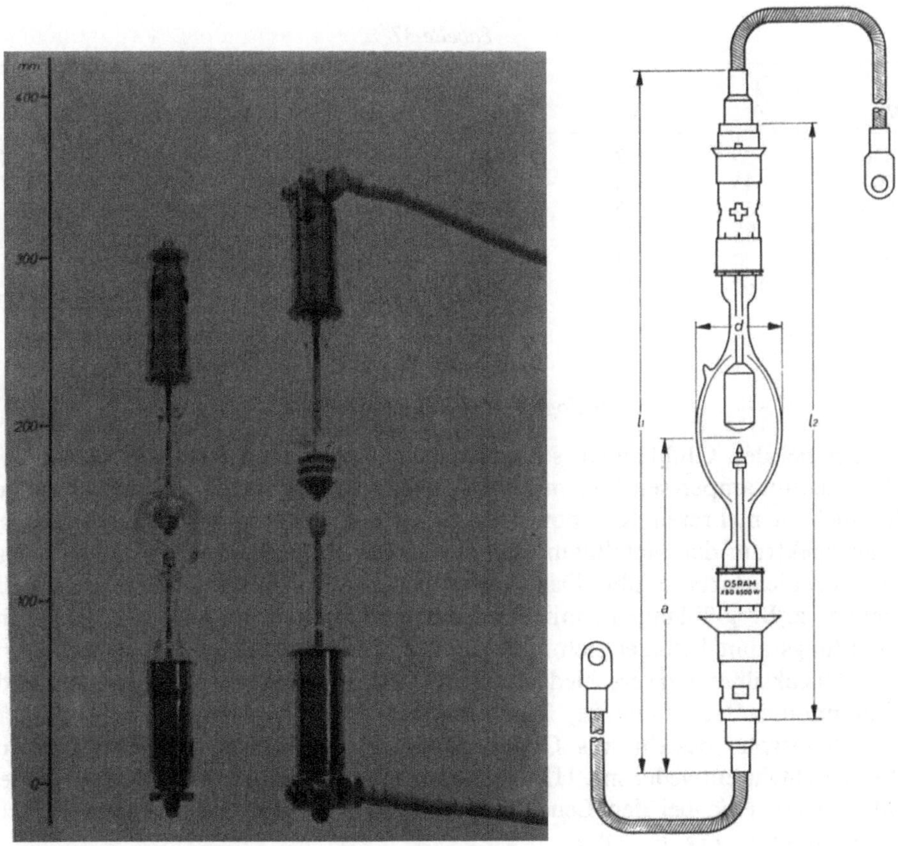

Abb. 321. Xenonkolben mit *a* Schraubsockel, *b* Prefocussockel, *c* Prefocus-Kabelsockel

Die Kolben dürfen nicht starr eingespannt werden, sondern müssen locker in den Halterungen sitzen, um Wärmespannungen zu vermeiden, die zum Bruch des Kolbens führen könnten. Von der vorgeschriebenen vertikalen Brennlage kann bei den kleineren Einheiten bis 2500 W um ±30° abgewichen werden, bei 4000 W um ±15° und bei 6500 W nur um ±10°. Gegebenenfalls kann der Lichtbogen durch einen Blasmagneten so stabilisiert werden, daß er der Kolbenwandung nicht zu nahe kommt. Dagegen bleibt die Gefährdung durch den thermischen Auftrieb bestehen. Bei den Einheiten bis 2,5 kW genügt Eigenkühlung, darüber hinaus ist zusätzliche dosierte Luftkühlung erforderlich. Diese soll den vorgeschriebenen Höchstwert nicht überschreiten, da sonst die Lichtleistung nachläßt. Daneben gibt es auch wassergekühlte Xenonlampen, die aber nur vereinzelt für Projektionszwecke verwendet werden [398].

Die jetzt zur Verfügung stehenden Kolben von Osram und Philips (daneben gibt es noch amerikanische, englische, japanische, sowjetische und ungarische Erzeugnisse) liefern in Verbindung mit entsprechenden Lampenhäusern Lichtleistungen, die den stärksten Kohlebogenlampen ebenbürtig sind [399]. Die Daten dieser Lampen, einschließlich des ungefähr in der Praxis für 35-mm-Film erzielten Nutzlichtstroms Φ_K sind folgende:

Tabelle 37

N W	J A	U V	T Std.	Φ lm	L cd/cm²	Φ_K ca lm
450	25	18	2000	13 000	35 000	1 000
900	45	20	2000	30 000	50 000	4 000
1600	65	25	2000	60 000	65 000	7 000
2500	83	30	1500	100 000	61 000	10 000
4000	120	33	1000	180 000	70 000	14 000
6500	160	41	400	325 000	95 000	22 000

Halogen-Metalldampflampen

Der bei den Glühlampen so wirkungsvolle Halogenzusatz ist auch bei den Metalldampflampen seit 1965 mit Erfolg eingesetzt worden. Durch diese Zusätze, die auch in mehreren Komponenten zugegeben werden, wird das ungünstige Linienspektrum der Metalldampflampe weitgehend verbessert, so daß sich eine günstige Lichtfarbe ergibt. Das Spektrum kann durch die Zusätze beeinflußt werden, z. B. glühlampenähnlich oder tageslichtähnlich (Abb. 322, 323). Im Entladungsraum befindet sich z. B. ein Gemisch aus Edelgas (Argon, Xenon) sowie Quecksilber und verschiedene Metalljodide (Quecksilberjodid, Indiumjodid, Lithiumjodid, Natriumjodid, Thalliumjodid) sowie überschüssiges Jod. Das Entladungsrohr besteht aus Quarz. Die Lampen müssen gezündet werden. Dies geschieht entweder mit HF-Zündgeräten (wie bei den Xenonlampen) oder mit Startern (wie bei den Leuchtstofflampen) oder mit Netzfrequenz und erhöhter Spannung (z. B. 800 V).

Beim Betrieb entsteht ein ähnlicher Kreisprozeß wie bei den Halogen-Glühlampen. Im Lichtbogen dissoziieren bei den hohen Temperaturen von mehr als

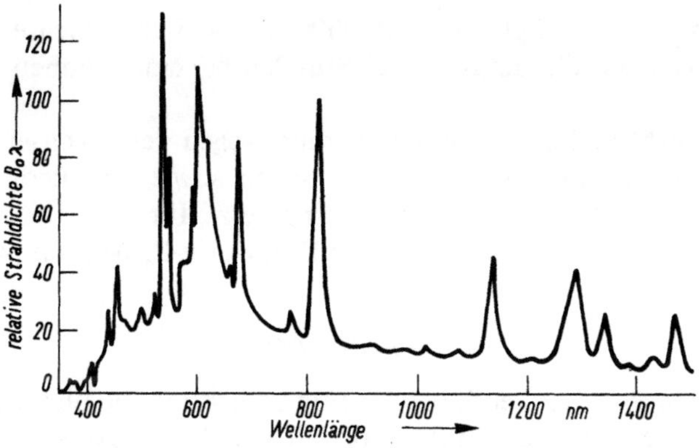

Abb. 322. Relative spektrale Strahlungsverteilung einer Halogen-Metallkurzbogenlampe mit glühlampenähnlichem Spektrum

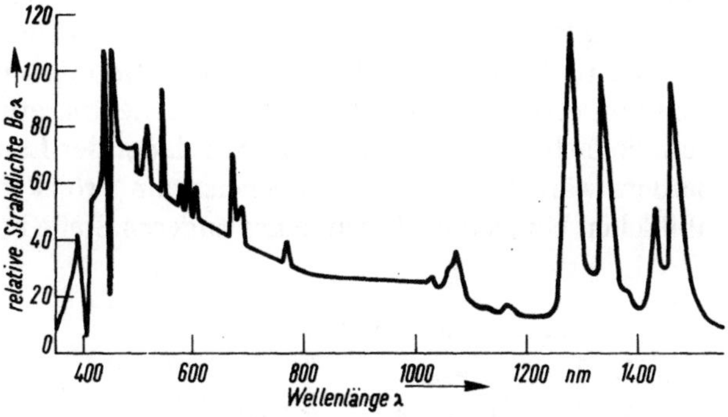

Abb. 323. Relative spektrale Strahlungsverteilung einer Halogen-Metallkurzbogenlampe mit tageslichtähnlichem Spektrum

5000 K die Halogen-Verbindungen und die Metalle emittieren ihr typisches Spektrum. Am Rande des Lichtbogens rekombinieren die Metalle mit den Halogenen wieder. Die Elektroden der Kurzbogenlampen sind sehr heiß. Das verdampfte Elektrodenmaterial verbindet sich mit dem Halogen und wird an den Elektroden wieder abgeschieden. Dadurch wird der Kolben vor Schwärzung geschützt. Die Temperatur der kältesten Stelle des Entladungsraumes muß im Betriebe etwa 700° C erreichen, damit die Jodide verdampfen. Um die Lampen vor zu starker Abkühlung zu bewahren, werden sie in einigen Fällen mit einem Außenkolben aus Hartglas versehen.

Die Lichtausbeute beträgt etwa 60 lm/W und liegt damit etwa um 50% höher als die der Xenonlampe. Allerdings erreicht die Leuchtdichte je nach Typ nur Werte von 7000 bis 30 000 cd/cm^2 (sb) und liegt damit erheblich unter der vergleichbarer Xenonlampen, die Werte von 35 000 bis 95 000 cd/cm^2 (sb) aufweisen.

Die Lampen werden mit Wechselstrom betrieben. Eine Ausnahme bildet die 1965 bekannt gewordene amerikanische Metalljodidlampe *Marc 300,* die mit Gleichstrom betrieben wird und in einem Ellipsoid-Reflektor eingebaut ist.

Die Farbtemperatur beträgt 5000 bis 6000 K, die Leuchtdichte 25 000 cd/cm^2 (sb), die Lebensdauer allerdings nur 25 Stunden bei einem hohen Anschaffungspreis.

Die Halogen-Metalldampflampen werden wegen des Wechselstrombetriebes und der dadurch bedingten Lichtschwebungen sowie der niedrigeren Leuchtdichten nicht für die Laufbildprojektion eingesetzt. Ihr Hauptanwendungsgebiet ist neben Beleuchtung und ähnlichem die Diapositiv-Projektion [400 ... 403].

Impulsbetrieb

Der Gedanke ist verlockend, bei der Filmprojektion die Lichtquelle nur intermittierend arbeiten zu lassen unter Fortfall von Umlaufverschluß und Schaltgetriebe. Hierfür scheinen Gasentladungslampen besonders geeignet. Bei kontinuierlich laufendem 35-mm-Film, Vorführgeschwindigkeit 24 B/sec, darf die Blitzdauer maximal 50 μs betragen [404]. Damit die Projektion flimmerfrei wird, sind je Filmbild mindestens vier Lichtblitze, also 96 Blitze je Sekunde erforderlich. Legt man nur eine Lampenleistung von 1000 W zugrunde, so beträgt die Energie jedes Einzelblitzes etwa 10 Ws. Bei einer Blitzdauer von 50 μs müssen diese Lampen Spitzenbelastungen von etwa 200 kW und Spitzenströme von etwa 1000 A aushalten. Derart hohe Belastungen würden die Lebensdauer der Lampen erheblich reduzieren. Außerdem wäre ein optischer Ausgleich am Projektor erforderlich, da sich das Filmbildchen bei jedem Blitz an einer anderen Stelle befindet [405].

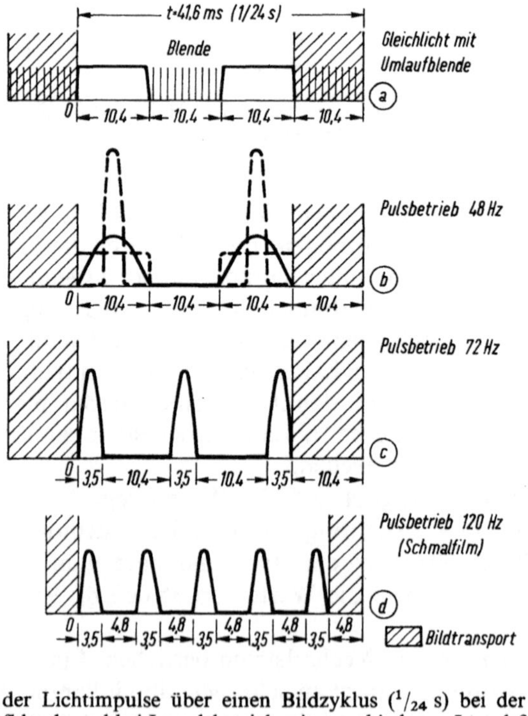

Abb. 324. Verteilung der Lichtimpulse über einen Bildzyklus ($^1/_{24}$ s) bei der Kinoprojektion mit Umlaufblende und bei Impulsbetrieb mit verschiedenen Impulsfolgen

Behält man Umlaufverschluß und Malteserkreuzgetriebe bei, also absatzweiser Filmtransport, so sind die Anforderungen für den Impulsbetrieb geringer. Das Licht wird nur benötigt, während sich der Umlaufverschluß in Durchlaß-Stellung befindet. In der Sperr-Stellung ist das Licht nicht nur für Projektionszwecke verloren, die Strahlung bewirkt auch noch eine zusätzliche Erwärmung des Projektors. Bei den üblichen 35-mm-Projektoren beträgt der Durchlaß pro Bild $2 \times 90°$ und die Sperrung ebenfalls $2 \times 90°$ bzw. $2 \times {}^1/_{96}$ Sekunde Durchlaß und $2 \times {}^1/_{96}$ Sekunde Sperrung. Die Transportzeit des Films beträgt ${}^1/_{96}$ Sekunde, bzw. etwa 10 ms (Abb. 324).

Derartige Überlegungen sind schon früher für Kohlebogenlampen angestellt worden [406]. Da aber der Krater Zeit zum Einbrennen braucht, war das Licht unruhig und fleckig, selbst wenn auch hier mit „Ruhestrom" gearbeitet wurde. Auch für Glühlampen ist intermittierende Beleuchtung bei absatzweise bewegtem Film schon vorgeschlagen worden, wobei der Lichtstrahl der stetig brennenden Lampe durch ein rotierendes Prisma unterbrochen wird [407].

Bei Xenonlampen schien das Problem einfacher zu sein, da ein Krater nicht wie bei den Kohlebogenlampen erst aufgebaut werden muß. Ein amerikanischer Schmalfilmprojektor für Xenon-Blitzbetrieb ist auch bekanntgeworden [408 . . . 411]. Hierbei werden während der Stillstandszeit des Films fünf Lichtblitze von je 3,5 ms Dauer gegeben, während die Transportzeit des Films 4,63 ms beträgt (Schaltverhältnis 1:9, Zugwinkel 40°). Der hierzu verwendete 1000-W-Kolben hatte aber eine etwa doppelt so große Ausdehnung des Lichtbogens wie die deutschen Kurzbogenlampen, so daß der erzielte Nutzlichtstrom nicht höher lag, dagegen die Lebensdauer geringer war. Auch in Deutschland sind derartige Untersuchungen durchgeführt worden. Aber die daran geknüpften Hoffnungen scheiterten prinzipiell daran, daß der Blitzbetrieb mit seinen hohen Spitzenbelastungen die Lebensdauer der Xenonlampen zu stark herabsetzt, so daß ein wirtschaftlicher Einsatz, von den Kosten für das Stromversorgungsgerät ganz abgesehen, nicht möglich war, so daß der Impulsbetrieb mit Xenonlampen über das Versuchsstadium nicht hinausgekommen ist [412 . . . 416].

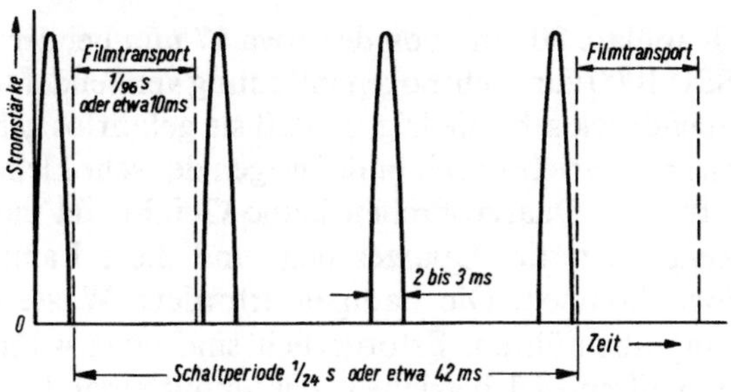

Abb. 325. Zeitlicher Ablauf der Stromstärke der SPP 800 Filmfortschaltung in einer Dunkelpause, drei Impulse von je etwa 2 bis 3 ms

Dagegen hat PHILIPS mit der Gasentladungslampe in Kapillarform den Impulsbetrieb mit Erfolg für die Filmprojektion angewendet. Ausgehend von den Kapillarlampen 800 W und 1000 W wurde zunächst seit 1938 die Projektion mit intermittierend laufendem Film und Umlaufverschluß betrieben. Dann kam 1958 der Blitzbetrieb mit der SPP-Lampe. Die erste Type, die SPP 800, hatte eine Leistungsaufnahme von 800 W bei einem effektiven Lampenstrom von 2 A und einem Scheitelwert von 15 A bei einer Brennspannung von 420 V, Blitzdauer zwei bis drei ms (Abb. 325). Die Länge des Lämpchens beträgt 80 mm, der größte Durchmesser 5,6 mm [417]. Ihr folgte im Jahre 1963 die SPP 1000 mit 1000 W Leistungsaufnahme [418]. Obwohl es sich bei den SPP-Lampen um Quecksilberdampflampen handelt, senden sie neben starken Quecksilberlinien infolge des hohen Gasdrucks noch ein Kontinuum aus. Die Elektroden bestehen aus Wolfram und besitzen unterschiedliche Größen. Die Kapillare wird von einem Quarzröhrchen gebildet, das an den Elektroden etwas ausgebuchtet ist. Bei der SPP 800 (Abb. 326) beträgt der Außendurchmesser 4 mm, der Innendurchmesser 2 mm und die

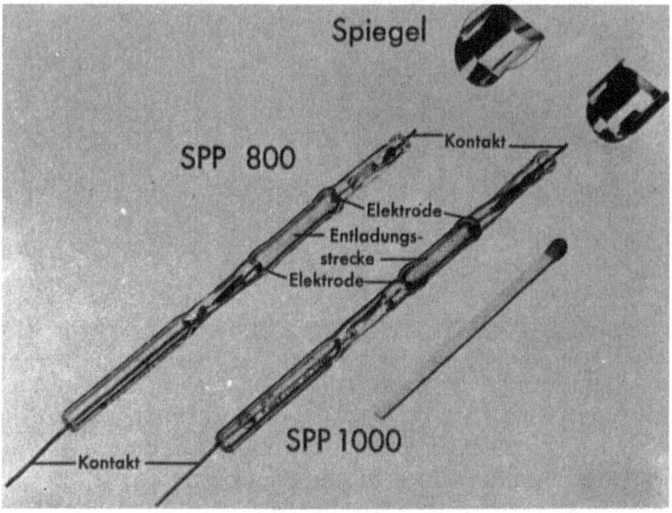

Abb. 326. SPP 800 und SPP 1000

Gesamtlänge der Kapillare 80 mm, von der etwa 17 mm bei der SPP 800 und nur 14, 5 mm bei der SPP 1000 zur Lichtbogenentladung verwendet werden. Im kalten Zustand ist der Innendruck sehr niedrig, so daß sie gefahrlos gehandhabt werden können. Der sehr hohe Betriebsdruck bildet wegen der sehr kleinen Abmessungen der SPP-Lampen für das Quarzröhrchen keine Gefahr, da die Wandbelastung unter der Festigkeitsgrenze des Quarzes liegt und diese Lampen in einem geschlossenen Gehäuse brennen. Die Lampen erfordern Wasserkühlung, um die hohe Wärmeleistung abzuführen. Erforderlich sind etwa 4 l/min. Die Lampen werden mit einem Hilfsspiegel betrieben, der unmittelbar hinter der Kapillare angebracht ist.

Die SPP-Lampen werden im Impulsbetrieb (Blitzbetrieb) eingesetzt, wobei die Impulse durch ein spezielles Gerät, den Pulsator, erzeugt werden. Die Steuerung der Impulse erfolgt durch den Projektor und zwar mit drei Blitzen je Bild. Bei der Vorführgeschwindigkeit von 25 B/sec kann die Steuerung vom 50-Hz-Netz mit vier Blitzen je Bild vorgenommen werden [419]. Der Film wird intermittierend transportiert, trotzdem ist der Umlaufverschluß nicht mehr erforderlich, da die verhältnismäßig langen Blitze nur während der Stillstandszeit des Films erzeugt werden.

Die mittlere Leuchtdichte der SPP 800 beträgt 150 cd/mm^2 (15 000 sb) bei einer Lichtausbeute von etwa 50 lm/W. Mit dem PHILIPS-Projektor FP 20 S erzielt man damit einen Lichtstrom von 5000 lm und 9000 lm mit der SPP 1000. In dem Projektor FP 22 S wird das Licht einer zweiten SPP 1000 eingespiegelt, wodurch der Nutzlichtstrom auf 15 000 lm steigt [420]. Die Einspiegelung erfolgt mit einer zeitlichen Versetzung von etwa 1 ms (Abb. 327).

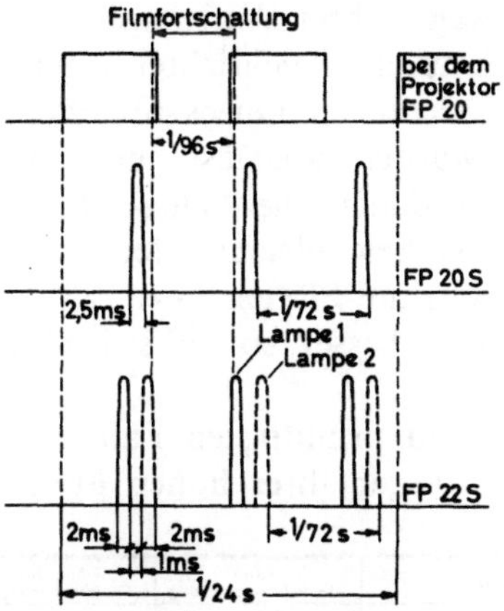

Abb. 327. Zeitlicher Verlauf der Filmbeleuchtung bei verschiedenen Projektoren

Infolge der starken Quecksilberlinsen war trotz des Kontinuums die Lichtfarbe bläulich und ergab bei der Projektion von Farbfilmen keine befriedigende Wiedergabe. Eine Verbesserung wurde durch Aufbringen eines mehrschichtigen Interferenzfilters, des „Hicor"-Filters erzielt, mit dem der Blaustich des Lichtes weitgehend unterdrückt wird [418].

Die mittlere Lebensdauer beträgt 33 Stunden. Sie wird bei Verringerung der Nennleistung größer, allerdings auf Kosten der Lichtleistung. Da diese kurze Lebensdauer den Projektionsbetrieb erheblich stören würde, werden die SPP-Lampen zu zwei Stück in eine Halterung eingesetzt. Beim Ausfall einer Lampe schaltet sich automatisch die Reservelampe ein und die beschädigte Lampe kann ausgewechselt werden.

D. Stromquellen für die Projektionslampen

Die Projektionsglühlampen können sowohl mit Gleichstrom als auch mit Wechselstrom betrieben werden. Bei Netzspannungslampen ist daher die Stromversorgung am einfachsten. Bei Niederspannungslampen genügt ein entsprechender Vorwiderstand. Da aber kaum Gleichstrom, sondern fast ausnahmslos Wechselstrom zur Verfügung steht, wird die Niederspannung zweckmäßiger durch Trafos erzeugt, wobei die Regulierung des Lampenstroms durch Anzapfungen oder durch regelbaren Vorwiderstand erfolgt. Da die hochbelasteten Projektionsglühlampen im kalten Zustand einen niedrigen Widerstand aufweisen, sind ihre Wendeln beim plötzlichen Einschalten der vollen Stromstärke sehr gefährdet. Die Reguliereinrichtung ist daher meist so konstruiert, daß man nur mit der niedrigeren Stromstärke einschalten kann. Erst danach kann die Stromstärke höher reguliert werden.

Die Verwendung von Wechsel- oder Drehstrom scheidet bei Kohlebogen- oder Gasentladungslampen praktisch aus, es wird nur Gleichstrom verwendet, der aber normalerweise nicht zur Verfügung steht, sondern erst erzeugt werden muß. Die früher in Kinos häufig anzutreffenden rotierenden Einanker- und Zweianker-Umformer sind wegen ihrer Wartungsbedürftigkeit, schlechten Wirkungsgrades und Geräusches durch Gleichrichter abgelöst worden.

Auch die anfänglich verwendeten Quecksilberdampfgleichrichter und die Glühkathodengleichrichter wurden abgelöst, und zwar durch die Gruppe der Trockengleichrichter, zu denen die Selen-, Kupferoxyd- und Silizium-Gleichrichter gehören. Während Selengleichrichter nur bis zu 75° C Plattentemperatur vertragen, können sich Silizium-Platten bis zu 125° C ohne Gefahr erwärmen. Außerdem ist der Wirkungsgrad besser, so daß sich Silizium-Gleichrichter stark durchgesetzt haben.

Die Gleichrichtung kann im primitivsten Falle als Wechselstrom-Einweg-Gleichrichtung erfolgen, die wegen ihrer hohen Pulsation unbefriedigend ar-

Schaltung	Form der Gleichspannung	Größe der Gleichspannung	Welligkeit
Einphasen-Einweg-Schaltung 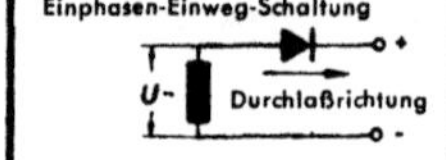		$U_g = 0{,}4\,U\sim$	120 % 50 Hz
Drehstrom-Einweg- oder Sternschaltung 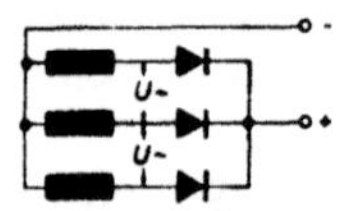	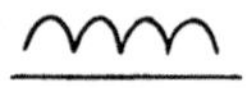	$U_g = 0{,}6\,U\sim$	18 % 150 Hz
Einphasen-, Grätz- oder Brückenschaltung 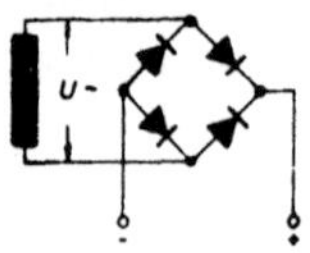		$U_g = 0{,}8\,U\sim$	48 % 100 Hz
Drehstrom-Brückenschaltung 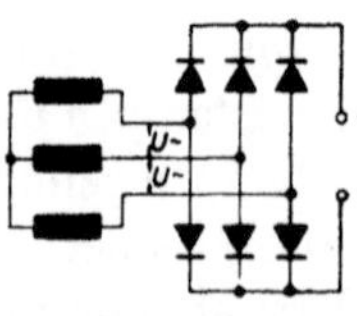		$U_g = 1{,}2\,U\sim$	4,2 % 300 Hz

Abb. 328. Welligkeit bei verschiedenen Formen der Gleichrichtung

beitet, und die auch nicht verwendet wird. Die Zweiweg-Gleichrichtung vermeidet diese Nachteile. Da meist ein Drehstromnetz zur Verfügung steht, erhält man mit diesem bei Vollweg-Gleichrichtung ein noch besseres Ergebnis (Abb. 328).

Die Betriebsbedingungen bei den einzelnen Lampen sind verschieden. Die Reinkohle-Bogenlampe hat eine fallende Charakteristik, das heißt bei steigender Stromstärke fällt die Brennspannung. Durch einen Vorwiderstand wird der sonst lawinenartig zunehmende Strom begrenzt und die negative Charakteristik in eine positive verwandelt. Der Vorwiderstand besitzt meist noch einen Regelbereich, um die gewünschte Stromstärke, die in diesem Fall zwischen 20 und 45 A liegen kann, einzustellen, wobei die Bogenspannung 45 bis 55 V und die Gleichrichterspannung (Versorgungsspannung) etwa 80 V beträgt (Abb. 329).

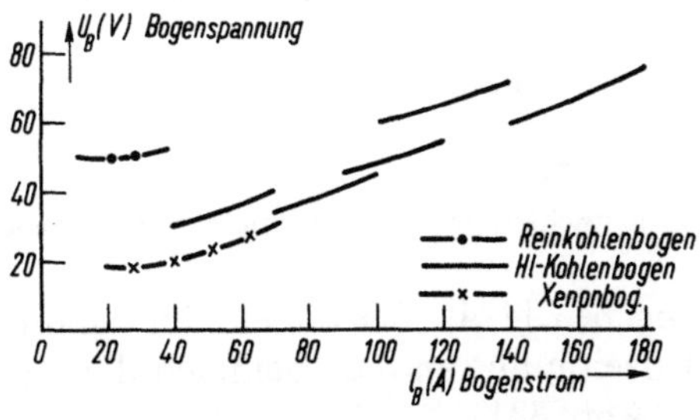

Abb. 329. Kennlinien von Lichtbogen

Die HI-Kohlebogenlampe hat eine positive Strom-Spannungs-Charakteristik, das heißt bei zunehmendem Strom steigt auch die Spannung. Zur Stabilisierung des Bogens kann ebenfalls ein Vorwiderstand verwendet werden, der die Gleichrichterspannung auf die erforderliche Brennspannung, die etwa 30 V bei der für HI-Betrieb niedrigsten Stromstärke von etwa 40 A und 80 V bei der größten Stromstärke über 180 A beträgt. Da aber bei HI-Betrieb die Verluste im Vorwiderstand beträchtliche Werte annehmen, ist widerstandsloser Betrieb üblich [421, 422, 423]. Dies geschieht durch Einschaltung von regelbaren, induktiven Widerständen auf der Sekundärseite des Wechselstromteils der Gleichrichter, z. B. mechanisch durch Verschieben des Eisenkerns in der Drossel oder eleganter durch Regelung der Gleichstromvormagnetisierung des Kerns. Diese Art der Regelung hat noch den Vorteil, daß eine Fernsteuerung leicht möglich ist (Abb. 330). Zu diesem Zweck haben die Drosseln eine Gleichstromwicklung.

Ähnliches gilt für Xenonlampen, die ja auch eine steigende Charakteristik haben, nur daß ihre Brennspannungen niedriger liegen. Da die im Verhältnis recht hohe Versorgungsspannung gelegentlich von vorhandenen Gleichrichtern nicht geliefert wird, obwohl sie nur für die Zeit der Zündung und nicht während des Brennens erforderlich ist, kann diese Spannungsdifferenz durch eine „Zündhilfe" (booster) erzeugt werden. Dies geschieht z. B. durch einen Klein-Gleichrichter, der einen Kondensator von etwa 3000 MF auf etwa 100 V auflädt. Der zusätzliche Klein-Gleichrichter kann noch wegfallen, wenn man zwei Kondensatoren von etwa 3000 MF mit der Leerlaufspannung des Xenongleichrichters von z. B. 60 V auflädt und sie im Augenblick der Zündung in Reihe schaltet, so

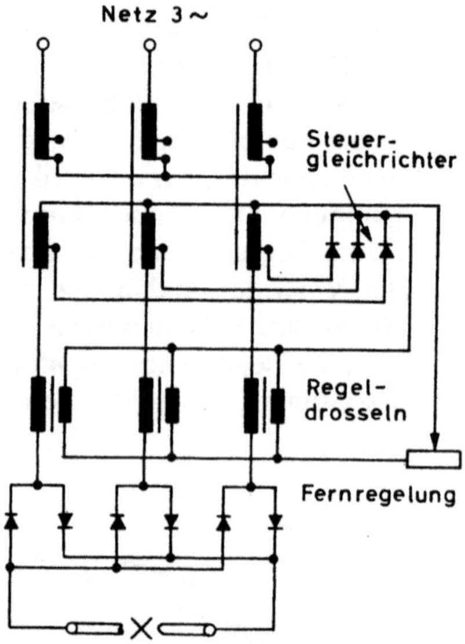

Abb. 330. Prinzipschaltung eines Gleichrichters mit Drosselregelung

daß sie etwa 120 V abgeben [424]. Bei dieser Umschaltung der Kondensatorbatterien wird sie gleichzeitig mit an die Klemmen der Xenonlampe gelegt und das Zündgerät betätigt (Abb. 331).

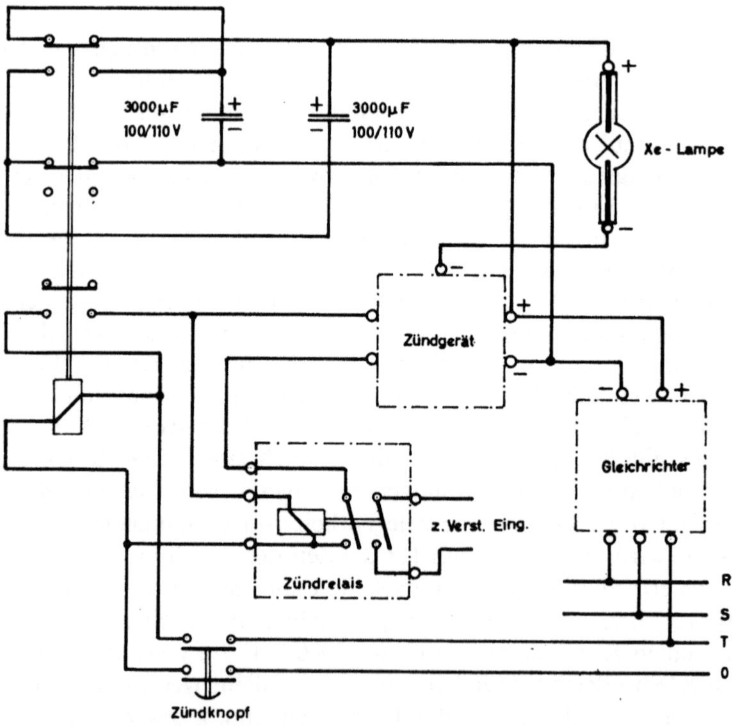

Abb. 331. Schaltung der Xenon „Zündhilfe“ mit Schütz und Zündrelais

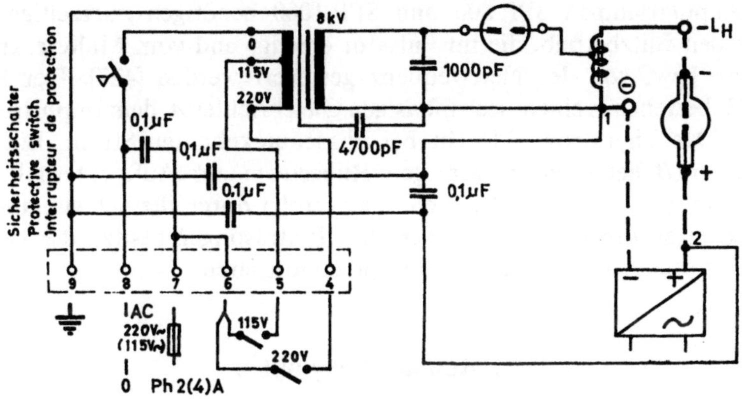

Abb. 332. Prinzipschaltung des Zündgerätes für Xenonlampen

Das Zünden selbst erfordert bei den Xenonlampen eine Spannung von etwa 10 bis 40 KV. Diese Hochfrequenzspannung wird durch ein Zündgerät erzeugt (Abb. 332) und in den Lampenstromkreis eingespeist. Die Zündzeit soll 0,5 s nicht übersteigen, um Schäden der Xenonlampe zu vermeiden. Anstelle der Handbetätigung kann die Zündung auch automatisch erfolgen [425]. Beim Anlegen der Gleichrichterspannung setzt ein Kurzzeitrelais das Zündgerät für den Bruchteil einer Sekunde in Tätigkeit. Dadurch ist außerdem sichergestellt, daß der Zündvorgang unter der maximal zulässigen Zeitdauer bleibt. Da in manchen Tonanlagen schlechte Erdleitungen bzw. Erdungsschleifen vorhanden sind, wodurch der Zündvorgang als Prasseln im Lautsprecher zu hören ist, kann das Relais des Zündautomaten mit zusätzlichen Kontakten ausgerüstet werden, die während der Dauer der Zündung die Tonfrequenz kurzschließen [426].

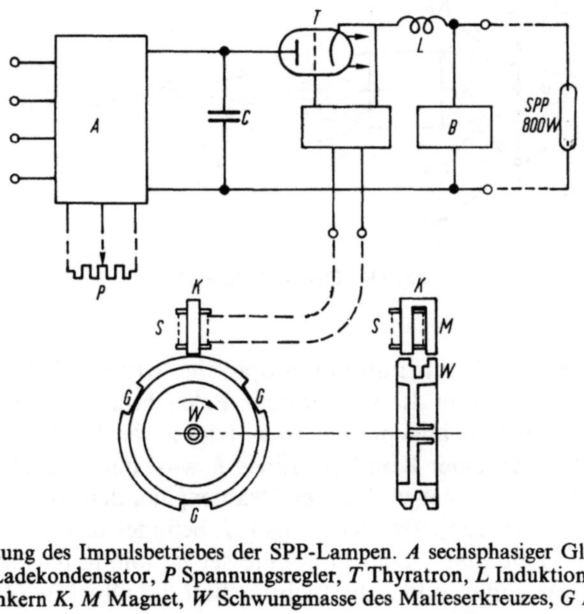

Abb. 333. Schaltung des Impulsbetriebes der SPP-Lampen. *A* sechsphasiger Gleichrichter, *B* Hilfsgleichrichter, *C* Ladekondensator, *P* Spannungsregler, *T* Thyratron, *L* Induktionsspule, *S* Spule mit Weicheisenkern *K*, *M* Magnet, *W* Schwungmasse des Malteserkreuzes, *G* Ausfräsungen

Die Kapillarlampen SPP 800 und SPP 1000 benötigen kurzzeitige Stromstöße für den Blitzbetrieb, die im Pulsator erzeugt und vom Malteserkreuz des Projektors bzw. von der Netzfrequenz gesteuert werden [427]. Der Pulsator (Abb. 333) besteht aus einem sechsphasigen Gleichrichter *A*, dem Impulsgenerator *C, T, L*. Das Thyratron *T* löscht bei Phasenumkehr den Strom. Ein kleiner Gleichrichter *B* liefert einen geringen Ruhestrom zur Aufrechterhaltung der Ionisation in der Kapillare. Die Steuerung erfolgt durch die Schwungmasse des Malteserkreuzes, die drei um 120° versetzte Einfräsungen besitzt, die $3 \times 24 = 72$ Spannungsstöße pro Sekunde in einer Spule induzieren.

E. Beleuchtungsoptik

Das von der Lichtquelle ausgehende Licht wird mehr oder weniger gleichmäßig in den Raum ausgestrahlt. Es soll aber nicht der umgebende Raum beleuchtet werden, sondern es soll zur Durchleuchtung des Filmes bzw. Diapositivs nutzbar gemacht werden. Wird z. B. ein Diapositiv *D* von der Lichtquelle *L* ohne jedes optische Zwischenglied angestrahlt, so geht alles Licht außerhalb des Raumwinkels *u* verloren und das außerhalb des Strahlenkegels *LO* befindliche Teil des Dias gelangt nicht zur Abbildung, da in Richtung der Abbildungsstrahlung *RA* keine Beleuchtungsstrahlen in das Objektiv *O* gelangen (Abb. 334). Von dem Dia würden auf der Projektionswand *P* nur die mittleren drei von den vorhandenen neun Punkten zur Abbildung gelangen [428 . . . 432].

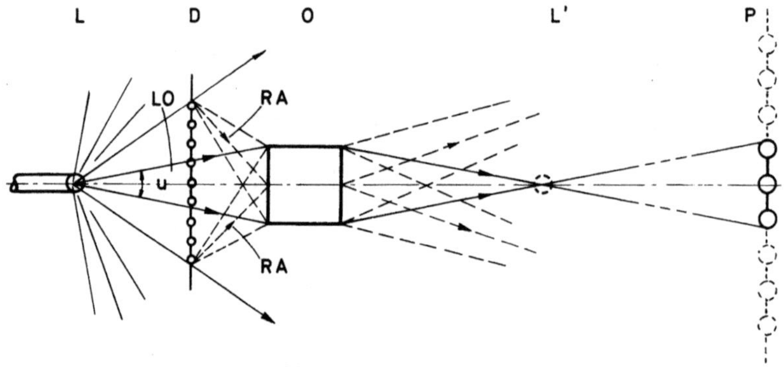

Abb. 334. Dia direkt beleuchtet

Von dem erzeugten Licht muß durch optische Mittel möglichst viel auf das Bildfenster konzentriert und der so erhaltene Beleuchtungsstrahlengang optimal an das Projektionsobjektiv angepaßt werden. Hierzu werden optische Linsen und Spiegel verwendet. Mit einer Kondensorlinse *K* wird der Winkel *u* des Beleuchtungsstrahlenganges *B* größer und dieser Strahlengang dem Abbildungsstrahlengang *A* angepaßt (Abb. 335). Der Kondensor *K* befindet sich nahe am Diapositiv *D* und wirkt als „Feldlinse“. Sein Durchmesser ist mindestens so groß wie die Diagonale des Dias und er bildet die Lichtquelle *L* im Objektiv *O* bei *L'* ab.

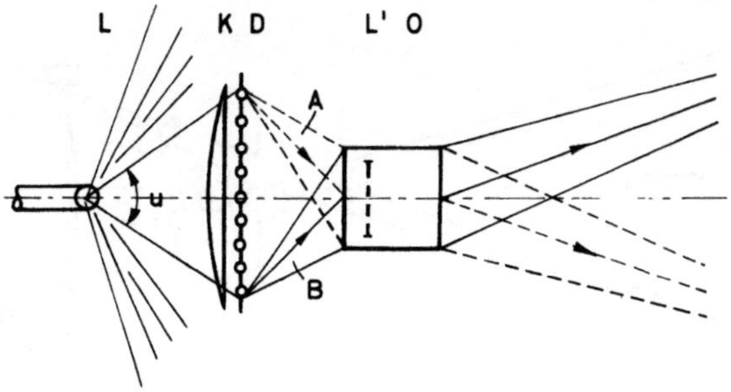

Abb. 335. Mit Kondensorlinse wird Beleuchtungsstrahlengang an den Abbildungsstrahlengang angepaßt. Abbildung der Lichtquelle im Objektiv

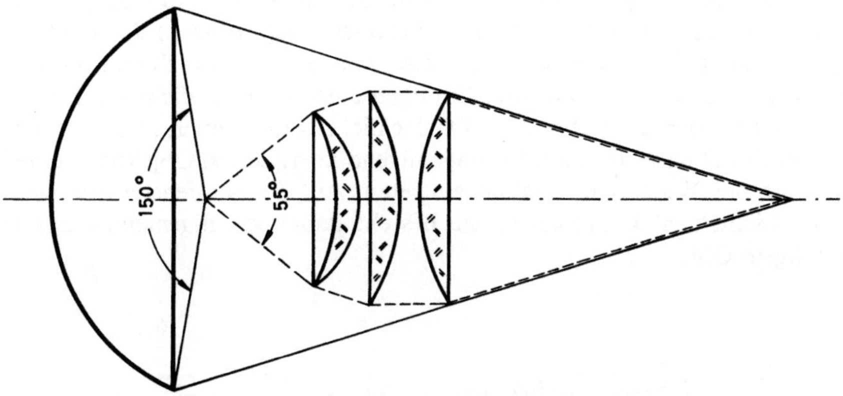

Abb. 336. Bessere Ausnutzung der Lichtquelle durch Tripel-Kondensor bzw. Hohlspiegel

Der Winkel *u* des Lichtbündels läßt sich durch einen Doppel- oder Tripel-Kondensor noch vergrößern (Abb. 336), noch mehr aber durch Hohlspiegel.

Bei der Filmprojektion wird im allgemeinen die Lichtquelle nicht im Objektiv, sondern auf dem Bildfenster abgebildet (Abb. 337). Wenn auch früher hierzu ebenfalls eine Kondensoroptik verwendet wurde, so ist jetzt im allgemeinen ein großer Spiegel *M* üblich, der die Lichtquelle *L* als *L'* im Bildfenster *F* abbildet. Das Öffnungsverhältnis des Objektivs *O* soll etwas größer sein als das des Beleuchtungsstrahlenganges, um auch die (gestrichelten) Randstrahlen zu erfassen.

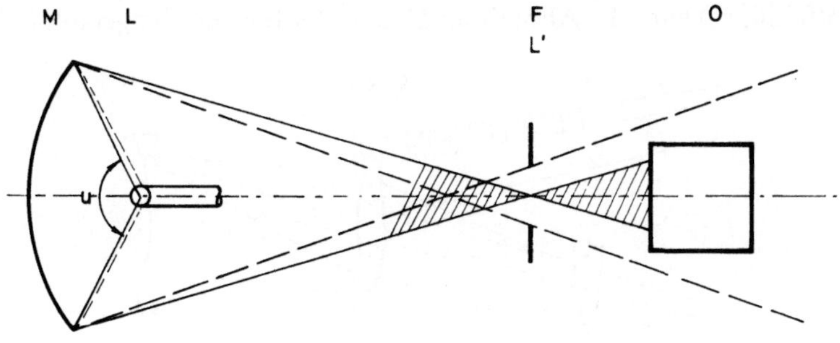

Abb. 337. Filmprojektion mit Spiegeloptik. Abbildung der Lichtquelle am Bildfenster

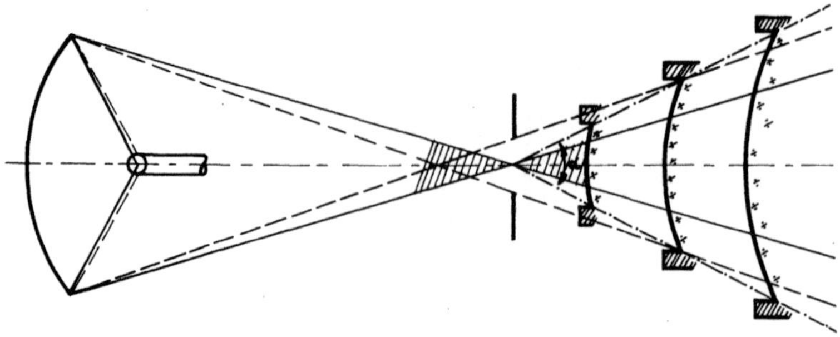

Abb. 338. Objektive gleicher Apertur, aber verschiedener Brennweite

Werden Objektive kurzer Brennweite verwendet, so ist deren Hinterlinse oft zu klein, um den gesamten Strahlengang aufzunehmen (Abb. 338). Objektive mit längerer Brennweite erfassen diese Strahlen noch, obwohl das relative Öffnungsverhältnis dieser Objektive dasselbe wie das der kurzbrennweitigen ist. Diese Randstrahlen werden durch Einfügen einer Linse *E* dicht am Bildfenster (Bildfensterlinse) erfaßt (Abb. 339). Da der Lichtstrahl dann auch die Randzonen des Objektivs *O* passiert, kann bei ungenügend korrigierten Objektiven eine Verminderung der Wiedergabequalität eintreten. Auf die Bildfensterlinse wird der gesamte Lichtstrahl konzentriert, sie besteht daher im allgemeinen aus hitzebeständigem Glas.

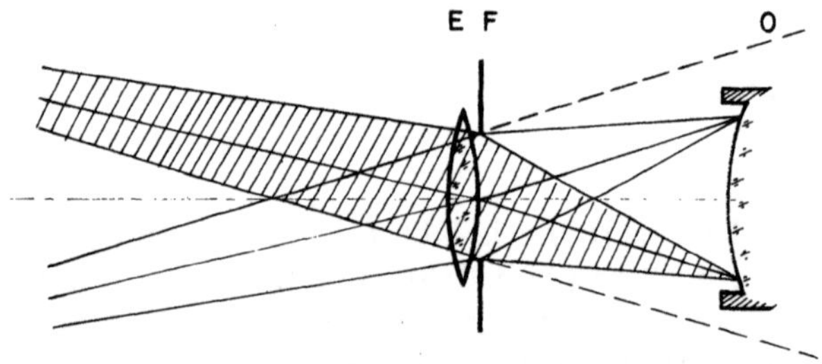

Abb. 339. Anpassung des Beleuchtungs- an Abbildungsstrahlengang mittels Bildfensterlinse

Ist die Abbildung *L'* der Lichtquelle auf dem Bildfenster zu groß, wenn z. B. bei vorhandener Beleuchtungsoptik höhere Stromstärken und Kohlestifte genommen werden, so geht am Bildfenster nicht nur Licht verloren, sondern das Bildfenster wird noch aufgeheizt. Durch Zwischenschalten einer Kondensorlinse *K* (Leuchtfeldlinse) wird die Abbildung *L'* dem Bildfenster *F* angepaßt (Abb. 340).

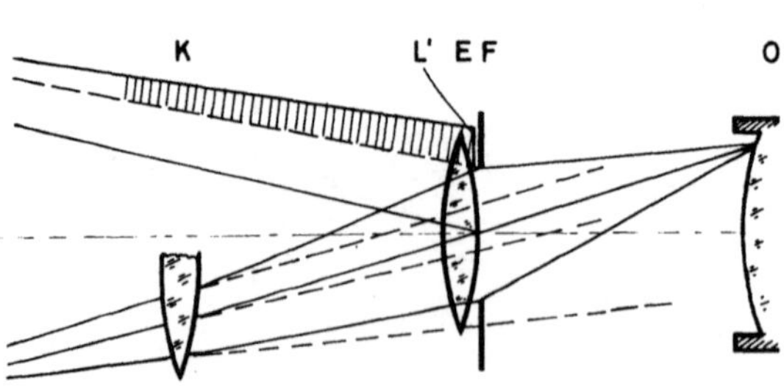

Abb. 340. Verkleinerung der zu großen „Sonne“ mittels Leuchtfeldlinse

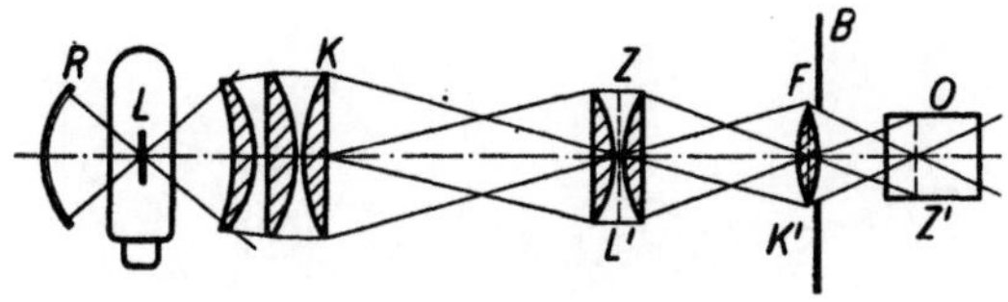

Abb. 341. Prinzip der „Köhlerschen Beleuchtungseinrichtung". *R* Rückspiegel, *L* Lichtquelle, *K* Kondensor, *Z* Zwischenkondensor, *L'* Bild der Lichtquelle, *F* Bildfeldlinse, *K'* Bild des Kondensors, *B* Bildfenster, *O* Objektiv, *Z'* Bild des Zwischenkondensors mit dem Bild der Lichtquelle

Da dies einer Aperturvergrößerung gleichkommt, kann es bei kurzweitigen Objektiven *O* mit kleiner Hinterlinse erforderlich sein, wieder eine Bildfensterlinse *E* einzusetzen.

Da die Lichtquellen selbst keine gleichmäßig verteilte Leuchtdichte aufweisen, erhält man auf dem Bildschirm unerwünschte Strukturen. Diese lassen sich durch die „Köhlersche Beleuchtungseinrichtung" vermeiden (Abb. 341). Bei dieser Anordnung (in USA „condenser relay system") bildet der Kondensor *K* die Lichtquelle *L* im Zwischenkondensor *Z* als *L'* ab, der wiederum den Kondensor *K* im Bildfenster *B* als *K'* abbildet. Die Wirkung wird noch durch eine Bildfensterlinse *F* erhöht, die den Zwischenkondensor *Z* im Objektiv *O* als *Z'* abbildet.

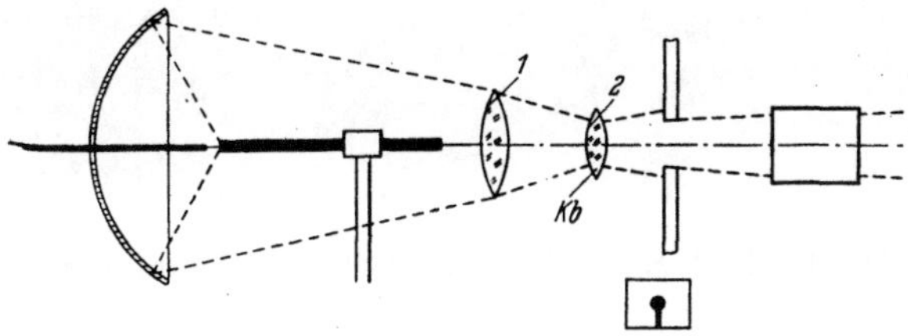

Abb. 342. Schattenbildung durch Kohlehalter und Mittenloch des Spiegels. *1* + *2* Kondensorlinsen, *Kb* Kraterbild

Diese Anordnung ist recht aufwendig und teuer und bedingt eine lange Bauweise. Bei Bogenlampen ist sie nicht anwendbar, da die erste Kondensorlinse durch den Kohlehalter und das Mittenloch des Spiegels abgeschattet wird, was eine fleckige Ausleuchtung auf dem Bildschirm ergibt (Abb. 342). Dieser Nachteil läßt sich durch den Wabenkondensor vermeiden [433]. Anstelle der beiden Zwischenlinsen werden zwei Linsenrasterplatten gesetzt (Abb. 343). Diese Platten bestehen aus lückenlos aneinander anschließenden Einzellinsen, etwa 150 Stück. Sie werden nach einem besonderen Verfahren gepreßt. Die Zahl und Anordnung ist auf beiden Platten gleich, ihre Größe und Form verschieden (Abb. 344). Die der Lichtquelle nahe Platte *R* hat rechteckige Einzellinsen, die der Form des Bildfensters entsprechen. Die dem Bildfenster zugewandte Platte *S* hat sechseckige Linsen. Jede Einzellinse der Rasterplatte *R* entwirft ein Kraterbild auf der entsprechenden Sechsecklinse der Platte *S*. In Anpassung an den kreisrunden Krater des Bogenlichtes sind diese Linsen sechseckig. Jede Einzellinse der Platte *S* bildet die dazugehörende Rechtecklinse der Platte *R* im Bildfenster ab, so daß dort die etwa 150 Einzelbilder übereinander liegen und die Abschattungen durch Kohlehalter usw. sich nicht mehr auswirken. Auf den ungerasterten Flächen der Platten

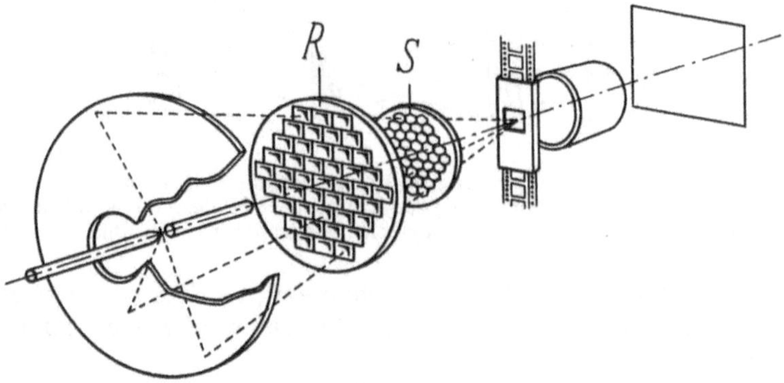

Abb. 343. Wirkungsweise des Wabenkondensors. *R* Rechteckplatte, *S* Sechseckplatte

Abb. 344. Die Rechteck- und Sechseck-Platte des Wabenkondensors

kann eine Linsenfläche angeschliffen werden, die dann wie eine zusätzliche Leuchtfeldlinse wirkt.

Die Beleuchtungsoptiken unterscheidet man nach Art ihrer Verwendung, nämlich:

a) Diaprojektion (Abbildung der Lichtquelle im Objektiv),
b) Filmprojektion (Abbildung der Lichtquelle am Bildfenster),

und nach den optischen Elementen, nämlich:

a) Kondensoroptik (lichtbrechend),
b) Spiegeloptik (lichtreflektierend).

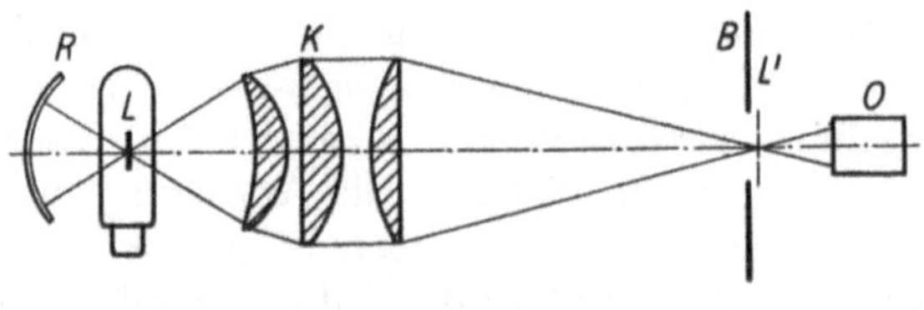

Abb. 345. Lichtauffangwinkel bis zu 75° mit Tripel-Kondensor. *R* Rückspiegel, *L* Lichtquelle, *K* Tripelkondensor, *B* Bildfenster für den Film, *L'* Bild der Lichtquelle, *O* Objektiv

Bei Verwendung von Glühlampen als Lichtquelle, besonders bei Schmalfilm wird häufig ein Kondensorsystem angewendet [434]. Bei einem Doppelkondensor kann man etwa 40° des Lichtbündels, mit einem Tripelkondensor bis zu 75° erfassen (Abb. 345). Die erste Linse des Kondensors *K* ist hierbei meist ein aus hitzebeständigem Glas bestehender Meniskus. Der Spiegel *R* ist ein Kugelspiegel. Es ist ein Hilfsspiegel, der die rückwärtigen Strahlen der Glühlampe so reflektiert, daß das Bild der Glühfäden in natürlicher Größe in den Zwischenräumen der Originalwendeln erzeugt wird (Abb. 346). Das Bild L' der Lichtquelle darf nicht direkt auf das Bildfenster gelegt werden, da dann ihre Struktur auf dem Bildschirm sichtbar wäre. Es wird etwas dahinter, in Richtung Objektiv verlagert.

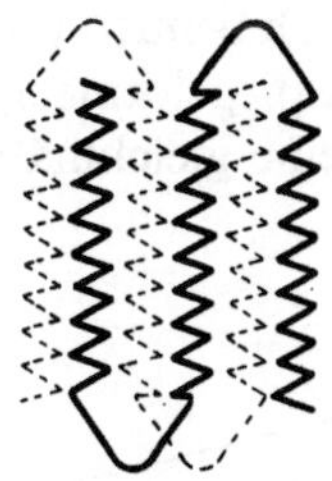

Abb. 346. Der Hilfsspiegel soll die Glühfäden in natürlicher Größe in ihren Zwischenräumen abbilden

Verwendet man einen Kondensor mit asphärischer Begrenzungsfläche, so erhält man trotz hoher Brechkraft keine sphärische Abberration und geringe Lichtverluste (Abb. 347). Diese können auch in Kombination mit einer sphärischen Linse angewendet werden und ergeben Öffnungswinkel bis zu 90° [435]. Besonders bei Glühlampen mit kleinen Filament-Abmessungen, wie es bei den Flachkernwendeln der Fall ist, kann man mit einer asphärischen Kondensorlinse auskommen.

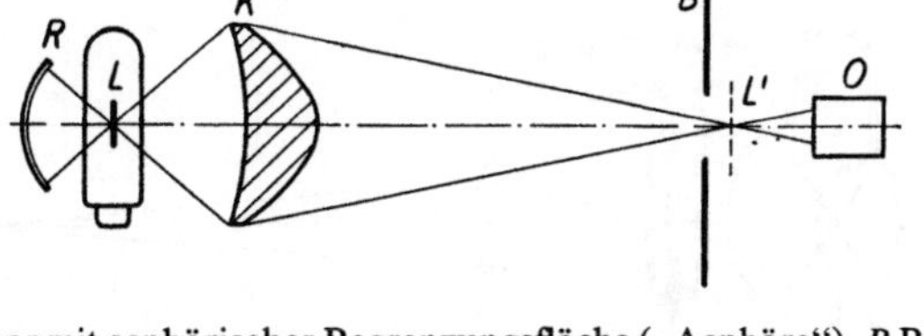

Abb. 347. Kondensor mit asphärischer Begrenzungsfläche („Asphäre"). *R* Rückspiegel, *L* Lichtquelle, *K* Kondensor, *B* Bildfenster, *L'* Bild der Lichtquelle, *O* Objektiv

Bei Bogenlampen wird vorwiegend die Spiegeloptik (Hauptspiegel) verwendet, und zwar zunächst mit dem aus Blinkgeräten her bekannten Parabolspiegel. Um die Ausleuchtung zu verbessern, wird er in Verbindung mit einer gleichgroßen Kondensorlinse verwendet (*Artisol*-Prinzip), die das parallele Licht zum Bildfenster hin vereinigt (Abb. 348). Diese Anordnung ist bei großen Durchmessern sehr kostspielig und wird daher in der Kinoprojektion nicht mehr angewendet. Man findet den Parabolspiegel nur noch in Scheinwerfern zur Erzeugung parallelen Lichtes.

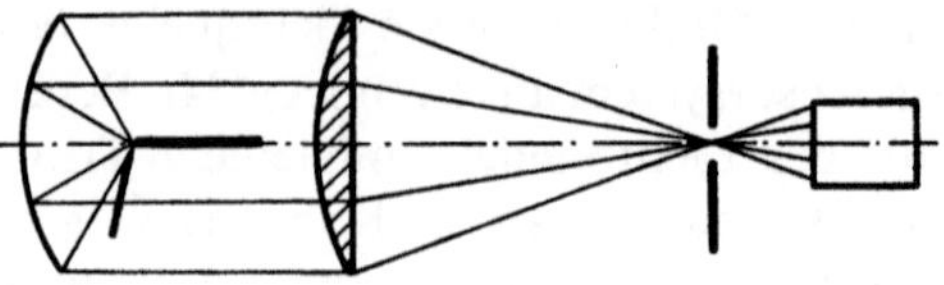

Abb. 348. Beleuchtungsstrahlengang mit Parabolspiegel und Kondensor (*Artisol*-Prinzip)

Ebenfalls hat der Kugelspiegel, besonders mit zunehmendem Durchmesser, erhebliche sphärische Abberration, so daß er als Hauptspiegel nicht mehr verwendet wird, sondern nur noch als Hilfsspiegel.

Dagegen wird jetzt der elliptische und der asphärische Spiegel bei Bogenlampen für die Filmprojektion hauptsächlich benutzt (Abb. 349). Der asphärische Spiegel hat gegenüber dem elliptischen Spiegel eine geringe Verflachung oder Krümmung der Randzonen, wodurch eine gleichmäßige Ausleuchtung des Projektorfensters entsteht.

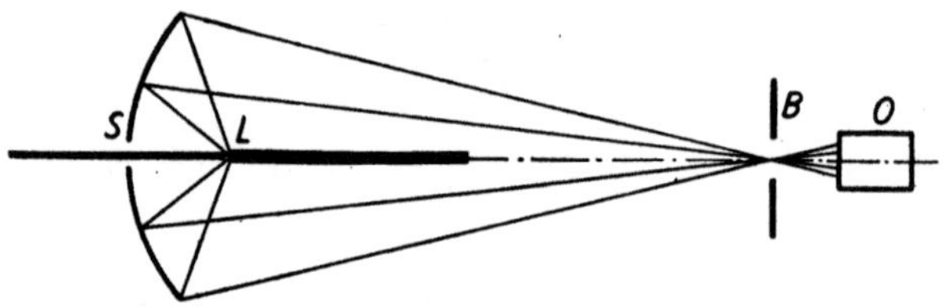

Abb. 349. Beleuchtungsstrahlengang mit elliptischem Hauptspiegel. *B* Bildfenster, *L* Lichtquelle, *O* Objektiv, *S* Spiegel

Bei Ellipsoid-Reflektorlampen entfallen zusätzliche optische Elemente (Abb. 350), da der Lampenkörper einen elliptischen Spiegel bereits enthält, dazu einen sphärischen Hilfsspiegel.

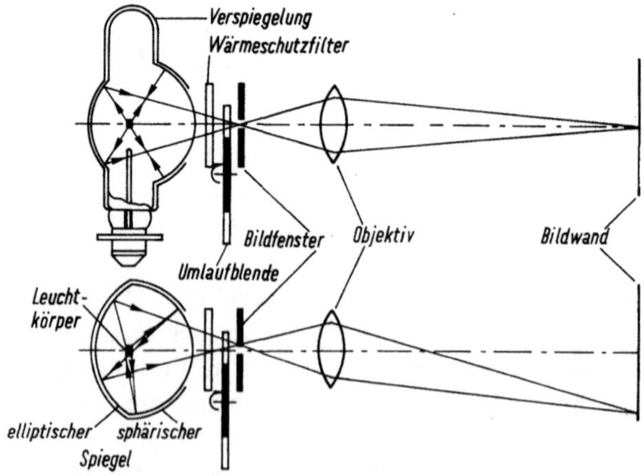

Abb. 350. Ellipsoid-Reflektorlampe mit elliptischem Hauptspiegel und sphärischem Hilfsspiegel

Die Impulslampen von PHILIPS benötigen einen asphärischen und einen sphärischen Kondensor. Das nach hinten austretende Licht wird durch einen kleinen zylindrischen Spiegel von 9 mm × 11 mm aufgefangen (Abb. 351). Die Linsen bilden im Gegensatz zur üblichen Filmprojektion den Lichtbogen im Objektiv ab, wodurch der Randabfall nur 5% beträgt.

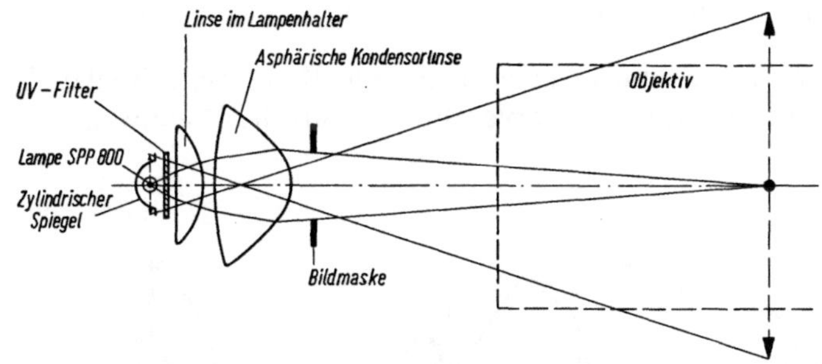

Abb. 351. Beleuchtungsstrahlengang der SPP-800-Lampe

Wird die Lichtquelle am Bildfenster abgebildet, so muß die Abbildung das Bildfenster ausfüllen, d. h. einen Durchmesser von etwa 30 mm bei einem Bildfenster von 18 mm × 21 mm besitzen. Betrachtet man den einfachsten Fall, nämlich kreisrunde Lichtquelle, wie sie beim Kohlebogenkrater angenommen werden kann, so ist der Kraterdurchmesser bei den üblichen Stromstärken bedeutend kleiner als 30 mm, etwa vier bis zehn Millimeter. Die Abbildung des Kraters muß daher vergrößert werden. Dies geschieht durch Wahl der Brennweiten des optischen Systems und der Abstände. Beträgt z. B. der Abstand Krater—Hauptspiegel 110 mm und der Abstand Hauptspiegel—Bildfenster 750 mm, dann ist die Vergrößerung, mit der der Krater im Bildfenster abgebildet wird, etwa $v = 750:110 = 6{,}8$. Wird in diesen Strahlengang eine Leuchtfeldlinse eingeschaltet, so nimmt die Vergrößerung ab. Der Abstand der Leuchtfeldlinse zur Abbildung der Lichtquelle im Objektiv sei 260 mm, dann ist die Vergrößerung $v = \frac{750 \times 160}{110 \times 260} = 4{,}2$. Im ersten Fall darf der Krater einen Durchmesser von $30:6{,}8 = 4{,}4$ mm, im zweiten von $30:4{,}2 = 7{,}1$ mm besitzen, d. h. Kohledurchmesser und Stromstärke kann erheblich gesteigert werden. Gleichzeitig steigt aber bei dieser geringen Vergrößerung der Winkel, unter dem die Lichtstrahlen auf das Bildfenster auftreffen. Das muß beim Öffnungswinkel des Objektivs beachtet werden. Dieser soll etwas größer als der des Beleuchtungsstrahlenganges sein.

Der Hauptspiegel soll möglichst viel von dem erzeugten Licht erfassen, das heißt der Öffnungswinkel der Spiegel von der Lichtquelle aus gemessen soll groß sein. Dieser hängt ab von der Brennweite und Durchmesser des Spiegels. Bleibt der Durchmesser konstant, so wird der Öffnungswinkel (Lichtaufnahmewinkel) mit kürzerer Spiegelbrennweite größer [436, 437]. Dem sind aber dadurch Grenzen gesetzt, daß die Lichtquelle wegen ihrer Hitze-Ausstrahlung (und eventuell Dämpfe) nicht zu nahe an den Spiegel kommen darf. Bleibt die Brennweite konstant, so nimmt der Öffnungswinkel mit dem Spiegeldurchmesser zu.

Die Grenzen liegen hier bei einem Öffnungswinkel von etwa 140°. Ein größerer Winkel würde bei Kohlebogenlampen keinen merklichen Lichtgewinn mehr bringen, da der Abstrahlungswinkel des Kraters nicht größer ist. Viel mehr würde der Spiegel durch den Lichtbogen gefährdet werden. Die in der Praxis üblichen Spiegel haben folgende Durchmesser und Brennweiten:

D (mm)	200	250	258	300	308	356	400	450	540
f (mm)	80	110	110	110	130	130	150	166	188

Da der asphärische Spiegel keine definierte Brennweite besitzt, bezeichnet man den Abstand Lichtquelle zu Spiegelscheitel als die Brennweite.

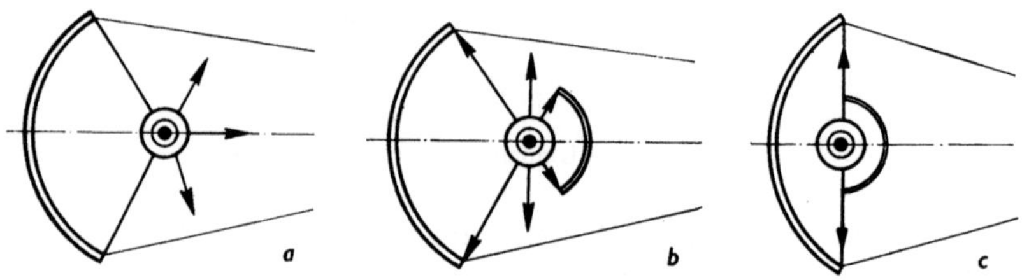

Abb. 352. Spiegelanordnung bei Xenonlampen

Während der Kohlekrater nur nach einer Richtung Licht ausstrahlt, das vom Spiegel (bzw. Kondensor) aufgenommen wird, ist die Lichtabgabe bei Glühlampen und Gasentladungslampen stärker räumlich verteilt, meist wird genau soviel Licht nach vorn wie nach hinten abgestrahlt. Bei Glühlampen mit Kondensorsystem wird daher wie schon erwähnt ein Hilfsspiegel hinter dem Filament

Abb. 353. Durch den Hilfsspiegel wird der Xenonbogen in sich und auf dem Kopfe stehend abgebildet. Dadurch Lichtgewinn und gleichmäßigere Ausleuchtung

angeordnet. Bei Xenonlampen erfaßt der Hauptspiegel nur einen Teil der Strahlung (Abb. 352). Ein auf der Gegenseite angeordneter Hilfsspiegel (Kugelspiegel), der den Bogen in sich selbst abbildet (Abb. 353), bringt bis zu 30% Lichtgewinn. Das zwischen Haupt- und Hilfsspiegel noch seitlich austretende und der Projektion verlorene Licht läßt sich noch erfassen, wenn die Öffnungswinkel dieser beiden Spiegel die Lichtquelle ganz umschließen. Da der Xenon-

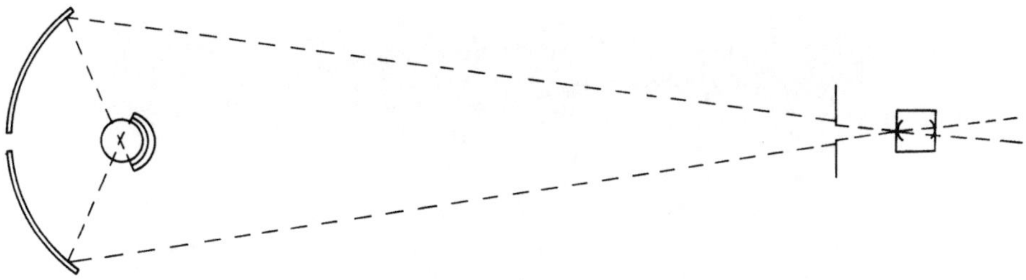

Abb. 354. Geteilter Hauptspiegel zur besseren Gleichmäßigkeit der Ausleuchtung bei Xenonlicht (ASKANIA)

lichtbogen gegenüber dem Krater des Kohlebogens eine sehr ungleichmäßige Leuchtdichteverteilung hat, bringt der Hilfsspiegel nicht nur einen Lichtgewinn, sondern sorgt auch noch für gleichmäßige Ausleuchtung, da das Spiegelbild des Bogens um 180° verdreht im Bogen selbst abgebildet wird. Eine bessere Lichtverteilung wird auch von dem erwähnten Wabenkondensor erzielt, da durch die etwa 150 übereinanderliegenden Einzelabbildungen die einzelnen Leuchtdichte-Elemente vermischt werden. Eine einfache Art, die Ausleuchtung zu verbessern, verwendete ASKANIA, indem der Hauptspiegel aus zwei Hälften hergestellt wurde. Deren Strahlengänge lagen dann übereinander (Abb. 354). Die Firma HUGHES in Los Angeles hat außer dem geteilten Hauptspiegel noch zwei Leuchtfeldlinsen

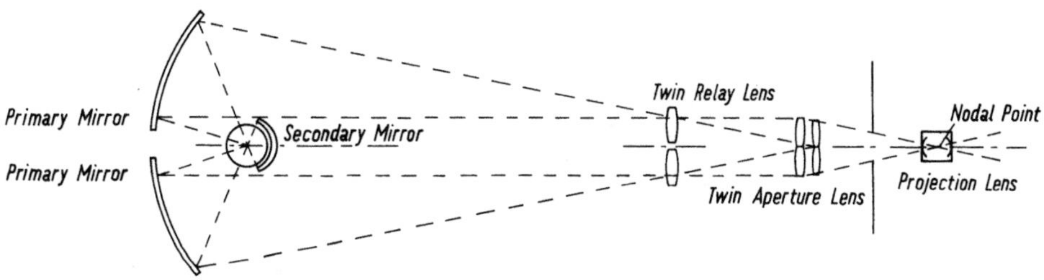

Abb. 355. Geteilter Hauptspiegel mit zwei Strahlengängen bei Xenonlicht (HUGHES)

und zwei Bildfensterlinsen, hinter denen sich dann die beiden zunächst getrennten Strahlengänge am Bildfenster vereinigen (Abb. 355). Ebenfalls zur Verbesserung der Ausleuchtung dient ein von PHILIPS [438] verwendeter kleeblattähnlicher Kondensor (Abb. 356). Eine gute Ausnutzung des Lichtstroms der Xenonlampe wird durch tiefe Ellipsenspiegel erzielt, die ohne Hilfsspiegel auch das nach vorn abgestrahlte Licht zum großen Teil erfassen. Da die Xenonkolben für vertikale Brennstellung vorgesehen sind, muß der Strahlengang noch um 90° geknickt werden, ein Verfahren, das von FRIESECKE & HÖPFNER angewendet wurde (Abb. 357). Zur Umlenkung wurde ein Planspiegel mit Kaltlichtbelag verwendet. Bei kleinen Leistungen können die Xenonkolben auch in horizontaler Lage betrieben werden, wobei ein tiefer Ellipsenspiegel ebenfalls einen hohen Wirkungsgrad erzielt (Abb. 358). Dieses System wird häufig bei Schmalfilmprojektoren angewendet.

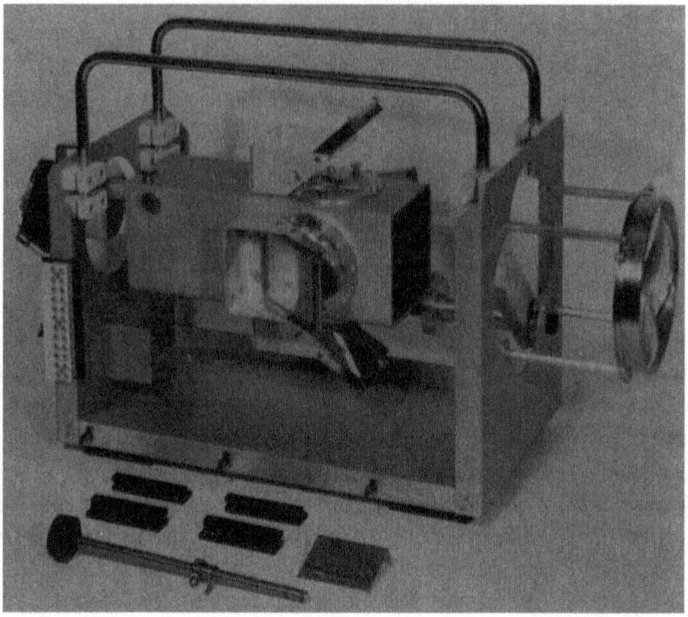

Abb. 356. „Kleeblatt"-Kondensor zur besseren Ausleuchtung bei Xenonlicht (PHILIPS)

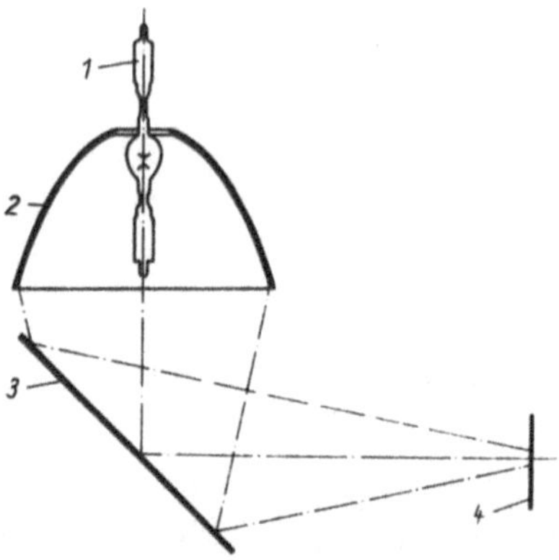

Abb. 357. Tiefer Ellipsenspiegel und geknickter Strahlengang bei Xenonlicht (FRIESECKE & HÖPFNER). *1* Xenonkolben, *2* Ellipsoidspiegel, *3* Kaltlicht-Planspiegel, *4* Bildfenster

Zu dieser Gruppe gehören auch die schon erwähnten Kompaktlampen, bei denen eine kleine Halogenglühlampe oder Gasentladungslampe fest im Innern eines tiefen Ellipsoidreflektors angebracht ist und das vom Reflektor ausgehende Licht direkt auf das Bildfenster konzentriert wird.

Das Bild der Lichtquelle am Bildfenster ist bei Kohle-Bogenlampen etwa kreisrund, bei Xenonlampen ist es ein hochstehendes Rechteck. Das Bildfenster selbst ist ein querliegendes Rechteck. Dadurch ist die Ausnutzung der Licht-

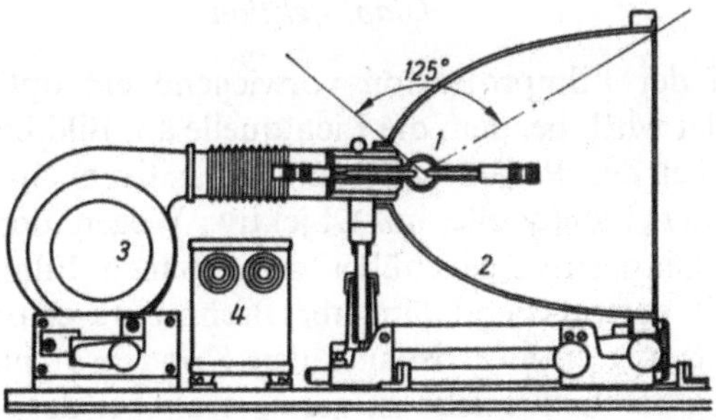

Abb. 358. Ellipsenspiegel und horizontal angebrachter Xenonkolben. *1* Xenonkolben, *2* Ellipsoidspiegel, *3* Ventilator, *4* Zündgerät

quellen-Abbildung nicht sehr günstig. Das wird besonders ungünstig, wenn es sich um schmale Bildfenster handelt, wie z. B. bei *Todd AO,* wo das Verhältnis 1:2,2 beträgt. Durch Einschalten einer Zylinderlinse in den Strahlengang, etwa an der Stelle, wo sich eine Leuchtfeldlinse befindet, wird das Lichtquellenbild in der Breite auseinandergezogen und damit dem Format des Bildfensters besser angeglichen [439, 440]. Außer einer Steigerung des Nutzlichtstroms ist damit auch eine gleichmäßigere Ausleuchtung verbunden (Abb. 359).

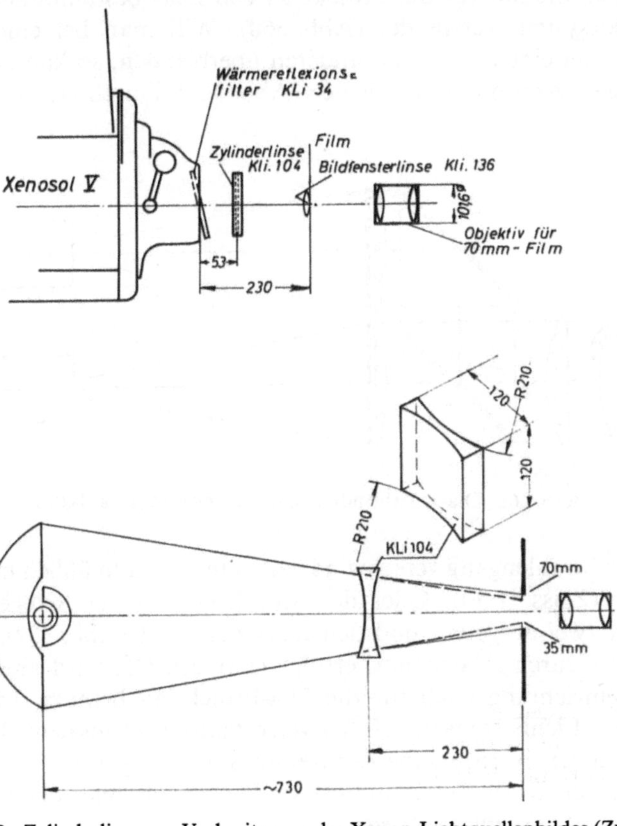

Abb. 359. Zylinderlinse zur Verbreiterung des Xenon-Lichtquellenbildes (Zeiss Ikon)

Diaprojektion

Während bei der Filmprojektion vorwiegend ein optisches Beleuchtungssystem angewendet wird, bei dem die Lichtquelle am Bildfenster abgebildet wird, verwendet man bei der Projektion von Diapositiven ein Beleuchtungssystem mit Abbildung der Lichtquelle im Objektiv. Wegen der sehr viel größeren Abmessung des Diapositivs gegenüber dem kleinen Filmbildchen sind große Kondensoren mit entsprechend längerer Brennweite erforderlich, so daß die Lichtquelle weit genug entfernt ist und den Kondensor nicht gefährden kann. Die Vergrößerung der Lichtquelle ist geringer als bei der Filmprojektion, etwa 2,5fach, und wird vom Objektiv voll aufgenommen.

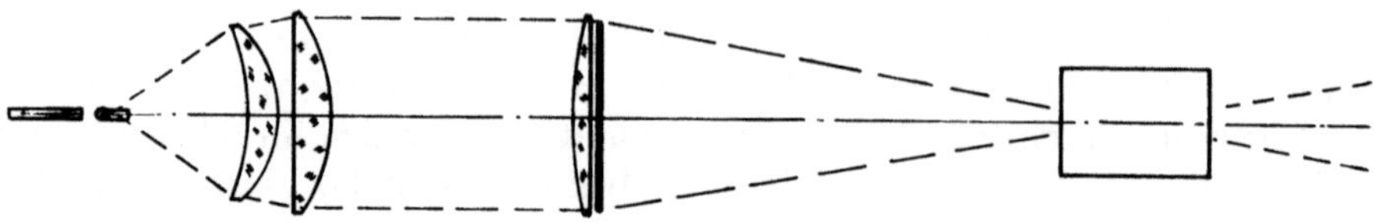

Abb. 360. Kondensoroptik bei Diaprojektion

Bei Geräten, die nur für die Projektion von Dias bestimmt sind, wird meist ein Kondensorsystem verwendet (Abb. 360). Will man bei einem derartigen Diaprojektor von einem Dia zum anderen überblenden, so kann dies mit Hilfe einer Planspiegel-Anordnung geschehen (Abb. 361). Durch Hereinschieben eines

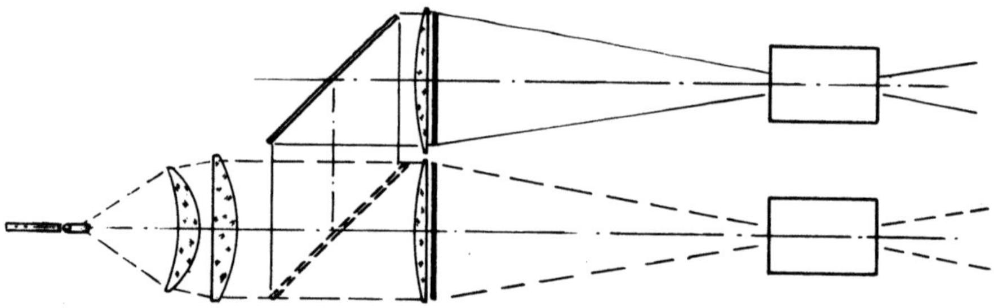

Abb. 361. Dia-Überblendung mit Planspiegeln (ZEISS IKON)

Spiegels in den Strahlengang verschwindet das eine Dia allmählich und das andere wird sichtbar (ZEISS IKON). Oder der Strahlengang einer Spiegel-Einrichtung wird gleich in zwei aufgeteilt und den Dias zugeführt (Abb. 362), deren Überblendung dann durch Abdeckung erfolgt (BAUER). Oft wird eine vorhandene Beleuchtungseinrichtung auch für die Dia-Projektion benutzt. In diesem Fall wird ein Teil des Lichtstroms mit Hilfe zweier Planspiegel aus dem Hauptstrahlengang abgezweigt (Abb. 363). Eine Zerstreuungslinse sorgt für volle Ausleuchtung der Dias. Anstelle dieser Zerstreuungslinse kann auch einer der Umlenkspiegel als Konvexspiegel ausgebildet werden.

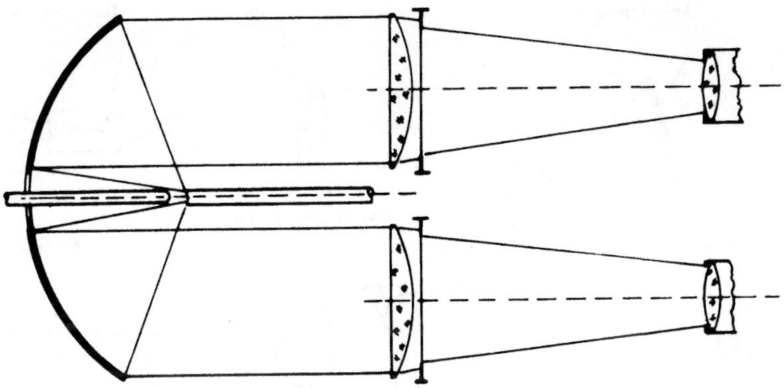

Abb. 362. Dia-Überblendung durch zwei geteilte Beleuchtungsstrahlengänge (BAUER)

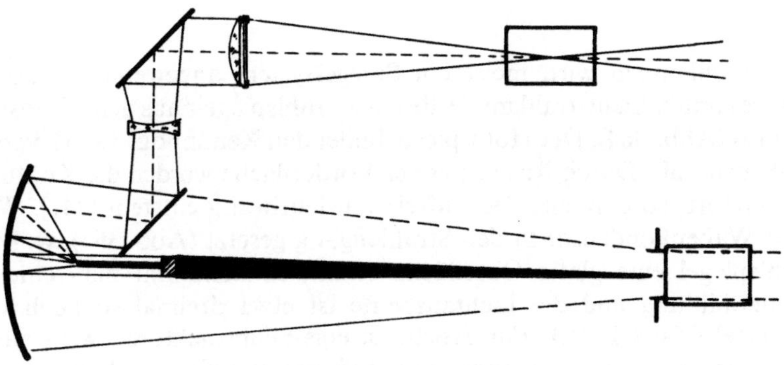

Abb. 363. Kombinierte Film- und Dia-Projektion

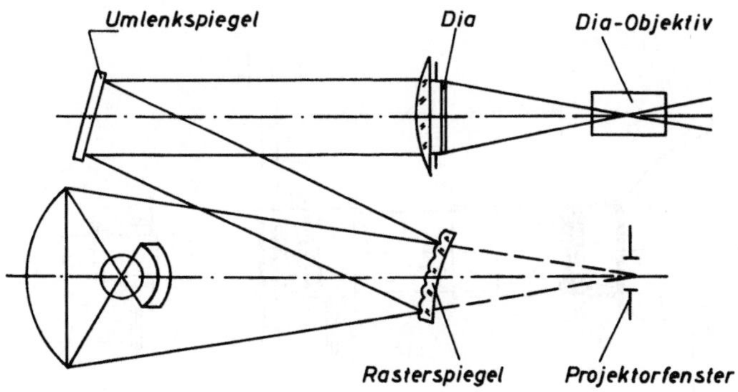

Abb. 364. Kombinierte Film- und Dia-Projektion mit gerastertem Hohlspiegel bei Xenonlicht (ZEISS IKON)

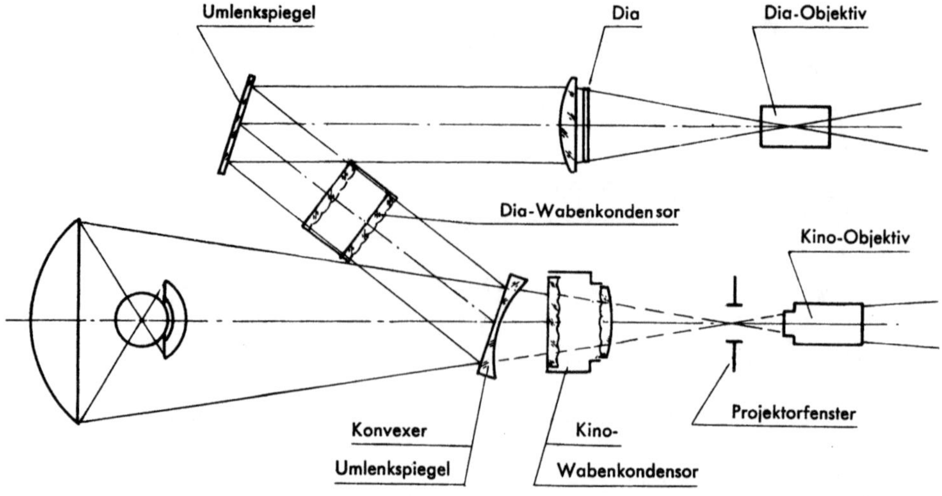

Abb. 365. Kombinierte Film- und Dia-Projektion mit Wabenkondensor bei Xenonlicht (Zeiss Ikon)

Bei Xenonlampen wird meist ein Spiegelsystem angewendet. Dabei lenkt man den gesamten Lichtstrahl mit Hilfe eines Hohlspiegels aus dem Kinostrahlengang heraus (Abb. 364). Der Hohlspiegel bildet den Xenonbogen stark vergrößert im Dia-Fenster ab. Durch Rasterung der Vorderfläche werden die Konturen des Bogens zerstört, so daß eine fleckenfreie Ausleuchtung entsteht [441]. Wird ein spezieller Wabenkondensor in den Strahlengang gesetzt (Abb. 365), wobei dann der Hohlspiegel eine glatte Oberfläche erhält, so bekommt man eine exakte Zwischenabbildung und die Lichtausbeute ist etwa dreimal so hoch wie mit Rasterspiegel (Zeiss Ikon). Für Hochleistungs-Diaprojektoren wird das Licht der Xenonlampe durch den Haupt- und Hilfsspiegel auf einen Wabenkondensor geworfen (Abb. 366). Dessen Lichtfleck von der Größe eines Filmbildchens (etwa 15 mm × 21 mm) wird mit einer Negativlinse auf das Diaformat vergrößert (Zeiss Ikon).

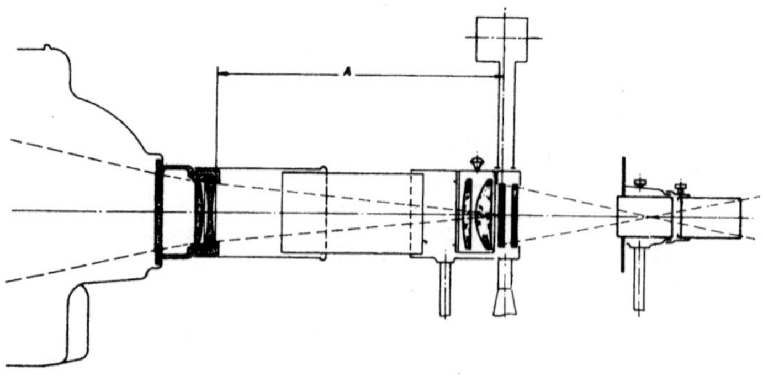

Abb. 366. Xenon-Hochleistungs-Diaprojektor mit Wabenkondensor (Zeiss Ikon)

Sollen mit einer Einrichtung die im Kino üblichen Dias von 85 mm × 85 mm und Kleindias von 24 mm × 36 mm oder Superslides von 38 mm × 38 mm projiziert werden (Abb. 367), so wird das Bildfenster des Großdias *A* durch eine Zwischenabbildungslinse *B* auf das Kleinbildfenster *C* abgebildet [442]. Da die Kondensorlinse *D* von der Brennweite des Objektivs abhängt, wird für die Kleindiaprojektion noch die Zusatzlinse *E* benötigt, damit die engste Einschnürung des Lichtbündels immer bei *B* liegt. Ein ein- oder zweiteiliger Kondensor *G* paßt das Lichtbündel an das jeweilige Objektiv des Kleindias an (ZEISS IKON).

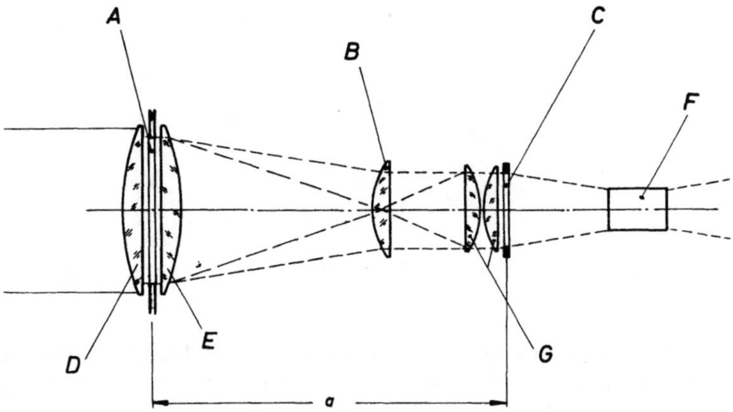

Abb. 367. Strahlengang der Xenon-Spiegeldia-Einrichtung für den 5 × 5 cm Zusatz (ZEISS IKON)

F. Konstruktive Gestaltung der Beleuchtungseinrichtungen

Die Lichtquellen und eventuell die optischen Elemente der Beleuchtungseinrichtungen müssen so gehalten bzw. eingespannt werden, daß sie sich in der optischen Achse befinden und die erforderlichen Verstellmöglichkeiten zulassen. Das Ganze befindet sich in einem Gehäuse, das die Licht- und Wärmestrahlung nach außen abschirmt und entstehende Wärme und Verbrennungsprodukte ableitet [443, 444, 445]. Oft ist daher die Konstruktion so ausgeführt, daß die Spann- und Halteeinrichtung eine Einheit ist, die als Block in ein Lampengehäuse eingesetzt wird. Dieser Block wird im Gegensatz zum Lampengehäuse oft als Lampe bezeichnet, obwohl dieser Begriff für die Lichtquelle selbst vorgesehen ist. Das Lampengehäuse wird auch Lampenhaus genannt. Jedoch versteht man hierunter sowohl das leere Lampengehäuse wie auch das Lampenhaus einschließlich eingesetztem Block. Das dürfte auch mit darauf zurückzuführen sein, daß es Konstruktionen gibt, die nicht eine eindeutige Trennung zwischen leerem Lampengehäuse und Lampenblock aufweisen.

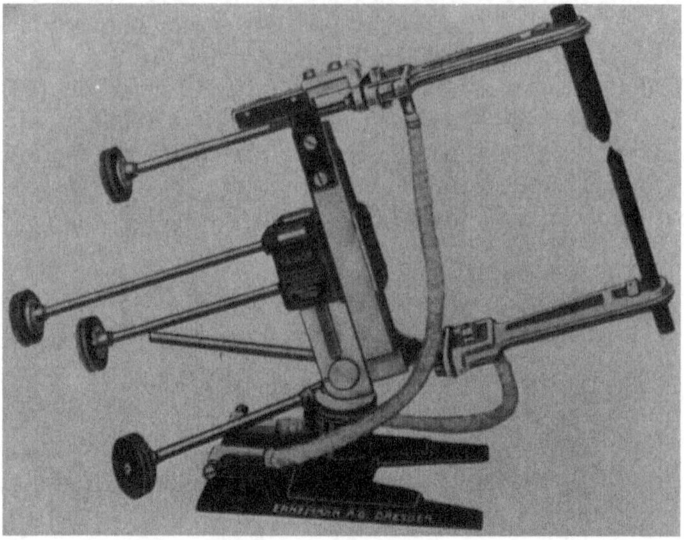

Abb. 368. Kondensor-Bogenlampe für LI-Kohlen bis 100 Amp, etwa 1900 (Ernemann)

Diese Trennung findet man aber bereits bei den frühen Kondensorbogenlampen (Abb. 368), wie auch später bei den horizontalen Spiegelbogenlampen (Abb. 369), den Winkelbogenlampen für Diaprojektion (Abb. 370) und den modernen Xenonlampen (Abb. 371).

Bei *Glühlampenbetrieb* findet diese Trennung kaum statt, da die elektrische Leistung und damit die entstehende Wärme nicht so hohe Beträge annimmt, ein voluminöses Lampenhaus also nicht erforderlich ist, und aus konstruktiven Gründen nicht unterzubringen wäre. Vorwiegend werden Glühlampen in transportablen 35-mm-Projektoren und Schmalfilmprojektoren verwendet. Bei letzteren ist meist ein ausgesprochenes Lampenhaus überhaupt nicht vorhanden,

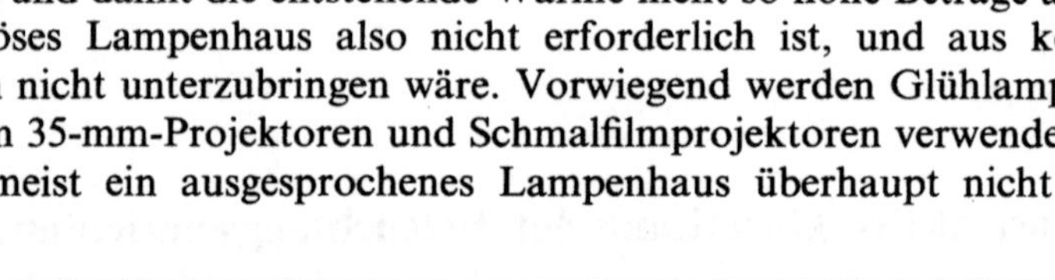

Abb. 369. Spiegel-Bogenlampe für LI-Kohlen bis 50 Amp, etwa 1923 („E-Lampe", Ernemann)

Abb. 370. Winkelbogenlampe für Diaprojektion bis 50 Amp, 1932 („Panzerlampe", ZEISS IKON)

sondern die Beleuchtungseinrichtung ist im Projektor gleich konstruktiv enthalten. Bei den größeren, meist als Koffer gebauten 16-mm- und 35-mm-Projektoren findet man dagegen ein separates, abnehmbares Lampenhaus, das die Glühlampe mit Halterung, optische Elemente und Kühlventilator enthält.

Bei *Kohlebogenlampen* besitzen diese Blocks die Halterungen für Kondensor oder Spiegel und die Klemmeinrichtung für die Kohlestifte, die wegen des Kohle-Abbrands in Richtung der Kohlestifte verschiebbar sein müssen. Um eine lange Vorführdauer zu erreichen, beträgt diese Verstellbarkeit bei modernen HI-Lampen über 300 mm für die Pluskohle und etwa 150 mm für die Minuskohle, wobei die Kohlestifte eine Länge bis zu 500 mm besitzen. Bei Reinkohle (LI) sind diese Werte wegen des langsameren Abbrandes niedriger. Sie wird bis zu 45 A verwendet, meist in horizontaler Kohlestellung. Bei HI-Kohlen kann die

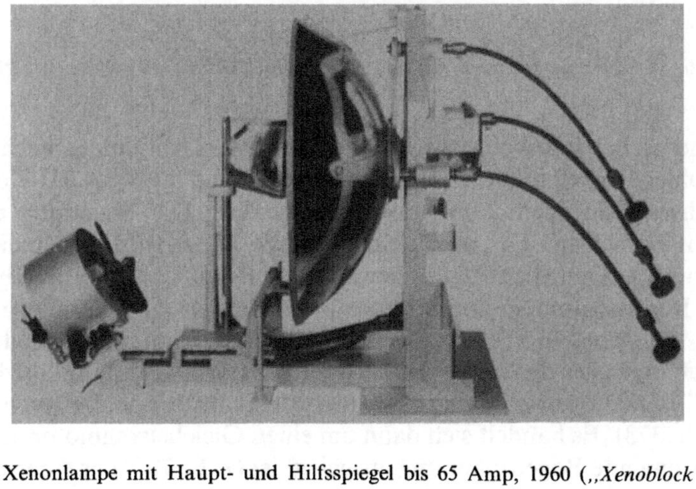

Abb. 371. Xenonlampe mit Haupt- und Hilfsspiegel bis 65 Amp, 1960 („*Xenoblock*", ZEISS IKON)

horizontale Stellung bis zu etwa 110 A verwendet werden, darüber hinaus die winklige Stellung, die man aber schon bei Stromstärken von 75 A anwendet. Die Kohlestifte werden am hinteren Ende eingeklemmt. Dort erfolgt auch die Stromzufuhr. Der Strom muß also die ganze Einspannlänge der Kohle durchfließen, weswegen HI-Kolben auch verkupfert sind. Eine Ausnahme bilden die Konstruktionen, bei denen die Stromzufuhr kurz hinter dem Krater erfolgt. Hier ist die HI-Kohle unverkupfert und rotiert, um gleichmäßigen Abbrand zu erzielen, langsam um die eigene Achse in diesem Frontkontakt, der wassergekühlt ist. Diese Konstruktion wird für höchste Stromstärken, beginnend bei 100 A angewendet.

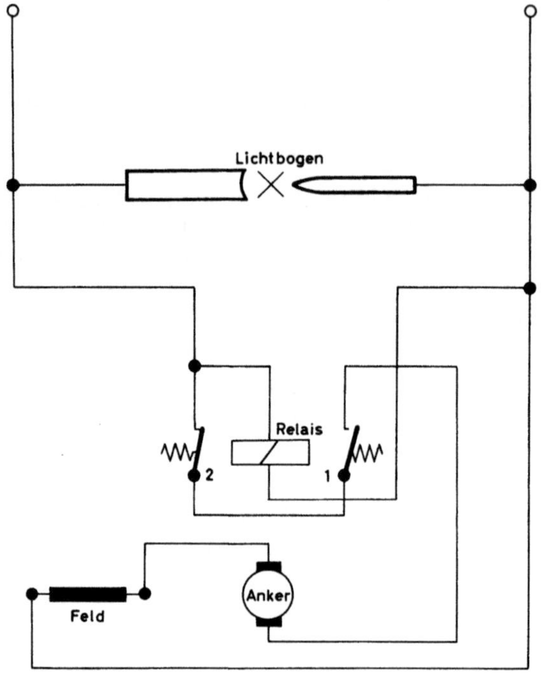

Abb. 372. Der Nachschubmotor wird intermittierend durch ein Relais gesteuert

Während es bei Reinkohle wegen des langsamen Abbrandes noch möglich ist, die Kohlenachstellung von Hand vorzunehmen, muß bei HI-Kohlen ein automatischer Kohlenachschub verwendet werden. Die Steuerung desselben geschieht im einfachsten Fall durch ein Uhrwerk. Meist wird jedoch die Bogenspannung zur Steuerung benutzt, und zwar in der Form, daß ein Relais bei größer werdender Bogenspannung eingeschaltet wird, welches einen Kohlenachschubmotor, der die Spindeln vorwärts bewegt, einschaltet (intermittierender Nachschub). Nach Erreichen der vorgesehenen richtigen Bogenspannung fällt das Relais ab (Abb. 372). Die Bogenspannung kann auch direkt auf den Nachschubmotor einwirken (Abb. 373). Es handelt sich dann um einen Gleichstrommotor, der für die in Frage kommende Bogenspannung ausgelegt ist (z. B. 70 V) und der eine hohe

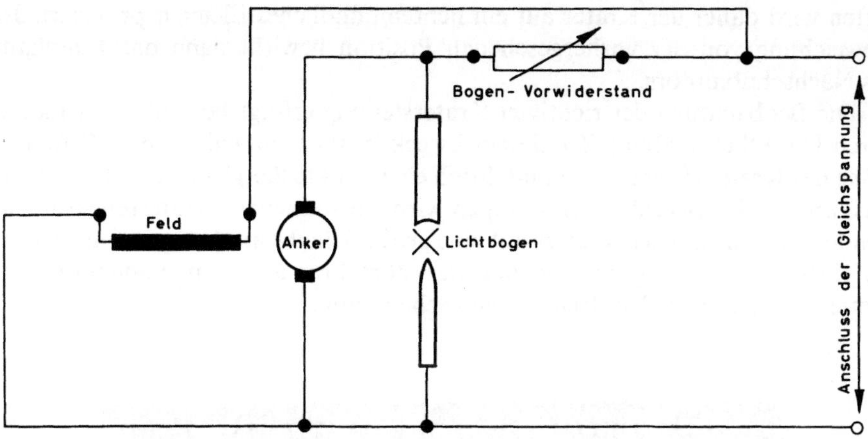

Abb. 373. Anschluß des Nachschubmotors parallel zum Lichtbogen. Feld an der Netz-Gleichspannung

Empfindlichkeit haben muß, das heißt schon geringe Spannungsänderungen müssen große Drehzahlunterschiede erzeugen, wobei man voraussetzen kann, daß das erforderliche Drehmoment des Nachschubs etwa konstant ist. Der Motor läuft also dauernd. Manchmal werden je ein Motor für die Plus- und Minuskohle verwendet. Da die Spannungsänderung, bezogen auf die vorgeschriebene Bogenspannung, verhältnismäßig gering ist, werden häufig Differential- oder Brücken-Schaltungen angewendet (Abb. 374). Diese Anordnungen arbeiten sehr zufriedenstellend, können aber nicht verhindern, daß sich der Krater aus der vorgeschriebenen Position vom Spiegel entfernt, da nur die Bogenspannung zur Steuerung verwendet wird. Bei sehr hochbelasteten, schnell abbrennbaren Kohle-

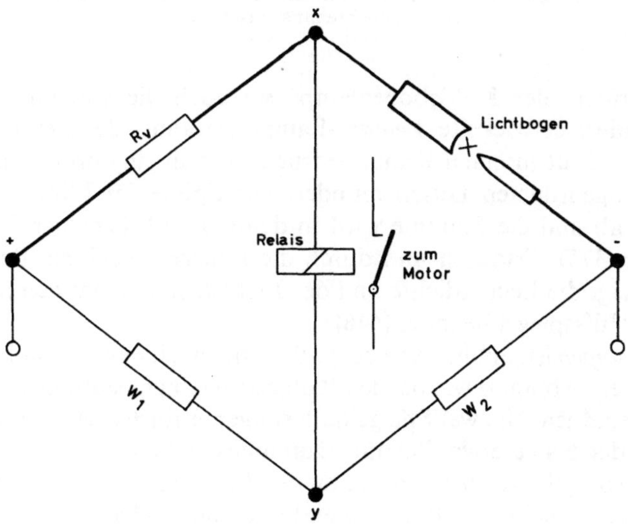

Abb. 374. Das Relais in einer Brückenschaltung

stiften wird daher der Krater auf ein lichtempfindliches Element projiziert. Jede Abweichung von der vorhergesehenen Position bewirkt dann das Einschalten des Nachschubmotors.

Die Beobachtung der richtigen Kraterstellung erfolgt bei einfachen Lampen durch Direktbetrachtung. Zu diesem Zweck ist im Lampenhaus eine Öffnung in Höhe des Kraters freigelassen und durch eine dunkle Rotglasscheibe (oder Grünglas) abgedeckt. Bei stärkeren Lampen wird ein spezieller „Kraterreflektor“ verwendet, der ein Bild des Kraters auf eine große Scheibe am Lampenhaus oder auf die Kabinenwand projiziert, so daß der Vorführer an einem Fadenkreuz sehr bequem die Lage der Kohleelektroden sehen kann.

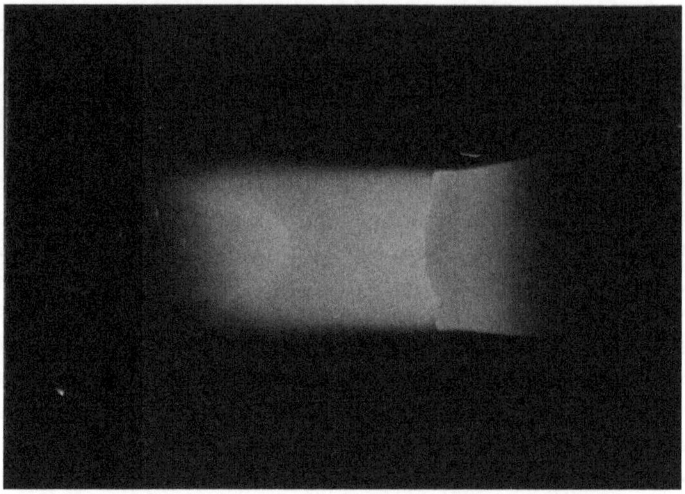

Abb. 375. Bei der *Ventarc*-Lampe wird durch den Luftstrom die Flamme in den Krater gedrückt. Die Minuskohle brennt konisch ab

Als Sonderform der Kohlebogenlampe sei noch die von Gretener (dem *Eidophor*-Erfinder) entwickelte *Ventarc*-Lampe erwähnt. Bei dieser wird durch einen Ventilator Luft in einen Kanal gedrückt, der in ringförmig um den positiven Krater angeordneten Düsen mündet. Die Spitze der Minuskohle brennt dabei konisch ab und die Flamme wird in den Gasball, bzw. den Positivkrater gedrückt (Abb. 375). Dadurch und durch die höhere spezifische Belastung der Kohlestifte, steigt die Leuchtdichte und der Lichtstrom, zumal sich noch um die Pluskohle ein Hilfsspiegel befindet [446].

Bei *Xenonlampen* ist, ähnlich wie bei Glühlampen, eine Nachschubeinrichtung nicht nötig, da ein Abbrand wie bei den Kohlestiften nicht stattfindet. Gegenüber Kohlelampen sind jedoch zwei Spiegelhalterungen erforderlich, nämlich für den Hauptspiegel, der bis zu etwa 400 mm Durchmesser besitzen kann und für den kleineren Hilfsspiegel. Nur bei ganz einfachen Lampen wird auch auf den Hilfsspiegel verzichtet, was bis zu 30% Lichteinbuße und ungleichmäßigere Lichtverteilung mit sich bringt. Beide Spiegel sind verstellbar, nämlich Drehen und

Kippen, um das Licht in das Bildfenster zu bringen bzw. damit den Hilfsspiegel den Bogen in sich selbst im Maßstab 1 : 1 abbilden kann. Dazu ist auch eine Längsverstellung erforderlich. Der Xenonkolben selbst wird zum Zwecke der optischen Justierung nicht verstellt. Er ist aber nicht starr eingespannt, sondern beweglich gelagert, so daß er sich im Betrieb ausdehnen kann und keine Beschädigungen auftreten. Da sich der Hilfsspiegel sehr nahe am Xenonkolben befindet, wird er sehr heiß, was zum Verdampfen des Belages und Beschädigung des Glaskörpers sowie der Halteeinrichtung führt. Aus diesem Grunde wird er meist noch durch einen kleinen Lüfter gekühlt. Eine für jede Xenonlampe unentbehrliche Einrichtung ist das Zündgerät, welches einen mehrere kV betragenden HF-Stoß erzeugt. Um Überschläge zu vermeiden, muß die nicht an Masse liegende Leitung genügend Abstand von Masse haben oder auf andere Art gut isoliert sein, z. B. durch Silicon-Schlauch.

Diese Blocks für Xenonlampen werden von mehreren Firmen hergestellt und sind zum Einbau in alte, vorhandene Lampenhäuser gedacht. Hier sind allerdings gegenüber Bogenlampen zwei Gefahrenpunkte zu beachten. Einmal die Explosionsgefahr der Xenonkolben und zum anderen die hohen Spannungen am Zündgerät.

Wie schon erwähnt, sind die *Lampenhäuser* meist so konstruiert, daß der betreffende Lampenblock eingesetzt werden kann. Zur Wärme-Isolierung verwendete man früher Asbestplatten, die an die Bleche der Lampenhäuser angebracht waren.

Da bei hohen Leistungen diese Isolierung nicht ausreicht, außerdem leicht Verschmutzung eintritt, findet man bei modernen Lampenhäusern die Asbestisolierung nicht mehr. Sie wurde durch doppelwandige Ausführung ersetzt, wobei der Wandabstand 0,5 bis 1 cm beträgt. Durch unten angebrachte Schlitze und Löcher wird dafür gesorgt, daß Luft eintreten kann, die oben entweder durch das Abzugsrohr oder durch weitere Schlitze und Löcher austreten kann. Diese so eintretende Luftzirkulierung hält die Außenwände auch bei hohen Leistungen auf niedrigen Temperaturen. Der etwa am höchsten Punkt des Lampenhauses befindliche Abzugsstutzen ist bei Kohlebetrieb unbedingt erforderlich, um die Verbrennungsprodukte mittels eines Rohres oder dergleichen in das Freie abzuführen und Wärmestau zu vermeiden. Er befindet sich oberhalb des Lichtbogens. Auch bei Xenonlampen ist es erforderlich, um den Wärmestau zu vermeiden, und gleichzeitig, um das durch die UV-Strahlung gebildete Ozon und nitrose Gase abzuleiten. Der zulässige MAK-Wert würde sonst in kleinen Bildwerferräumen bald überschritten und damit die Gesundheit des Personals gefährden. Bei Verwendung ozonfreier Xenonkolben entfallen diese Bedenken.

Zum Lampenhaus gehört ferner ein Lichtverschluß (Katzenaugenverschluß), um den intensiven Lichtstrahl vom Projektor fernhalten zu können und ein Schaufenster aus dunklem Glas zur direkten Kraterbeobachtung. Meist gehört noch ein Tubus dazu, um den Lichtstrahl zwischen dem Lampenhaus und Projektor abzudecken, da das Lampenhaus meist in kurzer Entfernung vom Projektor steht (Abb. 376). Zwecks guter Zugänglichkeit hat das Lampenhaus nicht nur auf der Bedienungsseite eine Tür, sondern auch auf der Gegenseite. Da das einfache Hochklappen der Tür für den Vorführer unbequem ist, besonders bei dem häufigen Einsetzen und Nachstellen der Kohlestifte, gibt es auch Konstruktionen,

Abb. 376. Doppelwandiges Lampenhaus mit Klapptür, Tubus, Katzenaugenverschluß, Abzugsstutzen, Beobachtungsfenster und eingesetztem Kohle-Lampenblock, 1931 („*Artisol 75*", ZEISS IKON)

bei denen die entsprechend gebogene Tür unter das Dach des Lampenhauses gerollt wird (ZEISS IKON) oder schräg nach oben geführt wird (MEOPTA) (Abb. 377). Zur Ausrüstung gehören meist noch ein Volt- und Amperemeter, bei Xenonlampenhäusern auch ein Betriebsstundenzähler. Die Xenonlampenhäuser sind noch mit Türkontakten versehen, um zu vermeiden, daß bei geöffneter Tür

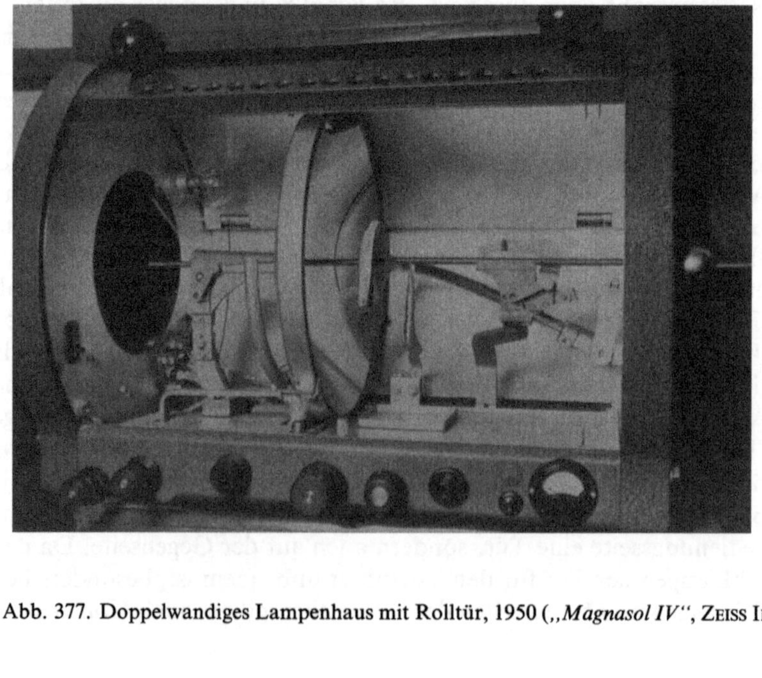

Abb. 377. Doppelwandiges Lampenhaus mit Rolltür, 1950 („*Magnasol IV*", ZEISS IKON)

gezündet wird. Außerdem verlangen die deutschen Vorschriften, daß sich die Tür (wegen der Explosionsgefahr) nicht wie üblich durch Handknopf, sondern nur mit einem Werkzeug öffnen läßt. Da die Höhe der optischen Achse bei europäischen Projektoren 255 mm (10″) beträgt, sind die Lampenhäuser so konstruiert, daß beim Aufsetzen auf die Projektor-Tischplatte diese Höhe erreicht wird. Amerikanische Projektoren haben meist eine 9″ hohe optische Achse [447 ... 455]. Bei den SPP-Lampen von PHILIPS ist ein Lampenhaus nicht vorhanden, allenfalls kann man von einem kleinen Lampenblock sprechen, der Bestandteil des Projektors ist [456].

Abb. 378. „Anhängelampenhaus" zur Diaprojektion

Für die Projektion von Dias im Filmtheater [457] werden häufig „Anhängelampenhäuser" verwendet, die am Hauptlampenhaus des Bildwerfers befestigt sind (Abb. 378). Sie sind billiger und raumsparender als selbständige Dia-Projektoren. Mit der Einführung der Breitwandverfahren ging man auch häufig von dem meist quadratischen Diabild (DIN 108) zum breiten Diabild über [458, 459]. Dies ist auf zweierlei Art möglich. Entweder durch Verwendung eines Diapositivs, dessen Höhe geringer als die Breite ist, wobei ein Objektiv kürzerer Brennweite (etwa 50%) erforderlich ist, oder durch anamorphotisch gepreßte Diapositive in vollem Format in Verbindung mit einem anamorphotischen Vorsatz (Abb. 379). Um für alle drei Arten der Diaprojektion gerüstet zu sein, werden an den Projektoren drei Optikhalterungen angebracht: eine für normale

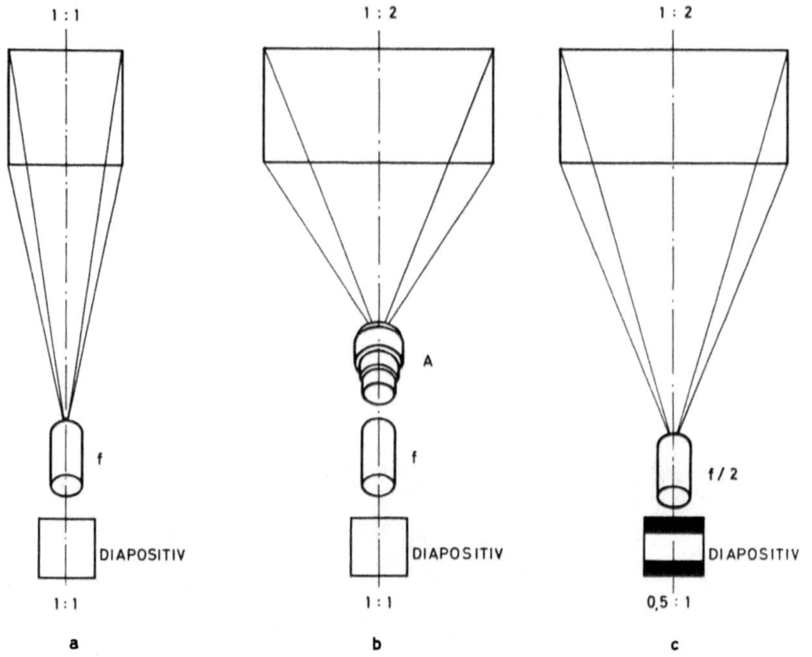

Abb. 379. Dia-Projektion. *a* Normalprojektion 1:1, *b* Breitprojektion 1:2 mit Anamorphot *A*, *c* Breitprojektion 1:2 mit Objektiv halber Brennweite

Brennweite, eine für kurze Brennweite und eine für Anamorphot. Diese Halterungen sind schwenkbar geordnet, so daß sie schnell in oder aus dem Strahlengang gebracht werden können (Abb. 380).

Abb. 380. Dia-Projektor mit schwenkbaren Haltern für Normalobjektiv, Objektiv halber Brennweite und Anamorphot

VII. Abbildungsoptik

A. Allgemeine Eigenschaften

Das von der Beleuchtungsoptik und Lichtquelle beleuchtete Objekt (Film, Diapositiv) wird mit Hilfe der Abbildungsoptik auf den Bildschirm projiziert. Mit Einzellinsen ist eine auch nur einigermaßen einwandfreie Projektion nicht möglich, da zu viele Abbildungsfehler auftreten. Diese werden durch Verwendung mehrerer Linsen, die in eine Fassung eingesetzt als *Objektiv* bezeichnet werden, verringert. Zu den wesentlichsten Abbildungsfehlern der Objektive gehören:

a) Farbfehler (farbige Säume an steilen Übergängen von hoher zu niedriger Beleuchtungsstärke),

b) Öffnungsfehler (sphärische Aberration). Scharfer Bildkern in schleieriger Unschärfe, verringerter Kontrast, keine klar definierte Scharfeinstellung),

c) Koma (helle, außerhalb der Bildmitte liegende Bildpunkte sind von kometenschweifartigen Verzerrungsfiguren überlagert, deren Gestalt sich bei kleinen Änderungen der Scharfeinstellung stark ändert),

d) Astigmatismus (radial von der Bildmitte aus verlaufende Linien haben eine andere Scharfeinstellung als senkrecht dazu verlaufende. Die Differenz zwischen beiden wächst mit der Entfernung von der Bildmitte),

e) Bildfeldwölbung (Bildmitte und Bildwand lassen sich nicht gleichzeitig völlig scharf einstellen. Die günstigste Einstellung ist die, bei welcher Mitte und Rand gleich unscharf erscheinen. Es bildet sich dann eine Ringzone größter Schärfe aus),

f) Verzeichnung (die Vergrößerung über das Bildfeld ist nicht konstant. Wird sie nach dem Rand kleiner, so wird z. B. ein Quadrat tonnenförmig verzeichnet. Wird sie nach dem Rand zu größer, so entsteht eine kissenförmige Verzeichnung des Quadrats),

g) Kontrastarmut (die dunklen Stellen sind durch innere Mehrfach-Reflexionen aufgehellt).

Die vorstehend aufgeführten Fehler wachsen mit der von den Beleuchtungsstrahlen durchsetzten Objektivöffnung, mit der Bildvergrößerung und mit dem Bildwinkel. Die Abbildungsgüte eines Objektivs ist unter sonst gleichen Bedingungen abhängig von der Güte der Konstruktion, der Linsenzahl, den verwendeten Glassorten, der Entspiegelung und der Genauigkeit der Herstellung, besonders der Flächenpolitur und der Zentrierung [460 . . . 464].

a) Der Farbfehler (chromatische Aberration) entsteht dadurch, daß bei der Brechung des Lichtes eine Zerlegung in die verschiedenen Farben (Spektrum) eintritt. Man bekommt von einer punktförmigen weißen Lichtquelle durch eine einfache Linse kein punktförmiges Bild, sondern ein Bild mit Farbsäumen, da die Bildpunkte für die verschiedenen Farben (Wellenlängen) verschieden weit von der Linse entfernt liegen. Dieser Abbildungsfehler kann durch Kombination einer Sammellinse aus Kronglas mit einer Zerstreuungslinse aus Flintglas von etwa der halben Brechkraft behoben werden. Das Flintglas weist bei der gleichen Brechkraft eine etwa doppelt so große Farbenzerstreuung (Dispersion) wie das Kronglas auf. Eine derartige Kombination wird *Achromat* genannt (Abb. 381) und hat etwa die halbe Brechkraft der Sammellinse. Die Farbenzerstreuung, die in beiden Linsen entgegengesetzt ist, hebt sich jedoch auf, so daß man ein Bild ohne Farbsäume erhält. Objektive, bei denen die Korrektur der chromatischen Aberration nicht genügend durchgeführt ist, zeigen an den Konturen heller Bildteile (z. B. an den weißen Linien einer Rasterplatte) farbige Säume.

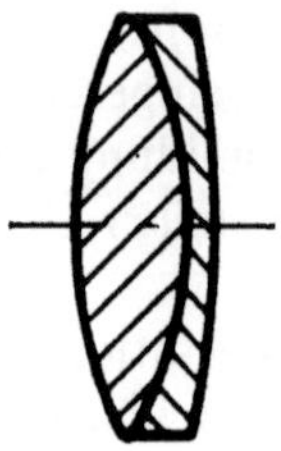

Abb. 381. Achromat

b) Die sphärische Aberration entsteht dadurch, daß die durch die Randzone einer Linse gehenden Strahlen in einem Punkte vereinigt werden, der näher an der Linse liegt als der Vereinigungspunkt, der durch die zentralen Zonen der Linse gehenden Strahlen. Dieser Fehler wirkt sich um so stärker aus, je kleiner bei gleicher Öffnung der Krümmungsradius der Linsenflächen ist. Durch Abblenden der Randzonen kann er verkleinert werden, allerdings auf Kosten des Öffnungsverhältnisses bzw. des Lichtstroms. Die Korrektur der sphärischen Aberration erfolgt zusammen mit den anderen Abbildungsfehlern. Noch vorhandene sphärische Aberration von Objektiven erkennt man an Schleiern (Lichthöfe), die sich um helle Punkte bilden bzw. sich an den Begrenzungslinien heller Flächen zeigen.

c) Koma entsteht, wenn weitgeöffnete, schräge Lichtbüschel durch einfache Linsen gehen. Man bekommt von leuchtenden Punkten am Rande des Bildes nach außen gerichtete, kometenartige Schwänze. An halben Bildrändern entstehen ähnlich wie bei der sphärischen Aberration helle Säume und man kann diesen Fehler auch als sphärische Aberration schräger Büschel bezeichnen. Dieser Fehler wird zusammen mit dem Astigmatismus korrigiert.

d) Astigmatismus entsteht durch schrägen Verlauf des Hauptstrahles zur Linsenachse. Solche schrägen Bündel kommen bei jeder Projektion vor, da ja nicht punktförmige, sondern ausgedehnte Objekte abgebildet werden sollen. Je größer das zu projizierende Bild im Verhältnis zur Brennweite einer Linse wird (das heißt je größer der Bildwinkel ist), desto schrägere Strahlenbündel nehmen an dem Abbildungsvorgang teil. Hierbei wird ein Punkt nicht als Punkt (Stigma), sondern als zwei in verschiedenem Abstand von der Linse liegende, nahezu senkrecht aufeinander stehende Linien abgebildet. So wird z. B. von einem Kreuz, dessen

Mittelpunkt auf einer waagrechten Geraden seitlich der optischen Achse liegt, zuerst der Balken scharf abgebildet, der senkrecht zur optischen Achse verläuft, während der Balken, dessen Verlängerungslinie durch die optische Achse geht, noch unscharf ist. In einem größeren Abstand von der Linse wird dann dieser Balken scharf, während der andere unscharf wird. Bei der Projektion zeigt sich dieser Fehler so, daß Linien, die nach dem Mittelpunkt des Bildes verlaufen, bei einer anderen Einstellung scharf werden, wie konzentrische Kreise um den Mittelpunkt.

Abb. 382. Anastigmat nach dem TAYLOR-Typ (Triplet)

Astigmatismus und Koma werden durch das *Anastigmat* beseitigt, das im einfachsten Fall aus drei freistehenden Linsen besteht und nach seinem Erfinder TAYLOR-Objektiv oder *Triplet* genannt wird (Abb. 382).

e) Bildfeldwölbung entsteht dadurch, daß bei einer einfachen Linse eine ebene Fläche nicht plan, sondern gewölbt abgebildet wird. Man kann dann den Rand und die Mitte des Bildes nicht gleichmäßig scharf einstellen, sondern hat bei scharfer Mitte einen unscharfen Rand und umgekehrt. Die Bildfeldwölbung und die sphärische Aberration, wie auch die chromatische Aberration werden durch den *Aplanat* behoben. Der bekannteste Objektivtyp dieser Art wird nach seinem Erfinder PETZVAL-Objektiv genannt (Abb. 383).

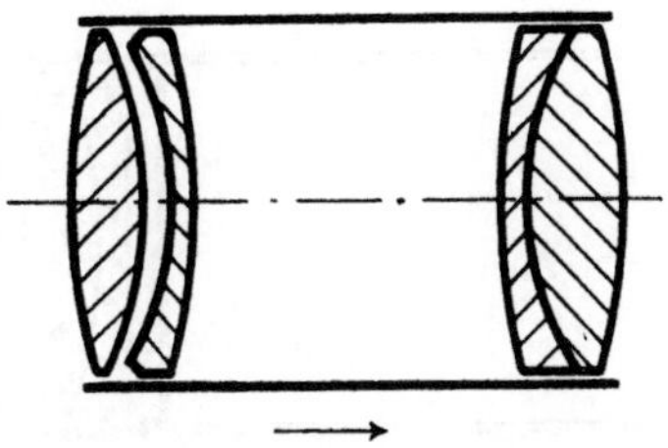

Abb. 383. Aplanat nach dem PETZVAL-Typ (der Pfeil bedeutet die Lichtrichtung bei der Projektion)

B. Anwendung und Eigenschaften der verschiedenen Objektivtypen

Der *Zweilinser* (Abb. 384) wird nur für billigste Geräte mit niederen Anforderungen angewendet, z. B. Overhead-Projektoren). Er weist noch alle erwähnten Bildfehler auf, mit Ausnahme der allgemein üblichen Entspiegelung. Öffnungsverhältnis bis etwa 1:4.

Das *Triplet* (*Anastigmat* nach dem TAYLOR-Typ) eignet sich nur bis zu einem Öffnungsverhältnis von 1:2,8. Es besitzt gute Korrektur der verschiedenen Abbildungsfehler und zeichnet einen großen Bildwinkel aus. Dadurch ist es für die Projektion von Diapositiven großen Formats (8,5 cm × 10 cm) bis herunter zu Brennweiten von 150 mm gut verwendbar. Zu dieser Gruppe gehört z. B. das *Orikar* von ZEISS IKON und das *Projar* von ISCO.

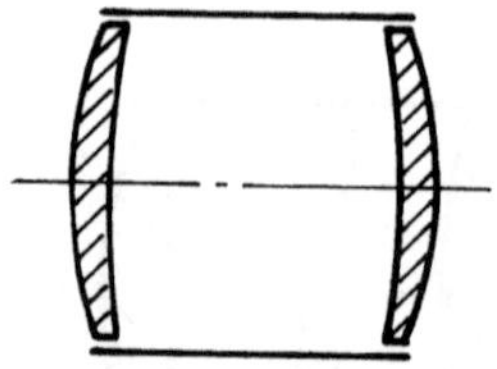

Abb. 384. Zweilinser

Der *Vierlinser* (*Aplanat* nach dem PETZVAL-Typ) hat ein Öffnungsverhältnis bis zu 1:1,9 und Brennweiten bis herunter zu 80 mm. Die Bildwinkel dürfen nicht zu groß sein. Das Normalformat von 15,2 × 20,9 mm des 35-mm-Films wird noch einwandfrei projiziert, allerdings nimmt die Bildschärfe infolge noch vorhandener Bildfeldwölbung nach dem Rande zu ab. Dieser Fehler ist bei kürzeren Brennweiten stärker bemerkbar als bei langen. Aus dem gleichen Grunde sind sie für das größere CinemaScope-Format und in Verbindung mit anamorphotischen Vorsätzen nicht geeignet. Die Transparenz dieser Objektive ist hoch, da der Lichtverlust wegen der geringen Anzahl von Linsen und ihrer geringen Dicke nur etwa 12% beträgt, Entspiegelung vorausgesetzt. Zu dieser Gruppe gehört z. B. das *Neokino* von BUSCH, das *Kinostar* von ZEISS IKON und das *Kiptar* von ISCO. Eine Abwandlung des PETZVAL-Typs entsteht dadurch, daß nicht nur das vordere

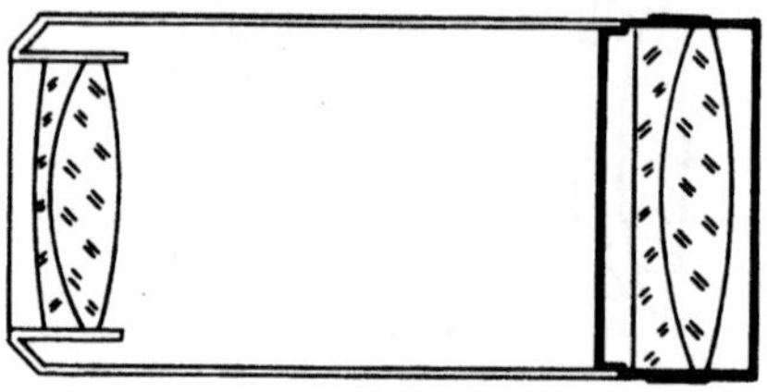

Abb. 385. PETZVAL-Typ mit zwei verkitteten Gliedern (*Kipronar*)

Linsenpaar, sondern auch das hintere Glied verkittet ist (Abb. 385). Auch dieses Objektiv ist gut korrigiert bis auf die verbleibende Bildfeldwölbung. Es eignet sich sehr gut für normale Projektion von 35-mm-Film, jedoch nicht in Verbindung mit einem anamorphotischen Vorsatz. Besonders geeignet ist es für längere Brennweiten bis zu 180 mm, obwohl die Reihe bereits mit 90 mm beginnt. Die Transparenz ist ebenfalls sehr gut, nämlich etwa 90%. Es ist nur ein Typ bekannt, das *Kipronar* von CARL ZEISS, welches für alle Brennweiten das konstante Öffnungsverhältnis 1:1,9 besitzt.

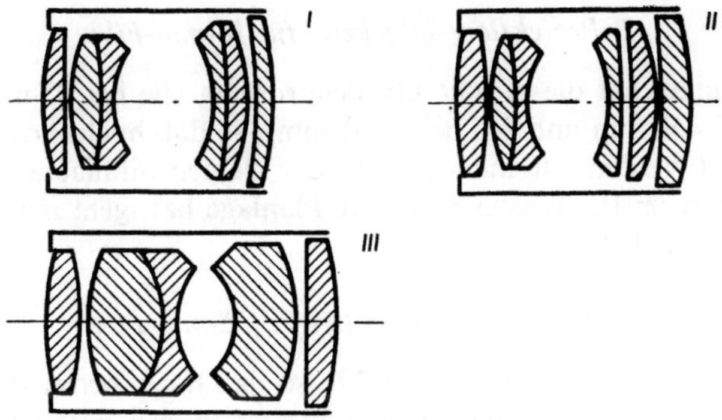

Abb. 386. Anastigmate nach dem GAUSS-Typ. I *Alinar, Cineluxim*, II *Superkiptar*, III *Prokinar*

Fünf- und *Sechs-Linser* (Anastigmate nach dem GAUSS-Typ). Anstelle der einfachen Zerstreuungslinse des TAYLOR-Typs treten zwischen die beiden außen liegenden Sammellinsen zwei meniskenartig ausgebildete Zerstreuungslinsen, die sich mit ihren hohlen Seiten einander gegenüber stehen (GAUSS-Typ). Eine oder beide dieser Linsen sind als gekittetes Glied ausgebildet oder auch in zwei Linsen aufgespalten, so daß fünf- oder sechslinsige Objektive entstehen (Abb. 386). Diese Objektive sind für größere Bildwinkel und kürzere Brennweiten bei Öffnungsverhältnissen bis zu 1:1,5 geeignet, auch in Verbindung mit anamorphotischen Vorsätzen. Infolge der vielen Linsen und der verwendeten schweren Gläser ist der Lichtverlust durch Absorption und Reflexion größer als bei einfachen Aplanaten. Die Transparenz beträgt etwa 83%. Zu dieser Gruppe gehört das *Alinar* von ZEISS IKON, das *Superkiptar* von ISCO und das *Prokinar* von VEB CARL ZEISS. Eine Variante mit nur vier Linsen stellt das *Ernostar* von ZEISS IKON dar (Abb. 387), das Brennweiten von 80 mm aufwärts und Öffnungsverhältnisse ab 1:1,8 besitzt. Wegen der geringen Linsenzahl ist die Transparenz recht hoch, nämlich etwa 88%.

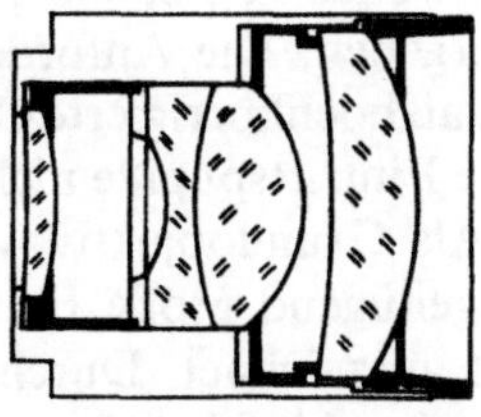

Abb. 387. Vierlinsiger Anastigmat (*Ernostar*)

Zu diesen allgemeinen Überlegungen ist für den jeweiligen Anwendungszweck noch folgendes zu bemerken:

1. Projektions-Objektive für 8-mm-Film

Der Bildwinkel hat die gleiche Größenordnung wie 35-mm-Normalfilm, so daß hochkorrigierte Anastigmate verwendet werden. Da bei der sehr kleinen Bildfläche von 3,3 mm × 4,4 mm, bzw. 4,01 mm × 5,36 mm (8 S) eine sehr gute Planlage des Films im Bildfenster gegeben ist, können Öffnungsverhältnisse bis zu 1:1,2 gewählt werden.

2. *Projektions-Objektive für 16-mm-Film*

Der Bildwinkel hat die gleiche Größenordnung wie bei 35-mm-Normalfilm (z. B. 14° bei f = 50 mm und 20° bei f = 35 mm), so daß hochkorrigierte Anastigmate verwendet werden. Da auch hier bei der kleinen Bildfläche von 7,16 mm × 9,6 mm der Film im Bildfenster eine gute Planlage hat, geht man mit dem Öffnungsverhältnis bis 1 : 1,4.

3. *Projektions-Objektive für 35-mm-Film*

Der Bildwinkel beträgt bis zu etwa 20°, so daß hochkorrigierte Anastigmate verwendet werden. Nur bei längeren Brennweiten zwischen 95 und 125 mm und Normalformat genügen Aplanate vom PETZVAL-Typ. Mit dem Öffnungsverhältnis geht man bis 1 : 1,8, in einigen Fällen auch bis 1 : 1,6. Wegen der hierbei geringeren Tiefenschärfe muß für gute Kühlung des Films gesorgt werden, damit er sich nicht unkontrolliert im Projektorfenster durchbiegt. Bei den modernen Verfahren werden häufig kurze Brennweiten unter 70 mm verwendet. Der Durchmesser der Eintrittslinse des Objektivs wird dann klein, etwa der Diagonale des Projektorfensters entsprechend oder noch kleiner. Dadurch werden die von den Ecken des Bildfensters ausgehenden Strahlen nur noch teilweise von dem Objektiv aufgenommen, so daß bei dem projizierten Bild die Ecken dunkel erscheinen. Dieser Nachteil wird, wie schon unter dem Kapitel Beleuchtungsoptik erwähnt, durch eine Bildfensterlinse beseitigt, welche die Beleuchtungsoptik (Spiegel oder Kondensor) im Objektiv abbildet. Dadurch werden die aus den Ecken kommenden Hauptstrahlen zur Eintrittslinse abgebogen.

4. *Projektions-Objektive für 70-mm-Film*

Das Bildfenster hat die Abmessungen 48,6 mm × 22 mm und eine Diagonale von 53 mm. (Diese beträgt bei Normalfilm 26 mm, bei CinemaScope-Bildfenster 28 mm.) Es sind meist kurze Brennweiten von 65 bis 80 mm erforderlich, so daß sich Bildwinkel von 44° bis 37° ergeben. Die Anforderungen an die Breitfilmobjektive sind daher sehr hoch, so daß hochkorrigierte Objektive erforderlich sind. Da bei den kurzen Brennweiten die Eintrittspupille nicht mehr ausreicht, werden kombinierte Systeme verwendet. Als Grundobjektiv wird ein Objektiv längerer Brennweite genommen, das eine genügend große Eintrittspupille aufweist und welches das große Bildformat gut auszeichnet. Durch besondere Zusatzglieder wird die Brennweite auf das gewünschte Maß herabgesetzt. Zusätzlich kann noch ein variables Glied aufgesetzt werden, das die Brennweite im Bereich von etwa 2% bis 8% verändert, so daß im Kino eine genaue Anpassung an den Bildschirm möglich ist. Bei Verkleinerung der Bildgröße, das heißt Verlängerung der Brennweite, heißt dieser Vorsatz „Minifier“ und bei Vergrößerung des projizierten Bildes, das heißt Verkürzung der Brennweite „Magnifier“ [465, 466]. Jedoch ist zu bedenken, daß durch diese variablen Vorsätze zusätzlicher Lichtverlust und Einbuße an Bildgüte eintritt, so daß man tunlichst ohne diese auskommen sollte, zumal die Brennweiten-Abstufung recht fein ist. Bei sehr kurzen Brennweiten sind sie ohnehin nicht zulässig. Bei sehr langen Brennweiten kann dann auch auf das erste Vorsatzsystem verzichtet werden und das Grundobjektiv

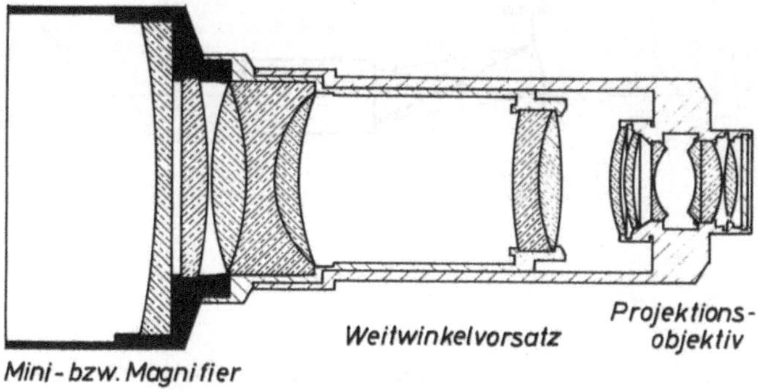

Abb. 388. Breitfilmobjektiv mit variablem Vorsatz (T-Kiptagon)

allein verwendet werden. Derartige Breitfilmobjektive werden in 17 abgestuften Brennweiten von 57 mm bis 175 mm von ISCO unter dem Namen „T-Kiptagon" geliefert (Abb. 388).

C. Filmwölbung und Bildqualität

Der Film liegt nicht plan im Bildfenster, sondern biegt sich unter dem Einfluß der Wärme durch, und zwar in Richtung auf die Lichtquelle. Dadurch kann der Film nicht scharf eingestellt werden [467]. Bei Einstellung auf die Bildmitte entstehen von seitlichen Bildpunkten Unschärfenkreise (Abb. 389). Diese werden vom Auge dann als Kreise erkannt, wenn sie der Betrachter unter einem größeren Winkel als 2,5 Minuten sieht. Bei einem Abstand von der Bild-

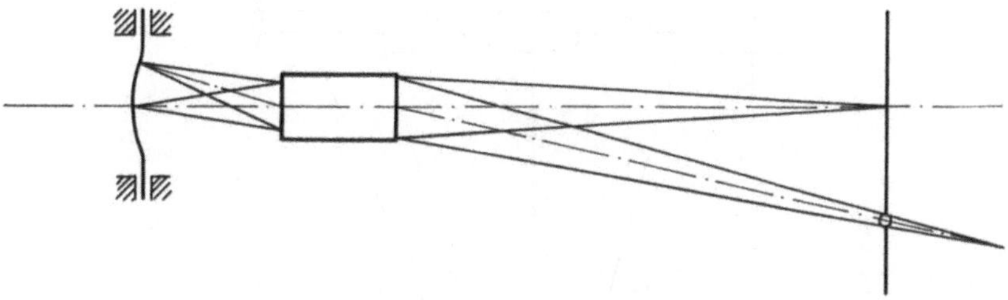

Abb. 389. Randunschärfe auf dem Projektionsschirm bei durchgewölbtem Film

wand, der der vierfachen Breite des Normalformats entspricht, und bei Verwendung eines Objektivs von der relativen Öffnung 1:1,8 wird dieser Grenzwinkel erreicht, wenn die Filmwölbung über 0,13 mm beträgt. Befindet sich der Beobachter näher am Schirm, so genügt schon eine Filmwölbung von 0,06 mm um die Unschärfe zu bemerken. Da die Filmwölbung in einer Richtung vorhanden ist, kann dadurch eine Kompensation erfolgen, daß das Bildfeld des Objektivs nicht völlig geebnet, sondern auf einen mittleren Wert der Filmwölbung angepaßt wird (Abb. 390). Dagegen wird der Einfluß der Bildwandkrümmung meist über-

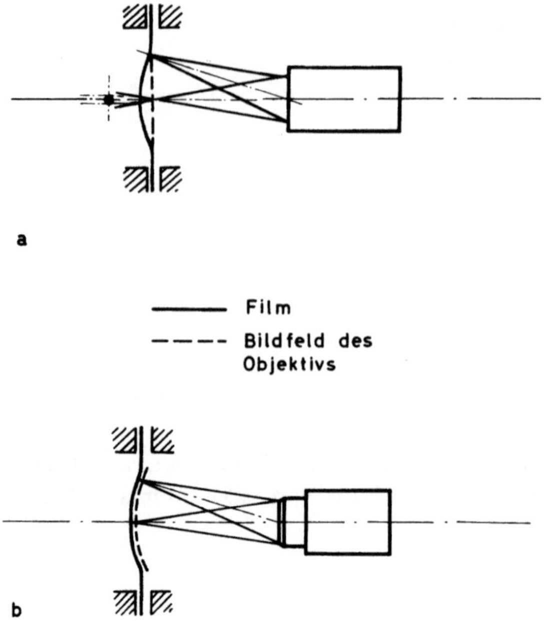

Abb. 390. *a* Objektiv mit ebenem Bildfeld, *b* Bildfeld des Objektivs ist einer mittleren Filmverwölbung angepaßt

schätzt (Abb. 391). Sofern sich diese in den üblichen Bereichen bewegt (Stichmaß *D* etwa 10‰, das heißt 2 m Durchbiegung bei einem 20 m breiten Schirm), treten noch keine Unschärfen auf.

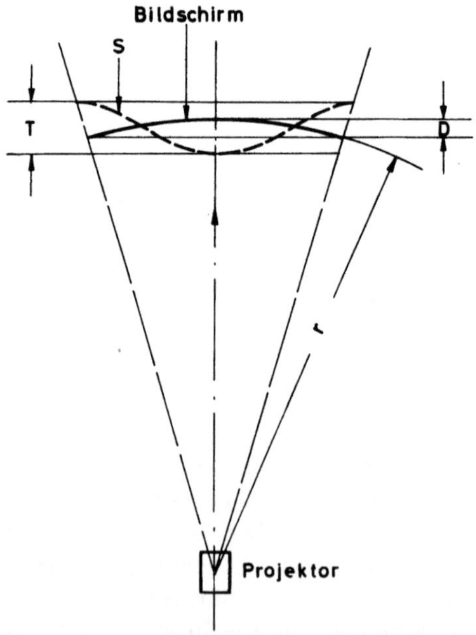

Abb. 391. Bildwandkrümmung und Filmwölbung. *T* Tiefenschärfenbereich eines Objektivs, *S* Fläche mit scharfer Abbildung, entsprechend einer noch zulässigen Filmverwölbung, *D* Tiefe der Bildschirmwölbung, *r* Krümmungsradius der Bildwand (Projektionsentfernung)

D. Berechnung der Brennweite und Bildgröße

Bei gegebener Projektionsentfernung P in Metern, Schirmbildbreite B in Metern und Breite des Projektorfensters a in Millimetern, erhält man die benötigte Brennweite f in Millimetern aus

$$f = \frac{P}{B} \cdot a$$

Für a gelten in der Praxis folgende Werte:

$a = 20{,}9$ mm bei Normaltonfilm-Format
$a = 42{,}6$ mm bei CinemaScope-Lichtton
$a = 46{,}4$ mm bei CinemaScope-Magnetton

Die Höhe H des projizierten Bildes in Metern erhält man aus $H = B \cdot b$, worin b folgende Werte annehmen kann:

$b = 0{,}73$ bei Normaltonfilm-Format	1:1,37
$b = 0{,}60$ bei Breitschirm-Format	1:1,66
$b = 0{,}57$ bei Breitschirm-Format	1:1,75
$b = 0{,}54$ bei Breitschirm-Format	1:1,85
$b = 0{,}43$ bei CinemaScope-Lichtton	1:2,35
$b = 0{,}39$ bei CinemaScope-Magnetton	1:2,55

Legt man die Brennweite des Normaltonfilm-Formats 1:1,37 mit 100% zugrunde, so beträgt die Brennweite des Objektivs für Breitschirm 1:1,75 nur 80% und die des Grundobjektivs für CinemaScope-Lichtton und Magnetton 120%. Die Abweichungen betragen also −20% für Breitschirm und +20% für CinemaScope.

Auch für die Diaprojektion gibt es eine ähnliche einfache Beziehung. Da bei dem im Kino verwendeten Diapositiv von 85 mm × 85 mm die Höhe der Nutzfläche etwa 73 mm beträgt, bei Normaltonfilm-Format nur 15,2 mm, ist das Verhältnis etwa 5:1. Will man ein Diapositiv in der gleichen Höhe wie den Film projizieren, so muß die Brennweite des Diapositiv-Objektivs fünfmal größer als die des Film-Objektivs sein. Werden Diapositive projiziert, deren Höhe geringer ist (Breitschirm-Dias), so sind kürzere Brennweiten erforderlich, meist nur 50% der normalen Brennweite, so daß die Brennweite des Film-Objektivs mit 2,5 zu multiplizieren ist, um die Brennweite des Objektivs für Bildschirm-Dia zu erhalten.

E. Objektive mit veränderlicher Brennweite

Diese Entwicklung wurde Ende der 20er Jahre bekannt („Transfokator" von Gramatski). Derartige Objektive, bei denen die Brennweite in einem gewissen Bereich kontinuierlich verändert werden kann, bezeichnet man auch als „Gummilinsen", „Vario-Objektive" oder „Zoom-Objektive". Sie werden vorwiegend für Aufnahmezwecke verwendet, weil hier ein Brennweitenwechsel häufig vorkommt und Objektivrevolver nur diskontinuierliche Brennweitenänderung gestatten. In der Wiedergabetechnik genügt im allgemeinen eine feste Brennweite, da die Projektionsbedingungen bekannt sind. Bei modernen Verfahren mit Formatwechsel erfüllt ein Objektivrevolver mit Objektiven konstanter Brennweite alle Anforderungen. Allenfalls bei transportablen Geräten, wo Projektionsentfernung und Schirmgröße ständig wechseln, verwendet man auch zur Projektion Zoom-Objektive. Diese findet man daher bei Schmalfilm- und Kleindia-Projektoren. Einer der Nachteile der Zoom-Objektive, nämlich der höhere Preis im Verhältnis zu einem Objektiv mit fester Brennweite hebt sich dann auf, weil auf eine größere Anzahl fester Objektive verzichtet werden kann. Die meist etwas geringe Lichtstärke wird in Kauf genommen, wie auch geringe optische Restfehler und auch die Tatsache, daß die Schärfe nicht im gesamten Verstellbereich konstant ist, sondern um geringe Beträge um die Schärfenebene pendelt [468].

F. Anamorphote

Bei CinemaScope und einigen Filmverfahren wird der Inhalt des Filmbildchens in der Breite zusammengepreßt und bei der Projektion wieder gedehnt. Das Verhältnis der Pressung beträgt meist 1:2. Man erhält dadurch auf dem Bildschirm zweimal so breite Bilder als üblich, bei annähernd gleicher Höhe. Diese Verfahren gehören jetzt zum Stand der Technik und sind weitverbreitet. Die erste Anregung, Anamorphote für kinematographische Zwecke zu verwenden, dürfte von E. Zollinger stammen, der 1910 entsprechende Patente erhielt [469]. Die erste bekannt gewordene praktische Anwendung erfolgte durch den Franzosen H. Chretien 1927 [470, 471], der den anamorphotischen Vorsatz „*Hypergonar*“ nannte. Auch für 16-mm-Schmalfilm wurde dieses Verfahren schon 1931 in USA angewendet [472], wobei der Vorsatz den Namen „*Cine-Panor*“ erhielt. Der große Durchbruch setzte aber 1953 mit dem *CinemaScope*-Verfahren der 20th Century-Fox ein. Dabei ist der anamorphotische Vorsatz noch älter. Bereits 1897 wurde er von Dr. P. Rudolph im Hause Carl Zeiss konstruiert, allerdings nicht für kinematographische Zwecke [473].

Es sind drei Arten von anamorphotischen Vorsätzen im Gebrauch:

1. der Linsen-Anamorphot,
2. der Spiegel-Anamorphot,
3. der Prismen-Anamorphot,

deren Eigenschaften im folgenden beschrieben werden [474 ... 477].

1. Der *Linsen-Anamorphot* (Abb. 392) besitzt ein sammelndes und ein zerstreuendes zylindrisches Linsenglied, deren Abstand zur Einstellung auf die Projektionsentfernung veränderlich ist. Der Dehnungsfaktor ist konstant und beträgt zwei. Er ließe sich auch veränderlich herstellen, die Bildqualität würde jedoch darunter leiden. Da die Filme fast ausnahmslos den Faktor 2 haben, liegt auch kein Bedarf hierfür vor. Wegen seiner hohen Bildqualität und der guten lichttechnischen Eigenschaften (Lichtverlust etwa 7%, Randabfall etwa 5%) ist dieses System das am meisten verbreitetste. Hersteller z. B. Isco, Möller, Zeiss.

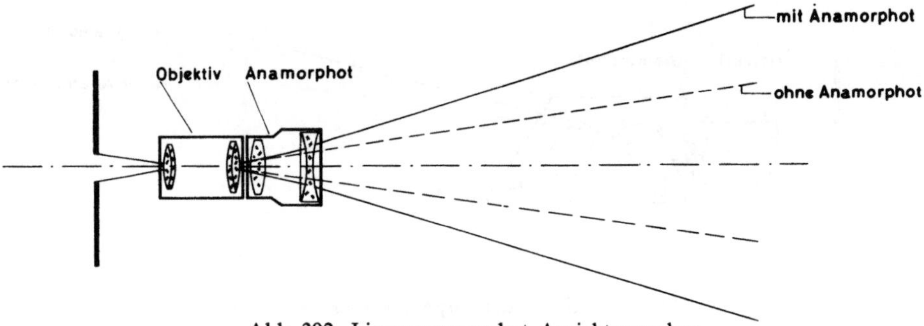

Abb. 392. Linsenanamorphot. Ansicht von oben

2. Der *Spiegel-Anamorphot* besitzt zwei Zylinderspiegel. Einer ist konkav und dem Objektiv zugekehrt, der andere konvex und der Bildwand zugekehrt (Abb. 393). Dieses System ist frei von zusätzlichen Farbfehlern. Die Bildqualität ist bei guter Ausführung einwandfrei, der Randabfall beträgt nur 5%. Aber der Lichtverlust durch die Reflexion an den Spiegeloberflächen ist hoch und beträgt etwa 20%. Ein weiterer Nachteil besteht darin, daß der Strahlengang umgelenkt wird und die optische Achse nach dem Spiegel-Anamorphot tiefer liegt. Dadurch muß das Kabinenfenster bzw. der Mauerdurchbruch tiefer gesetzt werden. Auch die größeren Abmessungen des Gehäuses erschweren den Einsatz des Spiegel-Anamorphoten. Er wird unter dem Namen *Delrama* von der niederländischen Firma Oude Delft geliefert.

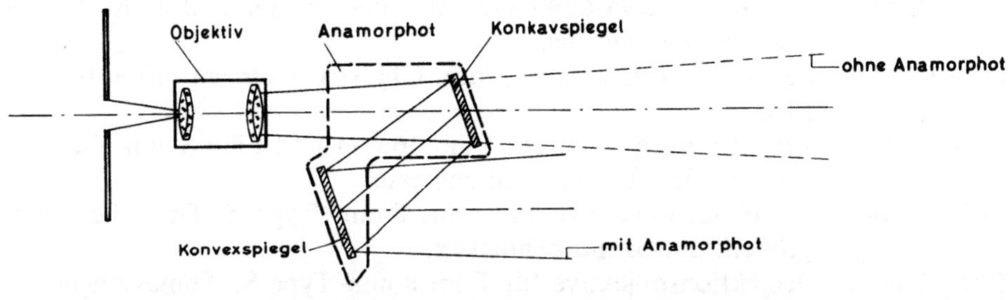

Abb. 393. Spiegelanamorphot, Ansicht von der Seite

3. Der *Prismen-Anamorphot* enthält zwei Prismen, welche zueinander schräg gestellt sind (Abb. 394). Zur Vermeidung von Farbfehlern müssen achromatische Prismen genommen werden. Der Dehnungsfaktor der Prismen-Anamorphote kann durch Schwenken der Prismen leicht verändert werden. Zu Beginn der anamorphotischen Verfahren, als noch nicht eindeutig feststand, welcher Faktor genommen würde, kann das ein Vorteil gewesen sein [478]. In den letzten Jahren, in denen nur noch der Faktor zwei üblich ist, trifft das nicht mehr zu. Die Projektionsqualität wird durch Farbsäume und Unschärfen beeinträchtigt. Einwandfreie anamorphotische Abbildung ist nur im Unendlichen möglich. Um aber die astigmatischen Abbildungsfehler zu beseitigen, ist für jede Entfernung eine Korrekturlinse erforderlich, die das unendlich weit entfernt liegende Schirmbild in endlicher Entfernung abbildet. Diese Korrekturlinse wird am Ausgang des Zylinder-Anamorphoten eingesetzt. Der Lichtverlust beträgt etwa 16%, der

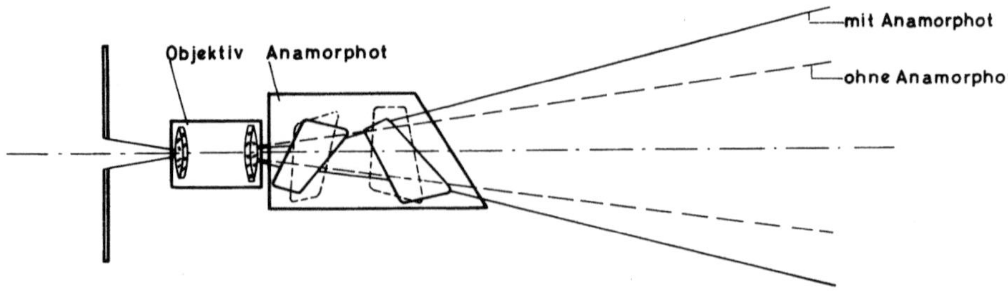

Abb. 394. Prismenanamorphot. Ansicht von oben

Randabfall etwa 11%. Zylinder-Anamorphote werden vorwiegend in den USA unter der Bezeichnung *Tushinsky* und *Super Panatar* der Firma PANAVISION geliefert.

Normen

Für Objektive allgemein, und auch speziell für Projektionsobjektive, existieren einige Normblätter, in denen optische wie auch mechanische Werte enthalten sind. Zu letzterem gehören vorwiegend die Durchmesser der Objektive und der Freiraum im Projektor, der für die Objektive benötigt wird. Folgende Normblätter existieren:

DIN 4521	Aufnahme- und Projektionsobjektive für die Phototechnik. Brennweite und relative Öffnung.
DIN 15741/1	Kino-Projektionsobjektive für Film 35 mm und Film 70 mm. Optische Kenngrößen.
DIN 15741/2	detto — Abmessungen der Objektivfassungen. Freiraum im Projektor.
DIN 15744/1	Projektionsobjektive für Film 16 mm und Film 8 mm. Optische Kenngrößen, Einspanndurchmesser.
DIN 15844/1	Projektionsobjektive für Film 8 mm Type S. Optische Kenngrößen, Einspanndurchmesser.
DIN 15844/2	Projektionsobjektive für Film 8 mm Type S. Abmessungen der Objektivfassung.
DIN 58165	Zulässige Abweichungen für Optikeinzelteile.

G. Die Entspiegelung optischer Teile

Selbst saubere, polierte Glasflächen reflektieren noch etwa 6% des Lichtes und mehr. Wenn das auch bei einer Einzellinse oder Glasplatte noch nicht zu sehr ins Gewicht fällt, so wird der Lichtverlust bei hochwertigen Objektiven mit vielen Einzellinsen schon so beträchtlich, daß die Erhöhung des Öffnungsverhältnisses zwar rechnerisch stimmt, die Transparenz aber durch die Vielzahl der Linsen erheblich zurückgegangen ist, in manchen Fällen bis auf 60%. Was aber in vielen Fällen noch störender als der Lichtverlust ist, sind die Mehrfach-Reflexionen in einem solchen hochwertigen System, wodurch Streulicht entsteht und der Kontrast geschwächt wird.

Das Verfahren der „Entspiegelung“ oder „Vergütung“ oder „T-Beschichtung“ wurde bei CARL ZEISS entwickelt und 1935 patentiert [479, 480]. Es besteht darin, daß eine dünne Schicht aus durchsichtigem Stoff mit kleinem Brechungskoeffizienten auf die zu entspiegelnde Glasfläche aufgebracht wird. Die Dicke dieses „Antiflex-Belages“ muß etwa den vierten Teil der mittleren Wellenlänge des sichtbaren Lichtes betragen, das sind etwa $^1/_{8000}$ mm. Dann muß der Brechungsindex des Belages kleiner als der Brechungsindex des betreffenden Glases sein. Ferner soll die Energie-Bedingung möglichst erfüllt sein, wonach der Brechungs-Index gleich der Wurzel aus dem Produkt der beiden Brechungszahlen der aneinander grenzenden Medien sein muß (bei Glas in Luft also gleich der Wurzel aus dem Brechungs-Index des Glases). Trifft nun Licht auf eine so behandelte Glasplatte, deren Reflexion sonst 6% betragen würde (Abb. 395), so wird das Licht zweimal reflektiert, und zwar an dem Antireflexbelag und am Glas.

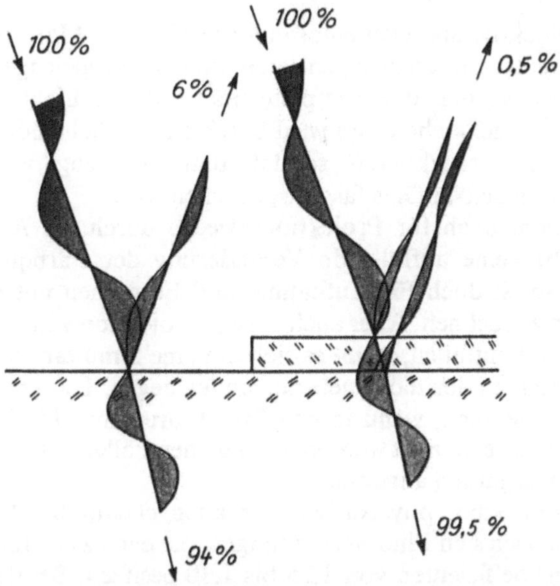

Abb. 395. Wirkung des Antireflexbelages

Dadurch, daß die Schichtdicke den vierten Teil der Wellenlänge des Lichtes beträgt, kommt auf einen Wellenberg der einen Welle ein Wellental der anderen Welle, so daß sich die Wellen des reflektierenden Lichtes nahezu aufheben und die Reflexion nur etwa 0,5% beträgt. Da die Lichtenergie nicht verloren gehen kann, ist die Menge des durchgelassenen Lichtes entsprechend gestiegen, auf 99,5%. Der Vorgang der gegenseitigen Auslöschung von zwei Wellen ist als „Interferenz“ bekannt. Die Auslöschung der reflektierten Wellen tritt nicht für alle Wellenlängen des Lichtes ein. Meist wird die Vergütung für eine mittlere Wellenlänge, das heißt für gelbgrünes Licht um 555 nm herum, berechnet. Übrig bleibt dann eine blauviolette Restfärbung, die man bei schräger Betrachtung deutlich bemerken kann. Außer dieser Blau-Vergütung wurde später noch die Gelb-Vergütung eingeführt [481]. Obwohl derartig vergütete Schmalfilm-Objektive etwa 8% weniger Licht gaben, wird das weißere Licht des gelb-

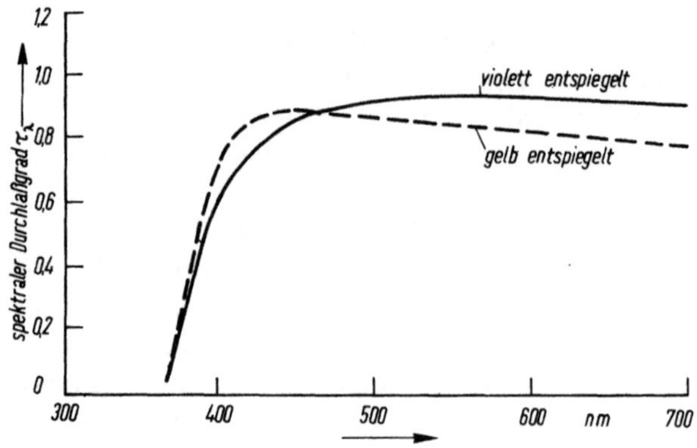

Abb. 396. Spektraler Durchlaßgrad unterschiedlich entspiegelter Schmalfilm-Objektive

entspiegelten Objektivs als heller empfunden (Abb. 396). Man kann dadurch auch die Eigenfärbung der Linsen kompensieren, indem eine gleichgefärbte Vergütung aufgebracht wird, so daß das komplementär gefärbte Licht bevorzugt durchgelassen wird. Eine gelbliche Linse wird durch eine rötliche oder bräunliche Vergütung gelbes Licht reflektieren, so daß Blau bevorzugt wird und sein Absorptionsverlust im gelben Glas fast ausgeglichen wird.

Wenn vielleicht auch für Projektionszwecke durch die Art der Vergütung (blau oder gelb) keine auffallende Veränderung der Farbqualität von Farbfilmen eintritt, so ist doch für Aufnahme und Fernsehen mit Fehlern in Form von Farbstichen zu rechnen. Aber auch bei der Projektion von Farbfilmen können Farbstiche störend auffallen, wenn es sich um eine Simultan-Projektion handelt, wo die projizierten Bilder dicht nebeneinander liegen. Dadurch wird der Farbunterschied sehr deutlich, wenn in den Projektoren sowohl blau wie auch gelb vergütete Objektive verwendet werden. In manchen Fällen wird bei den Objektiven auch eine Mischvergütung angewendet.

Die Vergütung kann physikalisch wie auch chemisch erfolgen. Besonders zweckmäßig erweisen sich Fluorverbindungen, die nach Zerstäubung im Vakuum einen Brechungskoeffizienten von 1,25 bis 1,30 besitzen. Bei der physikalischen Entspiegelung wird im Vakuum Magnesium- oder Kalziumfluorid verdampft. Die Fluoriddämpfe kondensieren auf der zu behandelnden Optikoberfläche und bilden den dünnen Belag. Bei der chemischen Entspiegelung behandelt man die Optikoberfläche mit Säuren oder anderen Flüssigkeiten, z. B. mit einer 0,5-prozentigen, wässerigen Essigsäurelösung. Durch diese Behandlung entsteht an der Glasoberfläche ein chemisch fester Belag, der im reflektierten Licht violettbräunlich schimmert.

Wenn auch der Effekt der Entspiegelung bei hochkorrigierten, viellinsigen Objektiven am auffallendsten ist, so wird sie auch bei einfacheren Elementen der Abbildungsoptik angewendet, weil hier außer dem Lichtgewinn noch die Kontrastschwächung verhindert wird. Aber auch in der Beleuchtungsoptik, oft aus mehreren Elementen bestehend, ist ein merkbarer Lichtgewinn zu verzeichnen. Das gilt auch für Trennscheiben, z. B. den Kabinenfensterscheiben. Nennenswerte Steigerungen des lichttechnischen Wirkungsgrades können durch Vergütung erzielt werden.

VIII. Lichtleistung der Projektionseinrichtung

Bei der Projektion wird eine leuchtende Fläche durch ein Objektiv auf dem Bildschirm abgebildet [482 ... 486]. Hierbei wird vorausgesetzt, daß das Bildfenster von der Beleuchtungseinrichtung gleichmäßig ausgeleuchtet wird. Dann kann man das Bildfenster als einseitig leuchtende Fläche betrachten, aus der die Lichtstrahlen unter einem bestimmten Winkel austreten und zum Objektiv gelangen (Abb. 397). Man erhält den Lichtstrom Φ in einem bestimm-

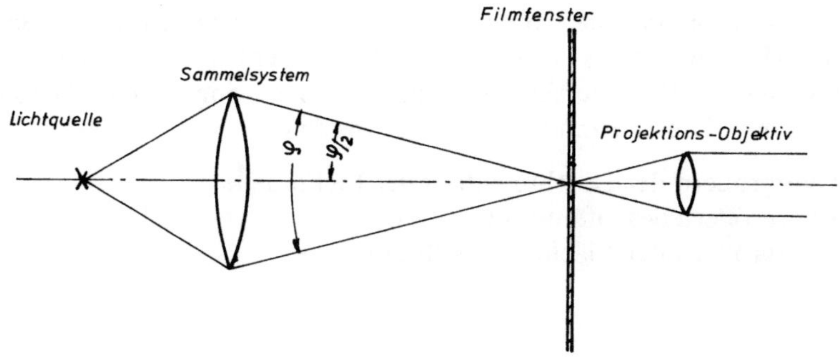

Abb. 397. Öffnungswinkel und Lichtstrahlenkegel

ten Winkel φ aus $\Phi = \pi \cdot I_{max} \cdot \sin^2 \varphi/2$, worin I_{max} die Lichtstärke der leuchtenden Fläche senkrecht zu dieser Fläche bedeutet. Die Lichtstärke I_{max} ist das Produkt aus Flächengröße F und Leuchtdichte B. Bei der Kinoprojektion wird die Lichtquelle im Bildfenster abgebildet. Da bei verlustloser Übertragung die Abbildung einer Lichtquelle die gleiche Leuchtdichte wie die Lichtquelle selbst hat, kann für die Leuchtdichte des Bildfensters die Leuchtdichte der Lichtquelle eingesetzt werden. Der vom Bildfenster kommende Lichtkegel soll das Objektiv voll ausleuchten. Der Winkel φ, unter dem die Strahlen aus dem Bildfenster heraustreten, soll gleich dem Öffnungswinkel des Objektivs sein. Der Einfluß dieses Öffnungsverhältnisses geht aus folgender Tabelle hervor:

Tabelle 38

f:	$\varphi/2$	$\pi . \sin^2 \varphi/2$
2,0	14° 2′	0,1848
2,4	11°46′	0,1307
2,8	10° 7′	0,0971
3,2	8°53′	0,0749

Daraus gehen die Beziehungen zwischen dem Winkel φ, der Apertur und der relativen Öffnung hervor. Die Zahlen in der dritten Spalte $\pi \cdot \sin^2 \varphi/2$ sind sehr aufschlußreich. Sie zeigen, wie sich die Lichtstärke mit der relativen Öffnung ändert. Wird das Objektiv nicht voll ausgeleuchtet, so ist φ der Winkel nach dem Rande des Lichtbündelquerschnittes im Objektiv. Den Nutzlichtstrom Φ_N erhält man dann aus:

$$\Phi_N = \pi \cdot B \cdot F \cdot \sin^2 \frac{\varphi}{2} \cdot v.$$

Hierin bedeuten

B = Leuchtdichte der Lichtquelle
F = Fläche des Bildfensters
φ = Öffnungswinkel des Objektivs (bei voller Ausleuchtung)
v = Verlustfaktor

Im Verlustfaktor sind die Absorptions- und Reflexionsverluste der Beleuchtungs- und Abbildungsoptik, sowie eventuell die Verluste durch den Umlaufverschluß enthalten. Eine Verringerung dieser Werte bringt eine Steigerung des Nutzlichtstromes. Dieser kann ferner erhöht werden:

durch Vergrößern der Leuchtdichte B der Lichtquelle,
durch Vergrößern des Öffnungswinkels φ,
durch Vergrößern der Fläche F des Bildfensters.

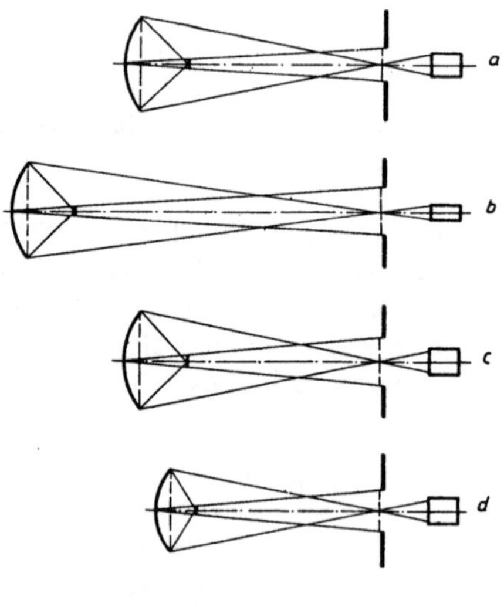

Abb. 398. Lichtstromsteigerung durch Vergrößerung des Bildfensters. *a* kleines Bildfenster, kleiner Lichtstrom, *b* kein Lichtgewinn trotz größeren Bildfensters, *c* höherer Lichtstrom bei gleichzeitig vergrößerter Lichtquelle, *d* höherer Lichtstrom bei gleichzeitig vergrößertem lichtquellenseitigen Öffnungswinkel des Spiegels

Die Änderung von nur einer dieser drei Größen bringt noch keine Steigerung des Lichtstroms. Wird z. B. die Fläche des Bildfensters vergrößert, muß auch die Lichtquelle stärker vergrößert auf dem Bildfenster abgebildet werden, was durch Vergrößerung des Abstandes Spiegel bis Bildfenster geschieht. Anderenfalls ist das Bildfenster schlecht ausgeleuchtet. Dann tritt jedoch keine Steigerung des Lichtstroms ein, da das Objektiv nicht voll ausgeleuchtet wird, das heißt $\sin^2 \varphi/2$ wird kleiner. Will man eine Steigerung des Lichtstroms erreichen, so muß entweder die Lichtquelle vergrößert werden, damit ihr Bild ohne Abstandsänderung das vergrößerte Bildfenster ausfüllt oder der lichtquellenseitige Öffnungswinkel des Hohlspiegels muß durch Verkürzen der Brennweite vergrößert werden, damit die Lichtquelle größer auf dem Bildfenster abgebildet wird (Abb. 398).

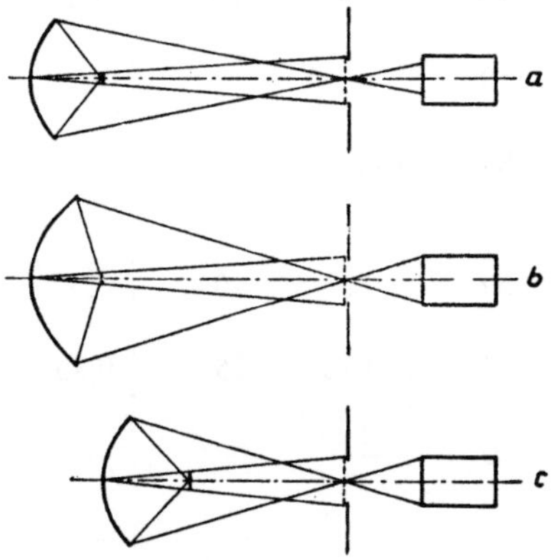

Abb. 399. Lichtstromsteigerung durch Vergrößern des Öffnungswinkels des Objektivs. *a* der große Öffnungswinkel des Objektivs wird nicht ausgenutzt, *b* höherer Lichtstrom bei gleichzeitig vergrößertem lichtquellenseitigen Öffnungswinkel des Spiegels, *c* höherer Lichtstrom bei gleichzeitig vergrößerter Lichtquelle, bei *b* und *c* wird das Objektiv voll ausgeleuchtet

Wird das Öffnungsverhältnis des Objektivs vergrößert (Abb. 399), so bringt dies allein keine Steigerung des Lichtstroms, da das Objektiv nicht mehr voll ausgeleuchtet wird. Dies kann man dadurch erreichen, daß der lichtquellenseitige Öffnungswinkel des Spiegels durch Vergrößern des Spiegeldurchmessers erhöht wird, oder daß die Lichtquelle vergrößert und ihre Abbildung verkleinert wird, so daß der bildseitige Öffnungswinkel des Spiegels größer wird und dem Öffnungswinkel des Objektivs entspricht.

Die Vergrößerung der Leuchtdichte bringt nur dann eine Steigerung des Lichtstroms, wenn die Fläche der Lichtquelle gleich groß bleibt. Das bedeutet aber, daß mehr Energie zugeführt werden muß, was aber in der Praxis daran scheitert, daß die Lichtquellen schon bis zu ihrer zulässigen Grenze belastet werden. Wird aber die Leuchtdichte der Lichtquelle (theoretisch) nur dadurch gesteigert, daß bei gleichbleibender Energiezufuhr ihre Fläche verkleinert wird, so bringt diese keine Steigerung des Lichtstroms, es sei denn, der lichtquellenseitige Öffnungswinkel der Beleuchtungsoptik wird vergrößert.

Für die Lichtverluste in einer Projektionseinrichtung kann man (H. SCHERING) folgende Richtwerte annehmen.

Tabelle 39

Verlust	Kinoprojektion: Spiegelbogenlampe, Verlustfaktor	Kinoprojektion: Spiegelbogenlampe, Verlust in %	Kinoprojektion: Glühlampe mit Kondensor, Verlustfaktor	Kinoprojektion: Glühlampe mit Kondensor, Verlust in %	Diaprojektion: Bogenlampe mit Kondensor, Verlust faktor	Diaprojektion: Bogenlampe mit Kondensor, Verlust in %	Diaprojektion: Glühlampe mit Kondensor, Verlust faktor	Diaprojektion: Glühlampe mit Kondensor, Verlust in %
Durch den Öffnungswinkel der Beleuchtungsoptik	0,8	20	0,25	75	0,32	68	0,25	75
Refl.- und Abs.-Verlust an der Bel.-Optik	0,9	10	0,8	20	0,8	20	0,8	20
Durch Kohlehalter Schatten	0,9	10	—	—	—	—	—	—
Durch die Umlaufblende	0,5	50	0,5	50	—	—	—	—
Durch Abblendung am Bildfenster	0,4	60	0,3	70	0,5	50	0,5	50
Refl.- und Abs.-Verl. am Objektiv	0,85	15	0,85	15	0,85	15	0,85	15
Verl. am Kabinenfenster	0,9	10	—	—	—	—	—	—
Abblendung am Objektiv	—	—	—	—	—	—	0,7	30
Produkt der Verlustfaktoren	0,1	90	0,025	97,5	0,11	89	0,06	94
Wirkungsgrad in %	—	10	—	2,5	—	11	—	6

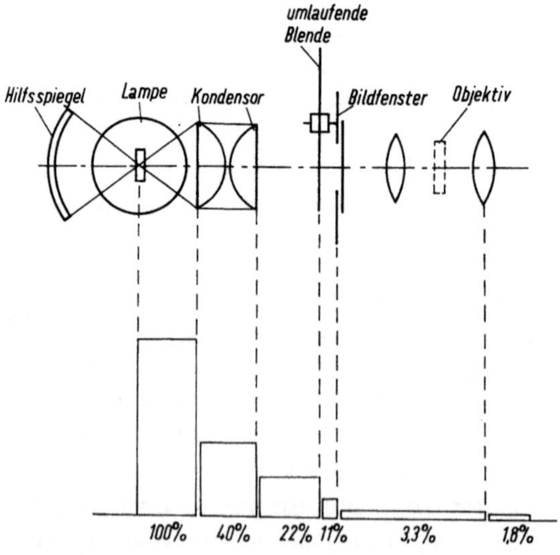

Abb. 400. Lichtstrombilanz eines Schmalfilmbildwerfers

Hierbei ist vorausgesetzt, daß die optischen Teile mit reflexmindernder Schicht versehen sind. Bei Verwendung von Kondensoren ist der Verlust gegenüber Hohlspiegeln deswegen so hoch, weil deren Öffnungswinkel nur 75° beträgt, gegenüber Hohlspiegeln mit 140°. Die Lichtstrombilanz (Abb. 400) eines Schmalfilmbildwerfers [487] zeigt, daß von den 100% Gesamtlichtstrom, durch die Apertur bedingt, etwa 40% auf den Kondensor gehen. Die Verluste im Hilfsspiegel und Kondensor setzen diesen Betrag auf 22% herab, der durch den Umlaufverschluß auf 11% reduziert wird. Das rechteckige Bildfenster läßt 3,3% durch, und die Objektivverluste verringern diesen Wert auf 1,8%, der als Nutzlichtstrom übrigbleibt und zur Bildwand gelangt.

IX. Dia- und Epi-Projektion

Für *Diapositive,* die nur Text, aber keine Halbtöne enthalten, wird manchmal die Negativ-Ausführung gewählt, das heißt Zeichen und Striche hell auf schwarzem Grund. Es hat sich aber gezeigt [488, 489], daß die Lesbarkeit solcher Negativdias schlechter ist, als die von Positivdias, bei denen die Zeichen schwarz auf hellem Grund sind (Abb. 401). Da die Negativdias sich auch noch stärker erwärmen, sollte man den Positivdias den Vorzug geben.

Wie für den Film gibt es auch für die Dias eine Belastungsgrenze, die vom Diaformat, von der Art der Lichtquelle und den Kühleinrichtungen abhängt [490].

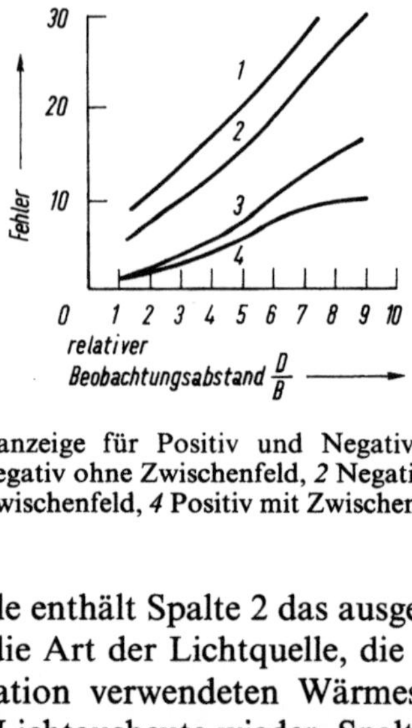

Abb. 401. Prozentuelle Fehleranzeige für Positiv und Negativ in Abhängigkeit vom relativen Beobachtungsabstand *D/B*. *1* Negativ ohne Zwischenfeld, *2* Negativ mit Zwischenfeld, *3* Positiv ohne Zwischenfeld, *4* Positiv mit Zwischenfeld

In vorstehender Tabelle enthält Spalte 2 das ausgenutzte Diaformat, Spalte 3 die Nutzfläche, Spalte 4 die Art der Lichtquelle, die Spalten 5 bis 8 die Art der einzeln oder in Kombination verwendeten Wärmeschutzmittel. Spalte 9 gibt die gesondert berechnete Lichtausbeute wieder. Spalte 10 enthält den Durchlaßgrad τ der optischen Teile zwischen Dia und Bildwand. Der niedrige Wert von 0,85 in Zeile 10 entstammt einer amerikanischen Veröffentlichung [491], in der der Lichtverlust der Glasscheibe zwischen Dia und Objektiv mit 6% angegeben wird. Die Spalte 11 gibt die Temperatur an, die mit einem Meß-Dia nach DIN 19021 festgestellt wurde. Hierbei befindet sich ein Thermo-Element zwischen zwei Glasplatten. Die der Lichtquelle zugekehrte Glasplatte ist geschwärzt und hat eine Lichtdurchlässigkeit von $10 \pm 2\%$. Die Spalte 12 gibt die spezifische Belastung der Dias an. Der höchste Wert mit 0,085 W/mm^2 findet sich wieder in Zeile 10.

Tabelle 40. *Belastungsgrenze verschiedener Diaformate*

1	2	3	4	5	6	7	8	9	10	11	12	13	14	15
Lfd. Nr.	Format	Fläche mm²	Licht-quelle[1]	Wärmeschutz[2]				Licht-ausbeute lm/W	τ^3	[°C]	Belastungsgrenze des Dias W/mm²	W	Φ_M in lm Bildfenster	Φ_M in lm Bildwand
1	23×35	805	*L*	—	—	*AF*	—	195	0,9	80	0,0020	1,6	310	*280*
2	23×35	805	*L*	—	—	*AF*	*LK*	195	0,9	70	0,0064	5,2	1 000	*900*
3	23×35	805	*L*	—	—	*AF*	*LK*	195	0,9	110	0,0115	9,3	1 800	*1 600*
4	23×35	805	*Xe*	*KS*	*RD*	*AF*	*LK*	250	0,9	110	0,025	20,0	5 000	*4 500*
5	38×38	1440	*L*	—	—	*AF*	—	195	0,9	80	0,0020	2,9	550	*500*
6	38×38	1440	*L*	—	—	*AF*	*LK*	195	0,9	70	0,0064	9,2	1 800	*1 600*
7	38×38	1440	*L*	—	—	*AF*	*LK*	195	0,9	110	0,0115	16,5	3 200	*2 900*
8	38×38	1440	*Xe*	*KS*	*RD*	*AF*	*LK*	250	0,9	110	*0,025*	36	9 000	8 100
9	55×73	4000	*Xe*	*KS*	*RD*	—	*LK*	240	0,86	110	0,026	108	25 000	*21 500*
10	56×76	4250	*K*	—	—	*AFW*	*LK*	240	0,85	—	0,085	360	86 000	*73 000*
11	73×88	6420	*L*	—	—	*AF*	—	195	0,9	—	*0,0025*	16	3 100	2 800

[1] *Xe* Xenonlampe, *L* Lichtwurflampe, *K* Kohlebogenlampe.
[2] *KS* Kaltlichtspiegel, *RD* Reflexions-Doppelfilter, *AF* Absorptionsfilter, *AFW* Absorptionsfilter in Wasserküvette, *LK* Luftkühlung.
[3] Durchlaßgrad der optischen Teile zwischen Dia und Bildwand.

Es handelt sich hierbei um einen Dia-Projektor für Hintergrundprojektion mit einer 300-A-Kohlebogenlampe. Das Dia wird durch Preßluft mit etwa 170 m/sec Luftgeschwindigkeit gekühlt, wodurch eine Leistung von 360 W abgeführt wird. Das Absorptionsfilter befindet sich in einer Wasserküvette. Die Temperatur des Dias ist nicht angegeben. Bei diesen hohen Lichtleistungen bzw. hoher Belastung sind in erster Linie die Glasplatten der Dias gefährdet. Sie zerspringen vorzugsweise an den Stellen, wo starke Wärme-Kontraste auftreten. Das ist bei Schwarz-Weiß-Dias der Fall, wenn sich eine größere, sehr dichte schwarze Stelle ohne Übergang neben einer sehr hellen, silberfreien Stelle befindet. Um Wärmestau zu vermeiden, verzichtet man auf das sonst übliche Deckglas. Bei Verwendung von Dia-Folien ist dies aber erforderlich, um Verwölbungen zu vermeiden. Jedoch kleben diese bei etwa 100° C bis 115° C an den Glasplatten an. Farbdias bleichen ziemlich schnell aus oder wechseln die Farbe, je nach Fabrikat. Eine intensive Kühlung bei Höchstbelastung wäre dadurch möglich, daß die Dias in eine Wasserküvette gesteckt werden, wodurch eine schnellere Wärme-Abfuhr entsteht. Dieses Verfahren ist mit ziemlichen Unbequemlichkeiten verbunden. So muß unter anderem verhindert werden, daß die Gelatine quillt oder sich von der Glasplatte ablöst, daß keine Schlieren im Wasser entstehen und sich auch keine Luftblasen bilden und am Dia ansetzen.

Die Grenzlichtströme der Kleindiaprojektoren der Zeilen 1 und 5 wurden in einfachen halbautomatischen Stehbildwerfern mit Absorptionsfiltern von 5 mm Dicke ermittelt, in denen das Dia nur durch Konvektion gekühlt wird. In diesen Geräten erreicht die Temperatur des Dias erst nach 30 bis 60 Minuten den Endwert. Die Grenzwerte der Zeilen 2, 3 und 6 wurden an handelsüblichen Projektoren mit einem 5 mm dicken Absorptionsfilter und Luftkühlung an beiden Seiten der Dias gemessen. Bei dem Projektor der Zeile 4 handelt es sich um einen speziellen Hochleistungsprojektor mit Xenonlicht für Kleindias, bei dem alle Filterkombinationen und Luftkühlung enthalten sind. Der erzielte Lichtstrom von 4500 lm dürfte die obere Grenze der Belastung für Kleindias darstellen.

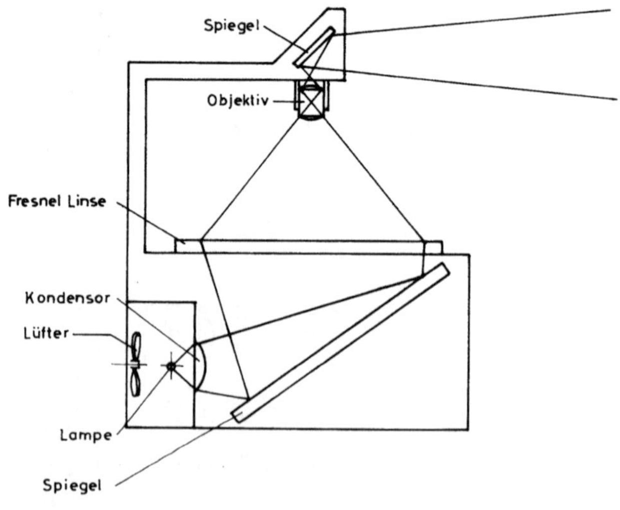

Abb. 402. Prinzip des „Overhead-Projektors“

Eine Sonderausführung sind die Projektoren, deren Beleuchtungsstrahlengang geknickt ist (Abb. 402). In die Bildebene werden z. B. bewegliche Vorlagen gebracht, um kinetische Vorgänge auf dem Bildschirm zu demonstrieren oder auch Schreibfolien, auf denen der Dozent handschriftlich vor seinen Schülern etwas erläutert. Deswegen wird dieses Gerät auch als „Schreibprojektor" oder auch, weil der Strahl über den Kopf des Dozenten geht, als „Overhead-Projektor" bezeichnet.

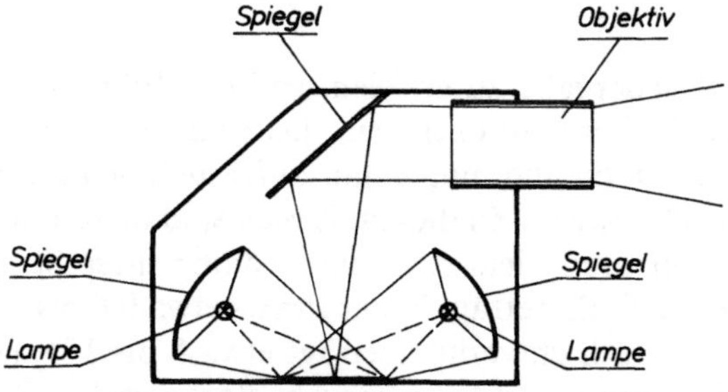

Abb. 403. Prinzip der episkopischen Projektion

Bei der *episkopischen* Projektion müssen die undurchsichtigen Bildvorlagen durch Auflicht gleichmäßig und reflexionsfrei über die volle Fläche beleuchtet und durch ein Objektiv projiziert werden (Abb. 403). Oftmals werden die *Episkope* so konstruiert, daß sie auch zur Diaprojektion verwendet werden können. Diese *Epidiaskope* werden vorwiegend in Schulen und ähnlichem verwendet. Der Gesamtlichtstrom, den die beleuchtete Fläche ausstrahlt, ist gleich dem Lichtstrom, der auf diese Fläche eingestrahlt wird, multipliziert mit dem Reflexionsvermögen. Der Nutzlichtstrom Φ_N ergibt sich aus $\Phi_N = E \cdot F \cdot \sin^2 \varphi/2 \cdot \varrho \cdot \nu \cdot 10^{-4}$. Hierin bedeuten E die Beleuchtungsstärke, F die Fläche in cm^2, ϱ das Reflexionsvermögen und ν der optische Verlustfaktor. Den Wirkungsgrad η der Epi-Projektion erhält man aus $\eta = \sin^2 \varphi/2 \cdot \varrho \cdot \nu \cdot \eta'$, worin η' den Wirkungsgrad der zur Beleuchtung verwendeten optischen Einrichtung bedeutet. Der Wirkungsgrad ist außerordentlich gering, etwa 0,2 bis 0,3%, da das Licht von der Bildvorlage vollkommen diffus zerstreut wird und nur ein kleiner Teil in das Objektiv gelangt. So beträgt z. B. der Nutzlichtstrom eines 500-W-Glühlampen-Episkopes etwa 30 lm, dagegen bei Diaprojektion etwa 700 lm (H. SCHERING). Der Vorteil des Episkopes besteht darin, daß Bildvorlagen schnell im Original projiziert werden können. Der Nachteil ist die geringe Helligkeit und die hohe Wärmebelastung der Vorlagen. Man kann dies umgehen, indem man von den Vorlagen im Schnell-Foto-Verfahren *(Polaroid)* Dias herstellt und diese projiziert.

X. Der Bildschirm

Um eine gute Wiedergabe zu erzielen, soll der Bildschirm glatt, fleckenlos und von hohem Reflexionsvermögen sein. Da er meist noch in Tonfilmanlagen verwendet wird, soll er für die hinter ihm aufgestellten Lautsprecher eine gute Schalldurchlässigkeit besitzen. Zu diesem Zweck sind diese Bildwände perforiert. Der Lochdurchmesser muß klein sein, damit durch diese Struktur der Bildeindruck nicht gestört wird. Er beträgt in der Praxis etwa 0,6 bis 1,2 mm. Der durch die Perforation bedingte Lichtverlust beträgt etwa 5 bis 15% (Abb. 404). Damit das durch die Perforation gehende Licht nicht stört, werden die hinter dem Bildschirm befindlichen Wände und Lautsprecher mattschwarz gestrichen [492 ... 497].

Man unterscheidet zwischen diffus streuenden und gerichtet reflektierenden Bildschirmen. Die ersteren reflektieren das Licht diffus in den ganzen Halbraum vor dem Bildschirm. Bei jeder Reflexion treten Verluste auf. Das Verhältnis des zurückgeworfenen zu dem aufgefallenen Lichtstrom ist der Reflexionsgrad der Wand. Er beträgt bestenfalls 0,9, das heißt nur 90% werden in den Zuschauerraum

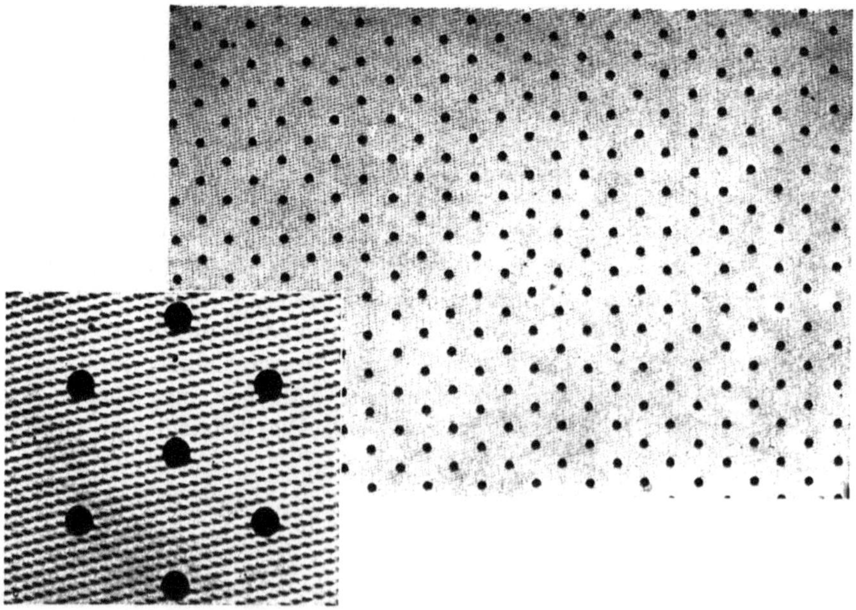

Abb. 404. Bildwand mit Perforation. Oben in natürlicher Größe, links in vierfacher Vergrößerung

zurückgeworfen. Der höchste Reflexionsgrad wird bei einer Gipswand oder einer mit Zinkweiß gestrichenen Wand im Neuzustand erreicht. Nach einiger Zeit geht der Reflexionsgrad durch Verstaubung und Vergilbung bis auf 0,6 herunter. Die Helligkeit, mit der die Bildwand dem Auge des Beschauers von allen Seiten erscheint, ist die Wandleuchtdichte. Beträgt die Beleuchtungsstärke z. B. 100 Lux und ist der Reflexionsgrad 0,9, so hat der Bildschirm eine Leuchtdichte von 90 asb.

Selbst mattweiße Bildschirme streuen nicht gleichmäßig nach allen Seiten, Reflexschirme besitzen sogar eine gewünschte Vorzugsrichtung. Das Reflexionsvermögen nimmt bei größeren Betrachtungswinkeln ab. Die Wandleuchtdichte ist daher vom Betrachtungswinkel abhängig und zwar bei diffuser Reflexion wenig, bei gerichteter sehr stark. Das Verhältnis der Wandleuchtdichte zur Beleuchtungsstärke ist durch den Leuchtdichtefaktor β gegeben, der richtungsabhängig ist und bei Reflexwänden in einem bestimmten Bereich größer als 1 ist, bei mattweißen Wänden immer unter 1 bleibt.

Bei mattweißen, also diffus streuenden Bildwänden gelangt das reflektierte Licht in alle Teile des Zuschauerraums, also auch dahin, wo keine Zuschauer sind und es nicht benötigt wird, z. B. an der Decke und an den Seitenwänden. Durch Aufbringen von kleinen Glaskugeln (Perlwände) oder Einprägen von Riffelungen oder kleinen Linsen und dergleichen in die Oberfläche der metallisierten Bildwand kann die Reflexion bevorzugt in eine gewünschte Richtung gelenkt werden. In diesem Bereich kann der Leuchtdichtefaktor erheblich über 1 liegen, außerhalb dieses Bereichs geht er stark unter 1 zurück, da das gesamte reflektierte Licht wegen der Bildschirmverluste weniger als das auffallende ist *(Miracle Mirror Screen)*.

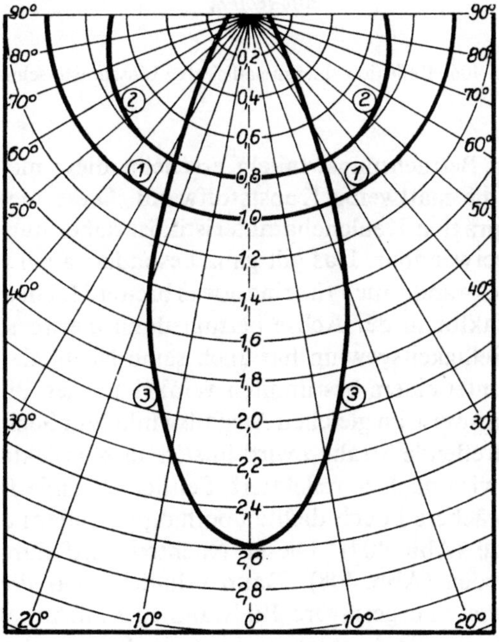

Abb. 405. Lichtverteilungskurven von Bildwänden. *1* weiße Idealwand, *2* weiße, perforierte Kunststoffwand, *3* metallisierte Bildwand

Die Richtungsabhängigkeit wird durch Lichtverteilungskurven in Polarkoordinaten dargestellt (Abb. 405). Bei der ideal weißen Wand, die es in der Praxis nicht gibt, ist der Leuchtdichtefaktor in allen Winkelbereichen von ±90° konstant 1. Eine übliche perforierte Kunststoffwand im Neuzustand hat senkrecht, also bei 0°, den Faktor 0,8, der nach den Seiten abnimmt, und zwar bis zu 0,5 bei 90°. Eine metallisierte Bildwand ohne besondere Riffelung kann senkrecht einen Leuchtdichtefaktor von beispielsweise 2,6 haben (in englischsprechenden Ländern als „gain" bezeichnet), der aber schnell abfällt und schon bei ±21° die Halbwertbreite, das heißt die Hälfte des Maximumwertes, erreicht. Schon bei ±27° erreicht der Leuchtdichtefaktor den Wert 0,8. Bei diesem Betrachtungswinkel erscheinen also die metallisierte und die normale weiße Kunststoffwand gleich hell.

Abb. 406. Reflexion eines metallisierten Linsenrasterschirmes

Bei noch größeren Betrachtungswinkeln erscheint diese metallisierte Bildwand noch dunkler als die mattweiße Kunststoffwand. Diese metallisierte Bildwand mit einer so ausgeprägten Keulencharakteristik ist daher nur für schmal gebaute Zuschauerräume verwendbar. Das gilt ganz besonders auch für Perlwände. Nun lassen sich die Reflexwände auch für eine etwas breitere Lichtverteilung herstellen. Der Leuchtdichtefaktor in der Achse beträgt dann meistens 1,6 bis 1,8. Dieser sehr erwünschte Helligkeitsgewinn hat auch seine Nachteile. Trifft nämlich der Projektionsstrahl unter einem bestimmten Winkel auf den Bildschirm, so erfolgt die Reflexion vorzugsweise im gleichen Ausfallswinkel zur Senkrechten (Abb. 406). Der senkrecht auftreffende Strahl a wird in sich als a' reflektiert, der schräg auftreffende Strahl b wird nach b' reflektiert. Seitlich sitzende Beobachter erhalten nicht nur eine schwächere Leuchtdichte überhaupt, sondern auch noch eine zum Bildrand abfallende (Abb. 407). Dieser Nachteil wird durch Krümmung des Bildschirms vermieden (Abb. 408). Dann erhalten zwar die seitlich sitzenden Beobachter trotzdem eine geringere Bildwandleuchtdichte als die in der Mitte sitzenden, aber für jeden Beobachter erscheint der Schirm über seine ganze Breite gleich hell.

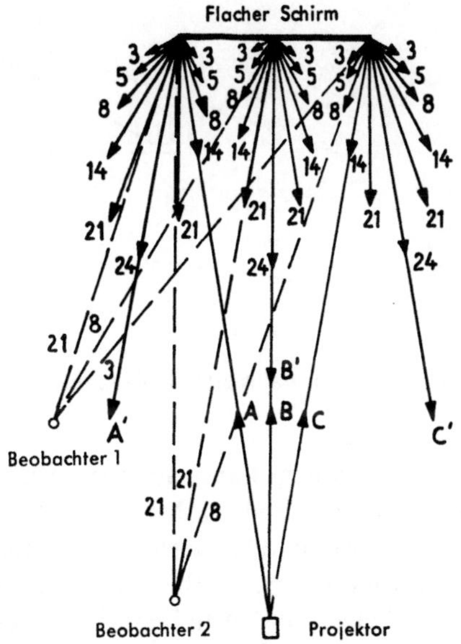

Abb. 407. Helligkeitseindruck beim metallisierten Flachschirm für verschiedene Beobachter. (Die Zahlen geben die Helligkeitswerte in der betreffenden Richtung an. Winkelmaße = 10°)

Ähnliches gilt für die Schrägprojektion. Bei einer senkrecht stehenden Reflexwand wird, da Ausfallswinkel gleich Einfallswinkel ist, das Licht vorwiegend in das Parkett reflektiert und vom Balkon aus erscheint die Bildwand dunkel

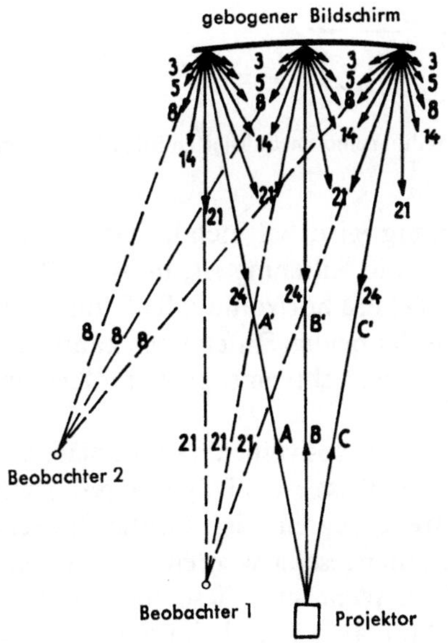

Abb. 408. Helligkeitseindruck beim metallisierten, gebogenen Schirm für verschiedene Beobachter. (Die Zahlen geben die Helligkeitswerte in der betreffenden Richtung an. Winkelmaße = 10°)

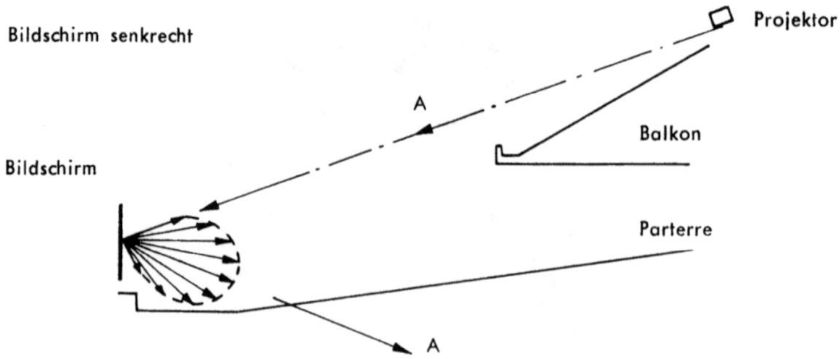

Abb. 409. Lichtverteilung eines metallisierten Flachschirmes in der Senkrechten

(Abb. 409). Durch Neigen des Schirms kann eine für Balkon und Parkett gerechte Lichtverteilung erreicht werden (Abb. 410). Moderne Reflexschirme sind jedoch so geriffelt, daß sie in der Horizontalen verhältnismäßig breit streuen, in der Senkrechten dagegen wesentlich geringer, aber immer noch so viel, daß Parkett und Balkon ein genügend helles Bild erhalten. Das Verfahren der Riffelung metallisierter Bildwände ist nicht neu [498].

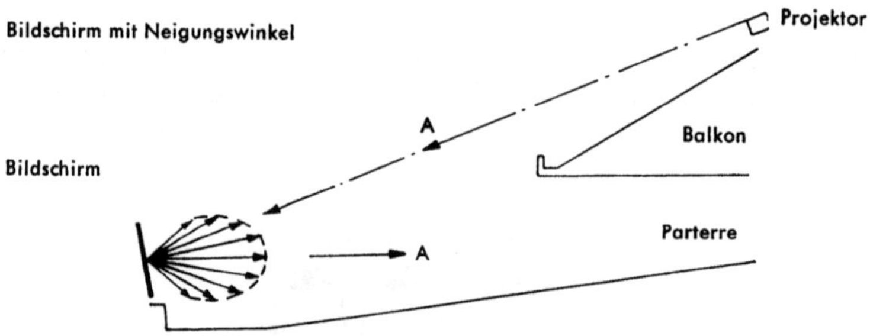

Abb. 410. Lichtverteilung eines metallisierten Bildschirmes bei Neigung

Durch senkrechte Riffelung wird bei metallisierten Bildwänden die Seitenstreuung vergrößert; je tiefer die Riffelung ist, umso größer wird die Streuung. Durch eine zusätzliche schwächere horizontale Riffelung wird auch die Höhenstreuung vergrößert. Anstelle der beiden Riffelungen kann man kleine Hohlspiegel einpressen (Abb. 411), die waagrecht eine größere Krümmung als senkrecht besitzen.

Die metallisierten Bildwände besitzen eine Oberfläche, die durch Spritzen mit Aluminiumbronze hergestellt ist. Als Trägermaterial werden meist Plastikbahnen verwendet, deren Breite begrenzt ist. Große Bildschirme müssen daher aus einzelnen Bahnen zusammengesetzt werden, was durch Schweißen, Nähen oder ähnliches geschieht [499]. Wenn nun diese Nahtstellen schräg zum übrigen Teil der Bildwand stehen (Abb. 412) oder beim Schweißen die Einprägung deformiert wurde, ändert sich der Reflexionswinkel an diesen Stellen, was sich bei der Betrachtung als dunkle oder helle Säume (je nach Betrachtungswinkel)

Abb. 411. Schematische Darstellung der Hohlspiegel-Pressung auf Bildwänden

bemerkbar macht (Abb. 413). Auch Falten und Beulen machen sich als dunkle und helle Stellen im Projektionslicht bemerkbar. Deswegen müssen Reflexschirme besonders sorgfältig gespannt werden. Die Metallisierung hat gleichzeitig den Vorteil, daß bei Projektion mit polarisiertem Licht (z. B. bei stereoskopischen Filmen) die Polarisation erhalten bleibt. Häufig wird auch ein Metalloxydbelag verwendet, der der Oberfläche einen Perlmutterglanz verleiht („*Perlux*"-Schirme der Firma HARKNESS und der Firma MECHANISCHE WEBEREI).

Der Perlschirm ist dicht an dicht mit kleinen Glasperlen unter 1 mm Durchmesser besetzt. Die Verteilung muß gleichmäßig sein, um „Wolken" zu vermeiden. Diese Glasperlen reflektieren das Licht in der Art, wie es die Rückstrahler tun (Katzenauge). Der weiße Untergrund des Bildschirmes gibt eine (schwache) diffuse Reflexion, der eine starke Spitze der gerichteten Reflexion den Glasperlen überlagert ist (Abb. 414). Wegen ihrer ausgeprägten Richtcharakteristik können Perlwände nur in sehr schmalen Zuschauerräumen verwendet werden. Vorteil-

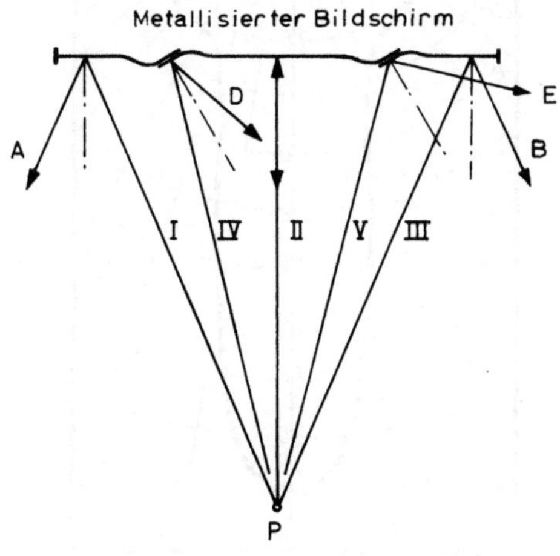

Abb. 412. Am metallisierten Bildschirm reflektieren Nahtstellen nach falschen Richtungen

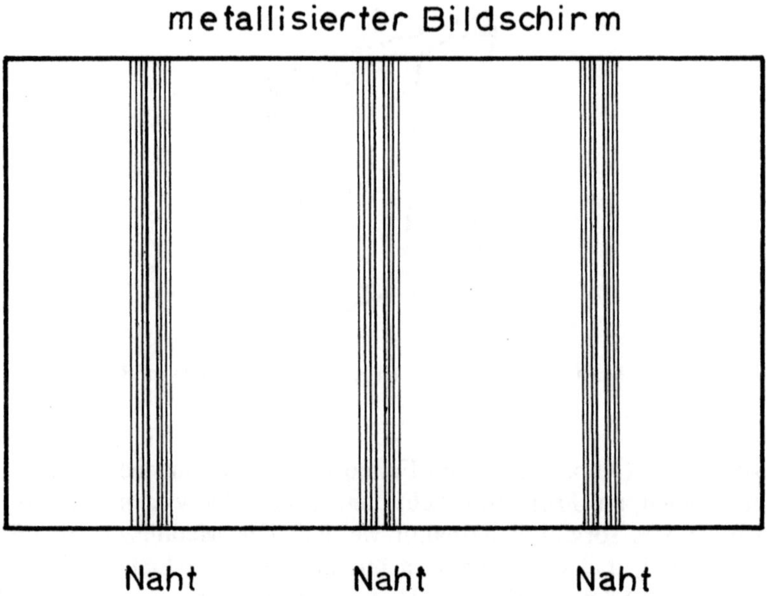

Abb. 413. Bei metallisierten Bildschirmen sind oftmals links und rechts neben der (hell erscheinenden) Naht handbreite, dunkle Zonen

haft sind sie bei Heimvorführungen, bei denen wenige Zuschauer teilnehmen, die sich um die Projektionsachse gruppieren können. Hinzu kommt noch, daß die Reflexion an den Glasperlen immer in Richtung des einfallenden Strahles erfolgt (wie bei reflektierenden Verkehrszeichen). Das Bild wirkt also am hellsten

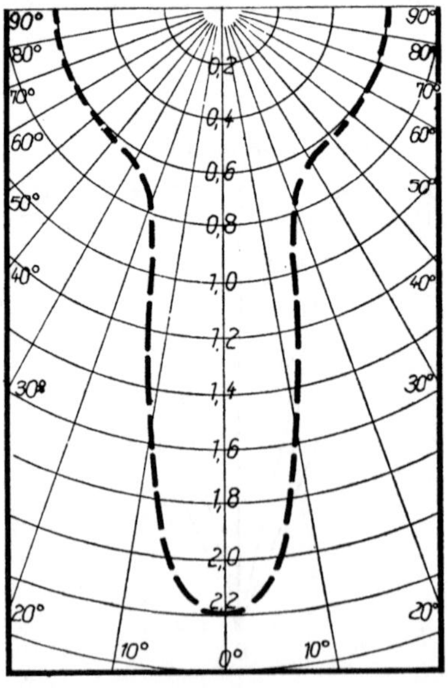

Abb. 414. Lichtverteilungskurve einer Perlwand

in unmittelbarer Nähe des Projektors, auch wenn die Wand geneigt ist. Für Verkehrszeichen und für Hintergrundprojektion gibt es ein Material der Firma MINNESOTA-MINING, welches winzige Glaskugeln von etwa 0,05 mm Durchmesser besitzt und dessen Untergrund schwarz ist. Dadurch entfällt die diffuse Streuung und der maximale Leuchtdichtefaktor beträgt bei dem häufig verwendeten Typ 234 C schwarz etwa 175. Wird auf eine solche Wand projiziert, so erhält man in der Achsrichtung trotz kleiner Lichtquelle ein sehr helles Bild, wenige Grad daneben ist fast nichts mehr zu sehen. Dies wird nach einem Patent von ALEKAN und GERARD [500] zur Hintergrund-Frontprojektion benutzt [501, 502]. Neuerdings hat KODAK eine Bildwand von ebenfalls hoher maximaler Leuchtdichte herausgebracht [503]. Sie besteht aus einer dünnen Alu-Folie, die beim Durchlaufen durch einen Kalander winzige regelmäßig geformte Rasterelemente erhält. Der maximale Leuchtdichtefaktor beträgt vertikal und horizontal 15. Die Halbwertbreite horizontal wird schon bei 16° und vertikal sogar bei 8° erreicht

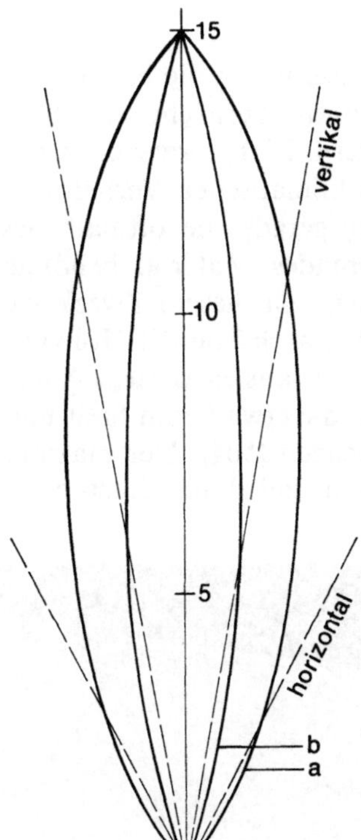

Abb. 415. Lichtverteilungskurve der *Ektalite*-Wand (KODAK)

(Abb. 415). Dieser *Ektalite*-Schirm von KODAK hat also eine scharfe Bündelung und gibt in dem schmalen Betrachtungsbereich ein sehr helles Bild. Wird der Schirm noch konkav gewölbt, so wird dadurch nicht nur das Projektionslicht gleichmäßiger auf den Zuschauerraum verteilt, sondern auch die störende Wirkung der Raumbeleuchtung bzw. des Tageslichtes weitgehend aufgehoben. Allerdings muß dieser Schirm wegen seiner geringen Dicke auf eine Platte aufgezogen werden und wird nur in kleinen Abmessungen von 1 m × 1 m hergestellt.

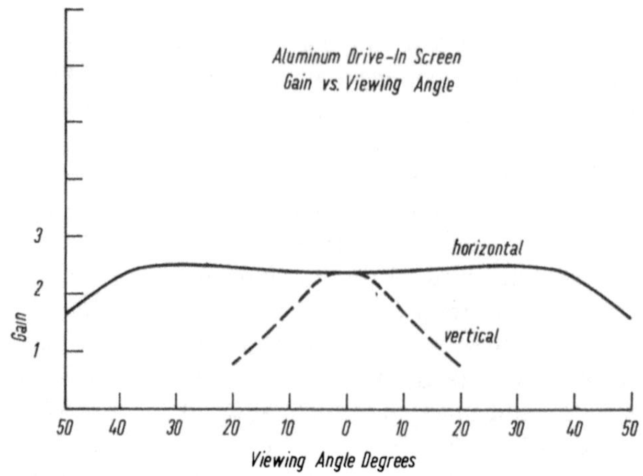

Abb. 416. Lichtverteilungskurve des Aluminium drive-in Schirms

Für *Autokinos* (drive in) lassen sich die beschriebenen Reflexwände, seien sie mit Aluminium- oder Perlmutt-Oberfläche versehen, nicht verwenden, da sie im Freien zu schnell verwittern. Man verwendet vielmehr einen weißen, wetterfesten Anstrich, der je nach klimatischen Verhältnissen alle zwei bis vier Jahre erneuert werden muß. Aber gerade die oftmals riesigen drive-in-Bildschirme würden ein besser reflektierendes Material benötigen, um an die geforderte Leuchtdichte heranzukommen. Zu diesem Zweck wurde (von dem inzwischen aufgelösten Motion Picture Research Council, Hollywood) eine aus großen Platten bestehende Wand entwickelt, die aus eloxiertem Aluminium hergestellt wird und durchgehende Rillen enthält, die etwa 6 mm breit und 1 mm tief sind und einen Radius von etwa 10 mm besitzen [504]. Der maximale Leuchtdichtefaktor beträgt 2,5 (Abb. 416). Dadurch und durch entsprechende Neigung des Schirms

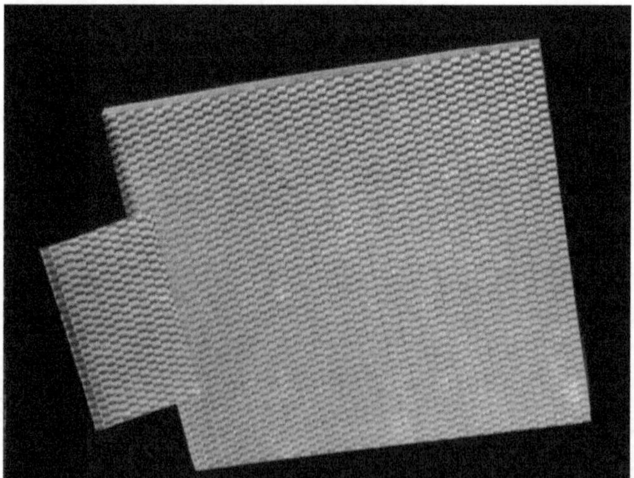

Abb. 417. Drive-in Bildschirm aus geriffelten Platten

wird das Licht auf den Auto-Raum gerichtet und eine hohe Leuchtdichte erzielt. Später wurde als Träger noch Plastikmaterial verwendet und die Rillen gegeneinander versetzt (Abb. 417). Der hohe Preis verhinderte aber eine allgemeine Verbreitung.

Für *Durchprojektion* wird anstelle hoher Reflexionswerte eine gute Transparenz bei gleichmäßiger Lichtverteilung verlangt. Die höchstmögliche Transparenz wird mit einer klaren Glasscheibe erreicht [505]. Der Zuschauer würde aber dann kein projiziertes Bild sehen, sondern nur das hell strahlende Objektiv des Projektors. Bei etwas verringerter, aber immer noch hoher Transparenz ist das projizierte

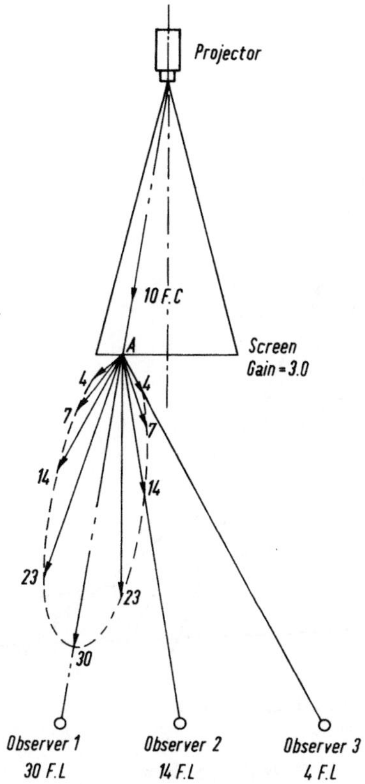

Abb. 418. Verhältnis der Helligkeitsverteilung bei einem Schirm für Durchprojektion

Bild schwach auf dem Bildschirm zu bemerken, gleichzeitig sieht man aber immer noch das Objektiv mehr oder weniger verschwommen durch den Schirm als hellen Fleck („hot spot"). Mit zunehmender Dichte des Schirms wird das Bild zunächst kontrastreicher, aber auch dunkler. Der „hot spot" wird immer geringer, um bei einem undurchsichtigen Schirm natürlich ganz zu verschwinden. Die an einen Schirm für Durchprojektion zu stellenden Forderungen bilden also einen Kompromiß zwischen großer Helligkeit einerseits und geringem „hot spot" andererseits. Das auf dem Durchprojektions-Schirm fallende Licht wird teilweise reflektiert, absorbiert und durchgelassen. Das reflektierte Licht ist nicht nur Verlust, sondern eventuell noch schädlich, weil es die Umgebung aufhellt und den Bildkontrast schwächt. Ebenfalls ist das absorbierte Licht ein Verlust. Das durchgelassene Licht allein vermittelt den Bildeindruck. Der Durchprojektionsschirm hat eine ungleichmäßige Lichtverteilung, vergleichbar mit den Reflex-Schirmen (Abb. 418). Auch hier wird nicht das Licht gleichmäßig nach dem Lambertschen Gesetz verteilt, es gibt vielmehr bevorzugte Richtungen, in denen die Leuchtdichte höher als die Beleuchtungsstärke ist. Diese bevorzugte Richtung ist z. B. für den

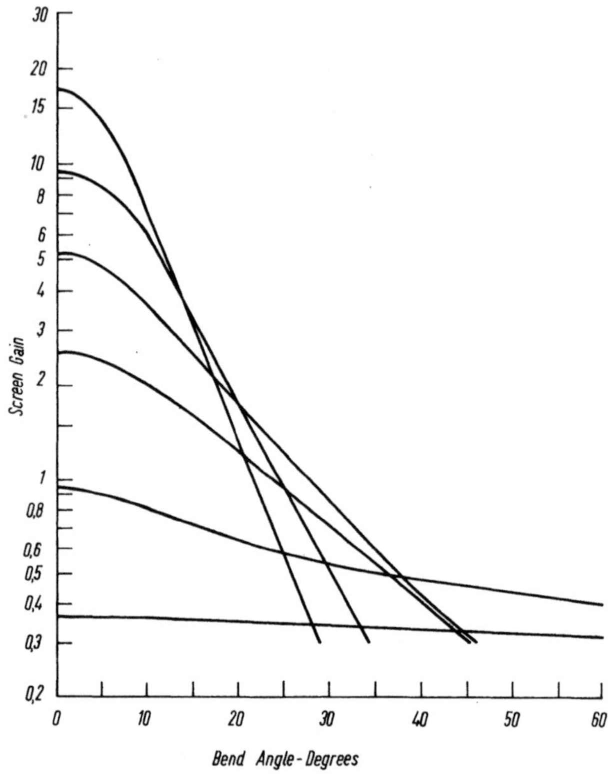

Abb. 419. Leuchtdichte in Abhängigkeit des Betrachtungswinkels für verschiedene Materialien

Beobachter *1* gegeben, der in Verlängerung des Projektionsstrahls den Schirm im Punkt *A* betrachtet, wobei ein „gain“ von *3* entsteht. Für die schräg zu dem Projektionsstrahl blickenden Beobachter *2* und *3* verringert sich dieser Wert auf 1,4 bzw. 0,4. Dieser Wert ist ferner abhängig von den Streu-Eigenschaften des Schirms, die je nach Fabrikat bzw. Typ unterschiedlich sind (Abb. 419). Die Streu-Eigenschaften werden durch die Rauhigkeit der Oberfläche oder durch eingebrachte Farbstoffe beeinflußt.

Im folgenden eine Zusammenstellung einiger Bildschirmarten:

A. Für Frontprojektion

Tabelle 41

Bildschirmart	Leuchtdichte-faktor β_{max}	Halbwert-breite hor.	Halbwert-breite vert.	Winkel bis $\beta=0{,}8$ hor.	Winkel bis $\beta=0{,}8$ vert.
weiße Idealwand	1	—	—	—	—
perf. Kunststoff	0,8	—	—	±50°	±50°
Gewebe mit erhöhter Reflexion	0,95	—	—	±45°	±45°
Perlmuttbelag	2,2	±32°	±32°	±38°	±38°
Perlmuttbelag	1,6	±44°	±44°	±44°	±44°
metallisiert, glatt	2,6	±21°	±21°	±28°	±28°
metallisiert, geriffelt	2,3	±50°	±18°	±52°	±21°
metallisiert, Hohlspiegelraster	1,3	±48°	±30°	±42°	±24°
Perlwand	2,2	±15°	±15°	±20°	±20°
Perlwand MINNESOTA 234 C	175	± 5°	± 5°	—	—
KODAK-*Ektalite*	15	±16°	± 8°	±32°	±16°

B. Für Durchprojektion

Tabelle 42

	Durchlässigkeit β_{max}	Durchlässigkeit Halbwert-breite	Reflexion β_{max}
Mattglas	8	± 8°	0,28
dünne PVC-Folie	24	± 7°	0,21
Rückprowand A	2,8	±20°	0,26
Rückprowand B	3,3	±18°	0,26
Rückprowand C	5,2	±15°	—
Rückprowand D	9,5	±13°	—
Rückprowand E	17	± 8°	—

XI. Qualität der Vorführung

Die Qualität der Vorführung hängt sowohl von dem Zustand des Films wie der technischen Einrichtung und auch von den Umwelt-Bedingungen ab.

A. Bildstand

Bei der Projektion von Laufbildern treten Bildstandsschwankungen auf, die verschiedene Ursachen haben. Ein Film kann nicht „wie ein Dia stehen". Manchmal wird der unruhige Bildstand fälschlich mit „Flimmern" bezeichnet. Unter Flimmern wird aber das Nichtverschmelzen der einzelnen Projektionsbilder bei zu niedriger Vorführgeschwindigkeit und zu hoher Leuchtdichte verstanden. Das schlechte Stehen des projizierten Bildes auf dem Bildschirm kann sich in vertikaler oder horizontaler Richtung bemerkbar machen. Je näher der Beobachter am Schirm steht, umso störender macht sich der Bildstandsfehler bemerkbar [506]. Die Ursache kann im Film selbst oder im Projektor liegen. Beim Film ist es meist eine beschädigte Perforation, die eine exakte Registrierung und Filmfortschaltung verhindert. Es kann auch vorkommen, daß der Bildinhalt selbst nicht „steht", das heißt daß das Filmbildchen seine Position gegenüber der Perforation um kleine Beträge wechselt. Das ist gar nicht so selten und wurde sogar bei Prüffilmen beobachtet, die zur Kontrolle des Bildstandes dienen sollten. Diesen Fehler kann man sofort erkennen, wenn man die Perforation mitprojiziert. Das erfordert zwar einige Änderungen am Projektor (z. B. größeren Ausbruch des Fensters und der Kufen), sollte aber bei Bildstandsprüfungen unbedingt gemacht werden. Die Kontrolle eines projizierten Rasters oder des Bildstrichs genügt nur, wenn man damit einen einwandfreien Bildstand feststellt. Anderenfalls muß man die Perforation mitprojizieren und deren Bewegung auf dem Bildschirm messen. Man wird dabei beobachten, daß bei manchen Filmen Relativbewegungen des projizierten Bildes oder des Bildstrichs gegenüber der Perforation stattfinden. Dieser Fehler kann schon in der Aufnahmekamera oder auch im Kopierprozeß entstanden sein. Bei Reporterkameras ohne Stoppgreifer und bei Schmalfilm-Amateurkameras beträgt die Bildstandsschwankung 10 bis 12 μm, bei Studiokameras mit Stoppgreifer etwa 5 μm, gut erhaltener Zustand der Kameras vorausgesetzt [507 . . . 511]. Die Toleranz der Perforationsteilung ist für alle Filme gleich groß und beträgt $\pm 0{,}01$ mm bzw. ± 10 μm (DIN 15 501; 15 601; 15 701; 15 851). Als mittlere Perforationsschwankung wurde 7 μm ermittelt. Beim Kopieren entstehen erneut Fehler, die im Mittel 10 bis 15 μm betragen.

Die für den Projektor zulässigen Werte müssen so gering sein, daß das „Tanzen" des projizierten Bildes nicht stört. Im Mittel kann man damit rechnen, daß die lineare Vergrößerung bei der Projektion etwa 500 ist, nämlich Filmbildbreite etwa 20 mm und Projektionsbildbreite etwa 10 m. Das Erkennen des schlechten Bildstandes hängt zwar vom Sehwinkel bzw. Betrachtungsstand ab, der jedoch in der Praxis unterschiedlich ist [512, 513]. Um unabhängig davon zu sein, und auch den Einfluß des Films auszuschalten, haben sich für die Projektoren Richtwerte für die zulässige Grenze der Bildunruhe herausgebildet. Durch Untersuchungen wurde festgestellt (Frielinghaus), wann die Bildschwankung merklich, erträglich oder gar störend wurde. Der Betrachtungsabstand der Beobachter betrug etwa zwei Bildbreiten. Bei kritischen Filmen ergab sich für den 35-mm-Film die Grenze des merklichen Erkennens mit 53 μm, bei 16-mm-Film mit 24 μm und bei 8-mm-Film mit 12 μm.

Die seitliche Bildstandsschwankung tritt seltener auf und wird durch abgenutzte bzw. verschmutzte Filmführung und nicht durch das Schaltwerk verursacht. Der vertikale Bildstandsfehler ist der am meisten störende. Die Messung erfolgt im allgemeinen dadurch, daß am Projektionsschirm die Bildstandsschwankung (möglichst an der Perforationskante) gemessen und auf die bekannten Abmessungen des Projektionsbildes in Prozenten bezogen wird. Die folgende Tabelle enthält Richtwerte für die zulässige Bildunruhe in Absolutwerten und in Prozentsätzen zur Bildhöhe:

Tabelle 43

Projektor für	Höhe mm	Bildstandsfehler μm	%
70 mm	22	44	0,2
35 mm	15,2	30	0,2
16 mm	7	14	0,2

Abgesehen von einwandfreier Beschaffenheit des Schaltwerks und der Filmführung ist der Bildstand vom Kufendruck abhängig. Zu niedriger Kufendruck verursacht ebenso wie zu hoher Kufendruck schlechten Bildstand. Der optimale Druck ist vom Film wie auch dem Material in der Filmführung abhängig und muß jeweils ermittelt werden.

Bei Verwendung von Umkehrfilmen in Greifergeräten kann der durch die Perforation bedingte Fehler dadurch eliminiert werden, daß der Projektorgreifer sich im gleichen Abstand vom Bildfenster wie der Kameragreifer befindet, also in das gleiche Perforationsloch eingreift (DIN 15 830).

B. Bildhelligkeit, Umfeldbeleuchtung

Für die Laufbildprojektion ist die Bildwandhelligkeit bzw. Bildwandleuchtdichte nach DIN 15 571 und 15 671 genormt und beträgt in umbauten Theatern 126 asb und für Freiluft-Kinos 94 asb. Bei statistischen Messungen wurde festgestellt [514], daß die Lichtdurchlässigkeit von Spielfilmen maximal 20% beträgt, wobei aber auch Extremfälle von 60% und 1% vorkommen. Rechnet man als Mittelwert 12% (amerikanische Veröffentlichungen geben nur 7% an), so beträgt die mittlere Bildwandleuchtdichte bei laufendem Film 15 asb, nach amerikanischen Werten 9 asb.

Wenn Störlicht auf den Bildschirm fällt, so wird der Kontrast geschwächt. Beträgt dieser ohne Störlicht z. B. 1:100 und fällt 0,75 lx Störlicht auf den Bildschirm, so verringert sich der Kontrast auf 1,75:100,75 = 1:58 [515 ... 519]. Zum Vergleich sei erwähnt, daß Halbtonreproduktionen in Büchern selten einen Helligkeitsumfang von 1:10 überschreiten.

Das Störlicht setzt sich zusammen aus Streulicht des Objektivs, der Kabinenfensterscheibe, der Reflexion (Rücklicht) von den Wänden des Zuschauerraums, gegenseitiger Aufhellung des (gekrümmten) Bildschirms und eventuell vorhandener Allgemeinbeleuchtung des Zuschauerraums (Hilfslicht). Es soll nach DIN 15 571/1/3 den Wert von 1% nicht überschreiten.

Während das auf den Bildschirm fallende Streulicht auf alle Fälle nachteilig ist, kann durch eine Beleuchtung des Umfeldes des Bildschirms eine Erhöhung des wahrnehmbaren Kontrastes eintreten [520, 521]. Diese Umfeldleuchtdichten haben niedrige Werte, etwa 5 asb. Es ist auch vorgeschlagen worden, den Bildschirm mit einer Umrahmung aus schräg gestellten weißen Leisten zu versehen. Das vom Bildschirm reflektierte Licht erhellt diese Leisten entsprechend der Helligkeit der einzelnen Bildszenen und gibt so eine wechselnde Umfeldbeleuchtung („Synchro-Schirm"). Die Umfeldbeleuchtung wird jedoch nicht im nennenswerten Maße im Kino angewendet, vermutlich wegen der Kosten und weil bei der allgemeinen Raumbeleuchtung (Notlicht) die Wirkung für die Besucher nicht auffallend ist. Da bei der Umfeldbeleuchtung der Eindruck der Bildbetrachtung durch einen dunklen Rahmen (Fenster) verlorengeht und das Bild flach wirkt, wird sogar von der Umfeldbeleuchtung abgeraten [522].

Ein schon früher diskutiertes und jetzt wieder aktuelles Problem ist die Abhängigkeit zwischen Bildgröße und notwendiger Bildwandleuchtdichte [523]. Es liegen sehr widersprechende Angaben vor. Da bei Autokinos die geforderte Leuchtdichte oftmals bei weitem nicht erreicht werden kann, wäre es wünschenswert, wenn eine geringere Leuchtdichte bei sehr großen Bildschirmen keine Nachteile bringen würde. Subjektive Beobachtungen in vielen Auto- und Freiluftkinos zeigten, daß auch Leuchtdichten, die nur etwa 50% der genormten betrugen, einen guten Bildeindruck vermittelten. In erster Linie dürfte das aber darauf zurückzuführen sein, daß im Freien die Kontrastschwächung durch reflektiertes Raumlicht entfällt, die bei umbauten Kinos die Bildqualität mindert. Für Autokinos gibt es daher auch niedrigere Werte für die Bildwandleuchtdichte, und zwar 94 asb nach DIN 15 571. Selbst der darin geforderte Mindestwert von 47 asb wird aber in vielen Fällen nicht erreicht.

C. Schräg- und Steilprojektion

Nach Möglichkeit sollte der Projektor senkrecht zum Bildschirm stehen, also weder seitlich noch in der Höhe von der Mittellinie abweichen. Projizieren, wie im Kino üblich, zwei Projektoren auf einen Bildschirm, so ist diese Forderung schon nicht mehr einzuhalten. Da die Projektoren dann symmetrisch zur Mittellinie aufgestellt werden, beträgt die Abweichung von der Bildschirm-Senkrechten

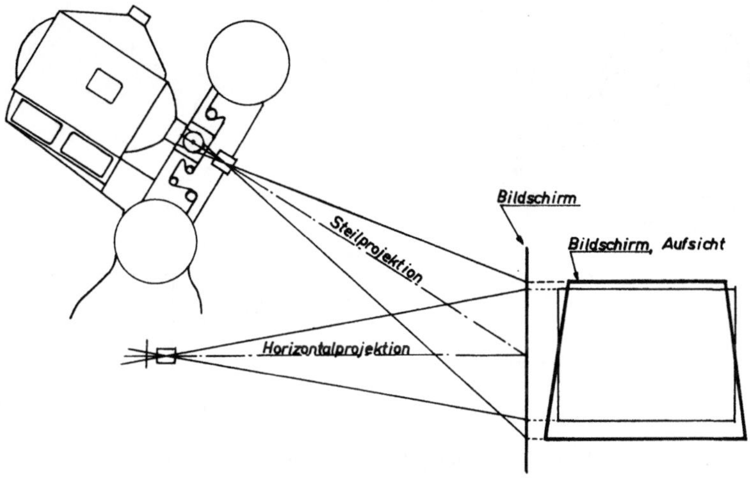

Abb. 420. Übliche Steilprojektion

nur wenige Grad und ist nicht störend. Auch die in den meisten Fällen vorhandene Abwärtsprojektion gibt bis zu 10° noch keine merklichen Verzerrungen (Schrägprojektion). Darüber hinaus (Steilprojektion) wird die trapezförmige Verzerrung schon störend (Abb. 420). Meist hilft man sich durch schräg ausgefeilte Bildfenster (Abb. 421). Damit wird aber nur die trapezförmige Umrahmung kompensiert, nicht die Verzerrungen des Bildinhaltes (stürzende Linien). Trotz Steilprojektion lassen sich diese Verzerrungen vermeiden, wenn die Filmebene bzw. das Bildfenster parallel zur Bildwand gestellt wird [524]. Das Objektiv muß zwar senkrecht zur Filmebene stehen, jedoch nach unten versetzt werden (Abb. 422). Die Lichtstrahlen gehen dann schräg durch das Objektiv, so daß dieses einen großen Bildwinkel scharf auszeichnen muß; bei durchgeführten Installationen mit einer Neigung von 22° ist ein Bildwinkel des Objektivs von etwa 50° erforderlich. Infolge der schrägen Durchstrahlung tritt durch die Vignettierung des Objektivs ein Helligkeitsabfall im Bildfeld von oben nach unten ein, der aber durch Verwendung des Wabenkondensors ausgeglichen werden kann. Das Lampenhaus muß ebenfalls schräg gestellt werden.

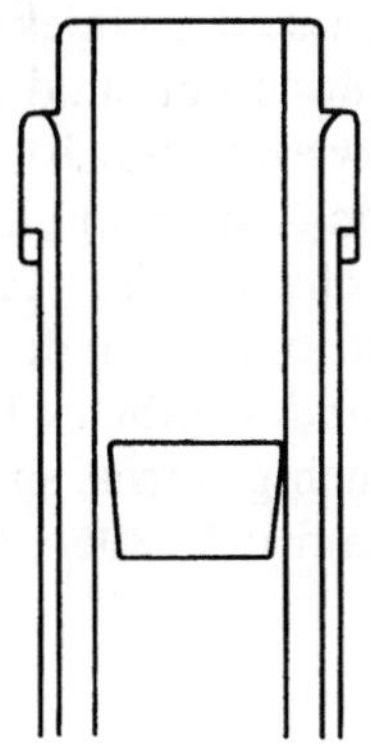

Abb. 421. Filmbahneinlage mit schräg gefeiltem Fenster

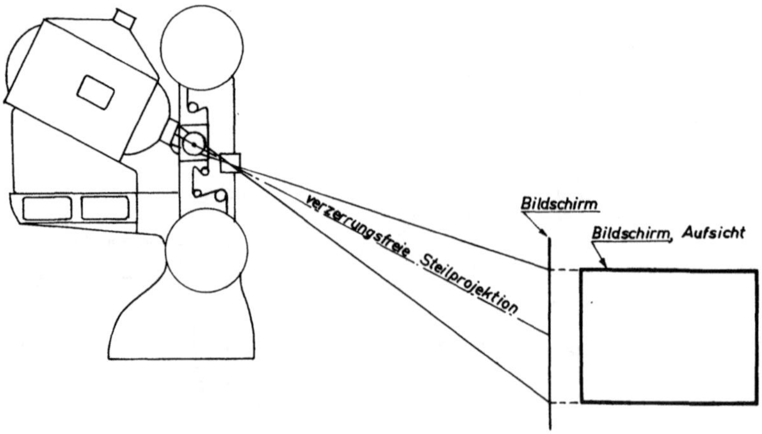

Abb. 422. Steilprojektion-Schirmbild unverzerrt

D. Bildschärfe

Bildschärfe bedeutet die Erkennbarkeit feinster Details auf dem Bild. Zahlenmäßig kann der Abstand zweier Linien genommen werden, für den gerade noch eine Auflösung erfolgt [525]. Hierüber liegen verschiedene Untersuchungen vor, die den mittleren Auflösungswinkel des Auges und die Bildbreite berücksichtigen. Für die einzelnen Filmformate geben drei Autoren (GRABNER, SAUER, WEISE) folgende Werte der zulässigen Bildunschärfe *a* an:

Tabelle 44

Filmformat	zulässige Bildunschärfe *a*		
	GRABNER µm	SAUER µm	WEISE µm
8	5,1	2,56	1,54
16	11,1	5,6	3,36
35	24,2	12,2	7,35

Die großen Öffnungsverhältnisse der Objektive erfordern einen hohen Korrektionszustand, gute Planlage des Films und natürlich gute Scharfeinstellung durch den Vorführer. Der Bildwerferraum ist hierfür der ungeeignetste Platz, weil er meist die größte Entfernung zum Bildschirm besitzt und die Beobachtung durch das enge Kabinenfenster schwierig ist. Aus diesem Grunde wird die Fernscharfeinstellung vom Zuschauerraum besonders empfohlen [526]. Zur Prüfung der Bildschärfe (und des Bildstandes) gibt es Filme mit Rastern, Sternen und ähnlichem [527], die zum Teil auch genormt sind, z. B. DIN 15 506/1 (35 mm); 15 606/1 (16 mm); 15 706/1 (70 mm); 15 806/1 (8 mm); 15 806/10/11 (8 mm S).

XII. Tonabtastgeräte

Der auf dem Film photographisch oder magnetisch aufgezeichnete Ton wird im Tonabtastgerät (Tongerät, Tonlaufwerk, Tonläufer) abgetastet und die entstehenden niederfrequenten Schwingungen werden dem Verstärker bzw. Lautsprecher zugeführt. Außer der Umwandlung photographischer oder magnetischer Aufzeichnungen in elektrische Schwingungen, muß das Tongerät noch für möglichst gleichmäßigen Lauf des Filmes an der Abtaststelle sorgen, besonders im Hinblick darauf, daß der Film am Bildfenster intermittierend transportiert wird. Der erforderliche Gleichlauf, eine der wichtigsten Forderungen, wird durch mechanische Filter erzielt [528]. Die Tonabtastung befindet sich etwa in der Mitte der Umschlingung der Tonbahn, da dort die Filmberuhigung am besten ist.

Man kennt zwei Arten:

A. das Antriebs-Tongerät,
B. das Durchzugs-Tongerät.

Diese werden entweder zusätzlich (nachträglich) an den Projektor angebaut und sind dann in sich geschlossene Einheiten. Oder sie sind in den Projektor eingebaut und sind dann Bestandteile desselben (z. B. Bildtonprojektor ERNEMANN VII).

A. Das Antriebsgerät

Die Schwungmasse bzw. Tonbahn (Tonrolle) wird beim Antriebsgerät vom Projektor aus angetrieben, meist mit einer Kette. Die vom Projektor bzw. den Ketten kommenden Stöße werden durch ein mechanisches Siebglied, bestehend aus Schwungmasse und Feder (Omega-Feder) herausgefiltert, um völlig gleichmäßigen Lauf (Gleichlauf) der den Film ziehenden Zahnrolle zu erhalten. Ganz abgesehen davon, daß die Antriebseinrichtung recht unbequem war, haben alle Antriebsgeräte den grundsätzlichen Fehler, daß eine Störfrequenz von 96 Hz auftrat. Diese entsteht durch verschieden starke Schrumpfung des Films. Da die Zahnrolle nur für einen Schrumpfungswert hergestellt werden kann, erhält bei Abweichungen der Film beim Eintreten oder Verlassen des Zahns einen zusätzlichen Impuls, der sich aus 24 B/sec und den vier Perforationslöchern ergibt [529, 530]. Aus diesem Grunde wurde dieses Prinzip zugunsten der Durchzugsgeräte bald verlassen.

B. Das Durchzugsgerät

Das Prinzip des Durchzugsgerätes besteht darin, daß die Schwungmasse nicht vom Projektor, sondern vom Film angetrieben wird. Bei den ersten Konstruktionen lief der Film noch über eine feststehende Tonbahn. Vor und hinter dieser waren zwei glatte Rollen, die mit Schwungmassen gekoppelt waren. Beide Rollen wurden vom Film umschlungen und durch Haftreibung des Films in Bewegung gesetzt. Die unregelmäßige, durch die Schaltung bedingte Bewegung des Films wurde durch die Filmschleife unterhalb des Projektorfensters in Verbindung mit gebremsten Rollen, Schleifenfängern und ähnlichem aufgefangen. Schwieriger war es, die Zahnstöße der Nachwickelrolle, die den Film durch das Gerät zieht, zu filtern. Weil auch die feststehende Tonbahn durch unkonstante Reibungsverhältnisse den Gleichlauf beeinflußte, wurde diese durch die rotierende Tonbahn ersetzt. Das ist jetzt das Prinzip aller modernen Geräte. Um die Hochlaufzeit der Schwungmasse zu verkürzen, wird die Haftung des Films auf der Tonbahn durch besondere Maßnahmen erhöht, z. B. durch eine vom Filmzug betätigte Anpreßrolle.

C. Das Magnetton-Abtastgerät

Während beim Lichttongerät die Tonspur nur durchleuchtet wird, der Film also nicht über Elemente der Tonabtastung gleiten muß, ist dies bei der Magnetton-Abtastung erforderlich. Die Magnetspuren müssen in Kontakt mit den Magnetköpfen sein, das bedeutet, daß der Film darüber gleitet, rotierende Tonbahnen nicht so wirksam sind. Es handelt sich um Durchzugsgeräte, die vor und nach dem Magnetkopf mechanische Filter besitzen, die die von der oberen Filmtrommel und der Vorwickelrolle kommenden Stöße ausfiltern.

D. Vorführgeschwindigkeit und Bild-Ton-Abstand

Die Vorführgeschwindigkeit von Tonfilmen ist genormt und beträgt 24 B/sec. Da sie in einem ungeraden Verhältnis zur 50-Hz-Netzfrequenz steht, ist sie allerdings sehr umstritten [531, 532]. Mit Rücksicht auf den Fernsehbetrieb ist die Toleranz mit +1 B/sec festgelegt, um auch 25 B/sec zu ermöglichen. Für den 70-mm-Film war zu Beginn auch eine Frequenz von 30 B/sec üblich, die aber später zugunsten von 24 B/sec fallengelassen wurde. Nach DIN 15 577 gelten folgende Vorführgeschwindigkeiten:

Tabelle 45

Film	Aufnahme für		Wiedergabe für	
	Filmtheater	Fernsehen	Filmtheater	Fernsehen
70 mm	24	—	24^{+1}	—
65 mm	24	—	24^{+1}	—
35 mm	24	25	24^{+1}	25
17,5 mm	24	25	—	25
16 mm	24	25	24^{+1}	25
8 mm	Aufnahme und Wiedergabe 24^{+1} oder 18_{-2}			
8 mm Type S	Aufnahme und Wiedergabe 24^{+1} oder 18_{-2}			

Ebenfalls ist der Abstand zwischen Tonaufzeichnung und Bildmitte und damit auch zwischen Projektorfenster und Tonabtaststelle genormt. Bei Lichtton befindet sich die Abtaststelle nach dem Projektorfenster in Richtung unterer Aufwicklung. Bei Magnetton in den meisten Fällen vor dem Projektorfenster in Richtung des oberen Magazins. Ein 35-mm-Bildwerfer für Lichtton und Magnetton hat dann oben und unten ein Tonlaufwerk (Abb. 423). Für den Bild-Ton-Abstand gelten folgende Normen:

Tabelle 46

Film mm	*Bild-Ton-Abstand* *Magnetton* Bilder	*Lichtton* Bilder	DIN
70	N 24±0,5	—	15 703
35	—	V 21±1/2	15 503
35	N 28±1/2	—	15 555
35	N 28±1/2	—	15 582
16	—	V 25±1/2	15 603
16	V 28±1/2	—	15 681
16	V 28±1/2	—	15 682
8 S	—	22±1	15 803
8 S	V 18±1	—	15 881/2
8	V 56±1	—	15 881/1

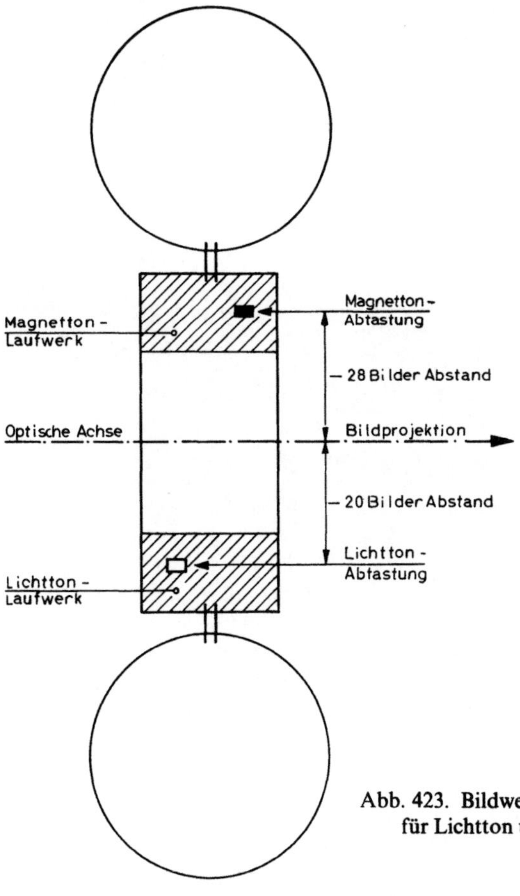

Abb. 423. **Bildwerfer mit Laufwerken für Lichtton und Magnetton**

Hierbei gilt der Abstand von Bildmitte zu Ton auf dem Film. Der Buchstabe *N* bedeutet, daß die Tonaufzeichnung einen Nachlauf zur zugeordneten Bildmitte und *V*, daß sie einen Vorlauf besitzt. Entspricht der Abstand zwischen Projektorfenster und Tonabtaststelle auch dem Abstand Bild zu Ton auf dem Film, so sind Bild und Ton in der Ebene der Lautsprecher im Synchronismus (z. B. für Autokinos, Filmabtaster und ähnliches). Da die Zuschauer im normalen Kino sich in größerer Entfernung von den Lautsprechern befinden, ist die Laufzeit des Schalls zu berücksichtigen. Das geschieht dadurch, daß der Abstand von der Mitte des Projektorfensters zur Tonabtaststelle um etwa 1 Bild verkürzt (bei Vorlauf) oder verlängert wird (bei Nachlauf).

XIII. Sonderprojektionen

Es dauerte nicht lange, daß die Vorführung von Filmen nicht nur in Wanderkinos und stationären Theatern, sondern auch auf andere Weise erfolgte. So wurde die Anlage bald fahrbar in einem Auto fest installiert (Abb. 424). Dieser „Kinokraftwagen" wurde auch patentiert [533]. In den USA wurde ein solches Kino-Auto schon 1929 zur Wahl-Kampagne eingesetzt [534]. Etwa um die gleiche Zeit wurden Passagier-Dampfer mit Kinoanlagen ausgerüstet [535]. Auch die Eisenbahn richtete Sonderwagen für Filmvorführungen ein [536]. Schließlich erhielten auch große Passagier-Flugzeuge (Abb. 425) Kino-Anlagen [537].

Abb. 424. Kino-Auto

Auch Projektion auf Wolken war geplant [538]. Aber auch wenn man dabei nur große Schriftzeichen projizieren wollte, sind erhebliche Lichtströme nötig, da die Reflexion der Wolken gering ist. Ein Teil des Lichtes tritt in die neblige Wolkenschicht ein (Kumulus-Wolken in 800 bis 1200 m Höhe). Dadurch wird das Projektionsbild nur dann deutlich sichtbar, wenn es von einem Standort nahe dem Projektor betrachtet wird.

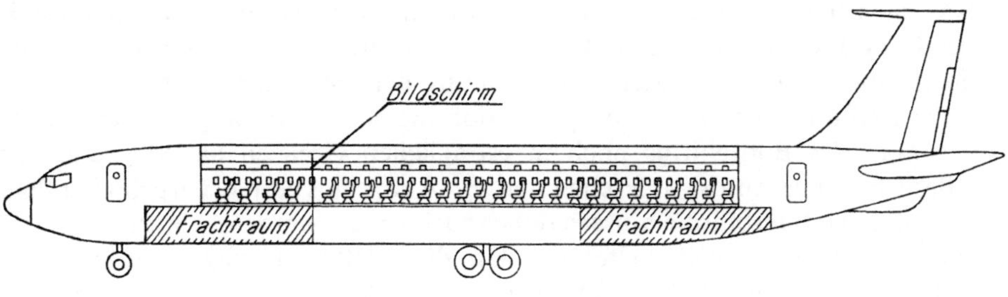

Abb. 425. Kino im Flugzeug

A. Freiluft-Kino und Auto-Kino (drive in)

Für das Freiluft- wie das Auto-Kino ist kennzeichnend, daß der Bildschirm eine mattweiße Oberfläche hat, von ganz wenigen Ausnahmen abgesehen. Reflex-Schirme halten den Witterungseinflüssen im Freien nicht stand. Durch Verschmutzung fällt auch der Reflexionsfaktor der mattweißen Wand schnell ab. Der Lichtstrombedarf ist also groß.

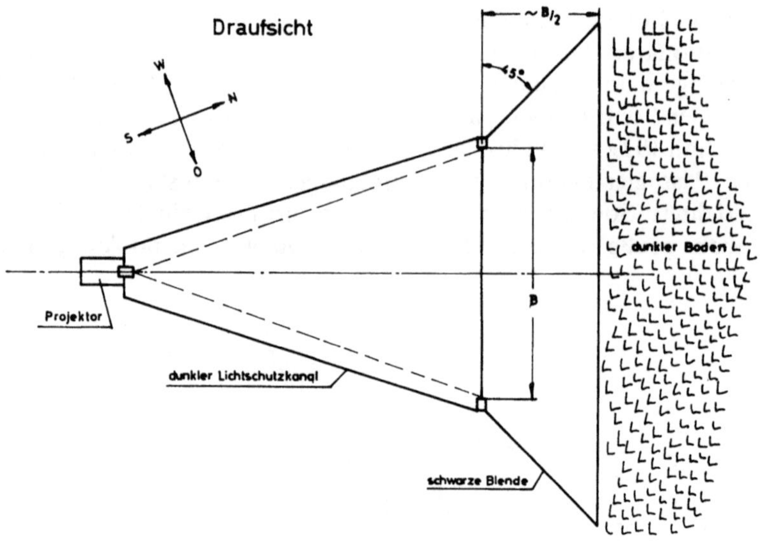

Abb. 426. Durchprojektion im Freien

Kleinere Freiluft-Kinos in Ausstellungen usw. werden aus Platzgründen gern für Durchprojektion eingerichtet, wobei der Wunsch besteht, möglichst frühzeitig, also nicht erst bei völliger Dunkelheit, mit den Vorstellungen beginnen zu können (Abb. 426). Dann muß der Einfluß des Störlichtes verringert werden. Ganz besonders wichtig ist, daß nicht von rückwärts Störlicht auf den Durchprojektionsschirm fällt, was durch einen Lichtkanal (Lichttunnel) verhindert werden kann. Das von vorn oben oder seitlich auf den Schirm gelangte Störlicht läßt sich durch Anbringen einer mattschwarzen Blende, deren Dach eventuell etwas nach unten geneigt ist, stark reduzieren. Dazu verhilft auch eine dunkle Gestaltung des Bodens vor dem Bildschirm. Die untergehende Sonne soll nicht den Bildschirm anstrahlen, sondern seitlich hinter dem Bildschirm untergehen.

Bei Freiluft-Kinos mit Frontprojektion lassen sich im allgemeinen die Abmessungen des Bildschirms noch in erträglichen Grenzen halten, wenn diese für Besucher ohne Autos vorgesehen sind. Bei Autokinos besteht ein größerer Platzbedarf und die Bildschirme müssen daher auch größer werden. Abmessungen von 15 m × 30 m kommen nicht selten vor. Um diese 450 m^2 normgerecht mit 94 asb (DIN 15 571) bei einem Wandfaktor von z. B. 0,7 auszuleuchten, ist ein Lichtstrom von 60 000 lm erforderlich. Derart große Lichtströme lassen sich auch mit den stärksten Lampen nicht erzeugen, so daß die meisten Autokinos mit Leuchtdichten weit unter der Norm betrieben werden. Daß trotzdem ein befriedigender Bildeindruck entsteht, kann mit dem Fehlen von Rücklicht (Reflexion von den Wänden eines umbauten Kinos) und dem dadurch bedingten hohen Kontrast des projizierten Bildes erklärt werden. Autokinos wurden zuerst in den USA gebaut und haben einen hohen Aufschwung genommen (Abb. 427).

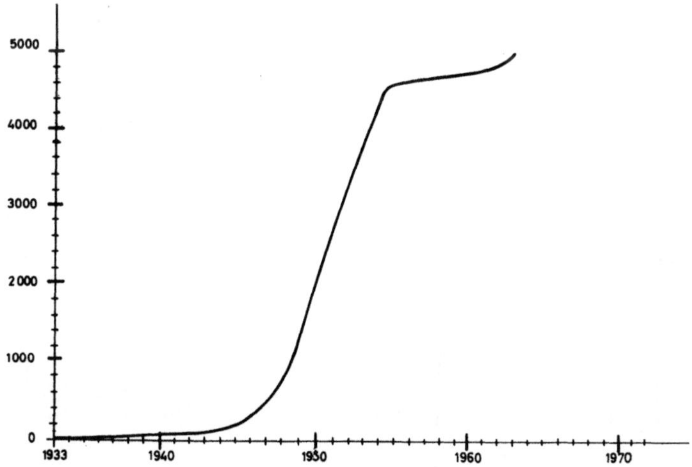

Abb. 427. Zunahme der Autokinos in USA

Bei der Planung treten gegenüber umbauten Kinos andere Probleme auf [539 . . . 544]. Es wird eine große Fläche benötigt, die in regenstarken Gebieten Entwässerung haben muß. Zu- und Abfahrtsstraßen müssen einen flotten Autoverkehr zulassen. Das gilt auch für die Einlaß-Kassen (Abb. 428). Damit von allen Autos aus gute Sicht zum Bildschirm ist, werden bogenförmige Rampen vorgesehen. Nur primitive Autokinos verzichten auf Autorampen. Diese Aufstellung mit Überhöhung zwecks besserer Sicht war übrigens durch das Patent von *Hollingshead* geschützt (US Patent 1909 537 vom 6. August 1933). Die riesigen Bildwände sind nicht nur schwer mit weißer Farbe zu streichen, sie müssen auch gewaltigen Winddrücken standhalten (Windgeschwindigkeit über 100 km/h). In kalten Regionen werden noch Heizlüfter benötigt, so daß der gesamte elektrische Anschlußwert für ein Autokino oft recht hoch ist.

B. Hintergrundprojektion

In der Kinematographie gibt es zahlreiche Trickmöglichkeiten, sowohl solche, die der Zuschauer bemerkt und die ihn in Erstaunen versetzen sollen, wie auch Tricks, die er nicht bemerken soll und die meist zur Vereinfachung der Aufnahmebedingungen und zur Verbilligung beitragen. Zu diesen letzteren, den „unsicht-

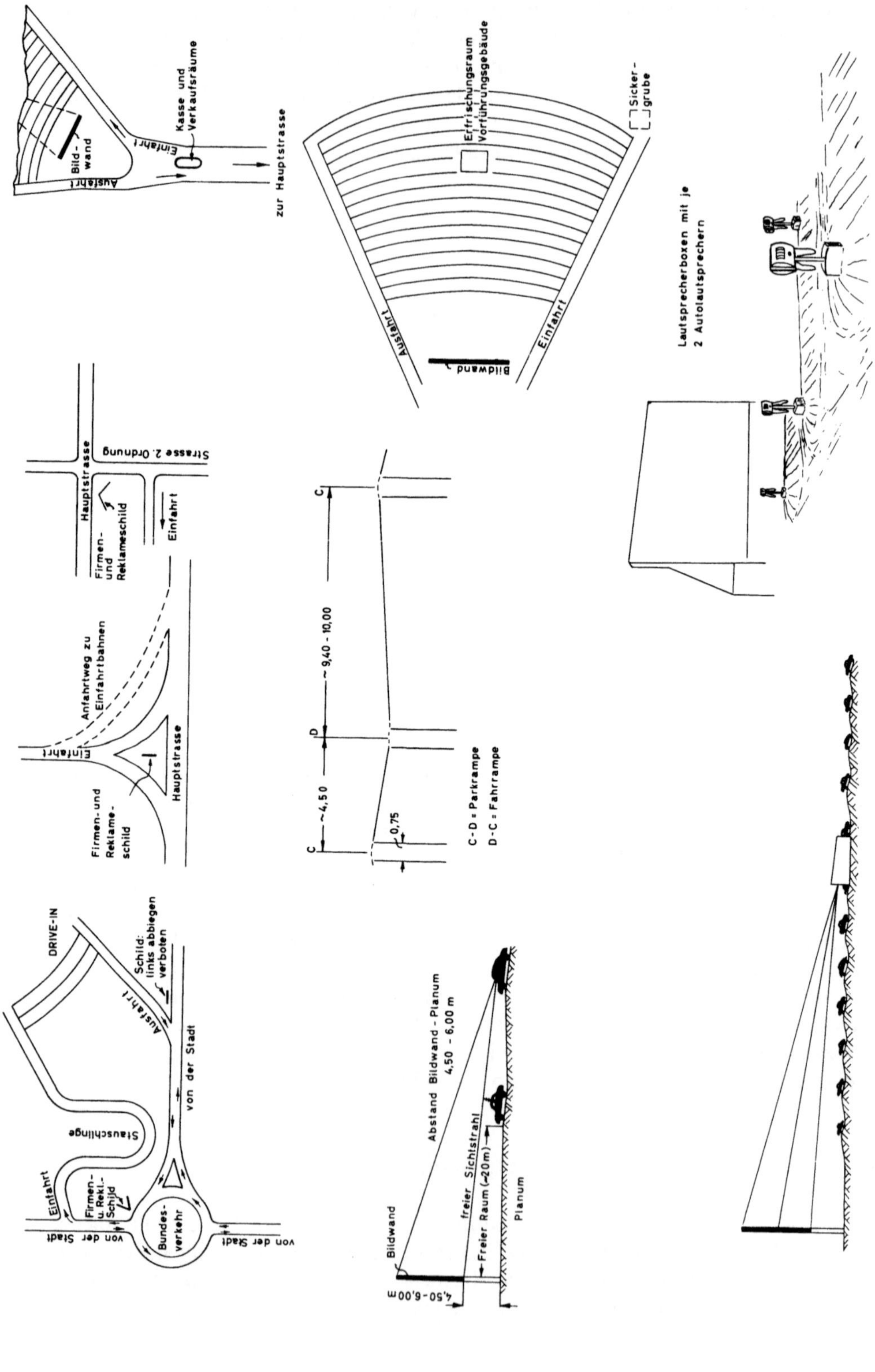

Abb. 428. Planung von Auto-Kinos

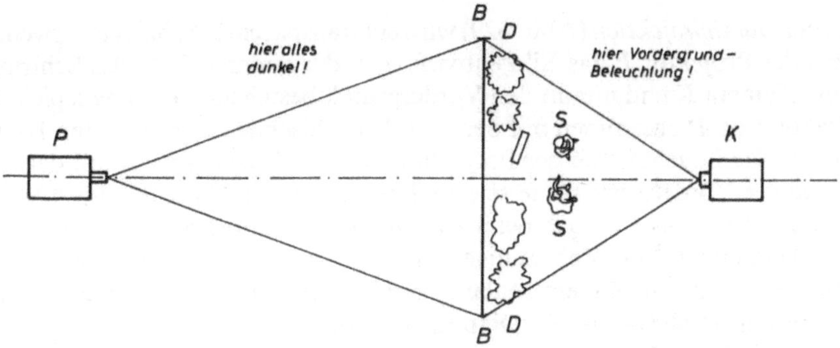

Abb. 429. Hintergrundprojektion als Durchprojektion. *P* Projektor, *B* Bildschirm, transparent, *D* Dekoration, *S* Schauspieler, *K* Kamera

baren“ Tricks gehören die „Bildkombinationsverfahren“, unter denen man die Herstellung eines Bildes aus zwei Teilaufnahmen versteht. Hierbei wird die eine als Vordergrundaufnahme im Atelier, die andere als Hintergrundaufnahme im Freien aufgenommen [545]. Diese werden dann zu einem Bild kombiniert, wobei die Hintergrundprojektion (Rückprojektion, Rückpro, background) eine besondere Rolle spielt. Dies kann als Durch- oder als Front-Projektion geschehen.

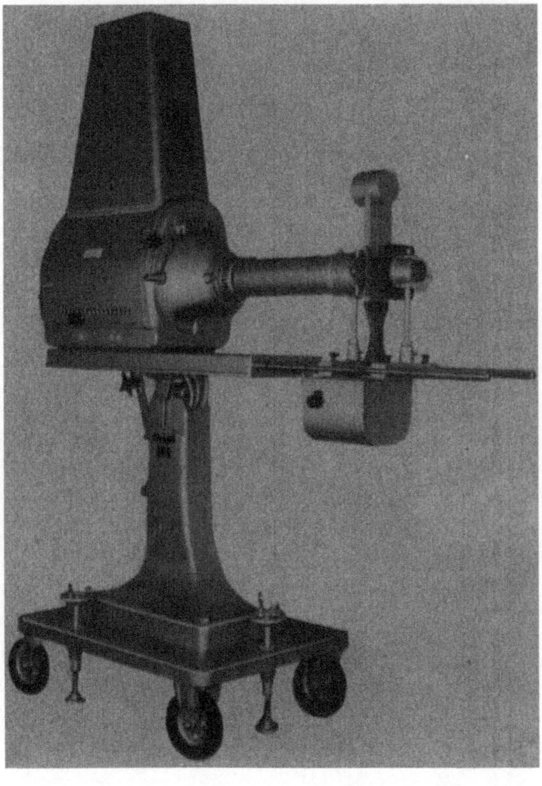

Abb. 430. Groß-Dia-Projektor für Hintergrundprojektion (Zeiss Ikon)

Bei der *Durchprojektion* (Abb. 429) wird ein transparenter Schirm *B* verwendet, auf dem der Projektor *P* das Bild entwirft. Auf der anderen Seite des Schirms *B* steht die Kamera *K* und nimmt den Vordergrund, bestehend aus Schauspielern *S* und Dekoration *D* zusammen mit dem auf den Bildschirm *B* projizierten Hintergrund auf. Die Leuchtdichte der Projektion muß im Gleichgewicht mit der Ausleuchtung der Vordergrundszene sein und beträgt daher etwa 2000 bis 4000 asb bei Farbfilm, 1000 bis 3000 asb bei Schwarz-Weiß-Film und bei Fernsehkameras je nach Aufnahmeröhre noch weniger. Als Lichtquellen wurden früher Bogenlampen, jetzt in zunehmendem Maße Xenonlampen verwendet. In vielen Fällen genügt für den Hintergrund ein Diapositiv, z. B. für Häuserfassaden [546, 547]. Wegen der verlangten hohen Lichtleistungen und langen Standzeiten der Dias müssen diese gut gekühlt werden (Abb. 430). Wird für den Hintergrund ein Laufbild verlangt, z. B. Fahrt in einem Auto, so muß der Filmprojektor nicht nur eine hohe Lichtleistung, sondern auch einen besonders guten Bildstand etwa 0,02% aufweisen, damit auf dem Endprodukt der Hintergrund nicht zittert [548, 549, 550]. Auch bei diesen Projektoren (Abb. 431) werden Xenonlampen verwendet [551]. Ferner ist beim Betrieb zu beachten, daß die Umlaufverschlüsse von Kamera und Hintergrundprojektor nicht nur synchron, sondern auch conphas laufen. Dies kann durch eine Automatik erzielt werden [552].

Bei *Frontprojektion* des Hintergrundes wird Raum gespart, da sich Kamera und Projektor auf der gleichen Seite des Bildschirmes befinden. Eine beliebige

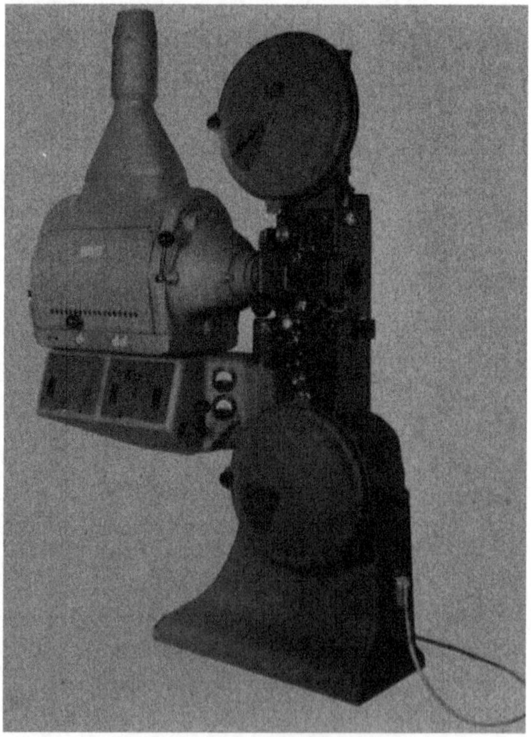

Abb. 431. Film-Projektor für Hintergrundprojektion (Zeiss Ikon)

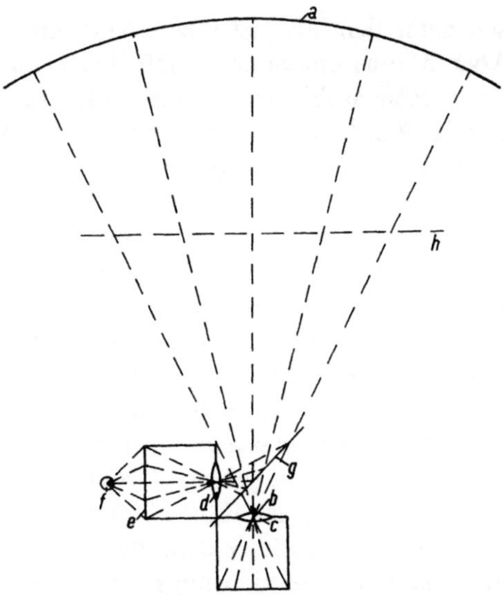

Abb. 432. Frontprojektion nach THORNER und MESSTER. *a* Hohlspiegel mit Krümmungsmittelpunkt *b*, *c* Objektiv der Kamera, *d* Objektiv des Projektors, *e* Hintergrundaufnahme, *f* Lichtquelle, *h* Platz für Dekoration und Schauspieler

Projektionsanordnung würde das Bild auch auf den Schauspielern und der Dekoration erzeugen, außerdem würden Schatten auf dem Bildschirm entstehen. Daher haben schon THORNER und MESSTER vorgeschlagen [553], das Bild auf einen großen Hohlspiegel zu projizieren, dessen Krümmungsmittelpunkt sich im Objektiv des Projektors bzw. der Kamera befindet. Der Spiegel reflektiert dann das Licht nicht in den Raum, sondern zum Objektiv (DRP 598712). Kamera und Projektor werden rechtwinklig zueinander gestellt und der Projektionsstrahl durch einen Planspiegel um 90° zum Bildschirm gelenkt (Abb. 432). Da sich ein so großer Spiegel (etwa 4 bis 5 m) mit der erforderlichen Genauigkeit kaum zu

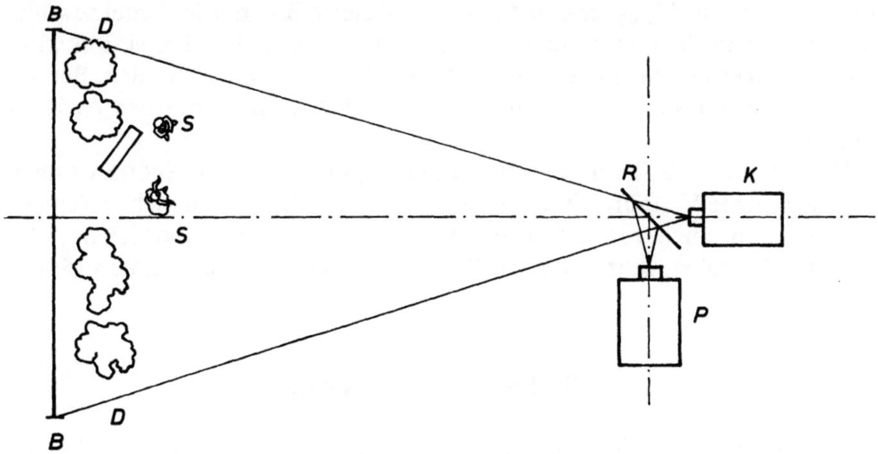

Abb. 433. Hintergrundprojektion als Frontprojektion. *P* Projektor, *B* Bildschirm, *D* Dekoration, *S* Schauspieler, *K* Kamera, *R* Spiegel, teildurchlässig

erschwinglichen Preisen herstellen läßt, ist dieses Verfahren nicht in die Praxis eingeführt worden. Aber daraus entwickelte sich das heute verbreitete Frontprojektionsverfahren mit Reflexschirmen, auch Aufprojektion genannt. Das Prinzip, hochreflektierende Wände mit autokollimatorischer Wirkung zur Frontprojektion zu verwenden, ließen sich 1954 die Franzosen ALEKAN und GERARD schützen [554]. Der Bildschirm besitzt kleine Glasteilchen von etwa 0,1 mm Durchmesser und einen Brechungsindex von etwa 1,8, die sich auf einem Plastikmaterial eingebettet befinden. Meist ist das Untergrundmaterial schwarz gefärbt. Der Projektor *P* steht rechtwinklig zur Bildwand *B* (Abb. 433), sein Lichtstrahl wird durch den Spiegel *R* umgelenkt. Dieser Spiegel („beamsplitter") ist teildurchlässig. Ein Teil des Projektionslichtes geht hindurch und ist verloren. Der andere Teil geht zum Bildschirm und wird fast völlig in sich reflektiert, trifft wieder auf den teildurchlässigen Spiegel, wobei erneut ein Teil des Lichtes verloren geht, während der andere Teil in die Kamera gelangt. Trotz der zweimaligen Verluste des Projektionslichtes ist die Wirkung der autokollimatorischen Bildwand so gut, daß trotz schwacher Lichtquellen große Bildwände verwendet werden können. Ein weiterer Vorteil der niedrigen Beleuchtungsstärken besteht darin, daß das auf die Schauspieler und Dekoration fallende Licht nicht den Eindruck stört, und auch nicht in der Filmaufnahme erscheint. Schattenbildung muß allerdings durch entsprechende Anordnung und Wahl der Brennweiten vermieden werden. Der Umlenkspiegel *R* wird meist so ausgelegt, daß er 70% Durchlaß und 30% Reflexion besitzt. Bei dieser Aufteilung kann die Vordergrundbeleuchtung niedrig gehalten werden. Dieses Verfahren der Frontprojektion ist sowohl für Steh- wie Laufbilder möglich und wird sowohl für Film- wie für Fernsehaufnahmen verwendet [555 . . . 560].

C. Subliminales Projektionsverfahren

In eine laufende Film- oder Fernsehvorführung wird kurzzeitig ein Text (Werbetext) hineinprojiziert. Die Projektionszeit ist sehr kurz (man findet Angaben von $^1/_{100}$ bis $^1/_{3000}$ sec), so daß das projizierte Bild nur im Unterbewußtsein (sub limen) von dem Betrachter wahrgenommen wird. Die Projektion wird im Abstand von etwa 5 Sekunden einige Male wiederholt, so daß bei dem Betrachter unwillkürlich ein Verlangen nach dem im Werbetext angepriesenen Artikel entstehen soll.

Das im Jahre 1957 von der New Yorker „Subliminal Projection Company" herausgebrachte Verfahren ist aber sehr umstritten, da bei zahlreichen Versuchen, unter anderem auch von dem britischen „Institute of Practitioners in Advertising" durchgeführt, sehr widersprechende Ergebnisse erzielt wurden [561, 562, 563].

D. Farbfilmprojektion

Bei der Projektion der heute üblichen (subtraktiven) Farbfilme sind keinerlei Änderungen an den Projektoren erforderlich. Das einzige, was zu beachten ist, sind genügende Leuchtdichte und Farbtemperatur des Projektionslichtes. Es sei

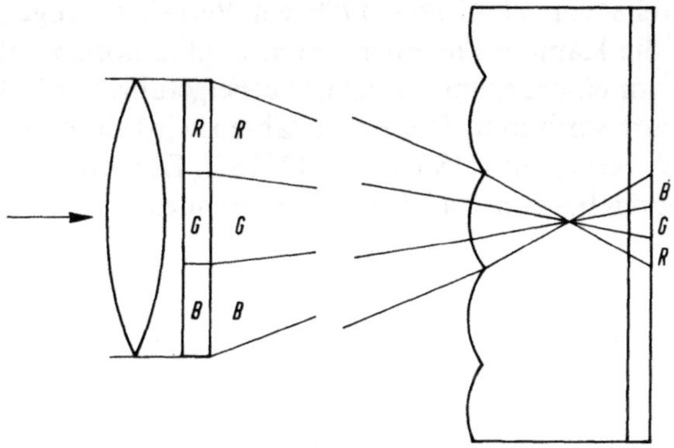

Abb. 434. Prinzip des Linsenrasterfilms

aber bei dieser Gelegenheit auf das Linsenraster-Verfahren hingewiesen, das von BERTHON und KELLER-DORIAN in Frankreich vorgeschlagen und Ende der 20er Jahre von SIEMENS (SIEMENS-BERTHON-Verfahren) wie auch KODAK praxisreif gemacht wurde. Hierbei handelt es sich um Schwarz-Weiß-Filme, die auf der Blankseite eingeprägte, sehr kleine Zylinderlinsen tragen (Abb. 434). Bei der Aufnahme passiert das Licht ein Dreifarben-Filter, dessen Streifen mit denen der Zylinderlinsen parallel laufen. Die Zylinderlinsen entwerfen dann auf die lichtempfindliche Schicht Farbrasterstreifen von 0,01 mm Breite. Zur Projektion wird ebenfalls ein Dreizonenfilter benötigt und der Vorgang verläuft dann umgekehrt wie bei der Aufnahme [564]. Dieses Farbfilmverfahren wird jetzt nicht mehr angewendet, ist aber erneut für das Fernsehen, speziell Farbfilmabtaster vorgeschlagen worden.

E. Breitwand- und Panorama-Projektionen

Diesen Verfahren liegt das Bestreben zugrunde, einen möglichst großen Blickwinkel zu erzielen. Die Begriffe *Breitwand* und *Panorama*-Verfahren sind nicht fest umrissen und gehen ineinander über. Oft wird auch noch von Rundum-Projektion (360°-Projektion) gesprochen. Schon bei dem 35-mm-Film wurde durch die kaschierten Bildfenster in Verbindung mit kurzen Brennweiten oder durch die anamorphotischen Verfahren ein Breitwand-Effekt gegenüber der bisherigen Projektion erzielt. Das ist auch bei der Projektion des 70-mm-Films der Fall.

1. Verfahren mit einem Projektor

Diese Verfahren verwenden einen Projektor. Es ist schon sehr frühzeitig versucht worden, mit einer einzigen Kamera und einem einzigen Projektor ein echtes *Panorama*-Bild von 360° zu erzielen. Schon bei der Photographie begann das, und es ist ein Photo aus dem Jahre 1846 bekannt, bei dem die Platte in einer gekrümmten Position gehalten wurde, während das Objektiv vorbei geschwungen wurde [565]. In der Kinematographie begannen ähnliche Bestrebungen [566]. Hier ist jedoch die Aufgabenstellung wegen des laufenden Films wesentlich schwieriger. So wird bereits von H. Goetz 1909 ein Verfahren angegeben (D. P. S. 240 020), bei dem die Kamera um einen festen Zapfen horizontal gedreht wird, während der Film vor einem schmalen Spalt vorbeigeführt wird. Bei der Wiedergabe wird umgekehrt verfahren. Dieses Verfahren wird durch den Amerikaner Fred Waller noch verbessert (US Patent 2438137). Der Amerikaner I. D. Elms gab 1922 ein Verfahren bekannt, bei dem ein rotierendes Linsensystem (Abb. 435)

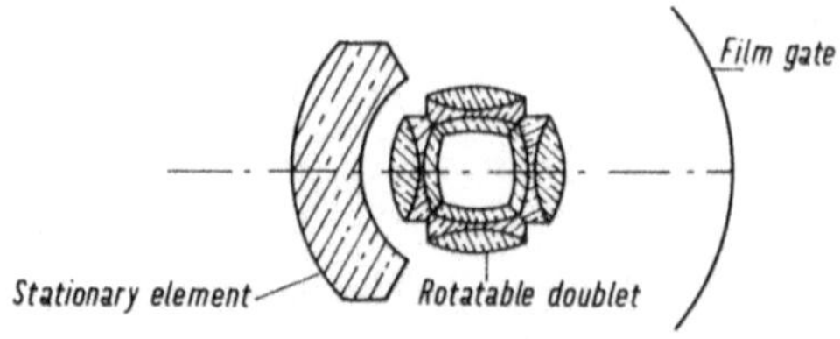

Abb. 435. Rotierendes Panorama-Objektiv (Elms, USA, 1922, 1934)

den Film belichtete, der in einem Kreis gebogen war, der der Brennweite des Linsensystems entsprach [567]. Ein weiteres Verfahren zur Projektion auf einen zylindrischen Schirm von 360° wurde 1937 von dem Amerikaner C. I. Posey vorgeschlagen [568]. Hierbei rotieren Kamera und auch Projektor (Abb. 436). Die Zuschauer sollen auf drehbaren Stühlen sitzen. Ebenfalls ein rotierendes Objektivsystem verwendet der Italiener Dr. Vico D'Incerti [569]. Das 1962 bekannt gemachte Verfahren hat den Namen *Totalrama*. Die Aufnahme erfolgt

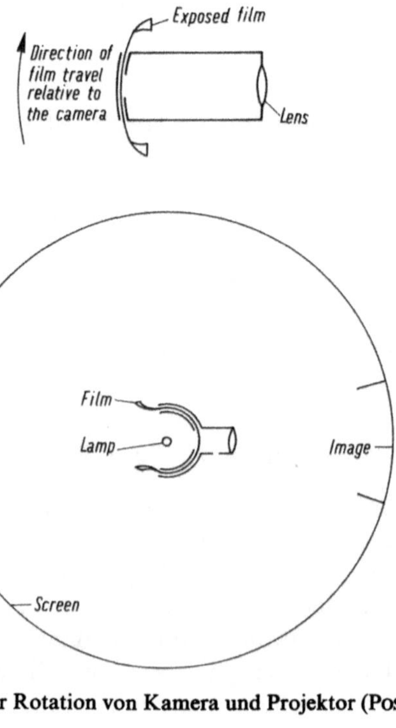

Abb. 436. Prinzip der Rotation von Kamera und Projektor (Posey, USA, 1937)

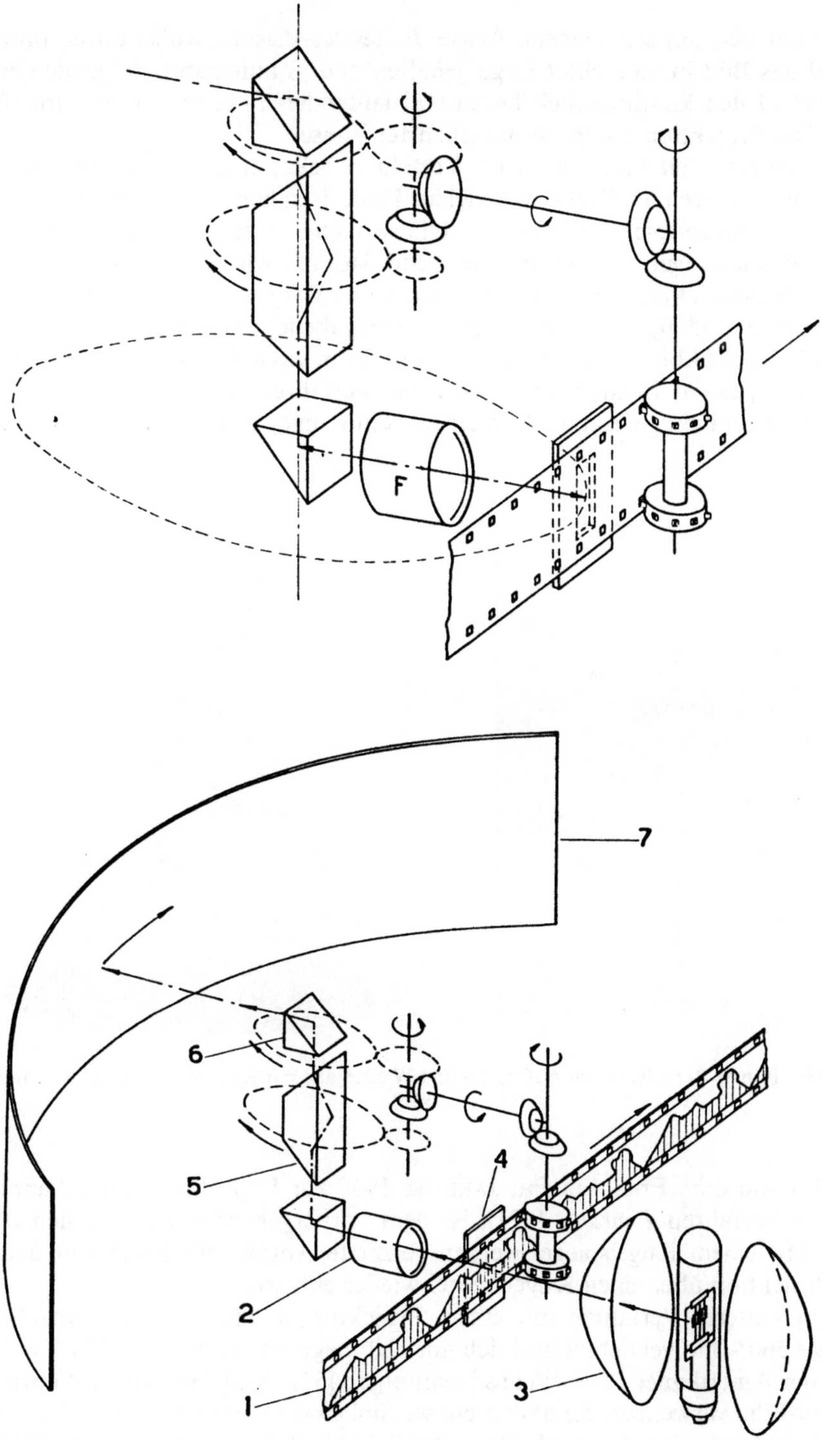

Abb. 437. Prinzip des rotierenden optischen Systems für Aufnahme und Wiedergabe (D'Incerti, Italien, 1962). *F* Kamera-Objektiv, *1* Film, *2* Projektionsobjektiv, *3* Beleuchtungssystem, *4* Bildfenster, *5* und *6* Umlenkprismen, *7* Bildwand

durch ein sich um seine eigene Achse drehendes Prisma, wobei durch optische Mittel das Bild in aufrechter Lage gehalten und in aufeinanderfolgenden engen Zonen auf den kontinuierlich horizontal laufenden Film registriert wird (Abb. 437). Die Projektion erfolgt in umgekehrter Weise.

In neuerer Zeit sind noch zwei Verfahren bekannt geworden, die ein 360°-Bild ohne rotierendes Objektiv erzielen. Beide beruhen darauf, die Aufnahmen über einen Kugelspiegel zu machen. Die so völlig verzerrten Filmbilder werden über einen analogen Spiegel projiziert und dadurch wieder entzerrt.

Nach diesem Prinzip arbeitet der Hamburger BALTES, der 1958 sein *Cinetarium* herausbrachte [570]. Aufnahme- und Wiedergabelicht gehen über einen sphärischen Spiegel (Abb. 438). Auf dem 35-mm-Film entsteht daher eine kreisrunde Aufnahme, deren Inhalt verzerrt ist. Das Verfahren wurde in mehreren Ausstellungen und einige Zeit auch in einem Kino angewendet.

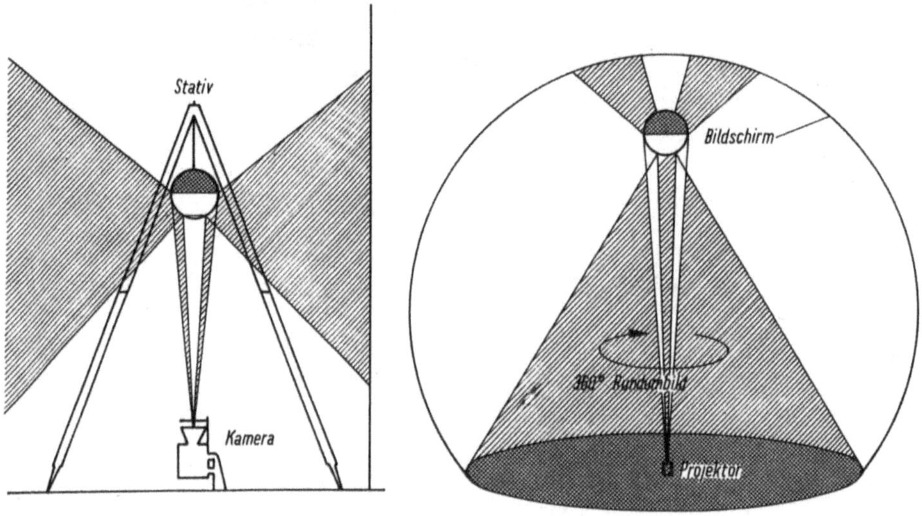

Abb. 438. Prinzip der *Cinetarium* Aufnahme und Wiedergabe mit Kugelspiegel (BALTES, Hamburg, 1958)

Das von dem Franosen PH. JAULMES 1967 zur Expo Montreal bekannt gemachte Verfahren *Panrama* [571], ist dem vorhergehenden sehr ähnlich (Abb. 439). Mit einem Kugelspiegel werden verzerrte Aufnahmen hergestellt und bei der Projektion über einen Kugelspiegel wieder entzerrt.

Ein weiteres Verfahren mit einem Projektor, welches aber von vornherein auf das 360°-Bild verzichtet und sich mit 120° begnügt, ist das „arc 120", welches 1960 der Amerikaner LEON WELLS bekanntgab [572, 573]. Hierbei wird normaler 35-mm-Film verwendet, der aber nicht wie üblich ein einzelnes Querbild, sondern zwei hochkantstehende Halbbilder enthält (Abb. 440). Diese beiden Halbbilder werden bei der Projektion mit Hilfe eines Spezialvorsatzes, der auch eine Strahlenteilung vornimmt, gedreht, so daß ein breites Schirmbild mit dem Seitenverhältnis

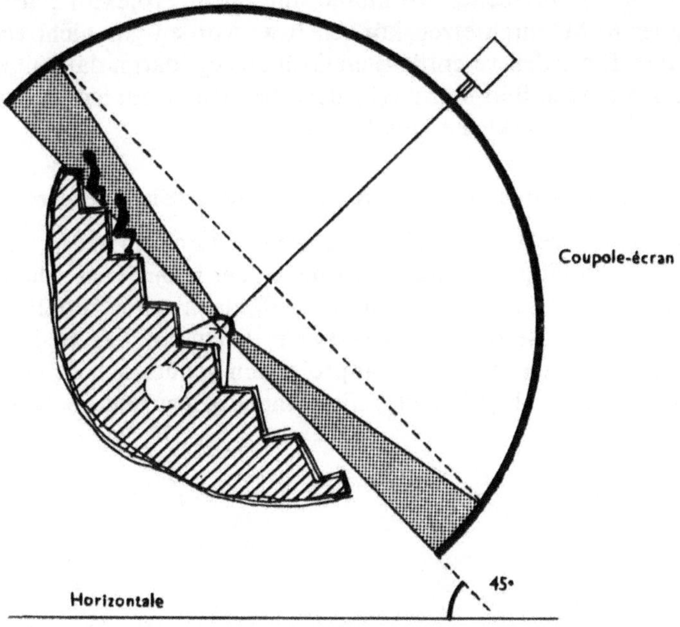

Abb. 439. Prinzip der *Panrama*-Projektion mit Kugelspiegel (JAULMES, Paris, 1967)

1:2,64 entsteht; der Schirm ist sehr stark durchgebogen. Da aber jedes der zwei Objektive nur den halben Schirm auszeichnet, ist diese Schirmdurchbiegung für jeden der beiden Projektionsstrahlen sehr klein und führt nicht zu Unschärfen.

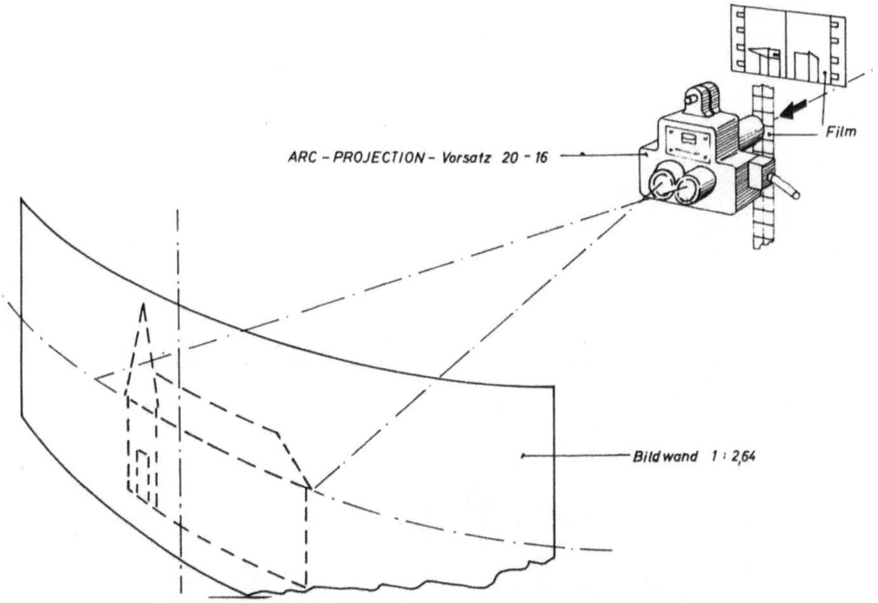

Abb. 440. Prinzip der *Arc*-120-Projektion (WELLS, USA, 1960)
Abb. 440. Prinzip der *Arc*-120-Projektion (WELLS, USA, 1960)

Alle die beschriebenen Verfahren mit einem Projektor haben sich aber auf die Dauer nicht durchsetzen können bzw. wurden gar nicht erst in die Praxis eingeführt. Einer der wesentlichsten Gründe liegt darin, daß mit einem Projektor der für den großen Bildschirm erforderliche Lichtstrom nicht erzielbar ist. Ferner treten noch sehr merkliche Unschärfen auf.

2. Verfahren mit mehreren Projektoren (Simultan-Projektion)

Das schwierige Lichtproblem läßt sich dadurch umgehen, daß mehrere Projektoren gleichzeitig (simultan) nebeneinander projizieren. Dieses Verfahren ist fast so alt wie die Kinematographie [574], denn schon am 26. November 1896 reichte der Franzose Auguste Baron ein Patent ein, das die Nr. 261 650 erhielt und in dem er sich eine Simultanprojektion schützen ließ, der er den Namen „*Cinématorama*" gab (Abb. 441). Eine ähnliche Anordnung ließ sich am 25. No-

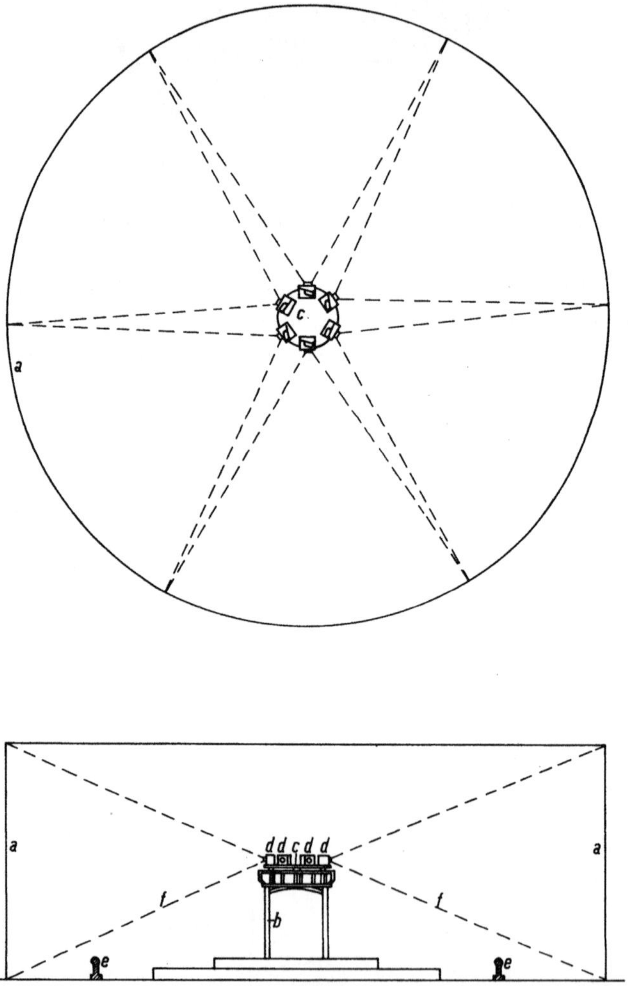

Abb. 441. Prinzip des *Cinématorama* (Baron, Frankreich, 1896). *a* kreisförmige Bildwand, *b* Projektorgestell, *c* Plattform, *d* Projektoren, *e* Barriere, *f* Strahlenbündel

vember 1897 der Franzose Grimoin-Sanson schützen (französisches Patent 272 517). Er sieht auch vor, von der Mitte des Zuschauerraums an die Wände zu projizieren (Abb. 442); er nannte sein Verfahren „*Cinécosmorama*". Es wurde auch schon 1900 zur Pariser Weltausstellung eingesetzt, wobei — dem Zeitgeschmack entsprechend — der Pavillon die Gestalt eines riesigen Fesselballons erhielt.

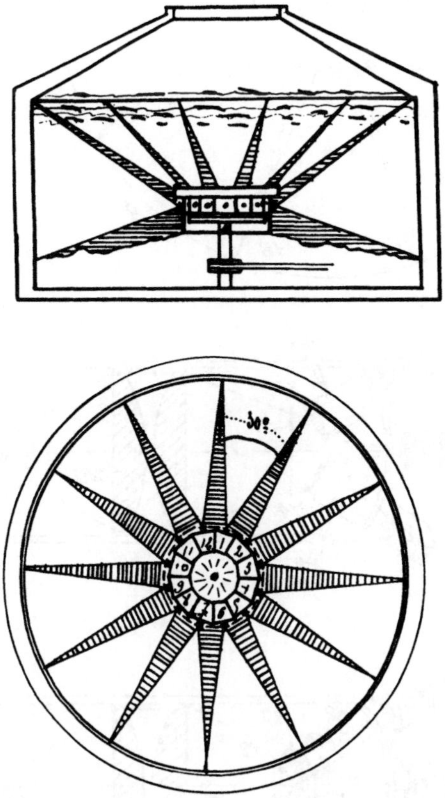

Abb. 442. Prinzip des *Cinécosmorama* (Grimoin-Sanson, Frankreich, 1897)

Eine weitere Version stammt aus dem Jahre 1907 von dem Engländer Thomas Walter Barber. Er ließ sich eine Anordnung schützen (Brit. Patent 233 96), bei der die Kamera mit drei Objektiven auf einem Film drei Einzelbilder erzeugt und durch einen Projektor mit drei Objektiven projiziert wurde, wobei für eine 360°-Projektion mehrere dieser Einheiten erforderlich waren (Abb. 443).

Mit dem Film „Napoleon Bonaparte" von dem Franzosen Abel Gance errang die Simultan-Projektion mit der Aufführung am 7. April 1927 einen großen Erfolg. Es wurde mit drei Kameras synchron aufgenommen und mit drei synchron arbeitenden Projektoren auf einen 15 m breiten Bildschirm projiziert. Die Bilder gingen entweder als Einheit über die ganze Breite oder es wurden

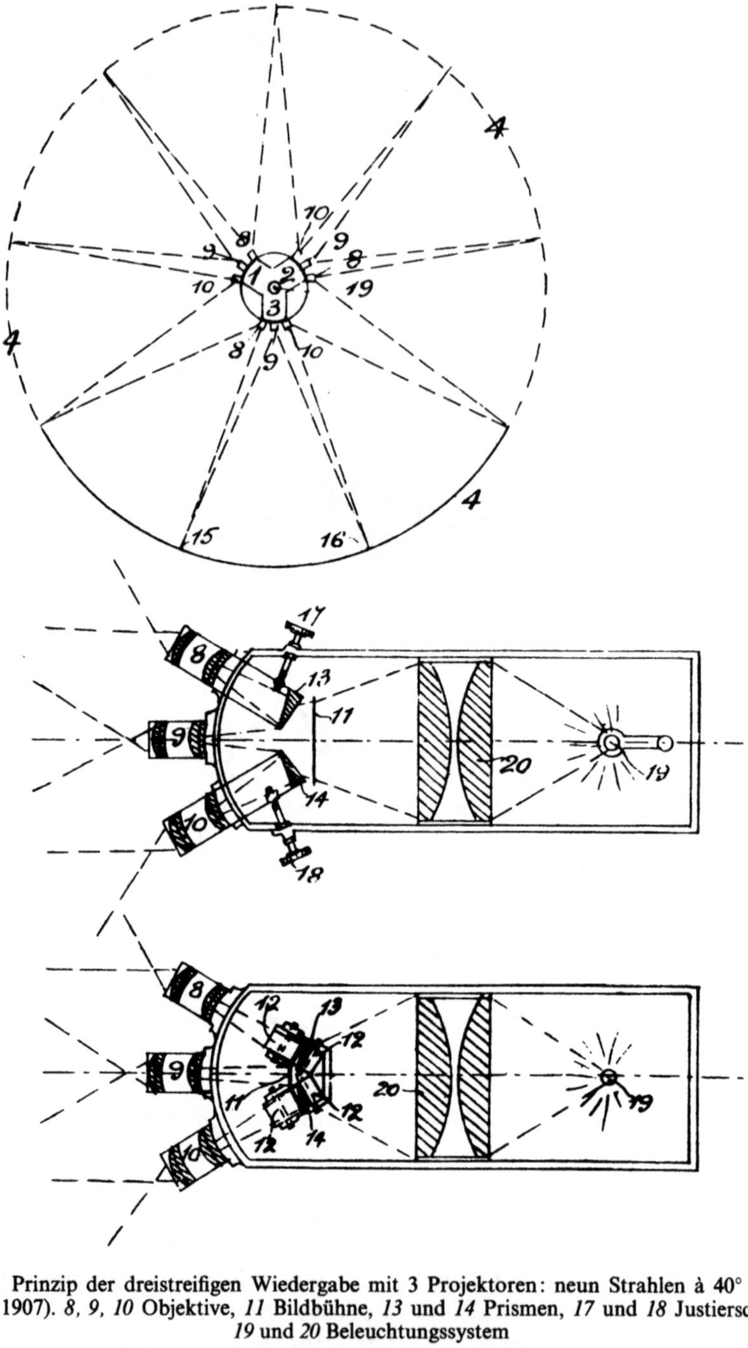

Abb. 443. Prinzip der dreistreifigen Wiedergabe mit 3 Projektoren: neun Strahlen à 40° (BARBER, England, 1907). *8, 9, 10* Objektive, *11* Bildbühne, *13* und *14* Prismen, *17* und *18* Justierschrauben, *19* und *20* Beleuchtungssystem

drei verschiedene Teilbilder (Triptycha) nebeneinander projiziert, wobei noch zusätzliche Effekte durch seitliche Spiegelbilder erzeugt wurden [575].

Der Amerikaner FRED WALLER zeigte zur Weltausstellung New York 1939 das Vitarama, welches mit elf Projektoren auf einen gebogenen Schirm und eine Viertel-Kuppel projizierte [576]. Der große Wurf gelang ihm aber 1952 mit

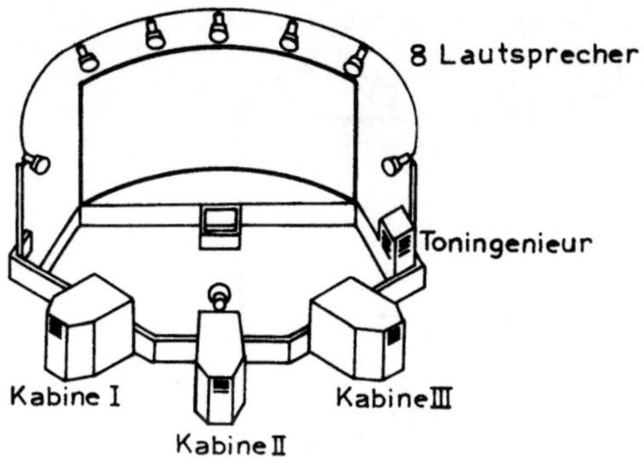

Abb. 444. Projektionsanordnung bei Cinerama

seinem *Cinerama*. Bei diesem Verfahren (Abb. 444) projizieren drei synchron laufende Projektoren nebeneinander auf eine tief gebogene Leinwand, die einen Winkel von 146° in der Breite und 55° in der Höhe umfaßt [577]. Die Zuschauer befinden sich sehr nahe am Schirm und erhalten einen starken Eindruck von der Vorführung. Um Reflexion zu vermeiden, wurde anfangs der Schirm aus etwa 1100 schmalen, vertikalen Lamellen hergestellt, deren Winkel bei der Installation sehr sorgfältig eingestellt wurde. Es wurde 35-mm-Film verwendet, dessen Bildfenster-Abmessungen aber auf 28 mm × 24 mm vergrößert wurden, so daß auf ein Bild 6 Perforationen kamen (Abb. 445). Die Tonaufzeichnung befand sich auf einem separaten 7-Kanal-Magnetfilm.

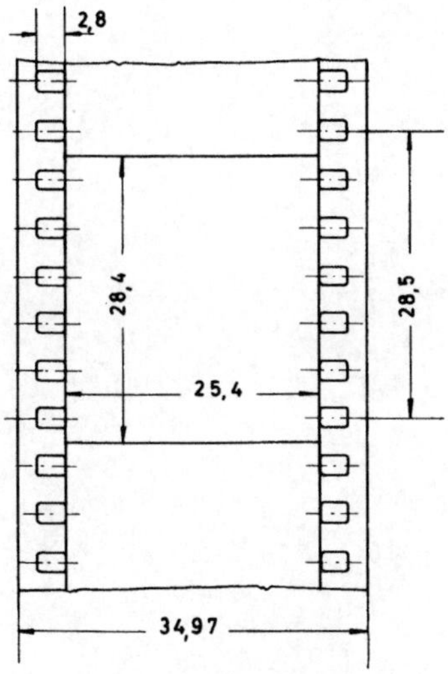

Abb. 445. Abmessung des Cinerama Films

Da es in vielen Fällen nicht möglich war, die drei Projektoren in drei auseinanderliegenden Bildwerferräumen unterzubringen, was wegen der Einhaltung eines senkrechten Projektionswinkels gefordert wurde, kam 1958 unter dem Namen *Cinemiracle* eine andere Anordnung, welche dieselben Filmabmessungen benutzte [578]. Nur waren die drei Projektoren in einem Bild-

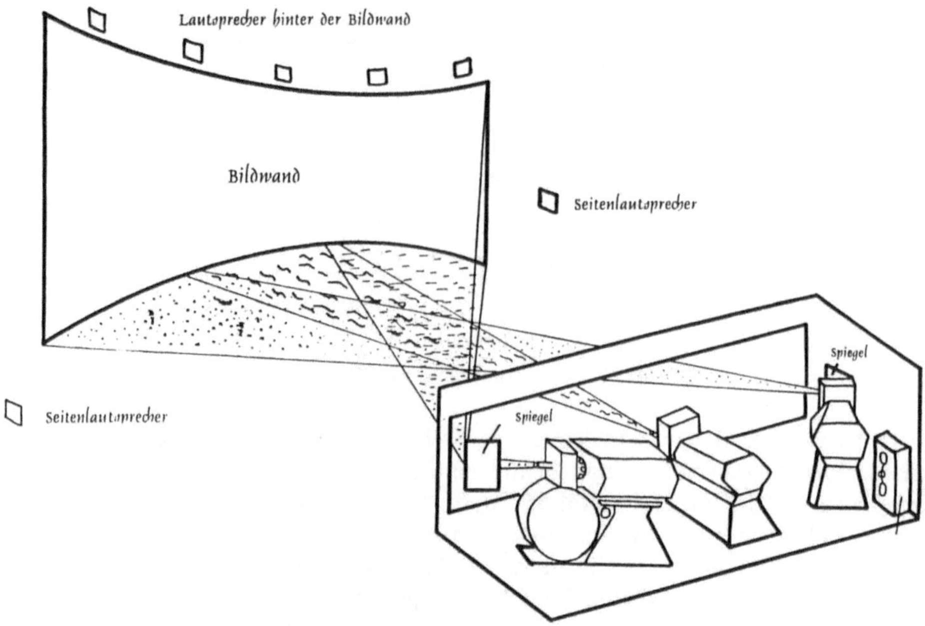

Abb. 446. Projektionsanordnung Cinemiracle

Abb. 447. Projektionsanordnung Circarama

werferraum untergebracht. Um einen möglichst zum Bildschirm senkrechten Projektionsstrahl zu erhalten, wurden diese sich kreuzend angeordnet (Abb. 446). Der Nachteil beider Verfahren besteht darin, daß die drei Teilbilder sich gegeneinander bewegen, auch bei bestem Bildstand der Projektoren, und diese Teilbewegungen vom Auge sehr deutlich wahrgenommen werden, da die Bilder direkt nebeneinander projiziert werden. Ein weiterer Nachteil sind die zwei Trennstellen zwischen den drei Bildern, die sich als störende Säume bemerkbar machen.

Das „Rundum"-Kino mit 360° Bildwand lebte in dem *Circarama* von WALT DISNEY zur Weltausstellung Brüssel 1958 erfolgreich wieder auf. Zunächst dort nur mit 16-mm-Projektion wurde bei späteren Ausstellungen mit 35-mm-Film projiziert [579 . . . 581]. Aufnahme und Wiedergabe erfolgt mit neun synchron laufenden Apparaturen (Abb. 447). Die Tonaufzeichnung befindet sich auf einem separaten Sechs-Kanal-Magnetfilm. Die Bildfensterabmessungen sind normal, das heißt vier Perforationen pro Bild, so daß die Projektoren hierfür nicht geändert werden müssen. Diese Vorführungen sind sehr eindrucksvoll.

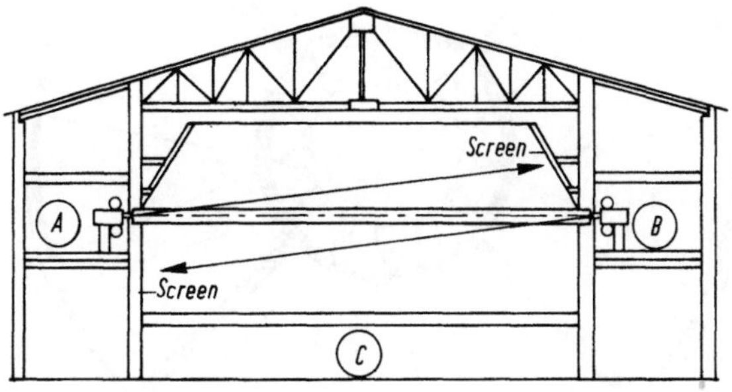

Abb. 448. Projektionsanordnung Krugowaja

Hieraus entwickelten 1959 die Russen noch eine Variante, das KRUGOWAJA KINOPANORAMA [582, 583]. Es hat zusätzlich zu dem unteren zylindrischen Bildschirm noch einen darüber befindlichen konischen (Abb. 448). Zu jedem werden elf 35-mm-Projektoren, insgesamt also 22 Projektoren, verwendet. Auf einem separaten Magnetfilm befinden sich neun Spuren, daran sieben für den Raumton, eine für Effekte von der Decke und eine für Effekte unter dem Fußboden. Bei diesen beiden Verfahren stehen die Projektoren außerhalb des Zuschauerraums hinter dem Bildschirm und projizieren durch eine kleine Öffnung auf den gegenüber liegenden Teil des Schirms. Die einzelnen Teilbilder werden durch schmale schwarze Streifen voneinander getrennt. Dadurch entstehen keine unscharfen Säume zwischen den Teilbildern und Bildstandsfehler machen sich nicht zu störend bemerkbar. Die Projektionsöffnungen befinden sich in den schwarzen Streifen. Daher wird immer eine ungerade Anzahl von Projektoren benötigt. Bei neun Stück hat jeder 40° und bei elf Stück hat jeder 32,7° Projektionswinkel.

Das Gegenstück dazu bildet eine Anordnung, wie sie in Montreal zur Expo 67 in einem Pavillon angewendet wurde [584, 585]. Hier projizieren die 11 Projektoren von der Mitte des Zuschauerraums an die Bildwand (Abb. 449). Da aber die

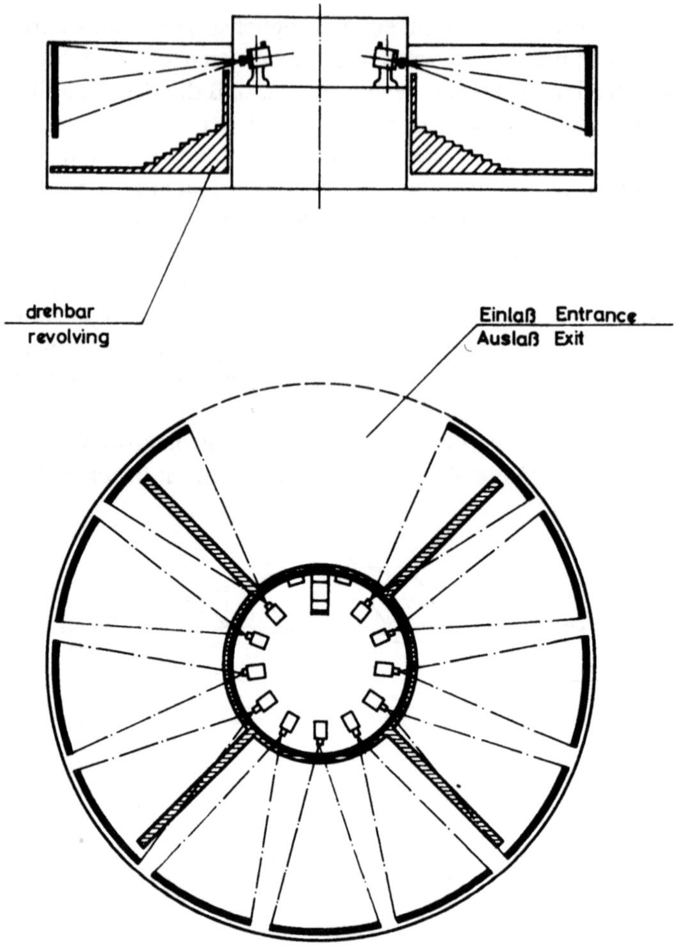

Abb. 449. Projektionsanordnung „Polar Region“ (Montreal 1967)

Besucher dadurch nicht die ganzen 360° übersehen können, ist der Zuschauerraum drehbar gemacht und dreht sich einmal während der Vorstellung. Diese Drehscheibe findet sich auch in einem anderen Pavillon wieder (Abb. 450), wo zwar die zehn unregelmäßig verteilten Projektoren außerhalb des Zuschauerraums installiert sind, aber nicht auf die gegenüberliegende Innenwand, sondern auf einen zentralen sechseckigen Turm projizieren.

Auch die halbkreisähnliche Anordnung der Bildschirme beschränkt sich nicht nur auf drei nebeneinander liegende, sondern wird noch um weitere drei, darüber befindliche, erweitert (Abb. 451). Diese sechs synchron laufenden Projektoren sind aber nicht alle gleichzeitig in Betrieb, sondern es projizieren auch manchmal weniger, abhängig von der Dramatik des Films. Dabei können simultan ganz verschiedene, nur thematisch zusammenhängende Bilder projiziert werden. Diese „multi-screen“-Anordnung führt nun wieder dazu, daß diese Teilbilder auf einem einzigen Film, möglichst 70 mm, kassettenförmig untergebracht werden, um den Aufwand an Projektoren zu verringern (Abb. 452). Es kann sich dabei um ein einziges Aufnahmebild handeln, was beim Kopieren des Effektes wegen kassettenförmig aufgeteilt ist. Es kann sich aber auch um eine Anzahl völlig verschiedener Aufnahmen handeln, die im Kopierprozeß nebeneinander auf dem Bildfensterformat untergebracht worden sind. Es lassen sich da erstaunliche Effekte erzielen.

Eine andere Art der Simultan-Projektion ist die Staffel-Projektion (Abb. 453). Bildschirme und Projektoren sind hintereinander gestaffelt angeordnet, z. B. vier Staffeln zu je vier Projektoren [586]. Die Besucher werden dann durch das Bild- und Ton-Geschehen von einer Staffel zur nächsten geleitet. Nicht streng gestaffelt, sondern an verschiedene Stellen des Raumes plazierte Schirme enthält das in der Tschechoslowakei entwickelte Verfahren *„Polyecran"*. Auch hier projizieren eine Anzahl von Projektoren, auch Diaprojektoren auf verschiedene Bildschirme. In demselben Land entstand auch die *Laterna Magica* [587]. Bei diesem Verfahren werden Dias und Filme auf die Bühne projiziert, wo Schauspieler tätig sind. Die Handlungen in der Projektion und die der Schauspieler sind aufeinander abgestimmt, so daß die Bewegungen ineinander übergehen.

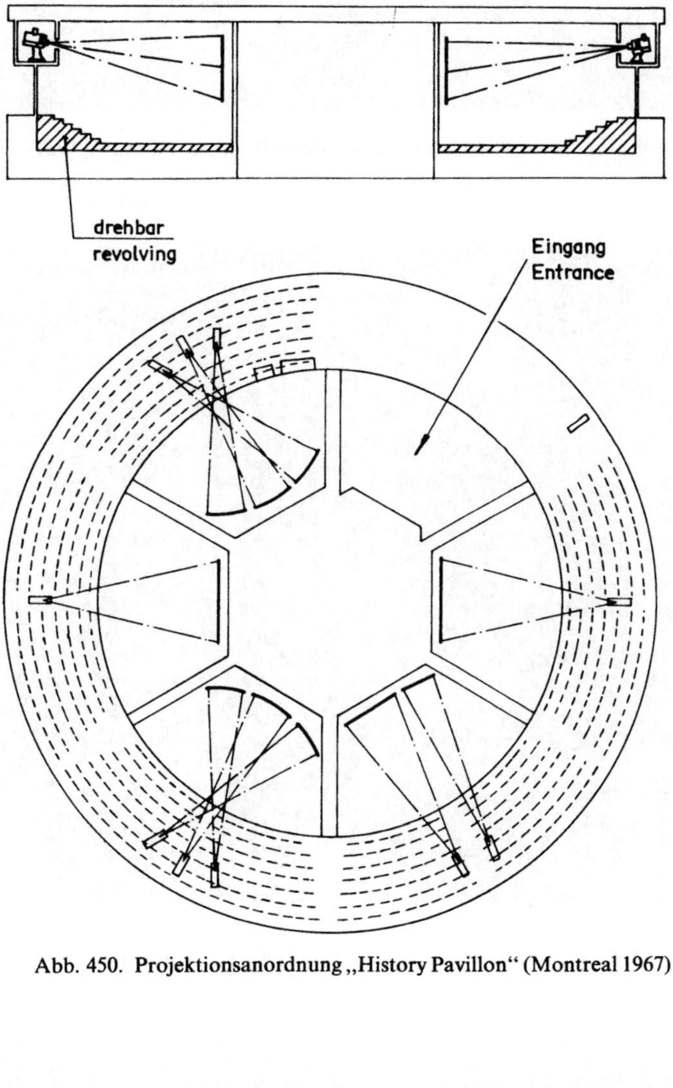

Abb. 450. Projektionsanordnung „History Pavillon" (Montreal 1967)

Abb. 451. Sechs Bildschirme im „Cominco-Pavillon“ (Montreal 1967)

Abb. 452. Kassettenförmige Aufteilung des Filmbildchens

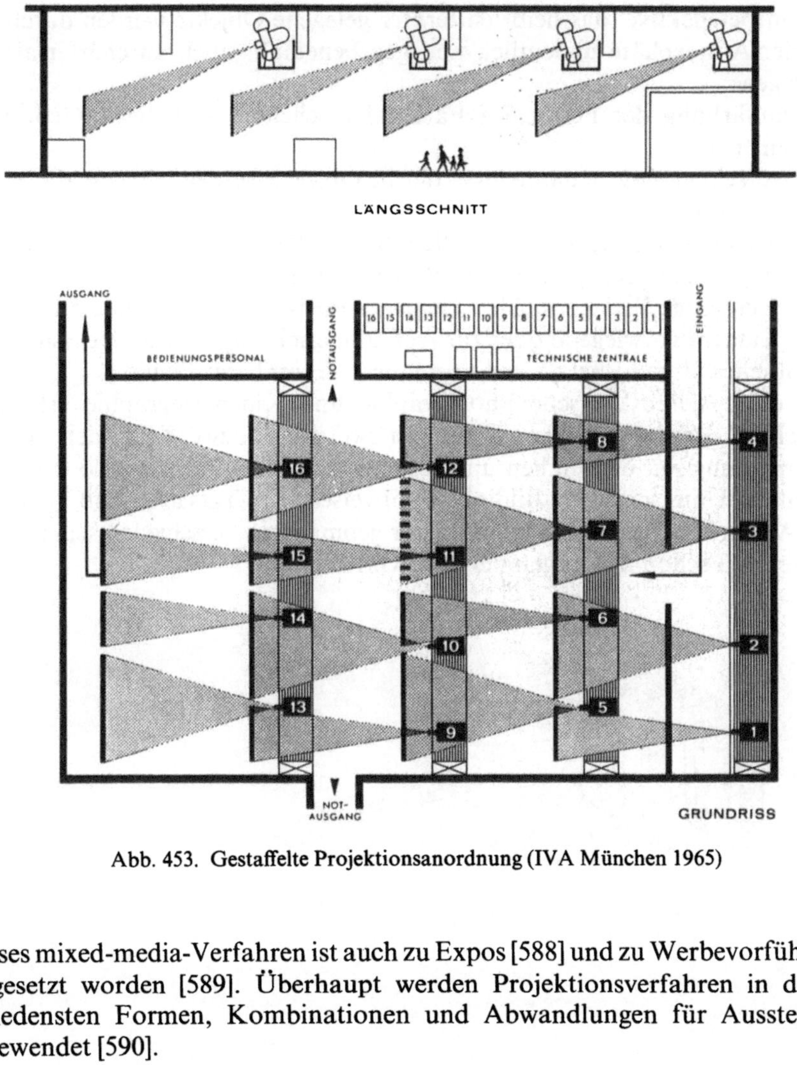

Abb. 453. Gestaffelte Projektionsanordnung (IVA München 1965)

Dieses mixed-media-Verfahren ist auch zu Expos [588] und zu Werbevorführungen eingesetzt worden [589]. Überhaupt werden Projektionsverfahren in den verschiedensten Formen, Kombinationen und Abwandlungen für Ausstellungen angewendet [590].

F. Stereoskopische Filmprojektion

Viele kinematographische Verfahren werden als „Raumfilm“, „plastischer Film“, „dreidimensionaler Film“, „3-D-Film“, „Stereo-Film“ und ähnliches bezeichnet. Hier muß klar unterschieden werden zwischen der echten stereoskopischen und den pseudostereoskopischen Verfahren. Die letzteren vermögen Raumtiefe und Plastik mittels bekannter Erscheinungen manchmal in hohem Maße zu vermitteln, obwohl sie nur „einäugig“ hergestellt sind [591]. Zu den Faktoren um Raumtiefe und Plastik zu erzeugen, gehören:

1. Perspektivische Verkürzung, das heißt die scheinbare Verkleinerung der Abmessungen eines Gegenstandes mit wachsender Entfernung vom Beschauer bzw. von der Kamera.

2. Luftperspektive, das heißt entfernter gelegene Objekte werden durch den Dunst der Atmosphäre undeutlich und gegebenenfalls auch unschärfer als das nahegelegene.

3. Blaufärbung der Ferne. Im Farbbild erscheinen z. B. ferne Gebirge in bläulichem Ton.

4. Überschneidungen, das heißt entfernte Objekte werden von näherliegenden teilweise verdeckt.

5. Verteilung von Licht und Schatten. So werden z. B. bei Porträts durch die Anstrahlung flache oder „plastische" Bilder erzeugt.

6. Gegenseitige Verlagerung der Gegenstände bei sich bewegendem Beobachter bzw. Kamera vorwiegend quer zur Aufnahmerichtung. Dadurch entsteht eine Art „zeitlicher Stereo-Effekt", der sogenannte „Eisenbahn-Effekt".

Die echte stereoskopische Photographie und Kinematographie erfordern, entsprechend dem menschlichen Sehen mit zwei Augen, zwei Teilbilder, die etwa der Betrachtung mit dem linken und rechten Auge entsprechen, also einen entsprechenden Unterschied im Bildinhalt aufweisen. Die Tatsache, daß die in den beiden Augen entworfenen Netzhautbilder geometrisch verschieden sein müssen, erkannte 1833 schon der Engländer WHEATSTONE.

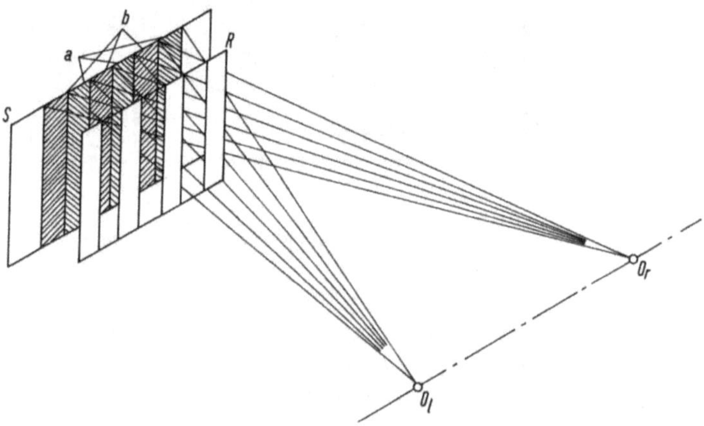

Abb. 454. Projektion auf eine Bildwand aus zwei Punkten durch einen Parallelraster. O_l und O_r Lichtquellen, *R* Parallelraster, *S* Bildwand, *a* und *b* vom Raster durchgelassene Teilbilder

Bei der stereoskopischen Photographie und Kinematographie erfolgen daher die Aufnahmen binokular, also mit Kameras, deren Objektive um den Augenabstand (etwa 65 mm oder kleinere oder größere Beträge davon) versetzt sind. Die so erzeugten Teilbilder müssen nun getrennt dem richtigen Auge zugeführt werden. Bei der *Betrachtung* von stereoskopischen Photos geschieht die Bildtrennung mit einem einfachen mechanisch-optischen Gerät, dem „Stereoskop".

Bei der *Projektion* von Steh- oder Laufbildern sind die zwei Teilbilder mit beiden Augen auf dem Bildschirm zu sehen, und zwar als Doppelbild. Hier ist die Trennung bzw. die geordnete Zuführung der Teilbilder zu den Augen schon schwieriger, zumal es sich nicht um einen Zuschauer, sondern um mehrere handelt.

Diese Trennung kann auch mechanisch dadurch erfolgen, daß sich vor dem Bildschirm ein Raster befindet (Abb. 454). Die beiden Lichtquellen O_l und O_r haben einen Abstand von 65 mm, der dem Augenabstand entspricht. Die Beobachter haben eine Position zum Bildschirm bzw. Raster, daß deren linkes Auge nur das linke Teilbild sehen kann, aber nicht das rechte Teilbild. Das rechte Auge sieht nur das rechte, aber nicht das linke Teilbild. Durch Verschmelzen beider Teilbilder entsteht im Gehirn ein echtes stereoskopisches Bild. Dieses von Dr. E. ESTANAVE 1906 vorgeschlagene System mit Raster wurde in den 20er Jahren durch den Belgier NOAILLON noch dadurch verbessert, daß dessen Elemente nach einem Punkt konvergieren und daß es hin- und herbewegt wird, um abwechselnd das linke und rechte Teilbild freizugeben. Der Russe B. IWANOW hat dieses Verfahren weiter entwickelt, indem er statt eines parallelen Rasters einen Radialraster entwickelte [592, 593, 594]. Damit wurde 1941 auf einem über 25 m^2 großen Bildschirm öffentlich vorgeführt. Die Nachteile dieses Systems bestehen darin, daß das Raster viel Licht absorbiert und schwierig herzustellen ist, und daß die Zuschauer eine bestimmte Kopflage einnehmen müssen. Eine weitere Verbesserung erzielte S. IWANOW dadurch, daß er eine Perspektiv-Linsenraster-Bildwand verwendete. Nach diesem System wurde am 20. Februar 1947 in Moskau das erste Versuchs-Stereokino der Welt eröffnet.

Eine andere Möglichkeit der Bildtrennung besteht in der Verwendung von Brillen. Dies kann dadurch geschehen, daß das eine Bild abgedunkelt wird und dadurch schwarz erscheint. Das ist die additive Methode. Bei der subtraktiven Methode wird das andere Bild überleuchtet, so daß es verblaßt, und eine helle Fläche erscheint. Bei diesen Verfahren verwendet man Komplementärfarben, z. B. rot und grün. Werden die Teilbilder durch die roten und grünen Vorsatzfilter hindurchprojiziert (additiv wirkend) und von den Zuschauern mit ebensolchen Farbbrillen betrachtet, so sieht jedes Auge des Beschauers nur das zutreffende Teilbild, während das andere Teilbild von diesem Auge nicht gesehen wird, weil es dunkel erscheint. Dieses Verfahren wird auch *Koppelfarbverfahren* genannt.

Anstatt Farbfilter vorzusetzen, können auch die Teilbilder aus den beiden Farben bestehen, die dann wieder durch eine Rot-Grün-Brille betrachtet werden, wobei im allgemeinen das Bild für das rechte Auge rot und das Bild für das linke Auge grün ist. Dieses subtraktive Verfahren wird auch *Anaglyphenverfahren* genannt. Diese Verfahren sind aber nicht für Farbfilm verwendbar.

Die Projektion mit polarisiertem Licht, von I. ANDERTON 1891 patentiert, beseitigt diesen Nachteil nicht. Die beiden Projektionsstrahlen werden durch vorgesetzte Filter verschieden polarisiert und von den Zuschauern durch Brillen mit entsprechenden Polarisationsfiltern betrachtet, wodurch wieder jedes Auge das richtige Bild erhält. Dadurch ist auch die Projektion von Farbfilm möglich. Der Bildschirm darf die Polarisation nicht aufheben. Mattweiße Schirme sind daher nicht geeignet, wohl aber metallisierte.

Sind die beiden Teilbilder auf zwei Filmen untergebracht (Zweiband-Verfahren), so müssen die zwei Projektoren synchron laufen (Abb. 455). Dies kann durch eine mechanische oder elektrische Welle zwischen den beiden Projektoren geschehen [595, 596, 597]. Die beiden Objektive müssen gleiche Brennweiten besitzen, die Toleranz der Objektivbrennweiten ist in den meisten Fällen zu groß

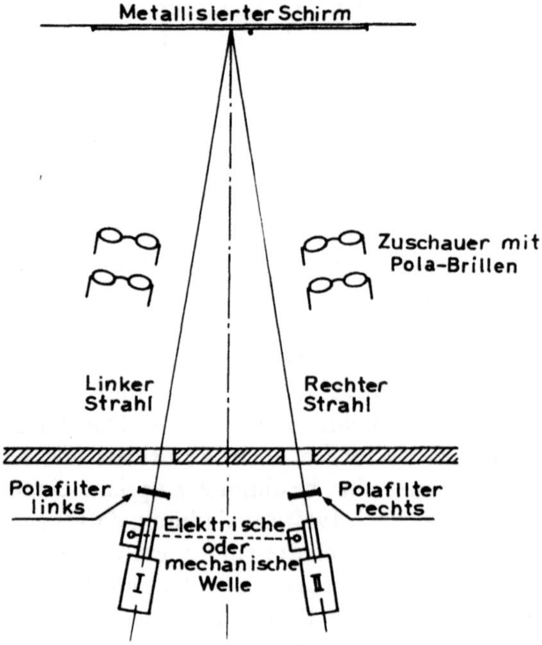

Abb. 455. Gleichzeitige Vorführung zweier getrennter Bildstreifen durch elektrisch-gekuppelte Projektoren mit Polarisationsfiltern. Betrachtung mit Polabrillen

und schließlich müssen die zwei Projektoren einen ausgezeichneten Bildstand aufweisen. Der bei der üblichen Projektion zulässige Bildstandsfehler verdoppelt sich auf dem Bildschirm bei gleichzeitiger Projektion zweier Filme, weil die Bildstandsfehler gegensinnig auftreten werden. Bei gleichmäßiger Bildstandsschwankung macht sich der Bildstandsfehler nur einfach bemerkbar. Das „Gegeneinander-Tanzen“ der zwei projizierten Bilder, wenn die Projektoren zufällig gegensinnige Bildstandsfehler haben, was sich im Laufe der Vorstellung dauernd ändern kann, wirkt stärker als eine Verdopplung, weil die Augen den Bildstandsfehler im Kontrast empfinden. Das führt mit zu den bekannten Ermüdungs- und Schmerz-Erscheinungen des Auges.

Bringt man beide Verfahren auf einem Film unter (Einband-Verfahren), wie es 1937 von Zeiss Ikon durchgeführt wurde [598, 599], dann erfolgt auch die Projektion nur mit einem Projektor, so daß die Bildstandsunterschiede von zwei Projektoren hier nicht mehr auftreten; ebenso entfällt die mechanische bzw. elektrische Welle zwischen den zwei Projektoren. Lage und Abmessungen der zwei Teilbilder auf dem Film sind nach DIN 15 543 genormt (Abb. 456). Der Projektor bekommt einen optischen Vorsatz „Sterikon“, welcher außer dem Objektiv zwei Dove-Prismen zur Bildumkehrung und zwei Ablenkteile zum Ausgleich der Höhenversetzung der zwei Halbbilder und zwei Polarisationsfilter enthält.

Durch die Polarisationsfilter der Projektoren und Brillen geht über 50% des Lichtes verloren, sei es Einband- oder Zweiband-Verfahren. Bei letzterem muß dann trotz metallisiertem Bildschirm der Lichtstrom gegenüber der normalen (flachen) Projektion um etwa 30% erhöht werden, und zwar für jeden der beiden synchron laufenden Projektoren. Weitere Lichtverluste treten beim Einband-verfahren durch die optischen Elemente für Bilddrehung und Strahlenteilung auf, so daß gegenüber einer normalen (flachen) 35-mm-Projektion ein etwa 4facher Lichtbedarf entsteht. Das Einband-Verfahren ist außer für den 16-mm- und 35-mm-Film in neuerer Zeit auch für den 70-mm-Film angewendet worden, wodurch eine bessere Auflösung (Definition) des Bildes entsteht und die Anforderungen an den Lichtstrom günstiger werden.

Viele stereoskopische Filmdarbietungen zeigten nicht nur Mängel in der Projektion. Es waren schon bei der Aufnahme wesentliche Voraussetzungen nicht beachtet worden [600, 601].

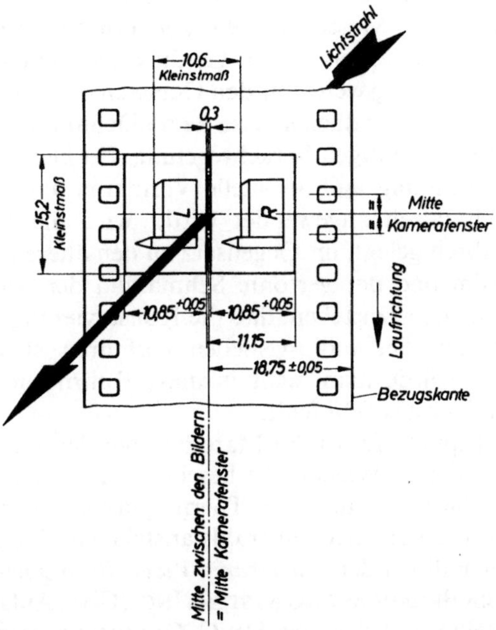

Abb. 456. Stereoskopisches Einfilmverfahren (nach DIN 15 543)

XIV. Neue audio-visuelle Verfahren

Bei genauer Auslegung dieses Begriffs gehört jedes Verfahren dazu, das Bild- und Ton-Ereignisse konserviert und reproduziert, also auch der Tonfilm im Kino. Obwohl eine präzise Definition fehlt, werden unter audio-visuellen Verfahren solche verstanden, die nicht an die Tradition des Kinos gebunden sind und der Unterhaltung der Massen dienen, sondern die vermittels neuer Bild- und Ton-Träger oder vermittels neuer Gerätekonstruktionen den Menschen ansprechen, und zwar vorzugsweise auf den Gebieten der Ausbildung, Erziehung und Werbung. Das ist verständlicherweise keine Definition, sondern eine etwas mühselige Erklärung der heutigen Sprachregelung. Da klare Begriffsbestimmungen fehlen, die Bezeichnung audio-visuelle Verfahren aber gang und gäbe ist (und oft auch noch falsch angewendet wird), wird die Betonung auf *neue* audio-visuelle Verfahren gelegt, im Gegensatz zu den älteren, zu denen z. B. der professionelle Tonfilm und der vertonte Schmalfilm der Amateure gehört. Es scheint aber ferner auch festzustehen, daß die Konservierung des Bild- und Ton-Ereignisses ein Merkmal der audio-visuellen Verfahren ist. Eine Hör-Sendung des Fernsehens z. B. würde man nicht in diese Rubrik einreihen, auch nicht Sprach-Labors, weil hier das Bild fehlt.

Bereits in dem Kapitel „Das Film-Material“ wurden schon neue Verfahren der Bild-Aufzeichnung und -Wiedergabe beschrieben (*Kalvar*-Film und *Thermoplastic Recording*). Charakteristisch bei Thermoplastic Recording war die Aufzeichnung vermittels eines Elektronenstrahls anstelle von Licht.

Das ist auch der Fall bei dem *Electronic-Video-Recording*-Verfahren (EVR), welches die Columbia Broadcasting Systems Inc. (CBS) Anfang Dezember 1968 in New York vorstellte und das von Dr. C. Goldmark entwickelt wurde. Bei EVR zeichnet ein mit dem Videosignal modulierter Elektronenstrahl die Bildinformation im Vakuum auf einen Film auf [602, 603]. Als Vorlage wird ein Video-Magnetband genommen, auf das vorher eventuell der Inhalt eines Kinofilms überspielt worden ist (Abb. 457). Es entsteht dann eine Original-Aufzeichnung, von der nach dem gleichen System die Massenkopien hergestellt werden. Diese kommen in Kasetten in das Abspielgerät, welches eine Abtaströhre enthält, die ein Raster auf die Filmbilder projiziert. Das modulierte Licht hinter dem Film, der mit 50 B/sec läuft, wird in elektrische Signale umgesetzt (Lichtpunktabtaster) und liefert am Ausgang ein hochfrequentes Fernsehsignal, das einem normalen Fernseh-Empfänger zugeführt wird. Der Film ist nur 8,75 mm breit und enthält zwei nebeneinanderliegende Bildpisten. Jedes Bildchen ist nur 3 mm × 2,4 mm groß, das heißt etwa zehnmal kleiner als ein 16-mm-Filmbild. Es sind dann zwei Schwarzweiß-Programme nebeneinander auf dem Film, die beim direkten Betrachten wie normale Filmbilder wirken. Am Rande des Films

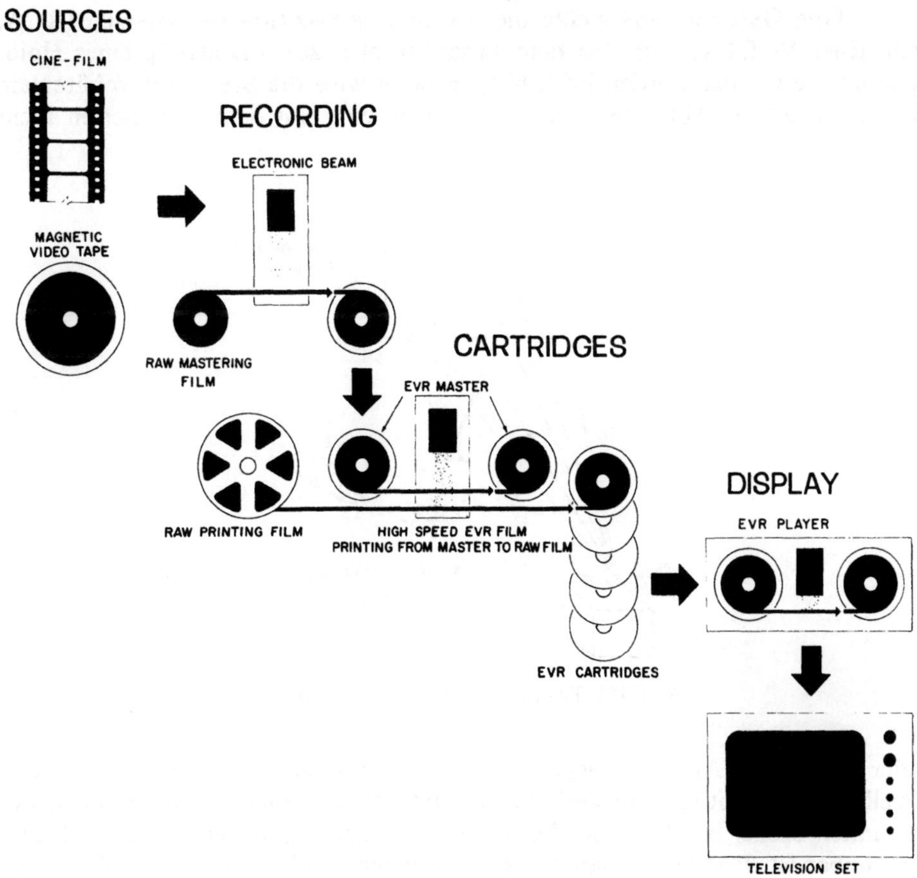

Abb. 457. Prinzip des *EVR*-Verfahrens

sind zwei Magnetpisten von 0,813 mm Breite für den Ton angebracht. Anstelle zweier Schwarzweiß-Programme kann auch ein Farbprogramm aufgezeichnet werden. Dann enthält eine Bildspur das Helligkeitssignal, die andere Bildspur das codierte Farbsignal. Beim direkten Betrachten sieht man also kein farbiges Bild. Der Film ist unperforiert, deshalb wird neben jedem Bild ein bestimmtes Signal aufgezeichnet, das den genauen Gleichlauf zwischen dem Film, der Abtaströhre und der Netzfrequenz sicherstellt. Das EVR-Verfahren kann durch Verwendung von Diazo-Film preiswerte Kopien bzw. Kassetten liefern und ergibt im Heim-Fernseh-Empfänger die bekannten hellen Bilder, die die übliche Raumbeleuchtung gestatten. Als nachteilig wird empfunden, daß die Filme bzw. Kassetten nur nach diesem System hergestellt werden können, daß also andere Bildträger nicht abgespielt werden können. Es ist ein reines Wiedergabeverfahren. Die Abspielgeräte werden in Deutschland von der Robert Bosch GmbH. hergestellt. Es ist beim Abspielen möglich, schnellen Vor- und Rücklauf zu wählen, auch Einzelbild- und Stillstandsprojektion. Das EVR-Verfahren wurde unter der Bezeichnung BEVR (Broadcast Electronic Video Recording) auch für professionelle Zwecke unter Benutzung von 16 mm breitem Film entwickelt.

Anfang Oktober 1969 stellte die Radio Corporation of America (RCA) ein neues Verfahren vor, bei dem Laser-Strahlen zur Erzeugung eines Hologramms verwendet wurden [604, 605]. Hierbei wird die Szene mit kohärentem Licht beleuchtet (Abb. 458). Läßt man gleichzeitig mit dem reflektierten Licht

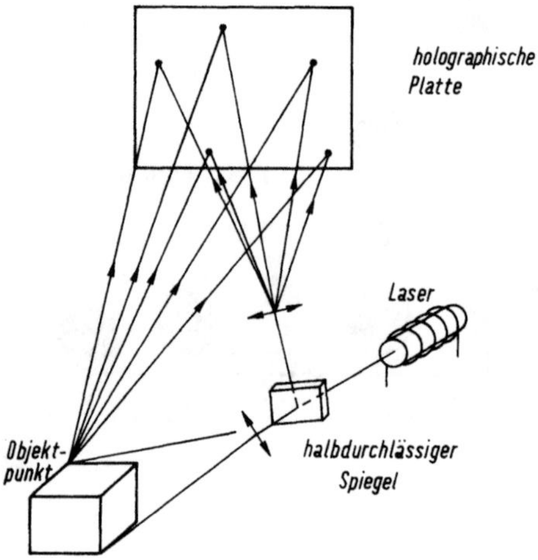

Abb. 458. Prinzip einer Hologramm-Aufnahme

aller Punkte des Aufnahmegegenstandes auch das Licht der kohärenten Lichtquelle auf die photographische Schicht treffen, so entsteht ein Interferenzbild der gesamten Szene, bei dem aber bei bloßer Betrachtung nichts Gegenständliches erkennbar ist. Erst wenn man das so entstandene Hologramm mit kohärentem Licht gleicher Frequenz durchleuchtet, entsteht ein virtuelles, dreidimensionales Bild des Gegenstandes (Abb. 459). Jeder Punkt des Hologramms enthält das Bild

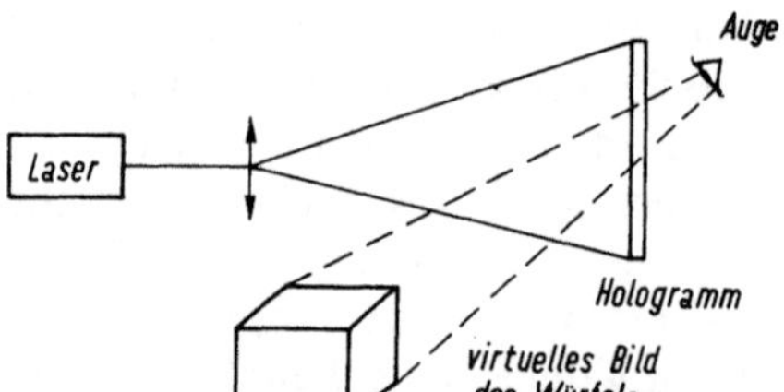

Abb. 459. Prinzip der Sichtbarmachung der Hologramm-Aufnahme

von seiner Perspektive. Man kann daher auch Teile davon verwenden und erhält ein volles Bild. Kratzer oder sonstige Beschädigungen wirken sich nicht auf die Qualität aus. Dies ist einer der Hauptgründe, die Holographie zu verwenden, obwohl bei *Selectavision* nur zweidimensional abgetastet wird.

Zunächst wird ein Hologramm-Master dadurch hergestellt, daß mit Hilfe eines Laserstrahls der Film-Master auf einen photoempfindlich beschichteten Cronar-Film projiziert wird. Die Schicht wird durch den Laserstrahl mehr oder weniger mechanisch weich. Die weichen Teile werden in einem Bade abgelöst, so daß eine reliefartige Struktur von einer mittleren Tiefe von 0,05 μm verbleibt. Dieser Hologramm-Master wird mit einer 150 μm starken Nickelschicht belegt. Davon werden Kopien gezogen, indem ein blanker Vinylfilm unter Wärme und Druck mit dem Master durch zwei Walzen läuft und dadurch die Reliefstruktur des Masters erhält. Bei der Wiedergabe wird der kopierte Film mit Laserlicht durchleuchtet, durch eine Vidicon-Kamera aufgenommen und dem Fernseh-Empfänger zugeführt. Auch bei diesen Verfahren ist eine Selbst-Herstellung der Filme bzw. Kopien nicht möglich, sondern nur Kauf bzw. Miete. Es handelt sich auch hier um ein reines Wiedergabeverfahren.

Die Verwendung des Laserstrahls bzw. des Hologramms für die Herstellung dreidimensionaler Filme wird zwar immer wieder in Publikationen erwähnt, ist aber wegen der technischen Schwierigkeiten (Gefahr durch zu große Intensität des Laserlichts für die Aufnahme im Studio) noch nicht durchgeführt worden.

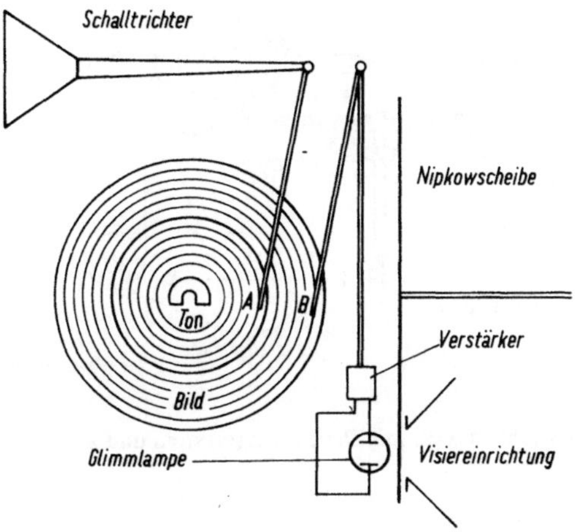

Abb. 460. Prinzip einer Bildschaltplatte (*Tri-Ergon*)

Schon frühzeitig war die Idee aufgetaucht, außer dem Ton auch die Bildinformation auf einer Schallplatte unterzubringen. So versuchte es 1927 der Engländer Baird. Er konnte aber nur Bilder mit einer Horizontalauflösung von 15 Bildpunkten bei 30 Zeilen und 12 B/sec wiedergeben. Dieser Gedanke wurde auch von der Tri-Ergon-Gruppe [606] aufgegriffen (Abb. 460), ohne daß er realisiert werden konnte. Eine Lösung dieses Problems gelang der Erfindergruppe Redlich, Klemp, Schüller, Dr. Dickkopp der Firma AEG-Telefunken-Teldec. Am 24. Juni 1970 wurde in Berlin die „*Bildplatte*" erfolgreich vorgeführt

[607]. Das Problem besteht in erster Linie darin, einen Informationsträger hoher Dichte zu erzeugen. Während eine Tonaufzeichnung etwa 300 000 Informationselemente je Sekunde aufweist, ist es bei einer elektrischen Bildübertragung hundertmal größer. Moderne Schallplatten können bis etwa 15 kHz abgetastet werden; die obere Frequenzgrenze liegt bei 50 bis 80 kHz. Mit einer neuartigen Tiefenschrift werden 120 bis 140 Rillen je mm in eine dünne Kunststoffolie (PVC) gepreßt. Die dazu erforderliche Matrize entsteht durch Abspielen eines Video-Magnetbandes bzw. Filmes; das frequenzmodulierte Signal wird in Tiefenschrift in die Matrize geschnitten, die dann nach Galvanisierung zum Pressen der Bildplatten verwendet wird. Bei der Abtastung läuft die Bildplatte mit 1500 U/min, wobei der Abnehmer als Druckempfänger arbeitet. Dieser wird aber nicht wie bei der Tonplatte von der Rille geführt, sondern hat einen Zwangsvorschub (Abb. 461). Die Bildplatte liegt nicht auf einem Plattenteller, sondern wird zentral angetrieben. Zwischen der feststehenden Unterlage und der Bildplatte bildet sich ein Luftpolster, welches die Platte in ihrem Lauf stabilisiert. Das vom Abspielgerät erzeugte elektrische Signal wird ebenfalls dem Fernseh-Empfänger zugeführt.

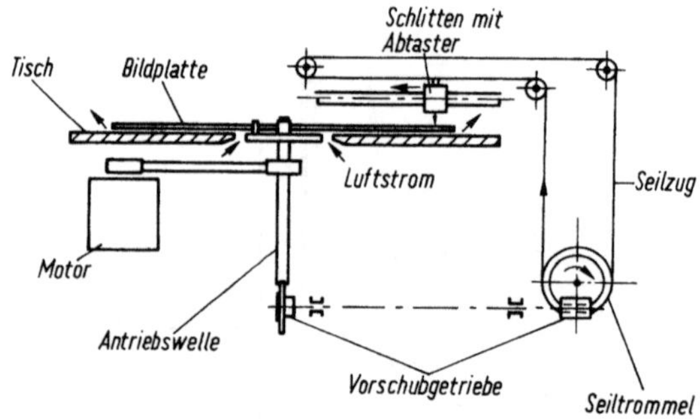

Abb. 461. Bildplatten-Abtastgerät mit Druckabtastsystem und Zwangsvorschub (*Teldec*)

Auch die Bildplatte kann nicht selbst hergestellt werden und es ist ein spezielles Abspielgerät erforderlich. Der große Vorteil gegenüber den anderen Verfahren besteht darin, daß die Platte zusammen mit der Information in einem Preßvorgang und damit schnell und billig hergestellt werden kann.

Im Zusammenhang mit den modernen audio-visuellen Verfahren wird häufig auch der Super-8-Film genannt. Dies gilt in erster Linie für die Ausführung mit Kassetten. Das Super-8-Verfahren hat den Vorteil, daß man Filme dafür auch selbst herstellen kann.

Weitere Verfahren könnten in der Anwendung der Xerographie mit dem Linsenrasterfilm bestehen [608, 609]. Eine Darstellung der Systemeigenschaften der Bildspeicherverfahren gibt folgende Tabelle:

Tabelle 47

	Magnetband	EVR	Selectavision	Super-8-Film	Bildplatte
Bildschärfe	250 Linien 3 MHz	300 Linien 4 MHz	250 Linien 3 MHz	250 Linien 3 MHz	250 Linien 3 MHz
Störabstand	>40 dB	>40 dB	>40 dB	>40 dB	>40 dB
Ton	getrennte Tonspur	getrennte Tonspur	getrennte Tonspur	getrennte Tonspur	gemeinsame Spur für Ton und Bild
Spieldauer	≈60 min	2×25 min SW 25 min F	≈60 min	≈30 min	21 cm: 5 min 30 cm: 12 min
Speicherart	Magnetband	Spezial-SW-Film	Kunststoff-Band	Super-8-Film	Kunststoff-Folie
$\frac{\text{Spielzeit}}{\text{Kopierzeit}}$	<50	<50	<50	<50	>1000
Speicherkosten je Stunde Spielzeit	≈100 DM	≈100 DM SW ≈200 DM F	≈20 DM	≈200 DM	<10 DM
Art der Abtastung	Magnetkopf	Punktlichtröhre	Laser und Vidikon	Punktlichtröhre	Druckabtaster
Gerätepreis	≈2000 DM	≈3000 DM	≈1500 DM	≈2000 DM	≈500 ... 1000 DM

XV. Der Film im Fernsehbetrieb

Neben den Live-Sendungen im Fernsehen ist die Frage der Konservierung von Bedeutung. Für den Ton kommt vorwiegend die Speicherung als Magnetton in Frage, obwohl auch noch mit vorhandenem Lichtton gerechnet werden muß. Folgende Möglichkeiten für den Ton bestehen:

a) Ton auf separatem Magnetfilm (SEPMAG) nach DIN 15 552, 15 554 und 15 655. Zur Abspielung der Bild- und Tonstreifen werden dann Zweiband-(Doppelband-)Projektoren, welche mit einem Magnettonlaufwerk synchron gekoppelt sind, benötigt.

b) Der Ton befindet sich auf einem Magnetstreifen am Rande des Bildfilms „Randspur" (COMMAG) nach DIN 15 555, 15 582, 15 681 und 15 682.

c) Der Ton befindet sich als Lichttonaufzeichnung auf dem Bildfilm (COMOPT) nach DIN 15 503 und 15 603. Dies ist meist dann der Fall, wenn vorhandene, ältere Filme im Fernsehen gesendet werden.

d) Der Ton befindet sich als Lichttonaufzeichnung auf einem getrennten Film. Dieses Verfahren dürfte wohl restlos aus der Praxis verschwunden sein.

Die Bildkonservierung ist im Fernsehen von sehr großer Bedeutung, denn nur ein kleiner Teil wird in Live gesendet, etwa 15% in den Jahren 1968 und 1969 [610]. Dagegen betrug der Anteil an 16-mm-Filmen 24 bis 25% und an 35-mm-Filmen 28 bis 30%, zusammen also über 50%. Neben der Filmaufzeichnung (FAZ) gibt es noch die magnetische Bildaufzeichnung (MAZ), deren Anteil 21 bis 24% betrug. Trotz vieler Vorzüge der magnetischen Bildaufzeichnung besitzt sie gewisse Nachteile (Schnittbearbeitung, nicht direkt zu sehen, Einarbeiten von Inserts für Außenaufnahmen, Vervielfältigung, Abspielung im Ausland), so daß der Film trotz seiner Nachteile (Die Prüfung der Aufnahmen kann infolge des Entwicklungs- und Kopier- bzw. Umkehrprozesses erst nach geraumer Zeit erfolgen. Dadurch werden von der gleichen Szene vorsichtshalber mehrere Aufnahmen gemacht) häufig verwendet wird, ganz abgesehen davon, daß vorhandene Filme aus dem Archiv zur Sendung gelangen.

Der Nachteil, daß die Prüfung der Filmaufnahmen nur mit zeitlicher Verspätung möglich ist und die Schauspieler und die Dekoration eventuell nicht zu Wiederholungsaufnahmen zur Verfügung stehen, kann man zum Teil durch Einsatz fernsehtechnischer Mittel verringern. Dies geschieht durch Kombination der Filmkamera mit einem elektronischen Sucher, bestehend aus einer Fernsehkamera und Monitor (Abb. 462). Dieses Verfahren wurde 1960 unter dem Namen „Electronic Cam" (E-C) bekannt [611], wobei als Filmkamera die „Arriflex" verwendet wurde. Hierbei übertragen mehrere Filmkameras mit elektronischem

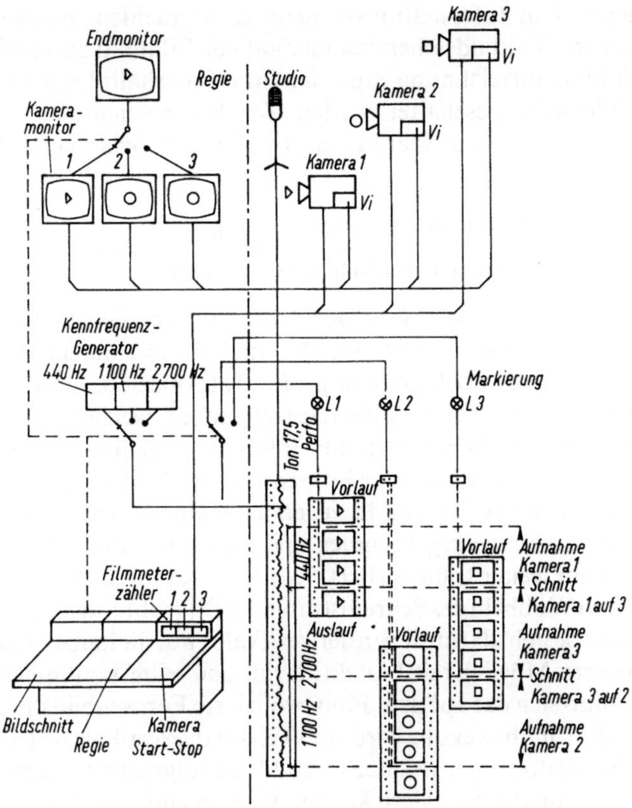

Abb. 462. Prinzipieller Aufbau einer „Electronic Cam"-Anlage

Sucher aus verschiedenen Aufnahmepositionen mit Hilfe optisch adaptierter Fernsehkameras die jeweiligen Bildausschnitte auf die Monitore eines zentralen Regiepultes. Der Kameramann kann dadurch die Wirkung der Schauspieler, der Beleuchtung, der Dekoration usw. besser beurteilen und die günstigste Stellung der Kamera feststellen. Dadurch wird das Endprodukt „Film" schneller und preiswerter hergestellt.

Im Fernsehbetrieb macht es sich, wie erwähnt, erforderlich, Filme abzutasten, und damit zur Sendung zu bringen (Filmabtaster), aber auch Sendungen, die auf dem Bildschirm erscheinen, auf Film aufzuzeichnen (Filmaufzeichner).

A. Fernseh-Filmaufzeichnung

Da die Aufzeichnung einer Fernseh-Sendung mit 35-mm-Halbbild oder mit 16-mm-Vollbild zu geringe Qualität bzw. Informationsverlust ergeben, wird die 35-mm-Vollbild-Aufzeichnung bevorzugt.

Das Fernsehen sendet 25 B/sec. Ein Fernseh-Vollbild dauert also $^1/_{25}$ sec = 40 ms und besteht aus zwei Halbbildern von je $^1/_{50}$ sec = 20 ms Dauer. Die Halb- und Vollbilder werden je durch die Bildaustastlücke von 1,2 ms

Dauer getrennt. Um Informationsverluste zu vermeiden, müssen beide Halbbilder des Fernseh-Vollbilds übereinander auf das Filmbild aufgezeichnet werden. Bei dieser Vollbildaufzeichnung muß der Film innerhalb jeder zweiten Austastlücke um 1 Bild weitergeschaltet werden. Zur Weiterschaltung des Films stehen nur 1,2 ms zur Verfügung. Daraus ergibt sich das Schaltverhältnis der Filmkamera zu

$$\frac{\text{Dauer des Vollbildes}}{\text{Dauer der Austastlücke}} = \frac{40\ \text{ms}}{1{,}2\ \text{ms}} = 33{,}3$$

Diese ungewöhnlich kurze Schaltzeit bzw. das hohe Schaltverhältnis wird mit normalen Filmschaltwerken nicht erreicht, auch wenn man eine Schaltdauer von 2 ms zuläßt, weil damit noch kein zu großer Informationsverlust verbunden ist. Daher hat man auch statt der Vollbildaufzeichnung, welche ein Schaltverhältnis 1:33 oder wenigstens 1:20 benötigt, die Halbbildaufzeichnung verwendet, da hier ein Schaltverhältnis von 1:2 von der Filmkamera mühelos erreicht wird [612, 613]. Es wird dann von den zwei ineinanderliegenden Halbbildern des Fernsehbildes nur das eine von der Kamera aufgenommen und das andere dunkel getastet. In dieser Zeit wird der Film weiter transportiert. Der leere Raum der fehlenden Zwischenzeiten wird durch Wobbeln des Schreibstrahls der Bildröhre ausgefüllt. Der Nachteil dieses Verfahrens besteht darin, daß in der Vertikalen nur die halbe Auflösung erreicht wird. Eine andere Möglichkeit besteht darin, den Film kontinuierlich laufen zu lassen. Dann muß sich das auf dem Film projizierte Fernsehbild mit dem Film mitbewegen oder die Filmbewegung wird zum Teil für die vertikale Ablenkkomponente ausgenutzt. Das Mitbewegen des Fernsehbildes erfolgt durch einen optischen Ausgleich; jedoch sind die Schwierigkeiten, vorwiegend bedingt durch die Filmschrumpfung, sehr hoch.

Will man die volle Information aufzeichnen, so müssen Schnellschaltwerke verwendet werden, wie sie in den früheren Kapiteln erwähnt werden. Neben dem hohen Schaltverhältnis ist außerdem ein guter Bildstand erforderlich. Die Schwankungen von Bild zu Bild sollen niedriger sein als der Zeilenabstand im Fernsehraster. Bei der europäischen Fernsehnorm von 625 Zeilen je Bild ergibt sich bei etwa 600 sichtbaren Zeilen der Bildstand zu 100:600 = 0,17‰.

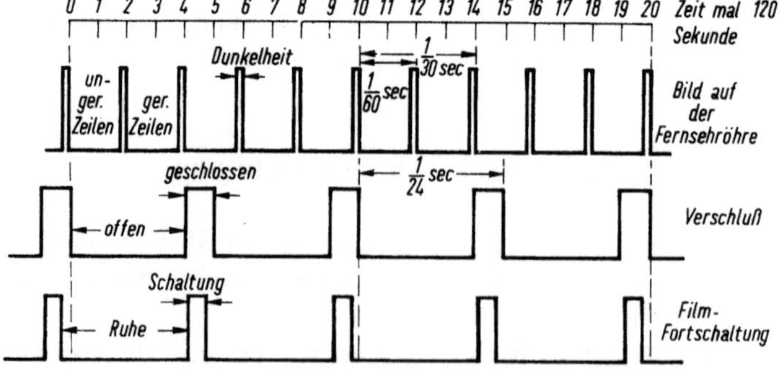

Abb. 463. Operationszyklus Fernsehbild bei 60-Hz-Netz und Filmkamera mit 24 B/sec

In einigen Ländern, z. B. USA und Kanada, hat das elektrische Netz nicht wie in Europa 50 Hz, sondern 60 Hz und das Fernsehen arbeitet mit 60 B/sec nach dem Zeilensprungverfahren, so daß 30 Vollbilder/sec bei 525 Zeilen entstehen. Soll nun auf dem Film mit der genormten Frequenz von 24 B/sec aufgezeichnet werden, so muß ein Ausgleich geschaffen werden. Diese Schwierigkeit besteht in Europa nicht, da die Differenz von 25 B/sec des Fernsehbildes zu 24 B/sec der Filmaufnahme bzw. Filmwiedergabe meist nicht bemerkt wird. Dieser Ausgleich besteht im folgenden. Der Kameraverschluß darf nur während der Differenzzeit $^1/_{24} - ^1/_{30} = ^1/_{120}$ sec geschlossen sein und die Filmfortschaltung muß innerhalb dieser Zeit beendet sein, da auf jedem Filmbildchen je ein Fernsehbild mit gerader und ungerader Zeilenzahl abgebildet werden muß (Abb. 463). Die Justierung des Umlaufverschlusses der Kamera muß sehr sorgfältig erfolgen. Mit hoher Genauigkeit muß der absolute Abstand zwischen Öffnung und Schließen festgelegt werden, so daß er gerade der Dauer zweier Fernsehbilder von je $^1/_{60}$ sec entspricht. Bei schlechter Justierung fehlen auf den Bildbildern einige Bildzeilen oder es werden einige Bildzeilen zweimal belichtet, in jedem Falle entsteht ein sehr störendes Flimmern [614, 615].

B. Fernseh-Filmabtaster

Die Filmabtaster sind wegen des hohen Anteils der Filme im Fernsehbetrieb von großer Bedeutung, selbst für kleine Sendegesellschaften, die aus finanziellen Gründen keine Eigenproduktion bzw. Live-Sendung durchführen können. Zur Abtastung gelangen 35-mm- und 16-mm-Filme, vielleicht in naher Zukunft auch Super-8-Filme. Der Film als Bildkonserve hat den Vorteil, daß die für das Kino bestimmten Filme auch im Fernsehen eingesetzt werden können und daß das

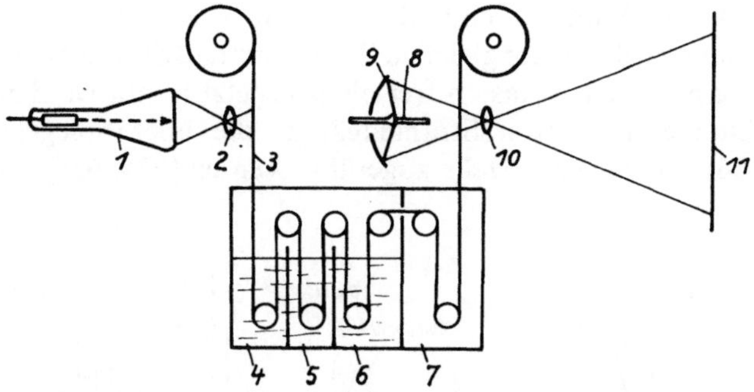

Abb. 464. Zwischenfilmverfahren. *1* Braunsche Röhre, *2* Objektiv, *3* Film, *4* Entwicklung, *5* fixieren, *6* wässern, *7* trocknen, *8* und *9* Beleuchtungseinrichtung, *10* Objektiv, *11* Bildschirm

Fernsehen die Produktionseinrichtungen der Kinobranche zur Herstellung seiner Programme benutzen kann. Für den Programmaustausch hat der Film den Vorteil, daß er nicht an eine bestimmte Signalform des Fernsehens gebunden ist.

In der Fernseh-Technik wird das Bild punktweise nebeneinander aufgebaut und außerdem in zwei Halbbilder aufgespalten, die ineinander kämmen und nacheinander übertragen werden. Der zeitliche Abstand der Halbbilder beträgt nur wenige Prozent der Übertragung eines ganzen Bildes, etwa eine Millisekunde. In so kurzer Zeit den Film, besonders den 35-mm-Film, weiterzuschalten, stößt auf Schwierigkeiten. Anfänglich hat man daher mit *Bildpunkt-Ausblendung* mit der Nipkowscheibe gearbeitet [616, 617, 618]. In diesem Zusammenhang sei das *Zwischenfilmverfahren* erwähnt. Aktuelle Ereignisse wurden mit einer Filmkamera aufgenommen. Nach einer Schnellentwicklung wurde der Film nach etwa 90 Sekunden noch naß zur Sendung gebracht. Nach dem gleichen Prinzip arbeitete ein Zwischenfilm-Großprojektionsgerät (Abb. 464). Das Fernsehbild der Braunschen Röhre *1* wird durch die Optik *2* auf dem Film *3* abgebildet. Der belichtete Film wird dann in den Kammern *4* bis *7* entwickelt, fixiert, gewässert und getrocknet und anschließend vom Projektor *8, 9* und *10* auf den Bildschirm *11* projiziert [619, 620]. Dieses Verfahren hat sich bei der Olympiade Berlin 1936 bewährt.

Grundsätzlich werden für die Filmabtastung im Fernsehen zwei Systeme verwendet [621, 622, 623], nämlich 1. die Lichtpunktabtaster und 2. die Abtaster mit Speicherröhre.

1. Lichtpunktabtaster

Der Film läuft kontinuierlich und wird mit einem Lichtpunkt (flying spot) abgetastet. Als Lichtquelle dient eine Spezialröhre mit besonders kurzer Nachleuchtdauer. Der über das Abtastfeld dieser Röhre wandernde Lichtpunkt wird über eine Doppeloptik auf dem Film abgebildet. Da der Film kontinuierlich mit 25 B/sec transportiert wird, fernsehmäßig aber 50 Bildraster/sec wiedergegeben werden müssen, wird über die Doppeloptik jedes Filmbild zweimal abgetastet. Während der Aufzeichnung läuft der Film mit konstanter Geschwindigkeit weiter, so daß die auf dem Leuchtschirm dicht nebeneinander liegenden Zeilen den Film mit Zwischenräumen von je einer Zeile durchleuchten. Auf dem Leuchtschirm der Kathodenstrahlröhre wird also ein Raster mit halber Bildhöhe beschrieben, um das Filmbild einmal, mit halber Zeilenzahl, abzutasten. Die zweite Abtastung erfolgt in der gleichen Weise, nur daß die Zeilen in den Zwischenräumen, die beim ersten Abtasten frei blieben, jetzt erfaßt werden. Es entstehen hinter der Doppeloptik zwei Strahlengänge, die über Spiegel oder Prismen (Abb. 465, 466) je einer Photozelle zugeführt werden [624, 625], wobei jede Zelle

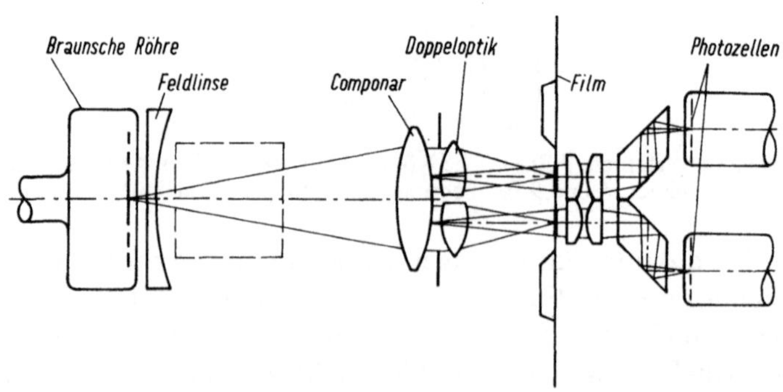

Abb. 465. Optischer Strahlengang bei Halbbildabtastung mit Prismen

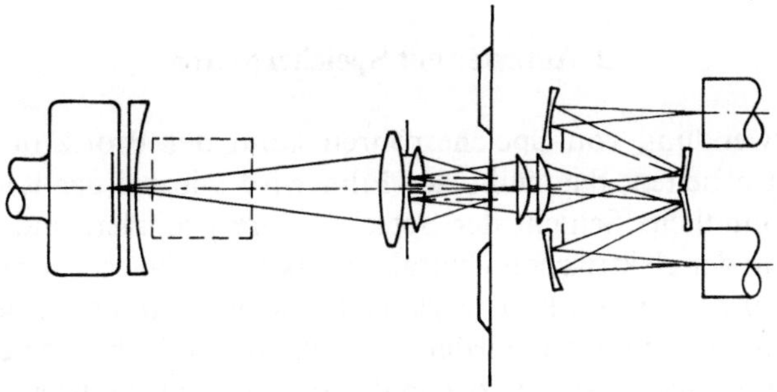

Abb. 466. Optischer Strahlengang bei Halbbildabtastung mit Spiegeln

ein Teilbild abtastet. Sollen Farbfilme abgetastet werden, so ist eine Zerlegung des Lichts in Rot, Grün, Blau erforderlich, das dann drei entsprechenden Photozellen zugeführt wird [626]. Wenn die Abtastung des ersten Rasters beendet ist, wird dieses mit einer Umlaufblende dunkel getastet (Abb. 467) und die Abtastung des zweiten Rasters beginnt. Es ist auch vorgeschlagen worden [627, 628], nicht den üblichen (subtraktiven) Farbfilm, sondern Linsenrasterfilm zu verwenden.

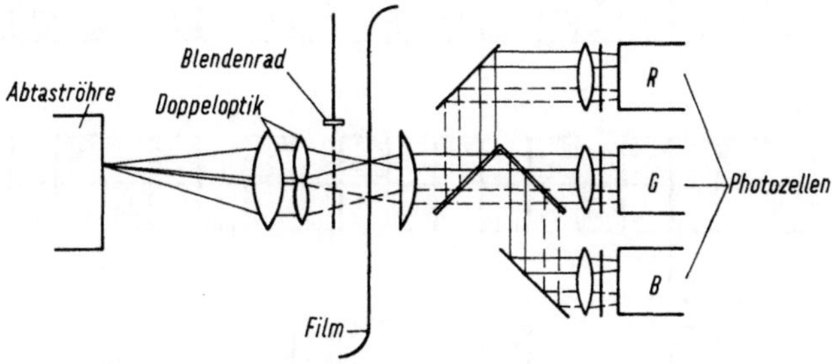

Abb. 467. Prinzip der Lichtpunktabtastung mit Doppeloptik

der als Schwarzweiß-Film wesentlich schneller als Farbfilm entwickelt werden kann. Die Abtastung (Abb. 468) erfolgt mit Lichtpunkt, wobei das durch den Film tretende Licht durch die Linsenraster des Films in die drei Farbkomponenten verlegt und drei Photomultiplyern zugeführt wird.

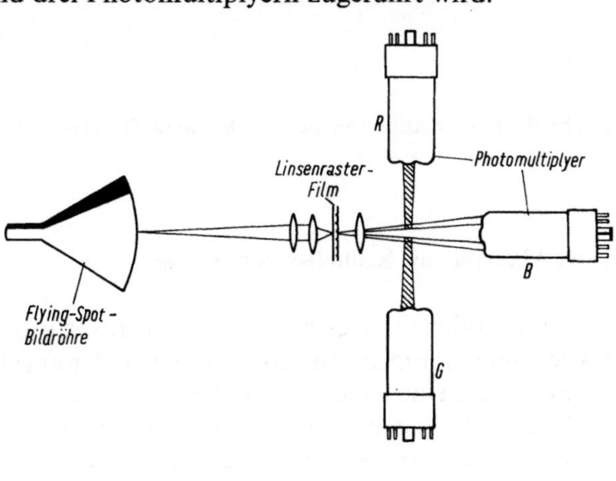

Abb. 468. Abtastung eines Linsenrasterfarbfilms durch Flying-Spot

2. Abtaster mit Speicherröhren

Bei der Verwendung von Speicherröhren kann der Projektor in normaler Schrittschaltung arbeiten, das heißt der Film wird wie bei der Kinoprojektion auf die lichtempfindliche Schicht der Speicherröhre projiziert und bewirkt dort eine Veränderung der elektrischen Charakteristik [629]. Nach $^1/_{25}$ Sekunde tastet eine Sonde in Form eines Kathodenstrahls die Schicht ab, überträgt das gespeicherte Signal und neutralisiert wieder die lichtempfindliche Schicht. Die Abtastung jedes Filmbildes erfolgt zweimal, so daß 50 Bildraster/sec entstehen (Abb. 469).

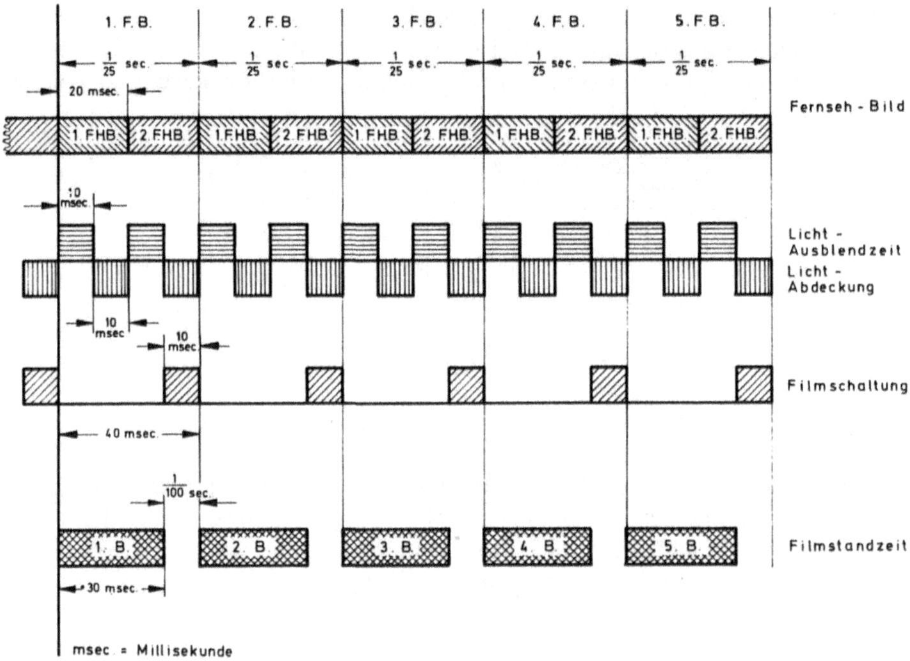

Abb. 469. Zeitschema bei der Filmabtastung mit Schrittschaltwerk, Schaltverhältnis 1:4

3. Abtaster mit Schnellschaltwerken

Für die Abtastung von Farbfilmen ist es bei diesem Prinzip erforderlich, daß die drei Farb-Abtastraster um nicht mehr als 0,05% voneinander auf der Photokathode des Vidikons abweichen, eine Genauigkeit, die sich kaum einhalten läßt. Aus diesem Grund wird ein Schnellschaltwerk verwendet, das den Film während der Austastlücke, welche etwa 1,3 ms beträgt, weiterschaltet. Wegen der hohen Kräfte, die in dieser kurzen Zeit für den Filmtransport nötig sind, können mechanische Schaltwerke nicht verwendet werden, sondern, einem Vorschlag des Amerikaners R. W. WENGEL folgend, pneumatische [630]. Ein solches, von der FERNSEH-GMBH. entwickeltes Schnellschaltwerk [631] arbeitet nach folgendem Prinzip (Abb. 470). Der Film *F* wird im Bildfenster *B* von dem Klemmfenster *K* während der Abtastzeit festgehalten. In dieser Zeit bildet die Schaltrolle *S* vor dem Bildfenster eine Vorschleife (gestrichelt gezeichnet), die um genau einen Schaltschritt länger ist als das Filmstück im gestreckten Zustand. Unterhalb des Bildfensters ist ebenfalls eine Schleife angeordnet, unter der ein Luft-Unterdruck erzeugt wird. Wird nun die Klemmung des Films aufgehoben, dann zieht der Sog *L* den Film nach unten, bis die Vorschleife abgebaut ist. Dann schließt das Klemmfenster wieder. Während der Abtastzeit von beinahe $^1/_{25}$ Sekunde bleibt das Filmbild im Bildfenster stehen, so daß es ähnlich wie ein Diapositiv durch Lichtpunkt abgetastet werden kann.

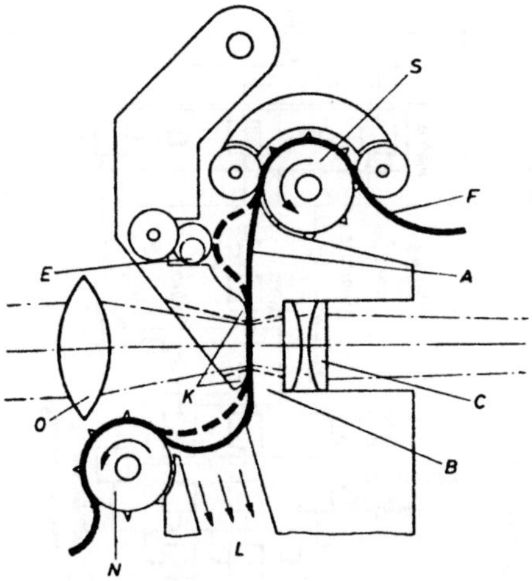

Abb. 470. Schema des Filmlaufs beim schrittweisen, pneumatischen Filmtransport. *A* Anlagefläche, *B* Bildfenster, *C* Kondensor, *E* Exzenterwelle, *F* Film, *L* Luftsog, *N* Nachwickelzahnrolle, *O* Objektiv, *S* Schaltrolle

Für 8-mm-Farbfilm läßt sich ein mechanisches Schaltwerk verwenden, welches innerhalb 3,5 ms den Film weiterschaltet. Ein solches Gerät wurde von der Firma NORDMENDE unter der Bezeichnung „Colorvision" zur Funkausstellung 1969 für den Heimgebrauch herausgebracht [632, 633]. Hierbei wird wie üblich das Raster der Fernsehröhre auf den Super-8-Film projiziert (Abb. 471). Das durch den Film tretende modulierte Licht wird in die roten, grünen und blauen Komponenten zerlegt und gelangt auf die photoempfindliche Schicht je eines Photovervielfachers. Daran schließt sich der elektronische Teil an.

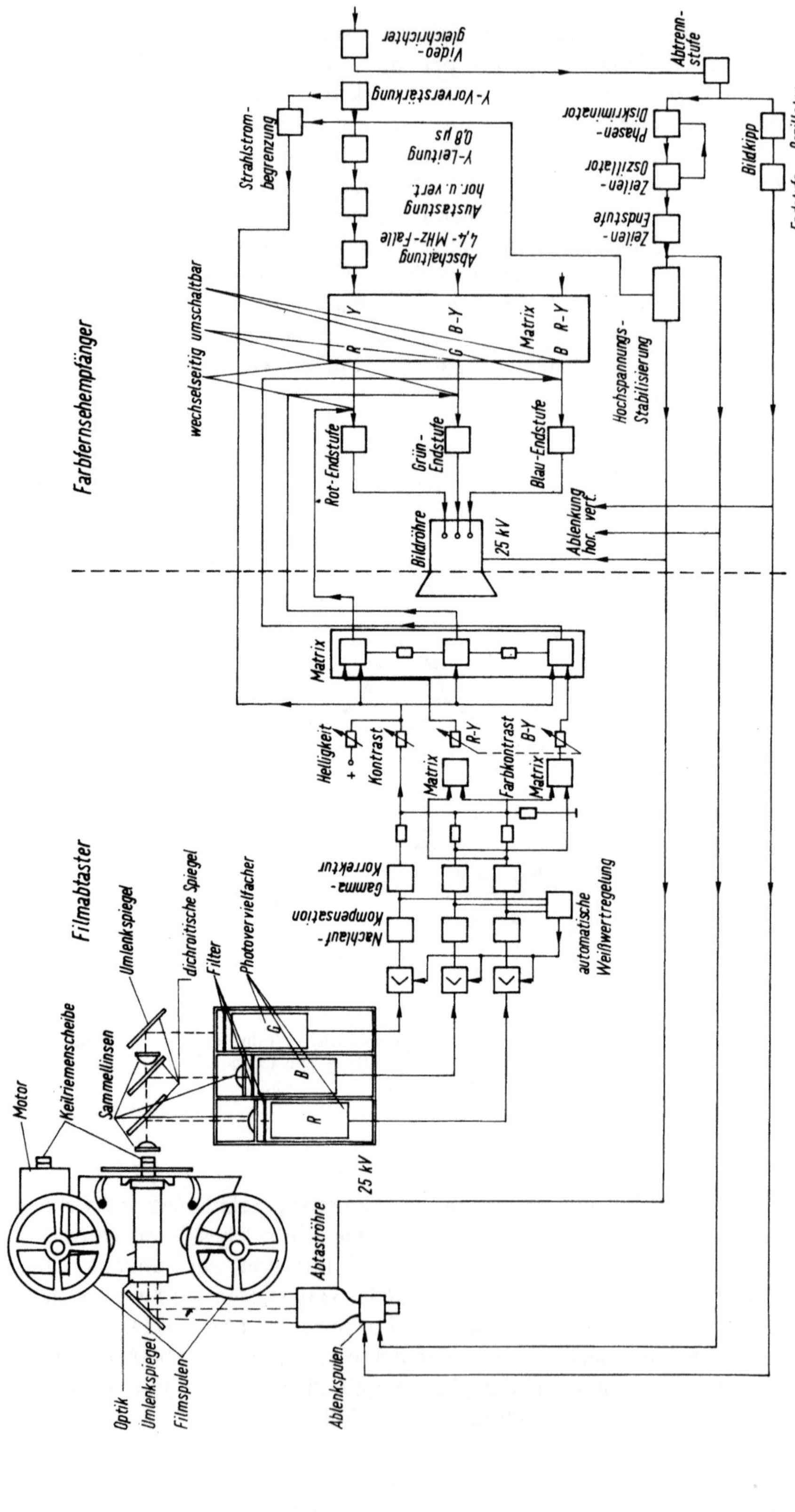

Abb. 471. Prinzip der Filmabtastung und der Wiedergabe über einen Farbfernsehempfänger

4. Multiplexer

Im Fernsehbetrieb werden oft mehrere Bildgeber auf eine Fernsehkamera geschaltet, z. B. ein 35-mm-Filmabtaster, ein 16-mm-Filmabtaster und ein Diageber. Die Geräte werden dann nahe beieinander aufgebaut und durch ein Spiegelsystem wird dann der jeweilige Projektionsstrahl in die Kamera gegeben (Abb. 472). Diese Anordnung wird mit „Multiplexer" bezeichnet [634, 635].

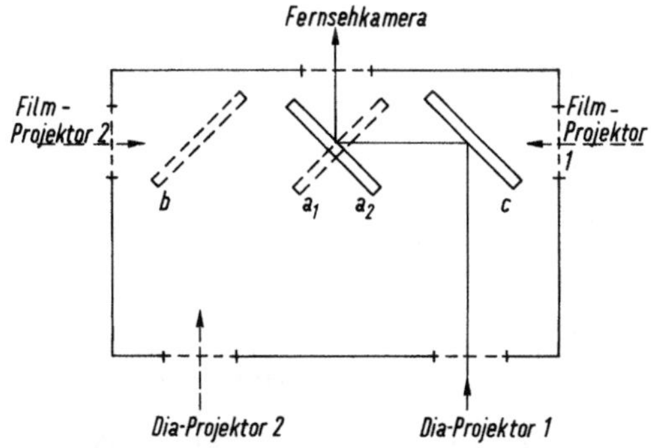

Abb. 472. Optisches Schema eines Multiplexers

5. Telekino-Anlage

Hierunter versteht man eine Anlage, die auch Filme abtastet, allerdings nicht im Fernsehstudio, sondern im Kino usw. Die Abtastung erfolgt, während der Film (oder das Dia) auf den Bildschirm projiziert wird [636, 637]. Es handelt sich hierbei um eine übliche Abtastung mit Speicherröhre (Vidicon), da der Film normal intermittierend transportiert wird (Abb. 473). Der Projektionsstrahl geht hierbei nicht voll in die Speicherröhre. Vielmehr wird nur ein möglichst kleiner Teil ausgeblendet, damit das auf den Bildschirm projizierte Bild nicht zu sehr geschwächt wird.

C. Fernseh-Großprojektion

Außer dem schon beschriebenen Zwischenfilmverfahren zur Fernseh-Großprojektion seien in diesem Zusammenhang noch die anderen Möglichkeiten erwähnt [638]. Ein Verfahren besteht darin, das auf einer *Braunschen Röhre* erzeugte Bild vergrößert zu projizieren, wozu entweder eine Glasoptik oder eine Spiegeloptik mit Schmidt-Platte verwendet wurde (Abb. 474). Dieses Verfahren benötigt sehr hohe Spannungen um ein genügend helles Bild zu erzeugen, dadurch ist die Lebensdauer der Braunschen Röhre begrenzt. Trotzdem wurde es sogar zur Farbübertragung verwendet, indem drei Projektoren, je einer für Gelb, Rot

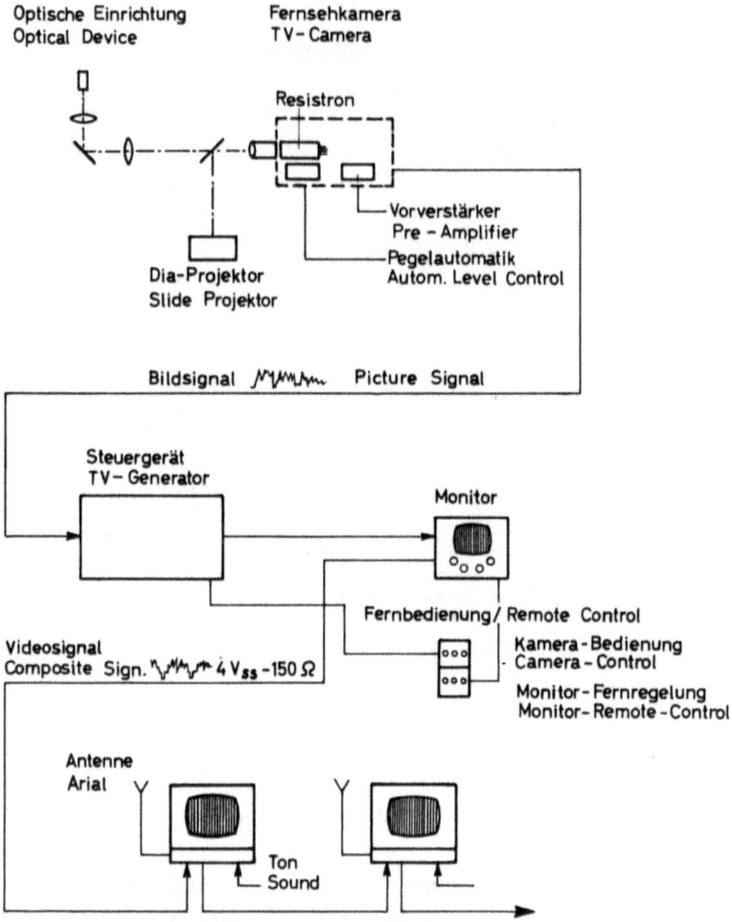

Abb. 473. Blockschaltbild der Telekino-Anlage

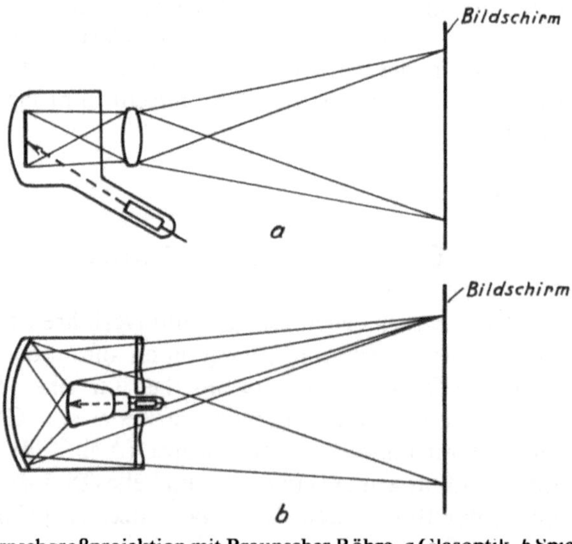

Abb. 474. Fernsehgroßprojektion mit Braunscher Röhre. *a* Glasoptik, *b* Spiegeloptik

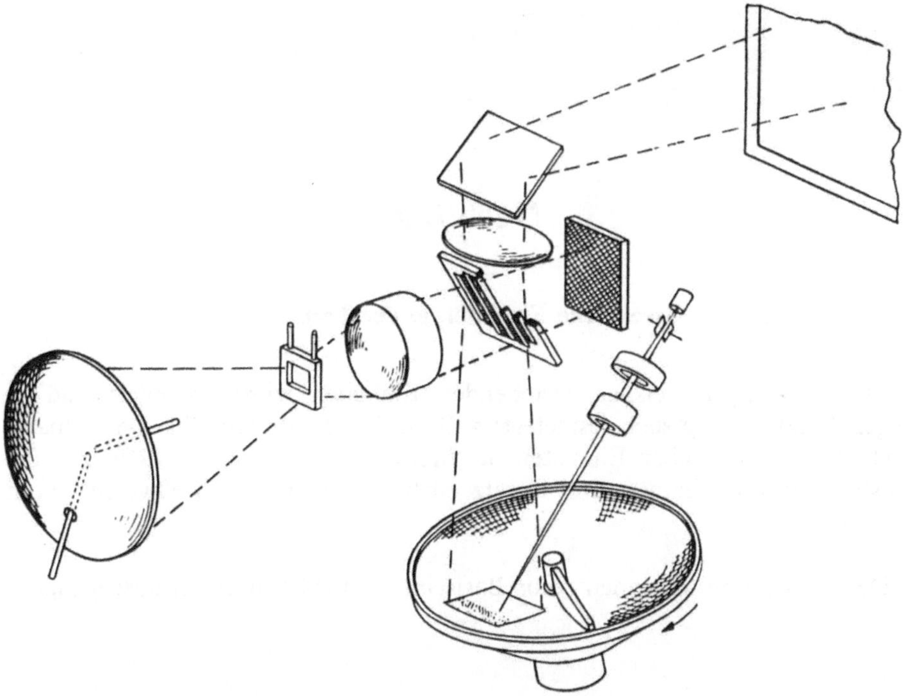

Abb. 475. Anordnung beim *Eidophor*-Verfahren

und Blau ihre Bilder übereinander projizieren [639]. Das jetzt am häufigsten eingesetzte System ist das *Eidophor*-Verfahren, das von den Schweizern FISCHER und GRETENER entwickelt wurde. Hierbei wird durch den Elektronenstrahl die Oberfläche eines Ölfilms im Rhythmus der Modulation deformiert (Abb. 475). Damit wird der Lichtstrahl einer Bogenlampe (oder Xenonlampe) gesteuert, so daß sehr helle Projektionsbilder erzeugt werden. Neuerdings ist der Eidophor-Projektor auch für die Farbprojektion eingerichtet [640].

Nachtrag

Gesetzliche Einheiten in der Technik

Eine Anzahl der bisher bestehenden Einheiten wurde geändert und in einigen Ländern gesetzlich festgelegt; z. B. in der Bundesrepublik Deutschland durch das „Gesetz über Einheiten im Meßwesen“ vom 2. Juli 1969 und die „Ausführungsverordnung zum Gesetz über Einheiten im Meßwesen“ vom 26. Juni 1970.

Dabei wird von folgenden sechs Basiseinheiten (SI-Einheiten) ausgegangen:

Basisgröße	Basiseinheit	Kurzzeichen
Länge	Meter	m
Masse	Kilogramm	kg
Zeit	Sekunde	s
elektr. Stromstärke	Ampere	A
thermodynamische Temperatur	Kelvin	K
Lichtstärke	Candela	cd

Ableitungen

Größe	Einheit	Einheitszeichen	in Basiseinheiten ausgedrückt
Abgeleitete mechanische Einheiten			
Fläche	Quadratmeter	m^2	m^2
Volumen	Kubikmeter	m^3	m^3
ebener Winkel	Radiant	rad	m/m
Raumwinkel	Steradiant	sr	m^2/m^2
Frequenz	Hertz	Hz	s^{-1}
Geschwindigkeit	Meter/Sekunde	m/s	m/s
Beschleunigung	Meter/Sekundenquadrat	m/s^2	m/s^2
Winkelgeschwindigkeit	Radiant/Sekunde	rad/s	s^{-1}
Kraft	Newton	N	$m \cdot kg \cdot s^{-2}$
Druck	Pascal	Pa	$m^{-1} \cdot kg \cdot s^{-2}$ [$N \cdot m^{-2}$]
Energie, Arbeit, Wärmemenge	Joule	J	$m^2 \cdot kg \cdot s^{-2}$ [$= W \cdot s$]
Leistung	Watt	W	$m^2 \cdot kg \cdot s^{-3}$ [$= A \cdot V$]

Größe	Einheit	Einheitszeichen	in Basiseinheiten ausgedrückt
Abgeleitete elektrische Einheiten			
Spannung	Volt	V	$m^2 \cdot kg \cdot s^{-3} \cdot A^{-1}$
Widerstand	Ohm	Ω	$V \cdot A^{-1}$
Abgeleitete photometrische Einheiten			
Leuchtdichte	Candela/Quadratmeter	cd/m^2	$cd \cdot m^{-2}$
Lichtstrom	Lumen	lm	$cd \cdot sr$
Beleuchtungsstärke	Lux	lx	$cd \cdot sr \cdot m^{-2}$ [$lm \cdot m^{-2}$]

Umrechnung überholter in gesetzliche Einheiten

Überholt	*Gesetzlich*
Angström	1 Å = 0,1 nm (Nanometer)
Apostilb	1 asb = 0,31831 cd/m^2
Grad Kelvin	1° K = 1 K
Kalorie	1 cal = 4,1868 J
Kilopond	1 kp = 9,80665 N
Kilopond/cm^2	1 kp/cm^2 = 0,980665 bar
Micron, Mü	1 μ = 1 μm (Mikrometer)
Millimü	1 mμ = 1 nm (Nanometer)
Nit	1 nt = 1 cd/m^2
Phot	1 ph = 1 lm/cm^2
Pond	1 p = 9,80665 · 10^{-3} N
Stilb	1 sb = 1 cd/cm^2

Literaturverzeichnis

I. Die menschlichen Sinne

A. Das Sehen

B. Lichttechnische Begriffe und Einheiten

1. STAUBACH: Audio-Visual-moderner Nürnberger Trichter. Photo-Technik und Wirtschaft (1965), 235; Forum audio-visuell, Frankfurt 5. Juni 1967; Referat: forum audiovision in INPHO (1967), 26.
2. N. N.: So the show smells? It may be a new scent discovery! International Projectionist (1960), 19, 20.
3. THOMSON: Wide-screen and new process. Journal SMPTE, New York (1960),311.
4. WEISE, H.: Die kinematographische Kamera, S. 9—16. Wien: Springer. 1955.
5. SEWIG, R.: Handbuch der Lichttechnik, 1. Teil, S. 249—256, 2. Teil, S. 567—574. Berlin: Springer. 1938.
6. MÜTZE, K.: ABC der Optik, S. 790. Hanau/Main: Dausien. 1961.
7. RICHTER: Grundrisse der Farbenlehre der Gegenwart. Dresden: Steinkopff. 1940.
8. DIN 5031, Blatt 3: Strahlungsphysik im optischen Bereich und Lichttechnik. Berlin: Beuth-Vertrieb.
9. MÜTZE, K.: ABC der Optik, S. 35—36, S. 87—88 und S. 789. Hanau/Main: Dausien. 1961.
10. SCHOBER, H.: Das Sehen, Bd. I, S. 197—198. Leipzig: VEB Fachbuchverlag. 1960.
11. MARBE, K.: Theorie der Kinematographischen Projektion, S. 18—42, Leipzig: J. A. Barth. 1910.
12. FORCH, C.: Der Kinematograph und das sich bewegende Bild, S. 5. Wien und Leipzig: Hartlebens Verlag. 1913.
13. LEHMANN, H.: Das Tautoskop. Deutsche optische Wochenschrift (27. Mai 1917), 204—207.
14. LIESEGANG, F. P.: Lehrbuch der praktischen Kinematographie, 5. Aufl., S. 1—3. Düsseldorf: Ed. Liesegang. 1918.
15. LOSSAGK, H.: Versuche über Adaptationszeiten. Das Licht, Berlin (1936), 126—131.
16. REIN, H.: Einführung in die Physiologie des Menschen, S. 634—636. Berlin-Göttingen-Heidelberg: Springer. 1955.
17. SCHOBER, H.: Das Sehen, Band I (1960), S. 86—87, Band II (1964), S. 41—42, S. 47—54, S. 86—87 und S. 332—339. Leipzig: VEB Fachbuchverlag.
18. — Das Sehen, Band II, S. 123—137 und S. 273. Leipzig: VEB Fachbuchverlag.
19. WEISE, H.: Die kinematographische Kamera, S. 18—20. Wien: Springer. 1955.
20. MÜTZE, K.: ABC der Optik, S. 301, 587, 926, 927. Hanau/Main: Dausien. 1961.
21. SCHOBER, H.: Physiologisch-optische Probleme bei der Bildbetrachtung. Kinotechnik, Berlin (1957), 214—221.
22. N. N.: Ein kleines Kapitel praktischer Lichttechnik. Studiengemeinschaft Licht E. V. Wiesbaden (1966).
23. DIN 5031, Blatt 3 und 4: Berlin: Beuth-Vertrieb. 1962 und 1967.
24. N. N.: Ein kleines Kapitel praktischer Lichttechnik, S. 3. Studiengemeinschaft Licht E. V. Wiesbaden (1966).

25. SCHOBER, H.: Das Sehen, Bd. I, S. 185. Leipzig: VEB Fachbuchverlag. 1960.
26. SEWIG, R.: Handbuch der Lichttechnik, 2. Teil, S. 1011. Berlin: Springer. 1938.
27. — Handbuch der Lichttechnik, 2. Teil, S. 1027. Berlin: Springer. 1938. Prospekte der Firmen OSRAM und PHILIPS.
28. Prospekte der Firmen OSRAM und PHILIPS (1968).
29. SEWIG, R.: Handbuch der Lichttechnik, 2. Teil, S. 1026. Berlin: Springer. 1938; N. N.: Ein kleines Kapitel praktischer Lichttechnik, S. 6. Studiengemeinschaft Licht E. V. Wiesbaden (1966).
30. — Handbuch der Lichttechnik, 2. Teil, S. 1026/27. Berlin: Springer. 1938; N. N.: Ein kleines Kapitel praktischer Lichttechnik, S. 6. Studiengemeinschaft Licht E. V. Wiesbaden (1966); N. N.: Angewandtes Fernsehen, S. 11. Herausgeber Fa. GRUNDIG.
31. — Handbuch der Lichttechnik, 2. Teil, S. 1031. Berlin: Springer. 1938.
32. — Handbuch der Lichttechnik, 2. Teil, S. 1026. Berlin: Springer. 1938.

II. Sinn und Zweck der Kinoprojektoren

A. Grundsätzlicher Aufbau der Kinoprojektoren

33. JOACHIM, H.: Die Kinematographische Projektion, S. 1—5. Halle (Saale): W. Knapp. 1928.
34. WEISE, H.: Die kinematographische Kamera, S. 1—8. Wien: Springer. 1955.
35. MÜTZE, K.: ABC der Optik, S. 421—426. Hanau/Main: Dausien. 1961.

B. Bewegung und Bildfrequenz

C. Kinematographische Bewegungstäuschungen

D. Bewegungsunschärfe

36. MÜTZE, K.: ABC der Optik, S. 127, 128. Hanau/Main: Dausien. 1961.
37. SCHOBER, H.: Das Sehen, Band II, S. 432—449. Leipzig: VEB Fachbuchverlag. 1964.
38. THUN, R.: Bildwechselzahl und Bildwirkung. Kinotechnik, Berlin (1935), 116—118.
39. — Die Eigenschaften des Bildes als Grundlage der Kinematographie. Kinotechnik, Berlin (1935), 358—362, 375—376.
40. WEISE, H.: Die kinematographische Kamera, S. 16, 17. Wien: Springer. 1955.
41. DIN 15 577 Aufnahme- und Vorführgeschwindigkeit von perforierten Kinofilmen. Berlin: Beuth-Vertrieb. März 1970.
42. WEISE, H.: Die kinematographische Kamera, S. 30, 31. Wien: Springer. 1955.
43. — Die kinematographische Kamera, S. 28—30. Wien: Springer. 1955.

III. Der Kinofilm

A. Das Film-Material

44. MITCHELL, R.: The 35 mm projection positive film. International Projectionist (Febr. 1950) 7—34.
45. ZYLINICKI, V.: Der Weg des Films, S. 20. Berlin: Rembrandt. 1956.
46. HOPWOOD, H.: Living pictures, S. 188—190. London (1899).
47. COISSAC, M.: Histoire du Cinématograph, S. 71—84. Paris: Editions du Cinéopse. 1925.
48. OSSENBRUNNER, A.: Zur Geschichte des Sicherheitsfilms. Kunststoffe, München (1952), 232—235.

49. KIESER, K.: Der Positivfilm für kinematographische Zwecke. Jahrbuch für Photographen von I. M. EDER, S. 112—116. Halle (Saale): W. Knapp. 1911.
50. NIVER, R.: Paper prints of early motion pictures. Journal SMPTE, New York (1966), 1186, 1187.
51. K. W.: Der Aluminiumfilm. Kinotechnik, Berlin (1922), 304—308.
52. N. N.: Der Ozaphanfilm. Kinotechnik, Berlin (5. Nov. 1953), Beilage.
53. N. N.: Polyesterunterlage? Der Photomarkt (Dez. 1968), 23.
54. BACON, N., und R. LINDEMEYER: A new heat-developable motion-picture print film. Journal SMPTE, New York (1964), 213—215.
55. N. N.: Thermoplastic recording. Journal SMPTE, New York (1960), 72, 73.
56. ATORF, H.: Thermoplastische Aufzeichnungsverfahren für elektrische Signale. Kinotechnik, Berlin (1960), 224—227.
57. GLENN W. E.: Thermoplastic recording. Journal SMPTE, New York (1960), 577—580.

B. Breitfilm und Bildformate

58. VIVIÉ, J.: Historique et développement de la technique cinématographique, S. 34, 45. Paris: Editions B. P. I. 1944.
59. ARMAT, TH.: My part in the development of the motion picture projector. Journal SMPE, New York (1935), 254.
60. BOWEN, H.: Thomas Alva Edison's early motion-picture experiments. Journal SMPTE, New York (1955), 508—514.
61. VIVIÉ, J.: Historique et développement de la technique cinématographique, S. 40, 41. Paris: Editions B. P. I. 1944.
62. — Aperçu historique, têtes du Colloque International. Les Techniques Nouvelles (12. bis 16. 5. 1955), Commission Supérieure Technique du Cinéma Français.
63. GREGORY, C. L.: The early history of wide films. Journal SMPE, New York (1930), 27—31.
64. SKLADANOWSKY, SEEBER und WOLTER: Diskussionen um Skladanowsky. Filmtechnik, Filmkunst (7. 2. 1931), Heft 3, 1—4.
65. LEHMANN, E.: Zur Geschichte der Kinematographie. Kinotechnik, Berlin (1931) 225—227.
66. NIVER, K.: Motion picture film widths. Journal SMPTE, New York (1968), 814—818.
67. TÜMMEL, H.: Birt Acres — ein englischer Kinopionier filmte in Deutschland. Kinotechnik, Berlin (1962), 299—302.
68. COISSAC, M.: Histoire du cinématographe, S. 275—278. Paris: Editions du Cinéopse. 1925.
69. VIVIÉ, J.: Historique et développement de la technique cinématographique, S. 101—102. Paris: Editions B. P. I. 1944.
70. LUMIERE, L.: The lumière cinématograph. Journal SMPE, New York (1936), 640—647.
71. RAIBAUD, P.: Promoteurs et réalisateurs du spectacle cinématographique sur ecran large. La Technique Cinématographique, Paris (1955), 393—399.
72. N. N.: Filoteo Alberini. Museo Nazionale del Cinema Notiziario, Turin (Sept. 1967), 5—12.
73. N. N.: Report of the standard committee. Journal SMPE, New York (1930), 129—132.
74. Discussion: Methods of securing a large screen picture. Journal SMPE, New York (1931), 174—187.
75. LIMBACHER, J. L.: How old is the wide-screen idea? International Projectionist, New York (Juli 1956), 26, 27.
76. N. N.: Wide film developments. Journal SMPE, New York (1930), 341.
77. N. N.: Wide film dimensions. Journal SMPE, New York (1930), 821—823.
78. N. N.: Progress report. Journal SMPE, New York (1931), 71.
79. HOWELL und DUBRAY: Some practical aspects of and recommendations on wide Film Standards. Journal SMPE, New York (1930), 59—83.
80. N. N.: Report of the standards and nomenclature committee. Journal SMPE, New York (1931), 431—437.
81. N. N.: Report of standards committee. Journal SMPE, New York (1930) 161—164.

82. N. N.: Progress report. Journal SMPE, New York (1930), 763.
83. Goldowskij, E.: Prinzipij Schirokoformatnogo Kinematografa. Moskau: Die Kunst. 1962.
84. Rowan, A.: Todd-AO-newest-wide-screen system. American Cinematographer (1954), 494—496 und 526.
85. DIN 15 702: Film 65 mm und Film 70 mm (Kamera- und Projektorfenster). Berlin: Beuth-Vertrieb. Okt. 1966.
86. Jahn, W.: Eine neue Technik: CinemaScope mit 55 mm breitem Film. Kinotechnik, Berlin (1956), 74—77.

C. Schmalfilm und Bildformate

87. Vivié, J.: Historique et développement de la technique cinematographique, S. 100, 101. Paris: Editions B. P. I. 1944.
88. Matthews und Tarkington: Early history of amateur motion-picture film. Journal SMPTE, New York (1955), 105—116.
89. Wedderburen, A.: Another armat intermittent movement. Journal SMPTE, New York (1955), 445, 446.
90. Didiee, L.: Memories of the early history of 9,5 mm film. Journal SMPTE, New York (1966), 1181—1183.
91. Vivié, J.: Motion pictures and education in France. Journal SMPTE, New York (1969), 950—955.
92. Mayer, L.: Der Ursprung des 8-mm-Films. Schmalfilm (1957), Nr. 6, 139.
93. Offenhäuser, H.: 8 mm performance — some lessons from film history. The Magazine of Standards (1962), 44—46.
94. N. N.: Super 8 — das neue 8-mm-Filmformat. Kinotechnik, Berlin (1965), 73, 103—105.
95. d'Arcy, E.: Facts and factors for small-format films. Journal SMPTE, New York (1963), 673—676.
96. Festschrift „33 Jahre Ernemann von 1889 bis 1922", S. 13.
97. N. N.: 75 Jahre Zeiss Ikon und Vorgängerfirmen. Kinotechnik, Berlin (1937), 281, 282.

E. Die Perforation

98. Vivié, J.: Historique et développement de la technique cinématographique, S. VIII. Paris: Editions B. P. I. 1944.
99. Liesegang, F. P.: Zahlen und Quellen zur Geschichte der Projektionskunst und Kinematographie, S. 87, 88. Berlin: Deutsches Druck- und Verlagshaus. 1926.
100. Mendel, C. V., und F. Felix: Der praktische Vorführer, S. 69—74. Berlin: Verlag der Lichtbildbühne. 1926.
101. Messter, O.: Mein Weg mit dem Film, Abb. 4. Berlin: Hesses Verlag. 1936.
102. Hoopwood, H.: Living pictures, S. 190. London (1899).
103. Liesegang, F. P.: Handbuch der praktischen Kinematographie, S. 8—10. Düsseldorf: Ed. Liesegang. 1919.
104. Lasally, A.: Bild und Film im Dienste der Technik. Zweiter Teil: Betriebskinematographie, S. 187, 188. Halle (Saale): W. Knapp. 1919.
105. Schmidt, H.: Kino-Taschenbuch, S. 24—27. Berlin: Union Deutsche Verlagsgesellschaft. 1921.
106. Wolter, K.: Neue amerikanische Filmnormen. Kinotechnik, Berlin (1925), 32, 33.
107. Flinker, M.: Über den Stand der Normung in der Kinotechnischen Industrie des In- und Auslandes. Kinotechnik, Berlin (1925), 283—286.
108. — Beschlüsse der Sektion „Kinotechnik" des Internationalen Photographischen Kongresses. Kinotechnik, Berlin (1925), 361—365.
109. Joachim, H.: Die kinematographische Projektion, S. 6—8, 387. Halle (Saale): W. Knapp. 1928.
110. Robertson, A.: Pin registration. Journal SMPTE, New York (1963), 75—81.
111. N. N.: Perforations in 35-mm-Film. International Projectionist, New York (Sept. 1960), 16—19.

G. Bewertung der verschiedenen Filmverfahren

112. TÜMMEL, H.: Die Geschichte der Bildformate in der Kinotechnik. Kinotechnik, Berlin (1955), 396—398.
113. MAYER, L.: Das kinematographische Bildformat im Wandel der Zeit. Kinotechnik, Berlin (1965), 131—135.
114. KB.: Das veränderliche Schirmbild. F. WESTERBERY in „Int. Phot." (März 1936). Referiert in Kinotechnik, Berlin (1936), 129, 130.
115. TÜMMEL, H.: Versuch einer Bewertung der einzelnen Filmverfahren. Kinotechnik, Berlin (1967), 200—202.
116. ARNOLD, A.: Gibt es ein neues Bildaufnahme-Verfahren durch geänderten Perforationsschnitt? Kinotechnik, Berlin (1965), 151—154.
117. TÜMMEL, H.: Neue Filmformate und Rationalisierung. Fernseh- und Kinotechnik, Berlin (1969), 11—13.

IV. Der Filmlauf

B. Kontinuierlicher Filmlauf und optischer Ausgleich

118. HOPWOOD, H.: Living pictures, S. 223. London: The Hatton Ltd. 1899.
119. FORCH, C.: Der Kinematograph und das sich bewegende Bild, S. 96—112. Wien und Leipzig: Hartlebens Verlag. 1913.
120. JOACHIM, H.: Die kinematographische Projektion, S. 231—240. Halle (Saale): W. Knapp. 1928.
121. THUN, R.: Optischer Ausgleich. Kinotechnik, Berlin (1929), 255—259.
122. RUHNAU, R.: Projektoren mit optischem Ausgleich. Kinotechnik, Berlin (1927), 529—538.
123. WEISE, H.: Kinogerätetechnik, Teil 1, S. 210—214. Leipzig: Akademische Verlagsgesellschaft. 1950.
124. SCHARDIN, H.: The development of high-speed photography in Europe. Journal SMPTE, New York (1953), 273—285.
125. WEISE, H.: Die kinematographische Kamera, S. 256—277. Wien: Springer. 1955.

C. Intermittierender Filmlauf

D. Schrittschaltwerke mit parallelen Achsen und gleichförmigem Antrieb

126. LIESEGANG, F. P.: Die Erfindung der ruckweisen Bewegung beim Kinematograph. Central-Zeitung für Optik und Mechanik, Berlin (1918), Heft 6, 52—54.
127. FELDHAUS, F. M.: Die Technik der Vorzeit, der geschichtlichen Zeit und der Naturvölker (1914).
128. CHURCH, W.: Britisches Patent Nr. 5777 vom 25. Sept. 1829.
129. DINGLER, J. G.: Polytechnisches Journal 39, 173—180 (1831).
130. REDTENBACHER, F.: Die Bewegungs-Mechanismen, Tab. XI (1861).
131. REULEAUX, F.: Theoretische Kinematik. Grundzüge einer Theorie des Maschinenwesens, S. 570 (1875).
132. COISSAC, G. M.: Histoire du cinématographe, S. 51—54. Paris: Edition du Cinéopse. 1925.
133. VIVIÉ, J.: Historique et développement de la technique cinématographique, S. 13. Paris: Editions B. P. I. 1944.
134. CARD, J.: The historical controverse of Molteni's choreutoscope. International Projectionist, New York (Februar 1957), 22—23.
135. JENKINS und TH. ARMAT: Phantascope. US-Patent Nr. 586 953 vom 20. Juli 1897 (angemeldet am 28. August 1895).
136. PAUL, R. W.: Britisches Patent Nr. 4686 vom 23. Januar 1897 (angemeldet am 2. März 1896).

137. PAUL, R. W.: Kinematographic experiences. Journal SMPE, New York (1936), 498, 499, 504, 511, 512.
138. CONTINSOUZA, P. V.: Französisches Patent Nr. 255 937 vom 6. August 1896 (angemeldet am 28. April 1896).
139. HEEMSTEDE OBELT, TH. VAN: Britisches Patent Nr. 1039 vom 18. Dezember 1897 (angemeldet am 14. Januar 1897).
140. BERNSTEIN, F.: Britisches Patent Nr. 6536 vom 6. November 1897 (angemeldet am 12. März 1897).
141. PAUL, R. W.: Britisches Patent Nr. 487 vom 9. Januar 1899.
142. FORCH, C.: Hatte das Projektions-Lebensrad von Brown aus dem Jahre 1869 ein Malteserkreuz? Kinotechnik, Berlin (1936), 40, 41.
143. ARMAT, TH.: Vitascope. US-Patent Nr. 578 185 vom 2. März 1897 (angemeldet an 26. September 1896).
144. — The development of the motion picture projector. International Projectionist (März 1955), 32, 33.
145. BÜNZLI, R., und V. CONTINSOUZA: Französisches Patent Nr. 261 292 vom 20. Februar 1897 (angemeldet am 14. November 1896).
146. VIVIÉ, J.: Les origines de la Croix de Malte, appliqué au cinéma. Bulletin de l' A. F. I. T. C., Paris (1966), Nr. 26, 5—9.
147. FORCH, C.: Das Malteserkreuz in seiner Anwendung bei den Kinematographenapparaten. Deutsche Mechaniker-Zeitung, Berlin (1912), Heft 12, 121—128.
148. — Der Kinematograph und das sich bewegende Bild, S. 15—19. Wien und Leipzig: Hartlebens Verlag. 1913.
149. BURMESTER, L.: Konstruktionen der Diagramme der Geschwindigkeit und Beschleunigung des Filmes bei der ruckweisen Bewegung vermittels des Malteserkreuzrades im Kinematographen. Vortrag am 11. Januar 1919 in der „Bayerischen Akademie der Wissenschaften“, Sitzungsbericht 1919, 43—52.
150. JOACHIM, H.: Die kinematographische Projektion, S. 29—34. Halle (Saale): W. Knapp. 1928.
151. GROSMANGIN, A. CH.: Französisches Patent 383 200 vom 22. 10. 1907.
152. BITTNER, L. O. & Co., München: DRP 331 354 vom 13. 2. 1919. Vorrichtung zum schrittweisen Fortschalten von Kinematographenbildbändern.
153. WALTERDAW LTD., London: Preisliste von 1930, S. 68.
154. MITCHELL, A.: Heart of the projector mechanism. International Projectionist, New York (August 1952), 8, 10; dto. (Dezember 1954), 8.
155. JOACHIM, H.: Die kinematographische Projektion, S. 35, 36. Halle (Saale): W. Knapp. 1928.
156. BURMESTER, L.: Untersuchung des ruckweise bewegten Powerschen Getriebes im Kinematographen. Kinotechnik, Berlin 11/12, 162—167 (1924).
157. MITCHELL, R. A.: Heart of the projector mechanism. International Projectionist (August 1952), 8.
158. MALER: Schaltscheibe für das Malteserkreuz. DRP 322 225 vom 20. April 1918.
159. — Malteserkreuzgesperre. DRP 330 895 vom 5. Mai 1920.
160. N. N.: Ein neuer Projektor. Kinotechnik, Berlin, H. 10, 286, 287 (1922).
161. GWOZDZ, B.: Antrieb für Kinematographen mit Malteserkreuzgetriebe. DRP 373 037 vom 2. Juli 1920.
162. MANDELARTZ, C.: Ölgehäuse für Maltesergetriebe. DRP 354 523 vom 9. Dezember 1919.
163. ZEISS IKON AG.: Malteserkreuzgetriebe. DRP 717 813 vom 28. September 1937.
164. ENZ, K.: Filmprojektoren, Filmprojektion, S. 41—43. Leipzig: Fotokinoverlag. 1965.

E. Schrittschaltwerke mit gekreuzten Achsen und gleichförmigem Antrieb

165. SKLADANOWSKY, M.: Vorrichtung zum intermittierenden Vorwärtsbewegen des Bildbandes für photographische Serien-Apparate und Bioskope. DRP 88 599 vom 1. November 1895.

166. SKLADANOWSKY, M.: Die Vorgeschichte des Bioskops und die erste öffentliche Darstellung desselben am 1. November 1895. Photographische Chronik (1915), Nr. 92/93, 372, 373.
167. SKLADANOWSKY, M., G. SEEBER und K. WOLTER: Diskussionen um Skladanowsky. Filmtechnik-Filmkunst (1931), H. 3, 1—4.
168. LEHMANN, E.: Zur Geschichte der Kinematographie. Kinotechnik, Berlin (1931), 226—228.
169. SKLADANOWSKY, E.: Vor 60 Jahren schrieb eine Zeitung... Bild und Ton, Berlin (1955), 302—305, 319.
170. WIEGAND, W.: Einrichtungen und Schaltsysteme des Filmtransports im Kino-Apparatebau. Foto-Kino-Technik, Berlin (1948), Nr. 10, 11, 12, S. 242, 268 und 294.
171. COISSAC, M.: Histoire du cinématographe, S. 286, 287. Paris: Editions du Cinéopse. 1925.
172. VIVIÉ, J.: Historique et développement de la technique cinématographique, S. 52, 53. Paris: Editions B. P. I. 1944.
173. WEBER, J.: Die Entwicklung der Filmschaltwerke im Spiegel der Patente. Bild und Ton, Berlin (1955), 88, 147, 148, 149, 179, 180, 207, 208, 231, 232, 233.
174. KUCHINKA, E.: Über Fortschritte und Neuerungen in der Kinematographie. Jahrbuch für Photographen von I. M. EDER, S. 218. Halle (Saale): W. Knapp. 1902.
175. RUIZ, J.: The faster pulldown geneva movements. International Projectionist, New York (Februar 1957), 36.
176. WEDDERBUREN, A.: Another armat intermittent movement. Journal SMPTE, New York (1955), 445, 446.
177. KB.: Der Lytax-Piccolo-Projektor. Kinotechnik, Berlin (1933), 222, 223.
178. VIVIÉ, J.: Projection des images animées et reproduction des enregistrements sonores, S. 59. Paris: Selbstverlag. 1968.
179. KOTTE, J. J.: Ein professioneller Tonfilmprojektor für 16-mm-Film. Philips' Technische Rundschau (Juli 1954), 11—24.

F. Schrittschaltwerke mit verkürzter Schaltzeit

180. FORCH, C.: Der Kinematograph und das sich bewegende Bild, S. 20—27. Wien und Leipzig: Hartlebens Verlag. 1913.
181. SCHROTT, P.: Die größte bei absatzweiser Schaltung erreichbare Filmgeschwindigkeit. Kinotechnik, Berlin (1920), 367—374, 414—418.
182. HOPWARD, H.: Living pictures, S. 114—132. London 1899.
183. WEISE, H.: Kinogerätetechnik, S. 71—75. Leipzig: Akademische Verlagsgesellschaft Geest & Portig. 1950.
184. — Die kinematographische Kamera, S. 246—256. Wien: Springer. 1955.
185. ENZ, K.: Filmprojektoren, Filmprojektion, S. 80—83. Leipzig: Fotokinoverlag. 1965.
186. HAYEK, A.: Design factors in 35-mm intermittent mechanisms. Journal SMPTE, New York (1947), 405—414.
187. MAY, E.: Schaltwerk und Filmverschleiß. Foto-Kino-Technik, Berlin (1950), Nr. 9, 270, 271.
188. KLUGHARDT, A.: Die Wirkungsweise des Maltesergesperres im Kino-Projektor. Kinotechnik, Berlin (1922), 885—892.
189. WEISE, H.: Kinogerätetechnik, S. 105—117, 159—168. Leipzig: Akademische Verlagsgesellschaft Geest & Portig. 1950.
190. ENZ, K.: Das Malteserkreuz und seine Kinematik. Bild und Ton, Berlin (1962), 87—92.
191. — Erhöhung der Lichtausbeute durch beschleunigtes Filmfortschalten bei der Projektion. Bild und Ton, Berlin (1962), 153—156.
192. — Filmprojektoren, Filmprojektion, S. 36—40. Leipzig: Fotokinoverlag. 1965.
193. VIVIÉ, J.: Guide de l'opérateur, S. 26. Paris: Editions B. P. I. 1960.
194. JANSEN, W. I. M., und H. JENSEN: Mehr Licht bei Bogenlampenprojektoren durch ein beschleunigtes Malteserkreuz. Kinotechnik, Berlin (1963), 82.
195. MITCHELL, A.: Projection with Hi-speed intermittents. International Projectionist, New York (November 1957), 7—10, 33.

196. BUDERUS, C.: Verfahren zum Fortschalten von Kinematographenbändern mittels Malteserkreuzgesperre. DRP 196 451 vom 23. Juni 1907.
197. VIVIÉ, J.: Projection des images animées et reproduction des enregistrements sonores, S. 59—62. Paris: Selbstverlag. 1968.
198. RUIZ, J. M.: The faster pulldown geneva movements. International Projectionist, New York (Dezember 1956), 18, 19, 27, 31, (Januar 1957), 13, 14, 34, (Februar 1957), 26, 27, 36.
199. Klangfilm, Malteserkreuzgetriebe für Bildprojektion. GM 1499 632 vom 11. September 1939.
200. FORCH, C.: Verschiedene Formen des Malteserkreuzes. Kinotechnik, Berlin (1919), Nr. 1, 19—21.
201. MESSTER, O.: Verfahren zum schrittweisen Weiterschalten von Kinematographenbildbändern unter Benutzung eines während des Arbeitskreislaufs mit wechselnder Geschwindigkeit sich bewegenden Schaltorgans. DRP 222 863 vom 16. März 1908).
202. GAUMONT: Improvements in or relating to cinematograph apparatus. Britisches Patent Nr. 113 266 vom 26. September 1918.
203. Maltesergesperre mit in epizykloidischer Kurve kreisendem Treibstift zum Bildbandvorschub an Laufbildvorrichtungen. DRP 414 703 vom 9. Mai 1923 (Großbritannien 19. 1. 1923). Kinotechnik, Berlin (1926), 80.
204. KB.: Kombinierte Malteserkreuzschaltung für Kopiermaschinen, nach TUTTLE, Eastman Kodak. Kinotechnik, Berlin (1931), S. 47.
205. CZUYA, A.: Malteserkreuzgetriebe. DRP 332 544 vom 23. 1. 1920.
206. Cinechrome Instruments, London, Fortschaltvorrichtung für Kinematographenapparate. DRP 351 611 vom 31. Dezember 1920.

G. Greiferwerke

H. Sondereinrichtungen zur Filmfortschaltung

207. WEISE, H.: Die kinematographische Kamera, S. 181—227. Wien: Springer. 1955.
208. ROBERTSON, A. C.: Pin registration. Journal SMPTE, New York (1963), 75—80. Kinotechnik, Berlin (1964), 198.
209. WENGEL, R.: Pneumatic pulldown 16-mm-projector. Journal SMPTE, New York (1954), 384—390.
210. ADAMS, L. M.: New concepts in motion picture projector design. Journal SMPTE, New York (1970), 81—84.
211. JONES, P. R. W.: The rolling loop — A new concept of film transport. Journal SMPTE, New York (1968), 21—44.
212. SHAW, W. G.: Film dynamics of a rolling loop film transport system. Journal SMPTE, New York (1970), 778—782.
213. — New large-screen and multi-image motion picture system. Journal SMPTE, New York (1970), 782—787.

V. Konstruktion des Laufbildwerfers

B. Der Umlaufverschluß

214. MARBE, K.: Theorie der kinematographischen Projektionen, S. 43—56 und 75—79. Leipzig: J. A. Barth. 1910.
215. FORCH, C.: Der Kinematograph und das sich bewegende Bild, S. 51—66. Wien und Leipzig: Hartlebens Verlag. 1913.
216. ARNDT, W.: Die Flimmergrenze beim Kinobildwurf. Kinotechnik, Berlin (1935), 219, 221.

217. ILLGE, W.: Die lichtdurchlässigen Blendenflügel. Kinotechnik, Berlin (1926), 128, 129.
218. CRICKS, R. H.: Shutter efficiency and flicker, results of recent technical research. Ideal Kinema, London (1937), Nr. 54, 37 ff.; ref. in Kinotechnik, Berlin (1937), 267—269.
219. N. N.: Un obturateur translicide pour projecteurs tous formats. Cinématographie française, Paris (Oktober 1968), 28.
220. JOACHIM, H.: Probleme und Methoden der Großfilmprojektion. Kinotechnik, Berlin (1933), 195—199.
221. DAVEE, L.: Projector shutters: design, performance. International Projectionist, New York (August 1950), 5—8.
222. CRICKS, R. H.: Projector shutters: A symposium. International Projectionist, New York (Oktober 1950), 11—13.
223. ENZ, K.: Filmprojektoren, Filmprojektion, S. 55—67. Leipzig: Fotokinoverlag. 1965.

C. Filmband-Führung

D. Filmkanal

224. TÜMMEL, H.: Der Filmvorführer ist im Bilde, S. 16—20, S. 81—82. Berlin: Verlag für Radio-Foto-Kinotechnik. 1954.
225. BORBERG, W.: Effect of gate and shutter characteristics on screen image quality. Journal SMPTE, New York (1957), 623—626.
226. MÜLLER, J.: Untersuchungen über die Abhängigkeit der Filmwölbung von Filmbahnkrümmung und Bildfrequenz bei 70-mm-Kinofilm. Bild und Ton, Berlin (1970), 261—266, 293—299, 325—327.
227. ROSCHER, H.: Bessere Schirmbildschärfe durch neuartige Filmführung. Kinotechnik, Berlin (1956), 306—308.
228. N. N.: Neuartige Filmführung in den Rheinland-Projektoren. Kinotechnik, Berlin (1957), 421—423.
229. FURCHERT, H.-J.: Eine neue Methode der Filmbremsung während des absatzweisen Transports zur Verminderung der mechanischen Filmbeanspruchung. Bild und Ton, Berlin (1970), 43—48.

E. Laufrollen und Zahnrollen

230. CHANDLER, J. S.: Some theoretical considerations in the design of sprockets for continuous film movement. Journal SMPE, New York (1941), 164—176.
231. HILLAND, W. G., and C. L. SCHAEFER: A method for designing film sprockets. Journal SMPE, New York (1941), 177—186.
232. WEBER, K. H. R.: Konstruktion der Zahnrolle und Filmlauf. Kinotechnik, Berlin (1943), 21—22.
233. BUSCH, L.: Zur Normung der Transportrollen für den Film 35 mm. Foto-Kino-Technik, Berlin (1948), 251—253.
234. — Normung der Transportrollen für Film 35 mm. Foto-Kino-Technik, Berlin (1949), 104, 113.
235. FRIELINGHAUS, K. O.: Die Lebensdauer der Filmkopien in Abhängigkeit von den Abmessungen der Transportrollen. Bild und Ton, Berlin (1952), 347—354.
236. GOLDOWSKI, E. M.: Technik der Kinoprojektion, S. 47—58. Leipzig: VEB Fachbuchverlag. 1958.
237. TÜMMEL, H.: Zahnrollen mit schmalen Zähnen. Zeiss Ikon, Bild und Ton, Kiel (April 1960), 278—280.
238. ENZ, K.: Filmprojektoren, Filmprojektion, S. 67—79. Leipzig: Fotokinoverlag. 1965.
239. MITCHELL, R. A.: Wide-screen presentation magnifies inherent projection defects. International Projectionist, New York (November 1954) 7—34.
240. N. N.: Das Philips Bild steht. Philips Kinotechnik, Hamburg (1953), 17, 18.

241. Enz, K.: Der Filmtransport und die Abnutzung der Transportrollen. Bild und Ton, Berlin (1957), 21—23.
242. N. N.: Der Bauer-Schleifenbildner. Bauer Filmpost, Stuttgart (April 1956), 15.

F. Bildstrichverstellung

243. Joachim, H.: Die kinematographische Projektion, S. 54—58. Halle (Saale): W. Knapp. 1928.
244. Enz, K.: Filmprojektoren, Filmprojektion, S. 107—112. Leipzig: Fotokinoverlag. 1965.
245. Jensen, H.: Der Weg des Filmes in den Kinoprojektoren — und speziell in FP 20 und FP 20 S. Philips Kinotechnik, Hamburg (1959), 239—254.
246. Kühnert, R.: Einrichtung zur Einstellung der Rotationsblende an Kinoprojektoren. DAS Nr. 1003572 vom 16. Dezember 1953.

G. Die Aufwicklung und Abwicklung des Films

247. Rohloff, G.: Filmwickeln mit konstantem Zug? Foto-Kino-Technik, Berlin (1950), 305—307.
248. Poszonyi, G.: Probleme der Filmaufwicklung an Kinoprojektoren. Kinotechnik, Berlin (1967), 275—276.
249. Enz, K.: Filmprojektoren, Filmprojektion. Leipzig: Fotokinoverlag. 1965.
250. Goldowski, E. M.: Technik der Kinoprojektoren. Leipzig: VEB Fachbuchverlag. 1958.
251. Adams, L. M.: New concepts in motion picture projector design. Journal SMPTE, New York (1970), 81—84.

H. Der Antriebsmotor und das Getriebe

252. Tümmel, H.: Der elektromotorische Antrieb für Kinoprojektoren. Bild und Ton, Berlin (März 1949).
253. Schöfer: Antriebsmotoren für Kinoprojektoren. Zeiss Ikon, Bild und Ton, Kiel (Juli 1954), 11—17.
254. Tümmel, H.: Motoren für Kinoprojektoren. Kinotechnik, Berlin (1952), 265.
255. Schöfer: Die elektrische Welle beim Breitschirmverfahren. Zeiss Ikon, Bild und Ton, Kiel (September 1953), 14—16.
256. Hoebener: Ernemann VIII mit Synchronisationseinrichtung für Zweibandbetrieb. Zeiss Ikon, Bild und Ton, Kiel (Juni 1957), 42, 43.
257. Schwarz und H. Watzinger: Das Rotosyn-System. Siemens Zeitschrift (1953), H. 1, 18—24.
258. Linde: Umschaltgetriebe für 24 und 25 B/sec. Zeiss Ikon, Bild und Ton, Kiel (September 1970), 175.
259. N. N.: Magnetische Ölreinigung in Kinoprojektoren. Foto-Kino-Technik, Berlin (1950), 254.

I. Kühleinrichtungen der Laufbildwerfer

260. Borberg, W.: Effect of gate and shutter characteristics on screen image quality. Journal SMPTE, New York (1967), 623—627.
261. Carver, E. K., R. H. Talbot, and H. A. Loomis: Effect of high-intensity arcs upon 35 mm film projection. Journal SMPTE, New York (1943), 69—87.
262. Kolb, F. J.: Air cooling of motion picture film for higher screen illumination. Journal SMPTE, New Yourk (1949), 635—664; International Projectionist, New York (Januar 1950), 9—12; (Februar 1950), 17, 18, 26, 27, 28; (März 1950), 9, 11.

263. Yavitz, E. A.: Energy absorption considerations in motion picture projection. Journal SMPTE, New York (1961), 686—690.
264. Ross, H. McG.: The cooling of film and slides in projectors. Journal SMPTE, New York (1951), 538—550; International Projectionist, New York (April 1950), 17, 19 (Mai 1950), 12, 27—30.
265. Tümmel, H.: Wasserkühlung der Projektoren. Zeiss Ikon, Bild und Ton, Kiel (Juli 1956), 13—16.
266. Turner, J., Ph. Ripson, F. Kolb, and E. Yavitz: Liquid gate for the projection of motion-picture-film. Journal SMPTE, New York (1962), 100—105.
267. Joachim, H., und H. Schering: Die Wirkung der Kühlküvetten bei Spiegel-Bogenlampen. Kinotechnik, Berlin (1924), 91—96.
268. Hellgrebe, P. H.: Umlaufkühlung bei der dia- und episkopischen Projektion. Foto-Kino-Technik, Berlin (1949), 56.
269. Schering, H.: Nutzlichtstrom und Bildfenstertemperatur bei der Projektion. Zeitschr. f. techn. Physik (1925), Nr. 12, 661—669.
270. Zimpelmann, E.: Technische ultrarot-absorbierende Gläser. Glastechn. Berichte **9**, H. 2, 102—107.
271. Fischer: Das Wärmereflexionsfilter für Projektionszwecke. Zeiss Ikon, Bild und Ton, Kiel (Mai 1956), 3—8.
272. Hass, G., H. Schroeder, and A. F. Turner: Mirror coatings for low visible and high infrared reflectance. Journal of the Optical Society of America (1956), 31—35.
273. Ploke, M.: Projektionslicht-Kühlung durch Wärmereflexionsfilter. Kinotechnik, Berlin (1956), 266—268.
274. Fischer, R., and M. Ploke: Heat reflecting filters in carbon-arc projection systems. Journal SMPTE, New York (1958), 502—504.
275. N. N.: Die Technik des Kaltlichtspiegels. Bauer Filmpost, Stuttgart (September 1957), 4—6.
276. N. N.: Grundlage und Entwicklung des Bauer Kaltlichtspiegels. Bauer Filmpost, Stuttgart (Dezember 1957), 7, 8.
277. Haufler, G.: Filmschonung durch Kaltlichtspiegel im Projektor. Kinotechnik, Berlin (1957), 354—357.
278. Tümmel, H.: Wie der Film gekühlt wird. Zeiss Ikon, Bild und Ton, Kiel (Dezember 1957), 81—87.
279. Ulffers, H.: Grenzen der Strahlenbelastung bei Lauf- und Stehbildern. Kinotechnik, Berlin (1966), 159—168.
280. Hatch, A. J.: Portable device for measuring radiant energy at the projector aperture. Journal SMPE, New York (1949), 363—367.

K. Sicherheitseinrichtungen des Laufbildwerfers und im Bildwerferraum

281. Tümmel, H.: Feuerschutzeinrichtungen am Bildwerfer. Zeiss Ikon, Bild und Ton, Kiel (Januar 1954), 11—14.
282. Zschoche, P.: Neue kinotechnische Konstruktionselemente beim Bau von Bildwerfern. Bild und Ton, Berlin (1949), 152—154.
283. Tümmel, H.: Automatische Abschaltung der Bildwerfer. Zeiss Ikon, Bild und Ton, Kiel (Dezember 1958), 176—178.

L. Der Objektivhalter

284. Tümmel, H.: Objektivrevolver. Zeiss Ikon, Bild und Ton, Kiel (Dezember 1964), 507—509.
285. N. N.: Symposium of new Motion Picture Apparatus. Journal SMPE, New York (1931), 375—376.
286. Ulffers, H.: Halter für den anamorphotischen Vorsatz. Zeiss Ikon, Bild und Ton, Kiel (Mai 1954), 16—18.

M. Die Überblendungseinrichtungen

287. N. N.: Die neuen Zeiss Ikon Konstruktionen. Zeiss Ikon, Bild und Ton, Dresden (1934), H. 4, 7.
288. N. N.: Ein bedeutsamer Fortschritt — Überblendungseinrichtung im Projektorwerk. Zeiss Ikon, Bild und Ton, Dresden (1935), H. 8, 2, 3.
289. N. N.: Überblendungseinrichtungen. Zeiss Ikon, Bild und Ton, Dresden (1936), H. 13, 4—6.
290. HOEBENER: Die Überblendung bei den Ernemann-Projektoren. Zeiss Ikon, Bild und Ton, Kiel (September 1954), 5—12.
291. — Die Überblendungseinrichtung. Zeiss Ikon, Bild und Ton, Kiel (Juli 1959), 228—234.
292. N. N.: Eine neue Überblendungsautomatik für Bauer B 14-Projektoren. Bauer Filmpost, Stuttgart (1961), Nr. 28, 11.

N. Fernbedienung des Laufbildwerfers

293. N. N.: Fernsteuerung der Bildschärfe. Bauer Filmpost, Stuttgart (Dezember 1957), 17; (April 1958), 7.
294. HOEBENER: Fernscharfeinstellung der Projektionsoptik. Zeiss Ikon, Bild und Ton, Kiel (September 1958), 165—167.
295. N. N.: Fernscharfeinstellung für Ernemann IX. Zeiss Ikon, Bild und Ton, Kiel (Juli 1961), 372, 373.
296. TÜMMEL, H.: Objektivrevolver. Zeiss Ikon, Bild und Ton, Kiel (Dezember 1964), 507—509.
297. JANSEN, W. J. M.: SPP-Impulslampe für Projektion von 70-mm-Filmen. Philips Kinotechnik, Hamburg (März 1963), 368, 369.
298. TÜMMEL, H.: Grundsätzliches zur Automation der Filmvorführung. Kinotechnik, Berlin (Mai 1959), 120—122.
299. — Reglertisch für Bild und Ton. Zeiss Ikon, Bild und Ton, Kiel (Juli 1958), 138, 139.
300. N. N.: Das neue Ziegfeld-Theater in New York. Zeiss Ikon, Bild und Ton, Kiel (September 1970), 171—173.
301. N. N.: Filmsteuerung von FH-Kinomaschinen. Friesecke & Höpfner — Kinomitteilungen, Erlangen (März 1958), 5, 6.
302. SCHAEFFER, H.: Neues Zubehör für FH-Projektoren. Friesecke & Höpfner — Kinomitteilungen, Erlangen (September 1960), 10—12.
303. ENZ, K.: Filmprojektoren, Filmprojektion, 383—387. Leipzig: Fotokinoverlag. 1965.

O. Automation der Filmvorführung

304. N. N.: How projectomatic systems works. The Ideal Kinema, London (6. Dezember 1956), 11, 14.
305. HOEBENER: Überblendungs-Automat. Zeiss Ikon, Bild und Ton, Kiel (Juli 1959), 222, 223.
306. JACOB, K., und W. PAHL: Euromat — ein Steuergerät für automatische Vorführung. Kinotechnik, Berlin (Oktober 1958), XVI, XVII.
307. TÜMMEL, H.: Der Vorführautomat Ernemat II. Zeiss Ikon, Bild und Ton, Kiel (März 1962), 394, 395.
308. — Wirkungsweise des Zeiss Ikon Vorführautomaten. Zeiss Ikon, Bild und Ton, Kiel (Mai 1958), 110, 113.
309. — Die Vorbereitung der Filme für den automatischen Vorführbetrieb. Filmtechnikum, Wiesbaden (Februar 1959), 46, 47.
310. SCHAEFER, H.: Stufenweise Automatisierung der Filmwiedergabe. Kinotechnik, Berlin (1959), 118—120.
311. TÜMMEL, H.: Vereinfachte Filmvorführung durch Einsatz von Automaten. Kinotechnik, Berlin (Oktober 1958), X—XII.

312. Grusser, K.: Theorie und Praxis der Automatisierung im Filmtheater. Bild und Ton, Berlin (1964), 260—262, 293—297, 362—366; (1965), 12—15, 19.
313. Tümmel, H.: Der Zeiss Ikon Vorführautomat. Zeiss Ikon, Bild und Ton, Kiel (Dezember 1957), 75—77.
314. Robinson, T.: The projectomatic system. British Kinematography, London (Januar 1957), 3—10.
315. N. N.: Cinemation — the robot that runs the cinema. Kinematograph Weekly, London (7. Oktober 1965), 22.
316. Pulman, R. E.: Projection development and automation in the rank theatre division. Journal SMPTE, New York (1967), 647—651.
317. Automation im Filmtheater. Bauer Filmpost, Stuttgart (September 1958), 12, 13.
318. Jansen, W. J. M.: Der Philips Programmautomat. Philips Kinotechnik, Hamburg (September 1960), 308, 309.
319. Pierschel, G.: Automatisierung der Filmvorführung mit dem Steuergerät Pyrcomat. Bild und Ton, Berlin (1964), 74—77.
320. N. N.: Automation geht neue Wege. Bauer Filmpost, Stuttgart (1960), H. 27, 2—7.
321. Kessler, C.: Vollautomation durch den Philips-Lochkartenautomaten. Philips Kinotechnik, Hamburg (April 1970), 167—173.
322. Tümmel, H.: Anwendungsmöglichkeiten des Zeiss Ikon Vorführautomaten. Zeiss Ikon, Bild und Ton, Kiel (März 1959), 200—202.
323. — Dia-Automat. Zeiss Ikon, Bild und Ton, Kiel (September 1958), 147—149.
324. N. N.: Automation geht neue Wege. Bauer Filmpost, Stuttgart (1960), H. 27, 2—7.
325. Hoebener: Automatischer Vierklang-Gong. Zeiss Ikon, Bild und Ton, Kiel (Dezember 1958), 181, 182.
326. Tümmel, H.: Objektivrevolver. Zeiss Ikon, Bild und Ton, Kiel (Dezember 1964), 507 bis 509.
327. Mantey: Formatwechsler. Zeiss Ikon, Bild und Ton, Kiel (Juli 1965), 537.
328. Braune, K.: Schlüsselschalter für Automatik-Anlagen. Zeiss Ikon, Bild und Ton, Kiel (Dezember 1963), 467.
329. Taesler: Filmeinführer für Movilux 8 A. Zeiss Ikon, Bild und Ton, Kiel (Juli 1961).
330. Nupnau, A., und I. Cherniavskyi: An automatic threating mechanism for a 16 mm sound-projector. Journal SMPTE, New York (1963), 87—89.
331. N. N.: Tonprojektoren für 16-mm-Schmalfilm. Filmecho, Wiesbaden (29. 1. 1966), 11.
332. N. N.: Bauer T 12/T 12 S. Bauer Schmalfilmpost, Stuttgart (1964), H. 41, 7, 9.
333. N. N.: Bauer T 1 S super. Bauer Schmalfilmpost, Stuttgart (1965), H. 43, 8, 9.
334. N. N.: Film-Einfädler Siemens 2000. Kinotechnik, Berlin (1967), 189.

P. Sonder-Ausführungen von Projektoren

1. Projektoren für pausenlosen Betrieb

335. N. N.: Vorführung mit endlosen Filmschleifen. Bauer Filmpost, Stuttgart (1960), H. 27, 10, 11.
336. Lavanchy, I. P.: Projections synchrones dans quelques pavillons de l'exposition nationale Suisse. Actes du VI Congrès de l'Uniatec, Mailand (Oktober 1964), 283—296.
337. Mantey: Ringfilm-Einrichtung. Zeiss Ikon, Bild und Ton, Kiel (September 1961), 319—321.
338. Enz, K.: Filmprojektoren, Filmprojektion, S. 411—413. Leipzig: Fotokinoverlag. 1965.
339. Robins, P.: A method of protecting film and lengthening its serviceable life. Journal SMPTE, New York (1957), 772—774.
340. Meier, F.: Schutzbeschichtung von Filmen. Kinotechnik, Berlin (1966), 151, 152.
341. N. N.: Endlosschleifeneinrichtungen und ihr Einsatz. Philips Kinotechnik, Hamburg (Oktober 1970), 186—189.
342. Tümmel, H.: Schleifenkästen, Schleifenschränke, Schleifenteller. Fernseh- und Kino-Technik, Berlin (1971), 326—329.

343. N. N.: Professionelle Filmkameras und Projektoren auf der Photokina. Kinotechnik, Berlin (1966), 280.
344. ZOLLER, H. P.: Der Solo-Automatik-Projektor der Kinoton GmbH. Philips Kinotechnik, Hamburg (März 1963), 370, 371.
345. N. N.: Projektor Victoria 18. Rivista Tecnica di Cinematografia, Mailand (April 164), I—III.
346. CAPRA, F., W. GEPHARDT, E. STIFLE, and D. WHITE: Technical report of a visit to motion picture facilities in the USSR. Journal SMPTE, New York (1964), 177—181.
347. ENZ, K.: Interessantes aus der sowjetischen Filmwiedergabetechnik. Bild und Ton, Berlin (1967), 326—333.
348. — Filmwiedergabeanlagen in der UdSSR. Bild und Ton, Berlin (1971), 111—117.
349. JANSEN, W. J. M., und H. JENSEN: Unsere Philosophie der Kino-Automation. Philips Kinotechnik, Hamburg (September 1968), 91.
350. ZOLLER, H. P.: Horizontal-Filmtellereinrichtung „No Rewind". Philips Kinotechnik, Hamburg (September 1968), 92—96.
351. JENSEN, H.: Filmschonung, Arbeitserleichterung und Teilautomation durch eine Horizontal-Filmtellereinrichtung. Fernseh- und Kino-Technik, Berlin (1969), 23—26.
352. — Filmtellereinrichtung „Non Rewind". Philips Kinotechnik, Hamburg (April 1970), 157—162.
353. BURTH, A.: Ratschläge aus der „Non-Rewind"-Praxis. Philips Kinotechnik, Hamburg (April 1970), 163—166.

2. Doppelprojektoren, Zwillingsprojektoren

354. SCHULZE-MANITIUS, H.: 40 Jahre pausenlose Kino-Vorführungen. Bild und Ton, Berlin (1954), 222.
355. JOACHIM, H.: Die kinematographische Projektion, S. 223—229. Halle (Saale): W. Knapp. 1928.

3. Projektoren mit horizontalem Filmlauf

356. RYDER, L. L.: Paramount's Vista Vision. International Projectionist, New York (April 1954), 13, 14.
357. MORRIS, J.: The Vista Vision horizontal projector. International Projectionist, New York (Oktober 1954), 16, 17, 27.

6. Rücklaufprojektoren

358. HOEBENER: Rücklaufprojektor. Zeiss Ikon, Bild und Ton, Kiel (Dezember 1957), 78—80.
359. MANTEY: Rücklaufprojektor. Zeiss Ikon, Bild und Ton, Kiel (Dezember 1963), 468 bis 470.

7. Zweibandprojektoren

360. TÜMMEL, H.: Doppelband-Bildwerfer. Zeiss Ikon, Bild und Ton, Kiel (März 1955), 9.
361. N. N.: Zweiband-Projektor Bauer B 14. Bauer Filmpost, Stuttgart (September 1960), 14, 15.
362. SIEBENHÜNER: Ernemann IX Zweibandprojektor. Zeiss Ikon, Bild und Ton, Kiel (April 1968), 51.

8. Projektoren mit verschiedenen Laufgeschwindigkeiten

363. LINDE: Umschaltgetriebe für 24 und 25 B/sec. Zeiss Ikon, Bild und Ton, Kiel (September 1970), 175, 176.

VI. Lichtquellen für die Projektion

364. Joachim, H.: Die kinematographische Projektion, S. 155—158. Halle (Saale): W. Knapp. 1928.
365. Sewig, R.: Handbuch der Lichttechnik, Bd. 1, S. 134—149. Berlin: Springer. 1938.
366. Schering, H.: Lichttechnik, S. 27—35. Halle: Fotokinoverlag. 1959.
367. Tümmel, H.: Technisches Kinotaschenbuch, S. 40—50. Kiel: Zeiss Ikon AG. 1956.
368. Bingel, H.: Die Bogenlichtkohle in der Kinoprojektion. Mehlem-Rhein: Ringsdorff-Werke GmbH. 1952.
369. Kannegiesser, H.: Mehr Licht durch Niedervoltlampen. Kinotechnik, Berlin (1969), 229, 230.
370. Schering, H.: Lichttechnik, S. 24—26. Halle: Fotokinoverlag. 1959.
371. Pfeiffer, U.: Lichtstarke Schmalfilmlampen für direkte Netzspeisung. Kinotechnik, Berlin (1958), 21—23.
372. Roscher, H.: Ein neuartiges Beleuchtungssystem für Bildwerfer. Kinotechnik, Berlin (1955), 484—486.
373. Biermann, M.: Verspiegelte Lampen für die Schmalfilmprojektion. Kinotechnik, Berlin (1958), 47, 48.
374. Vollmer, R.: Vollverspiegelte Schmalfilmlampe für 8-mm-Projektoren. Kinotechnik, Berlin (August 1958), IV.
375. — Ellipsoid-Reflektorlampen. Kinotechnik, Berlin (1963), 143, 144.
376. Hüschemenger, R.: Fortschritte bei Glühlampen bei Schmalfilmprojektoren. Kinotechnik, Berlin (1964), 34—36.
377. Schaik, I. W. van: Neue Entwicklungstendenzen bei Halogenglühlampen, insbesondere für Aufnahme- und Projektionszwecke. Kinotechnik, Berlin (1967), 201—203.
378. Schröder, I.: Die Fluor-Lampe — eine bemerkenswerte Entwicklung zur Verbesserung der Lichtausbeute und Leuchtdichte von Glühlampen. Kinotechnik, Berlin (1962), 29, 30.
379. Klier, R.: Neue Lichtquellen für Schmalfilm-Aufnahme und -Wiedergabe. Kinotechnik, Berlin (1966), 228, 229.
380. Hüschemenger, R.: Moderne Lichtquellen für Film, Photo und Fernsehen. Fernseh- und Kino-Technik, Berlin (1969), 106—110.
381. Dorgelo, E. G.: Wassergekühlte Quecksilberdampflampen. Philips Technische Rundschau, Eindhoven (1937), 165—171.
382. Höpcke, O., und W. Thouret: Quecksilberdampflampen hoher Leuchtdichte. Kinotechnik, Berlin (1938), 148—152.
383. Hegmann, W.: Bildprojektion mit Quecksilberhochdrucklampen. Kinotechnik, Berlin (1939), 43—45, 101.
384. R. H. C.: Projection by discharge lamps. Ideal Kinema, London (1938), Nr. 73, 39; ref. in Kinotechnik, Berlin (1939), 82.
385. Naumann, H.: Projektion mit Quecksilberlicht. Kinotechnik, Berlin (1939), 98—100.
386. Nillesen, H.: Eine 35-mm-Tonfilmanlage mit Überhochdruck-Quecksilberdampflampe. Kinotechnik, Berlin (1942), 62—66, 101—103.
387. Thouret, W.: Neue Bauarten von Quarzlampen. Lichttechnik, Berlin (März 1950), 73—79.
388. Schulz, P.: Eine Strahlungsquelle für kontinuierliche Strahlung hoher Strahldichte. Zeitschrift für Naturforschung (1947), 583—584a.
389. Ulffers, H.: Ikosol II Xe, die erste serienmäßige Kino-Projektionslampe mit Xenonlicht. Zeiss Ikon, Bild und Ton, Kiel (Juli 1954), 3—8.
390. N. N.: Die Xenon-Entladungslampe als Projektionslichtquelle. Kinotechnik, Berlin (1954), 322, 323.
391. Larché, K.: Xenon-Hochdrucklampen hoher Leuchtdichte und Lichtstärke. Lichttechnik, Berlin (Juni 1955), 221—224.
392. Ulffers, H.: Höhere Lichtströme mit der Xenonlampe. Zeiss Ikon, Bild und Ton, Kiel (September 1956), 3—8.
393. — Xenosol, eine neue Xenonlampe. Zeiss Ikon, Bild und Ton, Kiel (Mai 1958). 99—109.

394. Ulffers, H.: Xenosol III und Xenoblock III. Zeiss Ikon, Bild und Ton, Kiel (März 1962), 387—393.
395. Hausen, von: Xenosol V — eine Xenonlampe für höchste Lichtströme. Zeiss Ikon, Bild und Ton, Kiel (August 1966), 579—583.
396. Kopec, U.: Neuere Xenonlampen für Farbaufnahmen und Projektion. Bild und Ton, Berlin (1955), 184—187, 213—215.
397. Beeson, Bocock, Castellain, and Tuck: The xenon lamp for film projection. British Kinematography, London (März 1958), 3—15.
398. Enz, K.: Interessantes aus der sowjetischen Filmwiedergabetechnik. Bild und Ton, Berlin (1967), 326—333.
399. Tümmel, H.: Neue Xenonlampe höchster Lichtleistung. Kinotechnik, Berlin (1966), 125.
400. N. N.: Neue Metalljodidlampen HBI. Kinotechnik, Berlin (1966), 10.
401. N. N.: Indiumsalze in Gasentladungslampen. Kinotechnik, Berlin (1966), 202, 203.
402. Doeckel, R.: Metallhalogen-Kurzbogenlampen CSI. Kinotechnik, Berlin (1966), 241—252.
403. Kügler, I.: Entwicklungstendenzen von Entladungslampen für Projektion und Farbfernsehen. Fernseh- und Kinotechnik, Berlin (1969), 111—114.
404. Pirani, M., und R. Rompe: Über Kinoprojektion mit kontinuierlich abrollendem Film. Kinotechnik, Berlin (1933), 131, 132.
405. Grabner, H.: Zur Frage des Pulsbetriebes von Xenonlampen für die Kinoprojektion. Kinotechnik, Berlin (1960), 221—223.
406. Bowditch, F. T., R. B. Dull, and H. C. Macpherson: Characteristics of intermittent carbon arcs. Journal SMPE, New York (1941), 98—108.
407. Jung, H.: Beleuchtungsvorrichtung für Vorführungskinematographen. DRP 449 713, Kl. 57a, Gr. 58 vom 28. Mai 1925; ref.: Die Kinotechnik (1928), 518.
408. Cowett, Ph. M.: Navy development program for a brighter projection light source. Journal SMPTE, New York (1954), 95.
409. Anderson, W. T.: High-brightness xenon compact arc lamp. Journal SMPTE, New York (1954), 96, 97.
410. D'Arcy, E. W., and A. C. Seda: Application of the xenon arc to the armed forces 16 mm projector. Journal SMPTE, New York (1954), 98—104.
411. Cumming, H. W.: Xenon arc discharge lamps and cinematograph projection. Light and Lighting, London (Mai 1955), 158—163.
412. Helbig, E., und G. Wagner: Über den stoßweisen Betrieb von Gasentladungslampen und seine Anwendung bei der Kinoprojektion. Bild und Ton, Berlin (1955), 266—269, 296—298.
413. Grabner, H., und M. Reger: Physik und Technik der Blitzröhren unter besonderer Berücksichtigung der Anwendung in der Kinematographie. Osram Technisch-wiss. Abhandlungen, Berlin (1958), 52—62.
414. Hentschel, H.-J.: Über dynamische Eigenschaften von Xenon-Hochdruckbögen. Zschr. angew. Phys., Berlin (1960), 223—237.
415. — Neuere Untersuchungen an modulierten Xenon-Hochdruckbögen. Lichttechnik, Berlin (1960), 407—409.
416. Enz, K.: Die Filmprojektion mit kontinuierlich ablaufendem Film — der optische Ausgleich. Bild und Ton, Berlin (1961), 349, 350.
417. N. N.: Die ökonomische Philips-SPP-Lampe. Philips Kinotechnik, Hamburg (September 1958), 163—164.
418. Hoekstra, P.: Impulslampe SPP 1000 für die Kinofilmprojektion. Philips Kinotechnik, Hamburg (März 1963), 364.
419. Jansen, W. J. M., und H. Jensen: Impulslampen-Normalfilmprojektor FP 25 S mit vereinfachtem Impulslampenantrieb. Philips Kinotechnik, Hamburg (März 1963), 367.
420. — Impulslampen-Projektor Philips FP 22 S mit doppelter Lichtquelle. Philips Kinotechnik, Hamburg (März 1963), 365, 366.

D. Stromquellen für die Projektionslampen

421. Tümmel, H.: Über widerstandslosen Bogenlampenbetrieb. Kinotechnik, Berlin (1937), 230—232.
422. Schöfer: Gleichrichter für Kinobogenlampen. Zeiss Ikon, Bild und Ton, Kiel (März 1955), 10—16.
423. Fritz, O.: Die Stromversorgung durch Trockengleichrichter. Kinotechnik, Berlin (1959), 112—116.
424. Schöfer: Stromquellen für Xenonlampen. Zeiss Ikon, Bild und Ton, Kiel (April 1960), 274—277.
425. Ulffers, H.: Vollautomatische Zündung von Xenonlampen mit dem Zündautomaten. Zeiss Ikon, Bild und Ton, Kiel (März 1959), 203, 204.
426. — Ein neuer Zündautomat mit Tonfrequenzkurzschluß und Polungsschutz. Zeiss Ikon, Bild und Ton, Kiel (Juli 1961), 369—371.
427. Hoekstra, P., und Ch. Meyer: Kinoprojektion mit pulsierender Lichtquelle. Philips' Technische Rundschau, Eindhoven (1959), 369—379.

E. Beleuchtungsoptik

428. Sonnefeld, A.: Geometrisch-optische Betrachtungen zur Kondensorfrage bei der Kinoprojektion. Kinotechnik, Berlin (1927), 89—94.
429. Joachim, H.: Die kinematographische Projektion, S. 90—103. Halle (Saale): W. Knapp. 1928.
430. Sewig, R.: Handbuch der Lichttechnik, S. 510—518. Berlin: Springer. 1938.
431. Neumann: Beleuchtungsstrahlengang und Abbildungsstrahlengang. Zeiss Ikon, Bild und Ton, Kiel (März 1955), 17—24.
432. Jaeckel, G.: Konstruktion und Berechnung von Kondensorlinsen. Kinotechnik, Berlin (1955), 281—284.
433. Ulffers, H.: Besseres und gleichmäßiges Becklicht durch den Wabenkondensor. Zeiss Ikon, Bild und Ton, Kiel (1952), H. 27, 15—20.
434. E. L.: Beleuchtungssysteme in modernen Schmalfilmprojektoren. Kinotechnik, Berlin (1957), 103—105.
435. Hodam, F.: Die Beleuchtungssysteme der Kinobildwerfer. Bild und Ton, Berlin (1950), 2—6; (April 1950), 106—109.
436. Jansen, W. J. M.: Die Bogenlampen-Optik und ihre Anpassung an das Projektionsobjektiv. Philips Kinotechnik, Hamburg (März 1955), 9—13.
437. Mager, H.: Die Optik der Bogenlampe. Bild und Ton, Berlin (1957), 280—282.
438. N. N.: Lampenhaus LCB 4002 und Einbaublock für Xenonlampen 1,6 kW und 2,5 kW. Philips Kinotechnik, Hamburg (September 1968), 103—105.
439. Carlson, F. E.: A higher-efficiency condensing system for picture projectors. Journal SMPE, New York (1938), Nr. 2, 187—193; ref. in Kinotechnik, Berlin (1939), 25.
440. Harringten, R. E.: An aspheric lens for motion-picture projection. Journal SMPTE, New York (August 1955), 409—412.
441. Ulffers, H.: Eine neue Spiegel-Dia-Einrichtung für Xenonlampen. Zeiss Ikon, Bild und Ton, Kiel (April 1960), 267—270.
442. — Ein neuer 5 × 5-Zusatz für Xenon-Spiegel-Diaeinrichtungen. Zeiss Ikon, Bild und Ton, Kiel (März 1963), 435—437.

F. Konstruktive Gestaltung der Beleuchtungseinrichtungen

443. Joachim, H.: Die kinematographische Projektion, S. 128—158. Halle (Saale): W. Knapp. 1928.
444. Mager, H.: Die elektrische und mechanische Funktion der Bogenlampe. Bild und Ton, Berlin (1957), 336, 337.
445. Enz, K.: Filmprojektoren, Filmprojektion, S. 221—247. Leipzig: Fotokinoverlag. 1965.

446. GREBENER, E.: Physical principles, design and performance of the ventarc high-intensity projection lamps. Journal SMPTE, New York (Oktober 1950), 391—413.
447. ULFFERS, H.: Magnasol IV und Ikosol II. Zeiss Ikon, Bild und Ton, Kiel (1952), Nr. 26, 11—17.
448. — Magnasol IV/2. Zeiss Ikon, Bild und Ton, Kiel (November 1955), Nr. 44, 3—6.
449. TÜMMEL, H.: Technisches Kinotaschenbuch, S. 40 ff. Kiel: Zeiss Ikon AG. 1956.
450. N. N.: Favorit 70. Zeiss Ikon, Bild und Ton, Kiel (Juli 1961), 367.
451. N. N.: H I 75 A für besonders lange Kohlenstifte. Bauer Filmpost, Stuttgart (September 1953), 13, 14.
452. HAUFLER: H I 110. Bauer Filmpost, Stuttgart (April 1954), 4—7.
453. HA: Das Beleuchtungssystem der Bauer H I 110. Bauer Filmpost, Stuttgart (August 1954), 4—6.
454. N. N.: Neue Bauer-Spiegellampen. Bauer Filmpost, Stuttgart (September 1956), 16, 17.
455. N. N.: Bauer H I 170. Bauer Filmpost, Stuttgart (September 1958), 7—11.
456. N. N.: Der Projektor FP 20 S. Philips Kinotechnik, Hamburg (September 1958), 164—166.
457. BORKENHAGEN: Die Projektion von Diapositiven für Werbezwecke. Zeiss Ikon, Bild und Ton, Kiel (Dezember 1952), 19—22.
458. TÜMMEL, H.: Breitschirm-Dia. Zeiss Ikon, Bild und Ton, Kiel (Juli 1956), 3—6.
459. N. N.: Vorführung von Breit-Dias. Philips Kinotechnik, Hamburg (Februar 1957), 3.

VII. Abbildungsoptik

460. JOACHIM, H.: Die kinematographische Projektion, S. 81—90. Halle (Saale): W. Knapp. 1928.
461. SEWIG, R.: Handbuch der Lichttechnik, S. 518—526. Berlin: Springer. 1938.
462. TÜMMEL, H.: Technisches Kinotaschenbuch, S. 23—33. Kiel: Zeiss Ikon AG. 1956.
463. SCHERING, H.: Projektionstechnik, S. 7—39. Halle: Fotokinoverlag. 1960.
464. ENZ, K.: Filmprojektoren, Filmprojektion, S. 273—285. Leipzig: Fotokinoverlag. 1965.
465. JENSEN, H.: Objektive für Breitfilmprojektion, Philips BF. Philips Kinotechnik, Hamburg (Mai 1960), 298, 299.
466. N. N.: Für Breitfilmprojektion: Objektive Philips BF. Philips Kinotechnik, Hamburg (Dezember 1964), 10.
467. NEUMANN: Die Tiefenschärfe in der Projektion. Zeiss Ikon, Bild und Ton, Kiel (Dezember 1957), Nr. 54, 88—94.
468. NAUMANN, H.: Moderne Kino- und Photo-Objektive. Kinotechnik, Berlin (1960), 114—119.
469. ZOLLINGER, E.: Verfahren zur Herstellung und Vorführung kinematographischer Bildbänder. DRP 232 848 Kl. 57a Gruppe 37 vom 9. März 1910, US Patent 1.032.172 vom 9, Juli 1912.
470. PICARD, H.: Änderung des Bildformats mittels des Hypergonars, ref. in Kinotechnik, Berlin (1931), 463.
471. N. N.: Anamorphotische Optik für Breitschirmprojektion. Zeiss Ikon, Bild und Ton, Kiel (Juli 1953), Nr. 31, 19.
472. HOLSLAG, R. C.: Die Dine-Panor-Linse für „Grandeur"-Effekte auf Schmalfilm, ref. in Kinotechnik, Berlin (1931), 31, 32.
473. KOEHLER: Anamorphotische Systeme der Firma Carl Zeiss. Zeiss Ikon, Bild und Ton, Kiel (Mai 1954), Nr. 35, 11—15.
474. ULFFERS, H.: Anamorphote und ihre lichttechnischen Eigenschaften. Zeiss Ikon, Bild und Ton, Kiel (März 1955), Nr. 40, 3—5.
475. JENSEN, H.: Anamorphote aus Linsen, Spiegeln und Prismen. Philips Kinotechnik, Hamburg (März 1955), Nr. 12, 3—8.
476. LEDER: Objektiv-Vorsätze für die anamorphotischen Verfahren. Kinotechnik, Berlin (1956), 77—79.

477. VETTER, R., JR.: Die optischen Bedingungen der Bildwandverfahren. Kinotechnik, Berlin (1957), 205—207.
478. N. N.: Variable anamorphotic lens principle explained. International Projectionist, New York (Juni 1954), 13.

C. Entspiegelung optischer Teile

479. PLOKE: Weshalb werden Objektive vergütet? Zeiss Ikon, Bild und Ton, Kiel (Dezember 1952), Nr. 29, 3—6.
480. SCHLEY, U.: Beseitigung des Reflexionslichtes an Linsensystemen. Kinotechnik, Berlin (1955), 270—279.
481. ULFFERS, H.: Lichttechnische Grenzen bei der Lauf- und Stehbildprojektion. Kinotechnik, Berlin (1965), 279—286.

VIII. Lichtleistung der Projektionseinrichtung

482. KRÜSS, H.: Messung der Helligkeit von Projektionsapparaten. Jahrbuch für Photographie und Reproduktionstechnik, S. 39—44. Halle-Saale: W. Knapp. 1902.
483. COOK, A. H.: Die Eigenschaften von Projektor und Bildschirm und ihr Einfluß auf die Schirmhelligkeit. Journal SMPE, New York (Mai 1936), ref. in Kinotechnik, Berlin (1936), 227—229.
484. TIEDEKEN, R.: Lichtleistung von Projektions-Systemen. Kinotechnik, Berlin (1959), 87, 88.
485. SCHERING, H.: Lichttechnik, S. 39—52. Halle: Fotokinoverlag. 1959.
486. ENZ, K.: Filmprojektoren, Filmprojektion, 289—292. Leipzig: Fotokinoverlag. 1965.
487. FRÜHLING, H. G., und F. KÜPER: Lichtquellen für Schmalfilmbildwerfer. Kinotechnik, Berlin (1942), 161—167.

IX. Dia- und Epi-Projektion

488. ASCHOFF, V.: Über die Lesbarkeit beschrifteter Dia-Positive und Dia-Negative. Leitz-Mitt. **1**, 173—176 (1960).
489. KROCHMANN, I.: Betrachtungen zur Dia- und Filmprojektion. Fernseh- und Kino-Technik, Berlin (1970), 303—306.
490. ULFFERS, H.: Grenzen der Strahlungsbelastung bei Lauf- und Stehbildern. Kinotechnik, Berlin (1966), 159—168.
491. ROSS, H. MC G.: The cooling of film and slides in projectors. Journal SMPTE, New York (1951), Nr. 5, 538—550.

X. Der Bildschirm

492. SCHERING, H.: Reflexionsvermögen, Reflexionsgrad und Leuchtdichtefaktor. Bild und Ton, Berlin (Februar 1952), 362, 363.
493. RUDOLPH, H.: Neuzeitliche Bild-Ton-Wände — technisch betrachtet. Kinotechnik, Berlin (1953), 108, 109.
494. KEMNA, G.: Beurteilung von Bildschirmen. Zeiss Ikon, Bild und Ton, Kiel (Mai 1954), 3—9.
495. ULFFERS, H.: Lichtstärke, Leuchtdichte und Lichtstrom. Zeiss Ikon, Bild und Ton, Kiel (September 1956), 12—19.
496. KROCHMANN, I., und H. RIECKERT: Bewertung von Bildwänden. Fernseh- und Kino-Technik, Berlin (1970), 53—58.

497. N. N.: Progress report on all-purpose theater screens. Motion Picture council, Hollywood (5. August 1953), Inf. Bulletin Nr. 7.
498. KOEPPE, L.: Der Elkinoplast-Projektionsschirm. Kinotechnik, Berlin (1929), 535 bis 539.
499. T.: Ursachen ungleichmäßiger Reflexion bei Metallbildwänden. Kinotechnik, Berlin (1955), 57.
500. ALEKAN, H. A., und G. W. P. GERARD: Anordnung für photographische Film- und Fernsehaufnahmen von Personen oder Gegenständen kombiniert mit einem durch Projektion zustande gekommenen belebten oder unbelebten Hintergrund. DBP 1029227/57a vom 30. Dezember 1954.
501. KOSCHE, E.: Hintergrundgestaltung durch Aufprojektion. Technische Mitteilungen BRF (Dezember 1960), 4, 138—144.
502. KESSNER, G.: Hintergrundgestaltung in Präsentationsstudios durch Aufprojektion. Kinotechnik, Berlin (1968), 108, 109.
503. CHANDLER, I. S., and I. J. DE PALMA: High brightness projection screens with high ambient light rejection. Journal SMPTE, New York (1968), 1012—1024.
504. VLAHOS, P.: An improved drive-in screen. Motion Picture Research Council, Hollywood (21. Oktober 1964), Inf. Bulletin Nr. 13.
505. — Selection and specification of rear-projection screens. Journal SMPTE, New York (1961), 89—95.

XI. Qualität der Vorführung

506. HELLGREBE, P. H.: Zur Unruhe des Kinoprojektionsbildes. Foto-Kino-Technik, Berlin (1948), 194—196.
507. FRIELINGHAUS, K. O.: Beurteilung und Bewertung des Bildstandes. Bild und Ton, Berlin (1953), 107—109.
508. — Die Bildstandsmessung bei Kameras und Kopiermaschinen. Bild und Ton, Berlin (1953), 164—168.
509. — Die Größe der Bildstandsfehler bei Projektoren. Bild und Ton, Berlin (1953), 226—230.
510. — Das Filmband als Fehlerquelle für den Bildstand. Bild und Ton, Berlin (1954), 4—7.
511. — Die Bildstandsfehler bei der Wiedergabe und ihre Ursachen. Bild und Ton, Berlin (1954), 34—38.
512. WEISE, H.: Die kinematographische Kamera, S. 20—26. Wien: Springer. 1955.
513. BÖHME, E.: Grundsätzliches zur kinematographischen Projektion. Kinotechnik, Berlin (1955), 115, 116.
514. ZIMMERMANN, K. F.: Lichttechnische Untersuchungen über Lichtbildprojektion. Das Licht, Berlin (1936), 78—80, 98, 99, 115—140.
515. BUSCH, L.: Das Lichtbild in der Normung des In- und Auslands. Photo-Technik und -Wirtschaft, Berlin (1954), 22, 23.
516. SCHERING, H.: Über das Streulicht im Lichtspieltheater. Bild und Ton, Berlin (1955), 249—253.
517. BEHRENDT, W.: Die optimale Gradation des projizierten Bildes. Kinotechnik, Berlin (1961), 169—172.
518. — Die optimale Gradation von Umkehrfilmen. Photo-Technik und -Wirtschaft, Berlin (1962), 382—386.
519. METZ, H. J.: Der Einfluß der Lichtstreuung auf die Abbildungsschärfe in einer photographischen Schicht. Fernseh- und Kino-Technik, Berlin (1969), 342—344.
520. RIECK, I.: Die Bildhelligkeit in der Bildwerfertechnik. Das Licht, Berlin (1936), 246—249.
521. SCHOBER, H.: Das Sehen, Bd. II, S. 274—276. Leipzig: VEB Fachbuchverlag. 1964.
522. WEISE, H.: Kinogerätetechnik, S. 26—31. Leipzig: Akademische Verlagsgesellschaft Geest & Portig. 1950.
523. REEB, O.: Betrachtungen zur Frage der günstigsten Projektionsbeleuchtung. Kinotechnik, Berlin (1937), 67—75.

524. ULFFERS, H.: Verzerrungsfreie Steilprojektion. Zeiss Ikon, Bild und Ton, Kiel (Oktober 1952), Nr. 28, 3—6.
525. WEISE, H.: Die kinematographische Kamera, S. 26—28. Wien: Springer. 1955.
526. PESCHEL, M.: Der Streit um die Bildschärfe. Bild und Ton, Berlin (1966), 122, 123.
527. ENZ, K.: Möglichkeiten der Qualitätsbeurteilung von Projektionsbildern in Filmtheatern. XII. Intern. Wiss. Koll. TH Ilmenau (1967).

XII. Tonabtastgeräte

528. MÜLLER, H.: Mechanische Filterung bei Tonfilmmaschinen. Kinotechnik, Berlin (1939), 9—14.
529. LICHTE, H., und A. NARATH: Physik und Technik des Tonfilms, S. 132—134. Leipzig: S. Hirzel. 1945.
530. ENZ, K.: Filmprojektoren, Filmprojektion, S. 308—331. Leipzig: Fotokinoverlag. 1965.
531. TÜMMEL, H.: Vorführgeschwindigkeit 24 oder 25 Bilder je Sekunde? Kinotechnik, Berlin (1961), 26, 27.
532. — Geschichte der Laufgeschwindigkeit 24 Bilder pro Sekunde. Kinotechnik, Berlin (1964), 46.

XIII. Sonderprojektionen

533. PETRA AG: Kinokraftwagen. DRP 367 582 vom 24. 2. 1923. Ref. in Kinotechnik, Berlin (1923), 298.
534. KB.: Der Sprechfilm bei der Wahlkampagne. Kinotechnik, Berlin (1929), 275.
535. N. N.: Kinoanlagen auf der „Bremen“. Kinotechnik, Berlin (1929), 418.
536. TÜMMEL, H.: Das Kinotheater der Neuzeit. Kinotechnik, Berlin (1968), 299—302.
537. HAZELEGER, R.: Filmtheater im Flugzeug als Service für den Gast. Philips Kino Technik, Hamburg (Oktober 1970), H. 48, 178.
538. KUTZLEB, L.: Mitteilungen der Deutschen Kinotechnischen Gesellschaft E. V. Kinotechnik, Berlin (1933), 49, 50.
539. PAHL, W., und R. NIEMEYER: Bild- und Tonanlagen für Autokinos. Kinotechnik, Berlin (1960), 179—182.
540. FRAHM, H. J.: Gesichtspunkte zur Planung von Autokinos. Kinotechnik, Berlin (1962), 140—142, 166—169, 190—193, 224—227.
541. — Planung von Autokinos. Philips Kinotechnik, Hamburg (1962), H. 38, 347—358.
542. TÜMMEL, H.: Das Hollywood-Autokino in Australien. Zeiss Ikon, Bild und Ton, Kiel (1968), H. 69, 75—78.
543. RUDOLPH: Autokino Gelsenkirchen-Buer. Zeiss Ikon, Bild und Ton, Kiel (1968), H. 79, 79—81.
544. ENZ, K.: Das Autokino. Bild und Ton, Berlin (1971), 69—74.
545. KUTZLEB, L.: Neueres über Bildkombinations-Verfahren. Kinotechnik, Berlin (1936), 162—165, 180—182, 210—213.
546. STEPPUTAT, U.: Methoden der Hintergrundprojektion im Fernsehen. Zeiss Ikon, Bild und Ton, Kiel (1960), Nr. 63, 297—305.
547. TÜMMEL, H.: Dia Bildwerfer für Hintergrundprojektion. Kinotechnik, Berlin (1960), 271—274.
548. HENDERSON, R. W.: Developments in time-saving process projection equipment. Journal SMPE, New York **39**, 245—257 (Juli—Dezember 1942).
549. MILLER, H., und E. C. MANDERFELD: 35-mm Process Projector. Journal SMPE, New York (1948), 373—384.
550. PIERSCHEL, G.: Rückprojektionsanlage für Film und Fernsehen der Kamera und Kinowerke Dresden. Filmtechnikum, Wiesbaden (1963), 262, 263.

551. TÜMMEL, H.: Geräte zur Hintergrundprojektion. Kinotechnik, Berlin (1965), 95, 96.
552. — Eine neue Phasen-Einstell-Automatik für Film-Rückprojektoren. Kinotechnik, Berlin (1963), 251, 252.
553. MESSTER, O.: Mein Weg mit dem Film, S. 59, 60. Berlin: Hesses Verlag. 1936.
554. ALEKAN, H. A., und G. W. P. GERARD: Anordnung für photographische Film- oder Fernsehaufnahmen von Personen oder Gegenständen, kombiniert mit einem durch Projektion zustande gekommenen belebten oder unbelebten Hintergrund. DBP 1029 277 Kl 57a—53 vom 30. Dezember 1954, Brit. Patent 768 394.
555. KOSCHE, E.: Hintergrundgestaltung durch Aufprojektion. Technische Mitt. BRF, Berlin (Dezember 1960), H. 4, 138—144.
556. NEUMEYER, J.: Probleme der Aufprojektion in der Filmtechnik. Bild und Ton, Berlin (1968), 47—54.
557. KESSNER, G.: Hintergrundgestaltung in Präsentationsstudios durch Aufprojektion. Kinotechnik, Berlin (1968), 108, 109.
558. WITTLIG, P. F.: Large studio backgrounds projected from video sources. Journal SMPTE, New York (1969), 858—860.
559. FIX, H., und A. KAUFMANN: Hintergrundprojektion im Fernsehstudio mit optischen und elektronischen Mitteln. Fernseh- und Kino-Technik, Berlin (1970), 113—117.
560. WEBERS, I.: Die Anwendung von Rückprojektion und Aufprojektion zur Hintergrundgestaltung bei Film und Fernsehen. Fernseh- und Kino-Technik, Berlin (1970), 400 bis 404.
561. LENNARK: Anordnung zur Beeinflussung der Gehirnfunktionen. DBP 829 637 Klasse 21 g Gruppe 2401 von 24. Januar 1952.
562. STAAB, J. G.: Montage ins Unterbewußte. Der Filmkurier (1963), Nr. 4, 27, 28.
563. RUND, M.: Das audiovisuelle ABC. Die geheime Werbung. Moderne Fototechnik (MFT), Ludwigsburg (April 1970), 201, 202.
564. SCHMIDT, R., und A. KOCHS: Farbfilmtechnik, S. 63, 64. Berlin: Hesses Verlag. 1943.

E. Breitwand- und Panorama-Projektionen

565. N. N.: The lure of wide pictures. International Projectionist, New York (Juli 1954), 40.
566. THIELEMANN, W.: Panorama-Kinematographie. Die Umschau, von Prof. J. H. BECHHOLD (1919), Nr. 29, 453, 454.
567. ALTMANN, F.: A revolving lens for panoramic pictures. Journal SMPE, New York (1935), 383—394.
568. POSEY, C. J.: Panoramic motion pictures. Journal SMPE, New York (1937), 619—621.
569. D'INCERTI, V.: Nuovo Sistema di Cinematografia per la Ripressa e la Projezione senza Limitazione del Campo. Atti del XIV Congresso Internazionale de la Tecnica Cinematografica Turin (23. bis 25. September 1962), 59—65.
570. N. N.: Das Filmtheater von morgen. Kinotechnik, Berlin (1958), 178—183.
571. N. N.: De Montréal à Montpellier. La Cinématographique, Paris (Dezember 1968), 24.
572. arc 120. Informationsblatt Zeiss Ikon AG, Kiel (Juli 1960).
573. R.: arc 120 — ein neues Breitwandverfahren. Kinotechnik, Berlin (1960), 331, 332.
574. KÖCKE, H.: Wie alt ist das Panorama-Kino? Bild und Ton, Berlin (1961), 9—12.
575. — Die Breitwand — ein Kind unserer Zeit? Bild und Ton, Berlin (1967). 54—57.
576. LIMBACHER, J. L.: How old is the wide-screen idea? International Projectionist, New York (Juli 1956), 26, 27.
577. N. N.: Cinerama — eine filmische Sensation in technischen Grenzen. Kinotechnik, Berlin (1953), 36, 37.
578. HENRY, J.: Cinemiracle. American Cinematographer, New York (1957), 94, 95, 104.
579. N. N.: Das Circarama — eine Sensation der Weltausstellung Brüssel. Kinotechnik, Berlin (1958), 178—180.
580. TÜMMEL, H.: Das Circarama in Turin. Zeiss Ikon, Bild und Ton, Kiel (März 1962), Nr. 67, 396, 397.
581. — Das Circarama in Lausanne. Zeiss Ikon, Bild und Ton, Kiel (September 1964), Nr. 71, 497—500.

582. N. N.: Russia's Kinopanorama System. International Projectionist, New York (März 1960), 12, 13, 20.
583. Enz, K.: Krugowaja Kinopanorama — eine Kinoattraktion in Moskau. Bild und Ton, Berlin (1968), 133—135.
584. Tümmel, H.: Expo 67, Weltausstellung Montreal. Zeiss Ikon, Bild und Ton, Kiel (Juli 1967), Nr. 77.
585. — Die Kinotechnik auf der Expo 67 Montreal. Kinotechnik, Berlin (1967), 159—165.
586. N. N.: Varia Vision auf der Internationalen Verkehrsausstellung. Kinotechnik, Berlin (1965), 242, 243.
587. Prospekte.
588. N. N.: Projection techniques at the world's fair. Journal SMPTE, New York (1964), 507—509.
589. -th: Erster Werbefilm in Laterna-Magica-Technik. Kinotechnik, Berlin (1967), 226.
590. Tümmel, H.: Das aktuelle Exponat: Die audio-visuelle Präsentation. Bauwelt, Berlin (1970), Nr. 4, 153—157.

F. Stereoskopische Filmprojektion

591. Vierling, O.: Plastischer Film oder Raumfilm? Zeiss Ikon, Bild und Ton, Kiel (März 1953), Nr. 30, 5—9.
592. Atorf, H.: Plastischer Film im Blickfeld der Patentschriften. Kinotechnik, Berlin (1953), 191, 192, 218, 219.
593. Prinsen, F. B. A.: Verfahren der stereoskopischen Panorama-Projektion. Kinotechnik, Berlin (1955), 204—206.
594. Mütze, K., L. Foitzik, H. Krug und G. Schreiber: ABC der Optik, S. 135—138. Hanau/Main: Dausien. 1961.
595. Fries, H.: Das Raumbildton-Verfahren System Klangfilm „Stereodyn". Kinotechnik, Berlin (1953), 132, 133.
596. Tümmel, H.: Technische Hinweise zur Stereo-Film-Vorführung. Kinotechnik, Berlin (1953), 164, 165.
597. — Stereo-Zweibandbetrieb. Zeiss Ikon, Bild und Ton, Kiel (Juli 1953), Nr. 31, 4, 5.
598. Vierling, O.: Der Raumfilm „System Zeiss Ikon". Zeiss Ikon, Bild und Ton, Kiel (1952), Nr. 27, 3—8.
599. — Das Stereofilm-Verfahren System Zeiss Ikon. Kinotechnik, Berlin (1953), 136—138.
600. Raymond, N. L. Spottiswoode und Ch. Smith: Basic principles of the three-dimensional film. Journal SMPTE, New York (1952), 249—286.
601. Selle, W.: 3 D im Bücherspiegel. Herausgeber: Deutsche Ges. f. Stereoskopie e. V., Berlin (Mai 1971).

XIV. Neue audio-visuelle Verfahren

602. Roth, W.: Neues Verfahren für die elektronische Bildaufzeichnung. Fernseh- und Kino-Technik, Berlin (1969), 50, 52.
603. Goldmark, P. I.: Farb-EVR. Elektronische Video-Registrierung für ein Video-Kassetten-System. Vortragsmanuskript, Stuttgart (23. April 1970).
604. -th: Farb-Videobandgerät „Selectavision". Fernseh- und Kino-Technik, Berlin (1969), 394.
605. Dennewitz, R. D.: Selectavision — der Laser wird gesellschaftsfähig. Funkschau, München (1. März 1970), 145—147.
606. Dillge, H.: Die Bildschallplatte. Kinotechnik, Berlin (1932), 380.
607. Roth, W.: Das neue Video-System Bildplatte. Fernseh- und Kino-Technik, Berlin (1970), 216—221.
608. Atorf, H.: Elektronische Bildaufzeichnung in der Filmtechnik. Kinotechnik, Berlin (1955), 442—449.
609. Schröter, F.: Weitere Bildaufzeichnungs-Verfahren. Funkschau, München (1. Februar 1971), H. 3, 69, 72.

XV. Der Film im Fernsehbetrieb

610. HAAS, CHR.: Der Film als Bild- und Tonträger im Fernsehbetrieb. Fernseh- und Kino-Technik, Berlin (1970), 153—155.
611. JETTER, A.: Electronic-Cam, ein neues Aufnahmeverfahren für Film und Fernsehen. Kinotechnik, Berlin (1961), 141—146.
612. GREGOR, E. v.: Die Technik der Filmaufzeichnung vom Bildschirm. Kinotechnik, Berlin (1956), 174—179.
613. GONDENSEN, K. E.: Die Aufgaben der Filmtechnik im Fernseh-Sendebetrieb. Kinotechnik, Berlin (1957), 132, 134, 136, 138.
614. N. N.: Filmkamera zur Aufnahme von Fernsehsendungen. Foto-Kino-Technik, Berlin (1949), 66, 67.
615. GILETTE, F. N., und B. D. PLAKUN: Shutter cycles for television film recording. Journal SMPTE, New York (1960), 587—592.
616. SCHUNACK, J.: Über Filmabtaster im Fernsehbetrieb. Fernseh-Hausmitt. **2,** 72.
617. N. N.: Berlin sendet Fernsehen. Kinotechnik, Berlin (1929), 389, 390.
618. SCHULZE, O.: Deutschlands erster Fernsehsender. Kinotechnik, Berlin (Oktober 1959), F 51—F 54.
619. PLOKE: Fernseh-Großempfang. Zeiss Ikon, Bild und Ton, Kiel (November 1954), 13—20, 38.
620. HAUFLER: Fernsehen. Bauer Filmpost, Stuttgart (Dezember 1952), 3—5.
621. SCHUNACK, J.: Bedeutung und Anwendungsformen des Films im Fernsehen. Kinotechnik, Berlin (1955), 439—441.
622. KUTSCHBACH, H.: Ein neues Verfahren zur Filmabtastung im Fernsehbetrieb. Kinotechnik, Berlin (1955), 77.
623. IN DER SMITTEN, F. J.: Probleme der Herstellung und der elektronischen Abtastung von Farbfilmen im Fernsehen. Fernseh- und Kino-Technik, Berlin (1969), 6—10.
624. KRUG, R., und H. KANTE: Die Abtastung von 16-mm-Filmen für Fernsehsendungen. Kinotechnik, Berlin (1954), 210, 211.
625. FELGEL-FARNHOLZ, v.: Die Übertragung von Filmen im Fernseh-Sendebetrieb. Kinotechnik, Berlin (1956), 183—185.
626. MÖLL, G., A. KAUFMANN, G. HÖGEL und G. HOLOCH: Die Farbfernsehaufnahmeeinrichtungen. Rundfunktechn. Mitteilungen (1966), H. 6, 285—303.
627. EVANS, CH. H.: Simplified method of Color Kinescope Recording. International Projectionist, New York (Juli 1956), 21, 22.
628. WÜRSTLIN: Die Farbfernseh-Aufzeichnung mit Linsenrasterfilm. Kinotechnik, Berlin (1956), 388—392.
629. GREGOR, E. v.: Fernseh-Filmübertragungsanlagen auch mit Vidicon. Kinotechnik, Berlin (1957), 290—292.
630. WENGEL, R. W.: Pneumatic pulldown 16 mm projector. Journal SMPTE, New York (1954), Nr. 5, 384—390.
631. ZAHN, H.: 16-mm-Farbfilmabtaster für Fernsehzwecke mit pneumatischem Schnellschaltwerk. Kinotechnik, Berlin (1967), 51—57.
632. ROTH, W.: Super-8-Farbfilmabtaster für den Heimgebrauch. Fernseh- und Kino-Technik, Berlin (1969), 322.
633. DEOS: Elektronischer Abtaster für Super-8-Film. Fernseh- und Kino-Technik, Berlin (1970), 21—24.
634. GENSCHOW, G.: Vidicon-Multipexer von R. C. A. Filmtechnikum, Wiesbaden (1955), 174, 175.
635. KING, G., und I. DEVESON: Neuer Multiplexer für Farbfernsehabtaster. Fernseh- und Kino-Technik, Berlin (1969), 38—42.
636. KELLER und PENNIG: Telekino-Anlage. Zeiss Ikon, Bild und Ton, Kiel (November 1956), Nr. 50, 15—20.
637. — — Fernsehübertragung mit der Zeiss-Ikon-Telekino-Anlage. Kinotechnik, Berlin (1957), 138—141.
638. PLOKE: Fernseh-Großempfang. Zeiss Ikon, Bild und Ton, Kiel (November 1954), Nr. 38, 13—20.

639. PORTER, T., and F. W. DE VRIJER: The projection of color television pictures. Journal SMPTE, New York (1959), 141—143.
640. ROTH, W.: Neuer Eidophor Projektor für die Großprojektion von Farbfernsehbildern. Fernseh- und Kino-Technik, Berlin (1971), 45—50.

Sachverzeichnis

Nachweis der Abbildungen

Bauer Filmpost 1952, H. 1: Abb. 77; 1957, H. 19: Abb. 249; 1967, H. 27: Abb. 271; 1958, H. 22: Abb. 297.

Bild und Ton, Berlin, März 1955: Abb. 101; Mai 1955: Abb. 102, 106, 107; Juni 1955: Abb. 108, 141; Februar 1970: Abb. 184, 185.

Debrie, Paris: Abb. 299.

DIN 15851: Abb. 37...39; 15601: Abb. 40; 15501: Abb. 41; 15701: Abb. 42; 15852: Abb. 43, 44; 15602: Abb. 45, 46; 15502: Abb. 47...49; 15545: Abb. 50; 15546: Abb. 51; 15702: Abb. 52; 15579: Abb. 148; 15530: Abb. 195...198; 15543: Abb. 456.

Enz, Filmprojektoren, Filmprojektion (1965): Abb. 93...96, 115, 116, 193, 202, 207, 209, 211, 214, 224, 226, 255.

Forch, Der Kinematograph und das sich bewegende Bild (1913): Abb. 132.

Hasso, München: Abb. 294.

International Projectionist, New York, Dezember 1954: Abb. 83; August 1952: Abb. 85; Februar 1957: Abb. 104; November 1957: Abb. 124; Februar 1957: Abb. 131; September 1952: Abb. 199; November 1954: Abb. 201...205; März 1960: Abb. 448.

Journal SMP(T)E, New York, August 1955: Abb. 105; Mai 1954: Abb. 142, 143; Februar 1970: Abb. 144, 225; Mai 1935: Abb. 435; Juni 1937: Abb. 436.

Kinotechnik (Fernseh- und Kinotechnik), Berlin, August 1960: Abb. 19...23; Oktober 1922: Abb. 89; Februar 1926: Abb. 134, 135; Februar 1931: Abb. 137; Juli 1935: Abb. 155...157; Oktober 1937: Abb. 160; August 1956: Abb. 179; Juli 1966: Abb. 237...238; April 1924: Abb. 243, 244; Juli 1966: Abb. 248; August 1958: Abb. 310...312; April 1969: Abb. 322, 323; August 1960: Abb. 324; Mai 1959: Abb. 329; Mai 1963: Abb 350; Dezember 1965: Abb. 396; November 1942: Abb. 400; September 1970: Abb. 401; April 1953: Abb. 404; Juni 1923: Abb. 424; März 1970: Abb. 458, 459; November 1932: Abb. 460; Juli 1970: Abb. 461; März 1949: Abb. 463; Mai 1956: Abb. 465...467; Oktober 1956: Abb. 468; März 1967: Abb. 470.

Messter, Mein Weg mit dem Film (1936): Abb. 67, 68, 133, 142.

Osram, München: Abb. 308, 309, 321.

Philips Kinotechnik, Hamburg, März 1962: Abb. 206, 208; September 1959: Abb. 218, 219; September 1966: Abb. 232; März 1963: Abb. 285; September 1968: Abb. 288; März 1963: Abb. 325...327; November 1959: Abb. 333; September 1958: Abb. 351; September 1968: Abb. 356; Dezember 1964: Abb. 388.

Schober, Das Sehen (1960): Abb. 5, 6, 11.

Studiengemeinschaft Licht (1966): Abb. 7...10.

Vivié, Historique et développement de la technique cinématographique (1944): Abb. 99, 100.

Vivié, Projection des images animées et reproduction des enregistrements sonores (1968): Abb. 98, 112, 123, 165, 166, 169, 170, 213, 217, 256.

Weise, Kinogerätetechnik (1950): Abb. 12, 14, 15, 109...111, 118, 119, 121, 122, 125...129, 164.

Zeiss Ikon, Kiel: Abb. 74, 84, 175...178, 186, 227, 230, 231, 233...236, 239...241, 245, 246, 250, 257, 258, 260...266, 269, 270, 277, 282, 289, 290, 293, 298, 300, 301, 315, 316, 343, 344, 368...371, 376...380, 430, 431.

Die wissenschaftliche und angewandte Photographie

Erneuerung und Fortführung des Hay- v. Rohrschen Handbuchs der wissenschaftlichen und angewandten Photographie durch **Kurt Michel,**

weitergeführt von **Josef Stüper**

Bisher erschienen:

Band 1:

Das photographische Objektiv

Von **Johannes Flügge,** Göttingen

196 zum Teil farbige Abbildungen.

XIII, 373 Seiten. 1955.

Band 2:

Die photographische Kamera

Von **Josef Stüper,** Stuttgart

681 zum Teil farbige Abbildungen.

XIX, 530 Seiten. 1962.

Band 3:

Die kinematographische Kamera

Von **Harald Weise,** Köln

521 Abbildungen.

XVI, 472 Seiten. 1955.

Band 4:

Farbphotographie

Theorie und Praxis

Von **Edwin Mutter,** Hamburg

127 zum Teil farbige Abbildungen.

XX, 463 Seiten. 1967.

Band 5:

Die Technik der Negativ- und Positivverfahren

Von **Edwin Mutter,** Hamburg

91 Abbildungen.

XX, 396 Seiten. 1955.

Band 10:

Die Mikrophotographie

Von **Kurt Michel**

3. Auflage.

550 zum Teil farbige Abbildungen.

XXXII, 736 Seiten. 1967.

GPSR Compliance

The European Union's (EU) General Product Safety Regulation (GPSR) is a set of rules that requires consumer products to be safe and our obligations to ensure this.

If you have any concerns about our products, you can contact us on ProductSafety@springernature.com

In case Publisher is established outside the EU, the EU authorized representative is:

Springer Nature Customer Service Center GmbH
Europaplatz 3
69115 Heidelberg, Germany

Batch number: 10584556

Printed by Printforce, the Netherlands